TERRARVM ORBIS

7

TERRARVM ORBIS

Histoire des représentations de l'espace : textes, images
History of the Representation of Space in Text and Image

Collection dirigée par
General Editor of the Series
Patrick Gautier Dalché

2007
BREPOLS

Margriet Hoogvliet

PICTURA ET SCRIPTURA

TEXTES, IMAGES ET HERMÉNEUTIQUE DES *MAPPAE MUNDI* (XIIIe-XVIe SIÈCLE)

2007
BREPOLS

Illustration de la couverture: Jodocus Hondius, carte de la Guyane (détail) (Amsterdam, Bibl. univ. 104.05.04)

D/2007/0095/8
ISBN 978-2-503-52065-0

Pour Simon
qui m'a accompagnée sur
le chemin de long estude.

AVANT-PROPOS

Ce livre n'aurait jamais vu le jour sans Simon, mon mari. C'est lui qui m'a encouragée d'entamer des études universitaires, il y a plus de quatorze années déjà. Sans sa confiance et sans son support je n'aurais pas pu achever cet ouvrage. Voilà pourquoi je lui dédie le résultat de mes efforts, sans avoir d'ailleurs l'illusion que cet acte puisse réparer les centaines de journées à Schiermonnikoog que nous avons manquées à cause de la rédaction.

Il y a encore de nombreuses autres personnes que je tiens à remercier. C'est premièrement Martin Gosman qui m'a proposé ce sujet et qui m'a guidée lors de mes recherches. Grâce à ses grandes connaissances historiques et linguistiques j'ai pu éviter mainte erreur. Je suis également reconnaissante à Patrick Gautier Dalché pour ses commentaires adéquats. Son jugement critique m'a incitée à nuancer mes arguments. Je remercie également les professeurs Christel Meier-Staubach, Klaas van Berkel et John North.

Parmi les professeurs qui ont assuré mon éducation je veux nommer ici Victor Schmidt, Bernhard Ridderbos et Brigitte Brasseur-Legrand. C'est surtout cette dernière qui m'a appris que la culture ne se limite pas à la littérature. Je remercie également mes collègues thésards et thésardes à Groningue pour leur soutien et l'échange libre d'idées. Ce sont surtout Hanneke Hoekstra, Cor Wagenaar, Anja Petrakopoulos, Femke Kramer, Bea Blokhuis et de nombreux autres que je ne peux pas nommer tous ici. Lisa Deam de l'Université de Chicago a partagé très généreusement ses connaissances.

Pour leur support financier, je remercie surtout N.W.O. (Nederlandse Organisatie voor Wetenschappelijk Onderzoek), et aussi l'Onderzoekschool Mediëvistiek et COMERS. Grâce à l'efficacité de Jan Nap et de Justa Renner mes recherches ont été facilitées.

Finalement, je remercie mes amies du « club littéraire » pour leur soutien et leur amitié. Je suis très heureuse qu'Ellen Hoekstra ait pris sur elle la tâche de m'assister lors de la soutenance.

Groningue, novembre 1999

De nombreuses circonstances ont retardé la publication de ma thèse, parmi lesquelles il y a aussi un événement très heureux : la naissance de notre fille Sophie Aimée Elisabeth.

Sans l'offre généreuse du professeur Patrick Gautier Dalché de publier ma thèse dans la série *Terrarum Orbis*, ce retard aurait pu être une suspension définitive. Il va sans dire que je lui suis infiniment reconnaissante de cet honneur.

Grâce à Claude Andala j'ai pu améliorer le texte français. Je lui suis très reconnaissante de ses conseils. Toute erreur qui puisse encore subsister est entièrement à mettre à mon compte. J'ai actualisé le texte, le chapitre IV surtout, ainsi que la bibliographie.

Hattem, septembre 2005

CHAPITRE I

DES PERSPECTIVES NOUVELLES SUR LA CARTOGRAPHIE ANCIENNE

1. La continuité de la cartographie médiévale à la Renaissance

Les mappemondes médiévales dépeignent une terre plate[1]. C'est à ce point de vue que se limitent souvent les connaissances modernes sur la cartographie médiévale. Dans l'opinion générale la Renaissance cartographique aurait commencé avec la redécouverte des cartes de Ptolémée[2] et quand Christophe Colomb eut finalement prouvé que la terre est ronde. Ainsi l'histoire de la cartographie prémoderne semble s'esquisser de façon simple et claire sous forme d'une ligne sinusoïde : le premier sommet, c'est l'antiquité grecque et romaine, puis la ligne descend dans le creux du Moyen Âge, pour finir avec un mouvement en ascendance permanente après le début de la Renaissance[3]. C'est surtout la critique du XIXe siècle et celle de la première moitié du XXe siècle qui ont rejeté les mappemondes médiévales parce qu'elles seraient primitives, ridicules, imprécises et fautives[4]. De pareils jugements de valeur continuent à paraître

[1] Cf. B. Hahn-Woernle, *Die Ebstorfer Weltkarte*, Ebstorf, 1987, p. 25.

[2] En règle générale, je donnerai les noms des personnes en français. J'ai pourtant fait exception pour des noms peu courants. Les titres sont dans la langue de l'ouvrage. Pour ce qui est des citations de textes anciens, en principe je reproduirai l'orthographe des sources. Je n'ai résolu les abréviations que quand le texte d'origine en contient les signes. Les résolutions sont indiquées entre parenthèses. Pour les références aux éditions des textes inscrits sur les mappemondes, voir : le chapitre II.

[3] Cf. W. Rosien, *Die Ebstorfer Weltkarte*, Hanovre, 1952, p. 64 : « Stellen wir den Verlauf dieser Entwicklung in der Form einer Kurve dar, so müssen wir diese von dem frühmittelalterlichen Tiefpunkt der Wissenschaft an ganz langsam ansteigend zeichnen, bis wir sie erst im Spätmittelalter (...) steiler aufsteigen lassen können. » Cf. aussi P. E. James, G. J. Martin, *All possible worlds. A history of geographical ideas*, 2e édition, New York, 1981, p. 7. Pour une critique de cette représentation tripartite de l'histoire, voir : L. Nees, *A tainted mantle. Hercules and the classical tradition at the Carolingian court*, Philadelphia, 1991, p. 3 ; N. Lozovsky, *The earth is our book. Geographical knowledge in the Latin West ca. 400-1000*, Ann Arbor, 2000, p. 1 ; P. Gautier Dalché, Sur l' « originalité » de la « géographie » médiévale, in M. Zimmermann (éd.), *Auctor et auctoritas. Invention en conformisme dans l'écriture médiévale. Actes du colloque de Saint-Quentin-en-Yvelines (14-16 juin 1999)*, Paris-Genève, 2001, p. 131-143.

[4] « Their bright colors, naïve legends, childlike but often skilfully drawn vignettes, and preposterous inaccuracy take us back into the atmosphere of a credulous and uncritical age. » J. K. Wright, *The geographical lore of the time of the crusades. A study in the history of Medieval science and tradition in Western Europe*, reprod. New York, 1965, p. 247. « Unscientific and remote from reality », A. Cortesão, A. Teixeira da Mota, *Portugaliae monumenta cartographica*, Lisbonne, 1960, t. 1, p. XXII. « Ludicrously erroneous », C. S. Lewis, *The discarded image. An introduction to Medieval and Renaissance literature*, Cambridge, 1964, p. 143. « During the early Middle Ages geographical knowledge was at a standstill, if not in retreat. Consequently geography and, to a greater extent, cartography became merely a routine copying of the accepted authorities, into which an increasing number of errors were introduced. » G. R. Crone, *Maps and their makers. An introduction to the history of cartography*, 4e édition, Londres, 1968, p. 26. Pour un inventaire référant à d'autres exemples, voir : J.-G. Arentzen, *Imago Mundi Cartographica. Studien zur Bildlichkeit mittelalterlicher Welt- und Ökomenekarten unter besonderer Berücksichtigung des Zusammenwirkens von Text und Bild*, Munich, 1984, p. 12-14 ; D. Woodward, Medieval *mappaemundi*, in J. B. Harley,

dans des publications plus récentes sur l'histoire de la cartographie. Un exemple illustratif se trouve encore dans une publication datant de 1980 : « Tout cela dit, on peut à bon droit désigner les cartes médiévales dessinées avant 1300 comme primitives : on ne s'y reconnaît qu'avec bien des difficultés, on n'y retrouve que quelques détails exacts dans une masse de conjectures. Les faits sont noyés sous les fables[5]. »

L'image standard du Moyen Âge arriéré et ignorant a été nuancée, surtout depuis le plaidoyer de Jacques le Goff pour un autre Moyen Âge[6]. Dans le domaine de l'histoire de la cartographie on s'est également rendu compte que la représentation traditionnelle de la cartographie médiévale n'est pas correcte. Notamment Anna-Dorothee von den Brincken a signalé l'existence de nombreuses preuves que la connaissance de la sphéricité de la terre avait été conservée par les savants du Moyen Âge[7]. Pour étayer cette thèse, elle réfère surtout à des mappemondes qui montrent, à côté de l'Europe, l'Asie et l'Afrique, un quatrième continent. Selon elle, ce serait un écho du globe terrestre construit par le Grec Cratès de Mallos (IIe siècle av. J.-C.).

Il y a de nombreuses autres preuves qui attestent l'existence de théories médiévales sur la sphéricité de la terre[8]. Selon la cosmologie médiévale le cosmos se compose de sphères concen-

D. Woodward (éd.), *Cartography in Prehistoric, Ancient, and Medieval Europe and the Mediterranean*, Chicago, 1987 (*The history of cartography*, t. I), p. 288.

[5] G. Kish, *La carte. Image des civilisations*, Paris, 1980, p. 24. D'autres exemples récents : « Maps became pure fancy », P. E. James, G. J. Martin, *All possible worlds*, p. 43 ; « We can see quite clearly in this [T and O] map how depiction of land masses can be ultimately simple and yet subordinated to the sacred world of the circle and to church doctrine rather than to a scientific perspective », Ch. Mukerji, Visual language in science and the exercise of power. The case of cartography in early modern Europe, in *Studies in visual communication*, t. 10, 1984, p. 34 ; « The geography remained largely static, since the world of empirical inquiry was closed to the medieval mind, but the world of imagination was not, and within the canons of authority the mapmakers employed ceaseless ingenuity in elaborating the received map. », « grotesque and childlike », P. Whitfield, *The image of the world. 20 Centuries of world maps*, Londres, 1994, p. 12-13, 20. On rencontre également des lieux communs, comme, par exemple : « la tutelle de l'église », F. Trystram, *Terre! Terre! De l'Olympe à la NASA, une histoire des géographes et de la géographie*, Paris, 1994, p. 133.

[6] J. Le Goff, *Pour un autre Moyen Âge. Temps, travail et culture en Occident. 18 Essais par Jacques le Goff*, Paris, 1977.

[7] A.-D. von den Brincken, Die Kugelgestalt der Erde in der Kartographie des Mittelalters, in *Archiv für Kulturgeschichte*, t. 58, 1976, p. 77-95. Elle n'était d'ailleurs pas la première à faire cette observation, cf. C. S. Lewis, *The discarded image*, p. 140-142.

[8] Pour des exemples, voir : F. S. Betten, Knowledge of the sphericity of the earth during the earlier Middle Ages, in *Catholic historical review*, 1923, p. 74-79 ; P. E. Schramm, *Sphaira, Globus, Reichsapfel. Wanderung und Wandlung eines Herrschaftszeichens von Caesar bis zu Elisabeth II. Ein Beitrag zum „Nachleben" der Antike*, Stuttgart, 1958, p. 29-35 ; J. Tattersall, Sphere or disc? Allusions to the shape of the earth in some twelfth-century and thirteenth-century vernacular French works, in *Modern Language Review*, t. 76, 1981, p. 31-46 ; V. I. J. Flint, Monsters and the antipodes in the early Middle Ages and Enlightenment, in *Viator*, t. 15, 1984, p. 65-80 ; R. Simek, Die Kugelform der Erde im mittelhochdeutschen Schrifttum, in *Archiv für Kulturgeschichte*, t. 70, 1988, p. 361-373 ; *idem*, *Erde und Kosmos im Mittelalter. Das Weltbild vor Kolumbus* Munich, 1992, p. 11-54 ; *idem*, Die Form der Erde im Mittelalter und die Erfinder der Scheibengestalt, in P. Segl (éd.), *Mittelalter und Moderne. Entdeckung und Rekonstruktion der mittelalterlichen Welt. Kongreßakten des 6. Symposiums des Mediävistenverbandes in Bayreuth 1995*, Sigmaringen, 1997, p. 139-147 ; A. Paravicini Bagliani, La sfericità della terra nel medioevo, in G. Cavallo (éd.), *Cristoforo Colombo e l'apertura degli spazi. Mostra storico-cartografica*, Rome, 1992, t. 1, p. 65-79 ; C. Deluz, Une terre ronde et habitable tout entour, in B. Ribémont (éd.), *Terres médiévales. Actes du colloque d'Orléans des 27 et 28 avril 1990*, Paris, 1993, p. 101-118 ; R. Krüger, *Eine Welt ohne Amerika. Globusvorstellungen und europäisches Raumbewußtsein*

triques, parmi lesquelles comptent les sphères des quatre éléments. On croyait que celles-ci étaient positionnées de haut en bas selon leur poids : d'abord le feu (*ignis*), ensuite l'air (*aer*), l'eau (*aqua*) et finalement la terre (*terra*). L'ensemble des éléments, des étoiles et des planètes serait entouré par le *coelum cristallinum* (parfois complété par le *coelum empyreum* et le *primum mobile*) infini. L'élément le plus lourd, *terra*, se concentrerait au centre de cet univers sphérique et, par conséquent, la terre ne pourrait être qu'un globe[9]. Il y a aussi des témoins textuels de la notion d'une terre sphérique. Par exemple, dans son *Imago mundi* (1110-1139) Honorius Augustodunensis compare la forme de la terre à une petite balle (« in modum pilę rotunda »)[10] et Vincent de Beauvais († 1264) discute dans son *Speculum naturale* la question si la terre est *plana* ou bien *rotunda et globulosa* pour conclure en faveur de la dernière option[11]. Au Moyen Âge il y avait sans aucun doute des disputes concernant la forme de la terre, mais celles-ci se portaient surtout sur la question des antipodes : il était inconcevable qu'au-delà de l'océan infranchissable il y eût des humains ne descendant pas d'Adam[12].

Dans une étude documentée avec des exemples parfois très amusants, J. B. Russell[13] a démontré que c'étaient surtout les partisans des théories de Charles Darwin qui, au XIXe siècle, dans leurs luttes contre les créationnistes, avaient propagé l'idée que l'Eglise aurait empêché le progrès des sciences dès que les résultats empiriquement obtenus contredisaient le contenu de la Bible[14]. De cette manière l'Eglise aurait imposé l'idée d'une terre plate et elle aurait forcé

in den Kosmologien von der Spätantike bis zur Frühen Neuzeit, Berlin, 1999 ; D. Cosgrove, *Apollo's eye. A cartographic genealogy of the earth in Western imagination*, Baltimore-Londres, 2001, E. Edson, E. Savage-Smith, A.-D. van den Brincken, *Medieval views of the cosmos. Picturing the universe in Christian and Islamic Middle Ages*, Oxford, 2004.

9 Il existe pourtant des variantes de cette représentation du cosmos. Un exemple en est l'œuf cosmique, décrit, entre autres, par Honorius Augustodunensis dans son *Imago mundi* (I,1). Une image de l'œuf cosmique se trouve dans le *Codex minor Hildegardis* contenant le *Liber scivias* d'Hildegarde de Bingen (1098-1179). Pour une étude de l'œuf cosmique au Moyen Âge, voir surtout : Ch. Connochie-Bourgne, *Comment li element son assis*. L'image de l'œuf cosmique dans quelques encyclopédies en langue vulgaire du XIIIe siècle, in D. Buschinger, A. Crepin (éd.), *Les quatre éléments dans la culture médiévale. Actes du colloque des 25, 26 et 27 mars 1982. Université de Picardie, Centre d'Études Médiévales*, Göppingen, 1983, p. 37-48 ; R. Simek, *Erde und Kosmos im Mittelalter*, p. 32-35. Sur les idées médiévales concernant le cosmos et les changements qui se sont produits au cours des XVIe et XVIIe siècles, voir : W. G. L. Randles, *The unmaking of the medieval Christian cosmos, 1500-1760. From solid heavens to boundless æther*, Aldershot, 1999.

10 Honorius Augustodunensis, *Imago mundi*, I,1, éd. V. I. J. Flint, Honorius Augustodunensis Imago Mundi, in *Archives d'histoire doctrinale et littéraire du Moyen Âge*, t. 57, 1982, p. 49.

11 Vincent de Beauvais, *Speculum naturale*, VI,vii-ix, *Speculum naturale, Douai, 1624* (*Vincentius Bellovacensis: Speculum maior*, t. 1), reprod. Graz 1964-1965, col. 374-375.

12 Voir sur ce sujet et d'autres disputes médiévales sur la forme de la terre, parmi lesquelles la théorie du globe terraqué : W. G. L. Randles, *De la terre plate au globe terrestre. Une mutation épistémologique rapide 1480-1520*, Paris, 1980.

13 J. B. Russel, *Inventing the flat earth. Columbus and modern historians*, New York, 1991. Voir aussi : D. Woodward, Medieval *mappaemundi*, p. 318-321; U. Eco, Della terra piatta alla terra cava, in *Segni e sogni della terra. Il disegno del mondo dal mito di Atlante alla geografia delle reti*, Milan, 2002, p. 15-22.

14 Cf. J. K. Wright, *The geographical lore*, p. 45 : « Simply compare a map of the world reconstructed from Ptolemy's data with one of the crude Beatus sketches reflecting Biblical beliefs, and some of the changes which the reading of the scripture had wrought become strikingly apparent. » Depuis les années 80 du XXe siècle on commence à nuancer l'image des prédicateurs médiévaux qui, avec la Bible dans une main et un flambeau dans l'autre, étaient sur le point d'allumer le bûcher afin de brûler vif des scientifiques hérétiques. Voir : D. C. Lindberg, R. L. Numbers,

Galileo Galilei à retirer ses théories concernant un univers héliocentrique. Russell a su démontrer que l'argument de la terre plate s'appuie uniquement sur la *Topographia christiana* (547-549) attribuée à un certain Cosmas Indicopleustès[15]. Ce texte cherche effectivement à établir une géographie chrétienne conforme à la Bible[16], mais au Moyen Âge il n'était pas du tout disponible en Occident où l'on ne lisait pratiquement pas le grec[17]. Même le procès contre Galilei ne se motivait pas uniquement par ses théories concernant l'héliocentrisme de l'univers : c'était plutôt son interprétation de certains passages bibliques qui avait suscité le courroux papal[18].

Au fond, le discours sur l'histoire de la cartographie est profondément marqué par une approche positiviste. Pendant très longtemps on s'est intéressé presque uniquement à l'avancement des connaissances géographiques et au progrès des méthodes de projection mathématique, car un des grands problèmes techniques de la cartographie ancienne était de trouver un système de projection permettant de convertir le réseau de méridiens et parallèles du globe terrestre à la surface plate de la carte. Dans cette perspective-là une carte est avant tout un instrument servant à l'orientation du voyageur et à la documentation des découvertes[19]. Par conséquent, les cartes médiévales sont condamnées parce qu'elles déformeraient la réalité géographique et donneraient une impression erronée des distances. Un autre défaut des cartes anciennes serait qu'elles ne se basent pas sur des données empiriquement obtenues et qu'elles reproduisent des lieux et des êtres purement légendaires[20]. Pendant les dernières décennies l'approche positiviste de l'histoire de la cartographie a été critiquée, surtout par J. B. Harley[21]. En 1968 Anna-Dorothee von den Brincken a ouvert la porte à des approches nouvelles de la cartographie médiévale[22].

(éd.), *God and nature. Historical essays on the encounter between Christianity and science*, Berkeley-Los Angeles-Londres, 1986.

[15] Voir sur ce texte : W. Wolska-Conus, *La topographie chrétienne de Cosmas Indicopleustès. Théologie et science au VIe siècle*, Paris, 1962 ; *idem*, La *Topographie Chrétienne* de Cosmas Indicopleustès. Hypothèse sur quelques thèmes de son illustration, in *Revue des Études Byzantines*, t. 48, 1990, p. 155-191.

[16] L'auteur a pourtant dû connaître les théories concernant la sphéricité de la terre parce que les manuscrits contiennent une image des antipodes vivant de l'autre coté du globe. Cf. W. Wolska-Conus, *La Topographie chrétienne*, p. 211-212, pl. VII. Pour d'autres arguments, voir : J.-G. Arentzen, *Imago mundi cartographica*, p. 37-45.

[17] Cf. A.-D. von den Brincken, Die Kugelgestalt der Erde, p. 81.

[18] Cf. W. R. Shea, Galileo and the Church, in D. C. Lindberg, R. L. Numbers (éd.), *God and nature. Historical essays on the encounter between Christianity and science*, Berkeley-Los Angeles-Londres, 1986, p. 114-135.

[19] Des exemples de cette approche cités dans : J. B. Harley, The map and the development of the history of cartography, in J. B. Harley, D. Woodward (éd.), *Cartography in Prehistoric, Ancient, and Medieval Europe and the Mediterranean*, Chicago, 1987 (*The history of cartography*, t. 1), p. 3-5. Un plaidoyer pour la réunion des deux approches dans : D. Woodward, The "two cultures" of map history – scientific and humanistic traditions – a plea for reintegration, in D. Woodward, C. Delano Smith, C. D. Yee (éd.), *Plantejaments i objectius d'una història universal de la cartografia/ Approaches and challenges in a worldwide history of cartography*, Barcelona, 2001, p. 49-67.

[20] Même certaines études récentes présentent toujours des idées reçues. Cf., par exemple : G. Huggan, *Maps and mapping strategies in contemporary Canadian and Australian fiction*, Toronto-Buffalo, 1994, p. 6 : « Despite the progress of the Scientific Revolution, late Renaissance and early Enlightenment maps were still riddled with errors and fanciful conjecture. »

[21] Surtout dans : J. B. Harley, The map and the development of the history of cartography.

[22] A.-D. von den Brincken, Mappa Mundi und Chronographia. Studien zur *imago mundi* des abendländischen Mittelalters, in *Deutsches Archiv für Erforschung des Mittelalters*, t. 24, 1968, p. 118-186.

Malgré ces idées plus nuancées, l'idée d'un progrès des sciences reste sensible dans le discours de l'histoire de la cartographie, même dans les manuels récemment parus[23].

Un des mythes qui est à la base de cette approche positiviste persistante de l'histoire de la cartographie, est l'idée que la cartographie moderne est la réponse logique et nécessaire au problème de la représentation correcte des configurations géographiques du globe terrestre sur la surface plane d'une carte. La cartographie moderne n'est pas considérée comme une création humaine : il fallait tout simplement la découvrir par des améliorations technologiques, en avançant par petits pas vers la cartographie scientifique. Le titre *L'aube de la cartographie moderne* de l'étude de Raymond Beazley est révélateur ici[24]. Anna-Dorothee von den Brincken a observé très correctement qu'on prend les conventions cartographiques du XXe siècle pour norme et qu'on juge la cartographie du passé sur la façon dont elle se conforme aux conventions cartographiques modernes[25]. Patrick Gautier Dalché signale que cette pratique mène à une lecture anachronique de la cartographie ancienne[26]. Le même mythe a donné naissance à l'idée que la cartographie médiévale serait entièrement symbolique, parce que pour la critique moderne les cartes de cette époque semblent n'avoir aucun rapport avec la réalité[27].

Cependant, l'idée que la cartographie moderne serait la seule méthode correcte de représenter la réalité géographique est mal fondée. Le fameux adage d'Alfred Korzybski que « une carte n'est pas le territoire » résume en quelques mots le problème principal des présuppositions sur l'existence d'une cartographie correcte[28]. De la même manière, le romancier Borgès a ridiculisé cette idée en décrivant une carte qui coïncide de point en point avec le territoire qu'elle couvre littéralement[29]. De nombreux philosophes et théoriciens de la représentation sont d'opinion qu'il est impossible de faire une copie exacte de la réalité : aucun système de représentation n'est basé sur des lois physiques ; ceux-ci se fondent par contre uniquement sur des conventions culturelles. C'est ainsi que Norman Bryson a insisté sur l'impossibilité d'une copie essentielle (« essential copy ») de la réalité[30], tandis que Roland Barthes a discuté le paradoxe d'un « mes-

[23] Un exemple en est P. WHITFIELD, *The image of the world*, p. VIII : « In one sense this book is clearly an account of geographical progress, of the dialogue between mapmakers and reality. »

[24] C. R. BEAZLEY, *The dawn of modern geography. A history of exploration and geographical science from the conversion of the Roman Empire to A.D. 900*, 3 vols, Londres, 1897-1906.

[25] A.-D. VON DEN BRINCKEN, *Kartographische Quellen. Welt-, See- und Regionalkarten*, Turnhout, 1988 (Typologie des sources du Moyen Âge occidental, t. 51), p. 20. Pour une autre critique de la représentation linéaire de l'histoire de la cartographie, voir : M. H. EDNEY, Cartography without progress. Reinterpreting the nature and historical development of mapmaking, in *Cartographica*, t. 30, 1993, p. 54-68.

[26] P. GAUTIER DALCHÉ, Tradition et renouvellement dans la représentation de l'espace géographique au IXe siècle, in *Studi Medievali*, t. 24, 1983, p. 121.

[27] Cf. F. TRYSTRAM, *Terre! Terre!*, p. 138 ; P. WHITFIELD, *The image of the world*, p. 14 : « Imagination led them to develop the symbolic function of the world map, to create an image of the world that was culturally subjective. They neither could nor would create one that was geographically objective. » P. GAUTIER DALCHÉ (*La « Descriptio mappe mundi » de Hugues de Saint-Victor. Texte inédit avec introduction et commentaire*, Paris, 1988, p. 119-120) s'oppose à l'idée d'une cartographique entièrement symbolique au Moyen Âge. J'y reviendrai au chapitre VI.

[28] A. KORZYBSKI, *Science and sanity. An introduction to non-Aristotelian systems*, Lakeville, 1958. Pour une discussion, voir : G. HUGGAN, *Territorial disputes*, p. 1-6.

[29] J.-L. BORGÈS, *On rigor in science*. Cité dans : G. HUGGAN, *op. cit.*, p. 1. La même idée se trouve pourtant déjà dans *Sylvie and Bruno concluded* de Lewis Caroll ; voir : la contribution d'Ed Dahl à la liste de discussion électronique Maphist datée du 2 mai 1998.

[30] N. BRYSON, *Vision and painting. The logic of the gaze*, New Haven, 1983, p. 20-21.

sage sans code » : selon ce dernier il faut « un savoir généralement culturel » afin de comprendre des représentations, même des images[31]. Dans le domaine de la sémiotique, des nominalistes comme Nelson Goodman et W. J. T. Mitchell sont d'avis qu'il n'y a pas de rapport ontologique entre signe et signifié : ce rapport est entièrement conventionnel. La définition du signe ne se limite pas à des signes linguistiques, ce qui, selon ces nominalistes, signifie que même les photos sont basées sur des conventions culturelles[32]. Il faut connaître le code afin de pouvoir comprendre des textes, des images et des cartes[33]. La cartographie moderne n'est donc pas le résultat logique d'un progrès vers une cartographie correcte : c'est un système de représentation conventionnel où l'idéologie joue un rôle prépondérant[34]. La cartographie médiévale, à son tour, avait tout simplement recours à un système de représentation cartographique qui diffère du nôtre. Le fait que l'homme moderne ne comprend plus ces conventions n'implique pas forcément que la cartographie médiévale n'ait aucun rapport avec la réalité, qu'elle soit le produit de la fantaisie du cartographe, ou bien qu'elle dépeigne une terre plate.

Le constat que la cartographie moderne constitue un code conventionnel mène incontestablement à la conclusion que des idéologies, des idées préconçues et la culture du cartographe conditionnent, elles aussi, la représentation de la terre. Surtout aux États-Unis, et ce sous l'influence des écrits de Jacques Derrida et de Michel Foucault, on s'intéresse aux structures idéologiques sous-jacentes de la cartographie ancienne. Le représentant le plus important de cette approche est J. B. Harley qui a publié un nombre considérable d'études sur la cartographie ancienne comme une légitimation de la supériorité de l'Europe et, par conséquent, de la colonisation des autres continents[35]. Dans le domaine de la littérature comparée on s'est également

[31] R. Barthes, Rhétorique de l'image, in *Communications*, t. 4, 1964, p. 42.

[32] N. Goodman, *Languages of art*, Indianapolis, 1976 ; W. J. T. Mitchell, *Iconology. Image, text, ideology*, Chicago, 1986. Ce problème continue à provoquer des discussions passionnées. Il s'est par exemple avéré que tous les hommes reconnaissent certaines images, quelle que soit leur culture (cf. J. Hochberg, The construction of pictorial meaning, in T. A. Sebeok, J. Umiker-Sebeok (et al.) (éd.), *Advances in visual semiotics. The semiotic web 1992-93*, Berlin-New York, 1995, p. 109-162). D'autres expériences ont précisé par contre que l'œil humain n'accepte pas certaines images d'un cube qui sont pourtant correctes selon la perspective mathématique, tandis qu'une image fautive est acceptée sans problèmes (J. M. Kennedy, Picture perception, in T. A. Sebeok, J. Umiker-Sebeok (et al.), *Advances in visual semiotics. The semiotic web 1992-93*, Berlin-New York, 1995, p. 185-215).

[33] Pour la cartographie moderne comme système sémiologique, voir : S. Bann, The truth in mapping, in *Word & image*, t. 4, 1988, p. 498-509 ; J. B. Harley, Texts and contexts in the interpretation of early maps, in D. Buisseret (éd.), *From sea charts to satellite images. Interpreting North American history through maps*, Chicago, 1990, p. 3-5 ; D. Wood *The power of maps*, New York, 1992, p. 95-142.

[34] Les représentations cartographiques de la Waddenzee dans le nord des Pays-Bas sont illustratives sur ce point : des bancs de sable secs où vivent des oiseaux et des phoques marins ne figurent presque jamais sur les cartes. La notion terre n'y a pas la dénotation neutre « terre ferme », mais une dénotation idéologique : « habitée par des humains et utile ».

[35] Voir surtout : J. B. Harley, Silences and secrecy. The hidden agenda of cartography in early modern Europe, in *Imago mundi*, t. 40, 1988, p. 57-76 ; *idem*, Maps, knowledge and power', in D. Cosgrove, S. Daniels (éd.), *The iconography of landscape*, Cambridge, 1988, p. 277-312 ; *idem*, Deconstructing the map, in *Cartographica*, t. 26, 1989, p. 1-20 ; *idem*, Cartography, ethics and social theory, in *Cartographica*, t. 27, 1990, p. 1-23 et J. B. Harley, K. Zandvliet, Art, science, and power in sixteenth-century Dutch cartography, in *Cartographica*, t. 29, 1992, p. 10-19. Pour une traduction française des publications de Harley, voir : P. Gould, A. Bailly, *Le pouvoir des cartes. Brian Harley et la cartographie*, Paris, 1995. L'approche de Harley a été critiqué par B. Belyea, Images of power: Derrida/Foucault/Harley, in *Cartographica*, t. 29, 1992, p. 1-9. De nombreuses études sur le thème « cartographie et pouvoir »

occupé des aspects idéologiques et politiques de la cartographie ancienne[36]. Pour ce qui est de la médiévistique, c'est surtout Marcia Kupfer qui a examiné le fonctionnement de la cartographie médiévale comme expression de pouvoir et d'idéologie institutionnelle[37].

Ces dernières années paraissent de plus en plus d'approches de la cartographie ancienne qui ne se centrent pas uniquement sur le progrès de la technologie. Des réflexions théoriques importantes se trouvent dans *L'empire des cartes. Approche théorique de la cartographie à travers l'histoire* de Christian Jacob[38]. David Woodward s'est penché sur le problème de la production et de la réception de la cartographie dans *Maps as prints in the Italian Renaissance. Makers, distributors & consumers*[39]. Une autre étude révélatrice est *The self-made map. Cartographic writing in early modern France* de Tom Conley[40]. Ce dernier s'occupe de l'écriture cartographique (« cartographic writing ») dans la France du XVIe siècle et il démontre qu'à cette époque la cartographie n'était pas uniquement une activité scientifique, mais que la cartographie, les arts visuels et la littérature se mélangent étroitement. Malgré ces exemples, les prémisses traditionnelles de l'histoire de la cartographie ne se transforment que très lentement. Encore en 1996 Matthew Edney, Christian Jacob et Catherine Delano-Smith ont lancé un appel en faveur de l'introduction de réflexions méthodologiques dans l'histoire de la cartographie[41]. Voilà pourquoi la présente étude ne s'occupera pas de l'avancement technologique de la cartographie. Je ne rejette pourtant pas totalement cette approche, mais, à mon avis, elle ne concerne qu'une

continuent à paraître, voir, par exemple : W. D. Mignolo, *The darker side of Renaissance. Literacy, territoriality and colonization*, Ann Arbor, 1995 ; J. Black, *Maps and politics*, Chicago, 1997 ; M. Pelletier, Carte e potere, in *Segni e sogni della terra. Il disegno del mondo dal mito di Atlante alla geografia delle reti*, Milan, 2002, p. 81-93 ; A. Sandman, Mirroring the world. Sea charts, navigation, and territorial claims in sixteenth-century Spain, in P. H. Smith, P. Findlen (éd.), *Merchants and marvels. Commerce, science, and art in early modern Europe*, New York-Londres, 2002, p. 83-108 ; U. Schneider, *Die Macht der Karten. Eine Geschichte der Kartographie vom Mittelalter bis Heute*, Darmstadt, 2004. Il faut cependant remarquer que cette approche donne parfois lieu à des schématisations et à des conclusions gratuites, comme, par exemple, dans Ch. Mukerji, Visual language in science and the exercise of power. The case of cartography in early modern Europe.

Pour l'usage de cartes en tant qu'instrument politique au XVIe siècle, voir : D. Buisseret (éd.), *Monarchs, ministers and maps. The emergence of cartography as a tool of government in early modern Europe*, Chicago, 1992 ; P. Barber, Maps and monarchs in Europe 1550-1800, in R. Oresko, G. C. Gibbs, H. M. Scott (éd.), *Royal and republican sovereignty in early modern Europe. Essays in memory of Ragnhild Hatton*, Cambridge, 1997, p. 75-124.

36 Cf. J. Gillies, *Shakespeare and the geography of difference*, Cambridge, 1994 ; G. Huggan, *Territorial disputes*.

37 M. Kupfer, The lost *Mappamundi* at Chalivoy-Milon, in *Speculum*, t. 66, 1991, p. 540-571 ; *idem*, Medieval world maps. Embedded images, interpretative frames, in *Word & image*, t. 10, p. 276-279 ; *idem*, The lost wheel map of Ambrogio Lorenzetti, in *Art Bulletin*, t. 78, 1996, p. 286-310

38 C. Jacob, *L'empire des cartes. Approche théorique de la cartographie à travers l'histoire*, Paris, 1992.

39 D. Woodward *Maps as prints in the Italian Renaissance. Makers, distributors & consumers*, Londres, 1996. Voir aussi du même : The study of map trade in the sixteenth century. Needs and opportunities, in C. Koeman (éd.), *Land- und Seekarten im Mittelalter und in der frühen Neuzeit*, Munich, 1980, p. 137-146.

40 T. Conley, *The self-made map. Cartographic writing in early modern France*, Minneapolis, 1996.

41 M. H. Edney, Theory and the history of cartography, in *Imago mundi*, t. 84, 1996, p. 185-191 ; Chr. Jacob, Toward a cultural history of cartography, in *Imago mundi*, t. 84, 1996, p. 191-198 ; C. Delano Smith, Why theory in the history of cartography, in *Imago mundi*, t. 84, 1996, p. 198-205. Voir aussi : D. Woodward, "Theory" and the history of cartography, in D. Woodward, C. Delano Smith, C. D. Yee (éd.), *Plantejaments i objectius d'una història universal de la cartografia/ Approaches and challenges in a worldwide history of cartography*, Barcelona, 2001, p. 31-48.

partie bien limitée de l'histoire de la cartographie. Je partage plutôt l'opinion de Christian Jacob selon laquelle la cartographie n'est pas une activité isolée et qu'on ne peut la comprendre que par rapport à son contexte culturel et intellectuel[42].

Au début de cette introduction j'ai mentionné l'opinion générale selon laquelle la redécouverte de la *Geographia* de Ptolémée et le voyage de Christophe Colomb auraient marqué la fin définitive du Moyen Âge. La plupart des manuels de l'histoire de la cartographie récemment parus mentionnent comme causes principales de la Renaissance cartographique premièrement la réintroduction en Occident de la *Geographia* de Ptolémée par le Byzantin Manuel Chrysoloras et par l'humaniste florentin Palla Strozzi au début du xve siècle, la traduction latine du texte de Ptolémée que Jacopo Angeli dédia au Pape Alexandre V en 1409, les voyages de découverte commençant avec les explorations des Portugais le long du littoral de l'Afrique de l'Ouest dès le début du xve siècle et, finalement, la diffusion rapide de ces connaissances nouvelles par l'imprimerie[43]. Par conséquent, le xve siècle semble marquer une césure indéniable entre deux époques fondamentalement différentes[44].

Il est au moins surprenant que le discours sur l'histoire de la cartographie soit si peu affecté par la discussion sur la notion de la Renaissance qui a occupé les esprits dès la « révolte des médiévistes » au début du xxe siècle. Cette formule est de Wallace K. Ferguson qui, en 1948 déjà, fit l'inventaire des études s'opposant à l'idée d'une différence de jour et nuit entre le Moyen Âge et la Renaissance[45]. Ferguson signale qu'à partir de la fin du xixe siècle certains historiens exprimaient l'idée que les origines de la Renaissance se trouvent au Moyen Âge, comme, par exemple, le *The Renaissance of the twelfth century*, paru en 1927, où Charles Homer Haskins avance que la renaissance de l'Antiquité avait déjà commencé au xiie siècle[46].

[42] C. Jacob, *art. cit.*. Cf. C. Delano Smith, Maps and map literacy I : different users, different maps, in D. Woodward, C. Delano Smith, C. D. Yee (éd), *Plantejaments i objectius d'una història universal de la cartografia/ Approaches and challenges in a worldwide history of cartography*, Barcelona, 2001, p. 223-239. Je reviendrai plus amplement sur le rôle du contexte au chapitre V.

[43] Par exemple : M. Milanesi, La rinascita della geografia dell'Europa (1350-1480), in S. Gensini (éd.), *Europa e Mediterraneo tra medioevo e prima età moderna. L'osservatorio Italiano*, San Miniato, 1992, p. 35-59 ; J. Babicz, H, M. Nobis, Die Entdeckung der Natur in der geographischen Literatur und Kartographie an der Wende vom Mittelalter zur Renaissance, in A. Zimmermann (et al.) (éd.), *Mensch und Natur im Mittelalter*, Berlin, 1992, p. 939-951 ; P. Whitfield, *The image of the world, p.* 36-39 ; P. D. A. Harvey, *Mappa mundi. The Hereford world map*, Londres, 1996, p. 388 ; N. J. W. Thrower, *Maps and civilization. Cartography in culture and society*, Chicago, 1996, p. 58-76 ; D. Woodward, The image of the map in the Renaissance, in D. Woodward, C. Delano Smith, C. D. Yee (éd), *Plantejaments i objectius d'una història universal de la cartografia/ Approaches and challenges in a worldwide history of cartography*, Barcelona, 2001, p. 133-152 ; J.-M. Besse, *Les grandeurs de la Terre. Aspects du savoir géographique à la Renaissance*, Lyon, 2003, p. 5-148.

[44] Ceci donne parfois lieu à des lieux communs. Cf. F. Trystram, *Terre! Terre!*, p. 169 : « Le xve siècle est celui où le Moyen Âge agonise dans d'épouvantables souffrances, en même temps que la lumineuse Renaissance se met en place. »

[45] W. K. Ferguson, *The Renaissance in historical thought. Five centuries of interpretation*, Boston, 1948 ; cf. Chapitre ii : « The revolt of the Medievalists. The Renaissance interpreted as continuation of the Middle Ages ». Pour des remarques sur l'histoire de la « Mittelalterauffassung » : A. Buck, *Die humanistische Tradition in der Romania*, Berlin-Zürich, 1968, p. 38 ; E. Panofsky, *Renaissance and renascences in Western art, New York*, 1972, p. 5-8 ; P. O. Kristeller, *Renaissance thought and its sources*. New York, 1979, p. 85-86.

[46] C. H. Haskins, *The Renaissance of the twelfth century*, Cambridge, Mass., 1927.

A l'heure actuelle, à peu près un siècle après cette révolte des médiévistes, on commence à considérer la notion de Renaissance comme une construction idéologique du XIXe siècle : les historiens de cette époque ont recherché dans l'Antiquité et dans la Renaissance surtout ce qu'ils appréciaient dans les sciences et la culture de leur propre époque[47]. Qui plus est, la cartographie prétendument scientifique de l'Antiquité est, au fond, une conjecture totale, car aucune preuve n'a survécu jusqu'à nos jours[48]. Même les cartes ptoléméennes encore connues ont probablement été dressées à Byzance[49]. Il est donc hautement douteux que la cartographie mathématique et scientifique de l'Antique ait véritablement pu renaître au XVe siècle.

Le phénomène Renaissance semble un mouvement universel[50], mais sa définition provient pourtant surtout du domaine de l'histoire de l'art : l'art du *trecento* et du *quattrocento* italiens se caractérise par l'imitation de la nature, l'introduction de la perspective mathématique, ainsi que par un retour aux thèmes et à la morphologie de l'art antique[51]. A première vue, la cartographie semble suivre le même parcours que les arts visuels : l'application d'un système de projection mathématique[52] ainsi qu'un réalisme croissant. En vérité, il n'y a aucune preuve d'un parallèle quelconque entre le système de projection de Ptolémée et la description des règles de la perspective linéaire par Leon Battista Alberti et par Albrecht Dürer. Ce parallèle n'est donc qu'un « facile effet rhétorique », comme l'a fait remarquer Patrick Gautier Dalché[53]. Il en est de même du parallèle qu'on a voulu voir entre l'art mimétique de la Renaissance et les sciences empiriques[54]. L'esprit nouveau de la Renaissance qui permettrait enfin la découverte du monde tel qu'il est semble s'appliquer aux arts visuels et à la cartographie. En témoigne le titre d'un

[47] Cf. D. C. Lindberg, Science and the early church, in D. C. Lindberg, R. L. Numbers (éd.), *God and nature. Historical essays on the encounter between Christianity and science*, Berkeley-Los Angeles-Londres, 1986, p. 19-48, p. 21 ; S. Bann, Generating the Renaissance, or the individualization of culture, in M. Bal, I. E. Boer (éd.), *The point of theory. Practices of cultural analysis*, Amsterdam, 1994, p. 145-154.

[48] Cf. K. Brodersen, *Terra Cognita. Studien zur römischen Raumerfassung*, Hildesheim-Zurich-New York, 1995, p. 14-32, 72-86, 261.

[49] Cf. L. Bagrow, R. A. Skelton, *History of cartography*, 1985 (trad. et rééd. élargie de L. Bagrow, *Die Geschichte der Kartographie*, Berlin, 1951), p. 34-37 ; K. Brodersen, *op. cit.*, p. 13, n. 1.

[50] Pour une critique de la thèse d'un « esprit supra-individuel et indépendant » qui pénètrerait toutes les activités d'une époque et/ou d'une région, voir : E. H. Gombrich, *In search of cultural history*, Oxford, 1969.

[51] Cf. E. Panofski, *op. cit*, p. 18-29.

[52] Voir surtout : S. Y. Edgerton, *The Renaissance rediscovery of linear perspective*, Londres, 1976, p. 91-105, 1987 et plus généralement *The heritage of Giotto's geometry. Art and science on the eve of the Scientific Revolution*, Ithaca, 1991. Voir aussi : N. Broc, *La géographie de la Renaissance (1420-1620)*, 2e édition, Paris, 1986, p. 205-221 ; J. M. Headly, Geography and empire in the late Renaissance. Boterio's assignment, Western universalism, and the civilizing process, in *Renaissance Quarterly*, t. 53, 2000, p. 1119-1155. Un inventaire dans P. Gautier Dalché, Pour une histoire du regard géographique. Conception et usage de la carte au XVe siècle, in *Il teatro della natura/The Theatre of Nature. Micrologus IV*, Turnhout, 1996, p. 98, n. 2.

[53] P. Gautier Dalché, *art. cit.*, p. 98-100. Pour une autre critique, voir : S. Alpers (*The art of describing. Dutch art in the seventeenth century*, Chicago, 1983, p. 119-168) qui fait observer qu'il y a une différence fondamentale entre la perspective linéaire selon un point de fuite et la projection d'un globe sur une surface plane. Alpers a pourtant su démontrer qu'il y a eu des échanges entre la peinture néerlandaise du XVIIe siècle et la cartographie de cette époque. A mon avis, l'intérêt pour l'application des règles mathématiques n'est pas uniquement motivé par des aspirations d'exactitude, mais aussi par l'idée que les lois mathématiques de la nature reflètent la perfection de Dieu le Créateur.

[54] Cf. Th. DaCosta Kaufmann, *The mastery of nature. Aspects of art, science and humanism in the Renaissance*, Princeton, 1993, p. 3-5.

ouvrage paru en 1992 : *Shedding the veil. Mapping the European discovery of America and the world*[55]. La métaphore de la Renaissance qui se serait libérée du voile qui, au Moyen Âge, avait gêné la perception de la réalité est un *topos* inauguré par l'étude sur la culture de la Renaissance de Jacob Burckhard datant de 1860[56].

Pour les historiens qui s'occupent de l'histoire des sciences, la Renaissance ne compte guère comme période de renouvellement. Dans *Le système du monde. Histoire des doctrines cosmologiques de Platon à Copernic*, paru en dix volumes entre 1913 et 1959, Pierre Duhem avance que la révolution scientifique du XVIIe siècle avait déjà commencé avec les théories cosmologiques et physiques telles qu'elles avaient été formulées au XIVe siècle par les savants de l'université parisienne[57]. La discussion concernant les origines de la révolution scientifique s'est relancée pendant les années 50 à la suite de deux études publiées par Alistair Crombie[58]. Dans l'opinion de ce dernier la révolution scientifique du XVIIe siècle n'est qu'une continuation des méthodes empiriques et mathématiques développées aux XIIIe et XIVe siècles. La question est encore pertinente aux années '90 du XXe siècle. En témoigne la publication *The foundations of modern science in the Middle Ages*, publié en 1996 par Edward Grant[59]. Selon la thèse de Grant la révolution scientifique du XVIIe siècle n'aurait jamais pu se produire sans les traductions latines, au XIIe siècle, de certains traités scientifiques de la tradition gréco-arabe. Ce n'est pourtant pas uniquement dans l'histoire des sciences qu'on croit pouvoir observer une continuité entre Moyen Âge et Renaissance, mais aussi dans le domaine des arts et de la philosophie. Les études de Jean Seznec[60], d'Erwin Panofsky[61] et de Paul Kristeller[62] en sont des exemples illustratifs. Il en est de même de la prise de position de Jacques le Goff en faveur d'un « Moyen Âge long »[63].

[55] TH. SUÁREZ, *Shedding the veil. Mapping the European discovery of America and the world*, Singapour, 1992.

[56] « Im Mittelalter lagen die beiden Seiten des Bewußtseins (...) wie unter einem gemeinsamen Schleier träumend oder halbwach. Der Schleier war gewoben aus Glauben, Kindesbefangenheit und Wahn ; durch ihn hindurchgesehen erschienen Welt und Geschichte wundersam gefärbt (...). » J. BURCKHARDT, *Die Kultur der Renaissance in Italien in Versuch*, 2e édition, Leipzig, 1869. Sur le *topos* du voile, voir aussi : D. C. LINDBERG, *Beginnings of Western science. The European scientific tradition in philosophical, religious, and institutional context, 600 B.C. to A.D. 1450*, Chicago-Londres, 1992, p. 356-356.

[57] P. DUHEM, *Le système du monde. Histoire des doctrines cosmologiques de Platon à Copernic*, Paris, 1913-1959.

[58] A. C. CROMBIE, *Augustine to Galileo. The history of science A.D. 400-1650*, Londres, 1952 ; *idem*, *Robert Grosseteste and the origins of experimental science, 1100-1700*, Oxford, 1953. Sur la réception des études de Crombie, voir : B. S. EASTWOOD, On the continuity of Western science form the Middle Ages. A. C. Crombie's Augustine to Galileo, in *Isis*, t. 83, 1992, p. 84-99. Pour un inventaire des contributions au débat concernant la continuité, voir : D. C. LINDBERG, *Beginnings of Western science*, p. 355-368.

[59] E. GRANT, *The foundations of modern science in the Middle Ages. Their religious, institutional, and intellectual contexts*, Cambridge, 1996. Voir du même : Late medieval thought, Copernicus, and the Scientific Revolution, in *Journal of the history of ideas*, t. 23, 1962, p. 197-220 et *Planets, stars, and orbs. The Medieval cosmos, 1200-1687*, Cambridge-New York, 1994.

[60] J. SEZNEC, *La survivance des dieux antiques*, Londres, 1940. Pour une critique de Seznec, voir : E. GARIN, *Medioevo e Rinascimento*, 3e édition, Rome-Bari, 1980, p. 63-100.

[61] E. PANOFSKY, *Renaissance and renascences*.

[62] P. O. KRISTELLER, *Renaissance thought. The classic, scholastic, and humanist strains*, New York, 1961, p. 92-119 ; *idem*, *Medieval aspects of Renaissance learning. Three essays by P. O. Kristeller*, Durham N.C., 1974 ; *idem*, *Renaissance thought and its sources*, p. 85-133.

[63] J. LE GOFF, *Pour un autre Moyen Âge*, p. 11.

De la même manière, on peut désigner des arguments en faveur d'une continuité de la cartographie entre Moyen Âge et Renaissance. Par exemple, la *Geographia* de Ptolémée a pu faire une telle sensation parce que les savants du XVe siècle étaient déjà familiers avec le système des coordonnées astronomiques. Au XIIe siècle des savants du monde latin (parmi lesquels Gérard de Crémone) avaient traduit l'*Almageste* de Ptolémée, ainsi que des traités astronomiques composés par les Arabes, comme *Les éléments de l'astronomie* d'Alfraganus (IXe siècle) et les tables astronomiques de Tolède (améliorées par les tables alfonsines) basées, entre autres, sur les observations d'al-Khwarizmi (IXe siècle) et d'autres savants (ces tables ont également été traduites par Adélard de Bath). La conséquence la plus importante pour la géographie était que les savants occidentaux commençaient à calculer les coordonnées astronomiques des différents lieux sur le globe terrestre, exprimées en longitude et latitude, suivant l'exemple des anciens Grecs et des Arabes[64]. Dans son *Opus maius* (vers 1268) Roger Bacon (ca. 1219-1292) décrit même un système de projection cartographique basé sur des coordonnées de longitude et de latitude[65]. Dana Benett Durand a proposé une reconstruction d'une carte à projection datant des années 1420-1440, mais ses conclusions ont été contestées par Patrick Gautier Dalché[66]. Quoi qu'il en soit, au début du XVe siècle la *Geographia* de Ptolémée n'était certainement pas une nouveauté totale[67]. Au plus le texte a revigoré une pratique déjà existante depuis quelques siècles.

La découverte du Nouveau Monde n'est pas non plus un événement marquant le passage du Moyen Âge à la Renaissance. Des sagas islandaises conservées dans des manuscrits datant des XIIe et XIIIe siècles font l'éloge des voyages de Leif Ericsson et Bjarni Herjolfsson au Markland

[64] Sur l'astronomie et les tables astronomiques, voir : D. C. LINDBERG, *Beginnings of Western science*, p. 267-273 ; J. NORTH, *The Fontana history of astronomy and cosmology*, Londres, 1994, p. 203-223 ; E. GRANT, *The foundations of modern science in the Middle Ages* (surtout p. 54-69, 131-133) ; P. GAUTIER DALCHÉ, Pour une histoire du regard géographique, p. 84-85 ; *idem*, Connaissance et usages géographiques des coordonnées dans le Moyen Âge latin (du Vénérable Bède à Roger Bacon), in L. Callebat, O. Desbordes (éd.), *Science antique, science médiévale. (Autour d'Avranches 235), Actes du Colloque international (Mont Saint-Michel, 4-7 septembre 1998)*, Hildesheim-Zürich-New York, 2000, p. 401-436. Pour l'influence de l'astronomie grecque et arabe sur la cartographie, voir : D. B. DURAND, *The Vienna-Klosterneuburg map corpus of the fifteenth century. A study in the transition from Medieval to modern science*, Leyde, 1952, p. 93-113 ; A. DE SMET, L'évolution de la cartographie au moyen âge et jusqu'à la 2e moitié du XVIe siècle, in C. Koeman (éd.), *Land- und Seekarten im Mittelalter und in der frühen Neuzeit*, Munich, 1980, p. 72-76 ; D. WOODWARD, Medieval *mappaemundi*, p. 322-323.

[65] ROGER BACON, *Opus maius*, éd. J. H. BRIDGES, *The Opus Maius of Roger Bacon*, reprod. Frankfurt a.M., 1964, p. 294-295. Sur cette carte, voir : D. WOODWARD, *art. cit*, p. 322-323 ; A. CROMBIE, J. D. NORTH, Roger Bacon (c. 1219-1292), in A. C. Crombie (éd.), *Science, art and nature in Medieval and modern thought*, Londres, 1996, p. 60 ; D. WOODWARD, H. M. HOWE, Roger Bacon on geography and cartography, in J. Hackett (éd.), *Roger Bacon and the sciences. Commemorative essays*, Leyde-New York-Cologne, 1997, p. 208-210, 215-221 ; P. GAUTIER DALCHÉ, Connaissance et usages géographiques des coordonnées dans le Moyen Âge latin, p. 424-436.

[66] D. B. DURAND, *The Vienna-Klosterneuburg map corpus* ; P. GAUTIER DALCHÉ, Pour une histoire du regard géographique, p. 85.

[67] Pour la réception de l'œuvre géographique de Ptolémée et la continuité des théories ptoléméennes du Moyen Âge à la Renaissance, voir : P. GAUTIER DALCHÉ, *art. cit.*, p. 78-89 ; *idem*, Le souvenir de la Géographie de Ptolémée dans le monde latin médiéval (VIe-XIVe siècles), in *Euphrosyne. Revista de filologia clássica*, n.s. t. 27, 1999, p. 79-106 ; *idem*, The reception of Ptolemy's Geography, in *The history of cartography*, vol. 3. *Cartography in the European Renaissance*, Chicago, à paraître ; G. AUJAC, Continuità delle teorie tolemaiche nel medioevo e nel rinascimento, in G. Cavallo (éd.), *Cristoforo Colombo e l'apertura degli spazi. Mostra storico-cartografica*, Rome, 1992, t. 1, p. 35-64 ; *idem*, *Claude Ptolemée, astronome, astrologue, géographe. Connaissances et représentations du monde habité*, Paris, 1993.

et au Vinland au-delà de l'océan occidental. Selon les sagas ces voyages auraient eu lieu au xe siècle. Depuis les fouilles à l'Anse aux Meadows à Terre-Neuve pendant les années 60 il s'est avéré que Christophe Colomb a eu effectivement des prédécesseurs scandinaves[68]. Selon Kirsten Seaver le voyage de Leif n'était pas un événement unique : jusqu'au xve siècle les Vikings ont voyagé régulièrement vers l'Amérique du Nord pour y chercher du bois et du gibier[69].

L'entrée en scène des cartes à projection semble également provoquer une césure importante, mais, malgré cela, on a continué à produire et à utiliser des cartes portulans jusqu'au xviie siècle[70]. Ces cartes sont bel et bien une création médiévale : elles apparaissent dès le xiie siècle. Les cartes de la Renaissance continuent à reproduire certains thèmes et légendes médiévaux. Un exemple est le Prêtre Jean, prêtre-roi légendaire connu en Occident depuis le xiie siècle, qui figurera dans la cartographie jusqu'au xviie siècle[71].

La thèse de la continuité des sciences du Moyen Âge jusqu'à la révolution scientifique n'est pourtant pas universellement acceptée. Les critiques les plus importantes ont été émises par Alexandre Koyré[72], par Thomas Kuhn[73] et plus récemment David Lindberg s'y est rallié[74]. Dans le domaine de la philologie, c'est surtout Eugenio Garin qui s'est prononcé contre l'idée d'une continuité entre le Moyen Âge et la Renaissance[75]. Garin admet que l'image de la Renaissance lumineuse faisant disparaître l'obscurité du Moyen Âge est un mythe, mais, dans sa vision, il y a bel et bien une rupture parce que l'attitude des humanistes envers l'Antiquité diffère fondamentalement de celle qu'avaient adoptée les savants du Moyen Âge. Je n'ai nullement l'intention de rejeter l'unicité de l'humanisme, mais il est impossible de transposer cette pratique philologique tout simplement dans le domaine de la cartographie. Qui plus est, malgré leur vénération de l'Antiquité et leur attitude critique envers les sources, les humanistes ont quand même utilisé de nombreuses sources médiévales[76].

Dans le domaine de la géographie et de la cosmographie c'est surtout W. G. L. Randles[77] qui croit pouvoir distinguer « une mutation épistémologique rapide » de la terre plate vers le globe terrestre entre 1480 et 1520. Ci-dessus j'ai déjà signalé que le Moyen Âge ne chérissait certainement pas l'idée d'une terre plate. Randles a pourtant sans aucun doute raison en posant que pendant la période en question surgissent de nouvelles théories sur la forme du globe ter-

[68] Cf. J. R. S. Phillips, *The Medieval expansion of Europe*, Oxford-New York, 1988, p. 164-178 ; R. A. Skelton (et al.), *The Vinland Map and the Tartar relation*, New Haven-Londres, 1995, p. 222-227 ; K. A. Seaver, *The frozen echo. Greenland and the exploration of North America, AD 1000-1500*, Stanford, 1996, p. 14-43.

[69] K. A. Seaver, *op. cit.*

[70] Cf. G. R. Crone, *Maps and their makers.*, p. 38 ; J.-G. Arentzen, *Imago Mundi Cartographica*, p. 16, 284 ; M. de la Roncière, M. Mollat du Jourdin, *Les Portulans. Cartes marines du XIIIe siècle au XVIIe siècle*, Fribourg, 1984.

[71] J'y reviendrai au chapitre V.

[72] A. Koyré, *Etudes galiléennes*, Paris, 1939

[73] T. S. Kuhn, *The structure of scientific revolution*, 2me édition, Chicago, 1970

[74] D. Lindberg, *Beginnings of Western science*, p. 360-368.

[75] E. Garin, *Medioevo e Rinascimento*, p. 37, 95-100.

[76] Cf. J. Seznec, *La survivance des dieux antiques*, p. 184-215 ; P. O. Kristeller, *Renaissance thought and its sources*, p. 85-105. Une évaluation très nuancée de l'attitude des humanistes italiens du xive siècle envers leurs sources classiques et « traditionnelles » dans N. Bouloux, *Culture et savoirs géographiques en Italie au XIVe siècle*, Turnhout, 2002 (Terrarum orbis, t. 2).

[77] W. G. L. Randles, *De la terre plate au globe terrestre.*

restre, mais, à mon avis, la cartographie de cette époque se caractérise plutôt par un procédé cumulatif. Ceci s'oppose à la description des révolutions scientifiques par Thomas Kuhn selon lequel la science normale (« normal science ») est cumulative tandis que les révolutions scientifiques ont un caractère non cumulatif, dans ce sens que les paradigmes déjà existants perdent peu à peu leur validité pour céder finalement leur place à des paradigmes nouveaux[78]. La thèse que les découvertes nouvelles falsifient les paradigmes existants est sans aucun doute valide pour les sciences modernes, mais aux XVe et XVIe siècles les découvertes n'ont pas annulé les connaissances fournies par la tradition textuelle au sujet de la forme et de la géographie de la terre. La cartographie des XVe et XVIe siècles a un caractère cumulatif, parce que les paradigmes nouveaux s'ajoutent tout simplement à ceux livrés par la tradition. Au chapitre III je montrerai ainsi que la découverte du Nouveau Monde n'a pas du tout ébranlé les théories existantes concernant l'œkoumène tripartite. Les cosmographes continuent à reproduire les textes traditionnels décrivant les trois continents de l'Ancien Monde et ils y ajoutent une description du Nouveau Monde. Certes, si la réalité contredisait les assertions des auteurs anciens (comme, par exemple, la thèse de l'océan Indien fermé soutenue par Ptolémée), on constatait que l'auteur en question avait tort sur ce point. Ceci n'invalidait cependant pas du tout l'ensemble des connaissances fournies par les Anciens. Contrairement aux pratiques modernes, les sciences du Moyen Âge et celles de la Renaissance se basaient tant sur l'observation empirique que sur les connaissances livrées par la tradition textuelle. C'est surtout Anthony Grafton qui a souligné l'impact persistant de cette tradition textuelle à l'époque des découvertes[79]. L'étude de Grafton a une grande signification pour mon propos ici. Cependant, là où Grafton insiste surtout sur l'importance des textes classiques, je me propose d'examiner dans cette étude-ci la persistance de l'influence des textes médiévaux.

Il y a deux façons de décrire la continuité entre Moyen Âge et Renaissance : d'un côté, il existe des études qui visent surtout à faire l'éloge des réalisations techniques du Moyen Âge et ce afin de pouvoir démontrer que les origines de la Renaissance et de la modernité se trouvent au Moyen Âge. Cette méthode a donné des résultats très révélateurs, mais la conséquence en est qu'on n'apprécie les sciences anciennes que dans la perspective des sciences modernes. Une autre approche est de prendre en considération la survivance des pratiques médiévales, même si, à nos yeux, elles sont le comble de la naïveté. De plus en plus d'historiens se rendent compte que la pratique scientifique de la Renaissance et même celle de la révolution scientifique du XVIIe siècle ne constituent pas le modèle par excellence d'empirisme et d'objectivité, mais que les sciences de cette époque sont par contre un mélange d'empirisme, de magie, d'occultisme, de religion et de traditions médiévales[80]. La persistance de l'esprit médiéval dans la cartographie

[78] T. S. Kuhn, *The structure of scientific revolution*, p. 96.

[79] A. Grafton, *Defenders of the text. The traditions of scholarship in an age of science, 1450-1800*, Cambridge, Mass.-Londres, 1991 ; *idem*, *New worlds, ancient texts. The power of tradition and the shock of discovery*, 2e édition, Harvard, 1995. Sur ce sujet, voir aussi, l'article érudit de : H. Hofmann, Über die Langsamkeit des Wandels von Weltbildern. Die Verarbeitung der Entdeckungen in der neulateinischen Literatur und die Vorgaben der Antike, in R. Suntrup, J. Veenstra (éd.), *Tradition and innovation in an era of change/Tradition and Innovation im Übergang zur Frühen Neuzeit*, Frankfurt a.M., 2001, p. 19-50.

[80] Voir sur ce sujet : R. J. W. Evans, *Rudolf II and his world. A study in intellectual history 1576-1612*, Oxford, 1973, p. 243-255 ; A. G. Debus, *Man and nature in the Renaissance*, Cambridge, 1978, p. 11-15 ; A. Funkenstein, *Theology and the scientific imagination from the Middle Ages to the seventeenth Century*, Princeton, 1986 ; J. H. Brooke,

de la Renaissance a déjà été remarqué par Numa Broc : « Le thème du "retour à l'Antiquité" est un des lieux communs de l'historiographie de la Renaissance, mais on aurait tort de négliger une autre réalité que certains historiens, soucieux de faire ressortir la "modernité" du XVIe siècle, passent sous silence, c'est la persistance de l'esprit médiéval[81]. »

Jusqu'à l'heure actuelle ce sujet a reçu peu d'attention. Il faut peut-être faire exception pour l'étude de Louis Weckmann, publié en 1951[82], ainsi que pour l'étude *Imago mundi cartographica* de Jörg-Geerd Arentzen, publiée en 1984[83]. Ce dernier s'occupe en première instance des *mappae mundi* médiévales, mais la survivance de légendes médiévales dans la cartographie des XVIe et XVIIe siècles justifie, selon Arentzen, la transgression des frontières temporelles[84]. En outre, depuis l'année Mercator en 1995 on s'occupe de plus en plus des sources médiévales de ce grand cartographe du XVIe siècle[85]. Il me paraît donc entièrement logique que, dans cette étude, je me concentre surtout sur certains aspects de la cartographie ancienne qui n'ont pas survécu dans la cartographie de nos jours et qu'on a souvent ignorés, à savoir la textualité, le traditionalisme, le légendaire et l'herméneutique. C'est que la cartographie ancienne n'était pas uniquement une affaire visuelle, mais aussi un ensemble où les textes ont joué un rôle important. Comme ce sujet est assez compliqué, je m'expliquerai plus amplement au paragraphe suivant. Un autre aspect important est le fait que la cartographie ancienne ne se fonde pas principalement sur des données empiriquement vérifiables, mais aussi sur la tradition textuelle et visuelle environnante. Jusqu'au XVIIe siècle la cartographie incorpore des éléments qui, pour l'homme moderne, sont des légendes invraisemblables. Dans la suite j'examinerai ces phénomènes sans prononcer de jugement sur leur véracité, car ce qui m'intéresse ici est plutôt la fonction du légendaire dans la cartographie ancienne. Il s'avérera que ces représentations ne renvoient pas uniquement à la réalité tangible, mais qu'elles peuvent aussi représenter des concepts spirituels et théologiques.

Dans les chapitres suivants je me concentrerai en première instance sur la cartographie du Moyen Âge pour m'occuper ensuite de la survivance de certains aspects de la tradition médiévale dans la cartographie du XVIe siècle. Je suis loin de prétendre qu'il n'y a pas de changements entre le Moyen Âge et la Renaissance, mais, à mon avis, dans le passé l'historiographie de la cartographie a trop attiré l'attention sur les innovations dans la cartographie. Cette histoire des révolutions n'est pas exhaustive : à côté d'elle, il faudra également étudier et écrire une his-

Science and religion. Some historical perspectives, Cambridge, 1991 ; S. Shapin, *The Scientific Revolution*, Chicago, 1996 ; E. Jorink, *Wetenschap en wereldbeeld in de Gouden Eeuw*, Hilversum, 1999. Pour une critique récente de cette idée, voir : H. F. Cohen, *The Scientific Revolution. A historiographical inquiry*, Chicago-Londres, 1994.

[81] N. Broc, *La géographie de la Renaissance*, p. 15.

[82] L. Weckmann, The Middle Ages in the conquest of America, in *Speculum*, t. 26, 1951, p. 130-141

[83] J.-G. Arentzen, *Imago Mundi Cartographica. Studien zur Bildlichkeit mittelalterlicher Welt- und Ökomenekarten unter besonderer Berücksichtigung des Zusammenwirkens von Text und Bild*, Munich, 1984. Sur la persistance du traditionalisme pendant la Renaissance, cf. G. Hamann, Kartographisches und wirkliches Weltbild in der Renaissancezeit. Zum wechselseitigen Verhältnis von Theorie und Praxis im Zeitalter der grossen Entdeckungsfahrten, in R. Schmitz, F. Krafft (éd.), *Humanismus und Naturwissenschaften*, Boppard, 1980, p. 173-179.

[84] J.-G. Arentzen, *Imago Mundi Cartographica*, p. 14-17, 247-253.

[85] Cf. U. Wardenga, *Raum* und *Zeit*. Wandlungen im Weltbild vom Mittelalter bis zu Mercator, in R. Vermij (éd.), *Gerhard Mercator und seine Welt*, Dusbourg, 1997, p. 7-27.

toire de la continuité[86]. Avec l'étude que voici je veux tenter de combler cette lacune dans l'histoire de la cartographie. Par conséquent, l'attention se portera surtout sur ces aspects-là de la cartographie ancienne qui témoignent d'une continuité de l'esprit médiéval. Le fait que la plupart des études sur l'histoire de la cartographie s'occupent uniquement des révolutions justifie amplement cette perspective. Je me pencherai donc sur la continuité, tout en me rendant compte de la justesse des paroles de Paul Otto Kristeller que voici : « Yes, we should not forget that there are discontinuities in history and that even continuity means continuity in change, not mere stability[87]. » Cependant avant d'attaquer l'analyse proprement dite, il faudra insister encore sur un autre aspect très important de la cartographie ancienne, à savoir le rapport entre texte et image.

2. *Mappae mundi* : le problème de la *pictura* et de la *scriptura*

L'emploi du terme *mappa mundi* pour désigner une carte du monde est attesté sur les mappemondes médiévales elles-mêmes. C'est ainsi qu'un des textes encerclant la mappemonde d'Ebstorf (fin du XIIIe siècle) indique : « Mapa dicitur forma. Inde mappa mundi id est forma mundi ». Dans l'index de son *Liber floridus* (1112/1115-1121) Lambert de Saint-Omer renvoie à une « Mappa vel oresda mu(n)di[88] ». De la même manière Gervais de Tilbury renvoie dans ses *Otia imperialia* (1209-1214) à une *pictura* que le peuple appelle *mappa mundi*[89]. La terminologie dérive du latin classique : *mappa* (serviette, nappe) et *mundus* (monde)[90]. Cependant, l'emploi de ce terme pour désigner une carte du monde ne se rencontre pas avant le début du IXe siècle[91].

[86] Cf. F. A. Yates, The Hermetic tradition in Renaissance science, in C. S. Singleton (éd.), *Art, science and history in the Renaissance*, Baltimore, 1967, p. 270. Des reflections très nuancés sur ce sujet dans: M. L. Colish, When did the Middel Ages end? Reflections of an intellectual historian, in A. A. MacDonald, M. W. Twomey (éd.), *Schooling and society. The ordering and reordering of knowledge in the western Middle Ages*, Louvain, 2004, p. 213-223.

[87] P. O. Kristeller, *Renaissance thought and its sources*, p. 108.

[88] *Gand, Bibliothèque universitaire*, ms. 92, f. 42 ; j'ai consulté le fac-similé édité par A. Derolez, *Liber floridus. Codex autographus bibliothecae universitatis Gandavensis*, Gand, 1968.

[89] « de locorum ueritate picturas quas mappam mundi uulgus nominat. » Gervais de Tilbury, *Otia imperialia*, II,35, éd. S. E. Banks, J.W. Binns (éd./trad.), *Gervase of Tilbury. Otia imperialia. Recreation for an emperor*, Oxford, 2002, p. 526..

[90] P. Gautier Dalché (éd.) (*La « Descriptio mappe mundi » de Hugues de Saint-Victor*, p. 89-95) donne un aperçu utile de l'origine de cette expression et de ses différents usages. Pour l'origine et l'emploi de *mappa* voir P. Gautier Dalché, Les sens de *mappa* (*mundi*) : IVe-XIVe siècle, in *Archivum latinitatis medii aevi – Bulletin du Cange*, t 62, 2004, p. 187-202.

[91] Pour une discussion voir : R. Uhden, Zur Herkunft und Systematik der mittelalterlichen Weltkarten, in *Geographische Zeitschrift*, t. 37, 1931, p. 322 et U. Ruberg, Mappae Mundi des Mittelalters im Zusammenwirken von Text und Bild. Mit einem Beitrag von Antikem und Christlichem in *principium*- und *finis*-Thematik auf der Ebstorfkarte, in C. Meier, U. Ruberg (éd.), *Text und Bild. Aspekte des Zusammenwirkens zweier Künste in Mittelalter und früher Neuzeit*, Wiesbaden, 1980, p. 553 qui mentionnent comme source Micon de St. Riquier (ca. 840). P. Gautier Dalché (*La « Descriptio mappe mundi » de Hugues de Saint-Victor*, p. 92-93) rejette cette assertion, car l'emploi de *mappa mundi* par ce moine est à mettre sur le compte de l'éditeur. Selon Gautier Dalché l'expression apparaît pour la première fois au début du IXe siècle dans le catalogue dressé par le bibliothécaire de Reichenau, Régimbert (821/822).

Pendant l'ère du latin classique on avait plutôt recours à des expressions comme *forma*, *figura*, *orbis pictus*, *tabula chorographica*[92] pour identifier une carte géographique.

Un problème terminologique est qu'au Moyen Âge *mappa mundi* pouvait renvoyer non seulement à une représentation visuelle du monde (*pictura*), mais que le terme pouvait désigner aussi un texte décrivant le monde (*scriptura*)[93]. Richard Uhden a déjà fait remarquer qu'un des manuscrits des *Gesta Hammaburgensis ecclesiae pontificum* d'Adam de Brême († 1081) contient la remarque suivante : « Mappa terre Saxonie et Cronica Saxonum ». Ici *mappa* ne réfère pas à une représentation cartographique, mais à un texte décrivant les pays septentrionaux de l'Europe[94]. Dans une publication suivante Uhden fait observer que la remarque « brevem orbis mappam... adjungemus » par Albert le Grand dans son *De natura locorum* (III,1) concerne la description du monde qui suit. Cette remarque ne peut pas être lue comme une référence à une carte maintenant perdue[95]. Un autre exemple est le fait que certains catalogues médiévaux emploient *mappa mundi* pour indiquer l'*Imago mundi* (1110-1139) d'Honorius Augustodunensis, un ouvrage encyclopédique contenant, entre autres, une description du monde[96].

Le même phénomène se produit en langue vulgaire. Par exemple, la description du monde composée en ancien français au début du XIIIe siècle par Pierre de Beauvais, a pour titre *Mappemonde* : « Qui par son nom le veut nomer, Apeler le puet Mapemonde[97]. » Gossouin de Metz, auteur d'un ouvrage intitulé l'*Image du monde* (milieu du XIIIe siècle), remarque au début de l'excursus géographique : « Et dirons communement des genz du pays et des bestes et des poissons ; si comme nous devise li livres dont est prise ceste mapemonde[98]. » Ne suit pas une image, mais une description textuelle des trois continents de l'œcoumène. De la même manière le chapitre géographique dans *Li livres dou trésor* (vers 1266) de Brunetto Latini s'intitule « mapamunde »[99].

[92] Une liste exhaustive des expressions latines se trouve dans P. Gautier Dalché, *op. cit.*, p. 89 ; *idem*, Notes sur la « carte de Théodose II » et sur la « mappemonde de Théodulf d'Orléans », in *Geographica antiqua*, t. 3-4, 1994-1995, p. 91, 100.

[93] Ce phénomène fut remarqué d'abord par R. Uhden, Gervasius von Tilbury und die Ebstorfer Weltkare, in *Jahrbuch der Geographischen Gesellschaft zu Hannover*, 1925, p. 199, n. 73. Voir aussi U. Ruberg, *art. cit.*, p. 553 et P. Gautier Dalché, *op. cit.*, p. 87-88.

[94] R. Uhden, *art. cit.*, p. 199, n. 73. L'auteur donne comme autres exemples la description de l'Angleterre, de l'Ecosse et du pays de Galles par Gervais de Cantorbéry († après 1210) qui s'intitule *Mappa mundi*, et aussi la description du monde par Jean Germain intitulée *Mappa mundi spiritualis* (1450). Ce dernier texte est la traduction latine d'un texte écrit en langue française : *La mappemonde spirituelle* (1449). J'y reviendrai au chapitre III.

[95] R. Uhden, Zur Herkunft und Systematik der mittelalterlichen Weltkarten, p. 323.

[96] Cf. B. Maurmann, Das Bild der Schöpfung und Neuschöpfung der Welt als *orbis quadratis*, in *Frühmittelalterliche Studien*, t. 6, 1972, p. 25.

[97] Pierre de Beauvais, *La mappemonde*, éd. A. Angremie, La mappemonde de Pierre de Beauvais, in *Romania*, t. 104, 1983, l. 943-944.

[98] Gossouin de Metz, *Image du monde*, II,i, éd. O. H. Prior, *L'image du monde de Maître Gossouin. Rédaction en prose. Texte du Manuscrit de la Bibliothèque Nationale Fonds Français N° 574*, Lausanne, 1913, p. 109. L'éditeur cite une inscription dans « le manuscrit Ducange (...) dans la bibliothèque Phillipps à Cheltenham : Che sont les materes qui/ sont contenues en cest/ livre/ qui est appelés/ le Mapamonde (...). » (p. 12-13).

[99] Brunetto Latini, *Li livres dou tresor*, I, cxxi, éd. F. J. Carmody, *Li livres dou tresor de Brunetto Latini*, Berkeley-Los Angeles, 1948, p. 109.

Ces exemples indiquent qu'à partir du XIIe siècle le terme *mappa mundi* s'appliquait à une *scriptura* aussi bien qu'à une *pictura*. Cette polysémie reflète la combinaison traditionnelle de *scriptura* et de *pictura* dans la géographie de cette époque[100]. A partir du XIIe siècle on rencontre dans les textes concernant les connaissances du monde des remarques sur l'interdépendance du texte décrivant le monde et de la représentation visuelle du monde. En tant qu'exemple de la relation particulière entre *scriptura* et *pictura* dans la cartographie médiévale, la critique moderne renvoie toujours à la *Satyrica historia*, un texte historiographique du Minorite Paulin de Venise (1270-1344), où se trouve inséré un traité sur les mappemondes (*De mapa mundi*). Paulin y soutient qu'en ce qui concerne la compréhensibilité des *mappae mundi*, la *pictura* et la *scriptura* dépendent l'une de l'autre :

> Requiritur autem mapa duplex, picture et scripture. Nec unum sine altero putes sufficere, quia pictura sine scriptura provincias seu regna confuse demonstrat, scriptura vero non tamen sufficienter sine adminiculo picture provinciarum confinia per varias partes celi sic determinat, ut quasi ad oculum conspici valeant[101].

Une opinion pareille se trouve déjà dans l'*Opus maius* (vers 1268) de Roger Bacon. Avant d'entrer en matière dans la partie consacrée à la description du monde habité, Bacon remarque qu'une représentation iconographique à elle seule, ni un texte isolé suffira pour connaître le monde et sa signification :

> Et hic non solum necessaria est depictio locorum et figuratio, sed narratio eorum quae depingi debent ; neutrum enim sufficit[102].

Il existe encore d'autres exemples où il est question d'une complémentarité de *scriptura* et *pictura* cartographiques. On peut penser, par exemple, à la *Descriptio mappe mundi* (début XIIe siècle) de Hugues de Saint-Victor. Dans la *prefatio* l'auteur soutient que les *mappae mundi* et les choses qu'elles représentent sur leur surface sont à peine intelligibles sans l'explication du maître ou sans l'apport d'un texte :

> Sed et singulis rebus que in hac mappa mundi depinguntur, titulus scripture apponitur, quia rerum incognitarum imagines sine scripture uel sermonis magisterio aut nullatenus aut difficile intelliguntur[103].

[100] U. Ruberg, Mappae Mundi des Mittelalters im Zusammenwirken von Text und Bild, p. 553.

[101] *Vatican, Bibl. Apostolica Vaticana*, Vat. lat. 1960, f. 13. Cité dans A.-D. von den Brincken, « ...Ut describeretur universus orbis ». Zur Universalkartographie des Mittelalters, in A. Zimmerman (éd.), *Methoden in Wissenschaft und Kunst des Mittelalters*, Berlin, 1970, p. 261. Paulin répète un argument très semblable dans son *Historia magna* (*Paris, Bibl. nationale de France*, Ms. lat. 4939, f. 9v). Le texte est cité dans : B. Degenhart, A. Schmitt, Marino Sanudo und Paolino Veneto. Zwei Literaten des 14. Jahrhunderts in ihrer Wirkung auf Buchillustrierung und Kartographie in Venedig, Avignon und Neapel, in *Römisches Jahrbuch für Kunstgeschichte*, t. 14, 1973, p. 60.

[102] Roger Bacon, *Opus maius*, éd. J. H. Bridges, *The Opus Maius of Roger Bacon*, reprod. Francfort, 1964, p. 309.

[103] Hugues de Saint-Victor, *Descriptio mappe mundi*, prologus, éd. P. Gautier Dalché, *La « Descriptio mappe mundi » de Hugues de Saint-Victor*, p. 133.

Gervais de Tilbury remarque dans ses *Otia Imperialia* (1209-1214) qu'il a ajouté une *mappa mundi* à son texte et que cette *pictura* complétera l'information donnée :

> Vt autem oculata fide auidis mentibus et sitientibus auribus satisfaciamus, in summa naturalem prouinciarum ordinem et situm per tres orbis partes distinctarum in emendatiore pictura subiunximus ; considerantes, quod ipsa pictorum uarietas mendaces efficit de locorum ueritate picturas, quas mappam mundi uulgus nominat[104].

Il existe déjà des remarques sur le rapport entre mappemonde et texte bien avant l'époque qui nous concerne ici. Au IIIe siècle déjà, le *magister* Eumène, composa un panégyrique pour l'empereur Constantin afin de trouver du support pour son projet de reconstruire l'école à Augustodunum (possiblement Autun). Dans ce texte, connu sous le nom *Pro instaurandis scholis*, Eumenius propose, entre autres, d'accrocher une représentation du monde dans l'entrée de l'école dans le but de faciliter l'enseignement, car les élèves comprennent souvent plus facilement avec les yeux qu'avec les oreilles[105].

Les commentaires médiévaux sur la nécessité d'une *mapa duplex* ont incité les historiens qui s'occupent de la cartographie du Moyen Âge à s'intéresser de plus en plus à la nature des rapports entre *pictura* et *scriptura*, surtout depuis les années 80 du XXe siècle. On a cependant proposé des approches différentes et des explications assez divergentes. Anna-Dorothee von den Brincken, par exemple, interprète les mappemondes médiévales comme des chroniques universelles visualisées, sans se prononcer explicitement sur le problème des rapports entre *pictura* et *scriptura*[106]. Comme je l'ai déjà remarqué, les études d'Anna-Dorothee von den Brincken ont ouvert la porte à des approches nouvelles de la cartographie médiévale, mais, à mon avis, son interprétation des mappemondes médiévales comme des chroniques visualisées est trop restrictive et ne fait pas droit aux aspects visuels des cartes. Je reviendrai sur ce problème au chapitre IV.

Des observations très utiles sur la *pictura* et *scriptura* cartographiques se trouvent dans la publication « Mappae mundi des Mittelalters im zusammenwirken von Text und Bild » d'Uwe Ruberg[107]. L'auteur y signale que dans l'étude des documents cartographiques médiévaux il faut tenir compte du contexte codicologique[108]. Cette recommandation de Ruberg est très importante. Je discuterai le contexte codicologique des mappemondes au chapitre IV. Ensuite l'auteur s'occupe surtout de la mappemonde d'Ebstorf. Selon lui, les textes sur cette mappemonde servent dans la majorité des cas à la communication de connaissances factuelles et encyclopédiques ; ce sont les images qui forment un système de référence et d'intégration. Une signification spirituelle des *mappae mundi* n'est perceptible que par l'interaction de texte et d'image[109]. Les suggestions de Ruberg sont très utiles pour mon propos ici. Vu le fait que celui-ci s'occupe seulement en profondeur de la mappemonde d'Ebstorf, la question de savoir si ses conclusions

104 GERVAIS DE TILBURY, *Otia imperialia*, II,25, éd. S. E. BANKS, J. W. Binns (éd./trad.), *Gervase of Tilbury, Otia imperialia. Recreation for an emperor*, Oxford, 2002, p. 526.

105 EUMENIUS, *Pro instaurandis scholis* (20,2-3).

106 A.-D. VON DEN BRINCKEN, Mappa Mundi und Chronographia. Studien zur *imago mundi* des abendländischen Mittelalters, in *Deutsches Archiv für Erforschung des Mittelalters*, t. 24, 1968, p. 118-186.

107 A.-D. VON DEN BRINCKEN, *art. cit.*, n. 91.

108 A.-D. VON DEN BRINCKEN, *art. cit.*, p. 550-563.

109 A.-D. VON DEN BRINCKEN, *art. cit.*, p. 585.

that is actually Ruberg

s'appliquent également à d'autres mappemondes médiévales reste ouverte. C'est surtout aux chapitre VI que je me pencherai sur la signification spirituelle de la cartographie ancienne suggérée par Ruberg.

Dans une étude intitulée *Imago mundi cartographica* et publiée en 1984, Jörg-Geerd Arentzen envisage de décrire le rapport entre *pictura* et *scriptura* cartographique à l'aide de théories récentes sur le rapport entre texte et image, surtout celles développées dans le domaine de la sémiotique[110]. Comme tout ceci est une problématique compliquée, j'y reviendrai plus amplement au chapitre IV où je discuterai un certain nombre de théories sur l'interaction entre texte et image. Pour ce qui est de la position des éléments visuels dans la structure de la carte, Arentzen est d'opinion que cet aspect ne donne pas lieu à une interprétation spirituelle. Selon lui les *mappae mundi* représentent la multitude et la grandeur de la création divine, et ce sans référer à une structure signifiante[111]. En elle-même cette observation est correcte, mais à mon avis il faut chercher une éventuelle structure signifiante dans l'encadrement des mappemondes. Ce sujet m'occupera au chapitre VI où il sera question de l'herméneutique de la cartographie ancienne et de l'exégèse visuelle.

L'étude d'Arentzen comporte des points de vue très utiles pour mon propos. Premièrement, il affirme que le contenu textuel et iconographique des *mappae mundi* provenant de mythes, de l'histoire, de l'histoire naturelle et de l'ethnographie est plus important que l'information purement topographique[112] : les cartes anciennes ne sont donc pas uniquement des instruments techniques. Deuxièmement, comme je l'ai déjà remarqué au paragraphe précédent, Arentzen, lui aussi, insiste sur la survivance de traditions cartographiques médiévales dans la cartographie des XVIe et XVIIe siècles[113].

C'est grâce à l'érudition de Patrick Gautier Dalché que nous pouvons disposer d'une édition d'un texte décrivant une *mappa mundi* (*Descriptio mappe mundi*), de la main de Hugues de Saint-Victor[114]. Les particularités de la *Descriptio mappe mundi* ont incité Gautier Dalché à des réflexions sur le problème de la *pictura* et de la *scriptura* de la cartographie médiévale dans le commentaire accompagnant l'édition ainsi que dans un nombre d'autres publications. À côté des éditions de textes géographiques, Gautier Dalché s'occupe également du contexte codicologique des mappemondes du haut Moyen Âge. Ses commentaires se distinguent toujours par une grande perspicacité et témoignent d'une grande érudition, surtout quand il s'agit de démentir certaines conclusions mal fondées que les historiens de la cartographie répètent sans réfléchir.

Dans son article 'Medieval mapping of the world in text and image. Two ways of representing one vision', Martin Gosman cherche à interpréter les représentations textuelles et visuelles sur la surface de la cartographie ancienne à la lumière de la notion littéraire de *conjointure* : des faits isolés ne signifient pas, ce n'est qu'après l'insertion dans la macro-structure d'une carte

110 J.-G. Arentzen, *Imago mundi cartographica*, n. 4.

111 J.-G. Arentzen, *op. cit.*, p. 228.

112 J.-G. Arentzen, *op. cit.*, p. 225.

113 J.-G. Arentzen, *op. cit.*, p. 14-17, 247-253.

114 P. Gautier Dalché (éd.), *La « Descriptio mappe mundi » de Hugues de Saint-Victor*. Pour les rapports entre *pictura* et *scriptura* cartographiques voir aussi : *idem* Maps in words. The descriptive logic of Medieval geography, in P. D. A. Harvey (éd.), *The Hereford map. Medieval world maps and there context*, Londres, 2006, p. 223-242.

que la création d'une *senefiance* est possible[115]. A l'intérieur de cette conjointure, les éléments constituants fonctionnent comme des références à leur contexte d'origine et c'est par connotation que ces éléments contribuent à une signification de la carte[116]. Je reprends l'idée de la référentialité du contenu de la cartographie ancienne au contexte d'origine. Vu le fait que l'étude de Gosman se limite à des remarques générales sur la base d'un nombre d'exemples assez restreint, je me propose d'élaborer cette approche au chapitre V.

Une étude basée sur des méthodologies plus récentes est 'Medieval world maps. Embedded images, interpretative frames' de Marcia Kupfer[117]. Tout en accord avec la terminologie cullerienne[118] du titre, Kupfer souligne que les mappemondes médiévales n'ont certainement pas fonctionné comme des objets isolés, mais plutôt comme des éléments encadrés dans des ensembles picturaux plus grands, dans des structures architecturales ou même dans des projets intellectuels[119]. Qui plus est, il faut également interpréter les mappemondes médiévales, et surtout celles dont il ne nous reste d'autres traces que des références textuelles, dans la perspective des descriptions littéraires. Kupfer s'occupe surtout des mappemondes médiévales qui ont fonctionné hors d'un contexte religieux et cela tout en tenant compte principalement des aspects idéologiques et politiques de la cartographie. Dans cette étude-ci je m'occuperai par contre surtout des connotations religieuses de la cartographie ancienne, car à mon avis, les cartes du monde d'avant le XVIIe siècle et même celles qui ont fonctionné dans un contexte séculier sont des produits d'une société et d'un climat intellectuel selon lesquels le monde entier était imbibé de l'esprit de Dieu. J'y reviendrai au chapitre VI.

Les études mentionnées ci-dessus n'établissent pas toujours une distinction entre, d'un côté, les textes et images sur les cartes et, de l'autre côté, le rapport entre mappemonde visuelle et description du monde. Chacun des deux niveaux de rapports entre texte et image entraîne pourtant des questions bien différentes les unes des autres. Premièrement, le rapport entre les deux *modi describendi* cartographiques reste énigmatique : la carte est-elle vraiment et exclusivement la visualisation d'un texte? Et la description géographique à son tour, est-elle forcément accompagnée d'une illustration? Deuxièmement, les *mappae mundi* intègrent sur leur surface des éléments iconographiques bien souvent accompagnés de textes explicatifs. Dans le passé, les historiens de la cartographie ont eu des problèmes à interpréter les animaux et les peuples représentés sur la surface des *mappae mundi*. Bien sûr, on admire les couleurs vives des représentations iconographiques et la physionomie parfois extravagante de ces êtres, mais dans la plupart des cas on les considère comme des merveilles sans importance et vides de sens. Les cartographes auraient introduit ces images ethnographiques et zoologiques parce qu'ils avaient l'horreur du vide et parce qu'ils voulaient dissimuler les taches blanches sur leurs cartes[120].

115 M. Gosman, Medieval *mapping* of the world in text and image. Two ways of representing one vision, in *Forum for modern language studies*, t. 35, 1989, p. 370-380.

116 M. Gosman, *art. cit.*, p. 371-372, 378.

117 M. Kupfer, Medieval world maps. Embedded images, interpretative frames, in *Word & image*, t. 10, 1994, p. 262-288.

118 Cf. J. Culler, *Framing the sign. Criticism and its institutions*, Norman-Londres, 1988.

119 M. Kupfer, *art. cit.*, p. 264.

120 Pour la notion de *horror vacui* voir surtout : A.-D. von den Brincken, *Kartographische Quellen. Welt-, See- und Regionalkarten*, Turnhout, 1988, p. 50, 96-97. L'argument de la dissimulation des taches blanches apparaît encore dans de nombreuses études, par exemple : M. Schmidt, Der weiße Fleck auf der Landkarte, in K.-H. Kohl (éd.),

Ces problèmes m'ont amenée à explorer les rapports entre texte et image de la cartographie ancienne sur ces deux niveaux, et ce en tenant compte des deux autres perspectives formulées à la fin du paragraphe précédent, à savoir : la survivance de la tradition médiévale dans la cartographie des siècles qui suivent, ainsi que les aspects herméneutiques de la cartographie ancienne. Pour ce faire je présenterai d'abord au chapitre suivant les documents visuels qui constitueront le point de départ de cette étude, tandis que les cartes du monde sous forme de *scriptura* seront le sujet du troisième chapitre. Au chapitre IV je m'occuperai des rapports entre ces *mappae mundi* textuelles et les cartes visuelles. Ensuite je me tournerai vers les textes et les images sur les cartes : au chapitre V je présenterai le contenu textuel et visuel des cartes du monde anciennes tout en insistant sur les légendes médiévales et leur survivance dans la cartographie du XVIe siècle et parfois même du XVIIe siècle. Ce faisant je rattacherai le contenu des cartes à leur contexte textuel et visuel dans le but de démontrer que les *mirabilia* avaient bel et bien une signification intellectuelle et scientifique. Au sixième et dernier chapitre, j'examinerai la façon dont l'interaction entre *pictura*, *scriptura* et contexte contribue à la fonction herméneutique de la cartographie ancienne.

Mythen der Neuen Welt. Zur Entdeckungsgeschichte Lateinamerikas, Berlin, 1982, p. 264-271 ; H. Kliege, *Weltbild und Darstellungspraxis hochmittelalterlicher Weltkarten*, Münster, 1991, p. 122 ; J. S. Murray, Fanciful worlds. How strange beasts and myths found their way to early maps, in *Canadian Geographic*, t. 113, 1993, p. 64-72 ; D. Nelson, The age of unreason. Cartographic blunders of the fifteenth and sixteenth centuries, in *Mercators World*, 1998, p. 16-21 ; E. Braun, African Bestiaries, in *Mercators World*, 1998, p. 32-37 ; F. Relaño, *The shaping of Africa. Cosmographic discourse in late Medieval and early modern Europe*, Aldershot, 2002, p. 37. Pour une discussion plus nuancée des taches blanches sur la carte, voir : C. Delano Smith, Smoothed lines and empty spaces. The changing face of the exegetical map before 1600, in I. Laboulais-Lesage (éd.), *Combler les blancs de la carte. Modalités et enjeux de la construction des savoirs géographiques (XVIIe-XXe siècles)*, Strasbourg, 2004, p. 17-34.

CHAPITRE II

LA *PICTURA* CARTOGRAPHIQUE : LES CARTES DU MONDE (XIIIe-XVIe SIÈCLE)

L'accès aux cartes anciennes est facilité par les études sur l'histoire de la cartographie où l'on trouvera des reproductions ainsi que des renseignements bibliographiques. A l'heure actuelle on peut disposer d'une profusion d'histoires de la cartographie, mais beaucoup d'entre elles sont datées. D'autres publications sont visuellement attractives et cherchent surtout à reproduire les décorations riches des cartes anciennes. Parmi les publications plus sérieuses parues à partir du début du xxe siècle, il faut surtout nommer l'étude de Leo Bagrow, publiée en allemand en 1951 et dont une traduction anglaise révisée fut présentée par R. A. Skelton en 1987[1]. Cet ouvrage est remarquablement documenté, mais il doit être consulté avec précaution à cause d'un certain nombre de jugements désuets. La meilleure histoire de la cartographie disponible à l'heure actuelle est celle de « The history of cartography project ». Là où la majorité des histoires de la cartographie ne décrivent en vérité que les développements de la cartographie occidentale, ce projet initié par J. B. Harley et D. Woodward cherche à s'occuper de la production cartographique de l'humanité entière. Jusqu'ici ont paru le premier volume sur la cartographie occidentale des temps préhistoriques jusqu'au xve siècle[2] et le deuxième volume qui porte sur la cartographie de sociétés autres que occidentales[3]. Finalement il faut nommer ici deux publications récentes et richement illustrées, toutes les deux parues à l'occasion d'une exposition. Il s'agit de l'étude *The image of the world. 20 centuries of world maps* par Peter Whitfield[4] et du volume *Couleurs de la terre, des mappemondes médiévales aux images satellitales* paru sous la direction de Monique Pelletier[5].

[1] L. Bagrow, R. A. Skelton, *History of cartography*, 1985 (trad. et rééd. élargie de L. Bagrow, *Die Geschichte der Kartographie*, 1951). Parmi les autres publications je cite à titre d'exemple : Institut cartografic de Catalunya (éd.), *Introducció general a la història de la cartografia. (Cicle de conferències sobre Història de la cartografia. 1er curs Barcelona : 30,31 de gener i 1 de febrer de 1990)*, Barcelone, 1990 ; J. Black, *Visions of the world. A history of maps*, Londres, 2003.

[2] J. B. Harley, D. Woodward (éd.) *Cartography in Prehistoric, Ancient, and Medieval Europe and the Mediterranean*, Chicago, 1987 (*The history of cartography*, t. 1)

[3] J. B. Harley, D. Woodward (éd.), *Cartography in the traditional Islamic and south Asian societies*, Chicago, 1992 (*The history of cartography*, t. 2.1) ; *idem*, *Cartography in the traditional east and southeast Asian societies*, *Chicago*, 1994 (*The history of cartography*, t. 2.2) ; D. Woodward, G. Malcolm Lewis (éd.), *Cartography in the traditional African, American, Arctic, Australian, and Pacific societies*, Chicago, 1998 (*The history of cartography*, t. 2.3).

[4] P. Whitfield, *The image of the world. 20 Centuries of world maps*, Londres, 1994.

[5] M. Pelletier (éd.), *Couleurs de la terre, des mappemondes médiévales aux images satellitales*, Paris, 1998. D'autres catalogues richement illustrés de matériel cartographique sont : *Cartes et figures de la terre. Exp. 24 mai-17 nov. 1980*, Paris, 1980 ; *Manoscritti cartografici e strumenti scientifici nella biblioteca Vaticana. Secc. XIV-XVII (Giugno-Dicembre 1981)*, Vatican, 1981 ; *Segni e sogni della terra. Il disegno del mondo dal mito di Atlante alla geografia delle reti*, Milan, 2002.

Dans cette étude je me concentrerai sur des cartes qui montrent le monde entier, parce que ces cartes-là représentent le monde comme une totalité ayant une certaine cohérence interne. L'ensemble des cartes du monde de la période en question étant trop vaste, il sera impossible de discuter ici en détail tous les spécimens encore connus de la période qui s'étend du XIIIe à la fin du XVIe siècle. Il faudra donc en arriver à une sélection représentative qui puisse servir comme point de départ pour cette étude. Dans ce chapitre-ci je discuterai les critères de sélection ainsi que les cartes du monde en question. Il ne s'agit donc pas d'une description de l'histoire de la cartographie du XIIIe au XVIe siècle.

Ce chapitre-ci se divise en trois paragraphes : seront discutées d'abord les mappemondes circulaires des XIIe et XIIIe siècles, ensuite les cartes portulans ainsi que les mappemondes circulaires jusqu'au XVIe siècle, et finalement les cartes du monde à projection. Cette distinction ne repose pourtant pas sur des différences génériques, car la tradition cartographique de la période en question est tellement compliquée et confuse que de nombreuses cartes peuvent se ranger dans plusieurs catégories.

1. Les mappemondes médiévales : systèmes de catégorisation

Il existe de nombreuses études sur la cartographie du Moyen Âge[6], mais aucune étude de mappemondes médiévales ne peut se passer de l'inventaire de toutes les représentations visuelles de la terre créées au Moyen Âge et encore conservées, établi par Marcel Destombes en 1964[7]. Après plus de quarante ans cet inventaire a certainement besoin d'additions : entre temps on a redécouvert des fragments de deux grandes mappemondes médiévales[8] et de nombreuses esquisses schématiques de la terre se cachent encore dans des manuscrits rarement consultés. Ce nonobstant l'inventaire de Destombes est toujours un instrument valable pour toute étude de la cartographie du Moyen Âge.

A l'intérieur de cet ensemble de quelque 1200 représentations médiévales de la terre qui couvre la période du VIIIe siècle au XVe siècle, on relève des différences notables, non seulement au niveau des images proposées, mais aussi au niveau de l'information textuelle. Certaines cartes sont fort schématiques et livrent peu de détails, tandis que d'autres représentations géographiques sont élaborées de façon très détaillée et contiennent de nombreuses représentations iconographiques, souvent accompagnées de renseignements textuels. Afin de produire un inventaire maniable, Marcel Destombes a groupé les mappemondes de son inventaire selon une caté-

[6] Les meilleures études sont : J.-G. Arentzen, *Imago Mundi Cartographica. Studien zur Bildlichkeit mittelalterlicher Welt- und Ökomenekarten unter besonderer Berücksichtigung des Zusammenwirkens von Text und Bild*, Munich, 1984 ; D. Woodward, Medieval *mappaemundi*, in J. B. Harley, D. Woodward, *Cartography in Prehistoric, Ancient, and Medieval Europe and the Mediterranean*, Chicago, 1987 (*The history of cartography*, t. 1), p. 286-368 ; A.-D. von den Brincken, *Kartographische Quellen. Welt-, See- und Regionalkarten*, Turnhout, 1988 (Typologie des sources du Moyen Age occidental, t. 51) ; P. D. A. Harvey, *Medieval maps*, Londres, 1991 ; E. Edson, *Mapping time and space. How medieval thinkers viewed their world*, Londres, 1997.

[7] M. Destombes, *Mappemondes A.D. 1200-1500. Catalogue préparé par la Commission des Cartes Anciennes et de l'Union Géographique Internationale*, Amsterdam, 1964. Pour des remarques critiques sur l'inventaire de Destombes, voir : P. Gautier Dalché, *Mappae mundi* antérieures au XIIIe siècle dans les manuscrits latins de la Bibliothèque nationale de France, in *Scriptorium*, t. 52, 1998, p. 105-108.

[8] Ce sont respectivement le fragment du Duché de Cornouailles et le fragment d'Aslake (voir ci-dessous).

gorisation typologique, puisqu'un classement strictement chronologique ne fait pas ressortir les différentes traditions qu'on peut distinguer à l'intérieur de l'ensemble des mappemondes médiévales : certaines mappemondes ne nous sont parvenues que dans des copies beaucoup plus jeunes que l'original. Un système de catégorisation typologique, par contre (et ce toujours selon Destombes), permettrait de dépister les caractéristiques qui, à travers les siècles, relient les mappemondes dépendant de la même tradition cartographique.

Pour son système de catégorisation, Destombes s'est basé notamment sur le travail de deux prédécesseurs qui avaient proposé, eux aussi, une systématique dans l'ensemble des mappemondes médiévales qui ont survécues. C'est en première instance Théophile Simar, qui, dans son étude sur la représentation de l'Afrique dans la cartographie antique et médiévale, publiée en 1912, distinguait trois types différents parmi les mappemondes médiévales[9]. En fait, Simar n'avait pas l'intention d'établir un système de catégorisation : il croyait tout simplement pouvoir retrouver les caractéristiques de la cartographie des Grecs et des Romains dans les représentations géographiques transmises par les copistes médiévaux. Cependant, cette catégorisation qui ne se voulait aucunement comme telle a fait école dans l'histoire de la cartographie.

Dans l'ensemble de mappemondes médiévales, Simar rangeait dans une *catégorie*[10] *A* « les cartes qui s'inspirent immédiatement des données de la pure tradition romaine, Salluste-Pline-Mela-Solin-Orose[11] ». Selon lui les Romains auraient ignoré la notion de la sphéricité de la terre et ils se seraient bornés à décrire les terres autour de la Méditerranée soumises à l'Empire Romain. Les cartes médiévales de la *catégorie A* dériveraient toutes ou bien de la carte du monde qu'aurait dressée M. Vipsianus Agrippa, le beau-fils de l'empereur Auguste, au premier siècle de notre ère et qui aurait orné le *porticus Octaviae* à Rome[12], ou bien de celle conçue sur l'ordre de l'empereur Dioclétien au IVe siècle. Cependant, les cartes de cette *catégorie A* diffèrent considérablement l'une de l'autre : ce sont non seulement des mappemondes très détaillées comme les mappemondes d'Ebstorf (fin du XIIIe siècle) (pl. 12) et de Hereford (c. 1277-1289 (?)) (pl. 11), mais aussi des diagrammes très simples qu'on appelle communément des « mappemondes T-O » (pl. 28)[13]. Ces diagrammes circulaires font penser à un T inscrit dans un O. Elles ont l'Est en haut. L'Asie occupe la moitié supérieure du cercle, l'Europe et l'Afrique en partagent la partie inférieure. Les barres du T représentent des parties d'eau : à gauche le *Tanais* (le fleuve Don

[9] T. Simar, La géographie de l'Afrique Centrale dans l'Antiquité et au moyen-âge, in *Revue Congolaise*, t. 3, 1912-13, p. 159-169.

[10] Je reprends ici la terminologie de Simar. Les autres participants à la discussion sur les systèmes de classification des mappemondes médiévales ont eu recours à des termes comme : famille, groupe, genre, type, etc. Dans ce qui suit je respecterai la terminologie de l'auteur sans chercher à déterminer le rapport exact entre les mappemondes qui ont des caractéristiques en commun.

[11] T. Simar, *art. cit.*, p. 158.

[12] Cette carte a fait couler beaucoup d'encre. L'hypothèse sur l'existence de cette carte repose presque uniquement sur quelques remarques de Pline l'Ancien qui ne parle pourtant que d'un « [orbis] terrarum urbi spectandum » (Pline l'Ancien, *Naturalis historia*, 3,17, éd./trad. G. Winkler, R. König, *C. Plinius secundus d. Ä. Naturkunde Lateinisch-Deutsch. Bücher III/IV*, Munich-Darmstadt, 1988, p. 15). K. Brodersen (*Terra Cognita. Studien zur römischen Raumerfassung*, Hildesheim-Zurich-New York, 1995, p. 268-287) a avancé des arguments convaincants qui donnent à croire que l'ouvrage d'Agrippa auquel Pline fait référence est plutôt un texte.

[13] Cette terminologie est attestée dans le poème de Gregorio Dati *La sfera* (ca 1422) : « Vn .T. dentre ad uno .O. mostral disegno/ Come in tre parti fu diuiso il mondo. » *Londres, British Library*, MS Add. 22.329, f. 16r.

en Asie Mineure) sépare l'Asie et l'Europe, à droite le Nil sépare l'Asie et l'Afrique et verticalement la Méditerranée sépare l'Europe de l'Afrique.

La *catégorie B* abriterait ce que Simar appellait « les lamentables débris de la cosmographie grecque, portée à un si haut degré par Ératosthène et Ptolémée[14] ». Il rappelle que les cosmographes grecs ont connu la sphéricité du globe terrestre et ils ont également réussi à établir les degrés de longitude et de latitude d'un point donné. Les mappemondes médiévales de la *catégorie B* qui conservent encore des traits de la science grecque sont, toujours selon Simar, les mappemondes macrobiennes[15] qui « divisent la terre en six zones, dont la partie torride est inhabitable, admettant l'existence sous l'équateur d'un océan infranchissable qui sépare les trois continents de notre habitable, d'un quatrième, appelé le continent austral ou *alter orbis* (pl. 29)[16] ». Ce continent austral est également représenté comme une *quarta pars* sur les cartes médiévales de la *catégorie AB*. Cette catégorie-là « s'inspire des deux précédentes et les confond tout simplement[17] ». Ces mappemondes décrivent l'œkoumène d'après la mappemonde T-O et y ajoutent la *quarta pars* inhabitable, située au-delà de l'océan équatorial (pl. 4).

A la suite de Théophile Simar, de nombreux historiens de la cartographie se sont penchés sur la question de la catégorisation des mappemondes médiévales. Le premier à proposer un véritable système de catégorisation des mappemondes médiévales était Michael Andrews[18]. Selon lui les mappemondes médiévales traduiraient deux conceptions sur la forme de la terre : la première se baserait sur l'idée d'un disque plat occupé par les trois continents de l'œkoumène entourés par un océan circulaire, tandis que la deuxième partirait des connaissances grecques sur la sphéricité de la terre. Andrews souligne qu'on attribue au Grec Cratès de Mallos (IIe siècle av. J.-C.) un globe terrestre, divisé en quatre continents par deux océans coulant perpendiculairement l'un par rapport à l'autre : un océan ceinturerait la terre horizontalement sur l'équateur, l'autre coulerait verticalement en passant par les pôles. Sur les cartes médiévales qui conserveraient des traits du globe de Cratès de Mallos n'ont été inscrits que l'œkoumène et un continent austral, celui des Antipodes[19]. Sur la base de ces réflexions, Michael Andrews divisait les mappemondes médiévales en « une famille œcuménique » (I) et « une famille hémisphérique » (II) complétées par « une famille intermédiaire » réunissant les mappemondes médiévales mélangeant les caractéristiques des deux premières familles.

Pour l'organisation interne de son inventaire Marcel Destombes a repris la catégorisation d'Andrews, mais au lieu de se baser sur trois familles, la catégorisation de Destombes se compose de quatre types de mappemondes (« type A, B, C, et D »)[20]. Le type B et le type C ne se distinguent guère de respectivement la famille intermédiaire et la famille hémisphérique d'Andrews.

[14] T. Simar, La géographie de l'Afrique Centrale dans l'Antiquité et au moyen-âge, p. 167.

[15] Ce nom est dérivé de Macrobe (ve siècle), l'auteur du commentaire sur le *Somnium Scipionis* de Cicéron. Dans la tradition manuscrite ce texte est souvent accompagné d'un diagramme représentant les zones terrestres. Cependant les cartes dites macrobiennes se rencontrent fréquemment ailleurs.

[16] T. Simar, *art. cit.*, p. 167.

[17] T. Simar, *art. cit.*, p. 159.

[18] M. C. Andrews, The study and classification of Medieval mappae mundi, in *Archaeologia, or, Miscellaneous tracts relating to Antiquity*, t. 75, 1925-26, p. 61-67.

[19] Ce continent austral est en vérité le continent des *Antichthones* (cf. Pomponius Mela, *De chorographia libri tres* I,4). Les Antipodes se trouvent de l'autre côté de la terre (cf. Lucius Ampélius, *Liber memorialis* 6,1-2).

[20] M. Destombes, *Mappemondes A.D. 1200-1500*, p. 8-18.

Le système établi par Destombes ne s'écarte de son modèle que pour ce qui est de la famille œcuménique. Le problème de cette famille est, selon Destombes, qu'elle comprend « à la fois des petites cartes tripartites à nomenclature sommaire et des grandes mappemondes portant des configurations géographiques détaillées et une nomenclature abondante[21] ». Par conséquent, dans son système, Destombes a détaché les mappemondes plus élaborées de la famille œcuménique d'Andrews pour les réunir dans un quatrième groupe, le type D. Dans la définition de Destombes, le type A « englobe toutes les cartes œcuméniques schématiques sans configurations géographiques », tandis que le type D comprend « toutes les cartes non-hémisphériques qui portent une nomenclature et des configurations géographiques[22] ».

Le problème de la catégorisation des mappemondes n'a pas cessé d'occuper les historiens de la cartographie médiévale. En 1931, déjà Richard Uhden proposa une catégorisation tripartite selon l'origine des mappemondes : I « Romaine » (d'après la mappemonde d'Agrippa), II « Cratès » (d'après le globe de Cratès de Mallos) et III « Intermédiaire » (une combinaison des caractéristiques des deux premiers groupes)[23]. Dans sa contribution sur la cartographie médiévale dans *The history of cartography*, David Woodward[24] propose une catégorisation quadripartite basée sur la forme des mappemondes : à côté des trois catégories décrivant la forme des traditions cartographiques principales (« mappemondes tripartites[25], mappemondes à zones, mappemondes quadripartites »), il distingue une quatrième catégorie qu'il appelle mappemondes transitoires (« transitional *mappaemundi* »). La motivation de cette addition est que les mappemondes des XIVe et XVe siècles différeraient fondamentalement de celles de la tradition romaine. Les mappemondes de cette époque-là annoncent déjà les cartes de la Renaissance parce que la configuration de la Méditerranée telle qu'elle se trouve dans les portulans leur sert de base et que dans d'autres cas l'influence de Ptolémée se fait sentir. Rudolf Simek a proposé une catégorisation plus détaillée que ses prédécesseurs, mais il distingue, lui aussi, trois familles : des mappemondes œcuméniques, des mappemondes hémisphériques et des mappemondes intermédiaires[26]. La catégorisation la plus récente est celle proposée par Evelyn Edson[27]. Le système d'Edson distingue trois groupes : les mappemondes T-O (vides ainsi que remplies de noms géographiques), les mappemondes à zones et les mappemondes détaillées.

Il faut s'arrêter quelques instants sur l'argumentation de Jörg-Geerd Arentzen au sujet des systèmes de catégorisation des mappemondes médiévales[28]. Arentzen rejette le point de départ de tous les systèmes mentionnés ci-dessus. Par exemple, la catégorisation de Michael Andrews présuppose « l'identification de la forme de la mappemonde à une seule conception

[21] M. Destombes, *op. cit.*, p. 15-16.

[22] M. Destombes, *op. cit.*, p. 16, 17.

[23] R. Uhden, Zur Herkunft und Systematik der mittelalterlichen Weltkarten, in *Geographische Zeitschrift*, t. 37, 1931, p. 321-340.

[24] D. Woodward, Medieval *mappaemundi*, p. 294-299.

[25] Cette catégorie comprend les diagrammes T-O (schématiques ; « schematic ») ainsi que les mappemondes très détaillées (non schématiques ; « non schematic »).

[26] R. Simek, Die Kugelform der Erde im mittelhochdeutschen Schrifttum, in *Archiv für Kulturgeschichte*, t. 70, 1988, p. 361-373 ; *idem*, *Altnordische Kosmographie. Studien und Quellen zu Weltbild und Weltbeschreibung in Norwegen und Island von 12. bis zum 14. Jahrhundert*, Berlin-New York, 1990, p. 33-52.

[27] E. Edson, *Mapping time and space*, p. 2-9.

[28] J.-G. Arentzen, *Imago Mundi Cartographica*, p. 67-131.

de la terre[29] ». Contrairement à ses prédécesseurs, Arentzen est d'avis que le schéma de base des mappemondes ne reflète pas toujours la même conception sur la forme de la terre. C'est pour cette raison qu'il propose une division binaire, basée sur des critères conceptuels et cela sans tenir compte de la forme de la mappemonde. A l'en croire, il aurait existé au Moyen Âge deux conceptions sur le globe terrestre : celle du disque plat (qu'il appelle « Ökumenekarten », cartes œcuméniques), et celle de la terre sphérique (qu'il qualifie comme des « Weltkarten », cartes hémisphériques). Cette dernière catégorie comprend, à côté des cartes à zones, également les mappemondes qui situent au sud de l'œkoumène un continent austral. Quant aux mappemondes T-O, elles aussi impliqueraient dans certains cas l'idée de la terre sphérique, comme c'est le cas, par exemple, de la mappemonde dans le *Liber floridus*, composé entre 1112/1115-1121 par Lambert de Saint-Omer (pl. 4).

Les propositions d'une catégorisation des mappemondes médiévales discutées jusqu'ici ont eu pour résultat des systèmes remarquablement proches les uns des autres, comme le signale le schéma I (Appendice II)[30]. Il s'avère ainsi que la majorité des tentatives de catégorisation des mappemondes médiévales distinguent trois groupes principaux : des mappemondes T-O, des cartes à zones et des mappemondes quadripartites. Le système tripartite est clair, facile à retenir et la simplicité du système suggère une fiabilité scientifique. C'est probablement la raison pour laquelle aucune étude sur la cartographie médiévale ne semble pouvoir se passer d'un paragraphe sur les trois types de mappemondes médiévales[31]. Le fait qu'on répète le système des trois types jusqu'à ce qu'il semble être devenu une vérité, n'empêche pourtant pas qu'on peut avoir des objections sérieuses contre les fondements mêmes des systèmes de catégorisation[32]. Premièrement, la majorité des systèmes proposés ne se basent pas sur des critères univoques : leurs auteurs font un mélange indéterminable de critères formels avec des critères d'origine et/ou des critères conceptuels. Par exemple, pour son type C Marcel Destombes se base sur des critères d'origine, tandis que la structure interne de la mappemonde décide du type A. Deuxièmement, il est impossible qu'une certaine forme représente toujours, et cela après une bonne quinzaine de siècles, les conceptions de la cartographie grecque et romaine. Qui plus est, l'origine romaine et grecque des mappemondes médiévales est entièrement hypothétique et cela tout simplement parce qu'il ne nous en reste aucun exemplaire[33]. Troisièmement, l'opposition cartes œcuméniques versus cartes hémisphériques n'est pas correcte, parce qu'elle se base sur l'idée erronée qu'au Moyen Âge on soutenait la conception d'une terre plate[34]. Les mappemondes dites

[29] J.-G. Arentzen, *op. cit.*, p. 66.

[30] Je me base ici, tout en y ajoutant quelques altérations, sur le tableau établi par D. Woodward, Medieval *mappaemundi*, p. 295.

[31] Les exemples sont trop nombreux pour les nommer tous ici. Voir, entre autres : A.-D. von den Brincken, *Kartographische Quellen*, p. 33-35 ; G. Kish, *La carte. Image des civilisations*, Paris, 1980, p. 23-24 ; L. Bagrow, R. A. Skelton, *History of cartography*, p. 46-47.

[32] Pour une critique pareille des systèmes de catégorisation, voir : P. Gautier Dalché (éd.), *La « Descriptio mappe mundi » de Hugues de Saint-Victor. Texte inédit avec introduction et commentaire*, Paris, 1988, p. 103-109 ; *idem*, De la glose à la contemplation. Place et fonction de la carte dans les manuscrits du haut Moyen Age, in *Testo e immagine nell'alto medioevo. Settimane di studio del Centro italiano di studi sull'alto medioevo*, t. 41, 1994, p. 700-704.

[33] Voir sur ce sujet : K. Brodersen *Terra Cognita*, p. 14-32, 72-86, 261.

[34] Il n'existe pas non plus une opposition entre la théorie des zones et celle de l'œkoumène tripartite. Un exemple illustratif est Pomponius Mela, *De chorographia libri tres*, où l'auteur décrit d'abord la terre divisée en deux

œcuméniques ne s'expriment tout simplement pas sur la forme de la terre et, par conséquent, il ne faut pas chercher à les lire comme des représentations à trois dimensions.

Le classement final des mappemondes dans les différents systèmes prête également à confusion. Un exemple illustratif est ici la discussion sur le statut de la mappemonde de Lambert de Saint-Omer (pl. 4) : Simar compte cette mappemonde parmi le groupe intermédiaire, Andrews et Arentzen sont d'opinion que cette mappemonde est une mappemonde hémisphérique, selon Woodward elle est une mappemonde à zones, et Destombes, finalement, caractérise cette mappemonde comme étant du type composite C-D[35]. Tout ceci ne mène à rien : il y a tout simplement trop de mappemondes qui font la combinaison de plusieurs traditions cartographiques pour qu'on puisse vraiment distinguer des groupes distincts. En réalité les mappemondes médiévales échapperont toujours aux tentatives de catégorisation parce que ces systèmes sont des constructions modernes, tout à fait étrangères à l'esprit médiéval qui ne s'intéressait pas à des exercices de type structuraliste. Les cartographes médiévaux ont pris tout simplement ce dont ils avaient besoin dans la tradition cartographique sans se soucier des possibles contradictions. Il serait ainsi plus sensé de terminer la discussion concernant les systèmes de catégorisation parce qu'ils n'ajoutent rien à notre compréhension de la cartographie historique.

Au fond, il est étonnant que toutes les études sur la cartographie médiévale citées ici considèrent sans plus toute représentation de la terre datant du Moyen Âge comme une carte. On doit cependant se poser la question si les représentations schématiques ont été conçues comme de véritables cartes. Le contexte codicologique indique que les diagrammes à zones servent souvent à illustrer les théories sur la longitude et sur les zones de climat, tandis que les diagrammes T-O figurent souvent dans la tradition manuscrite comme illustration de textes qui expliquent les dimensions et la répartition des trois continents de l'œkoumène sur la surface de la terre. Au Moyen Âge la position exacte des continents prêtait à confusion. Cette incertitude s'enracine dans les sources antiques des auteurs médiévaux[36] : certains auteurs romains étaient d'avis que l'Afrique n'était pas assez importante pour constituer un continent à elle seule et ils la rattachaient à l'Europe[37], tandis que d'autres distinguaient trois continents. La discussion sur la position et les dimensions des trois continents est devenue un des *topoi* des traités géographiques de l'Empire Romain[38] et ensuite du Moyen Âge. Un reflet de cette discussion se trouve encore dans les *Historiae* d'Orose (ve siècle) :

continents (l'œkoumène et celui des *antichthones*) et divisée en cinq zones (I,4) pour passer ensuite à la description de la division tripartite de l'œkoumène (I,8).

[35] T. Simar, La géographie de l'Afrique Centrale, p. 169 ; M. C. Andrews, The study and classification of Medieval mappae mundi, p. 71 ; J.-G. Arentzen, *Imago Mundi Cartographica*, p. 95 ; D. Woodward, Medieval *mappaemundi*, p. 353 ; M. Destombes, *Mappemondes A.D. 1200-1500*, p. 113.

[36] Cf. M.-P. Arnaud-Lindet (éd./trad.), *Orose. Histoires (Contre les Païens)*, Paris, 1990, p. 194-196. L'origine du diagramme T-O reste à déterminer.

[37] Par exemple, Varron (116-127) qui dans son *De lingua latina* (V,4) indiquait que le monde n'aurait que deux parties : l'Europe et l'Asie.

[38] Un exemple en est la *Divisio orbis terrarum*. Ce texte a été édité avec d'autres textes géographiques brefs par A. Riese, (éd.), *Geographi Latini Minores*, reprod. Hildesheim, 1964, p. 15-20.

> Les Anciens ont établi que la surface du monde entier, entourée par la ceinture océanique, se divisait en trois secteurs quadrangulaires, et ils en appelèrent les trois parties Asie, Europe, Afrique, bien que quelques-uns aient estimé qu'il y avait deux parties du monde : à savoir l'Asie et d'autre part l'Afrique, à comprendre avec l'Europe[39].

La description des trois continents se rencontre très fréquemment dans des textes du Moyen Âge. Parmi les nombreux exemples comptent les *Etymologiae* (XIV,ii,2,3) d'Isidore de Séville († 636) et l'*Image du monde* (II,i) (1246-1248) qu'on attribue généralement à Gossouin de Metz. Des explications concernant la position et les dimensions des trois continents se retrouvent également sur certaines cartes représentant le monde entier, par exemple sur la mappemonde d'Ebstorf[40] (pl. 12) et sur l'Atlas Catalan de 1375[41] (pl. 15). Très souvent le texte sur les trois continents est accompagné d'un diagramme T-O. En témoignent certains manuscrits renfermant les *Etymologiae* et le *De natura rerum* d'Isidore de Séville[42], des manuscrits de l'*Image du monde* attribuée à Gossouin de Metz[43] et le texte inscrit sur les marges de la mappemonde d'Ebstorf, mentionné ci-dessus. On peut aussi référer à certains manuscrits médiévaux du *De bello jugurthino* (ca. 40 av. J.-C.) de Salluste où un diagramme T-O figure dans la marge du chapitre 17, à l'endroit même où l'auteur explique la position de l'Afrique par rapport aux autres continents[44]. En général, un très grand nombre de diagrammes T-O se trouve dans le contexte immédiat de textes qui reprennent la question des trois continents. En fait, ces diagrammes T-O ne sont souvent qu'une explication visuelle de cette théorie des trois continents. Patrick Gautier Dalché a fait remarquer que les diagrammes T-O dans les marges des manuscrits du haut Moyen Âge peuvent être considérés comme des gloses[45].

Au cours des siècles d'autres connotations se sont associées au diagramme T-O, comme, par exemple, la répartition des trois continents entre les fils de Noé et la dispersion de leurs descendants après le déluge. Ces diagrammes, auxquels on réfère d'habitude comme des mappemondes dites noachides, se trouvent fréquemment dans les manuscrits des *Etymologiae* d'Isi-

[39] Orose, *Historiae adversos paganos*, I,2,1, M.-P. Arnaud-Lindet (éd./trad.), *Orose. Histoires (Contre les Païens)*, p. 13.

[40] « Orbis a rotunditate circuli dictus, quia est ut rota. Undique enim occeanus circumfluens in circulo est triphariam divisus, id est in Asyam, Europam, Africam. »

[41] « La zona o cercle habitable, la qual per nós és tenguda e pensada, se departeix en .III. parts, la una és Àsia, la altra és Europa e l'altra es Àffricha. » (f. IV).

[42] Cf. M. Destombes, *Mappemondes A.D. 1200-1500*, p. 29 : « Une mappemonde de type simple (TO) se trouve généralement au dernier chapitre 48 (du *De natura rerum*), 'De partibus terrae'. (...). La mappemonde des *Etymologiae* se trouve dans la marge du chapitre I, 'De terra', du Livre XIV. »

[43] Gossouin de Metz, *Image du monde*, II,i, éd. O. H. Prior, *L'image du monde de Maître Gossouin. Rédaction en prose. Texte du Manuscrit de la Bibliothèque Nationale Fonds Français N° 574*, Lausanne, 1913, p. 108 : « Ainsi est la terre devisée en .iii. parties. Dont ceste figure est devisement sanz nulle doute. » Suit un diagramme T-O.

[44] Cf. M. Destombes, *Mappemondes A.D. 1200-1500*, p. 37, 65-66 ; J.-G. Arentzen, *Imago Mundi Cartographica*, p. 96-97.

[45] Cf. P. Gautier Dalché, De la glose à la contemplation, p. 705-722. Plus récemment P. Gautier Dalché a souligné l'aspect didactique de ces schémas : « Beaucoup des mappemondes schématiques du haut Moyen Âge ne s'expliquent qu'en leur supposant une fonction d'apprentissage du découpage du monde (...) » (Cartes et enseignement de la « géographie » durant le haut Moyen Âge. L'exemple d'un manuel inédit, in D. Nebbiai-Dalla Guarda, J.-F. Genest (éd.), *Du copiste au collectionneur. Mélanges d'histoire des textes et des bibliothèques en l'honneur d'André Vernet*, Turnhout, 1999 (Bibliologia, 18), p. 54).

dore de Séville[46], mais ils se rencontrent aussi à d'autres endroits, comme, par exemple, au verso de la mappemonde du Psautier (après 1262?)[47]. Ici encore, nous n'avons pas affaire à de véritables cartes, mais à des diagrammes explicatifs. Qui plus est, le diagramme T-O, construit à l'origine pour expliquer la division du monde en trois continents, est tellement clair et facile à retenir qu'il est devenu un signe qu'on reproduit comme symbole ou *pars pro toto* pour référer à la notion *terra*[48], comme par exemple dans des représentations du cosmos avec les sphères concentriques des planètes avec la terre au milieu. Un autre exemple est le poème encyclopédique en occitan, le *Breviari d'amor* (fin du XIIIe siècle) de Matfre Ermengaud, où la section dédiée à l'élément terre (intitulée selon les manuscrits *Taula del espazis del Mon* ou *Taula del espazis de la Terra*) est munie d'un diagramme T-O tandis que le texte qui suit décrit les pierres : « de las peyras preciosas e de lor uertut[49] ». Ici le diagramme T-O n'est certainement pas une carte, mais fonctionne comme un signe renvoyant à l'élement *terra*.

En résumé, le diagramme T-O peut assumer trois fonctions : 1) illustrer des textes où l'on explique la position des trois continents ; 2) exposer la distribution des descendants des trois fils de Noé sur les trois continents ; et 3) référer à la notion *terra*. Le diagramme T-O n'est donc pas un document cartographique dans le sens strict du mot, mais c'est plutôt un diagramme visualisant certaines notions. Qui plus est, au Moyen Âge on n'emploie guère la terminologie *mappa mundi* pour désigner un diagramme T-O. Si un auteur médiéval veut désigner le diagramme T-O, il a plutôt recours à un terme descriptif comme *figura*. Il semble que la terminologie *mappa mundi* se limite aux grandes mappemondes, comme celle d'Ebstorf. Un exemple illustratif est Guillaume de Conches qui fait distinction entre « mappa mundi » et « figura »[50].

La discussion sur les différents systèmes de catégorisation s'est centrée surtout sur la question de savoir si les diagrammes T-O et les grandes mappemondes comme celle d'Ebstorf dépendent de la même tradition cartographique[51]. A peu près tous ceux qui se sont occupés de la cartographie médiévale, à l'exception de Marcel Destombes et d'Evelyn Edson, considèrent la mappemonde d'Ebstorf comme une mappemonde T-O. Ceci est devenu un des lieux communs des études sur la cartographie médiévale qu'on répète sans critique[52]. Dans cette perspective, le diagramme T-O serait devenu de plus en plus détaillé à travers les siècles et les cartographes

[46] Cf. M. Destombes, *Mappemondes A.D. 1200-1500*, p. 29. Selon P. Gautier Dalché (*art. cit.*, p. 713) cette innovation est due à un glossateur postérieur à Isidore de Séville.

[47] Pour d'autres exemples, voir : J.-G. Arentzen, *Imago Mundi Cartographica*, p. 113-123.

[48] Pour cette observation, voir : J.-G. Arentzen, *op. cit.*, p. 90, 95 ; H. Kliege, *Weltbild und Darstellungspraxis hochmittelalterlicher Weltkarten*, Münster, 1991, p. 51.

[49] *Paris, Bibl. nationale de France*, Ms. fr. 858, f. 43ra.

[50] Cf. P. Gautier Dalché, De la glose à la contemplation, p. 720-721.

[51] Voir aussi J.-G. Arentzen, (*Imago Mundi Cartographica*, p. 19) qui signale le problème, mais qui est d'opinion qu'il n'y a pas « d'opposition fondamentale » entre un diagramme T-O et la mappemonde d'Ebstorf. Selon lui, cette transition graduelle permet seulement un groupement fondé sur des arguments heuristiques. Cependant, Arentzen fait distinction entre des cartes schématiques et des cartes différenciées.

[52] Les exemples sont trop nombreux pour les nommer tous ici. Voir, entre autres : A.-D. von den Brincken, *Kartographische Quellen*, p. 34 ; U. Ruberg, Mappae Mundi des Mittelalters im Zusammenwirken von Text und Bild. Mit einem Beitrag von Antikem und Christlichem in *principium*- und *finis*-Thematik auf der Ebstorfkarte, in C. Meier, U. Ruberg (éd.), *Text und Bild. Aspekte des Zusammenwirkens zweier Künste in Mittelalter und früher Neuzeit*, Wiesbaden, 1980, p. 555 ; L. Bagrow, R. A. Skelton, *History of cartography*, p. 43 ; R. Simek, *Altnordische Kosmographie*, p. 37-43 ; P. Zumthor, *La mesure du monde. Représentation de l'espace au moyen âge*, Paris, 1993.

médiévaux auraient embelli leurs *mappae mundi* trop simples de légendes et de configurations géographiques[53]. On présuppose ainsi une évolution de mappemondes primitives vers des mappemondes plus élaborées, donc plus modernes. Une telle approche évolutionniste semble évidente, mais ignore les vraies caractéristiques de la cartographie médiévale[54].

Il est vrai que le diagramme T-O s'associe fréquemment aux mappemondes comme celles d'Ebstorf (pl. 12), mais ce n'est pas le diagramme T-O qui détermine la forme de ces cartes-là. Un des textes entourant la mappemonde d'Ebstorf décrit l'œkoumène tripartite, illustré d'un diagramme T-O. Les frontières entre les trois continents sont également indiquées sur la carte elle-même : à la hauteur de la barre horizontale de droite du T (le Nil des cartes T-O) la carte d'Ebstorf indique en plein désert le début de l'Afrique : « Hic initium Africa ». Cette frontière entre les continents de l'Asie et de l'Afrique est en accord avec le diagramme T-O, mais la configuration T-O n'a pourtant pas de conséquences pour les contours géographiques de la mappemonde d'Ebstorf. Le Nil qui est censé déterminer le passage de l'Afrique en Asie, se situe sur cette carte beaucoup plus vers l'Est et coule presque verticalement de l'Est à l'Ouest. Certes, le diagramme T-O entre en jeu, mais il reste cartographiquement invisible sur les mappemondes comme celle d'Ebstorf : c'est plutôt un diagramme mental qu'il faut projeter sur la mappemonde. Un autre exemple est la mappemonde du Psautier (pl. 9) dont le dessin interne ne suit point le diagramme T-O, mais au verso de cette mappemonde on en trouve cependant un exemple où sont inscrits les noms des peuples des trois continents. Ici encore, la forme T-O ne détermine pas le dessin géographique de la mappemonde du Psautier, mais fonctionne plutôt comme diagramme mental à projeter sur cette carte.

L'existence de certains diagrammes T-O indiquant un nombre restreint de villes semble pourtant justifier la théorie d'un développement graduel du diagramme T-O vers des mappemondes détaillées. Ces documents restent pourtant très schématiques et ne comportent que quelques noms géographiques et parfois des vignettes simples pour désigner les villes les plus importantes (Jérusalem, Constantinople, Rome et/ou Carthage). La mappemonde dans le *Liber floridus* de Lambert de Saint-Omer est pourtant une exception (pl. 4) : ici la Méditerranée a nettement la forme d'un T, mais, cependant, le Nil n'a pas le cours horizontal typique du diagramme T-O (la carte reproduit le même cours méridional du Nil que la mappemonde d'Ebstorf). La mappemonde de Lambert de Saint-Omer n'est pourtant pas une preuve concluante pour la thèse de l'évolution graduelle du diagramme T-O, parce que cette mappemonde a été

[53] Les exemples sont trop nombreux pour les nommer tous ici. Voir, entre autres : A.-D. von den Brincken (*Kartographische Quellen*, p. 89) : « Schema-karte [wurde] zur Ökumene-karte ausgebaut ». La suggestion du même auteur dans *Fines terrae. Die Enden der Erde und der vierte Kontinent auf mittelalterlichen Weltkarten*, Hanovre, 1992, p. 50, que la carte du début du IXe siècle dans le manuscrit *Vatican, Bibl. Apostolica Vaticana*, Vat. lat. 6018 comporterait déjà quelques traits de la mappemonde T-O, est incompréhensible ; G. Kish, *La carte. Image des civilisations*, p. 23 : « On peut suivre le développement de ces cartes-diagrammes (T-O), avec l'addition qui s'y poursuit d'un grand nombre de détails, jusqu'au moment où elles deviennent des encyclopédies géographiques par l'image. (...) Le résultat finit par être une image surchargée de détails, confuse, où le schéma du T en O ne se reconnaissait plus. » ; P. Whitfield, *The image of the world*, p. 18) : « One of the key processes that is largely hidden from us is the evolution of the elementary Isidore T-O map into the elaborate visual encyclopedias of the thirteenth century. »

[54] Une critique pareille dans U. Lindgren, Eine Abstraktion des Weltbildes. Schemakarten, in *Geschichte in Wissenschaft und Unterricht*, t. 36, 1985, p. 23-32; *idem*, Schematische Zeichnungen in der Geographie der Antike und des Mittelalters, in M. Folkerts, U. Lindgren (éd.), *Mathemata. Festschrift für Helmuth Gericke*, Stuttgart, 1985, p. 69-82.

composée sur la base de plusieurs sources : on y détecte l'impact des diagrammes à zones, des mappemondes détaillées ainsi que des diagrammes T-O.

L'organisation interne des mappemondes détaillées n'a donc probablement pas été conçue suivant le diagramme d'un T inscrit dans un O. En vérité, une des mappemondes circulaires les plus anciennes qui a survécu jusqu'à nos jours, présente déjà des contours géographiques très semblables à la forme interne des mappemondes non schématiques des siècles subséquents. Cette mappemonde se trouve dans un manuscrit du début du IXe siècle et conservé au Vatican dans la Biblioteca Apostolica Vaticana (Mappemonde au Vatican (Vat. lat. 6018), pl. 1)[55]. De même que les mappemondes détaillées du XIIIe siècle, comme celle d'Ebstorf, la carte au Vatican présente des différences importantes par rapport au diagramme T-O : l'entrée de la Méditerranée ne se trouve pas au milieu, mais plus vers le Sud. De nombreuses îles ont été peintes dans la Méditerranée ainsi que dans l'océan circulaire. Une partie peinte en rouge dans le continent asiatique représente la mer Rouge. Le paradis terrestre est indiqué dans la partie orientale de la terre. Un élément très remarquable est la représentation du Nil, qui prend ses sources dans l'Afrique de l'Ouest près de l'Atlas, et qui, après avoir longé les côtes méridionales de l'Afrique, s'enfonce dans le sable pour resurgir ensuite comme le Nil proprement dit[56]. C'est surtout cette représentation du Nil qui se retrouvera sur les mappemondes détaillées des siècles suivants. C'est donc probablement une structure comme celle de la mappemonde au Vatican qui, au cours des siècles, s'est remplie de représentations visuelles ainsi que de textes.

Les problèmes des systèmes de classification, ainsi que le statut des diagrammes représentant le monde m'ont amenée à considérer uniquement les mappemondes détaillées comme des exemples de la cartographie médiévale. Si l'on compare ces mappemondes détaillées des XIIe et XIIIe siècles, il s'avère que la plupart d'entre elles ont été conçues suivant un dessin interne très semblable à celui de la mappemonde au Vatican.

Il existe encore quelques autres mappemondes détaillées datant d'avant le XIIe siècle qu'il faut mentionner ici. C'est premièrement un exemplaire du IXe siècle qui se trouve dans un manuscrit contenant des extraits des *Historiae* d'Orose conservé à Albi (mappemonde conservée à Albi). Cette mappemonde est peu détaillée et sa forme interne diffère de celle du IXe siècle au Vatican[57]. Un autre exemple, auquel on réfère comme la mappemonde cottonienne (XIe siècle) (pl. 2), présente tout comme la mappemonde au Vatican le cours méridional du Nil[58]. Les autres mappemondes détaillées d'avant le XIIe siècle montrent à coté de l'œkoumène un quatrième

[55] *Vatican, Bibl. Apostolica Vaticana*, Vat. lat. 6018 (début IXe siècle), f. 63v-64r. Nomenclature : P. Geyer, F. Glorie (éd.), *Itineraria et alia geographica*, Turnhout, 1965 (Corpus Christianorum, Series Latina, t. 175), p. 455-466. Sur la datation voir : P. Gautier Dalché, De la glose à la contemplation, p. 759 et L. S. Chekin, Easter tables and the Pseudo-Isidorian Vatican Map, in *Imago mundi*, t. 51, 1999, p. 13-23. Ce dernier propose une datation au VIIIe siècle (entre 762 et 777), basée sur le comput de Pâques au verso de la carte. Le comput suggère également des sources byzantines, bien que la carte ait été dressée probablement en Italie.

Pour chaque mappemonde dont il est question ici je me limiterai à citer l'édition à laquelle j'ai eu recours, ainsi que les études les plus récentes. Pour des publications antérieures voir la bibliographie des études citées.

[56] On a souvent identifié fautivement le cours méridional du Nil. J'y reviendrai au chapitre IV.

[57] *Albi, Bibliothèque Rochegude*, Ms. 29 (IXe siècle), f. 487. Nomenclature : P. Geyer, F. Glorie (éd.), *Itineraria et alia geographica*, p. 467-494. Reproduction : J.-G. Arentzen, *Imago Mundi Cartographica*, pl. 39 et 39a.

[58] *Londres, British Library*, MS Cotton Tib. B. v (1) (XIe siècle), f. 56v. Nomenclature : P. McGurk, *An eleventh-century Anglo-Saxon illustrated miscellany (British Library Cotton Tib. B. v part 1, together with leaves from British Library Cotton Nero D. II)*, Copenhagen, 1983, p. 86-87.

continent. Ce sont celles insérées dans certains manuscrits du *Commentario in apocalipsin* de Beatus de Liébana (ca. 711-800) (mappemondes de Beatus, pl. 3)[59], ainsi que la mappemonde insérée dans un manuscrit du XIe siècle originaire de l'abbaye de Ripoll en Catalogne (mappemonde provenant de Ripoll)[60]. Dans le passé, on a attribué cette dernière carte à Théodulf, évêque d'Orléans, mais cette thèse a été réfutée définitivement par Patrick Gautier Dalché[61].

L'ensemble des mappemondes des XIIe et XIIIe siècles encore conservées est plus grand. Pendant cette période on peut également observer un agrandissement de leurs dimensions, ainsi qu'une augmentation du nombre de textes et d'images introduits sur leur surface. Il faut d'abord mentionner ici la petite mappemonde qui se trouve dans deux copies du *Liber historiarum* (1119) de Guido de Pise[62]. Le dessin interne de cette mappemonde est assez simple, mais n'adopte point le diagramme T-O. On y retrouve également une représentation du cours méridional du Nil. Ce même cours du Nil se retrouve sur la mappemonde de Lambert de Saint-Omer, déjà mentionnée. L'autographe du *Liber floridus* ne conserve plus la mappemonde[63], mais des copies proches de l'original se trouvent dans des manuscrits du *Liber floridus* conservés à Wolfenbüttel et à

[59] Pour un inventaire des copies, voir : M. Destombes, *Mappemondes A.D. 1200-1500*, section 17. Je reproduis ici la copie la plus ancienne : *New York, Pierpont Morgan Library*, MS M 644 (après 940), f. 33v-34r. Nomenclature : K. Miller, *Die Weltkarte des Beatus (776 n.Chr.)*, Stuttgart, 1895 (*Mappaemundi. Die ältesten Weltkarten*, t. 1). Datation : J. Williams, *The illustrated Beatus. A corpus of the illustrations of the Commentary on the Apocalypse. Vol. 2 : the ninth and tenth centuries*, Londres, 1994, p. 21-33.

La plupart de ces mappemondes (datant des IXe-XVe siècles) se ressemblent. On peut cependant distinguer plusieurs groupes. Pour la discussion la plus récente sur le groupement des mappemondes de Béatus, voir : J. Williams, *The illustrated Beatus. A corpus of the illustrations of the Commentary on the Apocalypse. Vol. 1 : introduction*, Londres, 1994, p. 52-53, *idem*, Isidore, Orosius and the Beatus map, in *Imago mundi*, t. 49, 1997, p. 7-32 ; E. Edson, *Mapping time and space*, p. 149-159 ; I. Baumgärtner, Die Welt im kartographischen Blick. Zur Veränderbarkeit mittelalterlicher Weltkarten am Beispiel der Beatustradition vom 10. bis 13. Jahrhundert, in W. Ehbrecht, A. Lampen (et al.) (éd.), *Der weite Blick des Historikers. Einsichten in Kultur-, Landes- und Stadtgeschichte Peter Johanek zum 65. Geburtstag*, Cologne-Weimar-Vienne, 2002, p. 527-549. Certains historiens de la cartographie considèrent (à mon avis à tort) la mappemonde sur les folios 35v-36r du manuscrit conservé à *Burgo de Osma, Archivo de la Catedral*, Ms. 1 (1086) comme l'archétype des mappemondes de Beatus. J'y reviendrai aux chapitres IV et V (p. 137-138). Une peinture murale du XIIe siècle représentant une mappemonde apparentée aux mappemondes dites de Beatus de Liébana a survécu dans l'église San Pedro de Rocas dans l'Espagne du Nord (Orense). Voir : S. Moralejo Alvarez, El mapa de la diaspora apostolica en San Pedro de Rocas : Notas para su interpretacion y filiaciòn en la tradiciòn cartografica de los « beatos », in *Compostellanum*, t. 31, 1986, p. 315-340.

[60] *Vatican, Biblioteca Apostolica Vaticana*, Reg. Lat. 123 (XIe siècle), f. 143v-144. Nomenclature : P. Gautier Dalché, Notes sur la *carte de Théodose II* et sur la *mappemonde de Théodulf d'Orléans*, in *Geographica antiqua*, t. 3-4, 1994-1995, p. 91-108. Reproduction en couleurs : G. Cavallo, *Cristoforo Colombo e l'apertura degli spazi. Mostra storico-cartografica*, Rome, 1992, t. 1, p. 92-93. Voir aussi : E. Edson, *op. cit.*, p. 80-86.

[61] P. Gautier Dalché, *art. cit.* J'y reviendrai au chapitre IV.

[62] *Bruxelles, Bibl. Royale de Belgique*, Ms. 3897-3919 (XIIe siècle), f. 51v et *Florence, Biblioteca Riccardiana*, Cod. 881 (XIIIe siècle), f. 20r. Nomenclature : K. Miller, *Die kleineren Weltkarten*, Stuttgart, 1895 (*Mappaemundi. Die ältesten Weltkarten*, t. 3), p. 55-56. Reproduction de l'exemplaire à Bruxelles : A.-D. von den Brincken, *Fines terrae*, pl. 20. Dans ce dernier manuscrit la mappemonde se trouve dans le troisième livre, intitulé *De diuisione orbis* (possiblement inspiré d'Isidore de Séville), et elle suit une description détaillée des trois continents. Pour des études récentes, voir : A.-D. von den Brincken, *op. cit.*, p. 62-63 ; E. Edson, *op. cit.*, p. 117-118.

[63] *Gand, Bibliothèque universitaire*, Ms. 92. Je me base sur le fac-similé publié par A. Derolez, *Liber floridus. Codex autographus bibliothecae universitatis Gandavensis*, Gand, 1968.

Leyde (pl. 4)[64]. Un autre exemple est la mappemonde circulaire conservée à Munich qui se trouve dans une copie datant du XIIe siècle des *Etymologiae* d'Isidore de Séville, au début du chapitre XIV consacré à la géographie du monde (*De terra et partibus*) (pl. 5)[65]. Le dessin interne de cette petite mappemonde ressemble fortement aux mappemondes d'Ebstorf et du Psautier, dont il sera question dans la suite.

La British Library conserve deux cartes régionales datant du milieu du XIIe siècle : l'une représente l'Orient (pl. 6) et l'autre, au verso du feuillet, la Palestine (pl. 7)[66]. On peut supposer que ces deux cartes sont des copies partielles d'une mappemonde détaillée pareille à celles déjà mentionnées. C'est surtout la représentation du cours méridional du Nil, encore partiellement visible sur la carte de la Palestine, qui légitime cette hypothèse. Le feuillet avec les deux cartes a été inséré immédiatement après une copie du *De situ et nominibus locorum hebraicorum* (f. 44-63) de saint Jérôme (ca. 350-420). La critique a voulu voir en ces cartes des copies fidèles des originaux dressés par Jérôme lui-même, mais cette thèse est intenable[67]. Le manuscrit est presque certainement originaire de l'Abbaye de Saint-Martin à Tournai[68].

Le XIIIe siècle marque la période de la production de mappemondes très détaillées et parfois très grandes. La mappemonde de Vercelli a probablement été dressée vers la fin du XIIe et le début du XIIIe siècle[69]. Ce *rotulus* énigmatique, dont l'origine anglaise n'est qu'une conjecture[70], est très détaillé et comporte de nombreux textes et images. Une autre mappemonde détaillée (pl. 8) se trouve au début d'une copie de l'*Imago mundi* d'Honorius Augustodunensis conservée dans le manuscrit 66 du Corpus Christi College à Cambridge[71]. Le manuscrit est probablement

[64] *Wolfenbüttel, Herzog August Bibliothek*, Cod. Guelf. 1 Gud. Lat., f. 69v-70 ; *Leyde, Bibl. universitaire*, Voss. lat. fol. 31, f. 175v-176r. Pour les autres exemplaires, voir : M. Destombes, *Mappemondes A.D. 1200-1500*, no. 43. Nomenclature : D. Lecoq, La mappemonde du *Liber Floridus* ou la vision du monde de Lambert de Saint-Omer, in *Imago mundi*, t. 39, 1987, fig. 1. Je reviendrai sur le problème de la mappemonde perdue de l'autographe du *Liber floridus* au chapitre IV.

[65] *Munich, Bayerische Staatsbibliothek*, Clm. 10058 (XIIe siècle), f. 154v. Nomenclature : P. Gautier Dalché, *La « Descriptio mappe mundi » de Hugues de Saint-Victor*, p. 193-195. La mappemonde se trouve au début du chapitre XIV « De terra et partibus ».

[66] *Londres, British Library*, MS Add. 10049 (milieu du XIIe siècle), f. 64r : l'Orient, f. 64v : la Palestine. Nomenclature : K. Miller, *Die kleineren Weltkarten*, p. 5-19.

[67] Cf. P. Gautier Dalché, *La « Descriptio mappe mundi » de Hugues de Saint-Victor*, p. 70, n. 60. Je reviendrai sur ce problème au chapitre IV.

[68] Cf. P. D. A. Harvey, The Sawley Map and other world maps in twelfth-century England, in *Imago mundi*, t. 49, 1997, p. 38.

[69] *Vercelli, Archivio Capitolare* (fin du XIIe, début XIIIe siècle), 84 × 70-72 cm. Nomenclature et reproduction : C. F. Capello, *Il mappamundo medioevale di Vercelli (1191-1218?)*, Turin, 1976. La datation (1270) d'A. D. von den Brincken (*Fines terrae*, p. 90-91) n'a pas été reprise par les autres historiens de la cartographie. C. F. Capello (*op. cit.*, p. 9-11, 117) base sa datation (1191-1218) sur deux suppositions : le cardinal Guala Bicchieri († 1227) l'aurait léguée à l'abbaye de Saint-André (la mappemonde ne figure pourtant pas dans l'inventaire de ses biens dressé après sa mort) et l'image d'un chevalier sur une autruche en Afrique représenterait (*philipp rex f(ra)ncie*) le roi français Philippe-Auguste († 1223).

[70] Hypothèse avancée par C. F. Capello, *op. cit.*, p. 11. M. Kupfer, Medieval world maps. Embedded images, interpretative frames, in *Word & image*, t. 10, 1994, p. 284-285, n. 81), suggère par contre que la mappemonde Vercelli est de production locale.

[71] *Cambridge, Corpus Christi College*, MS 66 (XIIIe siècle), p. 2. Nomenclature : D. Lecoq, La mappemonde d'Henri de Mayence ou l'image du monde au XIIe siècle, in G. Duchet-Suchaux, *Iconographie médiévale. Image. Texte. Contexte*, Paris, 1993, p. 162. L'attribution de cette mappemonde à Henri de Mayence est à rejeter, ainsi que la data-

originaire de l'abbaye de Sawley (Yorkshire)[72]. Le dessin interne de cette mappemonde, ainsi que ses images, ressemblent remarquablement à la mappemonde de Hereford[73], dont il sera question ci-dessous. La petite mappemonde du Psautier (après 1262 ?) (pl. 9) insérée dans un psautier conservé dans la British Library présente un dessin interne très proche de la mappemonde d'Ebstorf[74]. La mappemonde se trouve sur un feuillet (probablement de provenance française) inséré postérieurement dans le manuscrit[75].

En 1989 un fragment d'une grande mappemonde anglaise (ca. 1280-1290) fut découvert dans la reliure d'un livre conservé dans les archives du Duché de Cornouailles à Londres (pl. 10)[76]. Ce fragment est probablement originaire de la confrérie des Bonhommes à Ashridge (Hertfordshire), fondé en 1283 après une donation d'Edward, duc de Cornouailles[77]. Seulement la partie représentant l'Afrique occidentale a survécu, mais il est toujours possible de constater que sa forme interne, ainsi que la séquence des images, sont très proches des autres mappemondes détaillées du XIIIe siècle[78].

La mappemonde (1277-89 ?) que possède la cathédrale de Hereford est la seule grande mappemonde médiévale conservée encore dans sa totalité (pl. 11)[79]. Il paraît qu'elle a été conser-

tion (début du XIIe siècle) basée sur cette attribution erronée, cf. P. Gautier Dalché, *La « Descriptio mappe mundi » de Hugues de Saint-Victor*, p. 183.

72 Cf. P. D. A. Harvey, The Sawley map and other world maps in twelfth-century England, p. 33-42.

73 Cf. D. Lecoq, La mappemonde d'Henri de Mayence, p. 166.

74 *Londres, British Library*, MS Add. 28681, f. 9r (après 1262(?)). Sur le verso (f. 9v) se trouve un diagramme T-O. Pour la datation voir : N. Morgan, *Early gothic manuscripts (1190-1285)*, Londres-Oxford, 1982-1988, t. 2, p. 82-85. Nomenclature de la mappemonde : K. Miller, *Die kleineren Weltkarten*, p. 37-43. Nomenclature du schéma T-O : A.-D. von den Brincken, *Fines terrae*, p. 87-88.

75 Cf. N. Morgan, *op. cit.*, p. 82-85. La provenance anglaise (Londres-Westminster) de ce feuillet, suggérée par D. Birkholz (*The king's two maps. Cartography and culture in thirteenth-century England*, New-York-Londres, 2004, p. 4) est sans fondement aucun.

76 *Londres, Archives du Duché de Cornouailles*, Maps and plans, 1 (ca. 1280-1290). Diamètre du document original ca. 164 cm. Nomenclature : H. Kliege, *Weltbild und Darstellungspraxis hochmittelalterlicher Weltkarten*, p. 151-165. Datation : M. Kupfer, Medieval world maps, p. 271. Voir aussi : G. Haslam, The Duchy of Cornwall map fragment, in M. Pelletier (éd.), *Géographie du monde au Moyen Âge et à la Renaissance*, Paris, 1989, p. 33-44.

77 G. Haslam, *art. cit.*, p. 35-36.

78 Cf. G. Haslam, *art. cit.*, p. 40-41. Je reviendrai sur ce sujet au chapitre V.

79 Hereford, Hereford Cathedral, (1277-89(?)). 158 × 130/133 cm. Nomenclature : S. D. Westrem, *The Hereford map. A transcription and translation of the legends with commentary*. Turnhout, 2001 (Terrarum orbis, 1). Pour les inscriptions du cadre, voir aussi : P. D. A. Harvey, *Mappa mundi. The Hereford world map*, Londres, 1996, p. 54 ; B. Levy, Signes et communications 'Extraterrestres'. Les inscriptions marginales de la mappemonde de Hereford, in D. Buschinger, W. Spiewok (éd.), *Das grosse Abenteuer der Entdeckung der Welt im Mittelalter/La grande aventure de la découverte du monde au moyen âge*, Greifswald, 1995, p. 35-48. Datation : N. Morgan, *Early gothic manuscripts*, p. 195-200. Lors de la conférence à Hereford en juillet 1999, ce dernier et Malcolm Parkes ont proposé une datation plus tardive (entre ca. 1285-1300), basée sur les caractéristiques paléographiques de la carte : M. B. Parkes, The Hereford map. The handwriting and copying of the text, in P. D. A. Harvey (éd.), *The Hereford world map. Medieval world maps and their context*, Londres, 2006, p. 107-117. Pour la monture en bois et les deux volets, voir : M. Bailey, The *mappa mundi* triptych. The full story of the Hereford Cathedral panels, in *Apollo*, t. 137, 1993, p. 374-378. La littérature sur cette mappemonde est abondante, mais se limite souvent à des remarques générales. Autres publications sur cette carte : M. Kupfer, Medieval world maps, p. 271-277 ; N. R. Kline, *A wheel of memory. The Hereford mappamundi*, Ann Arbor, 2001 (CD-Rom interactif) ; *idem*, *Maps of medieval thought. The Hereford paradigm*, Woodbridge, 2001 ; S. D. Westrem, Making a *mappamundi*. The Hereford map, in *Terrae incognitae. Annals of the*

vée dans la cathédrale depuis la fin du XIIIe siècle. La mappemonde de Hereford ressemble aux autres exemplaires détaillés dont il est question ici, mais elle s'apparente plutôt à la mappemonde dans le manuscrit 66 du Corpus Christi College à Cambridge dont il a déjà été question. La mappemonde de Hereford porte une dédicace dans le coin inférieur à gauche :

> Tuz ki cest estorie ont. Ou oyront ou lirront ou ueront. Prient a ihesu en deyte. De Richard de haldingham o de Lafford eyt pite. Ki lat fet e compasse. Ki ioie en cel li seit done.

La critique est partagée au sujet de l'identité de ce Richard de Haldingham[80] : le candidat le plus vraisemblable est Richard de Bello, qui est nommé comme chanoine de Lincoln et prébendier de Sleaford entre 1277 et 1284. Ce même Richard de Bello figure dans les comptes de la cathédrale de Hereford comme bénéficiaire de dons de l'évêque de cette ville, en 1289-1290 environ. On a voulu voir en ce Richard de Bello l'auteur de la mappemonde. Cependant, la pratique médiévale de dédicaces indique qu'il serait plus logique d'assumer que Richard est la personne qui a fourni les fonds pour faire dresser cette mappemonde afin d'assurer la perpétuité de sa mémoire.

La mappemonde d'Ebstorf (pl. 12) dont il a déjà été question, fut découverte au début des années 30 du XIXe siècle par les dames du couvent luthérien d'Ebstorf, situé entre les villes de Lüneburg et de Braunschweig dans l'Allemagne du Nord. Elles découvrirent cette mappemonde médiévale aux dimensions gigantesques enroulée sur le rebord d'un réduit peu fréquenté où elle se trouvait apparemment depuis des siècles[81]. La mappemonde n'avait pas très bien résisté à cet endroit humide, car surtout la partie inférieure de la peinture avait fané à cause de la moisissure. Quelques années plus tard quelqu'un a coupé une pièce carrée du parchemin de la partie supérieure de la mappemonde. Vers 1834 on a déplacé la mappemonde aux archives de Hanovre où elle a été conservée jusqu'à la deuxième guerre mondiale, mis à part des travaux

Society for the History of Discoveries, t. 34, 2002, p. 19-33. D. Terkla, Eloquent stones near saint's bones. The placement and purpose of the Hereford *mappa mundi*, in *Imago mundi*, t. 56, 2004, p. 131-151, P. D. A. Harvey (éd.), *The Hereford world map. Medieval world maps and their context*, Londres, 2006. Pour les rapports entre cette mappemonde et le traité *Expositio mappe mundi*, voir p. 145.

[80] Pour un résumé de la discussion, voir : N. Delholm-Young, The mappa mundi of Richard of Haldingham, in *Speculum*, t. 32, 1957, p. 307-314 ; V. I. J. Flint, The Hereford map. Its author(s), two scenes and a border, in *Transactions of the Royal Historical Society*, ser. 6, t. 8, 1998, p. 19-44 ; S. D. Westrem, *The Hereford map*, p. XXI-XXIV.

[81] Dimensions de l'original : 358 × 356 cm (30 pièces de parchemin). Nomenclature : K. Miller, *Die Ebstorfkarte. Mit dem Facsimile der Karte in den Farben des Originals*, Stuttgart, 1896 (*Mappaemundi. Die ältesten Weltkarten*, t. 5) ; complété par U. Ruberg, Mappae Mundi des Mittelalters im Zusammenwirken von Text und Bild. Mit einem Beitrag von Antikem und Christlichem in *principium-* und *finis-*Thematik auf der Ebstorfkarte, in C. Meier, U. Ruberg (éd.), *Text und Bild. Aspekte des Zusammenwirkens zweier Künste in Mittelalter und früher Neuzeit*, Wiesbaden, 1980, p. 550-592, p. 567-567, n. 57. Je reproduis ici le facsimilé (calque) de K. Miller, *op cit.* Des reconstructions se conservent à l'abbaye d'Ebstorf et au musée de Lüneburg. Un fac-similé de la reconstruction a été publié par Schuler à Stuttgart (2me édition 1982). Un des fac-similés peut être consulté en détail sur Internet, grâce au projet « Ebskart » (kulturinformatik.uni-lueneburg.de/projekte/ebskart/content/start.html). E. Sommerbrodt (*Die Ebstorfer Weltkarte, nebst Atlas von 25 Lichtdrucktafeln*, Hanovre, 1891) a retouché les photos de la mappemonde d'Ebstorf qu'il publia en 1891, mais celles-ci sont toujours l'unique possibilité pour obtenir une impression du document original. Le recueil d'études publié en 1991 sous la rédaction de H. Kugler et E. Michael (*Ein Weltbild vor Columbus. Die Ebstorfer Weltkarte. Interdisziplinäres Colloquium 1988*, Lüneburg, 1991) est la meilleure publication sur cette mappemonde ; voir aussi : J. Wilke, *Die Ebstorfer Weltkarte*, Bielefeld, 2001. L'étude de B. Hahn-Woernle (*Die Ebstorfer Weltkarte*, Ebstorf, 1987) doit être consultée avec réserve.

de restauration au Königliche Kupferstichkabinet à Berlin à partir de l'an 1888. Un bombardement des Alliés pendant la nuit du 8 au 9 octobre 1943 incendia les archives de Hanovre et fit perdre à jamais tous ses documents, parmi lesquels la mappemonde d'Ebstorf[82].

Cette mappemonde, appelée d'après son lieu de découverte, ne porte pas d'inscription qui permette d'en identifier avec certitude l'auteur ou le donateur. On a avancé des hypothèses tellement divergentes concernant l'auteur et la date d'origine qu'il faut s'arrêter un instant sur ce problème. La majorité de la critique moderne s'est prononcée en faveur de la théorie selon laquelle Gervais de Tilbury serait l'auteur de la mappemonde d'Ebstorf, ou, au moins le père spirituel[83]. Il y a trois arguments qui semblent étayer cette thèse : premièrement dans ses *Otia imperialia* (1209-1214) Gervais de Tilbury (ca. 1140-après 1220) réfère à une « mappa mundi » qu'il aurait ajoutée à son texte[84]. Qui plus est, les *Otia imperialia* comptent parmi les sources les plus jeunes citées sur la mappemonde d'Ebstorf. Ces données semblent justifier la conclusion que la mappemonde est (une copie de) la mappemonde perdue de Gervais de Tilbury. Deuxièmement, un document datant de 1214 mentionne un certain Gervasius comme « notarius » d'Otton l'Enfant (1204-1252), duc de Lüneburg et de Braunschweig et neveu de l'empereur Otton IV, pour qui Gervais de Tilbury avait écrit ses *Otia imperialia*. Troisièmement, les documents relatifs à l'abbaye d'Ebstorf mentionnent un Gervasius qui en était le prévôt entre 1223 et 1234. Armin Wolf a fait observer que le choix des villes et des châteaux en Allemagne reflète exactement les possessions des gendres guelfes d'Otton l'Enfant en 1239[85]. Par conséquent, Gervais de Tilbury, prévôt de l'abbaye d'Ebstorf, aurait dressé la mappemonde pour son seigneur Otton l'Enfant pendant l'année 1239, peut-être assisté par les religieuses de l'abbaye d'Ebstorf. La mappemonde aurait été destinée à orner une salle d'apparat (« Representationsraum[86] ») dans la résidence ducale à Lüneburg.

[82] Pour la découverte de la mappemonde d'Ebstorf et ses pérégrinations subséquentes, voir : G. H. W. Blumenbach, Beschreibung der ältesten bisher bekannten Landkarte aus dem Mittelalter, im Besitze des Klosters Ebstorf, in *Vaterändisches Archiv*, 1834, p. 1-21 ; D. Brosius, Die Ebstorfer Weltkarte von 1830 bis 1943, in H. Kugler, E. Michael (éd.), *Ein Weltbild vor Columbus. Die Ebstorfer Weltkarte. Interdisziplinäres Colloquium 1988*, Lüneburg, 1991, p. 23-40 ; E. Michael, Das wiederentdeckte Monument – Erforschung der Ebstorfer Weltkarte, Entstehungsgeschichte und Gestalt ihrer Nachbildungen, in H. Kugler, E. Michael (éd.), *Ein Weltbild vor Columbus. Die Ebstorfer Weltkarte. Interdisziplinäres Colloquium 1988*, Lüneburg, 1991, p. 9-22.

[83] Un résumé utile de cette discussion jusqu'en 1984 dans : J.-G. Arentzen, *Imago Mundi Cartographica*, p. 138-147. Pour la continuation du débat, cf., entre autres : A. Wolf, Neues über die Ebstorfer Karte. Entstehungszeit – Ursprungsort – Autorschaft, in K. Jaitner, I. Schwab (éd.), *Das Benediktinerinnenkloster Ebstorf im Mittelalter*, Hildesheim, 1988, p. 75-109 ; *idem*, News on the Ebstorf world map. Date, origin, authorship, in M. Pelletier (éd.), *Géographie du monde au Moyen Age et à la Renaissance*, Paris, 1989, p. 51-68 ; *idem*, Die Ebstorfer Weltkarte : Schöpfungsbild und Herrschaftszeichen, in *Cartographica Helvetica*, t. 3, 1991, p. 28-32 ; *idem*, Ikonologie der Ebstorfer Weltkarte und politische Situation des Jahres 1239. Zum Weltbild des Gervasius von Tilbury am welfischen Hofe, in H. Kugler, E. Michael (éd.), *Ein Weltbild vor Columbus. Die Ebstorfer Weltkarte. Interdisziplinäres Colloquium 1988*, Lüneburg, 1991, p. 54-116 ; R. Lindemann, A new dating of the Ebstorf mappamundi, in *Deutsches Archiv für Erforschung des Mittelalters* 44, 1988, p. 45-49 ; *idem*, A new dating of the Ebstorf mappamundi, in M. Pelletier (éd.), *Géographie du monde au Moyen Age et à la Renaissance*, Paris, 1989, p. 45-50 ; P. M. Barber, The Evesham world map, in *Imago mundi*, t. 47, 1995, p. 32, n. 73.

[84] Gervais de Tilbury, *Otia imperialia*, II,25. Le texte est cité au chapitre I (p. 26). Au chapitre VI je reviendrai sur la question si la représentation du Christ « derrière » la mappemonde s'inspire des *Otia imperialia*.

[85] A. Wolf, Neues über die Ebstorfer Karte.

[86] A. Wolf, Ikonologie der Ebstorfer Weltkarte, p. 114.

Les arguments avancés semblent être concluants, mais il y a pourtant des critiques fondamentales à alléguer contre l'assertion que Gervais de Tilbury serait l'auteur de la mappemonde d'Ebstorf[87]. Il y a trois arguments principaux : premièrement, afin d'accepter Gervais de Tilbury comme notaire d'Otton l'Enfant il faut étendre jusqu'à 1239 la vie de Gervais de Tilbury, dont on assume normalement qu'elle s'acheva peu après 1220. Qui plus est, des documents témoignent de la présence de Gervais de Tilbury à Arles entre 1200 et 1221[88]. Il est difficile d'accepter ces différents « Gervasii » comme la même personne. Deuxièmement, on a beaucoup exagéré l'importance des *Otia imperialia* comme source de la mappemonde d'Ebstorf. Konrad Miller a déjà fait remarquer qu'il n'y a que quelques détails sur la mappemonde qui proviennent indubitablement du texte de Gervais[89]. La source textuelle médiévale la plus importante de la mappemonde d'Ebstorf est l'*Imago mundi* (1110-1139) d'Honorius Augustodunensis[90]. Troisièmement, Renate Kroos a su démontrer que les particularités stylistiques et iconographiques de la mappemonde d'Ebstorf ne ressemblent aucunement au « Zackenstil » qui caractérise

[87] Cf. H. J. Schulze, Ist Gervasius von Tilbury Propst von Ebstorf gewesen?, in *Niedersächsisches Jahrbuch für Landesgeschichte*, t. 33, 1961, p. 239-244 ; K. Jaitner, Ebstorf, in U. Faust (éd.), *Die Frauenklöster in Niedersachsen, Schleswig-Holstein und Bremen*, Sankt Ottilien, 1984 (Germania Benedictina, t 11 : *Norddeutschland)*, p. 166-167 ; *idem*, Kloster Ebstorf und die Weltkarte, in H. Kugler, E. Michael (éd.), *Ein Weltbild vor Columbus. Die Ebstorfer Weltkarte. Interdisziplinäres Colloquium 1988*, Lüneburg, 1991, p. 41-53 ; H. Kugler, Die Ebstorfer Weltkarte. Ein europäisches Weltbild im deutschen Mittelalter, in *Zeitschrift für deutsches Altertum und deutsche Literatur*, t. 116, 1987, p. 1-29 ; P. Gautier Dalché, *La « Descriptio mappe mundi » de Hugues de Saint-Victor*, p. 182 ; M. Kupfer, Medieval world maps, p. 272 ; M. Hoogvliet, The mystery of the makers. Did nuns make the Ebstorf map, in *Mercators World*, t. 1, 1996, p. 16-21. S. E. Banks, J. W. Binns (éd./trad.), *Gervase of Tilbury: Otia Imperialia. Recreation for an emperor*, Oxford, 2002, p. xxxiii-xxxvii.

[88] Des renseignements détaillés sur la présence de Gervais de Tilbury à Arles dans : J. Wilke, *Die Ebstorfer Weltkarte*, p. 97-122. Le nom de Gervais apparaît partout : en 1229 un autre Gervais (de Tilbury?) aurait visité la cour d'Henry III en Angleterre. Voir : S. Lewis, *The art of Matthew Paris in the Chronica Majora*, Berkeley, 1987, p. 510, n. 129 ; P. M. Barber, Old encounters new. The Aslake world map, in M. Pelletier (éd.), *Géographie du monde au Moyen Age et à la Renaissance*, Paris, 1989, p. 78.

[89] K. Miller, *Die Ebstorfkarte*, p. 75-76. Gervais fait d'ailleurs sa remarque sur une mappemonde dans le contexte immédiat d'une énumération de noms géographiques qui ne comporte aucune référence aux animaux ou aux peuples ; cf. les chapitres III et IV. De plus, les animaux et peuples légendaires représentés sur la mappemonde d'Ebstorf ne présentent aucune analogie avec les *Otia imperialia*. Voir aussi : R. Drögereit, Zur Entstehung der Ebstorfer Weltkarte, in *Lüneburger Blätter*, t. 13, 1962, p. 23 ; H. Kugler, Die Ebstorfer Weltkarte., p. 12, n. 24 ; P. Gautier Dalché, *La « Descriptio mappe mundi » de Hugues de Saint-Victor*, p. 182 ; J. Wilke, *Die Ebstorfer Weltkarte*, p. 123-140.

[90] Un grand nombre des inscriptions sur la mappemonde d'Ebstorf reproduisent *verbatim* l'*Imago mundi* d'Honorius Augustodunensis. Cf. K. Miller, *Die Ebstorfkarte*, p. 75. B. U. Hucker (Zur Datierung der Ebstorfer Weltkarte, in *Deutsches Archiv für Erforschung des Mittelalters*, t. 44, 1988, p. 520, n. 34) renvoie aux *Otia imperialia* comme la source de la légende sur Rome (« Secundum formam leonis inchoata est Roma ») ; l'*Imago mundi* (I,26) d'Honorius Augustodunensis est pourtant une source plus ancienne et plus vraisemblable : « Unde Roma formam leonis habet, qui ceteris bestiis quasi rex praeest. » Les *Mirabilia urbis Romae* (ca. 1143) proposées par J. Wilke, *op. cit.*, p. 132) sont plus jeunes que l'*Imago mundi* (1110-1139). La mappemonde d'Ebstorf présente également des rapports surprenants avec les descriptions du monde dans le *Speculum maius* de Vincent de Beauvais, mais comme ce texte se compose de fragments d'autres auteurs, il est impossible de trouver des preuves concluantes pour l'usage de ce texte.

l'art allemand du début du XIIIe siècle, mais font plutôt penser aux enluminures allemandes de la fin de ce siècle et du début du XIVe siècle[91].

Le fait que la mappemonde d'Ebstorf a été retrouvée dans un couvent de religieuses pose des problèmes à la critique moderne, puisqu'on s'imagine difficilement que des femmes médiévales ont pu être les peintres ainsi que les *auctores intellectuales* de la mappemonde. C'est surtout Walther Rosien qui a rejeté la possibilité que les religieuses d'Ebstorf aient produit la mappemonde tout en se basant sur des jugements préconçus sur les activités artistiques et intellectuelles des religieuses au Moyen Âge[92]. Ces dernières décennies il s'est avéré que, contrairement à ce qu'on avait toujours pensé, les femmes médiévales, et surtout les religieuses, étaient bel et bien actives comme scribes et comme peintres[93]. Qui plus est, certaines d'entre elles ont même déployé des activités scientifiques : il suffit de penser à Herrade de Hohenbourg († ca. 1196) ou à Hildegarde de Bingen (1098-1179)[94]. Pour éviter la conclusion que les religieuses d'Ebstorf auraient pu être les créatrices de la mappemonde, on a avancé des théories très divergentes concernant le donateur et le lieu d'origine[95]. Il y a pourtant des indices qui permettent de supposer que la mappemonde a effectivement été faite pour (et par) les religieuses d'Ebstorf vers la fin du XIIIe siècle[96].

[91] R. Kroos, Über die Zeichnungen auf der Ebstorfkarte und die niedersächsische Buchmalerei, in H. Kugler, E. Michael (éd.), *Ein Weltbild vor Columbus. Die Ebstorfer Weltkarte. Interdisziplinäres Colloquium 1988*, Lüneburg, 1991, p. 223-244. Sur les enluminures médiévales de la Saxonie, voir : *idem*, Sächsische Buchmalerei 1200-1500. Ein Forschungsbericht, in *Zeitschrift für Kunstgeschichte*, t. 50, 1987, p. 283-316.

[92] W. Rosien (*Die Ebstorfer Weltkarte*, Hanovre, 1952, p. 33) : « Es gibt nämlich im Mittelalter – un zumal im ausgehenden – wohl Bildstickereien und ähnliche Kunstwerke von weiblicher Hand ; dagegen ist die Buchmalerei nebst verwandten Künsten in der Regel von Männern ausgeübt worden. Die Weltkarte stellt nun aber ihrer Art nach gewissermaßen eine Spitzenleistung der Buchmalerei dar, die zudem auch in sich selbst so stark männliches Gepräge zeigt, daß man an eine Ausführung durch Frauenhand nicht gut glauben kann. »

[93] Cf. J. J. G. Alexander, *Medieval illuminators and their methods of work*, New Haven-Londres, 1992, p. 18-20.

[94] Pour d'autres arguments contre les idées reçues de Rosien, voir : R. Drögereit, Die Ebstorfer Weltkarte und Hildesheim, in *Zeitschrift für Heimatkunde im Bistum Hildesheim. Die Diözese Hildesheim in Vergangenheit und Gegenwart*, t. 44, 1976, p. 23-24. Pour les textes produits par des femmes au Moyen Âge, voir, entre autres : P. Dronke, *Women writers of the Middle Ages. A critical study of texts from Perpetua (d. 203) to Magruerite Porete (d. 1310)*, Cambridge, 1994.

[95] A côté de la théorie sur Gervais de Tilbury et Otton l'Enfant citées ci-dessus, on a proposé comme commanditaire : le duc Magnus Torquatus de Braunschweig († 1373) (W. Ohnsorge, Zur Datierung der Ebstorfer Weltkarte, in *Niedersächsisches Jahrbuch für Landesgeschichte*, t. 33, 1961, p. 158-244) ; Johannes Marcus, à partir de 1190 prévôt de la cathédrale de Hildesheim (R. Drögereit, *art. cit.*) ; le duc Guillaume de Lüneburg († 1213) (B. U. Hucker, Zur Datierung der Ebstorfer Weltkarte, p. 514-518) ; et comme lieu d'origine : Lüneburg ca. 1300 (H. Appuhn, Über Ursprung und Datierung der Ebstorfer Weltkarte, in *Lüneburger Blätter*, t. 14, 1963, p. 30-32), l'abbaye Saint-Michel à Lüneburg (W. Rosien, *Die Ebstorfer Weltkarte*, p. 33 ; K. Jaitner, Kloster Ebstorf und die Weltkarte).

[96] Pour des arguments en faveur de cette thèse, voir : H. Appuhn, *Einführung in die Ikonographie der mittelalterlichen Kunst in Deutschland*, Darmstadt, 1985, p. 48-56 ; *idem*, Datierung und Gebrauch der Ebstorfer Weltkarte und ihre Beziehungen zu den Nachbarklöstern Lüne und Wienhausen, in H. Kugler, E. Michael (éd.), *Ein Weltbild vor Columbus. Die Ebstorfer Weltkarte. Interdisziplinäres Colloquium 1988*, Lüneburg, 1991, p. 245-259 ; H. Kugler, Die Ebstorfer Weltkarte, p. 4, 7-8 ; M. Kupfer, Medieval world maps, p. 272 ; M. Hoogvliet, The mystery of the makers. A. Wolf (Ikonologie der Ebstorfer Weltkarte, p. 85-87) suggère que les religieuses d'Ebstorf auraient construit la carte sous la direction de Gervais de Tilbury.

Sur la mappemonde, en dessous de la vignette de l'abbaye d'Ebstorf (« Eb/bekes/storp »), se trouve une indication de tombes de martyrs (« Hic quiescunt b(eati) mar/ty/res »). Ce texte réfère à une légende selon laquelle des martyrs chrétiens, massacrés par les Slaves au temps de Charlemagne, auraient été enterrés dans le cimetière de l'abbaye d'Ebstorf[97]. On ne peut situer avec précision le début de la vénération des martyrs à Ebstorf, car les témoins textuels fiables datent principalement du XIVe siècle. Il paraît cependant que les pèlerinages vers les tombeaux des martyrs ont surtout eu lieu à partir du dernier quart du XIIIe siècle et au XIVe siècle[98]. La même période se caractérise par l'agrandissement considérable des richesses de l'abbaye d'Ebstorf. Depuis la première moitié du XIIIe siècle l'abbaye possédait des intérêts dans la saline près de Lüneburg (indiquée sur la mappemonde!), mais c'est surtout à partir de 1293 que les revenus s'élevèrent à un niveau considérable. Les pèlerinages aux tombeaux des martyrs ont dû contribuer davantage aux biens de l'abbaye[99]. Les religieuses ont probablement profité de ces fonds pour entreprendre des travaux architecturaux et artistiques, puisqu'un grand nombre des bâtiments et des objets d'art encore connus de l'abbaye d'Ebstorf datent de la fin du XIIIe siècle et du début du XIVe siècle[100]. Parmi ces objets d'art produits à l'abbaye même on compte des broderies. Les dimensions de la mappemonde ainsi que certaines particularités stylistiques font penser à ces broderies produites traditionnellement dans les couvents de religieuses de l'Allemagne du Nord et donc aussi dans l'abbaye d'Ebstorf[101]. La mappemonde extraordinaire s'explique parfaitement par rapport aux richesses considérables et aux activités artistiques de l'abbaye d'Ebstorf vers la fin du XIIIe siècle. Un autre argument en faveur de l'abbaye d'Ebstorf est l'intérêt particulier que porte la mappemonde à saint Maurice, le patron de l'abbaye[102], ainsi qu'aux pèlerinages aux tombes saints[103].

A tout ceci s'ajoute l'étude de Jürgen Wilke. Celui-ci a fait une comparaison paléographique entre les textes sur la mappemonde et les (fragments de) manuscrits encore conservés provenant de l'abbaye d'Ebstorf et datant des XIIIe et XIVe siècles. Selon Wilke le scribe de la

97 Sur les martyrs, voir : K. Miller, *Die Ebstorfkarte*, p. 18-19 ; B. Hahn-Woernle, *Die Ebstorfer Weltkarte*, p. 80-82.

98 Cf. K. Jaitner, Ebstorf, p. 187,167 ; *idem*, Das Benediktinerinnenkloster Ebstorf im Mittelalter (ca. 1165-1550), in K. Jaitner, I. Schwab (éd.), *Das Benediktinerinnenkloster Ebstorf im Mittelalter. Vorträge einer Tagung im Kloster Ebstorf vom 22. bis 24. Mai 1987*, Hildesheim, 1988, p. 8 ; *idem*, Kloster Ebstorf und die Weltkarte, p. 49-51.

99 Cf. K. Jaitner, Ebstorf, p. 167, 175-181 ; *idem*, Kloster Ebstorf und die Weltkarte, p. 43-44.

100 Cf. K. Jaitner, Ebstorf, p. 167, 186-187 ; *idem*, Das Benediktinerinnenkloster Ebstorf im Mittelalter, p. 3, 7-9 ; H. Appuhn, Datierung und Gebrauch der Ebstorfer (Weltkarte), p. 249-250.

101 Cf. H. Appuhn, *Einführung in die Ikonographie der mittelalterlichen Kunst in Deutschland*, p. 48-56 ; *idem*, Datierung und Gebrauch der Ebstorfer (Weltkarte), p. 256-259 ; B. Hahn-Woernle, *Die Ebstorfer Weltkarte*, p. 88-98 ; R. Kroos, Über die Zeichnungen auf der Ebstorfkarte, p. 229. Sur les broderies médiévales de l'Allemagne du Nord, voir : R. Grönwoldt, *Textilien I. Webereien und Stickereien des Mittelalters*, Hanovre, 1964 ; R. Kroos, *Niedersächsische Bildstickereien des Mittelalters*, Berlin, 1979. L'emploi liturgique proposé par Appuhn est intéressant, mais impossible de prouver.

102 La mappemonde mentionne le « Monasterium sancti Mauritii » (St. Maurice d'Agaune en Suisse) où repose le corps du saint. Le nom de saint Maurice dans la légende sur la ville de Thèbes en Egypte est en encre rouge (« In hac Mauritius principabatur et ab hac Thebei dicuntur »). Cf. B. Hahn-Woernle, *Die Ebstorfer Weltkarte*, p. 86 ; A. Wolf, Ikonologie der Ebstorfer Weltkarte, p. 86.

103 H. Kugler, Hochmittelalterliche Weltkarten als Geschichtsbilder, in H. W. Goetz (éd.), *Hochmittelalterliches Geschichtsbewußtsein im Spiegel nichthistoriographischer Quellen*, Berlin, 1998, p. 187-194.

mappemonde appartient indubitablement à une tradition paléographique bien caractéristique de l'abbaye d'Ebstorf entre 1288 et 1314[104]. Cependant, il hésite de désigner les religieuses comme les commanditaires et les créatrices de la mappemonde, malgré le fait qu'un des fragments examinés a probablement été écrit par une « soror Walburgis[105] » et que dans certains documents il est question d'une école pour les religieuses à Ebstorf (« puelle infra scolas existentes[106] »). La conclusion de Wilke – il propose d'identifier le prévot Albert (1293-1307) comme l'auteur et le commanditaire de la mappemonde[107] – me paraît peu satisfaisante, car elle repose plutôt sur ce qu'on appelle le lieu commun du confesseur (« Beichtvatertopos[108] ») que sur des preuves fiables.

Les religieuses de l'abbaye d'Ebstorf étaient surtout originaires de la noblesse locale de Lüneburg[109]. La préférence pour les possessions guelfes sur la mappemonde d'Ebstorf, constatée par Armin Wolf et plus récemment par Brigitte Englisch[110], s'explique probablement par le fait que les religieuses d'Ebstorf n'avaient pas perdu de vue les intérêts politiques de leurs familles. Il paraît d'ailleurs que les religieuses n'ont pas dû se plier à un régime extrêmement sévère : elles avaient droit à des possessions personnelles et elles avaient la possibilité de se déplacer. Ce n'est qu'à partir de la réforme de 1469 que les religieuses ont commencé à observer les vœux de pauvreté et la règle du *clausus*[111]. Mais avant cette réforme, les conditions de vie des religieuses d'Ebstorf et surtout leur richesse auront sans aucun doute permis la possession et même la création d'une mappemonde[112].

[104] J. Wilke, *Die Ebstorfer Weltkarte*, p. 204-256.

[105] J. Wilke, *op. cit.*, p. 228.

[106] J. Wilke, *op. cit.*, p. 270. E. Schlotheuber (Ebstorf und seine Schülerinnen in der zweiten Hälfte des 15. Jahrhunderts, in F. Eisermann, E. Schlotheuber, V. Honemann (éd.), *Studien und Texte zur literarischen und materiellen Kultur der Frauenkloster im späten Mittelalter. Ergebnisse eines Arbeitsgesprächs in der Herzog August Bibliothek Wolfenbüttel, 24.-26. Febr. 1999*, Leyde-Boston, 2004, p. 169-221) observe que la grande majorité des manuscrits de la bibliothèque d'Ebstorf datent d'après la réforme du milieu du xve siècle (p. 175), mais elle ne doute pas qu'il y a eu une culture latine parmi les religieuses de l'Allemagne du nord qui date de bien avant le xve siècle (p. 191).

[107] J. Wilke, *op. cit*, p. 236-240, 270-271, 285.

[108] Cf. U. Peters, *Religiöse Erfahrung als literarisches Faktum. Zur Vorgeschichte und Genese frauenmystischer Texte des 13. und 14. Jahrhunderts*, Tübingen, 1988. Je remercie Anne Bollmann de cette référence.

[109] Cf. K. Jaitner, Ebstorf, p. 167, 182 ; *idem*, Das Benediktinerinnenkloster Ebstorf im Mittelalter, p. 3.

[110] B. Englisch, *Ordo orbis terrae. Die Weltsicht in den Mappae mundi des frühen und hohen Mittelalters*, Berlin, 2002, p. 490-493.

[111] Cf. K. Jaitner, Ebstorf, p. 172, 182 ; *idem*, Das Benediktinerinnenkloster Ebstorf im Mittelalter, p. 3-4, 19 ; U. Faust, Monastisches Leben in den Lüneburger Klöstern, in K. Jaitner, I. Schwab (éd.), *Das Benediktinerinnenkloster Ebstorf im Mittelalter. Vorträge einer Tagung im Kloster Ebstorf vom 22. bis 24. Mai 1987*, Hildesheim, 1988, p. 27-39. Pour la vie des religieuses en Allemagne au Moyen Âge, voir : J. Hamburger, *The visual and the visionary. Art and female spirituality in late Medieval Germany*, New York, 1998 ; avec quelques remarques sur Ebstorf sur les p. 38-89.

[112] Afin de trouver un compromis entre la datation de 1239 et celle de la fin du xiiie siècle, on a proposé de considérer la mappemonde d'Ebstorf comme la copie d'une mappemonde dressée par Gervais de Tilbury pour le duc Otton l'Enfant. Voir surtout : A. Wolf, Neues über die Ebstorfer Karte, p. 90 ; *idem*, Ikonologie der Ebstorfer Weltkarte, p. 80 ; A.-D. von den Brincken, *Fines terrae*, p. 92. Cette hypothèse n'est pourtant pas satisfaisante, puisqu'elle ne se base pas sur des faits historiques, mais vise uniquement à réconcilier des opinions divergentes.

Le dessin interne des mappemondes détaillées, caractérisé surtout par le cours méridional du Nil, se poursuit jusqu'au XIVe siècle. Le premier exemple est une mappemonde reproduite au début d'une copie du *Polychronicon* de Ranulf Higden (1299-1363/4) datant de 1340 environ (pl. 13)[113]. Ce manuscrit a probablement été produit à Ramsey Abbey (Huntingdonshire) et selon Peter Barber ce n'est pas Higden lui-même, mais le copiste qui a ajouté cette mappemonde au texte du *Polychronicon*[114]. Ranulf Higden, lui, avait également rattaché une mappemonde à sa chronique, mais il n'a dû prendre cette décision que lors de la création de la deuxième version du *Polychronicon*. Cette mappemonde est moins détaillée que la grande mappemonde de l'exemplaire de Ramsey Abbey. Ce même manuscrit contient encore une deuxième mappemonde, celle-ci moins détaillée et avec une structure interne (notamment la forme sinusoïde du cours méridional du Nil) conforme à la mappemonde dans l'autographe de Ranulf et aux autres exemplaires copiés dans les autres manuscrits du *Polychronicon*[115]. Finalement, Peter Barber a retrouvé la même structure sur une mappemonde (1392) copiée à Evesham Abbey (Gloucestershire) sur le verso d'un rouleau contenant une table généalogique[116].

Il ne subsiste qu'un fragment de l'autre mappemonde encore connue du XIVe siècle où figure le cours méridional du Nil. Le fragment d'Aslake, découvert en 1985, est probablement originaire de Creake Abbey (Norfolk)[117]. De cette mappemonde ne subsistent que deux pièces de parchemin portant des inscriptions fanées : la première n'est plus qu'une lanière, l'autre est assez grande et reproduit le Sud-Ouest de l'Afrique avec le cours méridional du Nil. Le fragment d'Aslake comporte peu d'images, mais des études textuelles ont montré qu'il existe des analogies surprenantes avec les mappemondes détaillées du XIIIe siècle, et surtout avec le fragment du duché de Cornouailles[118]. D'autre part, le fragment d'Aslake montre également l'influence des cartes portulans[119].

Finalement, il faut mentionner ici la mappemonde qui se trouve au verso du dernier folio d'une copie des *Chroniques de saint Denis* datant du XIVe siècle[120]. Cette petite mappemonde n'est pas complète, mais on y retrouve, entre autres, la forme spirale de la Mer Noire qui est également une caractéristique de la mappemonde à Munich (*Cimericum mare*), de la mappemonde du Psautier et de la mappemonde d'Ebstorf (*Lacus cimericus*).

[113] *Londres, British Library*, MS Royal 14.C.IX (ca. 1340), f. 1v-2r. Nomenclature : K. MILLER, *Die kleineren Weltkarten*, p. 99-108.

[114] P. M. BARBER, The Evesham world map, 1995, p. 17.

[115] P. M. BARBER, *art. cit.*, p. 15-19. Voir aussi : E. EDSON, *Mapping time and space*, p. 128-130. L'autographe de Ranulf Higden est conservé à *San Marino, Huntington Library*, MS 132. Pour un inventaire des mappemondes insérées dans les manuscrits du *Polychronicon*, voir : M. DESTOMBES, *Mappemondes A.D. 1200-1500*, section 47. Au chapitre IV je reviendrai sur les rapports entre le texte du *Polychronicon* et ces mappemondes.

[116] *Londres, College of Arms Muniment Room*, 18/19 (1392). 46 × 94 cm. Reproduction dans : P. M. BARBER, Die Evesham Weltkarte von 1392, in *Cartographica Helvetica*, t. 9, 1994, p. 17-22 ; *idem*, The Evesham world map.

[117] *Londres, British Library*, MS Add. 63841 A, B (1350-1400). 60 × 23 cm. et 48 × 0,8 cm. Nomenclature et reproductions dans : P. M. BARBER, M. P. BROWN, The Aslake world map, in *Imago mundi*, t. 44, 1992, p. 36-38. Voir aussi : P. M. BARBER, Old encounters new, p. 69-88.

[118] Je reviendrai sur le contenu des mappemondes au chapitre V.

[119] Cf. P. M. BARBER, Old encounters new, p. 84-86 ; P. M. BARBER, M. P. BROWN, The Aslake World Map, p. 33-34.

[120] *Paris, Bibliothèque Ste-Geneviève*, Ms. 782 (XIVe siècle) f. 374v. Reproduction : J.-G. ARENTZEN, *Imago Mundi Cartographica*, pl. 52.

Les mappemondes encore conservées ne représentent probablement qu'une partie très limitée de l'ensemble produit au Moyen Âge[121]. Certaines d'entre elles ne subsistent que sous forme d'un fragment dont les inscriptions sont à peine lisibles, comme, par exemple, le fragment d'une mappemonde du XIIIe siècle conservé à Wiesbaden[122]. Il est possible de se former une image globale de la présence des mappemondes sur la base des inventaires médiévaux, mais ici l'ambiguïté de la terminologie *mappa mundi*, déjà signalée au premier chapitre, prête souvent à confusion[123]. Ces mappemondes sont vraisemblablement toutes perdues : par exemple, P. D. A. Harvey a su retracer des références à une mappemonde dans la cathédrale de Lincoln au XIIe siècle et aussi à un exemplaire que l'évêque Hugues le Puiset aurait légué au prieuré de la cathédrale de Durham en 1195[124]. L'historiographe et cartographe médiéval Matthieu Paris (ca. 1200-1259) indique sur l'ébauche d'une mappemonde, insérée dans une copie de sa *Chronica maiora*, que celle-ci est une copie sommaire de la mappemonde de Robert de Melk et de celle à l'abbaye de Waltham. Matthieu dit également avoir copié dans son ordinal la mappemonde qui se trouve dans la chambre du roi Henri III à Westminster[125]. Il ne reste aucune trace de toutes ces mappemondes. Il en est de même de la mappemonde qui doit avoir orné la grande salle du château de Winchester[126]. Au Moyen Âge, il doit y avoir eu plusieurs peintures murales représentant une mappemonde. Marcia Kupfer a retrouvé des descriptions du XIXe siècle d'une mappemonde datant du XIIe siècle, maintenant perdue, qui faisait partie du programme de décoration de l'église de Saint-Silvain à Chalivoy-Milon[127].

Le dessin interne de la majorité des mappemondes discutées ici se ressemble remarquablement : d'une part la mappemonde de Hereford et la petite mappemonde dans le manuscrit 66 du Corpus Christi College à Cambridge sont très proches l'une de l'autre, d'autre part la mappemonde à Munich, la mappemonde du Psautier, la mappemonde d'Ebstorf, ainsi que les fragments du duché de Cornouailles et d'Aslake ont de nombreux points communs[128]. La forme

[121] Cf. D. Woodward, Medieval *mappaemundi*, p. 292.

[122] *Wiesbaden, Hauptstaatsarchiv*, Ms. A. 60 (XIIIe siècle).

[123] Cf. L. Bagrow, Old inventories of maps, in *Imago mundi*, t. 5, 1948, p. 18-20 ; J. Schulz, Jacopo de Barbari's view of Venice. Map making, city vieuws, and moralized geography before the year 1500, in *Art Bulletin*, t. 60, 1978, p. 449, n. 81 ; D. Woodward, Medieval *mappaemundi*, p. 359-367 ; A.-D. von den Brincken, *Kartographische Quellen*, p. 54-55.

[124] P. D. A. Harvey, *Mappa mundi. The Hereford world map*, p. 27.

[125] *Cambridge, Corpus Christi College*, MS 26 (ca. 1250) p. 284. (Matthieu Paris, *Chronica maiora*). Le texte est : « Summatum facta est dispositio mappa mundi magistri Robert de Melkeleia et mappamundi de Waltham. Mappamundi domini Regis quidem est in camera sua apud Westmonasterium, figuratur in ordinali Mathei de parisio. » Transcription : S. Lewis, *The Art of Matthew Paris in the Chronica Majora*, p. 372, 509, n. 117. Pour des remarques sur la mappemonde dans la *camera picta* à Westminster, voir : P. Binsky, *The painted chamber at Westminster*, Londres, 1986, p. 44 ; M. Kupfer, Medieval world maps, p. 277-279 ; D. Birkholz, *The king's two maps. Cartography and culture in thirteenth-century England*, p. 3-43.

[126] P. Binsky, *op. cit.*, p. 138, n. 81.

[127] M. Kupfer, The lost *Mappamundi* at Chalivoy-Milon, in *Speculum*, t. 66, 1991, p. 540-571. Le diamètre de la mappemonde mesurait vraisemblablement six mètres environ. L'auteur cite également certaines mosaïques qui représenteraient une mappemonde, comme, par exemple le pavement dans le San Salvatore à Turin (*art. cit.*, p. 567-568).

[128] Cf. A.-D. von den Brincken, Mappa Mundi und Chronographia. Studien zur *imago mundi* des abendländischen Mittelalters, in *Deutsches Archiv für Erforschung des Mittelalters*, t. 24, 1968, p. 146 ; M. Destombes, *Mappe-*

relativement constante des mappemondes médiévales a nourri la thèse selon laquelle celles-ci reproduiraient, bien que défectueusement, les résultats de la cartographie romaine, et surtout la carte du monde d'Agrippa, dont il a déjà été question[129]. Dans une étude sur les erreurs de copiste (« Abschreibfehler ») sur la mappemonde d'Ebstorf, Hartmut Kugler a critiqué ces assomptions mal fondées. Selon Kugler le ou la cartographe de la mappemonde d'Ebstorf a dû avoir recours au modèle d'une autre mappemonde. On ne peut pourtant pas considérer cette mappemonde comme une copie exacte d'un seul exemple cartographique, puisqu'elle reproduit également des modèles textuels[130].

Il semble que la mappemonde de Hereford comporte un autre indice en faveur de la thèse de l'origine romaine de la cartographie médiévale. Une image dans le coin inférieur à gauche représente l'empereur Auguste donnant l'ordre aux trois *agrimensores* (*Nichodoxus*, *Theodocus* et *Policlitus*) de mesurer le monde entier. La légende reproduit le début de l'Evangile de Luc : « Lucas in Evvangelio : Exiit edictum ab Augusto Cesare ut describeretur huniversus orbis ». Un texte encerclant la mappemonde réfère encore une fois au travail des *agrimensores*, mais cette fois-ci le texte attribue l'entreprise à César :

> A Julio Cesare orbis terrarum metiri cepit.
> A Nicodoxo omnis oriens dimensus est.
> A Teodoco septemtrion et occidens dimensus est.
> A Poloclito meridiana pars dimensus est.

Un texte pareil se trouve sur le fragment de la mappemonde du duché de Cornouailles[131], tandis que la mappemonde d'Ebstorf mentionne seulement César[132]. Souvent la critique a voulu voir en la présence des *agrimensores* une preuve étayant la thèse selon laquelle les grandes mappemondes du XIIIe siècle (et surtout la mappemonde de Hereford) se baseraient sur la cartographie romaine, et plus spécifiquement sur la mappemonde dressée par Agrippa[133]. Les activités des *agrimensores* ont été nommées pour la première fois dans deux cosmographies

mondes A.D. 1200-1500, p. 195, 199 ; P. Gautier Dalché, *La « Descriptio mappe mundi » de Hugues de Saint-Victor*, p. 181-192 ; P. M. Barber, Old encounters new, p. 77-82 ; P. M. Barber, M. P. Brown, The Aslake World Map, p. 31-32 ; P. D. A. Harvey, *Mappa mundi. The Hereford world map*, p. 21-38.

[129] Par exemple : B. Hahn-Woernle, *Die Ebstorfer Weltkarte*, p. 23 ; G. Hamann, Das Weltbild im 11. Jahrhundert im Rahmen der Kartographie des Mittelalters, in *Jahrbuch für Geschichte des Feudalismus*, t. 6, 1982, p. 55-61 ; H. Kliege, *Weltbild und Darstellungspraxis hochmittelalterlicher Weltkarten*, p. 48 ; J. F. Moffitt, Medieval *mappaemundi* and Ptolemy's *Chorographia*, in *Gesta*, t. 32, 1993, p. 59-68 ; P. Zumthor, *La Mesure du monde*, p. 327.

[130] H. Kugler, Abschreibfehler. Zur Quellenproblematik der Ebstorfer Weltkarte, in H. Kugler, E. Michael (éd.), *Ein Weltbild vor Columbus. Die Ebstorfer Weltkarte. Interdisziplinäres Colloquium 1988*, Lüneburg, 1991, p. 347-366.

[131] Le texte est cité dans : P. Gautier Dalché, La « mesure du monde » selon Julius Honorius. Réalité antique et tradition médiévale, in *Journal des savants* 1987, p. 209.

[132] « Quam Julius Cesar missis legatis per totius orbis amplitudinem primus instuit ; regiones, provincias, insulas, civitates, syrtes, paludes, equora, montes, flumina quasi sub unius pagine visione coadunavit. »

[133] Par exemple : A. L. Moir, *The World Map in Hereford Cathedral*, Hereford, 8e edition, 1977, p. 12 ; I. Kupcik, *Cartes géographiques anciennes. Évolution de la représentation cartographique du monde, de l'Antiquité à la fin du XIXe siècle*, Paris, 1981, p. 32 ; P. Wiseman, Julius Caesar and the Hereford Map, in *History today*, t. 37, 1987, p. 53-57 ; D. Woodward, Medieval *mappaemundi*, p. 309 ; H. Kliege, *Weltbild und Darstellungspraxis hochmittelalterlicher Weltkarten*, p. 84 ; P. D. A. Harvey, *Mappa mundi. The Hereford world map*, p. 21-38.

latines tardives à savoir : la *Cosmographia Julii Honorii* et la *Cosmographia Æthici*[134]. Contrairement aux mappemondes du XIIIe siècle, ces textes-ci réfèrent aux activités de quatre *agrimensores* : ils mentionnent un certain Didimus qui aurait mesuré l'occident. Patrick Gautier Dalché a fait observer que la variante des trois *agrimensores* apparaît dès le IXe siècle dans certains manuscrits de la *Cosmographia Æthici*. Elle est également présente dans le *Liber floridus* de Lambert de Saint-Omer[135]. Le fait que trois mappemondes du XIIIe siècle mentionnent une entreprise cartographique attribuée à César n'implique donc pas que ces cartes prouvent l'existence d'une tradition cartographique qui remonte à l'Empire Romain[136]. Certes, on ne pourra jamais écarter l'hypothèse que les mappemondes médiévales sont issues d'une tradition cartographique romaine classique ou tardive. Cependant, faute de documents cartographiques de cette période, il est inutile de chercher à reconstituer la cartographie romaine sur la seule base des documents médiévaux. Les mappemondes dont il est question ici ne doivent pas leur signification aux exemples classiques qu'ils reproduisent, mais ce sont des produits médiévaux qu'il faut interpréter par rapport à leur propre contexte culturel et intellectuel.

2. Les cartes portulans et les mappemondes circulaires jusqu'au XVIe siècle

A côté des mappemondes circulaires discutées au paragraphe précédent les cartographes du Moyen Âge ont produit des cartes marines dont on a également supposé qu'elles se basent sur les acquis cartographiques des Romains : les cartes portulans[137]. La majorité de ces cartes

[134] Pour une discussion de la transmission de ces textes, voir : Cl. Nicolet, Les « quatre sages » de Jules César, in *Journal des savants*, 1986, p. 157-184 et P. Gautier Dalché, La « mesure du monde » selon Julius Honorius.

[135] P. Gautier Dalché, *art. cit.*, p. 203-205. Voir aussi : A.-D. von den Brincken, « ...Ut describeretur universus orbis ». Zur Universalkartographie des Mittelalters, in A. Zimmerman (éd.), *Methoden in Wissenschaft und Kunst des Mittelalters*, Berlin, 1970, p. 249-250.

[136] Selon K. Brodersen (*Terra Cognita*, p. 267) la *Cosmographia Iulii Caesaris* est une création médiévale.

[137] Pour un inventaire et une discussion des théories concernant les origines des cartes portulans, voir : T. Campbell, Portolan charts from the late thirteenth century to 1500, in J. B. Harley, D. Woodward (éd.), *Cartography in prehistoric, ancient, and Medieval Europe and the Mediterranean*, Chicago, 1987 (*The history of cartography*, t. 1), p. 380-381 ; P. Gautier Dalché (éd.), *Carte marine et portulan au XIIe siècle. Le Liber de existencia riveriarum et forma maris nostri Mediterranei*, Rome, 1995, p. 39-67 ; K. E. Kelley, Perspectives on the origins and uses of the portolan charts, in *Cartographica*, t. 32, 1995, p. 1-16.

Sur les cartes portulans, voir aussi : H. Winter, A late portolan chart at Madrid and late portolan charts in general, in *Imago mundi*, t. 9, 1952, p. 1-11 ; Ch. de La Roncière, Portulans et planisphères conservés à la Bibliothèque Nationale. La succession des écoles cartographiques, in *Revue d'Histoire Économique et Sociale*, t. 45, 1967, p. 7-14 ; J.-G. Arentzen, *Imago Mundi Cartographica*, p. 276-295 ; M. de La Roncière, Les cartes marines de l'époque des grandes découvertes, in *Revue d'Histoire Economique et Sociale*, t. 45, 1967, p. 15-28 ; M. de La Roncière, M. Mollat du Jourdin, *Les Portulans. Cartes marines du XIIIe siècle au XVIIe siècle*, Fribourg, 1984 ; A.-D. von den Brincken, *Kartographische Quellen*, p. 38-42 ; W. G. L. Randles, De la carte-portulan méditerranéenne à la carte marine du monde des grandes découvertes. La crise de la cartographie au xvie siècle, in M. Pelletier (éd.), *Géographie du monde au Moyen Age et à la Renaissance*, Paris, 1989, p. 125-132 ; I. Raynaud-Nguyen, Les portulans, in G. Duchet-Suchaux (éd.), *Iconographie médiévale. Image. Texte. Contexte*, Paris, 1990, p. 91-107 ; P. D. A. Harvey, *Medieval maps*, p. 39-69 ; P. Gautier Dalché, D'une technique à une culture. Carte nautique et portulan au XIIe et au XIIIe siècle, in *L'uomo e il mare nella civiltà occidentale. Da Ulisee a Cristoforo Colombo. Convegno storico internazionale. Todi 8-11 ottobre 1995*, Spoleto, 1992, p. 285-312 ; M. Pastoureau, *Voies océaniques, cartes marines et grandes découvertes*, Paris, 1992 ; U. Lindgren (éd.), *Untersuchungen zu Problemen der mittelalterlichen Seekartographie und Beschreibung* reproduit de façon remarquablement précise les contours des côtes de la Méditerranée et celles de la Mer Noire. Parmi les autres caractéristiques figurent la notation des noms géographiques perpendiculairement aux contours du littoral, le schéma indiquant l'échelle, les roses des vents, ainsi qu'un réseau de lignes représentant les vents (les lignes de rhumb). Souvent ces cartes ont été tracées sur une seule peau (de mouton, de chèvre ou de veau) dont le cou est toujours visible, mais on rencontre également des recueils de cartes sous forme d'atlas. Elles n'ont pas d'orientation fixe. Les exemplaires les plus anciens encore conservés datent de la fin du XIIIe et du début du XIVe siècle[138].

L'origine romaine de ces cartes est rendue douteuse par l'existence de livrets médiévaux énumérant les ports et les caps de la Méditerranée, appelés en italien *portolani*[139]. Vu que les cartes semblent être des contreparties visuelles de ces *portolani* (sans en être une traduction exacte), on les appelle cartes portulans ou simplement portulans. Un autre argument affaiblissant la thèse de l'origine romaine des cartes portulans est le fait qu'elles semblent liées à l'usage de la boussole, qui n'a été introduite dans l'Europe de l'ouest qu'au XIIIe siècle[140]. Jusqu'à récemment on a assumé que les premiers *portolani* ont été composés vers la fin du XIIIe siècle, mais dans son commentaire accompagnant l'édition du *Liber de existencia riveriarum et forma maris nostri Mediterranei* (ca. 1160-1200) Patrick Gautier Dalché a avancé des arguments qui permettent de croire que les premiers *portulani* et les premières cartes portulans avaient déjà été dressées en Italie à partir de la deuxième moitié du XIIe siècle[141].

De nombreux historiens de la cartographie ont tendance à interpréter l'invention des cartes portulans exactes et destinées à l'usage pratique comme un événement révolutionnaire marquant une rupture totale avec les pratiques médiévales[142]. L'opposition entre « *mappae mundi* théologiques » d'un côté et « cartes portulans pratiques » de l'autre, est non seulement trop simpliste, mais passe aussi sous silence certaines caractéristiques des cartes portulans. Par exemple, aucune carte portulan encore conservée porte les traces de l'usage pour la naviga-

der Portulankarten. Battista Agnese. Portulan-Atlas (München Universitätsbibliothek, Cim. 18), Munich, 1993 ; S. Biadene (*et al.*), *Istanbul Topkapi Sarayi Müzesi ve Venedik Correr Müzesi Koleksiyonlarindan XIV-XVIII Yüzyil Portolan ve Deniz Haritalari/ Portolani e carte nautiche XIV-XVIII secolo dalle collezioni del Museo Correr-Venezia, Museo del Topkapi-Istanbul*, Istanbul, 1994 ; P. Whitfield, *The charting of oceans. Ten centuries of maritime maps*, Londres, 1996 ; *idem*, Portolan reflections. Sea charts through the centuries, in *Mercators World*, 1998, p. 16-23.

138 L'exemplaire le plus ancien encore connu est la carte pisane (*Paris, Bibl. nationale de France*, Cartes et plans, Rés Ge B 1118) dont on suppose qu'elle date de la fin du XIIIe siècle.

139 Un exemple très connu est le texte *Il Compasso da navigare* (XIIIe siècle), éd. B. R. Motzo, *Il Compasso da navigare, opera italiana della metà del secolo XIII*, Cagliari, 1947 ; corrigé dans : P. Gautier Dalché (éd.), *Carte marine et portulan au XIIe siècle*, appendice V.

140 Pour l'origine médiévale des portulans, voir : T. Campbell, Portolan charts from the late thirteenth century to 1500, p. 381-388 ; P. Gautier Dalché (éd.), *Carte marine et portulan au XIIe siècle*, p. 39-67. T. Campbell (*art. cit.*, p. 387) ainsi que P. Gautier Dalché (*op. cit.*, 76-79) mettent en doute l'importance de la boussole, mais l'accentuation de la *tramontana* (le nord) sur les roses des vents me semble une indication de l'importance de cet instrument.

141 P. Gautier Dalché, D'une technique à une culture ; P. Gautier Dalché (éd.), *Carte marine et portulan au XIIe siècle*, p. 7-16, 39-76.

142 Voir, encore récemment : G. Kish, *La carte. Image des civilisations*, p. 33 ; T. Campbell, Portolan charts from the late thirteenth century to 1500, p. 372 ; F. Relaño, *The shaping of Africa. Cosmographic discourse in late Medieval and early modern Europe*, Aldershot, 2002, p. 91-92.

tion[143] : ce sont presque toutes des exemplaires de luxe tracés sur du parchemin très fin et de nombreux exemples sont ornés d'images. Souvent l'aspect coûteux est encore renforcé par l'usage prodigue d'or. Il existe des cartes portulans vides (c'est-à-dire sans images sur leur surface), mais souvent le tracé cartographique est encadré par des images religieuses, comme, par exemple, des représentations de saints, de la Vierge Marie ou de la Crucifixion[144]. La disponibilité de fonds pour la production de la carte a sans aucun doute joué un rôle très important. Comme toute entreprise d'enluminure au Moyen Âge, la décoration d'une carte était une affaire très coûteuse, non seulement à cause des frais de la main d'œuvre mais aussi à cause des prix souvent très élevés des pigments et de l'or[145].

De plus, Jörg-Geerd Arentzen a su repérer des indices sur les cartes portulans qui permettent de croire que celles-ci représentent en vérité une partie d'une grande mappemonde circulaire[146], comme, par exemple, celles attribuées à Pietro Vesconte (ca. 1320) (pl. 14) et la carte du monde conservée à Modène (ca. 1450) (pl. 16). Un autre exemple illustratif en est l'Atlas Catalan de 1375 (pl. 15) qui commence à l'Ouest comme un portulan décoré, mais qui, plus vers l'Est, prend la forme d'une mappemonde circulaire. Il est donc très probable que les portulans, et même les exemplaires vides, doivent être complétés mentalement avec une mappemonde circulaire portant des images et des légendes.

La terminologie médiévale indique également qu'aux XIVe et XVe siècles on ne percevait pas d'opposition fondamentale entre les cartes portulans et les mappemondes circulaires conçues selon le principe des cartes portulans. Dans les documents historiques on réfère régulièrement aux cartes portulans comme des « cartas da navigare ». Cependant on rencontre également le terme *mappa mundi* dont l'emploi ne se limite pas aux grandes cartes circulaires de la tradition des mappemondes d'Ebstorf et de Hereford : on s'en sert également pour désigner des cartes portulans ainsi que des cartes circulaires influencées par les portulans[147]. Selon Richard Skelton dans les contrats dressés à Barcelone au XIVe siècle on faisait distinction entre cartes portulans et cartes circulaires, dans ce cas-ci entre « cartas de navigandi » et « mapamundos »[148]. Malgré cela, les témoins textuels anciens indiquent que le terme *mappa mundi* peut également référer aux cartes portulans proprement dites. Par exemple, le texte introduisant l'Atlas Catalan de 1375 réfère à la carte comme une « mapa mondi ». Georges Grosjean fait remarquer que des chartes catalanes de l'époque mentionnent l'auteur de cet atlas, Cresques Abraham de Majorque,

143 Cf. T. Campbell, *art. cit.*, p. 439-441. Il est d'ailleurs à noter que la critique ne s'accorde toujours pas sur l'usage exact des cartes portulans.

144 Un exemple est l'atlas de Pietro Vesconte à *Lyon, Bibliothèque de la Ville*, Ms. 175 (ca. 1321), cartes 7, 8.

145 Cf. J. J. G. Alexander, *Medieval illuminators and their methods of work*, p. 32-38. T. Campbell (Portolan charts from the late thirteenth century to 1500, p. 436) s'oppose à cette hypothèse, mais il n'apporte pas d'arguments convaincants pour le contraire.

146 J.-G. Arentzen, *Imago Mundi Cartographica*, p. 288-295. Ces observations sont corroborées par le portulan (ca. 1385) de Guillelmus Soleri, où l'on peut lire au sujet de l'Europe et de l'Asie que ces continents sont un tiers du monde (« ...es la tersa part del mon... ») (Cf. M. de La Roncière, M. Mollat du Jourdin, *Les Portulans*, p. 202-203).

147 La meilleure étude sur la terminologie est : P. Gautier Dalché (éd.), *Carte marine et portulan au XIIe siècle*, p. 26-30. Voir aussi : D. Woodward, Medieval *mappaemundi*, p. 287 ; T. Campbell, Portolan charts from the late thirteenth century to 1500, p. 375 ; I. Raynaud-Nguyen, Les portulans, p. 91-92.

148 R. A. Skelton, A contract for world maps at Barcelona 1399-1400, in *Imago mundi*, t. 22, 1968, p. 109.

comme maître des boussoles et des mappemondes[149]. Il faut également mentionner ici la description de la vie de Saint Louis par Guillaume de Nangis, qui relate le voyage du roi par mer à Tunis et qui note que les marins ont indiqué au roi la position du navire sur une *mappa mundi*. Il ne peut s'agir ici que d'une carte portulan[150]. Un inventaire du contenu d'un navire, dressé en 1294, mentionne trois *mappae mundi* ainsi qu'une boussole[151]. Même l'auteur anonyme du *Liber de existencia riveriarum et forma maris nostri mediterranei* réfère dans le *prologus* à son texte comme une « cartula mappe mundi[152] ».

La production des cartes marines conçues selon le principe des cartes portulans se poursuit jusqu'au XVIIIe siècle. Malgré les grandes pertes dues au fait que ces cartes ont probablement été utilisées à bord de navires[153], le nombre des cartes portulans encore conservées est considérable. A l'heure actuelle il n'en existe toujours pas d'inventaire complet. On peut citer cependant la tentative préliminaire de Tony Campbell dans sa contribution sur les cartes portulans jusqu'à l'an 1500 dans *The history of cartography*[154]. L'étude de Michel Mollat du Jourdin et Monique de la Roncière, publiée en 1984, est importante parce qu'elle contient des reproductions en couleurs de cartes portulans du XIIIe jusqu'à la fin du XVIIe siècle[155]. En 1960 déjà, Armando Cortesão et A. Teixeira da Mota publièrent un inventaire complet des cartes portulans produites au Portugal, muni de fac-similés de tous les exemplaires encore connus[156]. Une publication plus récente, celle-ci également illustrée de reproductions en couleurs, est *The charting of oceans. Ten centuries of maritime maps* par Peter Whitfield.

[149] G. Grosjean, *Mapamundi. Der katalanische Weltatlas vom Jahre 1375*, Dietikon-Zürich, 1977, p. 13. En castillan : « Maestro de mapamundis y de brujulas » ; en catalan : « Maestre de mapa mundi e de buxolas ».

[150] Guillaume de Nangis, *Gesta sanctae memoriae Ludovici*, J. Naudet, P. Daunou (éd.), Guillaume de Nangis : *Gesta sanctae memoriae Ludovici*, in *Recueil des historiens des Gaules et de la France*, Paris, 1840, p. 444.

[151] Ch. de La Roncière, Un inventaire de bord en 1294 et les origines de la navigation hauturière, in *Bibliothèque de l'École des Chartes*, t. 58, 1897, p. 394-409. Voir aussi : T. Campbell, Portolan charts from the late thirteenth century to 1500, p. 439 ; P. Gautier Dalché (éd.), *Carte marine et portulan au XIIe siècle*, p. 27.

[152] *Liber de existencia riveriarum et forma maris nostri mediterranei*, l. 185, éd. P. Gautier Dalché, *op. cit.*, p. 116, discussion sur les p. 28-29.

[153] Sur les causes des pertes, voir : T. Campbell, Portolan charts from the late thirteenth century to 1500, p. 373-375.

[154] T. Campbell, *art. cit.*, p. 449-456. Il existe de nombreux inventaires de collections de portulans. Voir, par exemple : G. Uzielli, S. Amat, P. di Filippo, *Mappamondi, carte nautiche, portolani e altri monumenti cartografici specialmente italiani dei secoli XIII-XVII*, reprod. Amsterdam, 1967 ; S. Crinò, *Portolani manoscritti e carte da navigare compilati per la Marina Medicea*, s.l., 1931 ; M. Foncin, *Catalogue des cartes nautiques sur vélin conservées au Département des Cartes et Plans*, Paris, 1963 ; H. R. Kahane, *Glossario degli antichi portolani italiani*, Florence, 1968 ; A. Ratti, Le carte geografiche di Candia del Museo Civico Correr, in *Bolletino die musei civici veneziani*, t. 24, 1979, p. 86-101 ; Biblioteca Medicea Laurenziana, *Monumenti di cartografia a Firenze (Secc. X-XVII)*, Florence, 1981 ; C. Astengo, *Elenco preliminare di carte e atlanti nautici manoscritto eseguiti nell'area mediterranea nel periodo 1500-1700 e conservati presso enti pubblici*, Gènes, 1996 ; E. Bos-Rietdijk, *Italiaanse kaartenmakers. De Italiaanse kaarten uit de Collectie W. A. Engelbrecht in het Maritiem Museum 'Prins Hendrik' in Rotterdam*, Alphen aan den Rijn, 1996.

[155] M. de La Roncière, M. Mollat du Jourdin, *Les Portulans*.

[156] A. Cortesão, A. Teixeira da Mota, *Portugaliae monumenta cartographica*, Lisbonne, 1960.

Dans ce qui suit, je me concentrerai sur les cartes portulans décorées ainsi que sur les cartes du monde conçues selon le principe des cartes portulans[157]. Les exemplaires les plus anciens de cette dernière catégorie sont les mappemondes circulaires (ca. 1320) (pl. 14) attribuées à Pietro Vesconte, un cartographe actif à Venise pendant la première moitié du XIVe siècle[158]. Les cartes portulans décorées sont surtout originaires de l'école catalane[159]. L'exemplaire le plus ancien encore connu est celle d'Angelino Dulcert, datée de 1339[160]. La carte la plus élaborée encore conservée de cette école catalane est l'Atlas Catalan de 1375 (pl. 15)[161]. Cet atlas ne reproduit pas uniquement le bassin méditerranéen, mais s'étend jusqu'aux extrémités orientales du monde. Bien que l'ouvrage soit anonyme, on accepte généralement que Cresques Abraham de Majorque en est l'auteur. L'atlas est probablement identique à la carte envoyée par le dauphin d'Aragon, le futur Don Juan I, à Charles V, roi de France et à la carte mentionnée dans un inventaire des possessions de ce dernier, même si les dates des documents ne coïncident pas exactement[162]. Parmi les autres exemplaires décorés et encore connus de cette école catalane comptent une carte de Guillelmus Soleri (ca. 1385)[163], une carte anonyme (ca. 1400)[164] et celle de Mecia de Viladestes (1413)[165]. Les cartographes de l'école catalane ont également dressé des

[157] Je ne ferai pas l'inventaire de tous les exemplaires encore connus. Pour cette étude je me baserai sur un corpus représentatif de l'ensemble des cartes portulans décorées.

[158] Il existe plusieurs copies de cette mappemonde. Elles ornent un manuscrit de la *Satyrica historia* (*Vatican, Biblioteca Apostolica Vaticana*, Vat. Lat. 1960 (ca. 1320) f. 264v) et de la *Historia magna* (*Paris, Bibl. nationale de France*, Ms. lat. 4939 (ca. 1320) f. 9) de Paulin de Venise, et accompagnent de nombreux manuscrits du *Liber secretorum fidelium crucis super Terrae Sanctae recuperatione* de Marino Sanudo. Cf. M. Destombes, *Mappemondes A.D. 1200-1500*, no. 54.3-13 ; B. Degenhart, A. Schmitt, Marino Sanudo und Paolino Veneto. Zwei Literaten des 14. Jahrhunderts in ihrer Wirkung auf Buchillustrierung und Kartographie in Venedig, Avignon und Neapel, in *Römisches Jahrbuch für Kunstgeschichte*, t. 14, 1973, p. 1-37, 60-87, 128-130. Ces derniers indiquent que l'atlas signé par Petrus Vesconte (*Vatican, Bibl. Apostolica Vaticana*, Palat. lat. 1362) et muni d'une mappemonde circulaire, n'est pas un ouvrage indépendant, mais qu'il a été fait par Vesconte sur l'ordre de Sanudo comme annexe du *Liber secretorum* (p. 66). La planche 14 reproduit, *Bruxelles, Bibl. royale de Belgique*, 9404-5, f. 171v-172r.

[159] Sur l'école catalane, voir : H. Winter, Catalan portolan maps and their place in the total view of cartographic development, in *Imago mundi*, t. 11, 1954, p. 1-12 ; T. Campbell, Portolan charts from the late thirteenth century to 1500, p. 392-395 ; *Cartografia de la Península Ibèrica i la seva extensió al continent americà. (Cicle de conferències sobre Història de la cartografia. 2on curs Barcelona : 11, 12, 13, i 14 de febrer de 1991)*, Barcelone, 1991 ; V. M. Rosselló i Verger (et al.), *La cartografia Catalana : 22, 23, 24, 25 i 26 de febrer de 1999 : organitzat per l'Institut Cartogràfic de Catalunya i el Departament de Geografia de la Universitat Autònoma de Barcelona*, Barcelone, 2000.

[160] *Paris, Bibl. nationale de France*, Cartes et Plans, Rés Ge B 696 (1339). Reproduction et commentaire : M. Pelletier, Le portulan d'Angelino Dulcert 1339, in *Cartographica Helvetica*, t. 9, 1994, p. 23-31. On peut consulter ce portulan sur Internet : gallica.bnf.fr.

[161] *Paris, Bibl. nationale de France*, Ms. Espagnol 30 (1375). 12 feuilles. Facsimile et nomenclature : G. Grosjean, *Mapamundi. Der katalanische Weltatlas vom Jahre 1375*. Avec les logiciels récents, il n'est plus possible de consulter le cd-rom de M. Pelletier, *Mapa mondí. Une carte du monde au XIVe siècle*, Paris, 1995.

[162] Sur l'auteur et l'identification de l'atlas, voir : P. Yoeli, Abraham and Yehuda Cresques and the Catalan Atlas, in *Cartographic Journal*, t. 7, 1970, p. 17-27 ; G. Grosjean, *op. cit.*, p. 9-10, 12-13 ; M. de La Roncière, M. Mollat du Jourdin, *Les Portulans*, p. 201-202.

[163] *Paris, Bibl. nationale de France*, Cartes et Plans, Rés Ge B 1131 (ca. 1385). Reproduction : M. de La Roncière, M. Mollat du Jourdin, *op. cit.*, no. 9.

[164] *Paris, Bibl. nationale de France*, Cartes et Plans, Rés Ge AA 751 (ca. 1400).

[165] *Paris, Bibl. nationale de France*, Cartes et Plans, Rés Ge AA 566 (1413). Reproduction : M. de La Roncière, M. Mollat du Jourdin, *op. cit.*, no. 12.

mappemondes circulaires. L'unique exemplaire complet encore connu date du milieu du XVe siècle et est conservé à la Biblioteca Estense à Modène (La mappemonde catalane de 1450, pl. 16)[166]. Le musée Topkapi Saray à Istanbul possède un fragment d'une carte catalane très semblable, mais plus ancienne (ca. 1380)[167]. Malgré le fait que certains exemplaires sont en langue latine (celle de Dulcert et la mappemonde à Modène) et d'autres en langue catalane, les cartes de l'école catalane portent souvent des textes et des images très semblables.

Les cartographes italiens ont également produit des cartes du monde présentant l'influence des cartes portulans, mais celles-ci n'ont pas le contenu invariable des cartes portulans de l'école catalane[168]. L'atlas composé de cartes nautiques dressé par Andrea Bianco en 1436 comporte une mappemonde circulaire (pl. 17)[169]. On connaît encore trois mappemondes construites vers le milieu du XVe siècle par le cartographe vénitien Giovanni Leardo[170]. Une mappemonde assez proche de ces cartes italiennes est celle d'Andreas Walsperger, selon une inscription sur la carte dressée à Constance en 1448 et maintenant conservée dans la Biblioteca Apostolica Vaticana (pl. 18)[171]. La

[166] *Modène, Biblioteca Estense*, C.G.A. 1 (ca. 1450). Diamètre : 113 cm. Reproduction et nomenclature : E.Milano, *Il mapamondo Catalano Estense/Die katalanische Estense Weltkarte*, Dietikon/Zürich, 1995.

[167] *Istanbul, Topkapi Saray Kütüphane*, n. 1828 (ca. 1380). Reproduction : M. Destombes, Fragments of two medieval world maps at the Topkapi Saray Library, in *Imago mundi*, t. 22, 1956, p. 151-152. Le même musée possède également une carte catalane par Johannes de Villadestes (1428) que je n'ai pas pu consulter : *Istanbul, Topkapi Saray Kütüphane*, n. 1826. Une reproduction dans : S. Biadene (*et al.*), *Portolani e carte nautiche XIV-XVIII secolo*, p. 44-45, cat. no. 4.

[168] Sur la cartographie italienne, voir : *Cartografia italiana. (Cicle de conferències sobre Història de la cartografia. 3er curs Barcelona : 17, 18, 19, 20 i 21 de febrer de 1992)*, Barcelone, 1993.

[169] *Venise, Bibl. Nazionale Marciana*, Ms. It. Z 76 (1436), f. 10. Description et reproduction : R. A. Skelton (et al.), *The Vinland Map and the Tartar relation*, New Haven-Londres, 1995, p. 124-127, pl. VI. Nomenclature : K. Miller, *Die kleineren Weltkarten*, p. 143-145. Cette mappemonde a beaucoup en commun avec la fameuse Vinland map (2me quart du XVe siècle) (cf. R. A. Skelton, *op. cit.*, p. 114). Vu le fait que l'authenticité de la Vinland map est contestée, je n'y insiste pas. Je tiens cependant à signaler que l'excitation sur cette mappemonde est sans fondement aucun, car il est impossible que le dessin géographique au Nord-Ouest sur cette carte du XVe siècle soit la copie d'un enregistrement cartographique de l'estuaire de l'Hudson exécuté par des voyageurs scandinaves au Xe siècle comme le suggèrent les textes sur la carte (« Vinlanda Insula a Byarno reperta et Leipho socijs »), ainsi qu'une longue légende sur les voyages de Bjarni, Leif et l'évêque Erik ; cf. R. A. Skelton, *op. cit.*, p. 139-141. Pour une critique de l'authenticité de cette carte, voir : K. Seaver, The Vinland map. A $ 3.500 duckling that became a $ 25.000.000 swan, in *Mercators World*, 1997, p. 42-47 ; *idem*, *Maps, myths, and men. The story of the Vinland map*, Stanford, 2004.

[170] 1) *Vérone, Biblioteca comunale*, Ms. 3119 (1442). Nomenclature : G. Crivellari, *Alcuni cimeli della cartografia medievali esistenti a Verona*, Florence, 1903. Reproduction : G. Cavallo (éd.), *Cristoforo Colombo e l'apertura degli spazi. Mostra storico-cartografica*, Rome, 1992, vol. 1, p. 158. 2) *Vicenza, Biblioteca civica Bertoliana*, Ms. 598A (1448). Reproduction : G. Cavallo (éd.), *op. cit.*, vol. 1, p. 161. 3) *Milwaukee, University of Wisconsin, American Geographical Society*, 050 A 1452 (1452). Reproduction : M. Destombes, *Mappemondes A.D. 1200-1500*, pl. XXX. Nomenclature : J. K. Wright, *The Leardo map of the world, 1452 or 1453, in the collections of the American Geographical Society*, New York, 1928. Cette carte peut être consulté sur Internet : www.uwm.edu/library/AGSL/cart.html.

[171] *Vatican, Bibl. Apostolica Vaticana*, Palat. Lat. 1362 b (1448). Diamètre 42.5 cm. Reproduction en couleurs : Catalogue Vatican, *Manoscritti cartografici e strumenti scientifici nella biblioteca Vaticana. Secc. XIV-XVII* (Giugno-Dicembre 1981), Vatican, 1981, pl. III et Andreas Walsperger, *Weltkarte des Andreas Walsperger. Faksimile-Ausgabe mit erl.*, Zürich, 1981. Nomenclature : K. Miller, *Die kleineren Weltkarten*, p. 147-148 ; M. Destombes, *Mappemondes A.D. 1200-1500*, p. 212-214. Voir aussi sur cette carte : K. Meine, Zur Weltkarte des Andreas Walsperger, Konstanz 1448, in Wolfgang Scharfe (et al.) (éd.), *Kartenhistorisches Colloquium Bayreuth '82 18.-20. März 1982. Vorträge und Berichte*, Berlin 1983, p. 17-30. Un fragment très proche de la mappemonde de Walsperger se trouve à *Minneapolis*,

Biblioteca Nazionale à Florence possède une carte du monde lenticulare (1457) que Sebastiano Crinò a voulu attribuer à Paolo dal Pozzo Toscanelli[172]. Comme cette thèse est cependant peu solide, on se limite à attribuer une origine génoise à cette carte[173]. La Biblioteca Marciana à Venise conserve la plus grande mappemonde italienne encore connue : celle de Fra Mauro († 1459). Le document porte la date du 26 août 1460. C'est donc probablement une copie de la carte, dressée en 1459 par Fra Mauro pour Alphonse V, roi de Portugal[174]. Il existe deux autres cartes très proches de cette mappemonde de Fra Mauro : un portulan conservé à la Biblioteca Apostolica Vaticana[175], ainsi que le fragment d'une mappemonde circulaire conservé dans le musée Topkapi Saray à Istanbul[176]. Certaines cartes portulans incorporent sur leur surface une petite mappemonde circulaire. L'exemple le plus connu en est la carte dite de Christophe Colomb (fin du XVe/début du XVIe siècle) conservée à la Bibliothèque nationale de France[177].

Après la découverte du Nouveau Monde paraissent des planisphères conçus suivant le principe des portulans, mais on continue également à dresser des cartes traditionnelles du bassin méditerranéen. Parmi les premières cartes montrant le Nouveau Monde figurent le planisphère de Juan de la Cosa (Espagne, 1500 ?)[178], l'atlas de Vesconte Maggiolo (1512)[179] et le

University of Minnesota Library, James Ford Bell Collection, 1450 mMa (ca. 1450). Voir aussi : J. Parker, A fragment of a fifteenth-century planisphere in the James Ford Bell Collection, in *Imago mundi*, t. 19, 1965, p. 106-107.

172 S. Crinò, *La scoperta della carta originale di Paolo dal Pozzo Toscanelli, che servì di guida a Cristoforo Colombo per il viaggio verso il Nuovo Mondo*, Florence, 1941.

173 *Florence, Bibl. Nazionale Centrale*, Port. no. 1 (1457). Reproduction et nomenclature : S. Crinò, *op. cit.*

174 *Venise, Bibl. Nazionale Marciana* (1460). Diamètre 196 cm. Reproduction et nomenclature : T. G. Leporace, R. Almagià, *Il Mappamondo di Fra Mauro*, Venise, 1966. Je n'ai pas pu consulter P. Falchetta, *Fra Mauro's world map : with a commentary and translations of the inscriptions*, Turnhout, 2006 (Terrarum orbis, 5). Sur les deux exemplaires, voir : L. Tajoli, Die zwei Planisphären des Fra Mauro (um 1460), in *Cartographica Helvetica*, t. 9, 1994, p. 13-16. Sur Fra Mauro et le climat intellectuel de Venise au XVe siècle, voir : I. Baumgärtner, Cartographie, Reisebericht und Humanismus. Die Erfahrung in der Weltkarte des venezianischen Kamaldulensermönchs Fra Mauro († 1459), in *Das Mittelalter*, t. 3, 1998, p. 161-197. A. Cattaneo, Fra Mauro *cosmographus incomparabilis* and his *mappamundi*. Documents, sources, and protocols for mapping, in D. Romanda Curta, A. Cattaneo, A. Ferrand Almenda (éd.), *La cartografia europea tra primo Rinascimento e fine dell'Illuminismo*, Firenze, 2003, p. 19-61.

175 *Vatican, Bibl. Apostolica Vaticana*, Borgia V (1459). Reproduction et transcriptions des légendes : H. Winter, The Fra Mauro portolan chart in the Vatican, in *Imago mundi*, t. 16, 1962, p. 16-28.

176 *Istanbul, Topkapi Saray Kütüphane*, n. 1827 (ca. 1460). Reproduction : M. Destombes, *Mappemondes A.D. 1200-1500*, pl. XXXVI. Partie de la nomenclature : M. Destombes, Fragments of two Medieval world maps at the Topkapi Saray Library, in *Imago mundi*, t. 22, 1955, p. 151-152.

177 *Paris, Bibl. nationale de France*, Cartes et Plans, Rés Ge AA 562 (fin XVe/début XVIe). Reproduction : M. de La Roncière, M. Mollat du Jourdin, *Les Portulans*, no. 21. Un autre exemple est un planisphère par Nicolas de Caverio (*Paris, Bibl. nationale de France*, Cartes et Plans, S.H. Archives no. 1, ca. 1505) ; reproduction : M. de La Roncière, M. Mollat du Jourdin, *op. cit.*, no. 26.

178 *Madrid, Museo Naval*, 257. Reproductions et commentaire : E. Roukema, Some remarks on the la Cosa Map, in *Imago mundi*, t. 14, 1959, p. 38-54 ; R. C. Martínez, Aportación al estudio de la carta de Juan de la Cosa, in M. Pelletier (éd.), *Géographie du monde au Moyen Âge et à la Renaissance*, Paris, 1989, p. 149-162 ; H. O'Donnel, *El mapamundi denominado Carta de Juan de la Cosa*, Madrid, 1992. Pour la cartographie espagnole au XVIe siècle voir : A. Sandman, Mirroring the world. Sea charts, navigation, and territorial claims in sixteenth-century Spain, in P. H. Smith, P. Findlen (éd.), *Merchants and marvels. Commerce, science, and art in early modern Europe*, New York-Londres, 2002, p. 83-108.

179 *Parma, Biblioteca Palatina*, n. 1614. Reproduction et commentaire : C. Astengo, Der genuesische Kartograph Vesconte Maggiolo und sein Werk, in *Cartographica Helvetica*, t. 13, 1996, p. 9-17.

planisphère de Diogo Ribeiro (Portugal, 1529)[180]. La majorité des cartes construites au Portugal ne comporte guère d'images et de textes. Il y a pourtant des exceptions comme l'atlas Miller, un recueil de cartes nautiques décorées abondamment[181]. On a tenté d'attribuer cet atlas anonyme à Pedro Reinel ou à Diogo Homem. Du dernier on sait qu'il a produit au moins un atlas illustré (1558)[182] et une carte portulan décorée[183]. Les cartographes du XVIe siècle continuent à faire des cartes portulans du bassin méditerranéen, décorées densement dont je mentionne ici à titre d'exemple un portulan anonyme provenant de l'Italie, connu sous comme « Kunstmann II[184] », le portulan de Jacobus Russus (1533) (pl. 19)[185], celui de Giacomo de Maggiolo (Gènes 1563)[186], l'atlas attribué à Sebastião Lopes (ca. 1565)[187], un portulan de Matheus Prunes (Majorque 1586 (pl. 20))[188], et deux exemplaires de Francesco Oliva (1603 et 1611)[189].

A partir de la deuxième moitié du XVIe siècle la cartographie française commence également à jouer un rôle. Cette école de Dieppe se base sur la cartographie portugaise et se caractérise par des cartes et des atlas illustrés richement[190]. Parmi les produits les plus importants figurent le *Boke of Idrography* (1542) de Jean Rotz[191], un planisphère (1550) de Pierre Desceliers[192], un

180 *Vatican, Bibl. Apostolica Vaticana*, Borgia III (1529). Reproduction et commentaire : A. Cortesão, A. Teixeira da Mota, *Portugaliae Monumenta cartographica*, vol. 1, p. 101-103, pl. 39 ; M. de La Roncière, M. Mollat du Jourdin, *Les Portulans*, no. 37.

181 *Paris, Bibl. nationale de France*, Cartes et Plans, Rés Ge DD 683, Rés Ge AA 640 (ca. 1519). 5 cartes. Reproductions et commentaire : A. Cortesão, A. Teixeira da Mota, vol. 1, p. 55-61, pl. 16-24 ; M. de La Roncière, M. Mollat du Jourdin, *op. cit.*, nos. 29-34.

182 *Londres, British Library*, MS Add. 5415A (1558). Reproduction : K. Nebenzahl, *Atlas of Columbus and the great discoveries*, Chicago, 1990, pl. 38.

183 *Venise, Museo storico navale*, inv. no. 1010 (1557).

184 *Munich, Bayerische Staatsbibliothek*, Cod. Icon. 133 (1502-1506). Reproduction et commentaire : H. Wolff (éd.), *America. Das frühe Bild der Neuen Welt. Ausstellung der Bayerischen Staatsbibliothek München vom 10. April bis 27. Juni 1992*, Munich, 1992, p. 134-136, cat. 58, pl. 5 ; I. Kupcik, *Münchener Portolankarten. Documenta Cartographica Saecularia Monacensia. Atlas nach Friedrich Kunstmann*, Munich, 1999, p. 28-34.

185 *La Haye, Algemeen RijksArchief*, Sectie Kaarten en tekeningen, VTH, inv. nr. 3803 (1533). Commentaire : C. van 't Hoff, Een portulaan van Jacobus Russus uit Messine in het bezit van Jan van Duivenvoorde, in *Oud Holland*, t. 75, 1960, p. 100-107.

186 *Paris, Bibl. nationale de France*, Société de Géographie, Rés S.G. Y 1704 (1563). Reproduction : M. de La Roncière, M. Mollat du Jourdin, *Les Portulans*, no. 56.

187 *Chicago, The Newberry Library*, Ayer MS map 26. 24 feuilles. A. Cortesão, A. Teixeira da Mota, *Portugaliae Monumenta cartographica*, t. 4, p. 399.

188 *Paris, Bibl. nationale de France*, Cartes et Plans, Rés Ge AA 570 (1586).

189 *Paris, Bibl. nationale de France*, Cartes et Plans, Rés Ge C 5093 (1603). Reproduction : M. de La Roncière, M. Mollat du Jourdin, *Les Portulans*, no. 68. *Venise, Museo storico navale*, inv. no. 2644 (1611).

190 De nombreuses reproductions des cartes de l'école de Dieppe dans : S. Colin, *Das Bild des Indianers im 16. Jahrhundert*, Idstein, 1988.

191 *Londres, British Library*, MS Royal 20 E. IX (1542). 16 feuilles. Reproduction en fac-similé : H. Wallis, A. H. Sijmens, *The maps and texts of the Boke of Idrography presented in 1542 by Jean Rotz to King Henry VIII now in the British Library*, Oxford, 1981.

192 *Londres, British Library*, MS Add. 24065 (1550). Reproduction : M. de La Roncière, M. Mollat du Jourdin, *Les Portulans*, no. 47. Sur cette carte et les autres cartes de la main de Desceliers, voir : J. M. Massing, La mappemonde de Pierre Desceliers de 1550, in H. Oursel, J. Fritsch (éd.), *Henri II et les arts (Actes du colloque international, École du Louvre et musée national de la Renaissance – Écouen, 25, 26 et 27 septembre 1997)*, Paris, 2003, p. 231-248. Desceliers aurait dressé cette carte pour le roi Henri II, cf. D. Buisseret, Monarchs, ministers, and maps in France before

atlas anonyme conservé à la Haye[193], la *Cosmographie universelle* (1556) de Guillaume Le Testu[194], ainsi qu'une carte du monde à projection signée de sa main[195].

Les contours géographiques dessinés sur les cartes portulans reviennent également sur d'autres objets cartographiques, comme, par exemple, sur le globe de Martin Behaim, construit à l'époque du voyage de Christophe Colomb[196]. On connaît même des cartes marines imprimées, comme la fameuse *Carta marina* (1516) de Martin Waldseemüller.

A côté des cartes portulans, l'influence des mappemondes traditionnelles des XIIIe et XIVe siècles est toujours sensible aux XVe et XVIe siècles. Même parmi les premières cartes imprimées on rencontre des cartes circulaires encore très proches de la cartographie médiévale. Des exemples illustratifs en sont la mappemonde gravée sur une plaque de cuivre, conservée au Vatican (pl. 21)[197], un fragment d'une gravure sur bois représentant une mappemonde circulaire

the accession of Louis XIV, in D. Buisseret, *Monarchs, ministers and maps. The emergence of cartography as a tool of government in early modern Europe*, Chicago, 1992, p. 103.

193 *La Haye, Koninklijke Bibliotheek*, 129 A 24 (XVIe siècle). 39 feuilles. Reproductions et commentaire : A. Cortesão, A. Teixeira da Mota, *Portugaliae Monumenta cartographica*, t. 5, p. 132-136, pl. 614-620. Il existe d'autres atlas anonymes de l'école de Dieppe, par exemple : l'atlas Vallard à *San Marino, Huntington Library*, HM 29. Reproductions et commentaire : A. Cortesão, A. Teixeira da Mota, *op. cit.*, t. 5, p. 136-139, pl. 621-624.

194 *Vincennes, Bibl. du Service historique de l'Armée de terre*, D.L.Z. 14 (1556). 58 planches (sur papier). Reproduction de quelques cartes dans : M. Milanesi (éd.), *Giovanni Battista Ramusio. Navigazioni e viaggi*, Turin, 1978-1988 ; M. de La Roncière, M. Mollat du Jourdin, *Les Portulans*, no. 48-51.

195 *Paris, Bibl. nationale de France*, Cartes et Plans, Rés Ge AA 625 (1566). On peut consulter cette carte sur Internet : gallica.bnf.fr.

196 *Nuremberg, Germanisches Nationalmuseum* (Nuremberg 1492). Diamètre 51 cm. Reproduction et nomenclature : E. G. Ravenstein, *Martin Behaim, his life and globe*, Londres, 1908. Sur Behaim et son globe, voir aussi : J. Willers, Der Erdglobus des Martin Behaim im Germanisches Nationalmuseum, in R. Schmitz, F. Krafft (éd.), *Humanismus und Naturwissenschaften*, Boppart, 1980, p. 193-206 ; A. M. Brandt, *Martin Behaim, 1459-1507. Seefahrer, Entdecker, Kosmograph*, Regensburg, 1989 ; G. Bott, *Focus Behaim Globus. Ausstellungskataloge des Germanischen Nationalmuseums*, Nuremberg, 1993. Behaim n'était pourtant pas le premier à construire un globe terrestre. Sur un globe qui aurait été fait pour Philippe le Bon en 1440-1444, voir : J. Paviot, Ung mapmonde rond, en guise de pom(m)e. Ein Erdglobus von 1440-44, hergestellt für Philipp den Guten, Herzog von Burgund, in *Der Globusfreund*, t. 43/44, 1995, p. 19-29. P. Gautier Dalché, Un astronome, auteur d'un globe terrestre. Jean Fusoris à la découverte de la *Géographie* de Ptolémée, in D. Marcotte (éd.), *Humanisme et culture géographique à l'époque du concile de Constance. Autour de Guillaume Fillastre. Actes du Colloque de l'Université de Reims, 18-19 novembre 1999*, Turnhout, 2002 (Terrarum Orbis, 3), p. 169) a su trouver des indices qui suggèrent que Jean Fusoris avait déjà construit un globe terrestre quelques années auparavant. P. E. Schramm (*Sphaira, Globus, Reichsapfel. Wanderung und Wandlung eines Herrschaftszeichens von Caesar bis zu Elisabeth II. Ein Beitrag zum „Nachleben" der Antike*, Stuttgart, 1958, p. 99) mentionne un *Reichsapfel* fait pour le couronnement du roi Friedrich III (Rome 1452) sur lequel aurait été gravé la « mundi forma » mais *mundus* renvoie à l'ensemble de l'univers. Il existe plusieurs globes du début du XVIe siècle ; comme, par exemple, le globe de Johannes Schöner (1520 ; Nuremberg, Germanisches Nationalmuseum). La Bibliothèque nationale de France possède un globe anonyme du début du XVIe siècle ('le globe vert', Nuremberg, vers 1515, *Paris, Bibl. nationale de France*, Cartes et Plans, Ge A 335) montrant les premiers contours du Nouveau Monde. Monique Pelletier a annoncé une étude approfondie de ce globe. Sur les globes anciens, voir : P. C. J. van der Krogt, *Globi Neerlandici*, 't Goy-Houten, 1983 ; E. de Loker, P. C. J. van der Krogt, *Globes from the Western world*, Londres, 1993 ; P. Allmayer-Beck, *Modelle der Welt. Erd- und Himmelsgloben*, Vienne, 1997.

197 *Vatican, Bibl. Apostolica Vaticana*, Borgia XVI (XVe siècle). Reproduction et nomenclature : E.-T. Hamy (éd.), *Gilles le Bouvier « Le livre de la description des pays ». Publié pour la première fois avec une introduction et des notes et suivi de l'Itinéraire de Bruges, de la Table de Velletri et de plusieurs autres documents géographiques inédits ou mal connus du XVe siècle*, Paris, 1908.

(pl. 22)[198], ainsi que la mappemonde circulaire (ca. 1470) insérée dans un manuscrit de la *Cosmographia* de Ptolémée conservé à Zeitz[199]. Au xve siècle apparaît également un type de mappemonde circulaire qui se caractérise par une représentation du paradis terrestre en haut de la carte, d'où jaillissent quatre fleuves. Les continents sont représentés comme des « îles » entourées d'eau. Cette mappemonde fonctionne surtout comme illustration d'un texte. Un des exemplaires les plus anciens se trouve dans un manuscrit du xve siècle renfermant la deuxième version en quatre livres de la *Fleur des histoires* (à partir de 1464?) de Jean Mansel (1400/1-1473/4) (pl. 22)[200]. Parmi les premières cartes imprimées figurent deux exemplaires très proches de cette mappemonde : c'est premièrement la mappemonde illustrant le texte *Rudimentum novitiorum* (1475), copiée dans deux éditions du texte français la *Mer des hystoires*[201], et aussi la mappemonde (ca. 1490) en langue allemande imprimée sur une feuille isolée et signée par Hans Rüst[202].

Les cartes portulans et les mappemondes circulaires qui subsistent ne représentent qu'une partie de tous les documents produits à l'époque en question. De nombreuses cartes dont on sait qu'elles ont dû exister sont maintenant perdues. Parmi les exemples on peut citer la mappemonde peinte par Ambrogio Lorenzetti en 1325 pour la Sala del Mappamondo du Palazzo Publico à Sienne, qui y a laissé des traces toujours visibles[203]. En 1449 Jean Germain mentionne dans l'introduction à son texte intitulé la *Mappemonde spirituelle* une grande mappemonde qu'il aurait créée pour Philippe le Bon. La mappemonde que Jan van Eyck aurait peinte selon Bartolomeo Fazio pour le même duc de Bourgogne a fait couler beaucoup d'encre, mais, malheureusement, aucune autre preuve de l'existence de cette carte n'a été retrouvée[204].

[198] Collection privée : fragment d'une mappemonde imprimée, probablement originaire de l'Allemagne (2e moitié du xve siècle). Je remercie M. Thomas Suarez d'avoir mis à ma disposition une photo du fragment.

[199] *Zeitz, Stiftsbibliothek*, Ms. Lat. Hist. fol. 497 (ca. 1470) f. 48. Reproduction et nomenclature : W. Kreuer, P. M. Barber, *Monumenta cartographica. Tabulae mundi. Kartographische Denkmäler, ein Triumph über die Zeit. Essener Bearbeitung von zwölf Tafeln der historischen Kartographie mit zwölf Vollfaksimilierungen*, Gotha, 2000, p. 65-78, tabula VIII. Cf. H. Winter, A circular map in a Ptolemaic manuscript, in *Imago mundi*, t. 10, 1953, p. 15-22.

[200] *Bruxelles, Bibl. Royale*, Ms. 9260 (xve siècle), f. 11r. Je suis infiniment reconnaissante à Lisa Deam de m'avoir signalé cette mappemonde. La nomenclature se trouve dans l'appendice I.

[201] Cf. R. W. Shirley, *The mapping of the world. Early printed world maps 1472-1700*, Londres, 1983, nos 2, 15, 17 (avec reproduction). *Rudimentum Novitiorum* (Lübeck, L. Brandis, 1475, f. 64v-75). *La Mer des Hystoires*, Paris, P. Le Rouge, 1488 (f. 70v-71r) et Lyon, J. du Pré, 1491 (f. 56). Je n'ai pas pu consulter W. A. Brown, *The world image expressed in the Rudimentum Novitiorum*, Washington, 2000.

[202] Cf. R. W. Shirley, *op. cit.*, nos 6, 7 (avec reproduction). Hans Rüst, *Das ist die mapa mu(n)di un(d) alle land un(d) kungkreich wie sie ligend in ter ga(n)sze welt*. (Augsburg?), ca. 1490.

[203] Cf. M. Kupfer, The lost wheel map of Ambrogio Lorenzetti, in *Art Bulletin*, t. 78, 1996, p. 286-310. Pour d'autres cartes murales maintenant perdues, voir : J. Schulz, Maps as metaphors. Mural map cycles of the Italian Renaissance, in D. Woodward (éd.), *Art & cartography*, Chicago, 1987, p. 97-122, p. 450, 453.

[204] Bartolomeo Fazio mentionne cette carte dans son *De viris illustribus* (1456). Cf. J. Paviot, La mappemonde attribuée à Jan van Eyck. Une pièce à retirer du catalogue de son œuvre, in *Revue des archéologues et historiens d'art de Louvain*, t. 24, 1991, p. 57-62 ; M. Baxandall, *Giotto and the orators. Humanist observers of painting in Italy and the discovery of pictorial composition 1350-1450*, Oxford, 1971, p. 106-107.

3. Les cartes du monde à projection

A partir du milieu du xve siècle paraissent, à côté des cartes portulans et les mappemondes circulaires, des cartes du monde à projection : ce sont des cartes où la forme sphérique de la terre est projetée sur la surface plane d'une carte. Inspirée par la *Geographia* de Ptolémée, cette projection mathématique se fait sur la base d'un réseau de méridiens et de parallèles. Les cartes du monde dans les premières versions latines de la *Geographia* de Ptolémée reproduisent fidèlement les cartes illustrant les manuscrits grecs où l'on ne trouve que des contours géographiques et la nomenclature. Il en est de même de la plupart des *tabulae modernae* améliorant et complétant la cartographie ptoléméenne : on n'y trouve aucun élément qui rappelle la cartographie traditionnelle du Moyen Âge. Il y a cependant des exceptions : par exemple, la carte du monde (avec le « Mundus novus ») dans un manuscrit latin de la *Geographia* de Ptolémée datant du milieu du xve siècle comprend quelques références au légendaire médiéval[205]. A l'inverse, une carte du monde de la tradition ptoléméenne orne le *Liber chronicarum* (1493) (pl. 24) de Hartmann Schedel, mais la carte est flanquée d'images de peuples monstrueux provenant du légendaire médiéval[206]. Ce sont surtout les cartes du monde à projection construites en dehors de la tradition ptoléméenne strictement dite qui incorporent des éléments de la cartographie médiévale sous forme d'images et de textes. Patrick Gautier Dalché a caractérisé ce phénomène comme un « processus de bricolage associant des techniques différentes, sans que cela aboutisse, pour les concepteurs et utilisateurs, à la conscience de contradictions insupportables[207] ».

A côté des études sur l'histoire de la cartographie déjà mentionnées, il existe des études qui se centrent sur les cartes du xvie siècle. Ce sont en premier lieu *The earliest printed maps* par Tony Campbell[208] et *Mapmakers of the sixteenth century and their maps* par Robert Karrow[209]. Un inventaire très complet des cartes du monde imprimées jusqu'à la fin du xviie siècle se trouve dans *The mapping of the world. Early printed world maps 1472-1700* de Rodney W. Shirley.

Au xvie siècle on avait recours au terme *cosmographia* pour une entreprise qui visait à représenter le monde entier[210]. Ce sont surtout les grandes cartes destinées à orner les murs qui représentent le monde entier tout en incorporant des textes et des images. Les cartes du monde sur un format réduit ne reproduisent que peu du matériel légendaire. Ceci est dû en premier

[205] *Vatican, Bibl. Apostolica Vaticana*, Urb. lat. 274, f. 74v-75 (ca. 1450). Des éléments du légendaire médiéval inscrits en Asie ; par exemple *Goga* et *Magoga* dans le Nord-Est. Cf. *Manoscritti cartografici e strumenti scientifici nella biblioteca Vaticana*, no. 34 ; M. Buonocore (éd.), *Vedere i classici. L'illustrazione libraria dei testi antichi dall'età romana al tardo medioevo*, Rome, 1996, p. 438-439, no. 121.

[206] Hartmann Schedel, *Liber Cronicarum*. Nürnberg, A. Koberger, 1492, f. 12v-13. Pour les réimpressions, voir : R. W. Shirley, *The mapping of the world. Early printed world maps 1472-1700*, nos 19, 20.

[207] P. Gautier Dalché, Pour une histoire du regard géographique. Conception et usage de la carte au xve siècle, in *Il teatro della natura/The theatre of nature. Micrologus IV*, Turnhout, 1996, p. 93.

[208] T. Campbell, *The earliest printed maps 1472-1500*, Londres, 1987.

[209] R. W. Karrow, *Mapmakers of the sixteenth century and their maps*, Chicago, 1993. Voir aussi : W. Kreuer, *Monumenta Cartographica 1490-1525*, Essen, 1996.

[210] Cf. D. Woodward, *Maps as prints in the Italian Renaissance. Makers, distributors & consumers*, Londres, 1996, p. 13-15. Le terme s'applique également à des textes.

lieu à l'impact de la tradition ptoléméenne. On le remarque, par exemple, sur la carte du monde de Giovanni Contarini et Francesco Roselli (1506). D'autres cartes, comme, par exemple, la carte en projection cordiforme (1534) par Oronce Fine, se centrent surtout sur le problème de la projection mathématique[211]. Un des premiers exemples d'une grande carte du monde à projection est la carte en projection pseudo-cordiforme (ca. 1490) par Henricus Martellus Germanus, conservée dans la Yale University Library[212]. Cette mappemonde manuscrite était probablement destinée à servir comme modèle pour la production d'une carte du monde imprimée. Au cours du XVIe siècle on fait sortir des presses de plus en plus de cartes. Le tirage de plusieurs cartes à partir d'une seule plaque gravée était sans aucun doute avant tout un moyen d'augmenter les revenus[213]. Il est cependant remarquable que l'introduction de l'imprimerie n'a pas amené une transformation générique dans la cartographie. Nous devons les premières grandes cartes du monde imprimées aux efforts de Martin Waldseemüller (1470-1518), un cartographe allemand actif à Saint-Dié. Sa carte intitulée *Universalis cosmographia* (1507)[214] est la première carte à proposer le nom *America* pour le Nouveau Monde. Une deuxième grande carte du monde de sa main, la *Carta marina* (1516)[215], est une carte imprimée qui se base sur des cartes marines portugaises.

Il ne nous reste qu'une seule preuve tangible des activités cartographiques de l'explorateur et cartographe portugais Sebastian Cabot : c'est une carte du monde imprimée en 1544 à Anvers[216]. En Italie on n'avait pas cessé de dresser des cartes, en témoignent les cartes du monde de Giacomo Gastaldi (ca. 1561)[217] et d'Arnoldo di Arnoldi (1600)[218]. Les systèmes de projection

[211] Cf. M. Pelletier, Die herzförmigen Weltkarten von Oronce Fine, in *Cartographica Helvetica*, t. 12, 1995, p. 27-37. Cette carte peut être consulté sur Internet : gallica.bnf.fr. Oronce Fine avait dressé cette carte pour le roi François Ier, cf. D. Buisseret, Monarchs, ministers, and maps in France before the accession of Louis XIV, p. 102. A la projection cordiforme se rattachent des connotations hermétiques, voir : G. Mangani, Abraham Ortelius and the hermeneutic meaning of the cordiform projection, in *Imago mundi*, t. 50, 1998, p. 12-23.

[212] *New Haven, Yale University Library* (ca. 1490). Reproduction : M. Destombes, *Mappemondes A.D. 1200-1500*, pl. XXXVII-XXXVIII. Voir aussi : A. O. Vietor, A pre-Columbian map of the world, circa 1489, in *Yale University Library Gazette*, t. 37, 1962, p. 8-12. La carte a des points en commun avec le globe de Martin Behaim (1493) ; cf. A. Davies, Behaim, Martellus, and Columbus, in *Geographical Journal*, t. 143, 1977, p. 452.

[213] Sur le commerce des cartes imprimées en Italie au XVIe siècle, voir : D. Woodward, *Maps as prints in the Italian Renaissance. Makers, distributors & consumers*.

[214] Martin Waldseemüller, *Universalis cosmographia secundum Ptholomaei Traditionem et Americi Vespucii aliorumque lustrationes*. Strasbourg, 1507. Reproduction et nomenclature : J. Fischer, S. J., F. Von Wieser, *The oldest map with the name America of the year 1507 and the Carta Marina of the year 1516 by Martin Waldseemüller*, reprod. Amsterdam, 1968. Sur les problèmes de datation, voir : E. Harris, The Waldseemüller world map. A typographic appraisal, in *Imago mundi*, t. 37, 1985, p. 30-53. Sur Waldseemüller comme cartographe, voir : H. Wolff, Martin Waldseemüller. Bedeutendster Kosmograph in einer Epoche forschenden Umbruchs, in H. Wolff (éd.), *America. Das frühe Bild der Neuen Welt. Ausstellung der Bayerischen Staatsbibliothek München vom 10. April bis 27. Juni 1992*, Munich, 1992, p. 111-126.

[215] Martin Waldseemüller, *Carta Marina Navigatoria Portugallen Navigationes*. Strasbourg, 1516. Reproduction et nomenclature : J. Fischer, S.J., F. Von Wieser, *op. cit.* La *Carta marina navigatoria* de Laurentius Frisius (Strasbourg, 1525) est une révision de cette carte de Waldseemüller.

[216] Facsimilé : H. et A. Rossel, *La Mappemonde de Sebastian Cabot 1544*, Paris, 1968.

[217] Giacomo Gastaldi, *Cosmographia universalis*, Venise, ca. 1561. R. W. Shirley, *The mapping of the world*, no. 107.

[218] Arnoldo di Arnoldi, *Descrittione universale della terra con l'uso di navigare*, Siene, 1600. R. W. Shirley, *op. cit.*, no. 227,

étant peu pratiques pour la navigation, en 1569 Gerard Mercator donna la solution à ce problème avec l'invention de la projection sur échelle croissante, qu'il publia pour la première fois avec sa carte du monde *ad usum navigantium*[219]. Cependant, on continuait à inventer des nouveaux systèmes de projection, comme, par exemple, la projection polaire dont la carte du monde (1578) de Guillaume Postel est un exemple[220].

Au cours du XVIe siècle les villes d'Anvers et d'Amsterdam se sont développées comme les centres les plus importants de la production cartographique[221]. Parmi les premières grandes cartes du monde publiées dans ces villes figurent celle d'Abraham Ortelius (1564?)[222], celles de Petrus Plancius (1592[223], 1594[224] et 1605[225]), celles de Jodocus Hondius (1595/1596[226] et ca. 1611[227]),

[219] GERARD MERCATOR, *Nova et aucta orbis terrae descriptio ad usum navigantium emendate accomodata*, Dusbourg, 1569. Facsimilé et nomenclature : W. KRÜCKER, J. MILZ (éd.), *Gerard Mercator. Weltkarte ad usum navigantium, Duisburg 1596. Verkleinert repoduziert nach dem Originaldruck der Universitätsbibliothek zu Basel*, Dusbourg, 1994. Sur cette carte, voir aussi : W. KRÜCKEN, Wissenschafsgeschichtliche und -theoretische Überlegungen zur Entstehung der Mercator-Weltkarte 1569 Ad Usum Navigantium. Ad maiorem Gerardi Mercatori gloriam. Rekonstruktion und Theorie im Mercator-Gymnasium Duisburg, in *Duisburger Forschungen*, t. 41, 1994, p. 1-92.

[220] GUILLAUME POSTEL, *Polo aptata Nova Charta Universi*, 1578. Cf. M. DESTOMBES, Guillaume Postel cartographe, in J. Cl. Margolin (éd.), *Guillaume Postel 1581-1981. Actes du colloque international d'Avranches, 5-9 septembre 1981*, Paris, 1985, p. 361-371. Cette carte est probablement identique à la carte du monde retrouvée en 1589 dans l'hôtel de la Reine à Paris après le décès de Catherine de Médicis. L'inventaire mentionne « Une carte universelle de Postel avec son chassis doré », cf. E. BONNAFFÉ, *Inventaire des meubles de Catherine de Médicis en 1589. Mobilier, tableaux, objets d'art, manuscrits*, reprod. Genève 1973, no. 229. Je prépare un article sur les possessions cartographiques de cette reine et régente.

[221] Sur la cartographie aux Pays-Bas pendant les XVIe et XVIIe siècles, voir : M. DONKERSLOOT-DE VRIJ, *The world on paper. A descriptive catalogue of cartographic material published in Amsterdam during the 17th century*, Amsterdam, 1967 ; G. SCHILDER, *Monumenta cartographica neerlandica*, Alphen a/d Rijn, 1986-.

[222] ABRAHAM ORTELIUS, *Nova totius terrarum orbis iuxta neo tericorum traditiones descriptio*, Anvers, 1564(?). Cf. G. SCHILDER, *Monumenta cartographica neerlandica, t.* 2, Alphen a/d Rijn, 1987 ; R. W. KARROW (et al.) (réd), *Abraham Ortelius (1527-1598). Cartographe et humaniste/Abraham Ortelius (1527-1598). Cartograaf en humanist*, Anvers-Turnhout, 1998.

[223] PETRUS PLANCIUS, *Nova et exacta terrarum orbis tabula geographica ac hydrographica*, Anvers, 1592. R. W. SHIRLEY, *The mapping of the world*, no. 249.

[224] PETRUS PLANCIUS, *Orbis terrarum typus de integro multis in locis emendatus auctore Petro Plancio 1594*, Anvers, 1594. Rééditée par Willem Jansz. Blaeu (1604). Facsimilé : M. DESTOMBES, *La mappemonde de Petrus Plancius gravée par Josua van den Ende 1604 d'après l'unique exemplaire de la Bibliothèque Nationale de Paris*, Hanoi, 1944.

[225] PETRUS PLANCIUS, *s.t.*. Amsterdam, ca. 1605. R. W. SHIRLEY, *The mapping of the world*, no. 249.

[226] JODOCUS HONDIUS, *Geographica et vera hydrographica totius orbis nova descriptio*. Amsterdam, 1595/96. Cf. G. SCHILDER, *Tien wandkaarten van Blaeu en Visscher/Ten wall maps by Blaeu and Visscher*, Alphen a/d Rijn, 1996 (Monumenta cartographica neerlandica, t. 5), p. 60-61. Je discuterai également sa carte de la Guyane (*Nieuwe Carte van het Wonderbaer ende goudrijke landt Guiana*, ca. 1599). Amsterdam, Bibliothèque Universitaire, 30-04-01e (pl. 31).

[227] JODOCUS HONDIUS, *Novissima ac exactissima Totius Orbis terrarum Descriptio Magna*, Amsterdam, ca. 1611. R. W. SHIRLEY, *The mapping of the world*, no. 273.

celles de Willem Jansz. Blaeu (ca. 1607[228] et 1646[229], pl. 25), celle de Pieter van den Keere (1609[230], pl. 26), ainsi que celles de Claes Jansz. Visscher (1614[231] et ca. 1617[232], pl. 27). A côté des cartes du monde citées ici, je m'occuperai également de certaines cartes des quatre continents éditées comme des ensembles couvrant le monde entier[233]. Les cartographes néerlandais ont également développé des recueils de cartes représentant le monde entier sous forme de textes et de cartes[234]. Les premiers exemples en sont : le *Theatrum orbis terrarum* (1570)[235] d'Abraham Ortelius

[228] Willem Jansz. Blaeu, *Nova orbis terrarum geographica*. Amsterdam, ca. 1607. Cette carte est perdue, mais il en subsiste une photo (Amsterdam, Nederlands Scheepvaart-Museum). Reproduction : G. Schilder, *Three world maps by François van den Hoeye of 1661, Willem Janszoon (Blaeu) of 1607, Claes Janszoon Visscher 1650*, Amsterdam, 1981, p. 19-22.

[229] Willem Jansz. Blaeu, *Nova et accurata totius terrarum orbis tabula. Amsterdam*, 1646. Cf. G. Schilder, *Twee wandkaarten van de wereld van Blaeu : 1619 en 1645/46/Two wall-maps of the world by Blaeu : 1619 and 1645/46*, Alphen a/d Rijn, 1990 (*Monumenta cartographica neerlandica*, t. 3). Sur les activités cartographiques de Blaeu et sa famille, voir : J. Keuning, M. Donkersloot-De Vrij, *Willem Jansz. Blaeu. A biography and history of his work as a cartographer and publisher*, Amsterdam, 1973 ; M. Donkersloot-De Vrij, *Drie generaties Blaeu. Amsterdamse cartografie en boekdrukkunst in de zeventiende eeuw*, Amsterdam-Zutphen, 1992.

[230] Pieter van den Keere, *Nova orbis terrarum geographica ac hydrographica tabula*, Amsterdam, 1609. R. W. Shirley, *The mapping of the world*, no. 266. Cette carte n'est connu que par une réédition datant de 1619.

[231] Claes Janszoon Visscher, *Orbis terrarum Typus de Integro in Plurimus emendatus*, Amsterdam 1614. Cf. G. Schilder, *Nederlandse foliokaarten met decoratieve randen 1604-60/Dutch folio-sized single sheet maps with decorative borders, Aphen a/d Rijn*, 2001 (*Monumenta cartographica neerlandica*, t. 6), p. 93-96.

[232] Claes Janszoon Visscher, s.t., Amsterdam, ca. 1617. G. Schilder, *Nederlandse foliokaarten met decoratieve randen 1604-60*, p. 97-98.

[233] Je discuterai les cartes suivantes :

Cornelis de Jode, *Africa* (1596). Reproduction et commentaire : G. Schilder, *Tien wandkaarten van Blaeu en Visscher/Ten wall maps by Blaeu and Visscher*, Alphen a/d Rijn, 1996 (Monumenta cartographica neerlandica, t. 5), p. 42-43.

Jodocus Hondius, *America* (fragment, 1598). Reproduction et commentaire : G. Schilder, *op. cit.*, p. 58-60.

Cornelis Claesz, *America* (ca. 1602). Reproduction et commentaire : G. Schilder, *op. cit.*, p. 70-71, 74.

Willem Jansz. Blaeu, *Asia*, *Africa* (1608). Reproduction et commentaire : G. Schilder, *op. cit.*, p. 75-89, 101-189.

Johannes Janssonius, *Africa* (fragment, ca. 1617). Reproduction et commentaire : G. Schilder, *op. cit.*, p. 72-75.

[234] Sur les atlas, voir : M. Pastoureau, *Les atlas français* xvi-xvii *siècles. Répertoire bibliographique et étude*, Paris, 1984 ; P. H. Meurer, *Atlantes Coloniensis. Die Kölner Schule der Atlaskartographie 1570-1610*, Bad Neustadt a.d. Saale, 1988. Sur les éditions des atlas aux Pays-Bas, voir : C. Koeman, *Atlantes neerlandici. Bibliography of terrestrial, maritime, and celestial atlases and pilot books, published in the Netherlands up to 1800*, Amsterdam, 1967-1985, réédité par P. C. J. van der Krogt, *Koeman's Atlantes neerlandici*, 't Goy-Houten, 1997-.

[235] Abraham Ortelius, *Theatrum orbis terrarum*, Anvers, 1570. Facsimilé : R. A. Skelton (éd.), *Abraham Ortelius. Theatrum orbis terrarum. Anvers, Van Diest, 1570*, Amsterdam, 1964. Sur Ortelius et son *Theatrum*, voir : P. H. Meurer, *Fontes Cartographici Orteliani. Das Theatrum Orbis Terrarum von Abraham Ortelius und seine Kartenquellen*, Weinheim, 1991 ; M. P. R. Van Den Broecke, *Ortelius atlas maps. An illustrated guide*, 't Goy-Houten, 1996 ; J. Werner (éd.), *Abraham Ortelius, aartsvader van onze atlas. Catalogus bij de gelijknamige tentoonstelling in de Universiteitsbibliotheek Amsterdam, ter herdenking van het 400ste sterfjaar van Abraham Ortelius 1598-1998. 12 juni - 21 augustus 1998*, Amsterdam, 1998 ; R. W. Karrow (et al.) (éd.), *Abraham Ortelius (1527-1598). Cartographe et humaniste/Abraham Ortelius (1527-1598). Cartograaf en humanist* ; M. P. R. Van Den Broecke, P. C. J. van der Krogt, P. Meurer (éd.), *Abraham Ortelius and the first atlas. Essays commemorating the quadricentennial of his death 1598-1998*, 't Goy-Houten, 1999 ; J.-M. Besse, *Les grandeurs de la Terre. Aspects du savoir géographique à la Renaissance*, Lyon, 2003, p. 261-372 ; P. C. J. van der Krogt, *Ortelius's Theatrum orbis terrarum, De Jode's Speculum orbis terrarum, The Epitome, Caert-thresoor and Atlas minor, The atlases of the XVII provinces, and other atlases published in the Low Countries up to c. 1650*, 't Goy-Houten, 2003 (*Koeman's Atlantes Neerlandici. New Edition*, 3).

(1527-1598), le *Speculum orbis terrarum* (1578)[236] de Gerard de Jode (1506-1591) et l'*Atlas* (1595)[237] de Gerard Mercator (1512-1594).

Les cartes du monde citées ici serviront comme point de départ pour le chapitre V qui est centré sur le contenu légendaire de la cartographie ancienne. Pendant la période en question (XIIIe-XVIe siècles) la cartographie du monde n'était cependant pas uniquement une affaire visuelle : les cartographes et les cosmographes ont également représenté le monde sous forme de textes descriptifs. Je discuterai ces *mappae mundi* écrites sous forme de *descriptiones orbis* au chapitre suivant.

[236] Gerard de Jode, *Speculum orbis terrarum*, Anvers, 1578. Facsimile : R. A. Skelton, *Gerard de Jode, Speculum orbis terrarum. Anvers, 1578*, Amsterdam, 1965. Cf. P. C. J. van der Krogt, *Ortelius's Theatrum orbis terrarum, De Jode's Speculum orbis terrarum, The Epitome, Caert-thresoor and Atlas minor, The atlases of the XVII provinces, and other atlases published in the Low Countries up to c. 1650*.

[237] Gerard Mercator, *Atlas sive cosmographicae meditationes de fabrica mundi et fabricati figura*, Dusbourg, 1595. Il existe plusieurs éditions en fac-similé de l'*Atlas* de Mercator : la reproduction numérisée (Oakland CA, 2000) et la reproduction imprimée (Bruxelles, 1963) sont complètes, celle publiée en 1985 (Zürich-Stuttgart-Vienne) ne reproduit pas les traités liminaires.

L'*Atlas* n'a été publié pour la première fois qu'une année après le décès de Mercator. Cet *Atlas* de cartes modernes est en vérité seulement une partie d'une entreprise plus vaste, consacrée à l'Histoire du monde. C'est le deuxième tome du livre consacré à la géographie (d'où le sous-titre: *Atlantis pars altra Geographia nova totius mundi*). Le premier tome du livre géographique est l'édition de la *Geographia* de Ptolémée, parue en 1578. Avant ces deux recueils de cartes, Mercator publia premièrement un livre consacré à l'histoire: *Chronologia hoc est tempore demonstratio exactissima ab initio mundi usque ad annum domini M.D.LXVIII*, Cologne, Arnold Birckmann, 1569. J'ai consulté l'exemplaire 419 A 13 de la Bibliothèque Universitaire de Leyde. J'y renveindrai au chapitre VI (p. 253-254).

Sur l'*Atlas*, voir : H. Wolf, *Vierhundert Jahre Mercator, Vierhundert Jahre Atlas. 'Die ganze Welt zwischen zwei Buchdeckeln', eine Geschichte der Atlanten*, Weissenhorn, 1995 ; P. C. J. van der Krogt, Mercators Atlas : Geschichte, Editionen, Inhalt, in H. H. Blotevogel, R. Vermij (éd.), *Gerhard Mercator und die geistigen Strömungen des 16. und 17. Jahrhunderts*, Bochum, 1995, p. 49-64 ; *idem*, *The Folio Atlases Published by Gerard Mercator, Jodocus Hondius, Henricus Hondius, Johannes Janssonius and Their Successors*, 't Goy-Houten, 1997 (*Koeman's Atlantes Neerlandici. New Edition*, t. 1).

CHAPITRE III

LIRE LE MONDE AU MOYEN ÂGE ET À LA RENAISSANCE (1) : LA *SCRIPTURA* CARTOGRAPHIQUE

A partir du IXe siècle on employait le terme *mappa mundi* et ses dérivés dans les langues vulgaires non seulement pour indiquer une mappemonde proprement dite (la *pictura*), mais également pour un texte décrivant le monde (la *scriptura*). Dans le système de la rhétorique médiévale ces textes font partie du domaine de la *descriptio* : une description détaillée d'une personne, d'un objet, d'un paysage ou d'une localité[1]. Dans ce chapitre-ci je m'occuperai d'un aspect particulier de la description géographique, à savoir des descriptions du monde entier : les *descriptiones orbis*[2].

Dans son *Erde und Kosmos im Mittelalter*, paru en 1992, Rudolf Simek remarqua déjà que l'histoire des cosmographies médiévales reste encore à faire[3]. Comme il n'est pas possible de dresser un inventaire complet de toutes les descriptions géographiques établies au Moyen Âge dans un seul chapitre, le recensement présenté ici nécessitera sans aucun doute quelques addenda, ne serait-ce qu'à cause du fait que certains textes ne nous sont pas parvenus, d'autres n'ont pas encore été édités et d'autres spécimens n'ont pas été catalogués correctement dans les bibliothèques. De l'autre côté, mon objectif principal n'est pas de donner un inventaire exhaustif, mais plutôt d'étudier la transmission textuelle du Moyen Âge jusqu'au XVIe siècle.

La géographie de l'Antiquité déjà épousait parfois le caractère d'une tradition rhétorique et parfois même littéraire[4] : on n'a qu'à penser à la description par Homère de la mappemonde

[1] Cf. E. R. CURTIUS, *Europäische Literatur und lateinisches Mittelalter*, 10e édition, Berne, 1984, p. 78, 166 ; A. W. HALSALL, Beschreibung, in G. Ueding (éd.), *Historisches Wörterbuch der Rhetorik*, Tübingen, 1992, t. 1, p. 1495-1510 ; *idem*, Descriptio, in G. Ueding (éd.), *Historisches Wörterbuch der Rhetorik*, Tübingen, 1994, t. 2, 549-553. Sur l'influence de la rhétorique classique sur la géographie descriptive du Moyen Âge voir : H. J. WITZEL, *Der geographische Exkurs in den lateinischen Geschichtsquellen des Mittelalters*, thèse, Frankfurt a.M., 1952, p. 9, 15-17, 29-111.

[2] Pour cette terminologie voir aussi : A.-D. VON DEN BRINCKEN, « ...Ut describeretur universus orbis. » Zur Universalkartographie des Mittelalters, in A. Zimmerman (éd.), *Methoden in Wissenschaft und Kunst des Mittelalters*, Berlin, 1970, p. 249.

[3] R. SIMEK, *Erde und Kosmos im Mittelalter. Das Weltbild vor Kolumbus*, Munich, 1992, p. 187, n. 136. Dans son étude des cosmographies en ancien norvégien, R. SIMEK (*Altnordische Kosmographie. Studien und Quellen zu Weltbild und Weltbeschreibung in Norwegen und Island von 12. bis zum 14. Jahrhundert*, Berlin-New York, 1990, p. 151-154) donna déjà un aperçu des descriptions géographiques médiévales. Cf. aussi : CHR. DELUZ, Des lointains merveilleux (d'après quelques textes géographiques et récits de voyage du Moyen Âge), in J. Arrouye (éd.), *De l'étranger à l'étrange ou la conjointure de la merveille*, Aix-en-Provence, 1988, p. 102-105.

[4] Pour la géographie descriptive et littéraire des Grecs et des Romains voir : C. VAN PAASSEN, *The classical tradition of geography*, Groningue-Jakarta, 1957 ; CHR. JACOB, Ecritures du monde. Points de vue, parcours et catalogues, in *Cartes et figures de la terre. Exposition du Centre Georges Pompidou Paris, 24 mai - 17 novembre 1980*, Paris, 1980, p. 104-110 ; F. PRONTERA, Prima di Strabone. Materiali per uno studio della geografia antica come genere letterario, in F. Prontera (éd.), *Strabone. Contributi allo studio della personalità e dell'opera*, Perugia, 1984, p. 187-256 ; J. S. ROMM, *The edges of the world in ancient thought. Geography, exploration and fiction*, Princeton, 1992. Souvent on distingue deux pôles opposés dans la cartographie antique : cf. le schéma établi par F. PRONTERA (*op. cit.*,

sur le bouclier d'Achille, la peinture du monde sur les murs du palais du soleil décrite par Ovide et la représentation de l'univers tissé par Proserpine, mentionnée par Claudien[5]. Un autre exemple intéressant est signalé par James Romm qui note que même Cicéron avait exprimé l'intention d'écrire un exposé géographique[6]. La cartographie textuelle sous forme d'une description de l'œkoumène, repose finalement sur le *periplus* grec (la description d'un voyage maritime) probablement destiné à l'usage pratique et sur sa contrepartie fictive, la *périégèsis* où l'auteur ajoutait des éléments historiques, merveilleux et fictifs à la description géographique[7]. Pendant l'ère romaine cette tradition de la description de l'œkoumène connaissait, entre autres, des représentants de caractère parfois plutôt rhétorique comme la *Naturalis historia* de Pline l'Ancien (Ier siècle de notre ère), les *Collectanea rerum memorabilium* de Solin (IIIe siècle), ainsi que des textes géographiques brefs, comme ceux des « geographi latini minores » rassemblés par A. Riese[8].

Les descriptions géographiques des Romains étaient ensuite reprises, citées, commentées et amplifiées pendant l'Antiquité tardive et le Moyen Âge. Les descriptions géographiques établies pendant cette période sont presque sans exception des compilations de fragments trouvés dans d'autres textes, comme l'a déjà fait remarquer Patrick Gautier Dalché : « Comme d'autres secteurs de la culture médiévale, la géographie est avant tout faite de compilations, qui usent elles-mêmes des compilations d'origine antique[9] ».

Souvent la critique moderne a reproché aux auteurs médiévaux de n'avoir conçu que des textes médiocres manquant d'originalité et d'esprit critique : en copiant servilement les fragments de la culture antique, les scribes médiévaux auraient causé une « atomisation » du savoir antique[10]. On doit objecter contre cette présentation des faits qu'on a souvent exagéré les résultats de la cartographie antique[11]. Qui plus est, déjà certains textes géographiques classiques s'enracinent avant tout dans une tradition textuelle. Il n'en est pas autrement des descriptions produites du XIIe au XVIe siècles : la plupart des descriptions du monde compilées au Moyen Âge

p. 198-179) où les traités antiques qui s'occupent de la géographie sont répartis entre deux pôles : « storia-geografia » vs « geografia 'scientifica' ». Voir aussi : C. van Paassen (*op. cit.)* qui fait distinction entre « the geographical tradition » (p. 33-64) et « the historical tradition » (p. 65-211) et N. Broc (*La géographie de la Renaissance (1420-1620)*, Paris, 1986) entre la « géographie mathématique » (p. 61-76) et le « genre descriptif » (p. 77-97). M. Milanesi (La rinascita della geografia dell'Europa (1350-1480), in S. Gensini (éd.), *Europa e Mediterraneo tra medioevo e prima età moderna. L'osservatorio Italiano*, San Miniato, 1992, p. 40) signale qu'au XIVe siècle Jacopo Angeli, le traducteur de Ptolémée, distinguait entre le « historicorum mos » et le « mathematicorum mos ». Je me concentrerai ici donc sur l'*historicorum mos*.

5 Ces exemples étaient connus au XVIe siècle. Cf. M. M. McGowan, *Ideal forms in the age of Ronsard*, Berkeley-Los Angeles-Londres, 1985, p. 92.

6 J. S. Romm, *The edges of the world in ancient thought*, p. 4 ; F. Prontera, Prima di Strabone, p. 197.

7 Sur les descriptions géographiques des anciens Grecs, voir : Chr. Jacob, Ecritures du monde ; *idem*, *La description de la terre habitée de Denys d'Alexandrie ou la leçon de géographie*, Paris, 1990, p. 19-20 ; J. S. Romm, *op. cit.*, p. 26-31.

8 A. Riese (éd.), *Geographi Latini Minores*, reprod. Hildesheim, 1964.

9 P. Gautier Dalché (éd.), *La « Descriptio mappe mundi » de Hugues de Saint-Victor. Texte inédit avec introduction et commentaire*, Paris, 1988, p. 87.

10 Cette terminologie se trouve surtout dans : R. Newald, *Nachleben des antiken Geistes im Abendland bis zum Beginn des Humanismus*, Tübingen, 1960, p. 285.

11 Voir sur ce sujet : K. Brodersen, *Terra Cognita. Studien zur römischen Raumerfassung*, Hildesheim-Zurich-New York, 1995.

reproduisent des textes antérieurs. Leurs auteurs se basaient avant tout sur les textes des *auctores* dont la fiabilité et l'autorité étaient universellement reconnues[12]. Un exemple très connu de cette attitude envers ses devanciers textuels est une remarque de Vincent de Beauvais († 1264) dans l'introduction à son *Speculum maius* où il explique que l'ouvrage ne contient pas le résultat de ses propres observations, mais des extraits des textes des *auctores* (ces extraits sont des *auctoritates*) : « nam ex meo pauca uel quasi nulla ; ipsorum igitur est auctoritate, nostrum autem sola partium ordinatione[13]. » L'*imitation* des *auctores* dans les sciences naturelles est à peine intelligible pour un lecteur du début du XXIe siècle peu habitué à ce système d'emprunt sans limites. Cependant la notion post-moderne d'intertextualité semble pouvoir s'appliquer également à ce phénomène[14].

Les auteurs médiévaux des traités scientifiques ne se sont pourtant pas limités à faire des copies exactes de leurs exemples et ceci a donné lieu à une autre critique adressée surtout aux auteurs médiévaux (critique quand même paradoxale par rapport au reproche de manque d'originalité) : ils n'auraient pas produit des copies fiables des textes des savants de l'ère classique et de cette façon ils auraient causé la dégradation des sciences classiques. Toujours est-il que les auteurs médiévaux n'avaient pas les textes originaux sous les yeux, mais des textes qui avaient déjà été copiés et commentés bien souvent depuis l'époque romaine. Au Moyen Âge les textes des auteurs classiques se présentaient sous forme de textes munis de gloses, de commentaires et d'explications ou sous forme de fragments dans des florilèges[15]. Les savants médiévaux n'avaient d'ailleurs aucune intention de produire des éditions critiques ni de reconstituer des

[12] Cf. M. D. Chenu, Auctor, actor, autor, in *Bulletin du Cange*, t. 3, 1927, p. 81-86 ; A. J. Minnis, *Medieval theory of authorship. Scholastic literary attitudes in the later Middle Ages*, 2e edition, Aldershot, 1988, p. 10-15 ; R. Luff, Du compilateur anonyme à l'auteur autonome. Figure de l'écrivain encyclopédique au Moyen Âge européen, in D. Buschinger (éd), *L'« effet auteur » au Moyen Âge. Actes du Colloque d'Amiens (mars 2001)*, Amiens, 2003, p. 55-67 ; M. Zimmermann (éd.), *Auctor et auctoritas. Invention en conformisme dans l'écriture médiévale. Actes du colloque de Saint-Quentin-en-Yvelines (14-16 juin 1999)*, Paris-Genève, 2001. Pour une discussion des *auctores* et l'originalité de la géographie médiévale, voir : P. Gautier Dalché, Sur l'« originalité » de la « géographie » médiévale, in M. Zimmermann (éd.), *Auctor et auctoritas. Invention et conformisme dans l'écriture médiévale, actes du colloque de Saint-Quentin-en-Yvelines (14-16 juin 1999)*, Paris-Genève, 2001, p. 131-143.

[13] Vincent de Beauvais, *Libellus totius operis apologeticus*, c. 3, S. Lusignan (éd.), *Vincent de Beauvais, Libellus totius operis apologeticus*, Montréal, 1979, p. 118-119. Cf. M. Paulmier-Foucart, Ordre encyclopédique et organisation de la matière dans le *Speculum maius* de Vincent de Beauvais, in A. Becq (éd.), *L'encyclopédisme. Actes du Colloque de Caen 12-16 janvier 1987*, Paris, 1991, p. 201. Dans l'introduction au *De proprietatibus rerum* Barthélemy l'Anglais, lui aussi, insiste sur ses activités de compilateur ; voir ci-dessous p. 97. Richard de Saint-Victor avait déjà exprimé la même idée dans le prologue à son *Liber exceptionum* ; le texte est cité ci-dessous, note 69. Pour d'autres exemples voir surtout : Ch. Meier, Grundzüge der mittelalterlichen Enzyklopädistik. Zu Inhalten, Formen und Funktionen einer problematischen Gattung, in L. Grenzmann (et al.) (éd.), *Literatur und Laienbildung im Spätmittelalter und in der Reformationszeit. Symposion Wolfenbüttel 1981*, Stuttgart, 1984, p. 477-478.

[14] Cf. P. Zumthor, Intertextualité et mouvance, in *Littérature*, t. 41, 1981, p. 8-16 ; R. J. Schoeck, *Intertextuality and Renaissance texts*, Bamberg, 1984 ; J.-C. Carron, Imitation and intertextuality in the Renaissance, in *New Literary History*, t. 19, 1988, p. 565-479. Pour une critique de l'emploi de la notion d'intertextualité pour décrire l'*imitatio* de la Renaissance voir : H. P. Mai, Bypassing intertextuality. Hermeneutics, textual practice, hypertext, in H. F. Plett (éd.), *Intertextuality (Research in text theory = Untersuchungen zur Texttheorie)*, Berlin-New York, 1991, p. 30-59.

[15] Pour l'incorporation de citations d'auteurs classiques dans les florilèges et l'utilisation de ce genre de textes voir : R. H. Rouse, *Florilegia* and Latin Classical authors in twelfth- and thirteenth-century Orléans, in *Viator*, t. 10, 1979, p. 131-160.

textes originaux : ils ont plutôt tenté de réactualiser la matière des Anciens au moyen d'explications, de commentaires et de gloses. Certains textes demandaient des digressions, d'autres ne pouvaient être utiles pour le public médiéval que sous forme de résumé. Udo Schöning remarque très justement à propos des romans antiques en ancien français que la critique moderne ignore souvent l'existence des gloses et des scholies. Selon Schöning on n'a toujours pas posé les questions essentielles : « Pourquoi un auteur médiéval se fonde-t-il sur telle ou telle source? Et encore une question plus importante : quelle signification cette matière introduite obtient-elle dans sa nouvelle configuration? (...) Ce sont justement les déviations par rapport à l'original qui démontrent les éléments typiquement médiévaux dans la réception du texte. Et ces apports médiévaux constituent précisément le champ d'étude de la médiévistique[16]. » Ces observations s'appliquent non seulement à l'étude des romans antiques en ancien français, mais aussi aux textes en langue latine de caractère scientifique. Aussi Patrick Gautier Dalché remarque-t-il très justement à propos de certains textes géographiques du IXe siècle qui se fondent, eux aussi, sur des modèles de l'Antiquité Romaine, que l'intérêt de ces textes médiévaux réside plutôt dans les changements de l'expression, dans le choix des citations ainsi que dans la mise en ordre des extraits en un texte complet probablement porteur d'autres significations[17]. Les clercs médiévaux n'avaient pas comme objectif de recréer la culture antique. Par contre, tout en restant fidèle au legs de leurs prédécesseurs grecs et romains, ils cherchaient à y donner une *interpretatio christiana*[18].

Voilà pourquoi l'ancienne pratique de la « Quellenforschung[19] » si savante qu'elle ait été et quelque méritoire qu'elle ait pu être, n'a pas toujours mené à des résultats significatifs ni en littérature ni dans le domaine de la géographie du XIIe au XVIe siècle. C'est plutôt dans le contexte contemporain où les *auctoritates* ont été réemployés qu'il faut chercher leur signification puisque, et Udo Schöning l'a déjà souligné[20], la signification d'un passage emprunté à un texte exemple pourra changer complètement dans un contexte nouveau. Au Moyen Âge on ne consultait pas toujours les textes latins dans leur version originale et, de plus, on les étudiait dans un contexte qui différait totalement de celui de l'Empire Romain. On avait surtout recours à des compilations de l'Antiquité tardive et du Moyen Âge. Si jamais on utilisait des textes classiques dans leur version originale pour y puiser les informations géographiques requises, la perspective de ces textes païens était christianisée. Sans aucun doute le contexte textuel dans lequel s'insère la description géographique contribuera également à sa signification. Voilà pourquoi les analyses de ce chapitre seront centrées sur la tradition textuelle des *descriptiones orbis* tout en tenant compte du contexte textuel et son impact éventuel sur la connotation de la description géographique.

Par exemple, ce n'est pas pour rien que Vincent de Beauvais dans l'introduction au *Speculum maius*, déjà mentionné, insiste que son activité à lui est précisément l'ordonnance des

[16] U. Schöning, *Thebenroman – Eneasroman – Trojaroman. Studien zur Rezeption der Antike in der französischen Literatur des 12. Jahrhunderts*, Tübingen, 1991, p. 33-34.

[17] P. Gautier Dalché, Tradition et renouvellement dans la représentation de l'espace géographique au IXe siècle, in *Studi Medievali*, t. 24, 1983, p. 122.

[18] Voir surtout : A. Buck, *Die humanistische Tradition in der Romania*, Berlin-Zürich, 1968, p. 18, 48.

[19] Pour des remarques critiques sur la « Quellenforschung » voir : U. Schöning, *Thebenroman – Eneasroman – Trojaroman*, p. 8-10, 27-28 et surtout p. 32-34.

[20] U. Schöning, *op. cit.*, p. 28.

auctoritates : « nostrum autem sola partium ordinatione ». Vincent se réfère ici à la technique de la *compilatio*[21] : au Moyen Âge (surtout aux XIIe-XIVe siècles) les auteurs cherchaient à rassembler des extraits de textes autoritaires sur le même sujet pour en former ensuite un ouvrage nouveau en réarrangeant[22] ces collections d'*auctoritates* dans un certain ordre. La structure de la compilation, on le sait, est un instrument facilitant l'accessibilité d'un texte, mais au Moyen Âge elle pouvait également fonctionner comme productrice de sens. La *divisio textus* est un instrument qui pourra gouverner l'exégèse du texte[23] : la symbolique numéraire y entre en jeu, mais l'ouvrage peut également être conçu selon une autre structure significative. Ce phénomène est également un aspect important de la littérature française du Moyen Âge : c'était au moyen d'une *conjointure* fonctionnelle qu'un auteur pouvait donner une *senefiance* à son texte[24]. En langue latine ce sont surtout les compilations de caractère encyclopédique qui ont été construites d'après une ordonnance conceptuelle qui suit ou bien la structure des six jours de la Création (l'*hexaemeron*) ou bien la position des quatre éléments du cosmos[25]. C'est précisément dans ces textes-ci que s'insèrent les *descriptiones orbis*[26].

[21] Sur la notion de *compilatio* voir : M. B. Parkes (The influence of the concepts of *ordinatio* and *compilatio* on the development of the book, in J. J. G. Alexander, M. T. Gibson (éd.), *Medieval learning and literature. Essays presented to R. W. Hunt*, Oxford, 1976, p. 115-141) qui insiste surtout sur la mise en page des compilations ; et A. J. Minnis (Late Medieval discussions of *compilatio* and the rôle of the *compilator*, in *Beiträge zur Geschichte der deutschen Sprachen und Literatur*, t. 101, 1979, p. 385-421) qui considère la technique de compilation des XIIIe et XIVe siècles comme un genre littéraire et comme moyen de retrouver facilement l'information requise. Pour une étude de l'histoire du terme *compilatio* et des remarques critiques sur Parkes et Minnis voir : N. Hathaway, Compilatio. From plagiarism to compiling, in *Viator*, t. 20, 1989, p. 19-44 ; M. A. Rouse, R. H. Rouse, *Ordinatio* and *compilatio* revisited, in M. D. Jordan, K. Emery Jr (éd.), *Ad literam. Authorative texts and their medieval readers*, Notre Dame, 1992, p. 113-134.

[22] Pour le réarrangement des *auctoritates* voir N. Hathaway, *art. cit.*, 39-44. K. F. Morrison (*History as a visual art in the twelfth century Renaissance*, Princeton, 1990, p. 28) caractérise cette technique comme « the fascicle method of composition ». B. Ribémont (*Les origines des encyclopédies médiévales. D'Isidore de Séville aux Carolingiens*, Paris, 2001, p. 264) fait observer à propos de Bède que « on est très loin d'une juxtaposition et d'une simple copie des *auctoritates* » mais qu'il s'agit d'une « véritable recombinaison des sources. »

[23] A. J. Minnis, A. B. Scott (éd.) (*Medieval literary theory and criticism c. 1100-c. 1375*, Oxford, 1991, p. 147-155) parlent d'une exégèse structurale.

[24] Pour une étude de la notion de *conjointure* voir M. A. Freeman, *The poetics of* translatio studii *and* conjointure. *Chrétien de Troyes's* Cligés, Lexington, 1979 ; pour *sen* et conjointure voir p. 67. Voir aussi : D. Kelly, *Sens and conjointure in the Chevalier de la Charrette*, Paris, 1966 ; *idem*, The source and meaning of *conjointure* in Chrétien's *Erec* 14, in *Viator*, t. 1, 1970, p. 179-200 ; *idem*, *The art of Medieval French romance*, Madison, 1992, p. 15-31, 205-262.

[25] Sur l'ordonnance conceptuelle des encyclopédies du XIIIe siècle voir : Ch. Meier, Grundzüge der mittelalterlichen Enzyklopädistik, p. 478-488 ; *idem*, Organisation of knowledge and encyclopaedic *ordo*. Functions and purposes of a universal literary genre, in P. Binkley (éd.), *Pre-modern encyclopaedic texts. Proceedings of the second COMERS congress, Groningen, 1-4 July 1996*, Leyde, 1997, p. 103-126 ; *idem*, On the connection between epistemology and encyclopedic *ordo* in the Middle Ages and the early modern period, in A. A. MacDonald, M. W. Twomey (éd.), *Schooling and society. The ordering and reordering of knowledge in the western Middle Ages*, Louvain, 2004, p. 93-114; H. Meyer, Zum Verhältnis von Enzyklopädik und Allegorese im Mittelalter, in *Frühmittelalterliche Studien*, t. 24, 1990, p. 294-299.

[26] Sur les interpolations géographiques, voir surtout : H. J. Witzel, *Der geographische Exkurs in den lateinischen Geschichtsquellen des Mittelalters*, p. 149-236.

Le caractère littéraire des *descriptiones orbis* se manifeste parfois dans une mise en forme poétique des descriptions géographiques. On n'a qu'à penser ici aux poèmes de Baudri de Bourgueil ou de Fazio degli Uberti[27], dont il sera question ci-dessous. Un des moyens par lesquels le poète pouvait démontrer sa virtuosité poétique était l'énumération de noms géographiques. Il pouvait faire étalage de ses talents par la transformation de noms géographiques sans cohérence logique en les arrangeant selon le mètre et la rime du poème. On en trouve des exemples pendant la période médiévale entière, dans les textes latins ainsi que dans les textes en langue vernaculaire. Les *descriptiones orbis* n'ont donc pas comme objet unique de communiquer des données scientifiques, la mise en forme poétique du texte joue également son rôle. Par conséquent, la critique moderne ne devra pas porter un jugement sur les descriptions géographiques uniquement sur la base de leur valeur scientifique, mais elle doit également tenir compte des autres fonctions que la science a épousées dans le passé.

Sans désavouer le fait que parfois d'un auteur à l'autre et d'une culture à l'autre les différentes traditions se touchent ou s'entremêlent[28], ce chapitre propose de suivre la transmission et la fonction de la géographie descriptive, c'est-à-dire la tradition[29] des *mappae mundi* textuelles au Moyen Âge et au XVIe siècle. J'essayerai également de démontrer qu'une telle attitude envers les connaissances scientifiques comme elles se retrouvent dans les textes médiévaux persistera dans certains cas jusqu'au XVIe siècle : l'empirisme dans le sens moderne du mot ne pénétrera que très graduellement dans les textes scientifiques et il n'est donc point question d'un bouleversement des connaissances traditionnelles. Bien que les descriptions aient été choisies selon un seul critère : elles doivent couvrir le monde entier, je mentionnerai ici quand même quelques descriptions de l'Inde et quelques récits de voyage et cela pour deux raisons : premièrement ceux-ci ont eu une influence indéniable sur les *descriptiones orbis* proprement dites et, deuxièmement, la présente étude vise surtout l'analyse des conceptions qui se sont formées au Moyen Âge et à la Renaissance sur les *terrae incognitae* en Inde et en Éthiopie. Voilà pourquoi les itinéraires et les descriptions de la Terre sainte et de Rome, quelque intéressants qu'ils soient, ne figureront pas dans ce chapitre.

En ce qui concerne la terminologie : pour désigner les descriptions géographiques scandinaves des XIIe et XIIIe siècles Rudolf Simek a eu recours aux termes « cosmographia » et « chorographia[30] ». Je ne me conformerai pas à ses suggestions, car pour désigner une mappemonde écrite on avait au Moyen Âge surtout recours à des termes comme *mappa mundi* et *descriptio orbis (tripartiti)*. Ce n'est qu'au XVIe siècle que l'on trouve des exemples de l'emploi de *cosmo-*

[27] Il y a de nombreux autres exemples, parmi lesquels la *decisio* géographique dans la chronique de Rudolf von Ems. Sur les aspects littéraires de son texte voir : H. Kugler, Mittelalterliche Weltkarten und literarische Wissensvermittlung. Zur Erdbeschreibung Rudolfs von Ems, in H. Brunner, N. R. Wolf (éd.), *Wissensliteratur im Mittelalter und in der Frühen Neuzeit*, Wiesbaden, 1992, p. 159-160.

[28] Cf. F. Prontera (Prima di Strabone, p. 254) qui parle d'un « fascio di tradizioni ».

[29] J'utilise ce terme dans le sens d'un processus de transmission de siècle en siècle, ainsi que les textes qui en résultent, sans vouloir prononcer un jugement de valeur.

[30] R. Simek, *Altnordische Kosmographie*, p. 4-6. Pour une discussion des notions de *geographia* et de *cosmographia*, voir : U. Lindgren, La géographie et la cosmographie. Deux aspects d'une seule matière ou vice versa?, in *La géographie au Moyen Âge. Espaces pensés, espaces vécus, espaces rêvés. Arras, Journée d'études, 30 janvier 1998 (Perspectives médiévales. Suppl. 24)*, 1999, p. 57-65.

graphia pour désigner un texte décrivant le monde[31]. Voilà pourquoi je préfère me servir pour ce qui est de la période médiévale de la terminologie médiévale et de formules purement descriptives telles que : « cartographie descriptive », « descriptions du monde » ou « mappemondes écrites ».

1. Les précurseurs

La géographie descriptive du début du Moyen Âge se fonde avant tout sur les connaissances géographiques de l'Antiquité romaine. Les auteurs médiévaux pouvaient probablement parfois disposer de fragments de la *Naturalis historia* de Pline l'Ancien, encore plus souvent de la *Collectanea rerum memorabilium* de Solin et de certaines *Cosmographiae* de l'Antiquité tardive[32]. Cependant, dans le domaine de la géographie descriptive les véritables médiateurs entre l'Antiquité et le Moyen Âge sont des descriptions du monde habité qui se trouvent au début des *Historiae* (I,2,1-106) d'Orose (Ve siècle) et au xive chapitre (*De terra et partibus*) des *Etymologiae* d'Isidore de Séville (ca. 570-636)[33].

La chronique universelle d'Orose commence par une description du monde habité qui a fait école au Moyen Âge. En ce qui concerne les sources exploitées par cet auteur, Marie-Pierre Arnaud-Lindet fait remarquer dans l'introduction à son édition et traduction des *Historiae* que ce « long excursus géographique, chorographie en forme de périégèse scolaire » présente une forme semblable à deux chorographies qui circulaient à cette époque : la *Dimensuratio provinciarum*, appelée aussi *Epitome totius orbis*, et la *Divisio provinciarum*[34]. L'introduction géographique n'y est pas pour rien dans l'ouvrage historiographique d'Orose : dans le plan général du texte, la géographie sert de matière introductive, décrivant la scène où se dérouleront les événements de l'Histoire sainte.

Le XIVe chapitre des *Etymologiae*[35] d'Isidore de Séville traite du monde habité : *De terra et partibus*. Les études de référence sur l'histoire de la cartographie insistent souvent sur le schéma T-O qui orne certains manuscrits des *Etymologiae*, mais semblent ignorer cette description du monde très élaborée qui n'a pas manqué d'exercer une influence fondamentale sur la

[31] Au xvie siècle la notion *cosmographia* ne s'appliquait pas uniquement aux descriptions du monde, de nombreux textes géographiques et astronomiques portaient ce nom. Voir aussi : N. Broc, *La géographie de la Renaissance*, p. 61, 67. Même des cartes s'intitulaient parfois *cosmographia* ; cf. D. Woodward, *Maps as prints in the Italian Renaissance. Makers, distributors & consumers*, Londres, 1996, p. 15.

[32] Editées par A. Riese, *Geographi Latini Minores*, reprod. Hildesheim, 1964.

[33] Pour la géographie pendant la période 400-1000, voir : N. Lozovsky, *The earth is our book. Geographical knowledge in the Latin West ca. 400-1000*, Ann Arbor, 2000. Pour les encyclopédies pendant cette période, voir : B. Ribémont, *Les origines des encyclopédies médiévales. D'Isidore de Séville aux Carolingiens*.

[34] M. P. Arnaud-Lindet (éd./trad.), *Orose. Histoires (Contre les Païens)*, Paris, 1990, p. xxxvii-xxxviii et note 75. Cf. A. Klotz, Beiträge zur Analyse des geographischen Kapitels im Geschichtswerk des Orosius (I,2), in *Charisteria Alois Rzach zum 80. Geburtstag dargebracht*, Reichenberg, 1930, p. 120-130 ; Y. Janvier, *La géographie d'Orose*, Paris, 1982, p. 141-142. Ce dernier signale l'affinité avec les autres textes géographiques de l'Antiquité tardive rassemblés dans les *Geographi Latini Minores* de A. Riese, mais il constate également un grand nombre de divergences.

[35] Cf. C. Codoñer, De l'Antiquité au Moyen Âge. Isidore de Séville, in A. Becq (éd.), *L'encyclopédisme. Actes du Colloque de Caen 12-16 janvier 1987*, Paris, 1991, p. 19-35.

conception du monde au Moyen Âge et dans certains cas également à la Renaissance[36]. Le texte s'insère dans une série de cinq chapitres (XI-XV) sur le monde sublunaire : il s'y agit successivement de l'homme, des animaux, des quatre éléments, de la terre et de ses différentes parties. Le chapitre géographique ne repose pas uniquement sur des auteurs romains comme Pline, Solin et Orose, mais s'inspire aussi de la Bible et des traités des Pères de l'Eglise[37]. Isidore a transformé la trame habituelle des *descriptiones orbis* romaines qui lui ont servi comme modèles : au lieu de commencer par la description de l'Europe ou de l'Asie, Isidore souligne l'idéologie chrétienne de son texte en le faisant commencer par la description du paradis terrestre.

L'époque carolingienne connut un premier essor de textes géographiques médiévaux[38]. Dans la majorité des cas ces textes sont des remaniements de textes antérieurs, où se notent parfois des renseignements sur la condition européenne de l'époque, mais toujours est-il que ces textes-ci s'enracinent plutôt dans la tradition textuelle que dans l'observation empirique. Ces textes étaient surtout destinés à l'usage scolaire. Un des premiers exemples est le *Situs orbis vel regionum*, une *descriptio orbis* datant de la fin du VIIe ou du début du VIIIe siècle[39]. L'auteur anonyme d'un autre texte géographique carolingien, intitulé *De situ orbis libri duo*[40] et composé entre 856 et 870 et dédié à Charles le Chauve, déclare dans son *proemium* qu'il a fait cette description du monde sur la demande de ses élèves chez qui les incursions des Normands avaient suscité un désir de s'informer sur la position des régions d'origine de ces envahisseurs. Le texte consiste en une description du monde entier d'après les autorités reconnues : l'*Index scriptorum* de l'édition de Riccardo Quadri révèle que les *Etymologiae* d'Isidore[41], le *De nuptiis mercurii et philologiae* de Martianus Capella et les *Collectanea* de Solin[42] en sont les sources principales.

Un ouvrage très proche du *De situ orbis*, aussi bien en ce qui concerne l'époque de la composition que le contenu est le *Liber de mensura orbis terrae* que l'Irlandais Dicuil acheva en 825 pendant son séjour en France[43]. Le texte donne en neuf chapitres les caractéristiques des trois continents, des fleuves et des îles. Pour son texte Dicuil s'est basé avant tout sur des auto-

[36] Cf. F. Brunhölzl, *L'époque mérovingienne*, Turnhout, 1990 (*Histoire de la littérature latine du Moyen Âge*, t. I/1), p. 82. Les *Etymologiae* d'Isidore furent un des premiers ouvrages à être imprimés voir p. III.

[37] Pour les sources des *Etymologiae*, voir : l'introduction à l'édition/traduction par J. Oroz Reta, M.-A. Marcos Casquero (*San Isidoro de Sevilla, 'Etimologías'. Edicion bilingüe*, Madrid, 1982) par Manuel C. Díaz y Díaz (p. 194-195). J. Fontaine (Isidore de Séville et la mutation de l'encyclopédisme antique, in *Cahiers d'histoire mondiale/ Journal of world history/ Cuadernos del Historia Mundial*, t. 9, 1966, p. 528-529) souligne l'importance des « commentaires de Servius et Servius Danielis sur Virgile (qui) restaient les modèles exemplaires (des *Etymologiae*) ».

[38] Des remarques générales dans : U. Lindgren, Geographie in der Zeit der Karolinger, in P. Butzer, M. Kerner, W. Oberschelp (éd.), *Karl der Grosse und sein Nachwirken. 1200 Jahre Kultur und Wissenschaften in Europa/Charlemagne and his heritage. 1200 years of civilization and science in Europe. Band I/Volume I : Wissen und Weltbild/ Scholarship, worldview and understanding*, Turnhout, 1997, p. 507-519.

[39] P. Gautier Dalché (éd.), *Situs orbis terre uel regionum*. Un traité de géographie indédit du haut Moyen Âge (Paris, B.N. latin 4841), in *Revue d'histoire des textes*, t. 12-13, 1982-1983, p. 149-179.

[40] R. Quadri (éd.), *Anonymi Leidensis, De situ orbis libro duo*, Padoue, 1974. On réfère à l'auteur comme le moine « G. », appelé aussi parfois l'*Anonymus Leidensis*.

[41] Cf. R. Quadri (éd.), *op. cit.*, p. 89-91. Ce dernier qualifie les *Etymologiae* comme « ... il muro portante di tutto il primo libro » (p. XXII).

[42] P. Gautier Dalché (Tradition et renouvellement, p. 129) remarque pourtant que l'Anonyme utilise Solin avec « une certaine distance critique ».

[43] J. J. Tierney (éd.), *Dicuili. Liber de Mensura Orbis Terrae*, Dublin, 1967. Cf. W. Bergmann, Dicuil's *De mensura orbis terrae*, in P. L. Butzer, P. Lohrmann (éd.), *Science in Western and Eastern civilization in Carolingian times*,

rités textuelles, dont les plus importantes sont la *Mensuratio orbis terrae*[44] et les *Collectanea* de Solin[45].

Raban Maur (780-856), un élève d'Alcuin, était un continuateur d'Isidore de Séville : son encyclopédie *De rerum naturis*[46] (parfois : *De universo*) reprend pour l'essentiel les sujets traités dans les *Etymologiae*[47]. Le *De rerum naturis* était probablement destiné aux prêtres pour leur servir d'instrument pour la propagation de la foi[48] : le texte ne donne pas seulement le sens littéral des choses (« de rerum naturis et verborum proprietatibus ») tiré d'Isidore, mais aussi le sens mystique (« sed etiam de mystica earundem rerum significatione »)[49] qu'on ne retrouve pas dans les *Etymologiae*. La géographie d'origine païenne transmise par Isidore est ainsi activement christianisée par Raban Maur. Un exemple de cette géographie allégorisée est l'explication qu'il donne du paradis terrestre : le paradis est la « terra viventium » et l'« ecclesia sancta » ; les quatre fleuves du paradis symbolisent les quatre vertus cardinales ainsi que les quatre Évangiles[50]. Ce texte est un des rares exemples où l'on retrouve explicitement une signification spirituelle associée à une description du monde. La pratique médiévale de rattacher un *sensus spiritualis* au monde tangible s'appliquera également dans les siècles suivants aux mappemondes et aux descriptions géographiques, mais d'une manière plus implicite. J'y reviendrai au chapitre VI.

La plupart des descriptions du monde établies pendant l'époque carolingienne n'ont pas été reprises dans les siècles suivants. Une exception est la description du monde connue sous le titre *Cosmographia Æthici*[51] qu'on n'a pas réussi à dater définitivement. Les arguments les plus convaincants suggèrent une datation vers le début du VIIIe siècle[52]. Il s'agit probablement d'une

Bâle-Boston-Berlin, 1993, p. 525-537 ; B. Ribémont, *Les origines des encyclopédies médiévales. D'Isidore de Séville aux Carolingiens*, p. 282-289.

[44] Une description de la terre, maintenant perdue, censée avoir été composée pour l'Empereur Théodose II en 435.

[45] Cf. F. Brunhölzl (*L'époque carolingienne*, Turnhout, 1991 (*Histoire de la littérature latine du Moyen Âge*, t. I/2), p. 66) qui cite comme sources secondaires la *Cosmographia Julii Honorii*, la *Periegesis* de Priscien, Isidore et la *Cosmographia Æthici*. Cf. P. Gautier Dalché (Tradition et renouvellement, p. 128) qui signale l'importance de Solin dans ce texte, devant lequel Dicuil adopte quand même une attitude critique.

[46] J.-P. Migne (éd.), *Beati Rabani Mauri, De universo*, in *Patrologia Latina*, t. III, cols 9-614.

[47] F. Brunhölzl (*L'époque carolingienne*, p. 90) cite comme sources « (...) la littérature exégétique de Jérôme, d'Augustin, de Grégoire, le *Liber formularum spiritalis intelligentiae* d'Eucherius, de la *Clavis sacrae scripturae* du prétendu Pseudo-Méliton, et d'autres ». Voir aussi : M. de Gandillac, Encyclopédies pré-médiévales et médiévales, in *Cahiers d'histoire mondiale/ Journal of world history/ Cuadernos del historia mundial*, t. 9, 1966, p. 499 ; J. Fontaine, Isidore de Séville et la mutation de l'encyclopédisme antique, p. 536-537 ; E. Heyse, *Hrabanus Maurus' Enzyklopädie 'De rerum naturis'*, Munich, 1969 ; Chr. Hünemörder, Antike und mittelalterliche Enzyklopädien und die Popularisierung naturkundklichen Wissens, in *Südhoffs Archiv*, t. 65, 1981, p. 349.

[48] Cf. F. Brunhölzl, *op. cit.*, p. 90.

[49] Raban Maur, *De rerum naturis, praefatio*, J.-P. Migne (éd.), *Beati Rabani Mauri, De universo*, in *Patrologia Latina*, t. III, col. 12 D.

[50] Raban Maur, *De rerum naturis*, 12.iii, J.-P. Migne (éd.), *Beati Rabani Mauri, De universo*, in *Patrologia Latina*, t. III, col. 334. Cf. M. Reuter, *Text und Bild im Codex 132 der Bibliothek von Montecassino* « Liber Rabani de originibus rerum ». *Untersuchungen zur mittelalterlichen Illustrationspraxis*, Munich, 1984, p. 155-162.

[51] O. Prinz (éd.), *Die Kosmographie des Aethicus*, Munich, 1993.

[52] Cf. F. Brunhölzl, *L'époque mérovingienne*, p. 67-69, 251-252 ; P. Gautier Dalché, Du nouveau sur Aethicus Ister? A propos d'une théorie récente, in *Journal des savants*, 1984, p. 175-186, p. 181 (résumé de la discussion au sujet

double supercherie[53] : le texte se donne comme le compte rendu d'un voyage autour du monde qu'aurait fait un certain Æthicus d'Istrie. Ensuite le récit aurait été remanié par un prêtre du nom de Jérôme (*Hieronymus presbyter*). La source la plus importante de la *Cosmographia Æthici* est Isidore de Séville. Parmi les sources secondaires comptent les *Historiae* d'Orose, la traduction latine de la *Periegesis* de Denys le Périégète (IIe siècle) faite au VIe siècle par Priscien, ainsi que les *Revelationes* du Pseudo-Méthode (ca. 700)[54]. C'est surtout la description des merveilles des régions septentrionales comme la Scythie qui influencera un grand nombre de descriptions du monde qui seront compilées dans les siècles suivants ainsi que certaines *mappae mundi*, parmi lesquelles la mappemonde de Hereford.

La géographie descriptive pouvait également assumer un caractère nettement littéraire, comme le montre par exemple le *carmen* 47 de Théodulf d'Orléans (ca. 760-821)[55] où le poète décrit une table d'argent sur laquelle est gravée une mappemonde. Au chapitre suivant, je reviendrai sur la question si Théodulf renvoie à des mappemondes réelles ou fictives.

La *renovatio* carolingienne marque alors une période d'activités géographiques : y voient le jour de nombreux remaniements de textes antérieurs consacrés à la géographie. Le véritable essor des descriptions du monde aura pourtant lieu à partir du XIIe siècle où se manifestera une vraie avalanche de textes géographiques.

2. Les compilations des XIIe et XIIIe siècles

Les *descriptiones orbis* des XIIe et XIIIe siècles reprennent toujours les textes des autorités reconnues comme Pline, Solin, Julius Honorius, Isidore et Orose et ce directement aussi bien qu'indirectement. A partir du XIIe siècle environ, la description du monde semble avoir trouvé une forme assez définitive avec un nombre de thèmes relativement fixes qu'on voit revenir plus ou moins sous la même forme dans toutes les descriptions du monde. Ces *mappae mundi* écrites sont toutes orientées : elles commencent presque sans exception avec le paradis situé dans l'Est. Suivent ensuite l'Inde, le nord de l'Asie, le Proche-Orient, la Terre sainte, l'Egypte et l'Ethiopie. Puis c'est le tour aux continents de l'Afrique et de l'Europe et finalement aux îles de l'Océan et de la Méditerranée. Il est d'ailleurs à noter que si les *descriptiones orbis* de l'époque carolingienne étaient souvent des textes indépendants, les descriptions de l'*orbis terrarum* des XIIe et XIIIe siècles sont, à quelques exceptions près, insérées dans des compilations : les *scripturae* géographiques sont ou bien interpolées dans des textes encyclopédiques, ou bien insérées dans des histoires universelles et parfois dans des textes littéraires, et ce dans des ouvrages en langue latine aussi bien qu'en langue vulgaire.

de la datation sur les p. 175-177) ; O. Prinz (éd.), *Die Kosmographie des Aethicus*, p. 1-18, 44-53.

53 Cf. M. W. Herren, Wozu diente die Fälschung der Kosmographie des Aethicus, in A. Lehner, W. Berschin (éd.), *Lateinische Kultur im VIII. Jahrhundert*, St. Ottilien, 1989, p. 155.

54 Sur les sources voir : F. Brunhölzl, Zur Kosmographie des Æthicus, in D. Albrecht (et al.) (éd.), *Festschrift für M. Spindler zum 75. Geburtstag*, Munich, 1969, p. 75-79 ; P. Gautier Dalché, Du nouveau sur Aethicus Ister?, p. 181 et surtout O. Prinz (éd.), *Die Kosmographie des Aethicus*, p. 22-28.

55 Quelques vers des *carmina* 47 et 48 ont été reproduits sur la mappemonde dans un manuscrit provenant de Ripoll conservé dans la Biblioteca Apostolica Vaticana. Cf. P. Gautier Dalché, Notes sur la « carte de Théodose II » et sur la « mappemonde de Théodulf d'Orléans », in *Geographica antiqua*, t. 3-4, 1994-1995, p. 100.

Au XIIe siècle la rédaction de descriptions géographiques appartenait surtout aux domaines monastiques et scolaires. Après une période qui se caractérise par un intérêt relativement faible pour la géographie, les maîtres de l'école de Saint-Victor à Paris semblent avoir été parmi les premiers à s'occuper de la géographie à côté de leurs nombreux autres champs d'intérêt. La géographie faisait probablement partie de l'enseignement donné à la fameuse école de l'abbaye de Saint-Victor. On connaît du grand maître de l'école victorienne, Hugues de Saint-Victor (1096-1141) un traité propédeutique intitulé *De tribus maximis circumstantiis gestorum*. Dans l'introduction[56] se trouvent des recommandations aux étudiants au sujet de la façon dont il faut étudier et retenir les leçons. Premièrement l'étudiant doit retenir le temps, le lieu et les personnes des événements[57]. La triade *tempus*, *locus* et *persona* forme donc le fondement de l'étude. Ce n'est qu'après avoir maîtrisé complètement ce premier niveau (*historia* ou exégèse *ad litteram*) que l'étudiant pouvait continuer et pénétrer davantage dans le domaine de l'exégèse et méditer sur les sens allégoriques, tropologiques ou anagogiques.

Après cette introduction suivent des listes[58] énumérant tout ce que l'étudiant doit savoir avant de pouvoir entamer des études plus approfondies : on y trouve par exemple les douze tribus d'Israël, les quatre évangélistes, les prophètes, les papes et ainsi de suite[59]. Parmi ces listes figure une section dédiée à la géographie[60] qui commence avec les trois parties du monde : « Iste sunt .iii. partes mundi/Asia/Europa/Affrica » et ensuite les régions, les villes, les fleuves, les montagnes, etc. : « Regiones Asie/India hec et inter occeanum et Indum /Aracusia /Parthia (...) ». Les listes du *De tribus maximis circumstantiis gestorum* ont probablement servi d'aide-mémoire et d'ouvrage de référence dans l'enseignement de l'abbaye de Saint-Victor. Il s'avère également que la géographie a joué un rôle essentiel dans l'éducation et la préparation à l'exégèse[61].

L'intérêt porté à la géographie dans l'école de Saint-Victor se manifeste également dans la *Descriptio mappe mundi*[62], originaire de l'abbaye de Saint-Victor et dont Hugues est très vraisemblablement l'auteur. Bien que la *Descriptio mappe mundi* se présente comme la description d'une carte, le texte s'enracine également dans la tradition textuelle décrivant le monde[63].

[56] Le texte de l'introduction a été édité par W. M. Green (éd.), Hugo of St. Victor, De tribus maximis circumstantiis gestorum, in *Speculum*, t. 18, 1943, p. 484-493.

[57] W. M. Green (éd.), Hugo of St. Victor, De tribus maximis circumstantiis gestorum, p. 491, l. 16-19. Pour la citation complète, voir : le chapitre IV.

[58] On appelle parfois l'ensemble de ces listes le *Chronicon* de Hugues de Saint-Victor. Il est cependant plus logique de considérer l'introduction et les listes comme indissolublement liées.

[59] Pour ces observations et les citations qui suivent j'ai consulté le ms. lat. 14872 de la Bibliothèque nationale de France (ff. 64rb-65vd). Pour le contenu des listes voir aussi : W. M. Green (éd.), Hugo of St. Victor, De tribus maximis circumstantiis gestorum, p. 492-493.

[60] Edité séparément sous le nom de *mappa mundi* du *Chronicon* de Hugues de Saint-Victor par R. Baron (éd.), Hugues de Saint-Victor lexicographe. Trois textes inédits, in *Cultura neolatina*, t. 16, 1955, p. 109-145. Je ne cite pas cette édition parce qu'elle ne tient pas compte de la disposition visuelle des listes dans les manuscrits. Pour une critique de l'édition de Baron, cf. P. Gautier Dalché (éd.), *La « Descriptio mappe mundi » de Hugues de Saint-Victor*, p. 15-17.

[61] Pour un exposé sur le rôle de la géographie dans l'enseignement donné à l'école de Saint-Victor et dans l'enseignement médiéval en général, voir : P. Gautier Dalché (éd.), *op. cit.*, p. 95-107.

[62] P. Gautier Dalché (éd.), *op. cit.*

[63] J'y reviendrai au chapitre IV.

Après son édition de la *Descriptio mappe mundi* datant de 1988, Patrick Gautier Dalché a signalé encore deux autres manuscrits (début du XIIIe et XVe siècle) contenant une description géographique apparentée à la *Descriptio*, mais avec des variantes textuelles considérables[64]. Par exemple, les deux manuscrits omettent l'introduction de la *Descriptio* et ne comportent pas de référence à une représentation visuelle, car le texte s'intitule cette fois-ci simplement *Mappa mundi*.

Que la géographie et la cartographie n'étaient pas considérées comme des disciplines isolées des autres sciences pratiquées à Saint-Victor, c'est ce dont témoigne le traité exégétique *Libellus de formatione arche*[65]. Dans ce texte Hugues évoque encore une fois une *mappa mundi*, mais cette fois-ci elle fait partie d'une construction symbolique et théologique assez complexe : l'auteur y décrit l'Arche de Noé entourée d'une *mappa mundi*. Sur cette *mappa mundi* le paradis se trouve en haut, à l'Est, tandis qu'en Occident se trouve une représentation de l'Enfer :

> Hoc modo archa perfecta, circunducitur et circulus oblongus qui ad singula cornua eam contingat ; et spatium, quod circumferentia eius includit, est orbis terre. In hoc spatio mappa mundi depingitur, ita ut caput arche ad orientem conuertatur et finis eius occidentem contingat, ut mirabili dispositione ab eodem principio decurrat situs locorum cum ordine temporum, et idem sit finis mundi qui est seculi. Conus autem ille circuli, qui in capite arche prominet ad orientem, paradisus est, quasi sinus Abrahe, ut post apparebit Maiestate depicta. Conus alter, qui prominet ad occidentem, habet uniuersalis resurrectionis iudicium : in dextera electos, in sinistra reprobos. In cuius coni angulo aquilonari est infernus, ubi dampnandi cum apostatibus spiritibus detrudentur[66].

Cette construction est entourée d'autres représentations et elle est dominée par le Christ en majesté flanqué par deux séraphins[67]. La *mappa mundi* n'est donc pas une représentation visuelle ou textuelle du monde sans plus. Elle a sa place bien à elle dans une vision symbolique et théocentrique du monde. Les descriptions du monde destinées à l'enseignement furent le premier niveau de l'interprétation exégétique : l'étudiant devait d'abord connaître par cœur l'*historia* avant de pénétrer dans les intentions divines. Au chapitre VI je reviendrai sur les implications exégétiques du cadre symbolique évoqué dans le *Libellus de formatione arche* de Hugues de Saint-Victor.

[64] P. Gautier Dalché, La *Descriptio mappe mundi* de Hugues de Saint-Victor. *Retractatio et additamenta*, in J. Longère (éd.), *L'abbaye parisienne de Saint-Victor au Moyen Âge*, Turnhout, 1991, p. 145-152.

[65] P. Sicard (éd.), *Hugonis de Sancto Victore, De archa noe, Libellus de formatione arche*, Turnhout, 2001 (Corpus Christianorum, Continuatio Medievalis, t. 176). Le texte est également connu sous le titre *De archa noe mystica*.

[66] Hugues de Saint-Victor, *Libellus de formatione arche*, XI, P. Sicard (éd.), *Hugonis de Sancto Victore, De archa noe, Libellus de formatione arche*, p. 157.

[67] Pour une présentation de l'arche ainsi que des reconstructions visuelles, voir : D. Lecoq, La « Mappemonde » du *De Arca Noe Mystica* de Hugues de Saint-Victor (1128-1129), in M. Pelletier (éd.), *Géographie du monde au Moyen Âge et à la Renaissance*, Paris, 1989, p. 9-32, mais celle de P. Sicard (*Diagrammes médiévaux et exégèse visuelle. Le « Libellus de formatione arche » de Hugues de Saint-Victor*, Paris-Turnhout, 1993, p. 21-69) est préférable (avec un résumé de la discussion sur la question si Hugues a fait également un dessin visuel de l'arche sur les p. 34-45). Voir aussi : J. Ehlers, *Archa significat ecclesiam*. Ein theologisches Weltmodell aus der ersten Hälfte des 12. Jahrhunderts, in *Frühmittelalterliche Studien*, t. 6, 1972, p. 171-187 ; P. Gautier Dalché (éd.), *La « Descriptio mappe mundi » de Hugues de Saint-Victor*, p. 17-21 ; J. Wirth, *L'image à l'époque romane*, Paris, 1999, p. 382-394.

Un autre ouvrage issu de l'abbaye de Saint-Victor et dont on suppose qu'il était également destiné à l'enseignement est le *Liber exceptionum* (ca. 1153-1162) de Richard de Saint-Victor († 1173)[68]. On a souvent reproché à cet auteur un manque d'originalité et même une reproduction stérile de ses sources. Il est vrai que Richard remarque dans le *Prologus* qu'il a puisé sa matière dans de nombreux livres[69], mais Richard continue à dire qu'il a disposé toutes ces citations dans un certain ordre. C'est donc dans la structure de la *compilatio* même qu'il faut chercher l'originalité et les intentions de Richard. La description géographique se trouve dans la première partie du *Liber exceptionum*. Elle suit après deux chapitres consacrés aux arts libéraux et à l'exégèse de la *scriptura divina* (la Bible ainsi que la Création). Après la section géographique suivent encore sept chapitres décrivant l'histoire d'Adam jusqu'au règne des Carolingiens. Pour ce qui est des sources du chapitre sur la terre et ses régions, Richard s'inspire avant tout d'Isidore de Séville, mais on a également repéré des concordances avec les listes du *De tribus maximis circumstantiis gestorum* déjà mentionnées[70].

Maurice de Gandillac porte un jugement assez sévère sur la compétence géographique de Richard de Saint-Victor : dans sa description de la France il a omis les villes de Paris et d'Orléans. A ses yeux la géographie de Richard est donc « en retard pratiquement d'un bon millénaire »[71]. Cette condamnation s'inspire des théories positivistes qui régnaient encore pendant les années 60 du XXe siècle, mais il faut remarquer que le chapitre consacré à la géographie ne vise pas uniquement à donner une description objective et correcte de la terre. Il y a plus : la géographie a une fonction bien déterminée dans l'ouvrage de Richard, à savoir : l'évocation de la terre et ses régions prépare à la *Summa historia* et ce n'est qu'après avoir parcouru ces deux étapes (géographie et histoire) que l'auteur pourra passer à l'explication exégétique de l'Histoire sacrée[72]. La première partie du *Liber exceptionum* fonctionne comme introduction à la deuxième partie où Richard donne une explication allégorique et tropologique de l'Ancien et du Nouveau Testament. Les connaissances géographiques s'avèrent ainsi indispensables pour une bonne compréhension de la Bible et de l'Histoire sacrée, car il y est question de beaucoup d'éléments dont la situation est expliquée dans la description géographique, comme par exemple le paradis terrestre, Jérusalem, la distribution des trois continents entre les fils de Noé, etc. Voilà pourquoi Richard ne vise pas à donner une description exacte de sa région d'origine : il évoque un monde atemporel, qui serait le décor où se sont déroulés et où se dérouleront encore les événements de l'Histoire sacrée.

68 J. Châtillon (éd.), *Richard de Saint-Victor Liber exceptionum. Texte critique avec introduction, notes et tables*, Paris, 1958.

69 Richard de Saint-Victor, *Liber exceptionum*, *Prologus*, J. Châtillon (éd.), *Richard de Saint-Victor, Liber exceptionum*, p. 97 : « Invenies in eo multa ex multis libris collecta, in unam seriem oridinate disposita, sibi prout ratio sensuum postulat coherentia, continuata et connexa, (...). »

70 Cf. J. Châtillon (éd.), *op. cit.*, p. 69 ; M. de Gandillac, Encyclopédies pré-médiévales et médiévales, p. 507. P. Gautier Dalché (éd.) (*La « Descriptio mappe mundi » de Hugues de Saint-Victor*, p. 52) signale que Richard doit également avoir eu recours à la *Descriptio mappe mundi* de Hugues, car *Futh* en Afrique figure uniquement dans la *Descriptio*.

71 M. de Gandillac, *art. cit.*, p. 507, n. 80.

72 Cf. Richard de Saint-Victor, *Liber exceptionum*, I,II,viii, J. Châtillon (éd.), *Richard de Saint-Victor, Liber exceptionum*, p. 119 : « Sed priusquam narrationem historicam ingrediamur, oportet ut de situ terrarum nonnulla dicamus. Primum namque summam historie non solum divine sed et mundane perstringere proponimus, ac deinceps misteria allegorie et tropologie pro posse declarabimus. ».

L'abbaye de Saint-Victor n'était pas le seul centre d'érudition et d'éducation au XIIe siècle à s'occuper de la cartographie et de la géographie. Une *descriptio orbis* assez brève se trouve dans un texte encyclopédique avec des gloses en allemand médiéval connu sous le nom de *Summarium Heinrici* composé en Allemagne dans la première moitié du XIIe siècle, probablement dans le monastère de Lorsch[73]. Le *Summarium Heinrici* est connu sous deux formes : la version originale[74] et une version fortement abrégée[75] légèrement postérieure à la première. Dans une certaine mesure l'ordonnance interne du *Summarium Heinrici* rappelle celle des *Etymologiae* d'Isidore de Séville qui en est une des sources principales[76], sans que le *Summarium* en soit d'ailleurs une copie exacte. La description géographique a été insérée au *liber quintus : De omni quod movetur sed non vivificatur*. Ce livre-ci est organisé d'après l'ordonnance du *mundus* (l'ensemble du cosmos) : le ciel, le feu, l'air, l'eau et la terre. La géographie est rangée sous l'élément *terra*. La version abrégée reprend les données de son exemple et se limite à une énumération des données essentielles de la version originale, parfois dans une disposition légèrement altérée. Tout comme le reste de l'ouvrage, la section consacrée à la géographie consiste en des listes qui contiennent des noms géographiques. Ici encore se trouvent des gloses en allemand. Il semble donc plausible que le *Summarium Heinrici* ait été écrit pour l'enseignement à des étudiants qui ne maîtrisaient pas suffisamment le latin[77].

Le *Summarium Heinrici* a exercé une grande influence dans les pays germaniques. Le témoin le plus marquant en est l'*Hortus deliciarum*[78], un texte encyclopédique écrit par l'abbesse Herrade de Hohenbourg (morte après 1196) pour les sœurs de son couvent. Parmi les sources du *Hortus deliciarum* figure un texte auquel Herrade se réfère comme *Aurea gemma*. Ce texte ne peut être que le *Summarium Heinrici*[79]. La description de la terre par Herrade, munie de gloses en allemand et en latin, est encore plus succincte que son exemple. Les chapitres géographiques figurent sous l'élément *terra* au début du texte où il est question de la Création et des quatre éléments.

[73] Pour un résumé de la discussion sur la datation et l'auteur de ce texte, voir : W. WEGSTEIN (éd.), *Studien zum 'Summarium Heinrici' – Die Darmstädter Handschrift 6. Werkentstehung, Textüberlieferung, Edition*, Tübingen, 1985, p. 7-51.

[74] « Erste Fassung », R. HILDEBRANDT (éd.), *Summarium Heinrici, t. 1 : Textkritische Ausgabe der ersten Fassung (Buch I-X)*, Berlin-New York, 1974. Le manuscrit 6 (fin XIIe s.) de la Hessische Landes- und Hochschulbibliothek à Darmstadt contient un remaniement du texte original muni de deux glossaires dont l'un est arrangé selon le sujet et l'autre est dans l'ordre alphabétique. Le remaniement ne suit pas l'ordre interne de la version originale. Voir : W. WEGSTEIN (éd.), *op. cit.*, p. 128-140.

[75] « Zweite Fassung », R. HILDEBRANDT (éd.), *Summarium Heinrici, t. 2 : Textkritische Ausgabe der zweiten Fassung (Buch I-VI) sowie des Buches XI in Kurz- und Langfassung*, Berlin-New York, 1982.

[76] Pour une étude des sources du *Summarium Heinrici* voir : R. HILDEBRANDT (éd.), *Summarium Heinrici, t. 1 : Textkritische Ausgabe der ersten Fassung (Buch I-X)*, p. XXVI-XXXI.

[77] Cf. R. HILDEBRANDT (éd.), *Summarium Heinrici, t. 1 : Textkritische Ausgabe der ersten Fassung (Buch I-X)*, p. XXII-XXIII. Voir aussi : W. WEGSTEIN (éd.), *Studien zum 'Summarium Heinrici'*, p. 20-22, 62.

[78] R. GREEN (et al.) (éd), *Herrad of Hohenbourg 'Hortus deliciarum'*, Londres-Leyde, 1979.

[79] R. GREEN (et al.) (éd.), *op cit.*, t. 2, p. 24-25 ; le même observe que Herrade se base sur la version originale du *Summarium Heinrici* (p. 65).

Une description géographique en vers métriques, de caractère littéraire plutôt que didactique fait partie d'un *carmen*[80] écrit vers 1100 par Baudri de Bourgueil (1046-1130) où l'auteur fait l'éloge de la chambre décorée de la comtesse Adèle de Blois, fille de Guillaume le Conquérant. Dans son poème Baudri évoque le programme entier de la décoration de la chambre : les quatre murs sont couverts de tapis représentant la Création, l'Histoire sacrée, la mythologie et l'histoire romaine ainsi que la conquête de la Grande Bretagne par les Normands. Le plafond représente le ciel, sur le pavement se trouve une mappemonde en mosaïque et, finalement, des statues personnifiant les sept arts libéraux sont groupées autour du lit de la comtesse. Le poème s'adresse à des lecteurs instruits, car le texte abonde en références à des ouvrages classiques. La structure est tellement compliquée que Jean-Yves Tilliette a décrit le poème de Baudri comme « une compilation de compilations »[81]. La description de la mappemonde est basée avant tout sur les *Etymologiae* d'Isidore de Séville, la *Naturalis historia* de Pline et fait parfois penser aux énumérations de noms géographiques de la tradition littéraire des Romains[82]. Je reviendrai sir la question si Baudri réfère oui ou non à des œuvres d'art réellement existantes au chapitre suivant.

Profondément influencé par la culture classique (entre autres Macrobe, Martianus Capella et Calcidius), Bernardus Silvestris († 1159) décrit dans son poème intitulé *Cosmographia* l'ordonnance divine de l'univers (*megacosmos*) et l'image de Dieu, l'homme (*microcosmos*). Selon l'éditeur Peter Dronke le langage poétique de Bernardus Silvestris dans sa *Cosmographia* est très original et ne dépend pas d'autres compilations. Au milieu de l'univers se trouvent la terre et ses habitants[83]. Ici l'ordonnance du texte est plutôt thématique que géographique : dans ses vers le poète énumère d'abord des montagnes, ensuite des quadrupèdes, des fleuves, des plantes, et finalement des poissons.

L'*Alexandreis* (ca. 1182) de Gautier de Châtillon est un autre texte de caractère littéraire qui incorpore une digression géographique : l'auteur y décrit brièvement une mappemonde avec laquelle l'artiste Apelles aurait orné le tombeau de Darius[84]. Cette description reste succincte, mais dans les adaptations de l'*Alexandreis* en langue vulgaire la digression géographique prend parfois une longueur considérable.

On cite souvent comme exemple de l'importance de la géographie pour l'historiographie la description au début de la *Chronica sive Historia de duabus civitatibus* (1143-1146) d'Otton de Freising (1111/15-1158). Cette description est cependant très brève et Otto n'y évoque que la distribution des trois continents sur la surface de la terre et il y ajoute : « celui qui désire s'in-

80 J.-Y. Tilliette (éd.), *Poèmes de Baudri de Bourgueil. Carmina*, t. 2, Paris, 2002, p. 1-43. Cf. J.-Y. Tilliette, La chambre de la comtesse Adèle. Savoir scientifique et technique littéraire dans le c. 134 de Baudri de Bourgueil, in *Romania*, t. 102, 1981, p. 145-171 ; C. Ratkowitsch, *Descriptio picturae. Die literarische Funktion der Beschreibung von Kunstwerken in der lateinische Grossdichtung des 12. Jahrhunderts*, Vienne, 1991, p. 16-127.

81 J.-Y. Tilliette, *art. cit.*, p. 160.

82 Pour les sources textuelles de la description du monde voir : J.-Y. Tilliette, *art. cit.*, p. 156-157 ; C. Ratkowitsch, *op. cit.*, p. 86-106.

83 Bernardus Silvestris, *Cosmographia, Megacosmos*, III, vv. 169-482, P. Dronke (éd.), *Bernardus Silvestris, Cosmographia*, Leyde, 1978, p. 108-116.

84 Gautier de Châtillon, *Alexandreis*, VII, M. L. Colker (éd.), *Galteri de Castellione Alexandreis*, Padoue, 1978, p. 190-192. Cf. M. Destombes, The Mappa mundi of the poem *Alexandreidos* by Gautier de Châtillon, in *Imago mundi*, t. 19, 1965, p. 10-12 ; C. Ratkowitsch, *op. cit.*, p. 130-211.

former d'avantage sur les provinces, les lieux et les régions de la terre doit lire Orose[85] ». Vu la brièveté de cette mention, il n'est pas justifiable de considérer ce texte comme une *mappa mundi* écrite[86].

Le *Liber floridus*[87] (composé entre 1112/1115-1121) de Lambert de Saint-Omer, une autre compilation encyclopédique, n'a probablement fonctionné que dans le milieu assez restreint du monastère où vivait et travaillait l'auteur. L'attention de cette compilation assez vaste est surtout centrée sur la question de l'Antéchrist et la Fin du temps. Parmi les sujets divers que couvre le *Liber floridus* (l'Histoire, Alexandre le Grand, les animaux, etc.) figurent quelques chapitres sur la géographie. La mappemonde de l'autographe est perdue, ainsi que le début du traité *De V famosis ciuitatibus* (c. XXVIII) et le début du *De provintiis mundi* (c. XXIX). Les chapitres de caractère géographique qui subsistent s'inspirent surtout des *Etymologiae* d'Isidore. Lambert ne donne que très brièvement les noms des provinces du monde ainsi que des renseignements sur leur position. Après les provinces du monde, Lambert s'occupe également des peuples du monde, des villes du monde, des monstres, des noms antiques de certaines villes, du paradis terrestre et des îles, des fleuves et des créatures diverses[88]. Hormis le premier paragraphe sur les provinces du monde, la section géographique du *Liber floridus* n'est donc pas une unité cohérente comme les autres *descriptiones orbis* décrites ici.

C'était une autre description du monde qui connut le plus grand retentissement pendant les XIIe et XIIIe siècles, et cela également hors des milieux strictement monastiques. C'est celle que nous ont livrée les paragraphes consacrés à la géographie dans l'*Imago mundi* (1110-1139) d'Honorius Augustodunensis (ca. 1080-ca. 1140). Conformément à la pratique scientifique de son époque, Honorius a puisé dans les textes des *auctores*, comme l'auteur le remarque d'ailleurs dans son *prologus* : « Nichil autem in eo pono nisi quod majorum commendat traditio[89] ». L'*Imago mundi* est divisée en trois parties : le premier livre traite du *mundus* (ici figure la *descriptio orbis*) ; le deuxième livre traite des jours de fête de l'église (« tempus in quo volvitur ») et le texte se termine sur l'histoire universelle jusqu'au Saint Empire romain, divisée en six *aetates*. La partie de l'*Imago mundi* consacrée à la géographie s'inspire notamment du XIVe chapitre des *Etymologiae* d'Isidore de Séville, de la description du monde d'Orose et des *Collecta-*

[85] « Quarum provintias, situs, regiones qui velit cognoscere, legat Orosium. », W. Lammers (éd.), *Ottonis Episcopi Frisingensis 'Chronica sive Historia de duabus civitatibus'/Otto Bischof von Freising 'Chronik oder die Geschichte der Zwei Staaten'*, Darmstadt, 1960, p. 60.

[86] La chronique d'Otton est d'ailleurs importante pour cette étude parce qu'elle contient la première évocation du Prêtre Jean. La lettre du Prêtre Jean sur l'orient sera discutée ci-dessous ; la présence et la fonction du prêtre-roi dans la cartographie ancienne seront discutées au chapitre V.

[87] Je me base ici sur le fac-similé de l'autographe datant du début du XIIe siècle, conservé à la Bibliothèque Universitaire de Gand, par A. Derolez, *Liber floridus, codex autographus bibliothecae universitatis Gandavensis*, Gand, 1968.

[88] « De ciuitatibus (f. 49v), Marcianus Felix Capella de gentibus diversis et monstris (f. 50r), Asię urbium antiqua nomina nunc vero mutata (f. 51r), De insulis, Regnorum irrigatio, De paradisi fluuiis (f. 51v), une image du paradis (f. 52r), Flumina Orientis, Flumina Occidentis, Flumina Oceani Septentrionalis, Flumina Oceani Meridiani, De tribus mundi partibus (f. 52v), De fluuiis et fontibus et lacis, De creaturis diuersis (f. 52r). »

[89] Honorius Augustodunensis, *Imago mundi, prologus*, V. I. J. Flint (éd.), Honorius Augustodunensis Imago Mundi, in *Archives d'histoire doctrinale et littéraire du Moyen Âge*, t. 57, 1982, p. 49.

nea rerum memorabilium de Solin[90]. Les chapitres de la section géographique consistent en une description des régions du monde, commençant par le paradis terrestre, suivie de l'Asie, de l'Europe, de l'Afrique et d'un certain nombre d'îles. Le texte donne un aperçu des villes, des fleuves, des peuples, des monstres et des animaux qui se trouvent dans les différentes parties du monde. Le livre premier où est insérée la *descriptio orbis* est organisé selon les éléments du *mundus*, cette fois-ci vu de bas en haut : la terre, l'eau, l'air, le feu et le ciel. Honorius n'a certainement pas voulu que le lecteur de l'*Imago mundi* se limite à la description du monde purement matériel. Les choses décrites ne sont que le point de départ d'une contemplation plus profonde, puisque l'*Imago mundi* fonctionne comme un miroir : « Nomenque ei Imago Mundi indatur, eo quod dispositio totius orbis in eo quasi in speculo conspiciatur (...)[91] » Je reviendrai sur les implications de la métaphore du *speculum* au chapitre VI.

A l'origine l'*Imago mundi* était probablement destinée à l'édification des religieux[92]. Les données fournies par le texte et le canevas de sa description de la terre ont été repris dans de nombreux autres ouvrages et on en fit également des traductions et des remaniements dans les langues vulgaires[93], qui seront discutées plus amplement au paragraphe suivant. L'influence de l'*Imago mundi* se fait déjà sentir dans les *Otia imperialia* (1209-1214)[94] de Gervais de Tilbury (ca. 1140-après 1220), écrit pour l'empereur allemand Otto IV. Les *Otia imperiala* sont une sorte d'encyclopédie de connaissances divertissantes destinées à distraire et à instruire l'empereur. La *descriptio orbis*, qui se trouve au début de la *secunda decisio*, est liée à la répartition de la terre entre les fils de Noé et à la division de l'Histoire en quatre *regna*[95]. Cette *descriptio orbis* évoque le même monde que les autres descriptions géographiques mentionnées jusqu'ici : le monde tripartite entouré par l'océan avec le paradis à l'Est, les régions lointaines où vivent des peuples monstrueux. De là il est assez surprenant de noter que le *secunda decisio* se termine

[90] Cf. V. I. J. Flint (éd.), *art. cit.*, p. 52-66. Parmi les autres sources retracées comptent : l'*Epistola ad Hadrianum de rebus in oriente mirabilibus*, possiblement les travaux de Pseudo-Méthode, de Martianus Capella, l'*Epistola Alexandri ad Aristotelem*, saint Augustin : *De civitate dei*, saint Jérôme : *Commentariorum in Isaiam Libri V*, Raban Maur, Pline, Bède : *De natura rerum*, *Chronicarum quae dicuntur Fredegarii scholastici*, le commentaire sur Virgile par Servius et la *Navigatio Sancti Brendani abbatis*.

[91] Honorius Augustodunensis, *Imago mundi*, *prologus*, V. I. J. Flint (éd.), Honorius Augustodunensis Imago Mundi, p. 49.

[92] V. I. J. Flint (éd.), *art. cit.*, p. 17, 41-42.

[93] Sur l'influence de la partie géographique de l'*Imago mundi* voir surtout : O. Doberentz, Die Erd- und Völkerkunde in der Weltchronik des Rudolf von Hohen-Ems, in *Zeitschrift für deutsche Philologie*, t. 12, 1881, p. 387-432.

[94] J. R. Caldwell (The autograph manuscript of Gervase of Tilbury (Vatican, *Vat. lat.* 933), in *Scriptorium*, t. 11, 1957, p. 87-98 ; *idem*, Manuscripts of Gervase of Tilbury's *Otia Imperialia*, in *Scriptorium*, t. 16, 1962, p. 29-45) a identifié le manuscrit Vat. Lat. 933 de la *Bibl. Apostolica Vaticana* comme l'autographe de Gervais de Tilbury. Edition et traduction moderne : S. E. Banks, J. W. Binns (éd./trad.), *Gervase of Tilbury. Otia imperialia. Recreation for an Emperor*, Oxford, 2002. Pour l'influence de l'*Imago mundi* sur les *Otia imperialia* voir : O. Doberentz, *art. cit*, p. 412-418 ; V. I. J. Flint (éd.), Honorius Augustodunensis Imago Mundi, p. 11-12. M. Rothmann (*Totius orbis descriptio*. Die „Otia Imperialia" des Gervasius von Tilbury. Eine höfische Enzyklopädie und die *scientia naturalis*, in Ch. Meier (éd.), *Die Enzyklopädie im Wandel vom Hochmittelalter bis zur frühen Neuzeit*, Munich, 2002, p. 189-224) propose de considérer les *Otia imperialia* comme une encyclopédie.

[95] II.1 *De Divisione Filiorum Noe et Divisione Quatuor Regnorum* ; II.2 *De Divisione Orbis Tripertiti in Summa*. Je reproduis ici l'arrangement de l'autographe, indiqué par J. R. Caldwell, Manuscripts of Gervase of Tilbury's *Otia Imperialia*, p. 29-33.

avec une seconde description géographique, mais celle-ci se limite au continent d'Asie avec la Terre sainte[96]. Comme épilogue suit finalement une énumération des provinces et des villes de l'*orbis tripartitus* partiellement basée sur des sources classiques[97]. C'est dans cette partie que se trouve la fameuse remarque de Gervais selon qu'il avait joint une *mappa mundi* à son texte[98]. Il est fort peu probable que cette *mappa mundi* ait contenu des thèmes légendaires comparables à ceux de la mappemonde d'Ebstorf dont on a supposé que Gervais est l'auteur, car le texte auquel elle se reporte ne donne que les noms des régions et des villes de l'antiquité romaine munis de leur dénomination du XIIe siècle. Il serait donc plus logique de croire que la mappemonde ait servi à élucider cette liste et pas la *descriptio orbis* plus élaborée qui se trouve au début de la *Secunda decisio* des *Otia imperialia*.

L'encyclopédie la plus impressionnante du XIIIe siècle est évidemment le *Speculum maius*[99] de Vincent de Beauvais († 1264). Dans l'introduction au présent chapitre j'ai déjà évoqué le commentaire de Vincent sur l'attitude qu'il adopte envers les *auctores*. Le *Speculum maius* contient même deux descriptions géographiques, presque identiques d'ailleurs : l'une est contenue dans le *Speculum historiale* (I,lxii-xcv), l'autre dans le *Speculum naturale* (XXXII). La *descriptio orbis* du *Speculum historiale* se trouve insérée après l'épisode de la répartition des trois continents entre les trois fils de Noé et celle de la tour de Babel. La connotation de la description du monde à cet endroit du *Speculum historiale* renvoie apparemment à la diversité des peuples humains sur terre, car elle est suivie de quelques paragraphes sur les peuples exotiques et monstrueux[100]. Vincent a conçu le *Speculum naturale*, qui contient également une description géographique, selon une ordonnance conceptuelle : ici la structure est dictée par l'*hexaemeron* et par les quatre éléments[101]. Il aurait été logique d'insérer la description de la terre sous l'élément *terra*, mais le grand compilateur a opté pour une autre solution : il l'a placée comme épilogue à la fin de sa compilation. Ici Vincent introduit sa *descriptio orbis* avec un exposé sur la Création et il la fait suivre d'un traité sur le temps, les six *aetates*, l'antéchrist, la Fin du monde et le Jugement dernier[102]. Le *Speculum naturale* se termine par un paragraphe intitulé

[96] II,34 *Epilogus Capitolorum Provinciarum Tocius Orbis et Primo de Asia Usque ad Terram Sanctam* ; II,35 *De Situ Terræ Sanctæ Secundum Theodosium Diaconum et de Via Filiorum Israel*.

[97] II,36 *De Ortu Provinciarum et Civitatum et Filiis Filiorum Noe et Sex Etatibus*.

[98] Le texte est cité au chapitre I (p. 26). S. E. Banks, J. W. Binns (éd.), (*op. cit.*, p. XXXVI), sont d'avis que la « mappa mundi » dont parle Gervais est un texte.

[99] Vincent de Beauvais, *Speculum maior, Douai, 1624*, reprod. Graz, 1964-1965. Il est à noter que le *Speculum* a circulé en plusieurs recensions, cf. M. Paulmier-Foucart, Ordre encyclopédique et organisation de la matière dans le *Speculum maius* de Vincent de Beauvais, p. 203 ; *idem*, Le plan et l'évolution du « Speculum Maius » de Vincent de Beauvais. De la version *bifaria* à la version *trifaria*, in Ch. Meier (éd.), *Die Enzyklopädie im Wandel vom Hochmittelalter bis zur frühen Neuzeit*, Munich, 2002, p. 245-267 ; J. B. Voorbij, *Speculum Historiale van Vincent van Beauvais. Een studie van zijn ontstaansgeschiedenis*, thèse, Groningue, 1991.

[100] *De moribus extraneis quarundam gentium* (*Speculum historiale*, I,lxxxvi-xci), *De quibusdam monstruosis gentibus* (I,xcii-xciii), *De fabulosis portentis* (I,xciiii), *De transformatis* (I,xcv). Cf. le début de I,xcvi : « His de diuisione terrarum ac varietate gentium prosecutis ; nunc ad historiam redeamus. »

[101] Les chapitres sur les plantes et les animaux (*Speculum naturale*, XI-XIV, XVI-XIX) sont organisés dans l'ordre alphabétique, cf. M. Paulmier-Foucart, *art. cit.*, p. 219-220. Je reviendrai sur les principes d'organisation des encyclopédies ci-dessous.

[102] Dans une version antérieure du *Speculum maior* (la version *bifaria*) ce résumé historique fait partie du livre VIII sur le quatrième jour de la Génèse, cf. M. Paulmier-Foucart, *art. cit.*, p. 210-211. Je m'occuperai ici seulement

De innovatione mundi. En changeant le contexte de la description géographique, Vincent modifie la connotation de la description géographique dans une perspective eschatologique. J'y reviendrai au chapitre VI.

L'image du monde selon ces descriptions mentionnées ici était assez efficace. On voit par exemple Jacques de Vitry (1160/1170-1240) reprendre l'image de l'Orient fournie par les *descriptiones orbis* pour sa description de l'Orient qui se trouve insérée dans son compte rendu des croisades dans le premier livre de son *Historia orientalis sive Hierosolimitanae*[103]. Un autre exemple est la fameuse Lettre du Prêtre Jean[104] dont les versions latines circulaient en occident à partir de 1160 environ. Ici encore l'image de l'Orient est façonnée d'après les *descriptiones orbis*.

Cette liste de *descriptiones orbis* n'est certainement pas complète, car tous ces textes n'ont pas été édités. Un exemple est la description du monde qui se trouve dans le manuscrit bruxellois du *Liber historiarum* (1119) de Guido de Pise[105]. Les *descriptiones orbis* des XIIe et XIIIe siècle évoquées ici se composent d'emprunts aux textes antérieurs. A l'époque en question cette pratique n'était pas perçue comme un défaut. Par contre, dans leurs prologues certains auteurs se vantaient même du fait qu'ils reproduisent les paroles des anciens. Ce qui importait, c'était l'ordonnance dans laquelle les auteurs avaient réarrangé leurs exemples pour que la description du monde pût servir leurs intentions. A partir du XIIe siècle les descriptions du monde figurent presque sans exception comme des interpolations dans des ouvrages de compilation. Dans les encyclopédies traitant de l'histoire naturelle la *descriptio orbis* figure souvent sous l'élément *terra* ; dans les histoires universelles elle se trouve ou bien au début[106], ou bien elle suit l'épisode de la répartition des trois continents entre les trois fils de Noé et celle de la tour de Babel[107].

La *descriptio orbis* n'avait pas totalement perdu le caractère littéraire qu'elle avait eu pendant l'Antiquité romaine. En témoigne le poème de Baudri de Bourgueil. Cette description littéraire reprend les mêmes éléments que les *descriptiones* produites dans les milieux monastiques. Il ne serait pas juste de caractériser le *carmen* de Baudri comme uniquement destiné à la *delectatio* : la *mappa mundi* fait partie d'une représentation de la Création entière, qui renferme l'Histoire Sainte, le cosmos ainsi que le système des connaissances humaines. Dans le contexte de la chambre de la comtesse Adèle cette représentation de la Création était convertie

la version définitive (la version *trifaria*).

[103] Jacques de Vitry, *Libri duo, quorum prior orientalis sive hierosolymitanae, alter occidentalis historiae nomine inscribitur, Douai, 1597*, reprod. Farnbourough, 1971.

[104] F. Zarncke (éd.), Der Brief des Priesters Johannes an den byzantinischen Kaiser Emmanuel, in *Abhandlungen der philologisch-historischen Classe der Königlichen Sächsischen Gesellschaft der Wissenschaften*, t. 7, 1879, p. 872-934. Pour les versions/traductions en ancien français et en occitan voir : M. Gosman (éd.), *La Lettre du Prêtre Jean. Les versions en ancien français et en ancien occitan. Textes et commentaires*, Groningue, 1982.

[105] *Bruxelles, Bibliothèque Royale de Belgique*, Ms. 3897-3929, f. 44r-50v : *Liber tertius de diuisione orbis*.

[106] Cf. H. J. Witzel, *Der geographische Exkurs in den lateinischen Geschichtsquellen des Mittelalters*, p. 62-65 ; P. Gautier Dalché, L'espace de l'histoire. Le rôle de la géographie dans les chroniques universelles, in J. P. Genet (éd.), *L'historiographie médiévale en Europe*, Paris, 1991, p. 287-299, p. 291.

[107] Cf. A.-D. von den Brincken, Mappa Mundi und Chronographia. Studien zur *imago mundi* des abendländischen Mittelalters, in *Deutsches Archiv für Erforschung des Mittelalters*, t. 24, 1968, p. 130 ; J. Ehlers, *Archa significat ecclesiam*. Ein theologisches Weltmodell aus der ersten Hälfte des 12. Jahrhunderts, p. 54-55, n. 27 ; P. Gautier Dalché, *art. cit.*, p. 292

en signe de pouvoir. Ces deux éléments, à savoir le caractère littéraire de certaines *descriptiones orbis* ainsi que l'appropriation de ces connaissances par la noblesse, se remarquent encore plus fortement dans les traductions et les adaptations en langue vernaculaire.

3. La géographie descriptive en langue vulgaire (xiie-xiiie siècles)

Les descriptions géographiques n'appartiennent pas uniquement au monde latin : certaines *descriptiones orbis* en langue latine ont été traduites dans les langues vernaculaires[108]. J'évoque ici ces descriptions du monde sous forme de mappemonde écrite dans un paragraphe à part, car la transition du latin à une autre langue a toujours eu des conséquences pour le public visé aussi bien que pour l'*intentio textus*. L'attention se portera notamment sur les descriptions du monde en français[109], et cela pour plusieurs raisons : les premières traductions/adaptations ont été faites dans cette langue, où l'on en trouve d'ailleurs le plus grand nombre. Un autre argument pour la primauté du français est le phénomène que c'était souvent la traduction française d'un texte latin qui occasionnait des versions en d'autres langues vulgaires[110]. Dans ce paragraphe-ci la transition de textes géographiques du latin au français est considérée comme une procédure représentative pour les autres langues européennes.

Au Moyen Âge on nourrissait l'idée de la *translatio studii*[111], le passage des sciences d'Orient en Occident : les Grecs auraient reçu la *scientia* de l'Orient, ils l'auraient passée aux Romains et au xiie siècle elle aurait été donnée aux successeurs médiévaux de l'Europe occidentale. Même si la notion de *translatio studii* provient du monde latin, elle est reprise avec enthousiasme dans les textes en ancien français. Des références à ce phénomène paraissent d'abord

[108] Pour les traductions au Moyen Âge, voir surtout : J. Monfrin, Les traducteurs et leur public en France au Moyen Âge, in *Journal des savants*, 1964, p. 5-20 ; D. Kelly, *Translatio studii*. Translation, adaptation and allegory in Medieval French literature, in *Philological Quarterly*, t. 57, 1978, p. 287-310 ; M.-Th. d'Alverny, Translations and translators, in R. L. Benson (et al.) (éd.) *Renaissance and renewal in the XIIth century*, Cambridge (Mass.), 1982, p. 421-462 ; S. Lusignan, *Parler vulgairement. Les intellectuels et la langue française aux xiiie et xive siècles*, Paris-Montréal, 1986 ; *idem*, La topique de la *translatio studii* et les traductions françaises de textes savants au xive siècle, in G. Contamine (éd.), *Traductions et traducteurs au Moyen Âge*, Paris, 1989, p. 303-315 ; P. Dembowski, Learned Latin treatises in French. Inspiration, plagiarism, and translation, in *Viator*, t. 17, 1986, p. 255-269 ; J. M. A. Beer (éd.), *Medieval translators and their craft*, Kalamazoo, 1989 ; *idem*, Medieval translations. Latin and the vernacular languages, in F. A. C. Mantello, A. G. Rigg (éd.), *Medieval Latin. An introduction and bibliographical guide*, Washington, 1996, p. 728-732 ; *idem*, *Translation theory and practice in the Middle Ages*, Kalamazoo, 1997 ; U. Schöning, *Thebenroman – Eneasroman – Trojaroman* ; D. Kelly (éd.), *The Medieval opus. Imitation, rewriting, and the transmission in the French tradition. Proceedings of the symposium held at the Institute for Research in Humanities. Oct. 5-7 1995, The University of Wisconsin-Madison*, Amsterdam-Atlanta, 1996. Pour les traductions postérieurs au xiiie siècle, voir : J. M. A. Beer, K. Lloyd-Jones (éd.), *Translation and the transmission of knowledge between 1300 and 1600*, Kalamazoo, 1995.

[109] Cf. G. Atkinson, *La littérature géographique française de la Renaissance. Répertoire bibliographique*, Paris, 1927.

[110] Cf. W. P. Gerritsen, Les relations littéraires entre la France et les Pays-Bas au Moyen Âge, in *Moyen Âge et littérature comparée. Actes du 7e congrès national, Poitiers 27-29 mai 1965*, Paris, 1967, p. 28-41.

[111] Sur l'usage de cette terminologie du ixe au xvie siècle dans des textes latins et en langue vulgaire voir : A. G. Jongkees, *Translatio studii*. Les avatars d'un thème médiéval, in *Miscellanea mediaevalia in memoriam Jan Frederik Niermeyer*, Groningue, 1967, p. 41-51 ; U. Krämer, *Translatio imperii et studii. Zum Geschichts- und Kulturverständnis in der französischen Literatur des Mittelalters und der frühen Neuzeit*, Bonn, 1995.

dans certains romans en français comme, par exemple, dans l'introduction très connue au roman *Cligès* (ca. 1176) par Chrétien de Troyes[112], mais on l'emploie aussi dans des textes cosmographiques et géographiques, comme l'*Image du monde* attribué à Gossouin de Metz :

> Et [li philosophe] queroient une cité au monde ou il peüssent mieux estre et demourer pour enquerre l'estre de clergie, et pour eus meïsmes adrecier, et pour ensaingner les autres. Dont Athenes fu jadis une ; et la avoient leur commune et leur assamblée, et la regna premierement chevalerie avec la clergie. Et puis s'en vint a Romme qui orendroit est de grant regnon. Et chevalerie revint après, qui adès se tenoit près de li. Et puis s'en revint en France ou chevalerie a grant pouoir, plus qu'en nul lieu du monde. Et ainsi habunde li uns en l'autre. Car chevalerie suit touz jourz clergie la ou ele va adès[113].

Serge Lusignan[114] signale que l'expression latine *translatio* ne dénote pas uniquement l'idée d'un déplacement géographique, mais aussi d'une appropriation culturelle[115].

Les textes en français et dans les autres langues vernaculaires du Moyen Âge, qu'ils soient littéraires, théologiques ou de caractère scientifique furent écrits par des clercs qui avaient reçu leur formation en langue latine[116]. Rien d'étonnant alors si dans ces textes-là l'impact de la tradition latine est fortement sensible. Il est évident qu'au Moyen Âge le latin jouissait d'une position particulière (c'était toujours la langue de l'Eglise et des universités) et que ce n'était que la source en latin qui pouvait vraiment faire fonction d'*auctoritas*, c'est-à-dire doter les connaissances d'une étiquette d'ancienneté, de fiabilité et de respectabilité. Mais ceux qui savaient le latin étaient peu nombreux : les clercs traduisaient et remaniaient des textes latins pour un public laïc (« gent laie »)[117] qui ne comprend pas le latin (« cil qui n'entendent la letre »)[118]. Il est généralement admis que le public visé par les clercs adaptant l'érudition latine en français était surtout un public lettré et probablement aristocratique.

[112] Chrétien de Troyes, *Cligès* (vv. 31-35), C. H. Méla, O. Collet (éd.), *Chrétien de Troyes, Cligès. Édition critique du manuscrit B.N. fr. 12560*, Paris, 1994 : « Que Grece ot de chevalerie/ Le premier los et de clergie./ puis vint chevalerie a Rome/ et de la clergie la somme./ Qui or est en France venue. »

[113] Gossouin de Metz, *Image du monde*, I,vi, O. H. Prior (éd.), *L'image du monde de Maître Gossouin. Rédaction en prose. Texte du Manuscrit de la Bibliothèque Nationale Fonds Français N° 574*, Lausanne, 1913, p. 78.

[114] S. Lusignan, *Parler vulgairement*, p. 159-163.

[115] Cette tendance d'appropriation culturelle se retrouve également chez Nicole Oresme qui dans le prologue de sa traduction des *Ethiques* d'Aristote oriente la notion de *translatio studii* vers le sens de traduction : « Or est il ainsi que pour le temps de lors, grec estoit en regart de latin, quant as Romains, si comme est maintenant latin en resgart de françois quant a nous. Et estoient pour le temps les estudiants introduiz en grec et a Romme et ailleurs, et les sciences communelment baillies en grec ; et en ce pays, le langage commun et maternel c'estoit latin. Doncques puis-je bien encore conclure que la considération et le propos de nostre bon roi Charles V est a recommender qui fait les bons livres et excellents translater en françois. » Nicole Oresme, *Le livre de Ethiques d'Aristote*, cité dans : J.Monfrin, Humanisme et traductions au Moyen Âge, in *Journal des savants*, 1963, p. 175-176.

[116] Cf. E. R. Curtius, *Europäische Literatur und lateinisches Mittelalter*, p. 387-388.

[117] Alexandre de Paris dans son prologue au *Roman d'Alexandre* (1185) : « L'estoire d'Alixandre vous voeil par vers tretier/ En Romans qu'a gent laie doie auques profitier. », E. C. Armstrong, D. L. Buffum, B. Edwards, L. F. H. Lowe (éd.), *The Medieval French Roman d'Alexandre. Volume II : Version of Alexandre de Paris*, reprod. New York, 1965, vv. 30-31.

[118] Benoît de Sainte-Maure, *Roman de Troie* (vers 1165) : « [Une estoire] voudrai si en romanz metre/ Que cil qui n'entendent la letre/ se puissent deduire el romanz. », L. Constans (éd.), *Le Roman de Troie par Benoît de Sainte-Maure*, Paris, 1904-1912, t. 1, vv. 37-39.

Il faut remarquer d'ailleurs que les mappemondes écrites en langue vulgaire ne suivent pas toujours servilement leurs modèles latins. Dans le passé, on a reproché aux traducteurs de ne pas rendre l'original latin de manière précise et exacte, mais la critique moderne se rend de plus en plus compte qu'aux XIIe et XIIIe siècles les textes à base d'exemples latins ne sont pas de simples traductions, mais plutôt des compilations nouvelles dont l'inspiration remonte à des textes des *auctores* latins[119]. Souvent les adaptateurs des connaissances latines cherchaient à rendre la source primaire plus compréhensible pour leur public en y ajoutant des connaissances supplémentaires ou des interprétations. Claude Buridant fait remarquer sur ce sujet qu'à cette rhétorique de l'*amplificatio* s'ajoute celle de l'*interpretatio*, c'est-à-dire « le traducteur aura tendance a pratiquer spontanément l'exégèse comme on la pratique à propos de n'importe quel texte, et en particulier les textes sacrés, pour l'expliciter et en tirer meilleur profit dans un but d'édification ou d'instruction[120] ».

Ce n'est qu'à partir de la fin du XIIIe siècle que paraissent en France des traductions *stricto sensu* de textes latins, comme par exemple la traduction du *Speculum historiale* de Vincent de Beauvais que fait Jean de Vignay sur l'ordre de Jean le Bon (1319-1364)[121]. Voilà pourquoi je me concentrerai dans ce paragraphe sur les descriptions du monde des XIIe et XIIIe siècles qui sont en fait des remaniements de modèles latins, pour discuter les traductions proprement dites avec leurs originaux latins au paragraphe suivant.

Les premières descriptions du monde en langue vulgaire se trouvent intégrées dans des textes littéraires en ancien français, comme, par exemple, la description d'une mappemonde qui se trouve sur l'un des deux pans de la tente du roi Adrastus dans le *Roman de Thèbes* (environ 1150), probablement le premier texte géographique en ancien français[122]. Le texte décrit d'abord brièvement les cinq zones pour passer ensuite à une description très générale et peu systématique de la mappemonde : s'y trouvent mentionnés des cités, la Mer Rouge avec le passage des Israélites, le paradis terrestre, l'Etna, des oiseaux et des bêtes, « nos » hommes et ceux de l'Ethiopie qui sont tout noirs, et finalement des pierres précieuses. Bien que les sujets sur les

[119] Un jugement plutôt négatif par J. MONFRIN, Humanisme et traductions au Moyen Âge, p. 162 : « On recourut donc aux textes anciens, mais, au lieu de les faire passer directement en français, on préféra les adapter et les combiner dans des compilations plus ou moins fantaisistes. » D. KELLY (*Translatio studii*, p. 291) indique par contre que l'adaptation est une des trois formes de traduction au Moyen Âge. Voir surtout l'étude d'U. SCHÖNING, *Thebenroman – Eneasroman – Trojaroman*, p. 87.

[120] CL. BURIDANT, *Translatio medievalis*. Théorie et pratique de la traduction médiévale, in *Travaux de linguistique et de littérature*, t. 21, 1983, p. 121. Cf. E. FARAL, *Recherches sur les sources latines des contes et romans courtois du Moyen Âge*, reprod. Genève-Paris, 1983, p. 203 ; U. SCHÖNING, *op. cit.*, p. 96.

[121] Cf. S. LUSIGNAN, *Parler vulgairement*, p. 137-139.

[122] G. RAYNAUD DE LAGE (éd.), *Le Roman de Thèbes*, Paris, 1968, t. I, v. 4217-4268. Cf. A. PETIT, Les premières descriptions de tentes. La tente d'Adrastus dans le *Roman de Thèbes*, in *Bien dire et bien aprandre*, t. II, 1993, p. 303-315 ; P. ZUMTHOR, *La Mesure du monde. Représentation de l'espace au moyen âge*, Paris, 1993, p. 227. E. FARAL (Une source latine de l'histoire d'Alexandre. *La lettre sur les merveilles de l'Inde*, in *Romania*, t. 43, 1914, p. 199-215, 335-370) signale encore trois autres textes en ancien français qui contiennent une évocation d'une mappemonde sur le pan d'une tente : *Doon de Nanteuil*, *Le récit en vers français de la première croisade fondé sur Baudri de Bourgueil*, ainsi qu'*Athis et Prophilias*.

deux pans de la tente soient d'inspiration classique[123] il ne semble pas que le poète ait eu recours à une source spécifique pour cette description de la mappemonde, car celle-ci ne suit pas la trame tripartite typique des descriptions du monde en langue latine.

Une autre description du monde en ancien français se trouve interpolée dans le *Roman de Troie* (vers 1165) par Benoît de Sainte-Maure[124]. Afin d'expliquer à ses lecteurs l'origine des Amazones, l'auteur arrête la narration et fait un bref exposé sur l'Orient. Le texte ne couvre donc pas le monde entier, mais seulement une partie déterminée. L'exemple qui aurait inspiré Benoît de Sainte-Maure est très vraisemblablement une description du monde entier en langue latine : la *Cosmographia Æthici*. Une brève description des quatre éléments du cosmos, des climats et des trois continents (surtout de l'Europe) se trouve au début d'un autre texte de la main de Benoît, la *Chronique des ducs de Normandie*, commencée vers 1170[125]. La partie géographique est immédiatement suivie par l'histoire de Noé qui partage la terre entre ses fils et par une évocation des peuples du monde.

Dans sa version du *Roman d'Alexandre* (1185) Alexandre de Paris mentionne également une mappemonde qui aurait été représentée sur un des pans de la tente d'Alexandre le Grand[126]. Cette description est trop brève pour être prise en considération ici, mais le texte est quand même remarquable car la connotation des mappemondes comme signe de pouvoir est explicitée ici par Alexandre qui, contemplant la mappemonde, jure qu'il veut dominer le monde entier :

> Et quant porpenssez s'est, si commence a jurer
> Que mout fist Dieus peu terre por un homme honorer ;
> Deus tans en poïst bien un preudon gouverner.
> Et puis dit aprés : 'Se longues puis durer
> Seur tant comme il en est vodrai je seignorer (...)[127].

Les descriptions du monde telles qu'elles figurent dans les romans littéraires d'inspiration classique ne sont pas très systématiques ni bien développées. Il existe pourtant hors des textes strictement littéraires des descriptions du monde en ancien français de caractère scientifique et didactique. L'*Imago mundi* d'Honorius Augustodunensis ne connaissait pas seulement des conti-

[123] E. Faral (*Recherches sur les sources latines des contes et romans courtois du Moyen Âge*, p. 65) renvoie à la description de la porte à deux battants du palais du Soleil tel qu'il est décrit par Ovide dans ses *Métamorphoses* (II,1).

[124] L. Constans (éd.), *Le Roman de Troie par Benoît de Sainte-Maure*, t. 4, vv. 23127-23356. Je remercie Keith Busby de m'avoir indiqué cette description géographique. Voir aussi : P. Zumthor, *La Mesure du monde*, p. 227.

[125] C. Fahlin (éd.), *Chronique des ducs de Normanie par Benoît. Publiée d'après le manuscrit de Tours avec les variantes du manuscrit de Londres*, t. 1, Uppsala-Wiesbaden-La Haye-Genève, 1951, v. 217-407.

[126] E. C. Armstrong, D. L. Buffum, B. Edwards, L. F. H. Lowe (éd.), *The Medieval French Roman d'Alexandre. Volume II : Version of Alexandre de Paris*, vv. 2020-2035. Cf. A. Petit, Le pavillon d'Alexandre dans le *Roman d'Alexandre* (ms. B. *Venise, Museo Civico* VI, 665), in *Bien dire et bien aprandre*, t. 6, 1988, p. 77-93. De nombreuses descriptions géographiques évoquant des régions lointaines et leurs habitants lardent le *Roman de toute chevalerie* (ca. 1175) de Thomas de Kent, mais il n'est pas question ici d'une description du monde ou d'une mappemonde comme unité. Cf. C. Gaullier-Bougassas, La description du monde dans le *Roman de toute chevalerie* de Thomas de Kent, in *Bien dire et bien aprandre*, t. 11, 1993, p. 191-205

[127] Alexandre de Paris, *Le roman d'Alexandre*, E. C. Armstrong, D. L. Buffum, B. Edwards, L. F. H. Lowe (éd.), *The Medieval French Roman d'Alexandre. Volume II : Version of Alexandre de Paris*, vv. 2032-2035. J'y reviendrai au chapitre VI.

nuateurs en langue latine, ce traité a également perpétué son succès dans des traductions ou adaptations en de nombreuses langues vulgaires. Une des premières traductions de la partie géographique de l'*Imago mundi*[128] que nous connaissions encore est la *Mappemonde*[129] (premier quart du XIIIe siècle) par Pierre de Beauvais. Le texte de Pierre ne suit pourtant pas servilement son exemple : il a consulté d'autres *auctores* latins et il a doté son texte de nombreuses digressions[130]. Une autre traduction de la partie géographique de l'*Imago mundi*, datant également du début du XIIIe siècle est le poème anglo-normand *La petite Philosophie*[131]. Il n'est pas sans intérêt non plus de renvoyer ici à un autre texte, également écrit en anglo-normand, connu sous le nom de *Divisiones mundi*, attribué à Perot de Garbelei[132]. C'est une adaptation en vers de six syllabes qui reste tellement proche de la *Mappemonde* de Pierre de Beauvais qu'on a même accusé l'auteur de plagiat[133].

La dissémination des derniers textes était cependant assez restreinte et aucun d'entre eux n'a connu un succès aussi impressionnant que l'*Image du Monde*[134], un traité de caractère encyclopédique en ancien français qu'on attribue habituellement à un certain Gossouin (parfois Gautier) de Metz. Ce n'est cependant pas un texte aux caractéristiques bien déterminées et stables, car on en connaît plusieurs rédactions : il y en a deux en vers (respectivement 1246 (1245 v.s.) et 1248, et une autre en prose probablement conçue en 1246 immédiatement après la première rédaction)[135]. L'*Image du monde* est divisée en trois parties : la première traite de Dieu, des sept arts libéraux, du cosmos ainsi que des quatre éléments. L'auteur y affirme que la terre

[128] A. Angremie (éd.) (La mappemonde de Pierre de Beauvais, in *Romania*, t. 104, 1983, p. 322, n. 2) fait remarquer qu'il existe des recensions partielles de l'*Imago mundi* qui n'en reproduisent que le premier livre.

[129] A. Angremie (éd.), La mappemonde de Pierre de Beauvais. Cf. C. V. Langlois, *La connaissance de la nature et du monde d'après des écrits français à l'usage des laïcs*, Paris, 1927 (*La vie en France au Moyen Âge de la fin du XIIe au milieu du XIVe siècle*, t. 3), p. 123-134 ; M. L. Berkey, Pierre de Beauvais. An introduction to his works, in *Romance Philology*, t. 18, 1965, p. 387-398 ; J. Beyer (éd.), *La littérature didactique, allégorique et satirique*, Heidelberg, 1969-1970 (*Grundriss der romanischen Literaturen des Mittelalters*, t. 6), t. 1, p. 134 ; t. 2, p. 194.

[130] Pour une étude des sources de Pierre de Beauvais voir A. Angremie (éd.), La mappemonde de Pierre de Beauvais, p. 319-328.

[131] W. H. Trethewey (éd.), *La Petite Philosophie, an Anglo-Norman Poem of the XIIIth century*, Oxford, 1939. Cf. J. Beyer (éd.), *La littérature didactique, allégorique et satirique*, t. 1, p. 135 ; t. 2, p. 194.

[132] O. H. Prior (éd.), *Perot de Garbelai, Divisiones mundi*, Cambridge, 1924.

[133] Cf. G. L. Hamilton, Encore un plagiat médiéval. La « Mappemonde » de Pierre de Beauvais et les « Divisiones Mundi » de Perot de Garbelai, in *Mélanges de linguistique et de littérature offerts à Alfred Jeanroy par ses élèves et ses amis*, Genève, 1928, p. 627-638 ; V. I. J. Flint (éd.), Honorius Augustodunensis Imago Mundi, p. 9-10.

[134] Cf. C. Fant, *L'image du monde. Poème inédit du XIIIe siècle, étudié dans ses diverses rédactions françaises d'après les manuscrits des bibliothèques de Paris et de Stockholm*, Uppsala, 1886 ; C. V. Langlois, *La connaissance de la nature et du monde d'après des écrits français à l'usage des laïcs*, p. 135-197 ; J. Beyer (éd.), *La littérature didactique, allégorique et satirique*, t. 1, p. 135-136 ; t. 2, p. 190-919. Pour la géographie dans les autres livres de clergie (*Livre du tresor, Livre de Sydrac, Placides et Timeo*), voir : Ch. Connochie-Bourgne, Images de la terre dans les Livres de clergie du XIIIe siècle. Image du monde, Livre du Tresor, Livre de Sidrach, Placides et Timeo, in *La géographie au Moyen Âge. Espaces pensés, espaces vécus, espaces rêvés. Arras, Journée d'études, 30 janvier 1998*, Paris, 1999, p. 67-79.

[135] Je me fonde ici sur le classement proposé dans O. H. Prior (éd.), *L'image du monde de Maître Gossouin. Rédaction en prose*, p. 2-8. Celui-ci est d'avis que le manuscrit Harley 4333 de la British Library ne représente pas une rédaction indépendante (comme l'a suggéré C. V. Langlois, *La connaissance de la nature et du monde d'après des écrits français à l'usage des laïcs*, p. 135-148), mais qu'elle n'est qu'un stade intermédiaire entre la première et seconde rédaction. La rédaction en prose a été éditée par O. H. Prior (éd.), *op. cit.*. Les rédactions de l'*Image du*

se trouve au milieu du cosmos et qu'elle est ronde comme une « pomme » (une balle). La deuxième partie est conçue selon l'ordonnance conceptuelle des quatre éléments : la *mappemonde* (la terre), la mer (l'eau), l'air et le tonnerre (l'air), les étoiles et des vapeurs enflammées qui ressemblent à un dragon (le feu). Cette partie se termine par un exposé sur la distance de la terre à la lune. La troisième partie finalement est consacrée à l'astronomie. La source principale de l'*Image du monde* est déjà suggérée par le titre : tant par son contenu que par sa structure le texte doit beaucoup à l'*Imago mundi* d'Honorius Augustodunensis. L'*Imago mundi* n'est pourtant pas la seule autorité sur laquelle s'appuie l'*Image du monde* : on y trouve, en français, des citations d'autorités comme Isidore de Séville, Vincent de Beauvais, Pierre Alphonse, Alexandre Neckam, Jacques de Vitry, Giraud de Barry et Gervais de Tilbury[136]. Le succès de l'*Image du monde* a été de longue durée : au XIIIe siècle il inspire de nombreux textes pareils non seulement en français, mais aussi en d'autres langues[137]. Certains d'entre eux suivent de près l'exemple de l'*Image du monde*, tandis que d'autres sont des textes assez originaux. L'*Image du monde* est d'ailleurs un des textes médiévaux à avoir été imprimés au XVe siècle. J'y reviendrai ci-dessous.

Annie Angremie signale qu'il y a eu une production imposante de traductions (ou adaptations) de l'*Imago mundi* de Honorius Augustodunensis en différentes langues vernaculaires[138]. Outre les adaptations en français et en anglo-normand citées ci-dessus, elle signale encore deux textes anonymes en italien[139] et la *Semeiança del mundo* composée vers 1225 en espagnol[140]. On pourrait y ajouter le texte qui fait partie de l'introduction à l'Atlas Catalan de 1375[141]. Ce texte est pourtant très bref et ne reprend que quelques fragments de la partie géographique de l'*Imago mundi* d'Honorius Augustodunensis.

monde en vers n'ont pas encore été éditées. Chantal Connochie-Bourgne prépare une édition de la rédaction en vers de 1246.

[136] Pour un relevé complet des sources des chapitres géographiques de l'Image du monde voir : O. H. PRIOR (éd.), *L'image du monde de Maître Gossouin. Rédaction en prose*, p. 37-45. Cf. M. DESTOMBES, *Mappemondes A.D. 1200-1500. Catalogue préparé par la Commission des Cartes Anciennes et de l'Union Géographique Internationale*, Amsterdam, 1964, p. 119.

[137] O. H. PRIOR (éd.) (*op. cit.*) signale même quelques versions du XIIIe siècle en hébreu. Pour la dissémination de l'*Image du monde* voir ci-dessous.

[138] A. ANGREMIE (éd.), La mappemonde de Pierre de Beauvais, p. 328-331. Cf. O. DOBERENTZ, Die Erd- und Völkerkunde in der Weltchronik des Rudolf von Hohen-Ems, p. 387-432 ; M. W. TWOMEY, Appendix. Medieval encyclopedias, in R. E. Kaske (éd.), *Medieval Christian literary imagery*, Toronto, 1988, p. 189-190.

[139] V. FINZI (éd.), Di un inedito volgarizzamento del l' « Imago Mundi » di Onorio d'Autun, in *Zeitschrift für Romanische Philologie*, t. 17, 1893, p. 490-543, t. 18, 1894, p. 1-73 ; FR. CHIOVARO (éd.), *L'Ymagine del mondo (Firenze, Bibl. naz., cod. Palat. 703)*, Naples, 1977.

[140] W. E. BULL, H. F. WILLIAMS (éd.), *Semeiança del mundo, a mediaeval description of the world*, Berkeley-Los Angeles, 1959. Cf. J. BEYER (éd.), *La littérature didactique, allégorique et satirique*, t. 1, p. 135, t. 2, p. 195.

[141] L'Atlas Catalan (f. 3r) : « E la dita ymage ho figura és redona a manera de pilota a semblant d'ou departida per .IIII. elements, car l'ou tot és environat de fora de la testa, axí que la testa environa lo blanch, que és dit album, l'album environa lo vermell, e en lo vermell és formada la gota de la grexa de l'ou. ». Cf. HONORIUS AUGUSTODUNENSIS, *Imago mundi*, I,1, V. I. J. FLINT (éd.), Honorius Augustodunensis Imago Mundi, p. 49 : « Huius figura est in modum pilę rotunda, sed instar ovi elemenis distincta. Ovum quippe esterius testa undique ambitur, teste albumen, albumini vitellum, vitello gutta pinguedinis includitur. » Voir aussi : A.-D. VON DEN BRINCKEN, *Kartographische Quellen. Welt-, See- und Regionalkarten*, Turnhout, 1988, p. 89.

Les données géographiques de l'*Imago mundi* de Honorius Augustodunensis ont été également reprises dans les langues germaniques. Un des premiers exemples se trouve dans le roman *Alexanders geesten*[142] (1257-1260) du Flamand Jacob van Maerlant (ca. 1235-ca. 1300). Ses *Alexanders geesten* s'inspirent surtout de versions glosées de l'*Alexandreis* de Gautier de Châtillon. Bien que l'*Alexandreis* contienne une brève description d'une mappemonde qui aurait été reproduite sur le tombeau de Darius, la digression géographique de Jacob van Maerlant qui se trouve au même endroit dans la traduction médio-néerlandaise est beaucoup plus longue (environ 1000 vers) et plus détaillée. En fait, Jacob van Maerlant traduit assez fidèlement la description du monde dans l'*Imago mundi* d'Honorius Augustodunensis[143]. Il semble que l'auteur flamand (ou son public) s'intéressait plus particulièrement à la géographie, car deux autres de ses écrits contiennent également une description du monde en moyen néerlandais[144], à savoir : la *Historie van Troyen*[145] (environ 1264) et le *Spiegel historiael*[146] (1282/1283-1288). Tout comme le *Roman de Troie* de Benoît de Sainte-Maure cité ci-dessus, la version médio-néerlandaise de Jacob van Maerlant, la *Historie van Troyen*, contient une digression géographique. La traduction contient pourtant d'importantes déviations par rapport à l'original de Benoît, car Jacob van Maerlant ne donne pas l'origine des Amazones comme motivation pour la digression géographique. En plus, Jacob avance que dans son *Alexanders geesten* il a déjà décrit le monde plus amplement que Benoît de Sainte-Maure et ce serait là la raison de la reprise de la description du monde basée sur l'*Imago mundi*[147]. Selon le principe de l'*amplificatio*, la description géographique dans la *Historie van Troyen* couvre donc le monde entier au lieu de l'Asie seule et elle reproduit à peu près littéralement l'exemple de la digression géographique des *Alexanders geesten*. Le *Speculum historiale* de Vincent de Beauvais, déjà mentionné, était la source principale pour le *Spiegel historiael*. La description du monde de Maerlant reste ici assez proche de son modèle, mais Maerlant laisse de côté quelques paragraphes consacrés aux peuples monstrueux qui figurent vers la fin du paragraphe géographique de Vincent de Beauvais[148].

[142] Franck, J. (éd.), *Alexanders Geesten van Jacob van Maerlant*, Groningue, 1882, p. vii, vv. 831-1810. C. Ratkowitsch (*Descriptio picturae. Die literarische Funktion der Beschreibung von Kunstwerken in der lateinische Grossdichtung des 12. Jahrhunderts*, p. 168) signale que la description du bouclier du *Herzog Ernst* est également proche de la *mappa* de l'*Alexandreis*.

[143] Sur l'*Imago mundi* comme source pour cette description du monde voir : P. Berendrecht, *Proeven van bekwaamheid. Jacob van Maerlant en de omgang met zijn Latijnse bronnen*, Amsterdam, 1996, p. 37-47. Berendrecht signale pourtant environ cinquante additions provenant d'autres sources.

[144] Sur l'intérêt que Maerlant portait à la géographie voir : F. van Oostrom, *Maerlants wereld*, Amsterdam, 1996, p. 151-162.

[145] N. de Pauw, E. Gailliard (éd.), *Dit is die Istory van Troyen van Jacob van Maerlant*, Gand, 1889.

[146] M. de Vries, E. Verwijs (éd.), *Jacob van Maerlant, Spiegel Historiael*, reprod. Utrecht, 1982.

[147] « Mer, omdat ic heb dit ghedicht/ In Alexander ende bet verlicht,/ Ende oec meer daeraf gheseecht/ Dan in Benoyts ryeme leecht,/ Wil ickes ontberen te deser stede/ Te maken, want ic hebt lede/ Ende ghedicht in Alexandre./ Daerom en wil ic gheen andre/ Reden maecken noch oec dichten./ Mer ic wil u saen berichten/ Dat selve ghecdicht, die selve woerde. » N. de Pauw, E. Gailliard (éd.), *Dit is die Istory van Troyen van Jacob van Maerlant*, vv. 28322-28332.

[148] Cf. P. Berendrecht (*Proeven van bekwaamheid. Jacob van Maerlant en de omgang met zijn Latijnse bronnen*, p. 150) qui fait remarquer que Maerlant traduit les chapitres 63-99 du premier livre et qu'il omet les c. 91-95.

L'influence de l'*Imago mundi* se fait également sentir dans la *Weltchronik*[149] écrite en allemand par Rudolf von Ems vers le milieu du XIIIe siècle. L'excursus géographique suit de près l'exemple de l'*Imago mundi* et se trouve à la position habituelle des chroniques universelles, à savoir au moment où il est question de la répartition des trois continents entre les fils de Noé.

Pour les textes géographiques scandinaves je me permets de renvoyer à l'étude que Rudolf Simek a publiée en 1990 sous le titre *Altnordische Kosmographie*[150]. Quelques descriptions très brèves des trois continents se trouvent dans certains textes historiographiques de l'islandais Snorri Sturluson (1179-1241) : au début de son *Edda* et aussi dans son *Heimskringla*. La *Alexanders saga* (ca. 1260), traduction de l'*Alexandreis* de Gautier de Châtillion, contient une description de la mappemonde sur le tombeau de Darius, plus brève pourtant que celle de l'exemple latin[151]. Les descriptions du genre mappemonde écrite qui m'occupent ici, se trouvent surtout dans des ouvrages comme le *Hauksbók* (environ 1306-1308) et la compilation de textes bibliques intitulée *Stjórn* (environ 1300)[152].

En résumé, les descriptions géographiques en langue vernaculaire paraissent d'abord dans des textes littéraires, surtout dans les romans antiques en ancien français et ce souvent sous forme de description assez brève d'une mappemonde qui aurait été représentée comme signe de pouvoir sur les pans de la tente d'un souverain. Ce n'est qu'au XIIIe siècle que l'on commence à composer des descriptions du monde plus détaillées, d'abord en français, mais assez vite dans d'autres langues romanes et dans les langues germaniques. Ces descriptions du monde sont des adaptations assez libres d'exemples latins où se fait surtout sentir l'influence de l'*Imago mundi* d'Honorius Augustodunensis.

Au Moyen Âge on jugeait nécessaire une bonne connaissance de la terre, de ses régions et de ses habitants, non seulement pour le clerc bien versé en latin, mais aussi pour la « laie gent » qui ne comprenait que la langue vulgaire. Ce que les clercs esquissaient pour leur public laïc, c'était toujours une description du monde selon les *auctores*, organisée selon les mêmes structures textuelles que les exemples latins. On ne peut admettre que cette dépendance de la tradition latine et érudite soit uniquement née d'une incapacité de créer des textes nouveaux : les laïcs (c'est à dire l'intelligentsia et la noblesse) désiraient surtout s'approprier le savoir prestigieux qui, jusque-là, n'était réservé qu'aux clercs.

4. Transformations et traditions aux XIIIe-XVe siècles

Le XIIIe siècle peut être considéré comme la période d'apogée des compilations construites selon une ordonnance conceptuelle, mais cette même époque voyait également les premières brèches dans ce système : s'introduisaient l'ordre alphabétique et les chiffres arabes comme

[149] G. Ehrismann (éd.), *Rudolf von Ems, Weltchronik*, reprod. Frankfurt a.M., 1967. Pour une étude des sources de Rudolf voir : O. Doberentz, Die Erd- und Völkerkunde in der Weltchronik des Rudolf von Hohen-Ems, p. 287-301, 432-454, 29-57.

[150] Sur les descriptions géographiques voir : R. Simek, *Altnordische Kosmographie*, p. 143-192.

[151] Cf. R. Simek, *op. cit.*, p. 61-62.

[152] Cf. R. Simek (*op. cit.*, p. 249-262) : l'épisode de la tour de Babel et celle de la répartition de la terre parmi les fils de Noé donnent lieu à la digression géographique.

outils de travail[153]. Un nombre de facteurs spécifiques semble avoir favorisé l'organisation systématique du savoir. C'est surtout dans les cercles des prédicateurs qu'on a ressenti le besoin de textes ordonnés de façon systématique, afin de faciliter la recherche de citations pour la composition des sermons. En témoignent les nombreux recueils de *distinctiones* et les florilèges compilés à cette époque. Au cours du XIIIe siècle l'entrée en scène de textes traduits du grec et de l'arabe, ainsi que les commentaires sur ces textes et l'intensification des activités scientifiques rendaient indispensables des instruments de classification et de repérage plus efficaces. Mais tout ceci n'empêche aucunement qu'on continuait à composer des ouvrages selon l'ordonnance conceptuelle.

Au XIIIe siècle on composait, entre autres, des lexiques réunissant par ordre alphabétique toutes les connaissances de l'époque, comme la *Summa quae vocatur Catholicon* (ou : le *Catholicon*) compilée vers 1286 par Johannes Balbus (Johannes Januensis, † 1298)[154]. Les quatre premières parties du *Catholicon* traitent de la grammaire, la dernière, qui est en même temps la plus grande partie, traite de la sémantique et consiste en un vaste lexique ordonné dans l'ordre alphabétique. Parmi les entrées figurent des noms géographiques comme *Asia*, *Egyptus* et *Ethiopia*. Les descriptions de ces régions font penser au contenu des *descriptiones orbis*. Cependant, le *Catholicon* et les autres compilations conçues de la même manière offrent des renseignements géographiques trop disparates pour être considérés comme de véritables *descriptiones orbis*.

Le quinzième chapitre du *De proprietatibus rerum*[155] de Barthélemy l'Anglais (ca. 1190-ca. 1250), intitulé *De proprietate Prouinciarum*, est une des premières véritables *descriptiones orbis* dans l'ordre alphabétique. L'ouvrage de Barthélemy est en fait un mélange de deux systèmes d'ordonnance : les dix-neuf chapitres sont arrangés suivant une ordonnance conceptuelle commençant par les choses incorporelles (Dieu, les anges, l'âme) pour passer ensuite au monde matériel (l'homme, l'univers, le temps, les quatre éléments). Cependant, à l'intérieur des chapitres les paragraphes sont disposés dans l'ordre alphabétique[156]. Le chapitre consacré aux

[153] Pour les transformations des principes d'organisation et des outils de travail, voir : R. H. Rouse, La diffusion en occident aux XIIIe siècle des outils de travail facilitant l'accès aux textes autoritatifs, in *Revue des études islamiques*, t. 44, 1976, p. 134-137 et O. Weyers, *Dictionnaires et répertoires au moyen âge. Une étude du vocabulaire*, Turnhout, 1991, p. 9-14 ; B. Ribémont, L'encyclopédisme médiéval et la question de l'organisation du savoir, in D. Hué (éd.), *L'écriture du savoir. Actes du colloque Bagnoles-de-l'Orme, 7 avril 1990*, Le Mesnil-Brout, 1991, p. 95-106. Pour les conséquences de l'adoption de l'ordre alphabétique dans les descriptions géographiques voir : N. Bouloux, *Culture et savoirs géographiques en Italie au XIVe siècle*, Turnhout, 2002 (Terrarum orbis, t. 2), p. 217-235.

[154] Johannes Balbus, *Catholicon. Mainz, 1460*, reprod. Westmead, 1971.

[155] Bartholomaeus Anglicus, *Bartholomaei Anglici de genuinis rerum coelestium, terrestrium et inferarum Proprietatibus, Libri XVIII, Frankfurt, 1601*, reprod. Frankfurt a.M., 1964. Sur cette encyclopédie voir : S. Louis, Le projet encyclopédique de Barthélemy l'Anglais, in A. Becq (éd.), *L'encyclopédisme. Actes du Colloque de Caen 12-16 janvier 1987*, Paris, 1991, p. 147-151 ; M. C. Seymour, *Bartholomaeus Anglicus and his encyclopedia*, Aldershot, 1993 ; H. Meyer, *Die Enzyklopädie des Bartholmäus Anglicus. Untersuchungen zur Überlieferungs- und Rezeptionsgeschichte von « De Proprietatibus Rerum »*, Munich, 2000.

[156] Pour les principes d'organisation du *De proprietatibus rerum*, voir : Ch. Meier, Grundzüge der mittelalterlichen Enzyklopädistik, p. 479, 484 ; H. Meyer, Bartholomäus Anglicus, *De proprietatibus rerum*. Sebstverständnis und Rezeption, in *Zeitschrift für deutsches Altertum und deutsche Literatur*, t. 117, 1988, p. 214-242.

provinces du monde[157] commence par un bref exposé sur les trois continents (*De orbe*) ; viennent ensuite les régions *Asia, Assyria, Arabia, Armenia*, etc. Barthélemy y mentionne exactement les mêmes éléments que les descriptions du monde arrangées suivant l'ordonnance des trois continents : c'est donc uniquement l'ordre qui a été altéré. Tout comme les autres ouvrages discutés jusqu'ici le *De proprietatibus rerum* de Barthélemy est le résultat d'une compilation intentionnée. En témoigne la remarque de l'auteur dans l'introduction :

> In quibus de meo pauca vel quasi nulla apposui, sed omnia quæ dicentur de libris authenticis sanctorum et Philosophorum, excipiens sub breui hoc compendio, pariter compilaui (...)[158].

Ici encore la description des choses tangibles n'est pas un but en soi, mais sert comme point de départ à des spéculations plus profondes : « Non potest animus noster ad inuisibilium contemplationem ascendere, nisi per visibilium co(n)siderationem dirigatur (...)[159] ». Le *De proprietatibus rerum* a été traduit en plusieurs langues : on connaît encore une traduction italienne (1309) par Vivaldo Belcalzer de Mantoue, une traduction française, intitulée *Le livre des proprietez des choses*, que fit Jean Corbechon en 1372 sur l'ordre de Charles V, ainsi qu'une version anglaise (1398) de John Trevisa[160]. Ces textes ne sont pas des adaptations libres de l'original, mais sont plutôt des traductions fidèles à l'original. Le *De proprietatibus rerum* et ses traductions en langue vulgaire furent également imprimés jusqu'en 1609. J'y reviendrai cidessous.

A côté des instruments de travail nouveaux, il y a d'autres facteurs qui ont contribué aux transformations de la structure conceptuelle des *descriptiones orbis*. C'était premièrement l'influence des traductions de textes scientifiques grecs sur l'astronomie comme le *De caelo et mundo* d'Aristote et l'*Almageste* de Ptolémée. Ces textes avaient été conservés dans le monde arabe, où on les avait dotés de commentaires et d'observations nouvelles. Sous l'influence de ces textes grecs, les traités scientifiques du Moyen Âge avaient tendance à abandonner les systèmes d'ordonnance conceptuelle. Deuxièmement, c'étaient les comptes rendus de voyages en Orient qui rapportaient des informations nouvelles sur les territoires des Mongols, sur la Chine et les Indes. Au milieu du XIIIe siècle déjà, le frère Jean du Plan Carpin († 1252) fit un voyage dans l'empire mongol (1245-1247). Une décennie plus tard, en 1253, Saint Louis envoya le frère Guillaume de Rubrouck (environ 1220-après 1260) comme ambassadeur au Grand Khan. Le Vénitien Marco Polo (1253-1324), lui, passa 24 ans en Orient (1271-1295) dont seize ans chez Khublai-Khan et lors de son retour il avait voyagé dans l'Inde. Tous les voyageurs mentionnés ici ont mis par

157 Pour la section géographique voir aussi : P. MICHAUD-QUANTIN, Les petites encyclopédies du XIIIe siècle, in *Cahiers d'histoire mondiale/ Journal of world history/ Cuadernos del historia mundial*, t. 9, 1966, p. 586-587.

158 BARTHOLOMAEUS ANGLICUS, *De genuinis rerum coelestium, terrestrium et inferarum Proprietatibus, Libri XVIII*, p. 3.

159 BARTHOLOMAEUS ANGLICUS, *op. cit.*, p. 1-2.

160 Sur les traductions du *De proprietatibus rerum* voir surtout : H. MEYER, Bartholomäus Anglicus, *De proprietatibus rerum*. Sebstverständnis und Rezeption, p. 237-238, 262-274 ; *idem*, *Die Enzyklopädie des Bartholmäus Anglicus*, p. 325-396. Voir aussi : M. W. TWOMEY, Appendix. Medieval encyclopedias, p. 193-196 ; M. SALVAT, Le ciel des vulgarisateurs. Note sur les traductions du *De proprietatibus rerum*, in B. Ribémont (éd.), *Observer, lire, écrire le ciel au Moyen Âge. Actes du colloque d'Orléans (22-23 avril 1989)*, Paris, 1991, p. 301-313. H. MEYER (*art. cit.*) signale également une traduction provençale (*Elucidari de las proprietatz de totas res naturals*) datant de la fin du XIVe siècle, des traductions en flamand et en anglo-normand, ainsi qu'une traduction espagnole (*El libro de las propriedades de las cosas*) attribuée à Vicente de Burgos. Toutes ces traductions datent de la fin du XVe siècle.

écrit leurs expériences et leurs textes se sont répandus assez vite[161]. Ces textes mirent donc à la disposition des occidentaux tout un savoir sur les régions lointaines[162]. Ce nonobstant, les découvertes nouvelles n'ont pas annulé les connaissances livrées par la tradition textuelle[163].

Les traductions latines des écrits philosophiques et scientifiques d'Aristote, par contre, trouvaient assez vite une dissémination en Occident. Surtout grâce aux révisions du texte d'Aristote par Albert le Grand (ca. 1200-1280) et à ses commentaires et explications. Après avoir présenté et commenté le *Physica* et le *De caelo et mundo*, le savant médiéval fait suivre un traité géographique, intitulé *De natura locorum*[164]. Cette digression géographique se divise en trois parties, les deux premières traitent de la position (selon des coordonnées de longitude et de latitude) des régions, ainsi que des propriétés des différents climats sur terre. Le *tractatus tertius*, finalement, décrit notre hémisphère habitable (« nostra habitabilis »). Albert donne la motivation suivante pour cette description du monde : le traité d'Aristote sur la latitude et la longitude des lieux est suivi d'une description de l'*orbis*, et c'est pour cette raison qu'il ajoute, lui aussi, une *mappa*[165]. Ne pouvant pas disposer du traité d'Aristote, il reproduit une descrip-

[161] Jean du Plan Carpin, *Historia Mongalorum*, E. Menestò, M. C. Lungarotti (éd./trad.), *Giovanni di Piano di Carpine, Historia Mongalorum/Storia dei Mongoli*, Spoleto, 1989 ; le compte-rendu de Guillaume de Rubrouck a été édité dans A. van den Wyngaert (éd.), *Itineraria et relationes fratrum minorum saeculi XIII et XIV*, Florence, 1929, p. 147-332. Pour Marco Polo je cite ici *Le devisement du monde* (version franco-italienne : G. Ronchi (éd.), *Marco Polo, Il milione ; Le divisament dou monde*, Milan, 1982 ; version française : Ph. Ménard (et al.) (éd.), *Marco Polo, Le devisement du monde*, Genève, 2001-2004 et l'édition imprimée de la traduction latine (*Marco Polo, Itinerarium, Anvers, 1485*, reprod. Tokyo, 1949)), parce que c'est surtout sur ces textes-ci que se sont basés les cartographes. Pour l'importance des conventions littéraires dans le compte rendu des voyages de Marco Polo, voir : M. Gosman, Marco Polo's voyages. The conflict between confirmation and observation, in Z. von Martels (éd.), *Travel fact and travel fiction. Studies on fiction, literary tradition, scholarly discovery and observation in travel writing*, Leyde-New York-Cologne, 1994, p. 72-84. Pour les traductions latines des relations de voyage, voir : A. Vernet, Les traductions latines d'œuvres en langues vernaculaires au Moyen Âge, in G. Contamine (éd.), *Traductions et traducteurs au Moyen Âge. Actes du colloque international du CNRS organisé à Paris, Institut de recherches et d'histoire des textes, 25-28 mai 1986*, Paris, 1989, p. 232. Des remarques sur l'influence du récit de Marco Polo sur la cartographie dans : J. Larner, *Marco Polo and the discovery of the world*, New Haven-Londres, 1999, p. 191-194

[162] Il y a eu, aux XIIIe et XIVe siècles, de nombreux voyages non seulement en Orient, mais partout dans l'ancien monde. C'étaient surtout des négociants et des missionnaires franciscains qui s'aventuraient dans des régions éloignées de l'Europe. Cf. J. Richard, *Les récits de voyages et de pèlerinages*, Turnhout, 1981 (Typologie des Sources du Moyen Âge occidental, t. 38). Sur l'influence de ces voyages sur l'image du monde au XIVe siècle, voir : P. Gautier Dalché, Remarques sur les défauts supposés et sur l'efficace certaine de l'image du monde au XIVe siècle, in *La géographie au Moyen Âge. Espaces pensés, espaces vécus, espaces rêvé. Arras, Journée d'études, 30 janvier 1998 (Perspectives médiévales. Suppl. 24)*, 1999, p. 43-55.

[163] Cf. B. Ribémont, L'inconnu géographique des encyclopédies médiévales. Fermeté et étrangeté, in D. Buschinger, W. Spiewok (éd.), *Nouveaux mondes et mondes nouveaux au Moyen Âge. Actes du colloque du Centre d'Etudes Médiévales de l'Université de Picardie Jules Verne, Amiens, mars 1992*, Greifswald, 1994.

[164] Albertus Magnus, *De natura locorum*, P. Hossfeld (éd.), *Albertus Magnus, De natura loci (ad fidem autographi)*, Munster, 1980 (*Alberti Magni, Opera Omnia, Tomus V, Pars II*). Pour les écrits géographiques d'Albert le Grand voir aussi : K. Klauck, Albertus Magnus und die Erdkunde, in *Studia Albertina. Beiträge zur Geschichte der Philosophie des Mittelalters*, t. 4, 1952, p. 234-248 ; J. P. Tilmann O.P., *An appraisal of the geographical works of Albertus Magnus and his contributions to geographical thought*, Ann Arbor, 1971 ; P. Gautier Dalché, La « mesure du monde » selon Julius Honorius. Réalité antique et tradition médiévale, in *Journal des savants* 1987, p. 205-207.

[165] Albertus Magnus, *De natura locorum*, P. Hossfeld (éd.), *Albertus Magnus, De natura loci*, p. 29, vv. 12-13 : « nos etiam brevem orbis mappam huic operi adjungemus ».

tion qui, selon lui, aurait été rédigée sous l'empereur Auguste. Ce qu'il donne en vérité, c'est sa version à lui de la *Cosmographia Æthici*[166]. Albert suit son exemple de près : il décrit d'abord l'Orient, l'Occident, le Nord et le Sud pour passer ensuite à la description de l'*orbis tripartitus*.

Le Franciscain Roger Bacon (ca. 1219-1292) s'est également occupé de la géographie descriptive. En témoigne la *descriptio orbis* insérée son *Opus maius* (vers 1268)[167]. Dans cet ouvrage Roger discute longuement les avantages de la mathématique, entre autres, de l'astronomie selon Alfraganus, Avicenne et Ptolémée. Ensuite il s'occupe de la chronologie et du traité le *De caelo et mundo* d'Aristote. Suit alors la description du monde habité. Selon Roger, le chrétien ne peut pas se passer d'une bonne connaissance de la géographie, car il en a besoin pour la conversion des païens, pour conclure des accords avec les autres peuples et pour savoir d'où viendra l'Antéchrist. La *descriptio orbis* ne sert donc pas uniquement à des desseins pratiques : elle a toujours des connotations eschatologiques. L'auteur nomme Pline comme sa source principale, mais il mentionne également de nombreux autres auteurs, parmi lesquels saint Jérôme, Orose et Isidore de Séville. La description du monde dans l'*Opus maius* présente des écarts considérables par rapport aux *descriptiones orbis* selon le schéma tripartite des trois continents : Roger commence par l'Egypte et passe ensuite à l'Afrique, l'Ethiopie, la Terre Sainte, l'Inde, le Nord, la Chine (*Seres*) et l'Europe méridionale. On y rencontre un nombre limité d'éléments légendaires comme les Brahmanes en Inde et les portes Caspiennes enfermant les peuples apocalyptiques Gog et Magog[168]. Contrairement aux auteurs des *descriptiones orbis* traditionnelles, Roger a également eu recours à quelques sources très récentes, à savoir les comptes rendus des voyages de Guillaume de Rubrouck et de Jean du Plan Carpin[169]. Cependant, même dans un texte comme l'*Opus maius* de Roger Bacon, les Tartares sont représentés dans une perspective traditionnelle : s'appuyant sur l'autorité de Rubrouck, Roger voit dans Djinghis Khan le successeur du Prêtre Jean[170].

L'organisation interne des ouvrages encyclopédiques en langue vulgaire se transforme également au cours du XIIIe siècle. Contrairement aux textes en langue vulgaire cités dans le paragraphe précédent, le *Livres dou tresor*[171] écrit vers 1266 par le florentin Brunetto Latini (vers 1220-1294) n'est pas une traduction ou adaptation d'une seule source latine, mais plutôt une compilation originale en langue vulgaire basée sur de nombreuses *auctoritates* :

> Et si ne di je pas que le livre soit estrais de mon povre sens ne de ma nue science ; mais il ert ausi comme une bresche de miel coillie de diverses flours, car cist livres est compilés seulement des

[166] Pour l'utilisation de ce texte par Albert, voir : P. Gautier Dalché, La « mesure du monde » selon Julius Honorius. Réalité antique et tradition médiévale, p. 205-207.

[167] Roger Bacon, *Opus maius*, J. H. Bridges (éd.), *The Opus Majus of Roger Bacon*, reprod. Frankfurt a.M., 1964, p. 309-367. Une description pareille figure dans son *Opus tertium*, cf. D. Woodward, H. M. Howe, Roger Bacon on geography and cartography, in J. Hackett (éd.), *Roger Bacon and the sciences. Commemorative essays*, Leyde-New York-Cologne, 1997, p. 199.

[168] J. H. Bridges (éd.), *The Opus Maius of Roger Bacon*, p. 353, 364-365.

[169] Cf. J. H. Bridges (éd.), *éd. cit.*, p. 356, 364, 369, 371. Sur les sources de l'*Opus maius*, voir : D. Woodward, H. M. Howe, Roger Bacon on geography and cartography, p. 200-201.

[170] D. Woodward, H. M. Howe, *art. cit.*, p. 368-369.

[171] F. J. Carmody (éd.), *Li livres dou tresor de Brunetto Latini*, Berkeley-Los Angeles, 1948. Je n'ai pas pu consulter S. Baldwin, P. Barrette (éd.), *Li livres dou tresor by Brunetto Latini*, Tempe, 2003.

mervilleus dis des autours ki devant nostre tans ont traitié de philosophie, cascuns selonc çou k'il en savoit partie[172].

A propos de la structure interne du *Livres dou tresor*, Christel Meier a remarqué très justement que celle-ci présente d'importantes nouveautés par rapport aux ouvrages encyclopédiques précédents : ce n'est plus l'*ordo rerum* de la Création divine qui est reflété par la structure du texte, mais c'est l'*ordo artium* du système des connaissances humaines, à savoir la philosophie, qui est le fil conducteur du *Livres dou tresor*. Cette forme anthropocentrique du *Livres dou tresor* est sans précédent dans la culture médiévale[173]. La *mapamunde*[174] qui m'intéresse ici se trouve dans la première partie consacrée à la *theorique*. En donnant une forme nouvelle à son ouvrage, Brunetto Latini n'abandonne pourtant point l'ordonnance des encyclopédies médiévales, car cette première partie est en fait un traité encyclopédique traditionnel constitué selon l'ordonnance de la Création[175]. Bien que Brunetto ait eu recours, entre autres, à l'*Ethique à Nicomaque* d'Aristote[176], la première partie du *Livres dou tresor*, où figure la *mapamunde* écrite, est basée sur les *auctores* comme Isidore et Solin[177]. La trame de la description du monde diffère cependant de la tradition : Brunetto ne commence pas sa description de l'Asie avec le paradis terrestre, mais avec l'Egypte pour passer ensuite à l'Arabie, la Palestine, l'Arménie, l'Inde. Ce n'est qu'à la fin de la *mapamunde* qu'il décrit le paradis terrestre.

La refonte du *Livres du Tresor* en italien sous forme abrégée et en vers, intitulée *Il Tesoretto*[178], contient également une description du monde. Après avoir reçu à Roncesvalles la mauvaise nouvelle de la défaite des guelfes florentins, Brunetto rencontre Dame Nature qui lui montre toute la Création et le monde entier (vv. 943-1098). La description du monde est assez brève et contrairement à celle contenue dans le *Livres dou tresor*, elle commence conformément à la tradition par le paradis terrestre et les quatre fleuves du paradis.

Les premiers moments de l'humanisme dans l'Italie du Nord au XIVe siècle n'avaient pas détourné l'intérêt des savants de la géographie descriptive[179]. Il ne semble pas que Dante, l'élève

[172] Brunetto Latini, *Li livres dou tresor*, I.i.5 ; F. J. Carmody (éd.), *Li livres dou tresor de Brunetto Latini*, p. 22.

[173] Ch. Meier, Cosmos politicus. Der Funktionswandel der Enzyklopädie bei Brunetto Latini, in *Frühmittelalterliche Studien*, t. 22, 1988, p. 339-344.

[174] Brunetto Latini, *Li livres dou tresor*, I.cxxi, F. J. Carmody (éd.), *Li livres dou tresor de Brunetto Latini*, p. 109 : « Ci commence mapamunde, et devise briement toutes les regions et les lieus des habitans. » Sur la partie géographique du *Livre dou tresor*, voir aussi : B. Ribemont, Terre, régions, pays: l'itinéraire géographique du *Livre dou tresor* de Brunetto Latini, in B. Guidot (éd.), *Provinces, régions, terroirs au Moyen Âge. De la réalité à l'imaginaire. Actes du colloque international des rencontres européennes de Strasbourg (Strasbourg, 19-21 septembre 1991)*, Nancy, 1993, p. 103-121.

[175] Cf. Ch. Meier, Cosmos politicus. Der Funktionswandel der Enzyklopädie bei Brunetto Latini, p. 348-349.

[176] Cf. F. J. Carmody (éd.), *Li livres dou tresor de Brunetto Latini*, p. XXVIII ; Ch. Meier, *art. cit*, p. 350.

[177] Cf. F. J. Carmody (éd.), *op. cit.*, p. 109-121.

[178] J. Bolton Holloway (éd./trad.), *Brunetto Latini, Il Tesoretto (The little treasure)*, New York-Londres, 1981. Cf. E. Costa, Il *Tesoretto* di Brunetto Latini e la tradizione allegorica medievale, in M. Picone (éd.), *Dante e le forme dell'allegoresi*, Ravenne, 1987, p. 43-58.

[179] Sur la géographie en Italie aux XIVe et XVe siècles, voir surtout : M. Milanesi, La rinascita della geografia dell'Europa (1350-1480), in S. Gensini (éd.), *Europa e Mediterraneo tra medioevo e prima età moderna. L'osservatorio Italiano*, San Miniato, 1992, p. 35-59 ; N. Bouloux, *Culture et savoirs géographiques en Italie au XIVe siècle*.

de Brunetto Latini, se soit occupé de la géographie. Un des premiers traités géographiques partiellement d'inspiration classique est le *De locis orbis et insularum et marium* écrit par Riccobaldus de Ferrare (vers 1246-1313). Dans son prologue l'auteur indique d'avoir utilisé des sources antiques ainsi que médiévales, comme par exemple l'*Itinéraire d'Antonin*, Pline, Solin, Martianus Capella et Isidore de Séville. Un examen du texte révèle qu'il se base également sur Orose et sur Tite-Live[180].

Boccace (1313-1375) compila vers 1355 un dictionnaire géographique intitulé *De montibus, silvis, fontibus, lacubus, fluminibus, stagnis seu paludibus et nominibus maris*[181]. Dans le prologue Boccace annonce qu'il a composé cet ouvrage pour faciliter l'étude des poètes célèbres et des histoires anciennes[182]. Bien que le *De montibus* soit basé principalement sur des textes antiques (Pline en est la source la plus importante), on y rencontre également des éléments médiévaux[183] et bibliques comme, par exemple, l'Euphrate et le Nil qui prennent leur source dans le paradis terrestre[184]. Un autre humaniste florentin, Domenico Silvestri (1335-après 1410), avait entrepris de compléter le *De montis* avec un traité sur les îles du monde entier, intitulé *De insulis et earum proprietatibus* (environ 1385-1406)[185]. Parmi les sources du *De insulis* figurent non seulement des textes classiques, mais aussi les *Etymologiae*, le compte rendu des voyages de Marco Polo, le *Dittamondo* par Fazio degli Uberti et l'encyclopédie *Fons memorabilium universi* (ca. 1380-1418) de Domenico Bandino da Arezzo[186].

180 Pour ces observations, je me base sur: N. Bouloux, *op. cit.*, p. 12, 121-122.

181 Le texte latin fut publié à Venise en 1497. Edition moderne : M. Pastore Stocchi (éd.), *De montibus, silvis, fontibus, lacubus, fluminibus, stagnis seu paludibus et nominibus maris*, in V. Branca (éd.), *Tutte le opere di Giovanni Boccaccio*, Verone-Milan, 1964-1998, t. 8-9, p. 1817-2122. La traduction italienne par Niccolo Liburnio (Florence, 1598) a été éditée par G. F. Pasini (éd.), *Dizionari geografico, De montibus, silvis, fontibus, lacubus, fluminibus, stagnis seu paludibus et de nominibus maris*, Turin, 1978.

182 « Quos ego tanquam inclitum laudabilium exercitiorum specimen imitaturus, ne omnino templus inerti ocio elebatur assumpsi loco iocosi laboris studentibus poetarum illustrium libros aut antiquorum hystorias revolventibus in aliquo levi opere, si possem, velle prodesse », M. Pastore Stocchi (éd.), *De montibus, silvis, fontibus, lacubus, fluminibus, stagnis seu paludibus et nominibus maris*, p. 1827. Cf. G. F. Pasini (éd.), *Dizionari geografico*, p. x ; N. Bouloux, *Culture et savoirs géographiques en Italie au* xiv*e* *siècle*, p. 108-109.

183 L'*apparatus fontium* de l'édition de M. Pastore Stocchi montre que Boccace se base surtout sur des auteurs de l'Antiquité romaine comme Plinius, Servius, Orosius, Pomponius Mela, Vibius Sequestrer, mais qu'il a également recours à des *auctores* médiévaux comme Gervais de Tilbury, Isidore, l'Anonymus Ravennas et Giraud de Barry. Voir aussi : G. F. Pasini (éd.), *Dizionari geografico*, p. xii-xiii ; M. Pastore Stocchi, *Tradizione medievale e gusto umanistico nel « De montibus » del Boccaccio*, Florence, 1963, p. 43-52.

184 G. F. Pasini (éd.), *Dizionari geografico*, p. 120, 140.

185 C. Pecoraro (éd.), *Domenico Silvestri, De insulis et earum proprietatibus*, Palerme, 1955. Sur l'auteur et le texte, voir : M. Milanesi, Il *De insulis et earum proprietatibus* di Domenico Silvestri (1385-1406), in *Geographia antiqua*, t. 2, 1993, p. 133-146.

186 Pour les sources du *De insulis* de Domenico Silvestri je me base sur : M. Milanesi, *art. cit.*, p. 136-141. La description des îles est d'ailleurs une variante de la *descriptio orbis* qu'on rencontre fréquemment aux xive et xve siècles. Par exemple, vers 1420 l'Italien Christoforo Buondelmonti rédigea un ouvrage sur les îles, le *Liber insularum archipelagi*. Sur cet auteur, voir : H. L. Turner, Christopher Buendelmonti. Adventurer, Explorer and Cartographer, in M. Pelletier (éd.), *Géographie du monde au Moyen Âge et à la Renaissance*, Paris, 1989, p. 207-216. Des manuscrits du *Liber insularum* illustrés dans le style des cartes portulans se trouvent à Berlin (*Staatsbibl. Berlin-Preußischer Kulturbesitz*, Cod. Hamilton 108) et à Paris (*Bibl. nationale de France*, Cartes et Plans, Rés GFF 9351). Sur les *isolarii*, voir : M. Milanesi, La rinascita della geografia dell'Europa (1350-1480), p. 49-50 ; F. Lestringant, *Le livre des îles. Atlas et récits insulaires de la génèse à Jules Verne*, Genève, 2002.

Le premier de ces deux textes, le *Dittamondo*, est une encyclopédie historico-géographique d'inspiration dantesque, commencée vers 1345 par Fazio degli Uberti (ca. 1345-1367)[187] et restée inachevée. La narrateur raconte qu'après quelques rencontres mystérieuses avec la Vertu, un pèlerin et une sorcière, il rencontre un homme portant le livre de l'*Almageste* dans sa main qui lui a communiqué des connaissances sur le ciel et le monde. Ensuite l'auteur rencontre son guide, Solin, qui lui décrit d'abord la *mappa*[188] : une description du monde en vers, basée principalement sur Isidore de Séville et Pomponius Mela[189]. Une autre description géographique en italien se trouve dans la quatrième partie de l'encyclopédie *Fons memorabilium universi* (ca. 1380-1418) de Domenico Bandino da Arezzo. Cette partie est dédiée à l'élément *terra*. Les descriptions géographiques suivent l'ordre alphabétique et s'inspirent, à côté des sources antiques, d'encyclopédies médiévales comme l'*Imago mundi* d'Honorius Augustodunensis et les *Otia imperialia* de Gervais de Tilbury[190].

Parmi les poèmes scientifiques en italien figure également *La sfera* (ca. 1422) qu'on attribue actuellement à Gregorio Dati (1362-1435)[191]. Comme l'annonce déjà le titre, le poème décrit le cosmos entier. La dernière partie du poème est une description géographique des pays autour de la Méditerrannée. Les marges des manuscrits de *La sfera* sont munies ici d'illustrations qui ressemblent aux représentations des côtes de la Méditerranée telles qu'elles se trouvent sur les cartes portulans[192].

Au XIVe siècle on n'avait cependant pas quitté entièrement le système traditionnel de l'ordonnance conceptuelle. Dans le manuscrit de la *Chronologia magna* de Paulin de Venise (1270-1344) conservé dans la Bibliothèque nationale de France[193], la mappemonde et la description textuelle de la terre (« tocius orbis descripcio ») s'associent à l'épisode de l'arche de Noé, la position traditionnelle de la *descriptio orbis* dans les chroniques universelles. Dans le manuscrit de sa *Satyrica historia* au Vatican, par contre, le traité *Mapa mundi*[194] fait partie de la matière

[187] G. Corsi (éd), *Fazio degli Uberti, Il dittamonde e le rime*, Bari, 1952. Cf. G. Inglese (et al.) (éd.), *Letteratura Italiana. Gli autori*, Turin, 1990/1991, p. 1757-1758 ; N. Bouloux, *Culture et savoirs géographiques en Italie au XIVe siècle*, p. 11-12.

[188] Fazio degli Uberti, *Dittamondo*, I,vii, G. Corsi (éd), *Fazio degli Uberti, Il dittamonde e le rime*, v. 85.

[189] Pour une étude des sources de la *mappa* voir : G. Corsi (éd), *Fazio degli Uberti, Il dittamonde e le rime*, p. 256-261. M. Milanesi (Il *De insulis et earum proprietatibus* di Domenico Silvestri (1385-1406), p. 137) fait remarquer que Fazio a également eu recours à une mappemonde catalane, mais elle ne justifie pas cette assertion.

[190] Le *Fons memorabilium universi* n'a pas encore été édité. Je me base ici sur : M. Milanesi, La rinascita della geografia dell'Europa (1350-1480), p. 48 ; N. Bouloux, *Culture et savoirs géographiques en Italie au XIVe siècle*, p. 16, 170-171, 232-234.

[191] Cf. F. Segatto, Un'immagine quattrocentesca del mondo. La *Sfera* del Dati, in *Atti della Accademia Nazionale dei Lincei, serie VIII*, t. 27, fasc. 3, 1983, p. 147-181 ; G. Inglese (et al.) (éd.), *Letteratura Italiana. Gli autori*, Turin, 1990/1991, p. 661 ; A. Grafton, *New worlds, ancient texts. The power of tradition and the shock of discovery*, 2e édition, Harvard, 1995, p. 61-68.

[192] Pour ces observations j'ai consulté *Londres, British Library*, MS Add. 22.329. Pour les manuscrits illustrés de *La sfera* voir : M. Destombes, *Mappemondes A.D. 1200-1500*, sections 51.40, 51.43, 56 ; F. Segatto, *art. cit.*, p. 178-181.

[193] *Paris, Bibl. nationale de France*, Ms. lat. 4939, f. 9r-9v. Sur Paulin de Venise et la géographie voir récemment : N. Bouloux, *Culture et savoirs géographiques en Italie au XIVe siècle*, p. 45-68.

[194] *Vatican, Bibl. Apostolica Vaticana*, Vat. lat. 1960, f. 13r-21v. Je remercie Bert Roest de m'avoir accordé l'accès au microfilm de ce manuscrit, ainsi qu'à ses notes. Dans les marges autour de la carte se trouvent des signes renvoyant aux parties correspondantes de la *Satyrica historia*, cf. P. Gautier Dalché, L'espace de l'histoire. Le rôle

introductrice à l'histoire universelle. Ce manuscrit commence par l'histoire universelle visualisée en une représentation schématique (la « linea regularis »), suivie par un nombre de traités : la *Mappa mundi, Provinciale Romane Curie, Provinciale Ordinis Minorum, Tractatus de Diis Gentium et Fabulis Poetarum, Tractatus de Ludo Scacorum*. Cette ordonnance est répétée encore une fois, car le texte même de la *Satyrica historia* est suivi par des représentations visuelles : des dessins à la plume représentant le labyrinthe de Dédale avec le minotaure, la mappemonde d'après Petrus Vesconte (f. 264v), quelques schémas circulaires, des cartes de la Terre sainte et de l'Italie, un jeu d'échecs, une généalogie des dieux et des héros grecs et romains, etc.

Un ouvrage qui conserve l'ordonnance conceptuelle encore plus manifestement c'est le *Reductorium Morale*[195], une compilation encyclopédique contenant des moralisations extensives sur le monde et la nature des choses, rédigée vers le milieu du XIVe siècle (1320-1350) par Pierre Bersuire (fin du XIIIe s.-1362). Le *Reductorium* est une encyclopédie en treize livres que Pierre a fait suivre plus tard de trois livres supplémentaires. L'ouvrage entier est conçu selon une ordonnance conceptuelle : les chapitres évoquent Dieu, l'homme et ses maladies, le monde, les quatre éléments, les animaux, les plantes. À ces treize livres initiales s'associent un livre sur la géographie (livre XIV)[196], l'*Ovidius moralizatus* (livre XV), ainsi que des moralisations sur la Bible (livre XVI). Les livres énumérant les animaux, les pierres et les provinces sont ordonnés dans l'ordre alphabétique. Pour le livre consacré à la géographie (dont le titre est, selon les manuscrits, *De natura mirabilibus* ou *Descriptio mundi*) de son encyclopédie moralisée Pierre Bersuire s'est inspiré avant tout du *De proprietatibus rerum* de Barthélemy l'Anglais et des *Otia imperialia* de Gervais de Tilbury. L'exemple des moralisations lui vient d'un livre intitulé *Tractatus de proprietatibus rerum moralizatus*[197]. Heinz Meyer a signalé l'existence de manuscrits glosés d'encyclopédies comme le *De proprietatibus rerum*[198], mais le *Reductorium morale* est un des premiers exemples d'une compilation encyclopédique où des moralisations très détaillées sont rattachées explicitement aux textes descriptifs. Je reviendrai à la géographie moralisée au cha-

de la géographie dans les chroniques universelles, p. 290, n. 18 ; N. Bouloux, *op. cit.*, p. 59-61, 64-65. R. Almagià (*Planisferi, carte nautiche e affina dal secolo XIV als secolo XVII esistenti nella Biblioteca apostolica Vaticana*, Rome, 1944, p. 4) a édité le traité *De mapa mundi* de la *Satyrica historia*. Une édition corrigée du prologue dans : A.-D. von den Brincken, *Kartographische Quellen. Welt-, See- und Regionalkarten*, p. 29. Patrick Gautier Dalché a annoncé une édition critique du traité géographique de Paulin. N. Bouloux (*op. cit.*, p. 48-51) discute la parenté de ce texte avec le *Memoriale* de Jean de Saint-Victor et la brève description géographique des trois continents entourant la mappemonde accompagnant le *Liber secretorum fidelium crucis* de Marino Sanudo, ainsi que l'influence qu'a exercé *De mapa mundi* à son tour sur les textes géographiques de Boccace (p. 131-133).

195 Hormis l'*Ovidius moralizatus*, le texte du *Reductorium morale* n'a pas encore été édité. Pour des renseignements sur cette encyclopédie et le chapitre XIV voir : R. A. Meunier, Le Livre des *Merveilles du Monde* de Pierre Bersuire, Extrait des *Annales de l'Université de Poitiers*, 2e série, t. 3, 1950 ; Ch. Samaran, J. Monfrin, *Pierre Bersuire, Prieur de Saint-Éloi de Paris (1290?-1362)*, Paris, 1962 (Extrait de l'histoire littéraire de la France, t. 39) ; M. H. Tesnière, Le *Reductorium morale* de Pierre Bersuire, in M. Picone (éd.), *L'enciclopedismo medievale*, Ravenna, 1994, p. 229-249. Pour le texte du chapitre XIV j'ai consulté le Ms. *Paris, Bibl. nationale de France*, lat. 16786.

196 Pierre Bersuire fit allusion pour la première fois à son *De mirabilibus mundi* dans une lettre à Pétrarque datant de l'année 1343, cf. Ch. Samaran, J. Monfrin, *op. cit.*, p. 71.

197 Pour un relevé complet des sources du *Reductorium* voir : Ch. Samaran, J. Monfrin, *op. cit.*, p. 57-64. Pour les sources du chapitre XIV voir : R. A. Meunier, Le Livre des *Merveilles du Monde* de Pierre Bersuire, p. 2-3 ; Cl. Samaran, J. Monfrin, *op. cit.*, p. 73-75.

198 H. Meyer, Zum Verhältnis von Enzyklopädik und Allegorese im Mittelalter, p. 306-309.

pitre VI. Le *Reductorium morale* n'a reçu que peu d'attention au Moyen Âge, mais on en a imprimé au moins sept éditions entre 1521 et 1731[199].

Le chapitre XIV du *Reductorium* sur la géographie et les merveilles du monde ne semble pourtant pas l'unique résultat de l'intérêt que Pierre Bersuire portait à la cartographie : l'épitaphe de son tombeau, maintenant perdue, commémorait qu'il aurait écrit, entre autres, une *Descriptio mundi*. L'auteur lui-même mentionne également une *Mappemonde* et une *descriptio mundi* comme faisant partie de son œuvre dans le prologue à sa traduction des *Décades* de Tite-Live et encore une fois dans le prologue à la deuxième rédaction du *Repertorium*. Il cite de nouveau une « orbis terrarum cosmographia seu mundi mappa » dans sa *Collatio pro fine operis* dans la dernière rédaction du *Repertorium*[200]. Jusqu'à aujourd'hui cette *Descriptio mundi* n'a pas été retrouvée. On a pourtant suggéré que la mention de la *Descriptio mundi* renvoie en vérité au livre XIV du *Reductorium morale*[201]. Cette suggestion semble plausible, car parfois, et ceci en concordance avec la Sainte Trinité, Pierre Bersuire ne distinguait que trois ouvrages principaux[202] parmi ses écrits. Cependant, la question pourquoi l'auteur aurait considéré le chapitre XIV du *Reductorium* comme un texte indépendant et pas l'*Ovidius moralizatus* reste entièrement ouverte. Il est surprenant d'ailleurs qu'on n'ait pas encore avancé la possibilité que Pierre Bersuire aurait fait composer une mappemonde visuelle, une *pictura*. Cette possibilité n'est nullement exclue, vu le flou terminologique déjà constaté. En plus, il fait explicitement allusion à l'action de peindre (« depinxi ») dans sa *Collatio pro fine operis* : « et etiam quamdam orbis terrarum cosmographiam seu mundi mappam, (...), composui et depinxi[203] ». L'existence d'une mappemonde peinte (il est plausible qu'il n'en ait fait qu'un seul exemplaire) expliquerait également pourquoi il ne nous reste aucune trace de cette *Descriptio orbis*, tandis que tous les autres écrits de Pierre Bersuire ont été conservés dans de nombreux codices.

Une autre *descriptio orbis* proche de la tradition sert comme introduction à la chronique universelle intitulée *Polychronicon* (ca. 1320-1363)[204] écrite par l'Anglais Ranulf Higden († 1363/64). Sa description du monde évoque le paradis terrestre, l'Asie, l'Afrique et l'Europe avec toutes les merveilles du monde. Les sources principales sont les *Etymologiae* d'Isidore de Séville et le *De Proprietatibus Rerum* de Barthélemy l'Anglais. Le *Polychronicon* était très prisé en Angleterre, il en existe encore plus de 120 manuscrits et après la mort de Ranulf Higden des scribes postérieurs ont continué la chronique jusqu'au début du XVe siècle[205].

199 Cf. M. H. Tesnière, Le *Reductorium morale* de Pierre Bersuire, p. 248-249.

200 Pour les textes des citations et les références complètes voir : Ch. Samaran, J. Monfrin, *Pierre Bersuire, Prieur de Saint-Éloi de Paris*, p. 42-44.

201 Cf. R. A. Meunier, Le Livre des *Merveilles du Monde* de Pierre Bersuire, p. 1.

202 Dans la dédicace à son protecteur Pierre des Prés : le *Morale Reductorium*, le *Morale Repertorium* et le *Morale Ductorium*. Cité dans Ch. Samaran, J. Monfrin, *Pierre Bersuire, Prieur de Saint-Éloi de Paris*, p. 45.

203 Cité dans Ch. Samaran, J. Monfrin, *op. cit.*, p. 44.

204 Ranulf Higden, *Polychronicon* I, v-lx, C. Babington, J. Rawson Lumby (éd.), *Polychronicon – Ranulphus Higden (together with the English translation of John Trevisa and of an unknown writer of the fifteenth century)*, reprod. New York, 1964. Commentaire : C. Babington, J. Rawson Lumby (éd.), *op. cit.*, t. 1, p. XXI-XXXIX, t. 2, p. VII-XXII ; J. Taylor, *The Universal Chronicle of Ranulf Higden*, Oxford, 1966, p. 51-71.

205 Cf. P. M. Barber, The Evesham world map, in *Imago mundi*, t. 47, 1995, p. 13-15.

Parmi les descriptions du monde il faut également compter certains récits de voyage (parfois fictifs)[206] qui cherchent à donner une description du monde entier. Un exemple très connu est l'ouvrage ayant pour titre les *Voyages*[207], composé vers 1356 par un certain Jean de Mandeville, dont on ignore toujours s'il était un chevalier anglais en exil, un médecin liégeois, ou bien un clerc français. Les *Voyages* ont suscité d'énormes controverses concernant l'identité de l'auteur, la langue de la première rédaction et même sur la question de savoir si l'auteur a réellement vécu tout ce qu'il décrit. C'est que Jean de Mandeville rassemble tous les savoirs traditionnels sur le monde dans son récit : il s'est inspiré d'un grand nombre de *descriptiones orbis* traditionnelles dont l'autorité était universellement reconnue, entre autres celles d'Isidore de Séville, Honorius Augustodunensis, Gervais de Tilbury, Vincent de Beauvais, Gossouin de Metz et Brunetto Latini[208]. Les *Voyages* ont connu une popularité énorme : on a traduit le texte en de nombreuses langues (également en latin) et on l'a imprimé jusqu'à la fin du XVIe siècle[209].

Une autre description du monde sous forme de récit de voyage qu'il faut mentionner ici, est le *Libro del conosçimiento*, un texte anonyme écrit vers le milieu du XIVe siècle qui se donne comme le récit des voyages d'un frère franciscain[210]. L'itinéraire décrit dans le *Libro* est vraisemblablement partiellement fictif : il semble que l'auteur ait puisé une partie de ses informations dans les cartes portulans.

Un voyageur français du XVe siècle, Gilles le Bouvier (1386-1455), enrichissait son récit, intitulé *Le livre de la description des pays*[211], de connaissances traditionnelles. Bien que le texte se centre surtout sur les pays de l'Europe, il y a également quelques passages sur des régions lointaines : l'auteur prétend par exemple avoir voyagé chez les Amazones[212] et il mentionne le pays du Prêtre Jean qui se trouverait au delà de l'océan occidental[213].

A côté des *descriptiones mundi* citées ci-dessus, il existe encore un grand nombre de mappemondes écrites qui n'ont pas encore été éditées, comme par exemple la *mappa mundi* en latin

[206] Cf. J. RICHARD (Voyages réels et voyages imaginaires. Instruments de la connaissance géographique au Moyen Âge, in G. Hasenohr, J. Longère (éd.), *Culture et travail intellectuel dans l'Occident médiéval*, Paris, 1981, p. 211-220, p. 212) : « En recourant à leurs souvenirs, ou à leurs notes, bien des voyageurs tendent à rédiger des 'descriptions'. »

[207] C. DELUZ (éd.), *Jean de Mandeville, Le livre des merveilles du monde*, Paris, 2000. Cf. CHR. DELUZ, *Le Livre de Jean de Mandeville. Une « Geographie » au XIVe siècle*, Louvain, 1988, p. 33 : « Ce souci d'ébaucher une cartographie d'ensemble de la terre distingue Mandeville des autres auteurs de récits de voyage ou de pèlerinage. »

[208] Pour un relevé complet des sources de Mandeville voir C. DELUZ, *Le Livre de Jean de Mandeville. Une « Geographie » au XIVe siècle*, p. 39-72, 428-492.

[209] Pour les manuscrits et les éditions de Mandeville voir la bibliographie de C. DELUZ, *op. cit.*, p. XX-XXIII et annexe I ; pour le *Nachleben* du texte voir p. 309-329.

[210] M. J. LACARRA, M. C. LACARRA DUCAY, A. MONTANER FRUTOS (éd), *Libro del conosçimiento de todos los rregnos et tierras et señoras que son por el mundo et de las señales et armas que han*, Zaragoza, 1999. Cf. J. RICHARD, Voyages réels et voyages imaginaires. Instruments de la connaissance géographique au Moyen Âge, p. 214-215.

[211] E. T. HAMY (éd.), *Gilles le Bouvier « Le livre de la description des pays ». Publié pour la première fois avec une introduction et des notes et suivi de l'Itinéraire de Bruges, de la Table de Velletri et de plusieurs autres documents géographiques inédits ou mal connus du XIe siècle*, Paris, 1908.

[212] E. T. HAMY (éd.), *op. cit.*, p. 76-77.

[213] E. T. HAMY (éd.), *op. cit.*, p. 123-124 : « Et disent aucuns que se une nef tiroit tout droit à la longue qu'elle se trouveroit en la terre de prestre Jehan. »

et en allemand aux folios 115-118v du manuscrit latin 10448 (1re moitié du XIVe siècle, provenant de la Bavière) de la Bibliothèque nationale de France, ainsi que la *descriptio orbis* contenue dans le *Memoriale* (première moitié du XIVe siècle) de Jean de Saint-Victor, signalées toutes les deux par Patrick Gautier Dalché[214]. Il n'est pas possible de discuter la chronique compliquée de Jean de Saint-Victor en détail ici. Il est pourtant remarquable que la description géographique a été insérée après l'épisode de la distribution des trois continents entre les fils de Noé[215].

En résumé, les descriptions du monde rédigées pendant la période du XIIIe au XVe siècle se caractérisent par des innovations importantes comme l'introduction de l'ordre alphabétique en tant que principe d'organisation, l'influence de la science gréco-arabe et les premiers débuts de l'humanisme. Cependant, la même période ne juge nullement les connaissances traditionnelles comme superflues : dans certains textes l'ordonnance conceptuelle continue à fonctionner comme principe d'organisation et on n'abandonne pas non plus la notion d'une signification spirituelle ou morale qui s'attacherait à la description du monde terrestre. Les idées traditionnelles concernant les régions lointaines et leurs habitants continuent à exercer une influence profonde sur la perception de l'Inde et de l'Afrique, même sur les comptes rendus de témoins oculaires.

5. Les cosmographies des XVe et XVIe siècles : continuité dans un monde transformé

Pendant très longtemps les cosmographies de la Renaissance ont reçu peu d'attention. Une exception est la *Géographie de la Renaissance (1420-1620)* de Numa Broc, publiée pour la première fois en 1980, où l'auteur s'occupe surtout de la *Cosmographia* (éditions à partir de 1544) de Sebastian Münster et de ses successeurs jusqu'au XVIIe siècle[216]. Plus récemment, Frank Lestringant a fait voir le jour à plusieurs publications sur la « littérature géographique » en France au XVIe siècle, avec comme centre d'attention le cosmographe français André Thevet (1516-1592)[217]. Je ne reprends cependant pas entièrement les idées de Lestringant, car celui-ci note surtout un changement épistémologique au XVIe siècle : « d'un œkoumène insulaire, restreint et considéré comme plat sur la surface des eaux, à la totalité sphérique du globe terraqué[218]. » A mon avis, il n'y a pas eu une « crise de la cosmographie » comme le suggère Lestringant, mais plutôt une réutilisation des idées et des formules fournies par tradition.

214 P. Gautier Dalché, La *Descriptio mappe mundi* de Hugues de Saint-Victor. *Retractatio et additamenta*, in J. Longère (éd.), *L'abbaye parisienne de Saint-Victor au Moyen Âge*, Turnhout, 1991, p. 152-159. Le même (Les savoirs géographiques en Méditerranée chrétienne (XIIIe s.), in *Micrologus* II, 1994, p. 97) signale également un *Liber de diuisione orbis terrarum* (fin du XIIIe siècle) inédit. Sur la chronique de Jean de Saint-Victor, voir : I. Guyot-Bachy, *Le memoriale historiarum de Jean de Saint-Victor. Un historien et sa commmunauté au XIVe siècle*, Turnhout, 2000 ; avec un commentaire de la digression géographique, qui ne figure que dans la deuxième version, sur les p. 355-390.

215 I. Guyot-Bachy, *op. cit.*, p. 357.

216 J'ai consulté N. Broc, *La géographie de la Renaissance (1420-1620)*, 2e édition, Paris, 1986.

217 Surtout F. Lestringant, *André Thevet, cosmographe des derniers Valois*, Genève, 1991 ; *idem*, *L'Atelier du Cosmographe, ou l'image du monde à la Renaissance*, Paris, 1991 ; *idem*, *Ecrire le monde à la Renaissance. Quinze études sur Rabelais, Postel, Bodin et la littérature géographique*, Orléans, 1993.

218 F. Lestringant, *Ecrire le monde à la Renaissance*, p. 319.

C'est que les découvertes géographiques des XVe et XVIe siècles n'ont pas bouleversé immédiatement les pratiques scientifiques de cette époque. Les découvertes n'ont pas non plus amené l'introduction de l'empirisme au sens moderne du mot. Les savants de la Renaissance visaient surtout à l'imitation des modèles classiques et ils avaient toujours recours à l'argument des *auctores* pour prouver leurs assertions[219]. Une étude révélatrice sur ce sujet qu'il faut mentionner ici est *New Worlds ancient texts. The power of tradition and the shock of discovery* par Anthony Grafton, publiée pour la première fois en 1992. La géographie descriptive ne constitue pas le sujet principal de cette étude, mais l'auteur y démontre que les textes scientifiques classiques n'avaient pas perdu leur importance pendant l'époque des découvertes et l'entrée en scène de nouveaux continents, inconnus aux géographes de l'Antiquité[220].

Il est vrai que dès le XVe siècle on voit certains savants critiquer les *auctores*, comme par exemple José de Acosta, signalé par Anthony Grafton, qui se moque d'Aristote, car il a passé sans aucun problème l'équateur, jusque là censé être zone torride infranchissable[221]. On rencontre déjà une attitude pareille chez Fra Mauro, qui sur sa mappemonde de 1460 dit avoir vérifié les données de Ptolémée à l'aide des expériences de témoins oculaires :

> Unde se algun contradirà a questa perchè non ho seguito Claudio Tolomeo, sì ne la forma come etiam ne le sue mesure per longeça e per largeça,(...). Pertanto dico che io nel tempo mio ho solicitado uerificar la scriptura cum la experientia, inuestigando per molti anni e praticando cum persone degne da fede, le qual hano ueduto ad ochio quelo che qui suso fedelmente demostro[222].

On aurait cependant tort d'interpréter ces critiques comme une rupture avec la pratique de l'autorité textuelle : José de Acosta et Fra Mauro n'apportent que quelques corrections à leurs sources classiques, mais ils ne les rejettent pas entièrement. Gerard Mercator témoigne de la même attitude quand il avertit les lecteurs de sa carte du monde de 1569 qu'il ne faut pas rejeter cent vérités des anciens pour corriger une seule faute :

> (...) talis est geographia, quam, si volumus veterum inventa temere quavis occasione transponere, commutare aut invertere, non modo non perficiemus, sed pro unius erroris emendatione centum

219 Pour la justification des traités sur les sciences naturelles par l'argument des *auctores* au XVIe siècle, voir : CH. MEIER, Argumentationsformen kritischer Reflexion zwischen Naturwissenschaft und Allegorese, in *Frühmittelalterliche Studien*, t. 12, 1978, p. 135-146. Sur l'autorité textuelle au XVIIe siècle et l'empirisme, voir : S. SHAPIN, *The Scientific Revolution*, Chicago, 1996, p. 68-80.

220 Pour l'imitation des exemples textuels de l'Antiquité dans les sciences de la Renaissance, voir aussi : P. O. KRISTELLER, *Renaissance thought. The classic, scholastic, and humanist strains*, New York, 1961, p. 98 ; A. GRAFTON, *Defenders of the text. The traditions of scholarship in an age of science, 1450-1800*, Cambridge, Mass.-Londres, 1991 ; P. FINDLEN, *Possessing nature. Museums, collecting, and scientific culture in early modern Italy*, Berkeley-Los Angeles-Londres, 1994, p. 57-70 ; H. HOFMANN, Über die Langsamkeit des Wandels von Weltbildern. Die Verarbeitung der Entdeckungen in der neulateinischen Literatur und die Vorgaben der Antike, in R. Suntrup, J. Veenstra (éd.), *Tradition and innovation in an era of change/Tradition and Innovation im Übergang zur Frühen Neuzeit*, Frankfurt a.M., 2001, p. 19-50.

221 Cf. A. GRAFTON, *New worlds, ancient texts. The power of tradition and the shock of discovery*, p. 1, 6. Francesco Guicciardini signale le même phénomène dans sa *Storia d'Italia*, VI.i (1535-1539).

222 Sur Fra Mauro et l'empirisme, voir : I. BAUMGÄRTNER, Cartographie, Reisebericht und Humanismus. Die Erfahrung in der Weltkarte des venezianischen Kamaldulensermönchs Fra Mauro († 1459), in *Das Mittelalter*, t. 3, 1998, p. 161-197.

veritates depravabimus et confusissimam tandem terrarum et nominum congeriem faciemus (...)[223].

Bien que les auteurs des cosmographies se vantent de leurs modèles classiques, ils continuent à se fonder également sur des *auctores* médiévaux, comme Isidore de Séville et Vincent de Beauvais[224]. Jusqu'au XVIIe siècle on continue à rédiger des ouvrages qui reproduisent les exemples médiévaux et ces textes-ci ne sont aucunement rejetés par le public à cause d'un contenu qui serait trop traditionnel. Il semble même que les légendes médiévales jouissaient du même statut que les connaissances antiques. Par exemple, l'édition de la *Geographia* de Ptolémée publiée en 1486 à Ulm incorpore également des éléments provenant de la géographie descriptive de Vincent de Beauvais[225]. Voilà pourquoi dans ce paragraphe-ci je me concentrerai sur ces emprunts aux textes médiévaux dans les cosmographies des XVe et XVIe siècles.

Un ouvrage géographique traditionnel qui a connu une diffusion énorme au XVe siècle est l'*Ymago mundi* (1380-1420) de Pierre d'Ailly (1351-1420)[226]. Le texte se rattache manifestement à l'ouvrage encyclopédique ayant le plus d'influence pendant les siècles précédents, à savoir l'*Imago mundi* d'Honorius Augustodunensis, comme l'explicite le titre même de l'*Ymago mundi* ainsi que la première phrase de l'introduction :

> (Y)mago mundi sue eius ymaginaria descriptio Ipsum velut in materiali quodam speculo representans non parum vtilis esse videtur ad diuinarum elucidatione(m) scripturarum[227].

Le texte d'Honorius n'était pourtant pas la seule source dans laquelle avait puisé Pierre d'Ailly : pour la première partie, consacrée à l'astronomie mathématique, il s'est basé également sur la science des Arabes et leurs continuateurs occidentaux comme par exemple Jean de Sacrobosco. Pierre a connu l'emploi de l'astrolabe et du quadrant[228] ainsi que la *Geographia*

[223] Dans un grand cartouche intitulé *De vero Gangis et Aurae Chersonesi situ*. Mercator qualifie Mandeville cependant comme « autor licet alioqui fabulosis » (dans la légende *De meridianae Continentis ad Javam majorem accessu*).

[224] Cf. E. R. Curtius, *Europäische Literatur und lateinisches Mittelalter*, 10e édition, Berne, 1984, p. 36-37 ; G. Hamann, Kartographisches und wirkliches Weltbild in der Renaissancezeit. Zum wechselseitigen Verhältnis von Theorie und Praxis im Zeitalter der grossen Entdeckungsfahrten, R. Schmitz, F. Krafft (éd.), *Humanismus und Naturwissenschaften*, Boppard, 1980, p. 173-179.

[225] J'y reviens ci-dessous (p. 110-111). Pour la combinaison de Ptolémée avec des textes géographiques du Moyen Âge, voir aussi : P. Gautier Dalché, Pour une histoire du regard géographique. Conception et usage de la carte au XVe siècle, in *Il teatro della natura / The theatre of nature. Micrologus IV*, Turnhout, 1996, p. 89.

[226] E. Buron (éd), *Ymago mundi de Pierre d'Ailly. Texte Latin et traduction française des quatre traités cosmographiques de d'Ailly et des notes marginales de Christophe Colomb*, Paris, 1930.

[227] « Il semble que l'image du monde ou du moins la description qu'on peut faire du monde en le représentant comme dans un miroir, n'est pas sans utilité pour l'intelligence des saintes écritures qui en mentionnnent si souvent les diverses parties et surtout celles de la terre habitable. » E. Buron (éd), *Ymago mundi de Pierre d'Ailly*, p. 152-153 et note 3. Cf. Honorius Augustodunensis, *Imago mundi, prologus*. Le texte est cité ci-dessus.

[228] E. Buron (éd.), *op. cit.*, p. 188-198 : « Per hu(n)c ergo modu(m) inve(n)ta fuit me(n)sura terre q(uorum) eleuatio vni(us) poli v(e)l(ut) vni(us) stelle facil(io)r inue(n)nit(us) p(er) astrolabiu(m) uel q(ua)drante(m). » (C'est de cette manière qu'on a trouvé la mesure de la Terre, car l'abaissement d'un pôle ou celui d'une étoile se calcule facilement par le moyen de l'Astrolabe ou du Quadrant.)

de Ptolémée[229]. Dans l'*Ymago mundi* Pierre fait distinction entre deux *divisiones terrae*, l'une selon les astrologues et l'autre selon les « Cosmographi » :

> Vcusq(ue) de diuisione terre secundu(m) astrologos dictus (est) qui per diuisionem climatu(m) procedu(n)t Nu(n)c alia(m) diuisionem qua(m) ponunt Cosmographi posequamur[230].

Il est à noter que Pierre n'exprime aucun jugement de valeur sur les deux approches : ni les sciences astronomiques ni la réintroduction du système de Ptolémée n'avaient rendu superflu la *descriptio orbis* des cosmographes. Dans la partie descriptive selon les « Cosmographi », qui m'intéresse ici, Pierre a eu recours à des autorités médiévales comme Orose, Isidore de Séville, Vincent de Beauvais et Marco Polo[231]. De nos jours, l'*Ymago mundi* est surtout connue parce que c'est un des textes que Christophe Colomb a consulté lors de la conception de son projet de joindre les Indes par l'océan occidental[232].

Les traces médiévales sont plus difficilement perceptibles dans les textes géographiques des humanistes. En France, le cardinal Fillastre († 1418) a rédigé un commentaire sur les cartes de Ptolémée, ainsi qu'une introduction à la *Cosmographia* de Pomponius Mela[233]. A côté de ses nombreuses occupations l'Italien Æneas Sylvius Piccolomini (1405-1464 ; à partir de 1458 pape sous le nom Pie II) s'intéressait également à la géographie : il écrivait de sa propre main un texte cosmographique intitulé *Historia rerum ubique gestarum*[234]. La cosmographie de Piccolomini commence par une description du globe terrestre[235] pour passer ensuite à un exposé relativement bref sur la division de l'œkoumène en trois continents. Suit alors une description très détaillée de l'Asie et de l'Europe. En bon humaniste Piccolomini se base sur des exemples antiques comme Ptolémée, Strabon, Pline et Julius Honorius. Malgré l'étiquette humaniste de son texte, Piccolomini n'a pas consulté uniquement des ouvrages géographiques de l'antiquité grecque et romaine, mais aussi des sources plus récentes[236]. C'est ainsi qu'il réfère à plusieurs reprises au compte rendu des voyages de Niccolò de'Conti (ca. 1396-1469), à la légende médiévale

[229] E. Buron (éd.), *op. cit.*, p. 206 : « Na(m) Ptholome(us) libro de disp(ositi)one spere... »

[230] « Jusqu'ici nous avons vu ce qu'est la division de la Terre d'après les astrologues, c'est-à-dire ceux qui se basent sur la division des climats. Voyons maintenant l'autre division à savoir celle que les cosmographes ont adopté. » E. Buron (éd.), *op. cit.*, p. 252-253.

[231] Il n'est pas possible de discuter ici toutes les sources de Pierre d'Ailly parce que l'*apparatus fontium* établi par Buron est loin d'être complet et peu utile.

[232] Les notes marginales de Christophe Colomb figurent dans un exemplaire imprimé (Louvain 1480-1483) de l'*Ymago mundi* sont reproduites dans E. Buron (éd.), *op. cit.*.

[233] P. Gautier Dalché, L'œuvre géographique du cardinal Fillastre († 1428). Représentation du monde et perception de la carte à l'aube des découvertes, in *Archives d'histoire doctrinale et littéraire du Moyen Âge*, t. 59, 1992, p. 319-383 ; avec une édition de l'*Introductio in Pomponii Melae Cosmographiam* (p. 345-372) et l'*Epitome tabularum Claudii Ptolemaei* (p. 330-334).

[234] Imprimée à Venise en 1477. J'ai consulté *Aeneae Sylvius Piccolomini, Opera quae extant omnia. Bâle : Ex officina Henric Petrina, 1571*, reprod. Frankfurt a.M., 1976, p. 281-471.

[235] Cf. W. G. L. Randles, *De la terre plate au globe terrestre. Une mutation épistémologique rapide 1480-1520*, Paris, 1980, p. 26-27.

[236] Cf. N. Broc, *La géographie de la Renaissance (1420-1620)*, p. 18, qui mentionne également comme sources médiévales de Piccolomini : Pierre d'Ailly, Marco Polo et Odorico de Pordenone ; M. Meserve, From Samarkand to Scythia. Reinventions of Asia in Renaissance geography and political thought, in Z. von Martels, A. Vanderjagt (éd.), *Pius II 'el più expeditivo pontifice'. Selected studies on Aeneas Silvius Piccolomini (1405-1464)*, Leyde, 2003, p. 13-39.

de saint Thomas[237] et il a également consulté la *Cosmographia Æthici* (il réfère à l'auteur comme *Ethicus philosophus*) pour sa description des Turcs.

En langue vulgaire on continuait également à se baser sur des textes établis au Moyen Âge. Par exemple, au milieu du XVe siècle Jean Mansel (1400/1401-1473/1474) insérait une description du monde dans sa compilation historique en langue française, intitulée la *Fleur des histoires*. En tant qu'illustration de l'histoire romaine, Jean ajoutait une description du monde :

> Aincores aincois que nous entrons en nostre principal propoz et pur plus demonstrer le velence et la glore du peuple rommain pour le temps passe nous mettrons et inserons icy toutes les prouinces et les isles du monde qui sont habitees de gens[238].

En fait, cette description du monde reproduit littéralement la traduction en français par Jean Corbechon du chapitre géographique du *De proprietatibus rerum* de Barthélemy l'Anglais, un texte datant du XIIIe siècle[239].

En 1449 l'évêque et chancelier de l'ordre de la Toison d'Or, Jean Germain, dédia une description du monde sous le titre *La mappemonde spirituelle*[240] à Philippe le Bon. Cet ouvrage géographique nomme les mêmes régions qu'une description du monde tout à fait habituelle : sa source d'inspiration la plus importante est l'*Image du monde* attribuée à Gossouin de Metz[241]. Le texte commence par l'Asie où l'auteur discute non seulement Jérusalem (f. 7) et le paradis terrestre (f. 17), mais aussi la Mongolie et la Tartarie (f. 19). La mappemonde devient spirituelle parce que Jean Germain a ajouté des renseignements sur l'histoire sainte et sur la propagation de la foi chrétienne aux descriptions géographiques :

> (...) et icelle [mappemonde] a la diference des autres appellee spirituelle car neantmoins quelle contienne en partie leffect des autres comme prouinces. citez. mers. fluuies. montaignes. boys. desers et autres. Touteffoiz nostre propos a este singulierement de noter et consigner esdictes prouinces. lieux. et citez dicelles les places ou nostre seigneur ihesu crist a fait et acomply en sa personne le mistere de nostre redemption. Et apres luy ou ont este nez vescu presche et mors la glorieuse vierge marie sa mere les sains apostres les plus renommez martirs. confesseurs vierges et vesues[242].

La *Mappemonde spirituelle* a connu un sort singulier : traduite en latin, ses connaissances réapparaîtront dans une édition de la *Geographia* de Ptolémée imprimée en 1486 par Johann

[237] *Aeneae Sylvius Piccolomini, Opera quae extant omnia. Bâle : Ex officina Henric Petrina, 1571*, p. 313.

[238] Le texte n'a pas encore été édité. J'ai consulté le manuscrit *Bruxelles, Bibl. Royale de Belgique*, Ms. 9260, f. 11va. Sur les miniatures ornant les manuscrits de la *Fleur des histoires*, voir : L. Deam, *Mapping the past. The « Fleur des histoires » (Brussels, Bibliothèque Royale, ms. 9231-9232) in the context of fifteenth-century Burgundian historiography*, thèse, Chicago, 2001.

[239] Cf. G. Hasenohr, M. Zink, *Dictionnaire des lettres françaises. Le Moyen Âge*, Paris, 1992, p. 814-815.

[240] Le texte n'a pas encore été édité. Je cite ici le manuscrit *Bruxelles, Bibl. Royale de Belgique*, 11038 (provenant de la bibliothèque bourguignonne ; manuscrit inachevé). Pour les autres manuscrits, voir : B. de Gaiffier, Les sources de la *Topographia sanctorum* publiée par Maurolycus, in *Analecta Bollandiana*, t. 52, 1934, p. 57-63, p. 60, n. 1. Sur ce texte, voir aussi : U. Ruberg, Die Tierwelt auf der Ebstorfer Weltkarte im Kontext mittelalterlicher Enzyklopädik, in H. Kugler, E. Michael (éd.), *Ein Weltbild vor Columbus. Die Ebstorfer Weltkarte. Interdisziplinäres Colloquium 1988*, Lüneburg, 1991, p. 319-320.

[241] Cf. M. Destombes, *Mappemondes A.D. 1200-1500*, p. 119.

[242] *Bruxelles, Bibl. Royale de Belgique*, Ms. 11038, f. 1v.

Reger à Ulm[243]. Plus tard, elle servira également comme source de la *Topographia sanctorum* (xvie siècle) de Maurolycus[244].

Vers 1479 un autre évêque, Jean de Beauvau, dédia au roi Louis XI une description du monde en français intitulée le *Livre de la figure et Image du Monde*[245]. Le texte est divisé en trois parties :

> Ce present livre sera diuise en troys parties la premier sera de la creation du monde. La secunde sera de la diuision de la terre. La tierce de la souureaine espere du ciel et des estoilles fichees et des erratiques qui sapellent planetes[246].

La description du monde (qui se trouve aux folios 20-90) doit beaucoup à l'*Image du monde* attribuée à Gossouin de Metz[247], mais l'auteur a également eu recours à d'autres textes, comme par exemple à des itinéraires: « Si aucun pelerin vuilt aller doccident en Jherusalem sil est despagne il peut venir par…[248] » et également à Marco Polo : « Marc Paul dit en son ystoire orientale que…[249] ». Ici encore on constate qu'au xve siècle un certain nombre de textes médiévaux étaient toujours considérés comme des autorités fiables.

En fait, un très grand nombre de textes médiévaux, parmi lesquels certaines *descriptiones orbis*, étaient parmi les premiers à être imprimés à partir du milieu du xve siècle[250]. De cette façon ces textes ont connu une dissémination plus grande qu'au Moyen Âge même. Quelques exemples illustratifs doivent suffire ici : en 1460 déjà on imprima le *Summa quae vocatur Catholicon* (1286) de Johannes Balbus ; l'*editio princeps* des *Etymologiae* d'Isidore de Séville est celle de Augsburg par G. Zainer en 1472[251], on imprimait le *Speculum maius* à partir de 1473[252], la traduction anglaise de l'*Image du monde* intitulée le *Mirrour of the World* fut éditée par Caxton en 1481 et en 1490, le texte français fut imprimé pour la première fois par Michel le Noir en 1501[253]. D'autre part, on réimprima encore en 1624 (Douai, Balthasar Belleri) le *Speculum maius* de Vincent de Beauvais et le *De proprietatibus rerum* de Barthélemy l'Anglais

[243] Cf. B. de Gaiffier, Les sources de la *Topographia sanctorum* publiée par Maurolycus, p. 60-61 ; U. Ruberg, Die Tierwelt auf der Ebstorfer Weltkarte, p. 319.

[244] Cf. B. de Gaiffier, *art. cit.*

[245] Le texte n'a pas encore été édité. Je cite *Paris, Bibl. nationale de France*, Ms. fr. 612 (fin xve-début xvie siècle).

[246] *Paris, Bibl. nationale de France*, Ms. fr. 612, f. 1v-2.

[247] Cf. M. Destombes, *Mappemondes A.D. 1200-1500*, p. 119.

[248] *Paris, Bibl. nationale de France*, Ms. fr. 612, f. 54.

[249] *Paris, Bibl. nationale de France*, Ms. fr. 612, f. 74v.

[250] Cf. E. R. Curtius, *Europäische Literatur und lateinisches Mittelalter*, p. 36-37.

[251] Cf. l'introduction par Manuel C. Diaz Y Diaz dans J. Oroz Reta, M.-A. Marcos Casquero (éd./trad.), *San Isidoro de Sevilla, 'Etimologías'*, p. 226. Pour les éditions des *Etymologiae* jusqu'au xviiie siècle voir du même p. 224-229.

[252] Cf. A.-D. von den Brincken, Universalkartographie und geographische Schulkenntnisse im Inkunabelzeitalter (unter besonderer Berücksichtigung des *Rudimentum Noviciorum* und Hartmann Schedels), B. Möller (et. al.) (éd.), *Studien zum städtischen Bildungswesen des späten Mittelalters und der frühen Neuzeit. Bericht über Kolloquien der Kommission zur Erforschung der Kultur des Spätmittelalters 1978 bis 1981*, Göttingen, 1983, p. 420.

[253] Cf. O. H. Prior (éd.), *L'image du monde de Maître Gossouin. Rédaction en prose*, p. 11-12.

en 1609[254]. Tous ces textes médiévaux trouvaient encore aux XVe et XVIe siècles un public avide et on les réutilisait pour la création de nouvelles descriptions du monde.

Les imprimeurs continuèrent à publier des descriptions géographiques basées sur des sources médiévales. Un exemple illustratif est le traité *De locis ac mirabilibus mundi* qui se trouve à la fin de l'édition de 1486 de la *Geographia* de Ptolémée, imprimée à Ulm par Johann Reger[255]. Le texte du *De locis* reprend la trame des *descriptiones orbis* traditionnelles et reproduit partiellement les descriptions géographiques de Vincent de Beauvais. Le traité n'est pas une simple addition à l'ouvrage de Ptolémée : un « registrum alphabeticum » très élaboré qui se trouve au début de l'édition fait la combinaison des données de la *Geographia*, d'une traduction latine de la *Mappemonde spirituelle* de Jean Germain, ainsi que du contenu du *De locis ac mirabilibus mundi*. Le *registrum* renvoie le lecteur aux cartes ptoléméennes et au traité *De locis ac mirabilibus mundi* à la fin du livre. Ainsi il s'avère encore une fois qu'au XVe siècle la géographie descriptive dite « traditionnelle » n'était certainement pas tombée en désuétude à cause de l'introduction de la *Geographia* de Ptolémée. On ne percevait même pas une opposition entre les connaissances livrées par les deux traditions.

Un autre exemple illustratif de la continuité de l'influence des *auctores* médiévaux est la chronique universelle d'un auteur anonyme intitulée *Rudimentum Noviciorum* (imprimé à Lübeck en 1475) où s'insère une description du monde après l'épisode de la tour de Babel. Cette description du monde est basée, entre autres, sur Isidore de Séville, Jacques de Vitry et Barthélemy l'Anglais[256]. Une autre description du monde tout à fait traditionnelle provenant de l'Allemagne se trouve dans le *Liber chronicarum* que publia Hartmann Schedel en 1493[257]. Elle suit immédiatement l'épisode de la répartition des trois continents entre les fils de Noé[258]. On n'a pas encore

[254] Cf. C. V. LANGLOIS, *La connaissance de la nature et du monde d'après des écrits français à l'usage des laïcs*, p. 122. Le même observe qu'il y a eu au moins treize éditions de la traduction française par Jean Corbechon entre 1482 et 1556 (p. 123). Pour les éditions imprimées de l'encyclopédie de Barthélemy l'Anglais, voir : H. MEYER, *Die Enzyklopädie des Bartholmäus Anglicus*, p. 397-410.

[255] Sur cette édition, voir : P. AMELUNG, *Der Frühdruck im deutschen Südwesten 1473-1500*, Stuttgart, 1979, p. 261-362 ; et mon article : The Medieval texts of the 1486 Ptolemy edition by Johann Reger of Ulm, in *Imago mundi*, t. 54, 2002, p. 7-18. Une réédition fut imprimée à Rome en 1490.

[256] Cf. A.-D. VON DEN BRINCKEN, Universalkartographie und geographische Schulkenntnisse im Inkunabelzeitalter (unter besonderer Berücksichtigung des *Rudimentum Noviciorum* und Hartmann Schedels), p. 406-408. Traduction française : *La mer des Hystoires* (Paris, 1488 ; Lyon, 1491). Cf. M. DESTOMBES, *Mappemondes A.D. 1200-1500*, section 57.2.

[257] HARTMANN SCHEDEL, *Liber chronicarum*, Nuremberg, 1493. La traduction allemande, intitulée *Weltchronik* fut également éditée en 1493. Il existe plusieurs fac-similés de la version allemande, j'ai consulté : HARTMANN SCHEDEL, *Weltchronik. Kolorierte Gesamtausgabe von 1493 (introd. par S. Füssel)*, Cologne, 2001. Cf. E. RÜCKER, Nürnberger Frühhumanisten und ihre Beschäftigung mit Geographie, in R. Schmitz, F. Krafft (éd.), *Humanismus und Naturwissenschaften*, Boppard, 1980, p. 181-192 ; A.-D. VON DEN BRINCKEN, Universalkartographie und geographische Schulkenntnisse im Inkunabelzeitalter (unter besonderer Berücksichtigung des *Rudimentum Noviciorum* und Hartmann Schedels) ; A. GRAFTON, *New worlds, ancient texts. The power of tradition and the shock of discovery*, p. 18-19 ; S. FÜSSEL, *Die Welt im Buch. Buchkünstlerischer und humanistischer Kontext der Schedelschen Weltchronik von 1493*, Mainz, 1996.

[258] Cf. M. DESTOMBES, *Mappemondes A.D. 1200-1500* ; A.-D. VON DEN BRINCKEN, *art. cit.*, p. 415-416 ; J.-G. ARENTZEN, *Imago Mundi Cartographica. Studien zur Bildlichkeit mittelalterlicher Welt- und Ökomenekarten unter besonderer Berücksichtigung des Zusammenwirkens von Text und Bild*, Munich, 1984, p. 118-121 ; S. FÜSSEL, *op. cit.*, p. 30. La carte est celle de l'édition de Ptolémée de 1482.

fait d'étude exhaustive des sources du *Liber chronicarum*, mais parmi ses sources pour la description du monde se trouve toujours le texte de Jean Mandeville[259]. Malgré le fait que cette description du monde ne contienne aucune indication sur les voyages de Christophe Colomb, on l'a réimprimé sans addition aucune jusqu'en 1496/97.

La *Margarita philosophica*, rédigée par Gregor Reisch vers 1496[260], est un ouvrage qui rassemble tous les savoirs du Moyen Âge classés selon le système des sept *artes liberales*. Le *Liber VII* qui traite de l'« astronomia » contient une brève description des trois continents : après avoir discuté les sphères du cosmos, l'auteur passe aux quatre éléments pour finir avec une description de la terre[261]. L'auteur y évoque les éléments traditionnels des *descriptiones orbis*, comme, par exemple, les monstres (e.a. *blemii*) en Afrique. Malgré le contenu apparemment obsolète, l'ouvrage a connu un succès de très longue durée : l'*editio princeps* date de 1503 (à Fribourg) et on l'a réimprimé jusqu'à la fin du XVIe siècle, sans y ajouter un seul mot sur la découverte du Nouveau Monde dans la section géographique.

Les premières descriptions du monde à incorporer les terres nouvellement découvertes ne paraissaient qu'à partir des premières années du XVIe siècle. Cependant, la découverte du Nouveau Monde n'ébranlait pas la trame des descriptions de l'*orbis tripartitus* : on y ajoutait tout simplement une description du quatrième continent[262]. La description de l'*orbis tripartitus* n'avait même pas perdu sa validité après les découvertes, en témoigne encore la *Division du monde* de Jacques Signot, signalée par Numa Broc[263], où l'auteur ne dit rien sur l'Amérique. Cependant l'*editio princeps* de ce texte date de 1539, donc plus de 40 ans après les voyages de Christophe Colomb et d'Amerigo Vespucci. Les découvertes ne provoquaient pas non plus l'apparition des prémices de l'empirisme : la plupart des cosmographes du XVIe siècle continuaient à reproduire les connaissances traditionnelles sur les merveilles du monde, qui, on le sait, prenaient leurs origines dans les textes antiques et médiévaux.

Même certains textes géographiques de caractère nettement mathématique continuent à incorporer le légendaire médiéval. Par exemple, en 1515 l'Allemand Johannes Schöner publia comme supplément à son globe un traité intitulé *Luculentissima quaedam terrae totius descriptio*[264]. Le *tractatus primus* assez bref traite de la géographie mathématique et astronomique, tandis que la plus grande partie, le *tractatus secundus*, se compose alternativement de descriptions géographiques et de listes indiquant la longitude et la latitude des villes. Les descriptions

[259] Cf. C. Deluz, *Le Livre de Jean de Mandeville. Une « Geographie » au XIVe siècle*, p. 312.

[260] J'ai consulté l'exemplaire *Groningue, Bibl. universitaire*, uklu 'ET L 1 : Gregor Reisch, *Margarita philosophica noua cui insunt sequentia*, s.l., 1508. Pour l'intérêt qu'on continuait à attacher à ce texte, voir : N. Broc, *La géographie de la Renaissance (1420-1620)*, p. 18-19 ; A. Grafton, *New worlds, ancient texts. The power of tradition and the shock of discovery*, p. 16.

[261] Liber VII, tract. I, cap. XLIX : *De diuisione terre habitabilis in Europam, Asiam et Aphricam.*

[262] Cf. A. Grafton, *op. cit.*, p. 5-6 : « New information did not modify or cancel the old, but piled up alongside it like fresh coal besides clinkers. New facts about the world – such as the existence of western continents – did not modify the old structure, which put the wild things Columbus had found where they had always been, in the East. » ; H. Hofmann, Über die Langsamkeit des Wandels von Weltbildern.

[263] Cf. N. Broc, *La géographie de la Renaissance (1420-1620)*, p. 71.

[264] J'ai consulté l'exemplaire suivant : Johannes Schöner, *Luculentissima quaedam terrae totius descriptio*, Nuremberg, Johannes Stuchs, 1515 (*Munich, Bayerische Staatsbibl.*, 4° rar 1474). Je n'ai pas pu consulter: N. Holst, *Mundus, Mirabilia, Mentalität. Weltbild und Quellen des Kartographen Johannes Schöner. Eine Spurensuche*, Frankfurt a.O.-Bamberg, 1999

ne suivent plus la trame des *descriptiones orbis* traditionnelles : l'attention se tourne en premier lieu vers l'Europe et ensuite vers l'Afrique, l'Asie et l'Amérique. L'auteur fait remarquer que le quatrième continent est en fait une île entourée d'eau[265]. Apparemment Johannes Schöner ne perçoit pas d'incompatibilités entre son exposé mathématique et le légendaire médiéval, car dans ses descriptions il évoque des animaux et des monstres légendaires comme le « basiliscus », les « dracones », les « blemnes », les « strucophagi » (f. 38v), le « monoceros », les « cinocephali », les « gymnosophistae », les « bragmannae », les « sciopedes » et les « pygmei » (f. 52r-v). Même les « Iudaei clausi » (f. 54v) et le Prêtre Jean (f. 39r) figurent parmi les sujets touchés par Johannes Schöner.

Vers le milieu du XVIe siècle de nombreuses *cosmographiae* virent le jour et ce surtout en Allemagne. Un exemple de ce genre de textes est le *Weltbuch. Spiegel und bildnisz des gantzen erdbodens* (1534)[266] où sont décrits successivement l'Afrique, l'Europe, l'Asie et la quatrième partie du monde. L'auteur Sebastian Franck remarque au sujet des découvertes nouvelles qu'il ne faut pas rejeter les Romains et Alexandre le Grand pour ne pas avoir connu le monde entier parce que le monde est infini selon Aristote[267]. De la même façon Franck a suivi Ptolémée même si ce dernier donne quelques renseignements erronés[268]. Dans les paragraphes introductifs l'auteur assure ses lecteurs qu'il reproduit la vérité telle qu'elle se trouve dans les livres de cosmographes fiables et il rejette comme mensonges l'histoire de saint Brandan et certains comptes rendus de voyages[269]. Cette critique des sources n'indique pourtant pas que Franck se base uniquement sur des données empiriques ou sur des exemples classiques, car parmi ses « authores » il cite des textes médiévaux comme ceux de Barthélemy l'Anglais, de Marco Polo, de saint Augustin, d'Isidore et de Bède. Dans ses descriptions l'auteur mentionne des êtres fabuleux comme les « sciapodes » et les « blemmiae » (f. v r) ainsi que le Prêtre Jean (f. vi v et f. cxcij r).

La cosmographie la plus importante du XVIe siècle est sans aucun doute la *Cosmographia. Beschreibung aller Lender* (1544) de Sebastian Münster (1488-1572), une compilation géographique gigantesque, traduite en latin en 1550 et rééditée en plusieurs langues jusqu'en 1628[270].

265 « Hunc in modum terra quadripartita cognoscit et sunt tres primae partes continentes id est terra firma. Sed quarta est insula quia omniquaque mari circundata conspicitur. » (f. 61v).

266 SEBASTIAN FRANCK, *Weltbuch. Spiegel und bildnisz des gantzen erdbodens*, Tübingen, Morhart, 1534. J'ai consulté l'exemplaire Res 2° Geo U.25 de la *Bayerische Staatsbibl.* à Munich.

267 « Nun von der gelegenheyt groesse vnd weitte derselben wer auch ein grosser teyl unbekant (...) des grossen Alexanders vnd der Roemer (...) zueletst yetz in hundert jaren der Venediger herschafft der kaufleüt vnd des künigs von Portugals vnd hispanien moerfart (...) neüwe welt vns vormals vnbekant hetten gefunden (...). Das yemant nit unbillich Epicuro zuefallen moecht. Es weren unzalbar welt oder Aristoteli das die welt onend wer weil man deren an kein end kummen mag. » (*sig.* aii r.).

268 « Item Cumaria vnd andere weit anders dann von Ptolomeo angezeygt das ich doch Ptolomeo so einem angenummnen fleissigen alten außcirckler der erden nit gern zue schrib wa nit er selbs sich beklagt das vil dings ym nit als so fleissig sey angeen worden. » (*sig.* aiii v. – a[4] r.).

269 « Wir haben auch nit die lugenhafte hystori S. Brandan reyß vnnd die moerfart Dietrichs von Bern oder die poppen Joannis de Monte Villa angemaßt oder die fabel Berosi hierein gefeßt sunder souil vns müglich ist der warheyt geflissen vnd niemant imitiert dann glaubwirdigen angenummen welltschreibern. » (*sig.* aii v.).

270 SEBASTIAN MÜNSTER, *Cosmographia. Beschreibung aller Lender*, Bâle, Henricus Petri, 1544. J'ai consulté le fac-similé de l'édition allemande imprimée à Bâle en 1550 : R. OEHME, *Sebastian Münster, Cosmographei, Bâle, Henricus Petri, 1550*, reprod. Amsterdam, 1968. Cf. N. BROC, *La géographie de la Renaissance (1420-1620)*, p. 77-84 ; H. WOLFF, *America. Das frühe Bild der Neuen Welt. Ausstellung der Bayerischen Staatsbibliothek München vom 10.*

Dans six chapitres Münster explique d'abord les principes de la géographie astronomique et ensuite il décrit successivement l'Angleterre, l'Espagne, la France et l'Italie (Ch. II). L'auteur insiste très longuement sur son pays natal, l'Allemagne (Ch. III), pour s'occuper ensuite des régions du Nord et des pays du Sud-Ouest de l'Europe (Ch. IV). L'Asie, le Nouveau Monde (Ch. V) et l'Afrique (Ch. VI) finalement, ne reçoivent que relativement peu d'attention. Bien que Münster se base sur ses propres observations pour ses descriptions de l'Allemagne, il emprunte ce qu'il n'a pas vu de ses propres yeux aux textes d'hommes expérimentés[271]. Les *auctores* n'ont donc pas encore perdu leur importance : dans l'introduction Münster annonce la citation d'autorités classiques comme Strabon, Ptolémée et Pline, ainsi que d'autorités plus récentes comme Bède, Otton de Freising, Marco Polo, Colomb et Amerigo Vespucci. L'attitude de Münster envers les autorités présente des parallèles avec Vincent de Beauvais. De même que Vincent, Münster indique qu'il n'a fait que suivre des *auctores* latins[272]. Cependant chez le dernier cette remarque est plutôt apologétique : si le lecteur trouve une erreur dans son texte, ce n'est pas sa faute à lui, mais celle de ses exemples ; au lecteur le soin de juger la vérité du contenu[273].

Pendant la deuxième moitié du XVIe siècle on continuait à rédiger des descriptions du monde souvent influencées par la *Cosmographia* de Sebastian Münster comme, par exemple, en France la *Cosmographie universelle* (1575) de François de Belleforest († 1583)[274]. L'auteur indique qu'il ne veut nullement rejeter les connaissances des *auctores* :

> Car ia à Dieu ne plaise que ie sois si arrogant que de m'aider des autheurs anciens et ayant pris ce qu'ils ont, leur en rauir la gloire, ou qui pis est, les blasmer et de mensonge et d'ignorance qui ne peuuent tomber en hommes si accomplis que ceux qui ont esté le meruelle du monde (...) Il m'est donc aussi loisible de dire la verité ayant deffendeur et garant comme aux voyageurs de nous en faire à croire pour dire que ce sont eux qui en sont les tesmoins, d'autant Munster susnommé

April bis 27. Juni 1992, Munich, 1992, p. 34, cat. 31 ; A. Grafton, *New worlds, ancient texts. The power of tradition and the shock of discovery*, p. 97-111 ; J.-M. Besse, *Les grandeurs de la Terre. Aspects du savoir géographique à la Renaissance*, Lyon, 2003, p. 151-257 ; G. Wessel, *Von einem, der daheim blieb, die Welt zu entdecken. Die Cosmographia des Sebastian Münster, oder wie man sich vor 500 Jahren die Welt vorstellte*, Frankfurt. a.M., 2004. Pour les éditions de la *Cosmographia*, voir : G. Strauss, A sixteenth century encyclopedia. Sebastian Münster's Cosmography and its editions, in C. H. Carter (éd.), *From the Renaissance to the Counter-Reformation. Essays in honor of Garett Mattingly*, New York, 1965, p. 145-163.

271 Sebastian Münster, *Cosmographia* : « Was ich aber selbs nit gesehen hab / deß nun vil ist / wil ich nemen aus den geschriffte(n) die hinder inen verlassen haben etliche hochgelerte vnd weit erfarne maenner. » (*sig.* a iiij v).

272 Sebastian Münster, *Cosmographia* : « Es werden hie fornen in der vorred die authores zuem guethem theil benamset auß welchen dise ding gezogen vnd hie haer getrage(n) sein. Werde(n) sie in der Lateinischen sprachen für guet geachtet zue lesen vnde haben bey den gelerten ein gros ansehens / warumb sollen sie in der Teütschen sprachen nit auch etwas gelten. Es wirt wenig in disem buech geschriben / das nit vorhin auch zue latin oder Teütsch an tag kommen ist vnd in mancherleien buechern gefunden wirt. » (p. 733).

273 Sebastian Münster, *Cosmographia* : « Das schreib ich nun darumb / ob etwan ein mißhaell in diesem buech find / dz er nit gleich wider mich tobe / sund(er) gedenck das ich zu(m) offtern mal mere der andern dan eigen meinung anzeig / vnnd dem leser das urtheil laß. » (*sig.* a[5]v).

274 François de Belleforest, *Cosmographie universelle*, Paris, M. Sonnius, 1575 : « Auteur en partie Munster, mais beaucoup plus augmentée, ornée et enrichie par François de Belleforest. » (vol. 1, *sig.* i). J'ai consulté l'exemplaire G 4448-4449 de la *Bibl. nationale de France* à Paris. On peut également consulter cet ouvrage sur Internet : gallica.bnf.fr. Cf. N. Broc, *La géographie de la Renaissance (1420-1620)*, p. 88 ; F. Lestringant, *André Thevet, cosmographe des derniers Valois*, p. 189-197.

naguere fait plus de voyages que moy que Strabon, Ptolomee, Pline, Pomponie Mele et autres segnalez autheurs des siècles anciens n'ont veu tout ce de quoy ils escriuent (...)[275].

André Thevet (1516-1592), contemporain de Belleforest et auteur d'une autre *Cosmographie universelle* (1575),[276] adopte une attitude plus critique envers les autorités textuelles et leur préfère les données fournies par l'expérience. Frank Lestringant cite sa remarque suivante dans le *Grand insulaire* comme témoignage de cette attitude critique de Thevet au sujet des *auctores*:

> Et ne me tiens satisfait des authorités d'Euclide, Platon, Aristote, Pline, Vespuce, Magellan, Colomb, Proclus, Philon, Gemma le Phrison, Jean Barros, Dominic Marius Niger, François Louppes, Monster, Appian, Guychardin, Pierre Martyr, Orterius et plusieurs autres anciens et modernes qui onques ne raserent ne seillonnerent ce grand Ocean comme j'ay fait (...)[277].

Malgré ces assertions, la *Cosmographie universelle* de Thevet n'est pas uniquement un instrument destiné à la pratique. Pour certains aspects le texte s'enracine toujours dans la tradition médiévale[278]. Tout comme au Moyen Âge la description des *res* de la Création divine mène finalement à une connaissance de Dieu :

> (...) dautant que ceste science nous induit plus avant au spectacle de nature / elle nous donne aussi grande cognoissance de la divine puissance (...)[279].

Au chapitre VI je reviendrai à la cosmographie et la cartographie comme livre de la nature.

A côté des systèmes de projection cartographique, Guillaume Postel s'est également occupé des descriptions géographiques. Son ouvrage *Les merveilles du monde, & principalement des admirables choses des Indes, & du nouveau monde* (1533) n'a pourtant pas été conçu comme un pendant descriptif de sa carte du monde[280]. Ici les descriptions géographiques donnent surtout lieu à l'évocation des différentes religions du monde et surtout du grand nombre de conversions au christianisme, des singularités botaniques et zoölogiques qu'on trouve dans les régions

[275] François de Belleforest, *Cosmographie universelle*, vol. 2, *sig*. aijv.

[276] André Thevet, *Cosmographie universelle*, Paris, P. l'Huillier, 1575. Je n'ai pas pu consulter l'exemplaire original. On peut consulter les illustratons sur Internet : gallica.bnf.fr. Cf. N. Broc, *La géographie de la Renaissance (1420-1620)*, p. 88-91 ; F. Lestringant, *André Thevet, cosmographe des derniers Valois* ; *idem*, *L'Atelier du Cosmographe, ou l'image du monde à la Renaissance*. Il est à noter que Lestringant insiste surtout sur les éléments innovateurs de la *Cosmographie universelle*. Thevet était au service des rois de France (Henri II et Charles IX), cf. D. Buisseret, Monarchs, ministers, and maps in France before the accession of Louis XIV, in D. Buisseret (éd.), *Monarchs, ministers and maps. The emergence of cartography as a tool of government in early modern Europe*, Chicago, 1992, p. 107.

[277] Cité dans : F. Lestringant, *André Thevet, cosmographe des derniers Valois*, p. 15 (*Paris, Bibl. nationale de France*, fr. 15452-15453 (ca. 1578), vol. 1, f. 277r.) Pour la critique de Thevet à l'adresse des autorités textuelles dans la *Cosmographie universelle*, cf : F. Lestringant, *op. cit.*, p. 202-203.

[278] Cf. N. Broc, *La géographie de la Renaissance (1420-1620)*, p. 91.

[279] André Thevet, *Cosmographie universelle*, *sig*. â iiijv-â vr. Cité dans F. Lestringant, *op. cit.*, p. 199.

[280] Guillaume Postel, *Les merveilles du monde, & principalement des admirables choses des Indes, & du nouveau monde*, Paris, 1553. J'ai consulté le document numérisé sur Internet (gallica.bnf.fr). Cf. F. Lestringant, *Écrire le monde à la Renaissance. Quinze études sur Rabelais, Postel, Bodin et la littérature géographique*, Orléans, 1993, p. 225-251. Au chapitre précédent (p. 66) il était déjà question de sa carte du monde de 1578 sous projection polaire.

lointaines et des miracles faits par le Christ au temps de l'auteur. Les écrits de Postel sont profondément marqués par son penchant pour le mysticisme chrétien et par son idéal d'un monde universellement chrétien. J'y reviendrai au chapitre VI.

Il y a un très grand nombre d'autres cosmographies établies aux XVIe et XVIIe siècles[281]. Quelque intéressants que soient ces ouvrages, je ne les discuterai pas tous en détail, car je préfère passer ici à certains textes géographiques plus intéressants dans la perspective de cette étude où je m'occupe surtout de la relation entre texte et image dans la cartographie ancienne, à savoir des descriptions du monde jointes à des cartes. Par exemple, à partir de 1525 Laurentius Frisius publia en plusieurs éditions une explication textuelle de la carte marine de Martin Waldseemüller : *Uslegung der Mercarthen oder Cartha Marina* (1525)[282]. Un autre texte cosmographique, intitulé *La universale descrittione del mondo* accompagnait la carte du monde de 1561 de Giacomo Gastaldi[283].

Aux XVIe et XVIIe siècles c'étaient surtout les atlas qui se composaient de cartes et de textes. Les descriptions géographiques n'étaient certainement pas considérées comme subordonnées aux cartes, car certains atlas contiennent presque uniquement des textes. Il faut penser ici à certains recueils de cartes portulans comme la *Cosmographie universelle* (1556) de Guillaume Le Testu[284], mais ce sont surtout les atlas imprimés à Anvers pendant la deuxième moitié du XVIe siècle qui contiennent des textes détaillés qui réfèrent explicitement aux traditions cosmographiques de l'Antiquité et du Moyen Âge. Dans l'introduction à son *Theatrum orbis terrarum* (1570)[285] Abraham Ortelius (1527-1598) nomme des autorités classiques, mais cite également « ex recentioribus ». Ainsi il dit emprunter des données à « Vincentius Gallus, Ioannes Mandevilius, Sebastianvs Munstervs, Hartmannus Scheydel » et à d'autres. Gerard de Jode (1506-1591), lui aussi, cite dans le « catalogus authorum » du *Speculum orbis terrarum*[286] des

[281] Pour une liste des cosmographies publiées aux XVIe et XVIIe siècles, voir N. Broc, *La géographie de la Renaissance (1420-1620)*, p. 61-97, à laquelle on pourrait ajouter : Franciscus Monachus, *De orbis situ ac descriptione*, Anvers, ca. 1526 ; Joachim Vadianus, *Epitome trium terrae partium, Asiae, Aphricae et Europae*, Zurich, 1534 ; Francesco Maurolico, *Cosmographia*, Venise, 1543 ; Anonyme, *Kleine Cosmographia. Oder summarische Beschreibung der gantzen Welt*, Augsburg, Schmidt, ca. 1550 ; Geronimo Girava Tarragones, *La cosmographia y geographia*, Venise, 1556 ; Anonyme, *Cosmographia. Das ist wahrhaffte beschreibung des gantzen Erdbodens*, Francfort, 1576 ; Francesco Barozzi, *Cosmografia*, Venise, 1585 ; Petrus ab Aurea Baudoza Cestius, *Orbis terrarum synoptica epitome*, s.l., 1588 ; M. Johann Frenzel, *Synopsis geographica*, Dresde, 1592 ; Gabriel de Charlonye, *De sphaera mundi sive de cosmographia libri II*, s.l., 1593 ; Laurentius Corvinus, *Cosmographia*, s.l., 1596 ; Johann Rauw, *Cosmographia*, Francfort, 1597.

[282] Laurentius Frisius, *Uslegung der Mercarthen oder Cartha Marina*, Strasbourg, Johannes Grieninger, 1525. J'ai consulté l'exemplaire Mapp. I,9 m-2 de la *Bayerische Staatsbibl.* à Munich. Cf. H. Wolff, *America. Das frühe Bild der Neuen Welt. Ausstellung der Bayerischen Staatsbibliothek München*, p. 31, cat. 23.

[283] Giacomo Gastaldi, *La universale descrittione del mondo, descritta da Giacomo de'Castaldi Piamontese*, Venise, Matteo Pagano, 1561.

[284] *Vincennes, Bibl. du Service historique de l'Armée de terre*, D.L.Z. 14. Je n'ai pas pu consulter l'orginal. Certains autres atlas de cartes portulans incorporent également des textes descriptifs, comme par exemple l'atlas d'Antonio Millo (1586) publié en fac-similé par L. Zögner, *Der Weltatlas des Antonio Millo von 1586. Faksimilie-Ausgabe der handscrchift 2° Ms. Ham. 446 der Staatsbibliothek Preußischer Kulturbesitz Berlin*, Süssen-Weinheim, 1988.

[285] Fac-similé : R. A. Skelton, *Abraham Ortelius. Theatrum orbis terrarum. Anvers, Van Diest, 1570*, Amsterdam, 1964. Voir p. 67.

[286] Fac-similé : R. A. Skelton, *Gerard de Jode, Speculum orbis terrarum. Anvers, 1578*, Amsterdam, 1965. Voir p. 68.

auteurs médiévaux comme : « Bartholomaeus Anglicus, Ioannes Mandeuilivs, Beda presbyter » ; et aussi des auteurs plus récents : « Aeneas Syluius, Andreas Theuetus et Sebastianus Munsterius ». Gerard Mercator (1512-1594) renvoie uniquement à des autorités classiques dans l'*Atlas*[287]. Ce nonobstant il mentionne toujours des éléments provenant du légendaire médiéval comme, par exemple, le Prêtre Jean dans sa description de l'Afrique.

Les atlas et les cartes imprimées visent à donner une vision du cosmos entier : dans la majorité des cas ils commencent par une description de l'univers, qu'ils font suivre d'une carte et une description du monde entier ainsi que de cartes et de descriptions des continents pour finir avec les régions de l'Europe, de l'Asie, de l'Afrique et parfois avec celles des terres nouvelles. En fait les modes de pensée n'avaient pas changé fondamentalement : le monde sublunaire était toujours perçu comme une unité bien délimitée renfermant l'étendue des terres et des mers ainsi qu'une diversité prodigieuse de peuples et d'animaux. C'était seulement la division interne de la terre qui posait des problèmes[288]. Par exemple : Gerard Mercator avance dans son *Atlas* que les Anciens divisaient d'abord le monde en deux continents, puis en trois. Comme à l'époque de Mercator on avait pris connaissance de l'existence de deux autres continents inconnus aux Anciens, *America* et *Magellanica*, il divise par conséquent le monde en cinq continents. Mercator est loin de rejeter les connaissances anciennes, il les ajuste afin de pouvoir incorporer les découvertes nouvelles. Au XVIe siècle le système clos des *descriptiones* traditionnelles n'avait toujours pas perdu sa validité : l'*orbis tripartitus* cédait simplement la place à un *orbis quadripartitus* ou *quinquepartitus*. Il est question ici d'un procédé cumulatif : les connaissances nouvelles s'ajoutent à la tradition. Une autre caractéristique qui se note est la combinaison de la *scriptura* avec la *pictura* cartographique qui se poursuit du Moyen Âge à la Renaissance. Les raisons de cette combinaison remarquable ainsi que ses fonctions seront analysées dans le chapitre suivant.

[287] GERARD MERCATOR, *Atlas sive cosmographicae meditationes de fabrica mundi et fabricati figura. Dusbourg, 1595*, reprod. Zürich-Stuttgart-Vienne, 1985. Voir p. 68.

[288] Sur l'intégration du Nouveau Monde dans les atlas et l'influence de la géographie antique sur ce processus, voir : M. MUND-DOPCHIE, L'Amérique de Christophe Colomb: une nouvelle « terre ultime » (eschatia) de l'écoumène traditionnelle, in J.-P. Sanchez (éd.), *Dans le sillage de Colomb; L'Europe du Ponant et la découverte du Nouveau Monde (1450-1650). Actes du Colloque International Université Rennes 2, 5, 6 et 7 mai 1992*, Rennes, 1995, p. 359-366.

CHAPITRE IV

PICTURA ET SCRIPTURA : *DESCRIPTIO* ET VISUALISATION

Les rapports entre la poésie et la peinture n'ont pas cessé de fasciner les critiques de l'art depuis le fameux dictum d'Horace « ut pictura poesis »[1]. Une raison de cette fascination pour la poésie et la peinture est que les rapports entre texte et image ne se laissent déterminer que très difficilement[2] : certains textes peuvent donner une impression visuelle tandis que certaines images peuvent narrer une histoire ou une action. On n'a qu'à penser ici à certaines peintures narratives ou à des représentations visuelles du genre *punctum temporis*[3], où une seule scène évoque le dénouement d'une histoire entière. Un autre exemple est l'exhortation d'Alberti à l'adresse des peintres qui, selon lui, devraient consulter les textes des poètes afin d'y trouver la matière pour la composition d'une « historia » (une composition picturale dans la terminologie d'Alberti[4]).

A l'époque moderne on n'a pas cessé de se poser des questions sur la nature du rapport entre texte et image. Au XXe siècle cette fascination a donné lieu à des approches diverses comme, par exemple, la sémiotique, ainsi que l'étude comparée de la littérature et de l'art. Voilà pourquoi il n'est pas étonnant qu'on ait cherché à introduire ces théories modernes sur la nature des textes et des images dans l'étude de la cartographie ancienne. Une des tentatives les plus réussies est celle de Jörg-Geerd Arentzen dans son *Imago mundi cartographica* où il cherche à appliquer les théories sémiotiques à l'étude de la cartographie ancienne[5]. Arentzen fait remarquer que dans le passé, on a surtout mis l'accent sur la différence entre les capacités représentatives des textes et celles des images[6]. Dans l'optique de la sémiotique, par contre, texte et image

[1] Horace, *Ars poetica*, 361, H. Färber, W. Schöne (éd./trad.), *Horatius, Sämtliche Werke, lateinisch und deutsch*, Munich, 1967, p. 250.

[2] La littérature sur ce sujet est abondante. Je cite à titre d'exemple : R. W. Lee, *Ut pictura poesis. A humanistic theory of painting*, New York, 1967 ; W. Steiner, *The colors of rhetoric*, Chicago, 1982, p. 1-18 ; A. Kibédi Varga, Criteria for describing word and image relations, in *Poetics Today*, t. 10, 1989, p. 31-53 ; *idem*, *Discours, récit, image*, Liège-Bruxelles, 1989, p. 89-117 ; *Reading pictures, viewing text*, Bloomington, 1991.

[3] Cf. A. Kibédi Varga, Stories told by pictures, in *Style*, t. 22, 1980, p. 202 ; *idem*, *Discours, récit, image*, p. 105 ; *idem*, Visuelle Argumentation und visuelle Narrativität, in W. Harms (éd.), *Text und Bild, Bild und Text. DFG-Symposion 1988*, Stuttgart, 1990, p. 363.

[4] Leon Battista Alberti, *De pictura*, III, 53-54, C. Grayson (éd./trad.), *The latin texts of De pictura and De statua*, Londres, 1972, p. 94-97.

[5] J.-G. Arentzen, *Imago Mundi Cartographica. Studien zur Bildlichkeit mittelalterlicher Welt- und Ökomenekarten unter besonderer Berücksichtigung des Zusammenwirkens von Text und Bild*, Munich, 1984, p. 24-28, 132-134.

[6] Ces idées prennent leur origine dans le *Laokoon. Über die Grenzen der Malerei und Poesie* (1766) de Gotthold Ephraim Lessing. Les concepts idéologiques qui ont façonné l'idée qu'il fallait bien séparer texte et image ont été analysés et critiqués en détail par W. J. T. Mitchell, *Iconology. Image, text, ideology*, Chicago, 1986, surtout aux p. 95-115 ; et par G. Boehm, Bildbeschreibung. Über die Grenzen von Bild und Sprache, in G. Boehm, H. Pfotenhauer (éd.), *Beschreibungskunst – Kunstbeschreibung. Ekphrasis von der Antike bis zur Gegenwart*, Munich, 1995, p. 23-26.

ne seraient que deux réalisations de surface (« Oberflächenrealisationen ») d'un seul contenu. Arentzen pose que le signe ne réfère pas à l'objet en soi, mais à une représentation mentale de cet objet qui est conditionnée par la culture environnante. Suivant Umberto Eco, on pourrait intituler cette représentation une unité culturelle (« kulturelle Einheit »[7]). De la même manière, la réalité géographique se transforme en image du monde (« Weltbild ») sous l'influence de l'unité culturelle et par suite de mécanismes de sélection. Cette image mentale du monde s'exprimerait finalement sous forme d'une carte.

Il faut applaudir la tentative d'Arentzen d'introduire des théories sémiotiques dans l'étude de la cartographie ancienne. Cependant, malgré les mérites de son travail, il s'y trouve également des éléments à critiquer, car il manque à *Imago mundi cartographica* une discussion méthodologique bien fondée. A vrai dire, l'auteur n'a fait que reprendre le terme unité culturelle d'Umberto Eco pour y établir sa vision entière. L'étude d'Arentzen contient également des opinions contestables sur la nature des rapports entre texte et image, ainsi qu'entre signe et réalité. Il faut avancer ici deux arguments principaux. Premièrement, la façon dont Arentzen présente la notion d'unité culturelle implique que les géographes du Moyen Âge et de la Renaissance cherchaient à exprimer une image du monde pré-verbale et pré-iconique qu'ils s'étaient formée préalablement dans leur pensée indépendamment des modes d'expression[8] ; deuxièmement, selon Arentzen texte et image ne seraient que deux manifestations interchangeables d'un seul contenu. Cela me paraît incorrect. Je m'explique.

Ces dernières décennies, surtout sous l'influence de la philosophie de Jacques Derrida et du post-structuralisme[9], les opinions sur le rapport entre réalité et signe (ou : représentation) se sont profondément transformées. La critique la plus importante de Derrida sur le structuralisme traditionnel porte sur la nature du rapport entre le signe acoustique et le signifié (et/ou référent)[10] : le structuralisme a tendance à favoriser le langage parlé qui référerait à un signifié transcendantal et préexistant, et ce au dépens de l'écriture. Parmi de nombreux autres arguments, Derrida répond, tout en s'appuyant sur les écrits de C. S. Peirce, que le signe ne réfère pas à un signifié extralinguistique, mais à d'autres signes[11]. Le signe n'est donc pas une représentation du référent ou de la réalité. Toute tentative de captiver la réalité en une représentation aura nécessairement pour résultat un ensemble de signes qui réfère à d'autres signes plutôt qu'à

[7] J.-G. Arentzen, *Imago Mundi Cartographica*, p. 25. Arentzen cite la traduction allemande (U. Eco, *Einführung in die Semiotik. Autorisierte deutsche Ausgabe von Jürgen Trabant*, Munich, 1972) de *La struttura assente* (1968) qui en est un remaniement. La traduction française (U. Eco, *La structure absente*, Paris, 1972) reprend pratiquement les mêmes additions que la version allemande. Il est à noter que depuis 1968 la sémiotique s'est profondément transformée ; voir surtout : M. Bal, N. Bryson, Semiotics and art history, in *The art bulletin*, t. 73, 1991, p. 174-208.

[8] J.-G. Arentzen, *op. cit.*, p. 133-134 : l'homme perçoit un point de la réalité (P) comme une unité culturelle ($uc(P)_1$) et c'est cette unité culturelle qui sera finalement représentée sous forme de texte et/ou image ($uc(P)_1'$).

[9] Je réfère ici surtout à la réception et l'interprétation dans les universités des Etats-Unis des idées de philosophes français contemporains parmi lesquels il faut nommer non seulement Jacques Derrida, mais aussi Michel Foucault, Jacques Lacan, Louis Althusser et Julia Kristeva. Pour des introductions et des résumés utiles voir surtout : N. Bryson, *Vision and painting. The logic of the gaze*, New Haven, 1983, p. 79-86 ; Q. Skinner, *The return of grand theory in the human sciences*, Cambridge, 1985.

[10] J. Derrida, *De la grammatologie*, Paris, 1967, surtout aux p. 15-41.

[11] J. Derrida, *op. cit.*, p. 70-73. Cf. le principe du « bricolage » défini par Cl. Lévi-Strauss, *La pensée sauvage*, Paris, 1962, p. 26-33.

la réalité : ce n'est que par rapport à d'autres signes que le signe devient fonctionnel. La réalité hors du texte est alors comme inexistante, car pour l'être humain l'inconnu n'est perceptible et communicable qu'à partir des structures linguistiques dont il dispose déjà. De la même façon Norman Bryson fait remarquer que la réalité n'est pas une donnée transcendantale et fixe, mais elle est le résultat d'une activité humaine conditionnée par des limitations culturelles spécifiques[12]. Afin d'illustrer les idées de Derrida sur les rapports entre signe et réalité on cite souvent sa maxime : « Il n'y a pas de hors texte[13] ». Il est à noter ici que Derrida ne limite pas la dénotation de « texte » à la notion d'écrit : tous les moyens d'expression d'une certaine culture (peintures, objets, idéologies, cérémonies, idées, etc.) peuvent être perçus comme étant des textes qui ne deviennent significatifs que par leur rapport à d'autres textes. Le post-structuralisme renvoie à ce tissu de textes par la notion d'intertextualité[14].

Ce résumé trop bref ne fait sans aucun doute pas droit aux idées très complexes de Derrida et du post-structuralisme, mais ces théories sur la nature du signe me semblent réfuter les théories d'Arentzen qui pose qu'il y a premièrement une image purement mentale du monde (le résultat d'une perception de la réalité conditionnée par la culture) qui sera ensuite matérialisée en signe cartographique. Derrida et le post-structuralisme poseraient par contre que sans structures textuelles préexistantes la réalité géographique n'est même pas perceptible : l'image du monde n'est pas le résultat de l'observation de la réalité, mais elle ne pourra se former qu'à l'aide de textes (au sens large du mot). Ceci vaut *a fortiori* pour le Moyen Âge et la Renaissance où l'observation de la réalité n'avait pas encore le statut sacro-saint de nos jours : dans le chapitre précédent j'ai déjà insisté sur l'influence durable des *auctores*. Au Moyen Âge et à la Renaissance on ne cherchait pas à exprimer une image mentale créée *ex nihilo* comme l'a suggéré Arentzen, mais cette image du monde se formait *à partir* de textes et d'images déjà existants.

Il faut également nuancer les conclusions d'Arentzen sur la nature du rapport entre texte et image. Selon lui il n'importe pas si l'unité culturelle se matérialise en paroles ou en images[15]. Arentzen a raison de poser que les images sont capables de communiquer un message, mais l'idée que texte et image sont interchangeables est douteuse, car il ne va pas de soi que les deux systèmes de communication sont redondants (c'est-à-dire, ils ne véhiculent pas nécessairement le même contenu). Qui plus est, la sémiotique telle qu'elle se présente dans l'étude d'Arentzen n'est pas la méthode par excellence pour l'étude des rapports entre texte et image. W. J. T. Mitchell a déjà fait remarquer que la sémiotique traditionnelle n'a pas réussi à comprendre de façon satisfaisante le fonctionnement des signes iconiques. C'est que la sémiotique a servi en

[12] N. Bryson, *Vision and painting*, p. 5.

[13] J. Derrida, *op. cit.*, p. 227-228.

[14] La notion d'intertextualité prête à confusion : dans le domaine de la littérature comparée le terme réfère surtout à une technique littéraire, tandis qu'on l'emploie également dans un sens large qui inclut tous les moyens d'expression, cf. A. Paravicini Bagliani (Discorso conclusivo, in *Testo e immagini nell'alto medioevo (15-21 aprile 1993)*, Spoleto, 1994, p. 1006) qui a recours à la notion « intertextus » pour caractériser le rapport entre texte et image à l'époque carolingienne.

[15] J.-G. Arentzen (*Imago Mundi Cartographica*, p. 24) fait quelques remarques qui nuancent son assertion que texte et image ne seraient que deux réalisations de surface (« Oberflächenrealisationen ») d'un seul contenu, mais dans l'élaboration de ses idées il traite texte et image comme si s'étaient deux systèmes de communication entièrement interchangeables.

premier lieu à décrire les signes linguistiques et que la terminologie « signe » ne se laisse appliquer que très difficilement aux images[16].

Plus généralement parlant, l'étude des images n'échappe guère à la prédominance de la parole. Même l'histoire de l'art a trop longtemps été dominée par un logocentrisme assez marqué : les actions évoquées dans une peinture ne seraient intelligibles que par analogie avec un texte narratif[17]. C'est surtout l'iconographie qui rend impossible toute explication d'images sans l'appui de sources textuelles. Dans son introduction à l'iconographie comme méthode de recherche pour l'histoire de l'art Erwin Panofsky indiquait déjà que dans son opinion une bonne connaissance de sources littéraires était indispensable à l'identification et à l'interprétation des images[18]. Ces dernières décennies les imperfections de la méthode iconographique ont été signalées par de nombreux théoriciens. Gottfried Boehm[19], par exemple, fait remarquer que l'iconographie réduit l'image à un dérivé du texte. Qui plus est – toujours selon Boehm – la méthode iconographique nie que l'image toute seule soit en mesure de générer des significations. Plus récemment Brendan Cassidy[20] a fait observer que l'iconographie réduit l'image à une illustration d'un texte et qu'elle a surtout tendance à considérer les images du Moyen Âge et de la Renaissance comme des énonciations verbales véhiculées par des moyens visuels. W. J. T. Mitchell, de son côté, signale que dans la pratique de l'iconologie traditionnelle l'*icon* est absorbé par le *logos*, tandis qu'en vérité l'*icon* ne s'assimile que fort difficilement au *logos*[21]. L'iconographie traditionnelle n'est donc pas non plus l'outil par excellence pour une étude de texte et image puisqu'elle ne fait pas droit au potentiel expressif des images.

Une autre approche de la question des rapports entre texte et image, l'étude comparée de la littérature et de la peinture, ne mène pas non plus à des conclusions utiles. Dans cette perspective les images se réduisent presque toujours à des visualisations de textes, tandis que les textes à leur tour se simplifient à des descriptions d'images ou ne sont que des textes ekphras-

[16] W. J. T. Mitchell, *Iconology*, p. 53-74. Pour cette critique de la sémiotique voir aussi : G. Boehm, Zu einer Hermeneutik des Bildes, in H.-G. Gadamer, G. Boehm (éd.), *Seminar. Die Hermeneutik und die Wissenschaften*, Frankfurt a.M., 1978, p. 453-454. La sémiotique a effectivement parfois tendance à voir dans les images surtout des signes linguistiques défectives, par exemple dans : W. Nöth, Zur Komplementarität von Sprache un Bild aus semiotischer Sicht, in *Mitteilungen des Deutschen Germanistenverbandes*, t. 51, 2004, p. 8-22.

[17] Un parfait exemple de cette approche logocentriste se trouve dans M. Schapiro, *Words and pictures. On the literal and the symbolic in the illustration of a text*, La Haye-Paris, 1973, p. 9. Il y a cependant de multiples autres exemples. Pour une critique de l'interprétation logocentriste des images, voir surtout : G. Boehm, *art. cit.*, p. 444-454.

[18] E. Panofsky, *Meaning in the visual arts*, 3e édition, New York, 1987, p. 61-64 et le schéma sur p. 66. J. B. Harley (The iconology of early maps, in C. Clivio Marzoli (éd.), *Imago et mensura mundi. Atti del IX [1981] Congresso Internazionale di Storia della Cartografia*, Rome, 1985, t. 1, p. 29-38) cherche à introduire la méthode iconologique selon Panofsky dans l'étude de la cartographie ancienne, mais il n'entame pas le problème des rapports entre texte et image.

[19] G. Boehm, Zu einer Hermeneutik des Bildes, p. 452-454.

[20] B. Cassidy, Introduction. Iconography, texts, and audiences, in : B. Cassidy (éd.), *Iconography at the crossroads. Papers from the colloquium sponsored by the Index of Christian Art, Princeton University 23-24 March 1990*, Princeton, 1993, p. 5-7.

[21] W. J. T. Mitchell, *Picture theory. Essays on verbal and visual interpretation*, Chicago-Londres, 1994, p. 24-34. La critique de Mitchell sur l'iconographie porte avant tout sur l'idéologie romantique et bourgeoise qui se trouverait à la base de l'iconographie. Ce serait là la raison pour laquelle l'iconographie a tendance à privilégier les peintures figuratives et narratives de la tradition occidentale.

tiques. W. J. T. Mitchell, lui aussi, s'est prononcé contre l'étude comparée des « deux sœurs », la littérature et la peinture (« the sister arts »). Selon lui, ce genre d'études interdisciplinaires se limite à l'établissement de distinctions temporelles comme « le baroque » ou « le classicisme » qui domineraient la littérature ainsi que les arts visuels[22]. L'étude comparée ne fournit donc pas non plus de réponses utiles en ce qui concerne l'interdépendance de texte et d'image.

Les arguments cités ci-dessus m'ont amenée à abandonner l'idée que les images sont des reformulations de textes préexistants. A mon avis la meilleure approche du problème des rapports entre texte et image est de considérer les images, en l'occurrence les cartes, comme un langage visuel capable d'actualiser et de communiquer une ou plusieurs significations. Ceci dit, je suis également d'avis que les images peuvent générer une signification nouvelle tout en ayant recours à des moyens exclusivement visuels. Cette idée que les images constituent en fait un discours se trouve à la base de nombreuses spéculations modernes sur la nature des images[23], comme par exemple les réflexions méthodologiques de Mieke Bal, qui fait remarquer que « l'image ne remplace pas de texte, elle *est* un texte[24] ». Ceci n'implique pas forcément que les images fonctionnent dans tous les cas sans référence aucune aux textes : souvent la langue visuelle reprend le thème d'un texte mais elle est en mesure d'y conférer des implications nouvelles[25].

Dans le domaine de la médiévistique la problematique « texte et image » se manifeste surtout dans une profusion d'études sur les manuscrits illustrés, mais celles-ci se limitent souvent à une étude descriptive d'un seul manuscrit ou d'un groupe de manuscrits assez restreint[26]. Il

[22] W. J. T. Mitchell, *Iconology*, p. 47-52 et plus spécifiquement *idem*, *Picture theory. Essays on verbal and visual interpretation*, p. 83-107.

[23] Cf. R. Barthes, Rhétorique de l'image, in *Communications*, t. 4, 1964, p. 40-51 ; G. Kauffmann, *Zum Verhältnis von Bild und Text in der Renaissance*, Opladen, 1980 ; S. Alpers, *The art of describing. Dutch art in the seventeenth century*, Chicago, 1983, p. 231 ; W. J. T. Mitchell, *Iconology*, p. 8 ; idem, *Picture theory. Essays on verbal and visual interpretation*, p. 99 ; A. Kibédi Varga, *Discours, récit, image*, p. 95-96 : « la fonction argumentative d'un tableau » et « interprétation visuelle » (p. 110) ; M. Bal, N. Bryson, Semiotics and art history, p. 176. Sur la sémiologie du langage visuel voir : F. Saint-Martin, *Sémiologie du langage visuel*, Sillery, 1987. Voir aussi : M. Schapiro, *Words and pictures*, p. 37-49 (sur l'exploitation de contrastes visuels).

[24] M. Bal, On looking and reading. Word and image – visual poetics, and comparative arts, in *Semiotica*, t. 76, 1989, p. 291, 295.

[25] Selon H. Belting (The new role of narrative in public painting of the trecento. *Historia* and allegory, in H. L. Kessler, M. Shreve Simpson (éd.), *Pictorial narrative in Antiquity and the Middle Ages*, Washington, 1985, p. 165-166) il n'est question d'un texte visuel (« visual text ») que quand il n'y a pas de texte préexistant sur le même thème. Belting n'a pourtant pas raison, car les images ont la capacité de reformuler une narration ou de donner une nouvelle signification à un thème ancien. Pour quelques réflexions sur la possibilité d'une narrativité visuelle sans l'apport de textes voir : A. Kibédy Varga, Stories told by pictures, p. 196-197 ; *idem*, Visuelle Argumentation und visuelle Narrativität, in W. Harms (éd.), *Text und Bild, Bild und Text. DFG-Symposion 1988*, Stuttgart, 1990, p. 364-365.

[26] La littérature sur ce sujet est trop vaste pour donner des références exhaustives. Des remarques importantes sur texte et image au Moyen Âge dans : M. Curschmann, Wort – Schrift – Bild. Zum Verhältnis von volkssprachigem Schrifttum und bildender Kunst vom 12. bis zum 16. Jahrhundert, in W. Haug (éd.), *Mittelalter und Frühe Neuzeit. Übergänge, Umbrüche und Neuansätze*, Tübingen, 1999, p. 278-470 ; N. H. Ott, Text und Illustration im Mittelalter. Eine Einleitung, in H. Frühmorgen-Voss (éd.), *Text und Illustration im Mittelalter. Aufsätze zu den Wechselbeziehungen zwischen Literatur und bildender Kunst*, Munich, 1975, p. IX-XXX ; *idem*, Überlieferung, Ikonographie – Anspruchsniveau, Gebrauchssituation. Methodisches zum Problem der Beziehungen zwischen Stoffen, Texten und Illustrationen in Handschriften des Spätmitelalters, in L. Grenzmann (et al.) (éd.), *Literatur und Laienbildung im Spätmittelalter und in der Reformationszeit. Symposion Wolfenbüttel 1981*, Stuttgart, 1984, p. 356-386 ;

y a pourtant des études plus utiles au sujet du fonctionnement des images au Moyen Âge : c'est en premier lieu l'examen du langage des images médiévales par François Garnier[27]. Bien que cette étude ait de très grands mérites, la méthode n'est pas tout à fait utile pour mon propos ici, car elle s'applique surtout aux images qui ornent les textes littéraires en langue française des XIIe et XIIIe siècles. C'est surtout aux États-Unis qu'ont vu le jour, pendant ces dernières années, des travaux consacrés aux aspects méthodologiques. L'exemple le plus important qu'il faut nommer ici est l'étude de Debra Hassig sur les Bestiaires illustrés des XIIe et XIIIe siècles[28]. Hassig adhère aux théories selon lesquelles les images ont des capacités expressives et même argumentatives. C'est la sémiotique telle qu'elle se pratique aux années 90 du siècle dernier qui l'a amenée à considérer avant tout les stratégies idéologiques des textes et des images. Je ne reprendrai pourtant pas cette méthode sémiotique/idéologique pour me concentrer sur l'herméneutique de la cartographie.

En vérité, au Moyen Âge l'image avait un potentiel générateur de sens encore plus grand que de nos jours. Malheureusement l'appréciation correcte des images du Moyen Âge a été obscurcie pendant trop longtemps, surtout par la ténacité du concept de la *Biblia pauperum*[29] : les images dans les églises auraient eu comme but l'instruction des illettrés[30]. Il est vrai que cette idée est justifiée par des témoignages médiévaux, comme, par exemple, la fameuse déclaration du pape Grégoire le Grand (590-604) que la décoration des églises sert à instruire les illettrés[31].

idem, Texte und Bilder. Beziehungen zwischen den Medien Kunst und Literatur in Mittelalter und früher Neuzeit, in H. Wenzel, W. Seipel, G. Wunberg (éd.), *Die Verschriftlichung der Welt. Bild, Text und Zahl in der Kultur des Mittelalters und der frühen Neuzeit*, Vienne, 2000, p. 105-143; H. Wenzel, *Hören und Sehen. Schrift und Bild. Kultur und Gedächtnis im Mittelalter*, Munich, 1995; *idem*, Sprache und Bild II – Visio und deixis. Zur Interaktion von Wort und Bild im Mittelalter, in *Mitteilungen des Deutschen Germanistenverbandes*, t. 51, 2004, p. 136-153.

27 F. Garnier, *Le language de l'image au Moyen Age. Signification et symbolique*, Paris, 1982.

28 D. Hassig, *Medieval Bestiaries*, Cambridge, 1995. Un autre exemple qu'il faut nommer ici est l'étude de S. Lewis, *Reading images. Narrative discourse and reception in the thirteenth-century illuminated Apocalypse*, Cambridge, 1995. Sur l'application de théories modernes sur l'étude des images au Moyen Âge voir aussi : G. Cavallo, Testo e immagine. Una frontiera ambigua, in *Testo e immagini nell'alto medioevo (15-21 aprile 1993)*, Spoleto, 1994, t. 1, p. 35.

29 Cette terminologie n'est pas correcte : le terme *Biblia pauperum* réfère à des bibles illustrées et imprimées. Cf. l'introduction à l'édition en fac-similé par A. Henry, *Biblia pauperum. A facsimile and edition*, Aldershot, 1987, p. 10, 16, 17-19 ; L. G. Duggan, Was art really the 'book of the illiterate' ?, in *Word & image*, t. 5, 1989, p. 241.

30 Cette opinion désuète a une longue vie, voir, par exemple : J. H. Van Engen, The Christian Middle Ages as an historiographical problem, in *American historical review*, t. 91, 1986, p. 548-549.

31 « Idcirco enim pictura in ecclesiis adhibetur, ut hi qui litteras nesciunt saltem in parietibus uidendo legant, quae legere in codicibus non ualent. » Cité dans L. G. Duggan, Was art really the 'book of the illiterate' ?, p. 227, note 1. Sur ce sujet voir aussi : P. Skubiszewski, L'intellectuel et l'artiste face à l'œuvre à l'époque romane, in J. Hamesse, C. Muraille-Samaran (éd.), *Le travail au Moyen Age. Une approche interdisciplinaire. Actes du Colloque international de Louvain-la-Neuve, 21-23 mai 1987*, Louvain-la-Neuve, 1990, p. 268-269 ; J. Pépin, « Vt scriptura pictura ». Un thème de l'esthétique médiévale et ses origines, in F. X. Martin, J. A. Richmond (éd.), *From Augustine to Eriugena. Essays on Neoplatonism and Christianity in honor of John O'Meara*, Washington, 1991, p. 168-173 ; M. Curschmann, *Pictura laicorum litteratura* ? Überlegungen zum Verhältnis von Bild und volkssprachlicher Schriftlichkeit im Hoch- und Spätmittelalter bis zum Codex Manesse, in H. Keller (et al.) (éd.), *Pragmatische Schriftlichkeit im Mittelalter: Erscheinungsformen und Entwicklungsstufen. Akten des internationalen Kolloquiums 17.-19. Mai 1989*, Munich, 1992, p. 211-229. L'opinion de Grégoire le Grand reste difficile à cerner exactement, car il semble qu'il cherche à se distancier des « gentes », c'est-à-dire des laïques ; cf. L. G. Duggan, art. cit., p. 246. L'étude de Duggan contient un survol détaillé des assertions médiévales sur l'idée que les images servent à instruire les *illiterati*.

La supposition qu'un illettré puisse comprendre des images sans problèmes est cependant erronée. Dans l'introduction j'ai déjà référé à l'opinion contemporaine selon laquelle toutes les représentations visuelles, les photos inclusivement, sont quasi indéchiffrables sans qu'on ait préalablement appris à lire ce langage visuel et les codes culturels. Ceci vaut encore *a fortiori* pour l'art médiéval qui est inintelligible si l'on ne sait pas identifier les saints par leurs attributs, ou sans qu'on connaisse la signification des gestes des personnages dépeints[32]. Un grand nombre d'œuvres d'art de l'époque romane a été conçu selon des concepts intellectuels très développés et cet art s'adressait en premier lieu à un public érudit comme l'a fait remarquer Piotr Skubiszewski[33]. En vérité, dans la *Bibla pauperum* proprement dite la composition visuelle est extrêmement complexe, car elle sert à indiquer des rapports typologiques entre l'Ancien et le Nouveau Testament[34]. Qui plus est, il s'est avéré que l'art du Moyen Âge chérissait des compositions très complexes où la disposition visuelle des éléments constituants contribue à la genèse de la (les) signification(s). Il faut penser ici, par exemple, au programmes de décoration des portails d'église, comme le portail occidental de la cathédrale de Chartres dont Adolf Katzenellenbogen a su démontrer que le programme exprime, surtout au moyen de la disposition visuelle, des idées très complexes sur la nature de l'hostie et du saint sacrifice[35]. Plus récemment Wolfgang Kemp a signalé les possibilités infinies des systèmes visuels du Moyen Âge de générer des implications symboliques[36]. Ces systèmes visuels ont eu une dissémination énorme au Moyen Âge : à côté des programmes de décoration des églises (portails, vitres, peintures murales, objets), on les trouve aussi dans des manuscrits, ainsi que sur des tapisseries. Pendant tout le Moyen Âge des systèmes visuels jouaient un rôle primordial dans l'enseignement[37]. On avait recours à des tableaux de formes diverses, parmi lesquels des schémas circulaires ou sous forme d'arbre[38]. Même certaines

[32] Sur ce sujet voir surtout : L. G. Duggan, *art. cit.* L'étude de Duggan est excellente, mais je m'oppose pourtant à son opinion que les images peuvent seulement rappeler des textes déjà connus et qu'elles ne peuvent pas générer une nouvelle signification (p. 244). L'étude de M. Camille (Seeing and reading. Some visual implications of Medieval literacy and illiteracy, in *Art history*, t. 8, 1985, p. 26-49) sur le même sujet contient trop d'opinions erronées. Pour un guide utile au déchiffrement des images médiévales voir l'étude de F. Garnier (*Le language de l'image au Moyen Age*), déjà mentionnée.

[33] P. Skubiszewski, L'intellectuel et l'artiste face à l'œuvre à l'époque romane.

[34] A. Henry, *Biblia pauperum. A facsimile and edition*, p. 4, 19.

[35] A. Katzenellenbogen, *The sculptural programs of Chartres cathedral*, New York, 1964. Voir aussi : S. G. Nichols, *Romanesque signs. Early Medieval narrative and iconography*, New Haven-Londres, 1983, p. 95-117. On peut également penser ici aux structures très complexes des programmes de peintures murales dans les églises médiévales, comme, par exemple, le plafond décoré de l'église Saint-Martin de Zillis ; voir : J. Wirth, *L'image à l'époque romane*, Paris, 1999, p. 333-361.

[36] W. Kemp, Medieval pictorial systems, in B. Cassidy (éd.), *Iconography at the crossroads. Papers from the Colloquium sponsored by the Index of Christian Art, Princeton University 23-24 March 1990*, Princeton, 1993, p. 122-133. Cf. J. Wirth, *L'image à l'époque romane*, p. 84.

[37] Cf. K.-A. Wirth, Von mittelalterlichen Bildern und Lehrfiguren im Dienste der Schule und des Unterrichts, in Bernd Moeller (et al.) (éd.), *Studien zum städtischen Bildungswesen des späten Mittelalters und der frühen Neuzeit*, Göttingen, 1983, p. 256-370 ; A. van Run, *Quia facilior ad intellectum per oculos via est*. Over 'uitleg' op school en in de kunst, in R. E. V. Stuip (éd.), *Scholing in de Middeleeuwen*, Hilversum, 1995, p. 126-158.

[38] K.-A. Wirth, Von mittelalterlichen Bildern und Lehrfiguren im Dienste der Schule und des Unterrichts, p. 278-362. L'interprétation de ces schémas visuels comme des outils mnémoniques par J. B. Friedman (Les images mnémotechniques dans les manuscrits de l'époque gothique, in B. Roy, P. Zumthor (éd.), *Jeux de mémoire. Aspects de la mnémotechnie médiévale*, Montréal-Paris, 1985, p. 169-184) est trop réductrice.

chroniques se présentent sous forme visuelle, comme par exemple l'*Historia magna* de Paulin de Venise déjà signalée dans le chapitre précédent. Les systèmes visuels étaient non seulement destinés à des buts didactiques, mais certains d'entre eux engendraient également des significations sur plusieurs niveaux et, par conséquent, ils pouvaient servir à la contemplation spirituelle et à l'exégèse. C'est surtout grâce à l'étude d'Anna Esmeijer que l'existence et l'importance de ces diagrammes exégétiques se sont avérées[39]. Plus récemment Patrice Sicard a signalé le rôle prépondérant des diagrammes visuels dans l'enseignement et la spiritualité à l'abbaye de Saint-Victor[40]. La disposition visuelle qui rend possible la genèse de significations sur un ou plusieurs niveaux joue également un rôle dans les *mappae mundi* du Moyen Âge. J'y reviendrai au chapitre VI.

Ces exemples indiquent que les images du Moyen Âge ont la capacité de générer des sens. La constatation que les images forment un langage visuel n'implique pourtant pas qu'elles communiquent forcément le même contenu que les textes qu'elles accompagnent où auxquels elles réfèrent[41]. Ceci vaut *a fortiori* pour l'époque médiévale où dans un très grand nombre d'exemples texte et image ne se couvrent point[42]. Piotr Skubiszewski a ainsi fait remarquer que les miniatures dans un manuscrit du *Dialogus de laudibus sanctae Crucis* datant du dernier quart du XIIe siècle ne suivent pas du tout le contenu du texte et que « la série de dessins constitue une composition typologique à part[43] ». Il n'en est pas autrement des textes dans la *Biblia pauperum* : ils n'expliquent pas le contenu des images, mais fournissent des prophéties qui soulignent les relations typologiques déjà indiquées par les images[44]. Même dans les manuscrits illustrés d'un texte destiné à un emploi pratique comme le *Sachsenspiegel* (XIVe s.), un traité juridique en allemand, texte et image ne se couvrent pas toujours exactement comme l'a fait observer Ruth Schmidt-Wiegand[45]. Pour en revenir aux opinions d'Arentzen : sa présupposition

[39] A. C. Esmeijer, *Divina quaternitas. Een onderzoek naar methode en toepassing der visuele exegese*, thèse, Utrecht, 1973 ; traduction anglaise : *Divina quaternitas. A preleminary study in the method and application of visual exegesis*, Assen-Amsterdam, 1978. Voir aussi : A. van Run, Annus Quadriga Mundi. Over de adaptatie van een klassiek thema in de vroegmiddeleeuwse kunst, in J. B. Bedeaux (éd.), *Annus Quadriga Mundi. Opstellen over middeleeuwse kunst opgedragen aan Prof. dr Anna C. Esmeijer*, Zutphen, 1989, p. 152-178, p. 354-358. Pour des références utiles voir P. Sicard, *Diagrammes médiévaux et exégèse visuelle. Le « Libellus de formatione arche » de Hugues de Saint-Victor*, Paris-Turnhout, 1993, p. 141, n. 2.

[40] P. Sicard, *op. cit.*, p. 141-253.

[41] Cf. M. Bal (On looking and reading. Word and image – visual poetics, and comparative arts, p. 291) : « Text and image, even when presented as a whole, do not match, do not overlap ; they can neither do with nor do without one another. »

[42] Pour des remarques très pertinentes sur ce sujet voir : W. Walliczek, Die bibliographische Situation in der Erforschung der Bezüge zwischen höfischer Erzähldichtung und bildender Kunst des Mittelalters, in W. Martens (et al.) (éd.), *Bibliographische Probleme im Zeichen eines erweiterten Literaturbegriffs*, Weinheim, 1988, p. 157 ; G.Cavallo, Testo e immagine. Una frontiera ambigua, p. 35 ; A. Paravicini Bagliani, Discorso conclusivo, surtout aux p. 995-998 ; D. Hassig, *Medieval Bestiaries*, p. 17-18 ; J. K. Eberlein, *Miniatur und Arbeit. Das Medium Buchmalerei*, Frankfurt a.M., 1995, p. 254.

[43] P. Skubiszewski, L'intellectuel et l'artiste face à l'œuvre à l'époque romane, p. 314-319. Il s'agit d'un manuscrit conservé à *Munich, Bayerische Staatsbibliothek*, Clm 14159.

[44] A. Henry, *Biblia pauperum. A facsimile and edition*, p. 8.

[45] R. Schmidt-Wiegand, Text und Bild in den Codices picturati des „Sachsenspiegels" – Überlegungen zur Funktion der Illustration, in R. Schmidt-Wiegand (éd.), *Text-Bild Interpretationen. Untersuchungen zu den Bilderhandschriften des Sachsenspiegels*, Munich, 1986, p. 11-31. Cf. le rapport entre *titulus* et image, discuté dans

que texte et image cartographique expriment le même contenu est donc trop hâtive, car texte aussi bien qu'image sont en mesure de générer des significations et celles-ci ne sont pas nécessairement identiques. A mon avis c'est par contre surtout dans l'interaction[46] de texte et image qu'il faut chercher l'essence même de l'emploi de ces deux modes d'expression au Moyen Âge et à la Renaissance.

Avant d'entamer l'étude des textes et images cartographiques au Moyen Âge et à la Renaissance il faut signaler encore un autre problème : la langue des images n'est pas universelle et invariable, mais elle dépend des conventions de la culture visuelle qui l'emploie[47]. Or, la culture visuelle du Moyen Âge et également celle de la Renaissance diffèrent essentiellement de la nôtre et c'est cette altérité qui gêne souvent notre appréciation des documents visuels de la cartographie de ces époques. Si l'on cherche à comprendre le langage des cartes du monde du Moyen Âge et de la Renaissance, il faut s'occuper également de la culture visuelle qui les a produites et à laquelle les cartes à leur tour font référence. Par exemple, selon Edgar de Bruyne la culture visuelle du Moyen Âge se caractérise par ce qu'il a appelé l'esthétique de « gold and glitter », c'est-à-dire qu'on avait une prédilection pour les bijoux, pour les matières précieuses et pour les ornements[48]. Au Moyen Âge on cherchait à couvrir tous les objets de représentations iconographiques : les murs et les voûtes des églises étaient couverts de peintures murales et non seulement les vitres et les portails représentaient des histoires de la Bible, des saints ou des personnifications de concepts religieux, mais aussi les objets liturgiques étaient abondamment décorés[49]. Cette iconophilie ne se restreignait pas au monde religieux, mais s'étendait même à celui des laïques[50]. On n'a qu'à penser ici à la fameuse miniature du duc de Berry par les frères de Limbourg dans les *Très riches heures* où nous voyons le duc entouré d'objets iconographiques comme des tapis représentant l'histoire de Troie et des outils de table en forme de navire. A la cour de Bourgogne même les mets artistiquement travaillés représentaient des scènes bibliques, épiques ou romanesques[51]. On couvrait les vêtements de représentations iconographiques,

N. Henkel, Titulus und Bildkomposition. Beobachtungen zur Medialität in der Buchmalerei anhand des Verhältnisses von Bild und Text im « Bamberger Psalmenkommentar », in *Zeitschrift für Kunstgeschichte*, t. 62, 1999, p. 449-463.

[46] Voir aussi : N. H. Ott, Texte und Bilder. Beziehungen zwischen den Medien Kunst und Literatur in Mittelalter und früher Neuzeit : « Komplementarität » ; M. Curschmann, Imagined exegesis. Text and picture in the exegetical works of Rupert of Deutz, Honorius Augustodunensis, and Gerhoch of Reichersberg, in *Traditio*, t. 44, 1988, p. 145-148 ; A. Kibédi Varga, Criteria for describing word and image relations, p. 39 : « interreference » ; S. Lewis (*Reading images. Narrative discourse and reception in the thirteenth-century illuminated Apocalypse*, p. 2) propose de s'occuper de l'interaction de texte et image, au lieu de leur opposition ; H. Wenzel, Visio und deixis. Zur Interaktion von Wort und Bild im Mittelalter, in *Mitteilungen des Deutschen Germanistenverbandes*, t. 51, 2004, p. 136-153.

[47] M. Baxandall (*Painting and experience in fifteenth century Italy. A primer in the social history of pictorial style*, Oxford, 1972) a introduit la notion de culture visuelle (« visual culture ») dans l'étude de l'art de la Renaissance. Pour l'importance des conventions sociales et culturelles dans le processus d'identification d'une image voir aussi : N. Bryson, *Vision and painting*, p. 37-66.

[48] E. de Bruyne, *Etudes d'esthétique médiévale*, Bruges, 1946, p. 69-71.

[49] Cf. K. F. Morrison, *History as a visual art in the twelfth century Renaissance*, Princeton, 1990, p. 61.

[50] Cf. K. F. Morrison, *op. cit.*, p. 221-222.

[51] Voir, par exemple : J. Huizinga, *L'automne du Moyen Âge*, Paris, 1993, p. 263-265.

comme le montre le manteau de l'empereur Henri II orné de signes du zodiaque[52], ou bien les souliers en cuir qu'on a retrouvés en Flandre et en Hollande représentant un épisode de l'histoire de Tristan et Iseut[53]. Les mappemondes médiévales ont fonctionné dans ce contexte surabondant de représentations iconographiques : Marcel Destombes fait référence à un manteau impérial décoré du VIIIe siècle dont le programme iconographique évoquerait, entre autres, une représentation schématique des trois continents avec leurs noms : *Asia*, *Africa*, *Europa*[54]. Dans ses poèmes Baudri de Bourgueil décrit une mappemonde dans une chambre décorée du plafond jusqu'au pavement. Il y aurait également eu une mappemonde dans la chambre peinte (« painted chamber ») à Westminster[55]. Dans son étude des mappemondes par rapport à leur contexte visuel, Marcia Kupfer appelle ces mappemondes des images enchâssées (« embedded images »)[56]. Pour cette étude je me concentrerai sur les rapports entre les cartes du monde et la culture visuelle et textuelle de l'époque qui me concerne ici, et plus spécifiquement encore sur les références des cartes aux textes et images scientifiques[57].

Une autre différence importante entre la culture visuelle du Moyen Âge et celle de l'époque moderne est qu'au Moyen Âge on ne se souciait pas de séparer clairement le champ des textes de celui des images. Ainsi on trouve des combinaisons qui sont presque impensables à notre époque comme, par exemple, des images polyscéniques ou des images sériées constituant un cycle narratif. A côté de ces modes de représentation fort spécifiques, il y a aussi ce qu'on appelle, utilisant en cela un terme moderne, des peintures « multimédia »[58] c'est-à-dire des images qui incorporent des textes[59] ainsi que des textes qui incorporent des images (il faut penser ici, entre autres, aux initiales historiées). Les inscriptions et les *tituli* ne servent pas simplement à l'identification des choses dépeintes, mais, comme l'a démontré Carl Morrison à l'aide de la croix de Bury Saint-Edmunds (XIIe siècle), l'artiste médiéval a eu recours à la combinaison de textes et d'images pour constituer un programme cohérent destiné à la contemplation spiri-

[52] C'est le fameux « Sternenmantel » (entre 1018-1024), conservé au Diözesanmuseum à Bamberg ; voir : J. Kirmeier, B. Schneidmüller, S. Weinfurter, E. Brockhoff, *Heinrich II. 1002-1024*, Augsburg-Stuttgart, 2002, cat. no. 203. Des remarques importantes dans : P. Dronke (éd.), *Bernardus Silvestris, Cosmographia*, Leyde, 1978, p. 26-27.

[53] Il n'est pas toujours possible d'indiquer une source textuelle de cette iconographie ; cf. M. Curschmann, Images of Tristan, in A. Stevens, R. Wisbey (éd.), *Gottfried von Strassburg and the Medieval Tristan Legend. Papers from an Anglo-North American Symposium*, Cambridge, 1990, p. 7-9.

[54] M. Destombes, *Mappemondes A.D. 1200-1500. Catalogue préparé par la Commission des Cartes Anciennes et de l'Union Géographique Internationale*, Amsterdam, 1964, p. 5.

[55] Déjà mentionnée au chapitre II.

[56] M. Kupfer, Medieval world maps. Embedded images, interpretative frames, in *Word & image*, t. 10, 1994, p. 262-288.

[57] Il ne s'agit donc pas d'esquisser ici la culture visuelle du Moyen Âge et de la Renaissance dans sa totalité. Je me concentrerai surtout sur ces domaines qui ont des rapports avec les cartes du monde.

[58] Cette expression est très en vogue à l'heure actuelle. On voit cependant que cette manière de combiner plusieurs moyens d'expression n'est pas tout à fait nouvelle. Pour les expressions d'art multimédia au Moyen Âge et à l'époque prémoderne, voir mon *Multi-media art from the late Middle Ages to the early modern period*, Louvain, 2004.

[59] Cf. W. Walliczek, Die bibliographische Situation in der Erforschung der Bezüge zwischen höfischer Erzähldichtung und bildender Kunst des Mittelalters, p. 157-158 ; A. Kibédi Varga, Criteria for describing word and image relations, p. 39.

tuelle[60]. Dans certains cas les textes font partie de la représentation visuelle comme dans certains manuscrits français des XIVe et XVe siècles où, ainsi que l'a signalé Millard Meiss, l'on a visiblement cherché à établir une harmonie visuelle entre le texte et sa décoration[61]. Ces compositions hétérogènes d'images et de textes ne sont pas de qualité défectueuse comme on l'a supposé pendant très longtemps, mais elles ont été conçues comme des systèmes bien cohérents. Les cartes du monde du Moyen Âge, dont la plus grande partie a également un caractère multimédia, puisqu'elles incorporent des images aussi bien que des textes, sont nées dans cette culture artistique et scientifique où l'on considérait des compositions multimédias comme des unités. Par conséquent, il faut les étudier dans leur totalité au lieu de séparer l'étude des images de celle des textes.

Il est vrai que l'art de la Renaissance diffère visiblement de l'art du Moyen Âge. C'est surtout depuis le premier quart du XIVe siècle que les peintres cherchaient à imiter la nature dans leurs travaux. Afin de donner une illusion optique de volume et d'espace, ils avaient recours à des techniques diverses comme, par exemple, les tonalités des couleurs et la perspective mathématique. S'y ajoutait à partir du XVe siècle l'imitation des exemples de l'Antiquité classique[62] : les artistes s'inspiraient des statues romaines et grecques, des « groteschi » retrouvés dans les ruines de la *domus aurea* de Néron à Rome, ainsi que des éléments décoratifs de l'architecture antique. Cependant, à côté de ces transformations on voit en même temps les artistes de la Renaissance perpétuer l'iconographie médiévale. Il suffit de penser aux livres d'emblèmes où se trouve maint exemple d'iconographie médiévale.

La culture visuelle de la Renaissance se caractérise non seulement par un goût du « réalisme », mais aussi par une véritable fascination pour des rébus visuels, des emblèmes, des hiéroglyphes inventés et des représentations allégoriques[63]. En témoigne l'*Hypnerotomachia Poliphili* (Venise, 1499). Cette vogue explique également le succès durable de recueils d'*emblemata* comme l'*Emblematum liber* (Augsburg, 1531) d'Andrea Alciati (1492-1560) et l'*Iconologia* (Rome, 1593) de Cesare Ripa (ca. 1560-ca. 1623)[64]. Des traces de cet aspect de la culture visuelle du XVIe siècle se retrouvent également dans la cartographie. Par exemple, dans son étude intitu-

[60] K. F. Morrison, *History as a visual art in the twelfth century Renaissance*, p. 42-43.

[61] M. Meiss, *The Boucicaut Master*, Londres, 1968 (*French painting in the time of Jean de Berry*, t. 3), p. 12-13.

[62] Pour l'imitation de la nature et des exemples classiques je me base ici sur : E. Panofsky, *Renaissance and renascences in Western art*, New York, 1972, p. 8-35.

[63] Cf. L. Volkmann, *Bilderschriften der Renaissance. Hieroglyphik und Emblematik in ihren Beziehungen und Fortwirkungen*, reprod. Nieuwkoop, 1969 ; J. Seznec, *La survivance des dieux antiques*, Londres, 1940, p. 99-103 ; P. M. Daly, *Literature in the light of the emblem*, Toronto-Buffalo-Londres, 1979, p. 11-21 ; M. Pastoureau, L'illustration du livre. Comprendre ou rêver ?, in H. J. Martin et R. Chartier (éd.), *Histoire de l'enluminure française, I : Le livre conquérant*, Paris, 1982, p. 518-529 ; R. Strong, *Art and power. Renaissance festivals 1450-1650*, Woodbridge, 1984, p. 22-28 ; W. B. Ashworth, Natural history and the emblematic world view, in D. C. Lindberg, R. S. Westman (éd.), *Reappraisals of the Scientific Revolution*, Cambridge, 1990, p. 303-333 ; D. S. Russell, *Emblematic structures in Renaissance France*, Toronto, 1995 ; P. M. Daly, J. Manning (éd.), *Aspects of Renaissance and Baroque symbol theory, 1500-1700*, New York, 1999.

[64] Pour des reproductions des livres d'emblèmes, voir: A. Henkel, A. Schöne, *Emblemata. Handbuch zur Sinnbildkunst des XVI. und XVII. Jahrhunderts*, Stuttgart, 1996.

lée *The self-made map. Cartographic writing in early modern France* Tom Conley décrit l'importance des rébus visuels et des acrostiches dans l'œuvre d'Oronce Fine (1491-1555)[65].

La culture de la Renaissance n'avait pas non plus perdu le goût de représentations iconographiques incorporant des textes, comme, par exemple, des peintures contenant des inscriptions ou représentant des lettres, ainsi que des pamphlets imprimés de caractère multimédia[66]. Même si de nombreuses peintures et gravures des XVIe et XVIIe siècles n'incorporent pas de textes dans leur représentation visuelle, les images de cette époque étaient à l'origine très fréquemment accompagnées d'un proverbe, d'un poème ou d'une inscription. Qui plus est, les documents qui témoignent encore des fêtes et des entrées royales au XVIe siècle, et parfois encore au XVIIe siècle, montrent qu'à cette époque on n'hésitait aucunement à mélanger théâtre, musique, paroles, textes, odeurs et représentations iconographiques[67]. La culture visuelle de la Renaissance était toujours dominée par une abondance de représentations iconographiques. Par exemple, François Ier possédait le fameux service de sel et de poivre en or sous forme de personnifications de la terre et de la mer, créé par Benvenuto Cellini pendant les années 1539-1543[68]. Les banquets iconographiques de la cour de Bourgogne trouvaient encore un écho au XVIIe siècle dans les banquets donnés à Rome en l'honneur de la reine Christine de Suède, où les tables étaient décorées par des sculptures en sucre représentant la Passion, des allégories chrétiennes ou des scènes mythologiques (à partir de 1654)[69].

Finalement, et ceci constitue un aspect assez important pour l'appréciation de la cartographie de la Renaissance, jusqu'au XVIIe siècle les sciences naturelles et les arts visuels se mélangeaient : les *naturalia* se présentaient préférablement dans le contexte des *artificialia*[70]. On s'intéressait à l'étude des phénomènes naturels, mais les objets d'étude se présentaient dans un cadre artistiquement travaillé, comme par exemple les coquilles du nautilus gravées et transformées en calice qu'on peut toujours admirer dans les natures mortes des XVIe et XVIIe

[65] T. Conley, *The self-made map. Cartographic writing in early modern France*, Minneapolis, 1996, p. 88-134.

[66] Pour des exemples de peintures incorporant des textes datant du Cinquecento et du Seicento italiens voir : J. Kliemann, Programme, Inschriften und Texte zu Bildern. Einige Bemerkungen zur Praxis in der profanen Wandmalerei des Cinquecento, in W. Harms (éd.), *Text und Bild, Bild und Text. DFG-Symposion 1988*, Stuttgart, 1990, p. 79-95. De nombreux autres exemples de représentations multimédias dans : M. Butor, *Les mots dans la peinture*, Genève, 1969 ; A. Kibédy Varga, *Discours, récit, image*, p. 93-94.

[67] Sur les entrées royales, voir : B. Guenée, F. Lehoux, *Les entrée royales françaises de 1328 à 1515*, Paris, 1968 ; I. D. McFarlane, *The Entry of Henry II into Paris, 16 June 1549*, Binghamton, 1982 ; R. Strong, *Art and power. Renaissance festivals 1450-1650* ; S. Kipling, *Enter the King. Theatre, liturgy, and ritual in the Medieval civic triumph*, Oxford, 1998 ; R. Falkenburg, J. de Jong, *Hof-, staats- en stadsceremonies*, Zwolle, 1999 ; J. R. Mulryne, H. Watanabe-O'Kelly, M. Shewring (éd.), *Europa triumphans. Court and civic festivals in early modern Europe*, Aldershot, 2004.

[68] Vienne, Kunsthistorisches Museum.

[69] Cf. P. Bjurström, *Feast and theatre in Queen Christina's Rome*, Stockholm, 1966, p. 47-69, avec des dessins datant des années 1668 et 1669 ; R. Strong, *Feast. A history of grand eating*, Londres, 2002. Quelques remarques pertinentes sur l'influence des banquets bourguignons sur le *Schauessen* de la cour habsburgienne au XVIe siècle dans : Th. DaCosta Kaufmann, *The mastery of nature. Aspects of art, science and humanism in the Renaissance*, Princeton, 1993, p. 178, 299, n. 34.

[70] Pour des exemples, voir : M. Kemp, Wrought by no artist's hand. The natural, the artificial, the exotic, and the scientific in some artifacts from the Renaissance, dans: C. Farago, *Reframing the Renaissance. Visual culture in Europe and Latin America 1450-1650*, New Haven-Londres, 1995, p. 177-196.

siècles[71]. On conservait et arrangeait ces objets ainsi que des globes et des cartes dans des collections d'histoire naturelle, les « studioli » et les « Kunst- und Wunderkammern »[72].

Cette esquisse trop rapide n'est pas une reconstruction complète de la culture visuelle du Moyen Âge et de la Renaissance. Il n'est d'ailleurs pas dans mon intention de la présenter ici : il suffit de constater que les cartes du monde de cette époque ont subi l'impact de cette culture visuelle et qu'elles font appel aux attentes d'un public formé par cette même culture. Je me limiterai ici à deux aspects. Premièrement, les mappemondes du Moyen Âge et de la Renaissance ont un caractère multimédia : elles incorporent des images et des textes qui varient de *tituli* servant à l'identification des éléments géographiques à des textes explicatifs. Dans le chapitre suivant je m'occuperai des textes et des images dans la cartographie ancienne pour me concentrer ici sur une deuxième caractéristique du rapport entre texte et image, à savoir l'interaction entre les cartes visuelles et les *descriptiones orbis*. Dans le premier paragraphe je discuterai certaines hypothèses selon lesquelles les *mappae mundi* ne sont que des visualisations de *descriptiones orbis* ainsi que d'autres théories qui, inversement, se basent sur la supposition que les *descriptiones orbis* ne sont que des descriptions fidèles et exactes de cartes visuelles. Il s'avérera que dans les cas où il est question de la combinaison de *scriptura* et *pictura* cartographiques, texte et image ne traduisent pas toujours les mêmes données, mais constituent ce que j'appellerai une unité compilatoire : les textes aussi bien que les images apportent le leur au

[71] Cf. R. van Gelder, De wereld binnen handbereik. Nederlandse kunst- en rariteitenverzamelingen, 1585-1735, in E. Bergvelt, R. Kistemaker (et al.) (éd.), *De wereld binnen handbereik. Nederlandse kunst- en rariteitenverzamelingen, 1585-1735*, Zwolle, 1992, p. 29 ; M. Kemp, *art. cit.*

[72] La littérature sur les Kunst- und Wunderkammern est abondante. Voir surtout : J. von Schlosser, *Die Kunst- und Wunderkammern der Spätrenaissance*, 2me édition, Braunschweig, 1978 ; W. Liebenwein, *Studiolo. Die Entstehung eines Raumtyps und seine Entwicklung bis um 1600*, Berlin, 1977 ; A. Lugli, *Naturalia et mirabilia. Il collezionismo enciclopedico nelle Wunderkammern d'Europa*, Milan, 1983 ; O. Impey, A. MacGregor, *The origins of museums. The cabinet of curiosities in sixteenth- and seventeenth-century Europe*, Oxford, 1985 ; K. Pomian, *Collectionneurs, amateurs et curieux. Paris, Venise: XVIe-XVIIIe siècle*, Paris, 1987 ; A. Schnapper, *Le géant, la licorne et la tulipe. Collections et collectionneurs dans la France du XVIIe siècle*, Paris, 1988 ; E. Bergvelt, R. Kistemaker (*et al.*) (éd.), *De wereld binnen handbereik. Nederlandse kunst- en rariteitenverzamelingen, 1585-1735*, Zwolle, 1992 ; Th. DaCosta Kaufmann, Remarks on the collections of Rudolf II. The *Kunstkammer* as a form of *Representatio*, in *The art journal*, t. 28, 1978, p. 22-28 ; *idem*, *The school of Prague. Painting at the court of Rudolf II*, Chicago, 1988 ; *idem*, *The mastery of nature. Aspects of art, science and humanism in the Renaissance*, Princeton, 1993, p. 174-194 ; P. J. Braünlein, *Theatrum mundi*. Zur Geschichte des Sammelns im Zeitalter der Entdeckungen, in G. Bott (éd.), *Focus Behaim Globus. Ausstellungskataloge des Germanischen Nationalmuseums*, Nuremberg, 1993, t. 1, p. 355-376 ; P. Findlen, *Possessing nature. Museums, collecting, and scientific culture in early modern Italy*, Berkeley-Los Angeles-Londres, 1994 ; *idem*, Courting nature, in N. Jardine, S. A. Secord, E. C. Spary (éd.), *Cultures of natural history*, Cambridge, 1996, p. 57-74 ; K. Whitaker, The culture of curiosity, in N. Jardine, S. A. Secord, E. C. Spary (éd.), *Cultures of natural history*, Cambridge, 1996, p. 75-90 ; L. Daston, K. Park, *Wonders and the order of nature, 1150-1750*, New York, 1998, p. 67-108, 255-301. Jusqu'à présent la présence des objets cartographiques dans les collections a reçu peu d'attention. Pour quelques remarques sur ce sujet, voir : L. Salerno, Arte, scienza e collezioni nel Manierismo, in *Scritti di storia dell'arte in onore di Mario Salmi*, Rome, 1963, t. 3, p. 209 ; R. J. W. Evans, *Rudolf II and his world. A study in intellectual history 1576-1612*, Oxford, 1973, p. 244 ; W. Liebenwein, *op. cit.*, p. 70 ; G. Turner, The cabinet of experimental philosophy, in O. Impey, A. MacGregor (éd.), *The origins of museums. The cabinet of curiosities in sixteenth- and seventeenth-century Europe*, Oxford, 1985, p. 214-222 ; J. B. Harley, The map and the development of the history of cartography, in J. B. Harley, D. Woodward (éd.), *Cartography in prehistoric, ancient, and Medieval Europe and the Mediterranean*, Chicago, 1987 (*The history of cartography*, t. 1), p. 9 ; G. Mangani, *Il 'mondo' di Abramo Ortelio. Misticismo, geografia e collezionismo nel Rinascimento del Paesi Bassi*, Modène, 1998.

résultat final et le dotent d'éventuelles connotations. J'avancerai également que dans certains cas la *descriptio orbis* peut fonctionner comme représentation cartographique visuelle.

Dans le paragraphe suivant les grandes *mappae mundi* des XIIIe et du XIVe siècles constitueront le point de départ. Selon un point de vue souvent exprimé ces *mappae mundi* seraient des images narratives, des chroniques visualisées où auraient été réunies à l'intérieur d'un seul cadre les différentes étapes de l'histoire sainte. Parfois on a rapproché les *mappae mundi* d'un autre genre textuel, à savoir l'encyclopédie, en qualifiant les cartes d'encyclopédies visualisées. Ici encore il s'avérera que les mappemondes visuelles ne sont pas des visualisations d'un seul texte. Bien au contraire, elles sont des compilations indépendantes qui utilisent des exemples iconographiques aussi bien que textuels.

Dans le troisième et dernier paragraphe je m'occuperai du problème texte-image pour ce qui est des cartes portulans et des cartes du monde imprimées. Malgré le fait que ces cartes-ci ont été produites pendant d'autres époques et dans d'autres milieux que les *mappae mundi*, on continuait à munir les documents visuels de textes qui décrivent la terre et ses habitants.

I. *Descriptio* et visualisation

Dans ce paragraphe-ci je me propose de reconsidérer un certain nombre d'hypothèses sur l'interdépendance de texte et image cartographique, et ce surtout pour ce qui est de la période du XIIe jusqu'au XIVe siècle. Dans le passé les historiens de la cartographie n'ont pas pu s'imaginer qu'une activité cartographique puisse avoir d'autre objectif que de dessiner une carte. Voilà pourquoi on ne s'est guère occupé de la cartographie textuelle décrite dans le chapitre précédent qui constituait pourtant une partie indispensable de la cartographie jusqu'au XVIIe siècle. Cette focalisation sur les cartes visuelles a prêté à confusion. C'est que certaines *descriptiones orbis* des XIIe et XIIIe siècles sont arrangées d'une façon très semblable aux mappemondes. A première vue il paraît logique d'en déduire que les *descriptiones orbis* reproduisent des mappemondes visuelles. Par conséquent on a souvent cru à l'existence de cartes maintenant perdues, et ce uniquement sur la base d'une *descriptio orbis*. En outre, par suite de l'emploi inconsistant du terme *mappa mundi* pour texte et image, on a cru pouvoir supposer l'existence de documents cartographiques perdus, tout simplement parce qu'un auteur médiéval fait référence à une *mappa mundi*. Un exemple de cette approche est la liste chronologique de mappemondes médiévales établie par David Woodward[73] qui mentionne comme cartes maintenant perdues, entre autres, celles de Julius Honorius, de Paulus Orosius, de l'Anonyme ravennate et d'Albert le Grand. De ces auteurs-là nous connaissons encore des *descriptiones orbis* ou des tables de coordonnées, mais ceci n'implique pas nécessairement qu'ils auraient également construit une mappemonde visuelle comme supplément à leurs textes.

Inversement, on a également postulé, et ce souvent trop hâtivement, que certains auteurs décrivent simplement une mappemonde. Dans le passé la critique ne s'est pas toujours rendue

[73] D. Woodward, Medieval *mappaemundi*, in J. B. Harley, D. Woodward (éd.), *Cartography in prehistoric, ancient, and Medieval Europe and the Mediterranean*, Chicago, 1987 (*The history of cartography*, t. 1), p. 359-367. Pour d'autres exemples, voir aussi : A.-D. von den Brincken, Mappa Mundi und Chronographia. Studien zur *imago mundi* des abendländischen Mittelalters, in *Deutsches Archiv für Erforschung des Mittelalters*, t. 24, 1968, p. 128 ; L. Bagrow, R. A. Skelton, *History of cartography*, 1985.

compte du fait que la cartographie ancienne était également un genre textuel où l'auteur se base sur d'autres descriptions géographiques. Ce problème est encore compliqué davantage par le recours à des techniques rhétoriques comme la *descriptio* ou l'*ekphrasis* où l'auteur décrit un objet visuel qui peut être imaginaire.

La question de la relation entre *scriptura* et *pictura* se pose donc maintenant de la façon suivante : les *descriptiones* sont-elles tout simplement des traductions textuelles, des *ekphrasis*, de représentations visuelles, ou bien reposent-elles aussi sur une tradition textuelle ? Et inversement : la mappemonde est-elle seulement la visualisation d'un texte ? Reste également la question de la fonction de cette coexistence de texte et image dans le domaine de la cartographie médiévale : la carte ne serait-elle que la simple illustration d'un texte[74] ou aurait-elle d'autres fonctions ? S'y ajoute le problème de la disponibilité d'exemples iconographiques : l'auteur n'aurait-il fait que copier son exemple ou bien existerait-il des raisons spécifiques pour faire la combinaison d'un texte et d'une mappemonde[75] ?

Je me tournerai tout d'abord vers les manuscrits contenant une *descriptio orbis* munie d'une carte, car la relation entre *scriptura* et *pictura* la plus évidente se présente dans les cas où une mappemonde est insérée dans un codex contenant un texte décrivant le monde. Dans son inventaire des mappemondes médiévales, Marcel Destombes établit une distinction entre des « mappemondes contenues dans des manuscrits » et des « mappemondes isolées »[76]. Cette distinction faite, l'inventaire ne donne guère de renseignements sur les textes que renferment ces manuscrits, ni sur le contenu du texte auquel la mappemonde en question se trouve attachée. Toujours est-il que la question de la relation entre *mappa mundi* et contexte codicologique pourrait donner un grand nombre de renseignements précieux sur la façon dont la carte a été conçue et sur sa réception[77].

Pour ce qui est des *mappae mundi* insérées dans des manuscrits, on a souvent eu tendance à les désigner d'après l'auteur du texte auquel ils sont rattachés. Des exemples illustratifs en sont les diagrammes T-O qui figurent souvent dans les manuscrits des *Etymologiae* et du *De natura rerum* d'Isidore de Séville. Bien que celui-ci ne soit nullement l'inventeur du schéma, on appelle ces schémas « des mappemondes isidoriennes »[78]. D'autres exemples sont les deux cartes dites de saint Jérôme au recto et verso du dernier feuillet d'un manuscrit datant du milieu du XIIe siècle dans la British Library contenant des ouvrages de Jérôme, parmi lesquels le *De*

[74] D. Lecoq, La mappemonde du *Liber Floridus* ou la vision du monde de Lambert de Saint-Omer, in *Imago mundi*, t. 39, 1987, p. 9.

[75] Pour ces questions voir aussi : Chr. Jacob, *L'empire des cartes. Approche théorique de la cartographie à travers l'histoire*, Paris, 1992, p. 247-251.

[76] M. Destombes, *Mappemondes A.D. 1200-1500*, p. 6.

[77] Pour la recommandation d'examiner le contexte codicologique des *mappae mundi*, voir : U. Ruberg, Mappae Mundi des Mittelalters im Zusammenwirken von Text und Bild. Mit einem Beitrag von Antikem und Christlichem in *principium*- und *finis*-Thematik auf der Ebstorfkarte, in C. Meier, U. Ruberg (éd.), *Text und Bild. Aspekte des Zusammenwirkens zweier Künste in Mittelalter und früher Neuzeit*, Wiesbaden, 1980, p. 557 ; P. Gautier Dalché, De la glose à la contemplation. Place et fonction de la carte dans les manuscrits du haut Moyen Age, in *Testo e immagine nell'alto medioevo. Settimane di studio del Centro italiano di studi sull'alto medioevo*, t. 41, 1994, p. 698-699 ; E.Edson, *Mapping time and space. How Medieval thinkers viewed their world*, Londres, 1997, p. 13, 101-102.

[78] Par exemple : D. Woodward, Medieval *mappaemundi*, p. 343 ; P. M. Barber, Old encounters new. The Aslake world map, in M. Pelletier (éd.), *Géographie du monde au Moyen Age et à la Renaissance*, Paris, 1989, p. 77-78.

situ et nominibus locorum hebraicorum[79]. Selon Konrad Miller ces deux copies du XIIe siècle, représentant respectivement l'Orient et la Palestine, seraient des copies fidèles de cartes dressées par saint Jérôme lui-même pour illustrer son texte[80]. Cependant les deux cartes en question ont été tracées sur un seul feuillet qui a été inséré à la fin du manuscrit et, en plus, les dimensions du feuillet (et probablement également l'écriture) diffèrent du reste du codex. Il est donc plus probable qu'au XIIe siècle un scribe ou un compilateur a joint cette carte au texte du saint. Evelyn Edson a examiné les correspondances entre les deux cartes et le texte de Jérôme et elle en arrive à la conclusion que le texte et les cartes ne sont pas exactement identiques. Par exemple, le texte nomme le paradis terrestre, qui est absent sur les deux cartes[81]. En outre, la façon dont les fleuves et les chaînes de montagnes se terminent abruptement à cause des dimensions du feuillet suggère que ces deux cartes ne sont pas des visualisations d'un texte décrivant l'Orient, mais qu'elles sont des copies partielles d'une carte plus grande (peut-être d'une mappemonde) qui pourrait remonter à l'Antiquité tardive, comme l'a suggéré Patrick Gautier Dalché[82]. Les caractéristiques codicologiques de ces deux cartes indiquent qu'il est plus logique d'abandonner l'idée qu'elles sont des visualisations du texte du saint Jérome et d'accepter l'idée qu'elles sont des copies d'une autre carte. A un certain moment on a inséré ces deux cartes dans un codex renfermant le *De situ et nominibus locorum hebraicorum* de saint Jérôme. Apparemment, et ceci est important, les écarts entre les deux cartes et le texte n'étaient pas considérés comme problématiques.

Peter McGurk a déjà fait remarquer que les mappemondes datant d'avant le XIIe siècle n'étaient pas associées définitivement à certains textes. La localisation de ces mappemondes et des copies postérieures indique, toujours selon McGurk, que celles-ci fonctionnaient indépendamment des textes[83]. Et effectivement, les très rares ébauches géographiques qui se trouvent dans les manuscrits des *Historiae* d'Orose ne présentent aucune ressemblance avec le texte qu'elles accompagnent. La mappemonde qui se trouve dans un codex du milieu du VIIIe siècle conservé à Albi[84] n'a que très peu de rapports avec le texte d'Orose : une comparaison des noms géographiques mentionnés dans sa description du monde par Fr. Glorie a révélé que le texte et la mappemonde ont peu en commun[85]. Un autre codex renfermant des fragments tirés des

[79] Pour les références des cartes citées ici, voir : le chapitre II.

[80] K. Miller, *Die kleineren Weltkarten*, Stuttgart, 1895 (*Mappaemundi. Die ältesten Weltkarten*, t. 3), p. 1-4. Ses conclusions parfois trop hâtives ont été reprises sans objection aucune par la critique moderne. Voir par exemple : A.-D. von den Brincken, «...Ut describeretur universus orbis». Zur Universalkartographie des Mittelalters, in A. Zimmerman (éd.), *Methoden in Wissenschaft und Kunst des Mittelalters*, Berlin, 1970, p. 258 ; *eadem*, *Fines terrae*, Hanovre, 1992, p. 24-27. Pour une réfutation voir : P. Gautier Dalché (éd.), *La « Descriptio mappe mundi » de Hugues de Saint-Victor. Texte inédit avec introduction et commentaire*, Paris, 1988, p. 70, n. 60.

[81] Cf. E. Edson, *Mapping time and space*, p. 27-30.

[82] P. Gautier Dalché (éd.), *La « Descriptio mappe mundi » de Hugues de Saint-Victor*, p. 71.

[83] P. McGurk, *An eleventh-century Anglo-Saxon illustrated miscellany (British Library Cotton Tib. B v part 1, together with leaves from British Library Cotton Nero D II)*, Copenhagen, 1983, p. 86.

[84] Le codex contient plusieurs textes parmi lesquels des fragments des *Historiae*. Pour les autres textes du codex voir : P. Gautier Dalché, De la glose à la contemplation, p. 758-759.

[85] P. Geyer, Fr. Glorie, *Itineraria et alia geographica*, Turnhout, 1965 (Corpus Christianorum, Series Latina, t. 175), p. 467-494. Cependant A.-D. von den Brincken accepte sans argumentation aucune cette carte comme « un exemple d'une mappemonde peinte par Orose » (*Fines terrae*, p. 32-33 ; aussi dans *idem*, Mappa Mundi und Chronographia, p. 139-140).

Historiae d'Orose illustrés par des dessins géographiques est conservé à Saint-Gall. Dans les marges de ce codex datant du IXe siècle se trouvent quelques ébauches géographiques[86]. Il s'agit d'un schéma T-O et, plus intéressant pour mon propos, à la page 37 se trouve un dessin géographique de l'Orient, représentant, entre autres, le *sinus Persicus*, la mer Rouge, l'itinéraire du peuple d'Israël et le paradis terrestre. Ces deux derniers éléments n'ont pas du tout été mentionnés dans la description du monde par Orose. Il faut certainement interpréter ce dessin marginal comme une glose postérieure, mais quoi qu'il en soit, il s'avère qu'au Moyen Âge texte et image n'apportaient pas nécessairement les mêmes informations.

A première vue la mappemonde dans le manuscrit Vat. lat. 6018 (début du IXe siècle) de la Biblioteca Apostolica Vaticana semble être un cas exceptionnel, car elle est plus ou moins conforme à la description du monde donnée par Isidore dans le chapitre XIV de ses *Etymologiae*[87]. Pendant très longtemps on a cru que ce manuscrit contenait l'encyclopédie de l'évêque de Séville. Voilà pourquoi on a souvent interprété cette mappemonde comme si c'était *la* carte d'Isidore de Séville[88]. Isidore commence sa description de l'Asie avec une description du paradis : « Paradisus est locus in orientis partibus constitutus ; ...[89] ». La mappemonde au Vatican représente également le paradis en Orient : « paradisus » et « terra Eden ». Il est à noter que dans son texte Isidore renvoie également au terme hébreu « eden ». Dans le paragraphe consacré à *Libya* (l'Afrique) Isidore mentionne une « quarta pars » dans le sud, au delà de l'Océan[90]. La mappemonde du Vatican montre une grande île au sud-ouest de l'Afrique. L'île porte une inscription énigmatique (« insola incognita. ori sed .iiii. partes mundi »)[91] qui indique qu'elle représente effectivement la « quarta pars ».

[86] *Saint-Gall, Stiftsbibliothek*, N° 621. Signalé par K. Miller, *Rekonstruierte Karten. Mit 58 Clichés (darunter 49 Karten) im Text und 8 Kartenbeilage*, Stuttgart, 1898 (*Mappaemundi. Die ältesten Weltkarten*, t. 6), p. 63-64. Les dessins sont d'une autre main que le texte.

[87] Je confronterai avant tout les thèmes et les formes de la carte avec les passages correspondants des *Etymologiae*. R. Uhden (Die Weltkarte des Isidorus von Sevilla, in *Mnemosyne (tertia series)*, 1936, p. 10) se concentre sur les inscriptions de la carte où il s'avère que sur un total de 135 inscriptions 93 se retrouvent dans les *Etymologiae*. Parmi les autres inscriptions 22 ne se retrouvent que dans le premier chapitre des *Historiae* d'Orose. Uhden en arrive à la conclusion qu'une autre mappemonde de l'Empire romain tardif doit être l'exemple direct de la mappemonde du Vatican (p. 22).

[88] Par exemple : A.-D. von den Brincken, Mappa Mundi und Chronographia, p. 140.

[89] Isidore de Séville, *Etymologiae*, XIV,3,2, J. Oroz Reta, M.-A. Marcos Casquero (éd./trad.), *San Isidoro de Sevilla, 'Etimologías'. Edicion bilingüe*, Madrid, 1982, t. 2. p. 166-167.

[90] Isidore de Séville, *Etymologiae*, XIV,5,17, J. Oroz Reta, M.-A. Marcos Casquero (éd./trad.), *San Isidoro de Sevilla, 'Etimologías'. Edicion bilingüe*, p. 190 : « Extra tres autem partes orbis quarta pars trans Oceanum interior est in meridie, quae solis ardore incognita nobis est ; in cuius finibus Antipodes fabulose inhabitare produntur. » A.-D. von den Brincken (*art. cit.*, p. 141) interprète, à tort, l'*insola incognita* sur la carte comme « ein Relikt der Krates-Karten ».

[91] Le texte est en encre noire, tandis que la plupart des inscriptions sur cette mappemonde sont en sépia. L'inscription a donné lieu à de nombreuses lectures : A.-D. von den Brincken (*Fines terrae*, p. 51) lit : « Insula incognita (h)omini(?) ; sunt IIII partes mundi. » M. Destombes (*Mappemondes A.D. 1200-1500*, p. 55) : « Insola incognita ori sed (ou sunt) IIII partes mundi. » P. Gautier Dalché (De la glose à la contemplation, p. 760) : « insola incognita ori solis iii[a] partes mundi. » E. Edson (*Mapping time and space*, p. 62) : « Insola incognita ori sl (ardori solis ?) iiii partes mundi. » Pour les différentes lectures de cette inscription voir : J. Williams, Isidore, Orosius and the Beatus map, in *Imago mundi*, t. 49. 1997, p. 29, n. 46.

A côté de ces correspondances entre les renseignements du chapitre XIV des *Etymologiae* et cette mappemonde il y a aussi des écarts importants : par exemple, la forme du Nil sur cette mappemonde n'est pas du tout analogue à la description qu'en donne Isidore. Cet auteur mentionne vaguement que le Nil coule comme une enceinte autour de l'Éthiopie et qu'il se jette ensuite dans le « lacus Nilidus » et coule ensuite vers l'Égypte[92]. La situation évoquée sur la mappemonde au Vatican est plutôt conforme à un passage de la description du monde qui se trouve au début des *Historiae* d'Orose, car ce dernier renvoie à certains auteurs qui

> rapportent que le Nil a sa source non loin de l'Atlas et qu'il s'engloutit immédiatement dans les sables, de là, après un bref intervalle, il se répand abondamment en un très vaste lac et de là il coule en direction de l'orient à travers les déserts d'Éthiopie jusqu'à l'océan et, à nouveau infléchi vers la gauche, il descend vers l'Égypte[93].

La mappemonde du Vatican semble suivre sur ce point exactement cette description d'Orose (ou un autre texte contenant les mêmes données). Aussi porte-t-elle à peu près les mêmes noms géographiques que le texte d'Orose : « flumen duris » sur la carte (« flumen Dara » chez Orose), « nucul » (Orose : « Nuchul »), l'île de « merohen » (Orose : « Meroen »)[94].

Il faut faire remarquer cependant que dans le manuscrit du Vatican la mappemonde ne se trouve pas en relation avec le chapitre XIV des *Etymologiae*, car le manuscrit ne contient nullement le texte complet de cette encyclopédie[95]. Le manuscrit lui-même semble une compilation de textes et d'images : on y rencontre, entre autres, des lexiques (jusqu'au f. 55) qui font effectivement penser au chapitre X des *Etymologiae* et ensuite des extraits des *Instructiones* et du *Liber formularum spiritalis intellegentiae* attribués à Eucherius de Lyon († 449)[96]. Les folios

[92] Isidore de Séville, *Etymologiae*, XIII,21,7, J. Oroz Reta, M.-A. Marcos Casquero (éd./trad.), *San Isidoro de Sevilla, 'Etimologías'. Edicion bilingüe*, Madrid, 1982, t. 2., p. 156 : « Geon (Nilus) fluvius de Paradiso exiens atque universam Aethiopiam cingens (...). Apparet autem in Nilide lacu, de quo in meridiem versus excipitur Aegypto (...). »

[93] Orose, *Historiae*, I,2,29-30, M. P. Arnaud-Lindet (éd./trad.), *Orose. Histoires (Contre les Païens)*, Paris, 1990, p. 19-20. Discussion dans Y. Janvier, *La géographie d'Orose*, Paris, 1982, p. 206-212. Parmi les anciens auxquels renvoie Orose se trouve presque certainement Pline l'Ancien qui décrit à peu près la même situation, cf. *Nat. hist.* 5.10,51-54. Selon D. Lecoq (La mappemonde d'Henri de Mayence ou l'image du monde au xiie siècle, in G. Duchet-Suchaux (éd.), *Iconographie médiévale. Image. Texte. Contexte*, Paris, 1993, p. 174 ; *idem*, La mappemonde du *Liber Floridus* ou la vision du monde de Lambert de Saint-Omer, p. 38) cette théorie remonte aux écrits de Promathos de Samos (viie-vi^e siècles av. J.-C.) et ceux d'Hérodote. Sur le cours du Nil en Afrique voir aussi : F. Relaño, *The shaping of Africa. Cosmographic discourse in late Medieval and early modern Europe*, Aldershot, 2002, p. 82-84.

[94] On a d'ailleurs interprété erronément cette représentation du Nil. Un exemple illustratif est ici R. Simek (*Erde und Kosmos im Mittelalter. Das Weltbild vor Kolumbus*, Munich, 1992) qui interprète la bande étroite séparée du reste du continent par le Nil comme « une représentation symbolique renvoyant au continent austral » (p. iii) ; et : « Auf der Herefordkarte ist von dem Ozean und diesem Australkontinent nur mehr ein schmaler Wasserlauf im Süden Afrikas und ein Landstreifen südlich davon (also entlang des rechten Kartenrandes) übriggeblieben. » (p. 155). La même erreur chez A.-D. von den Brincken (*Fines terrae*, p. 93) : « Die Monstrengalerie im Süden (der Ebstorfer Weltkarte) bildet den Ersatz für den vierten Erdteil des Beatus. » Voir aussi le chapitre V.

[95] Cf. P. Gautier Dalché, De la glose à la contemplation, p. 759, n. 170.

[96] Cf. P. Gautier Dalché, *art. cit.*, p. 761. Ce dernier signale aussi que « les ff. 55-75 paraissent avoir été introduits dans un ms. primitif (...) ». Voir aussi : E. Edson (*Mapping time and space*, p. 62, n. 27) qui mentionne des extraits de l'*Instructionum in libri duo* d'Eucherius sur les six folios qui précèdent le folio 60v. Les folios en question reproduisent pourtant bel et bien des extraits du *Liber formularum spiritalis intellegentiae* d'Eucherius : on y trouve des listes de sujets comme *De terrenis* (f. 56ra), *De animalibus* (f. 57va) et *De interiore homini* (f. 57vb)

(60v-62v) qui précèdent immédiatement la mappemonde contiennent le *De nominibus hebreis* du même Eucherius et après la mappemonde suivent des tables de comput[97]. La mappemonde dans ce manuscrit de la Biblioteca Apostolica Vaticana n'est donc certainement pas une simple visualisation du chapitre XIV des *Etymologiae* : elle s'insère dans un codex renfermant une compilation de textes de caractère encyclopédique. Le peintre de la mappemonde l'a construite sur la base de plusieurs textes et probablement également à partir d'un ou plusieurs exemples visuels.

Les mappemondes contenues dans les manuscrits du *Commentarius in Apocalipsin* de Beatus de Liébana (730-798) ne se sont pas rattachées à une *descriptio orbis*. Ces mappemondes, dites de Beatus, suivent toutes immédiatement un commentaire sur la propagation de la foi chrétienne par les apôtres intitulé *De apostolis* (II,4) :

> Et quo facilis haec seminis grana per agrum huius mundi, quem prophetae laboraverunt et hi metent, subiectae formulae pictura demonstrat[98].

Voilà pourquoi on a voulu voir en la mappemonde dans le manuscrit (daté 1086) conservé dans les archives de la cathédrale de Burgo de Osma une copie assez fidèle de la carte dressée par Beatus lui-même, car cette carte est munie de représentations des têtes des apôtres[99]. Cependant, il n'y a que la carte à Burgo de Osma, un fragment d'une mappemonde conservé à Lisbonne et une mappemonde à Paris qui soient munis de têtes d'apôtres[100]. Il est plus vraisemblable qu'un copiste postérieur ait enrichi la carte de Burgo de Osma de têtes d'apôtres puisque la plupart des mappemondes encore conservées dans les manuscrits du *Commentario* et surtout les exemplaires les plus anciens ne contiennent aucun renvoi aux actes des apôtres. L'exemplaire le plus ancien de ces cartes-ci a été exécuté après l'an 940, donc un peu plus d'un siècle après la mort de Beatus[101]. Voilà pourquoi John Williams considère cette mappemonde comme un témoin plus fiable de l'archétype des mappemondes dites de Beatus[102]. Quoi qu'il en soit, on constate que les copistes (ou bien Beatus lui-même) n'ont eu aucun problème en dotant ce texte sur la propagation de la foi chrétienne par les apôtres d'images géographiques qui n'y correspondaient pas. En fait, surtout les mappemondes contenues dans les manuscrits les plus anciens

munis d'une interprétation spirituelle. (Cf. éd. C. Wotke (éd.), *Sancti Eucherii Lugdunensis, Formulae spiritalis intellegentiae*, Vienne, 1894). Il n'existe pas encore d'étude codicologique approfondie de ce manuscrit et de son contenu.

97 Cf. P. Gautier Dalché, *art. cit.*, p. 761: « elle est suivie par des tables de comput, des gloses et une *Orthographia* attribuées à Isidore » ; E. Edson, *op. cit.*, p. 62 ; et surtout L. S. Chekin, Easter tables and the Pseudo-Isidorian Vatican Map, in *Imago mundi*, t. 51, 1999, p. 13-23. Une reproduction des folios 64v-65r dans : G. Cavallo (éd.), *Cristoforo Colombo e l'apertura degli spazi. Mostra storico-cartografica*, Rome, 1992, t. 1, p. 88-89.

98 Beatus de Liébana, *Commentario in apocalipsin, prologus*, II,3,21, H. A. Sanders (éd.), *Commentario in apocalipsin*, in *Beati in apocalipsin libri duodecim. Companion Volume to the Facsimile Edition of the codex gerundensis*, Madrid, 1975, p. 117.

99 Entre autres : D. Woodward, Medieval *mappaemundi*, p. 305 ; A.-D. von den Brincken, *Fines terrae*, p. 57 ; P. Gautier Dalché, De la glose à la contemplation, p. 751. Voir aussi : le chapitre V.

100 Ce sont les manuscrits suivants : *Lisbonne, Arquivos Nacionais Torre do Tombo*, Cod. 160 (1189) ; *Paris, Bibl. nationale de France, Nouv. acq. lat.* 1366 (xiie siècle).

101 *New York, Pierpont Morgan Library*, MS M 644 (après 940).

102 J. Williams, Isidore, Orosius and the Beatus map, in *Imago mundi*, t. 49, 1997, p. 23-26.

du *Commentarius*, celle de Burgo de Osma incluse, présentent des concordances surprenantes avec la description du monde d'Isidore de Séville. On n'a qu'à penser aux représentations du paradis terrestre, au cours du Nil[103] et à la *quarta pars* dans le sud. Il est donc plus logique de supposer que les copistes (ou bien Béatus lui-même) ont doté le *Commentarius in Apocalypsin* d'une mappemonde tout en ayant recours à une carte déjà disponible dans la péninsule Ibérique. Cette carte à son tour n'était pas la visualisation d'un seul texte, mais était basée sur plusieurs textes aussi bien que sur plusieurs exemples visuels. Tout ceci rend douteuse la qualification courante des mappemondes dans les manuscrits du *Commentarius* comme *la* mappemonde dressée par Beatus lui-même.

La mappemonde qu'on a souvent attribuée à Théodulf d'Orléans se trouve dans un manuscrit exécuté au milieu du XIe siècle (1055 ou 1056) par des moines de Santa María de Ripoll en Catalogne, contenant en outre des compilations encyclopédiques et un *computus*. La mappemonde est ornée de quelques vers du *carmen* 47 de Théodulf où celui-ci décrit une mappemonde qui aurait été représentée sur une table d'argent. La carte est encadrée par deux autres textes géographiques : le *Divisio orbis terrarum Theodosiana*[104], datant de l'Antiquité tardive, et un fragment du chapitre IX du *De natura rerum* de Bède le Vénérable[105]. Pendant très longtemps on a cru qu'au XIe siècle des moines de Ripoll avaient copié, lors d'une de leurs visites à Fleury, la mappemonde décrite par Théodulf d'Orléans ainsi que la *Divisio orbis terrarum Theodosiana*[106]. Cependant, comme Patrick Gautier Dalché l'a démontré, la mappemonde qui contient les vers de Théodulf n'est pas du tout une copie fidèle de l'*orbis imago* décrite dans son *carmen* 47, ni des textes inscrits autour de la mappemonde. Au contraire, en combinaison avec d'autres sources géographiques, texte et image constituent un ensemble compilatoire établi par les moines de Ripoll pour servir leurs intentions à eux[107]. Ainsi il s'avère que la présupposition que les mappemondes sont la visualisation d'un seul texte est trop restrictive. On fait plus droit à ces documents en les considérant comme des compilations de textes et d'images.

[103] J. WILLIAMS (*art. cit.*, p. 17) prétend à tort que la forme du Nil sur les mappemondes dites de Béatus refléterait la description d'OROSE (*Historiae*, I,2,29-30 ; voir ci-dessus la discussion de la mappemonde dans le manuscrit 6018 de la Biblioteca Apostolica Vaticana). Cependant ISIDORE DE SÉVILLE mentionne bel et bien : « Geon (sc. Nilus) fluvius de Paradiso exiens atque universam Aethiopiam cingens (...). » *Etymologiae*, XIII,21,7, J. OROZ RETA, M.-A. MARCOS CASQUERO (éd./trad.), *San Isidoro de Sevilla, 'Etimologías'*, p. 156-157. Ce texte décrit de façon beaucoup plus exacte le cours du Nil sur la mappemonde en question.

[104] Cf. P. GAUTIER DALCHÉ, Notes sur la « carte de Théodose II » et sur la « mappemonde de Théodulf d'Orléans », in *Geographica antiqua*, t. 3-4, 1994-1995, p. 91-96 : ce texte est également conservé dans un manuscrit provenant probablement de Fleury et actuellement conservé à *Leyde, Bibl. Universitaire*, Voss. lat. F 12 (IXe siècle (fin ?)), f. 40v-41r. L'édition du texte se trouve sur la p. 105.

[105] E. EDSON, *Mapping time and space*, p. 82-83.

[106] Surtout A. VIDIER, La mappemonde de Théodulphe et la mappemonde de Ripoll (IX-XIe siècles), in *Bulletin du comité des travaux historiques et scientifiques, section de géographie historique et géographie descriptive*, t. 26, 1911, p. 285-318 ; D. SCHALLER, Untersuchungen zu den Gedichten des Théodulfs von Orléans, in *Deutsches Archiv für Erforschung des Mittelalters*, t. 18, 1962, p. 82-84 et plus récemment encore A.-D. VON DEN BRINCKEN, Weltbild der lateinischen Universalhistoriker und -cartographen, in *Settimane di studi sull'alto medioevo XXIX. Populi e paesi nella cultura altomedievale (23-29 aprile 1981)*, Spoleto, 1983, p. 403-405 ; *eadem*, *Fines terrae*, p. 58-60.

[107] P. GAUTIER DALCHÉ, Notes sur la « carte de Théodose II » et sur la « mappemonde de Théodulf d'Orléans », p. 102-104. Pour des remarques critiques voir aussi : M. KUPFER, Medieval world maps. Embedded images, interpretive frames, p. 282-283, n. 40.

La mappemonde dans le manuscrit Cotton Tiberius B.v de la British Library n'est aucunement semblable à la traduction latine de la *Periegesis* de Priscien auquelle elle est rattachée[108]. Pourtant, la carte était destinée à accompagner le *Periegesis*, comme une inscription en tête du poème l'annonce :

> Incipit liber pergesis (*sic*) id est de situ terrae Prisciani grammatici urbis Romae Caesariensis doctoris quem de priscorum dictis excerpsit ormistarum sed et huic operi de tribus partibus videlicet Asia Africa Europa mappam depinxerat aptam in qua nationum promontoriorum fluminum insularum que situs atque monstrorum formatur honeste[109].

Ainsi il s'avère que texte et image étaient conçus comme un ensemble et que l'écart entre le contenu de la carte et celui du texte ne peut être qu'intentionnel. Pour ce qui est du contenu de cette carte, les inscriptions ne semblent dériver d'aucun texte en particulier : elles font plutôt penser aux renseignements textuels livrés par d'autres mappemondes[110]. Cette carte n'est donc certainement pas la visualisation d'un seul texte, mais elle a été composée, entre autres, à partir d'un ou plusieurs exemples visuels.

La mappemonde qui a orné l'autographe du *Liber floridus* (composé entre 1112/1115-1121 et encore conservé à Gand) de Lambert de Saint-Omer est maintenant perdue[111]. Après le f. 47 il manque un ou plusieurs feuillets qui, suivant l'index, ont dû contenir les chapitres xxvii : *Mappa vel oresta mu*(n)*di*, xxviii : *De V famosis ciuitatibus* et le début du chapitre xxix : *De mundi prouinciis*[112]. Cependant, certaines copies du *Liber floridus*, parmi lesquelles les copies les plus proches de l'original de Lambert, à savoir les exemplaires actuellement à Wolfenbüttel et à Leyde, contiennent non seulement le chapitre *De mundi prouinciis* mais aussi une mappemonde. Une inscription à gauche de ces deux exemplaires (« Hormista regnorum mundi ») indique que ces mappemondes correspondent à la « mappa vel oresta mu(n)di » annoncée dans l'index de l'autographe[113]. Patrick Gautier Dalché a fait remarquer que la section consacrée à la géographie descriptive (c. xxix *De mundi prouinciis*) se compose de citations puisées dans les *Etymologiae*. Plusieurs descriptions de ces *prouinciae* dans le *Liber floridus* sont complétées par des renseignements sur leur localisation géographique qu'on ne retrouve pas dans le texte d'Isidore de Séville. Ces précisions spatiales amènent Gautier Dalché à supposer qu'une carte a servi de matrice pour la description géographique de Lambert. Le fait que la mappemonde du manuscrit de Wolfenbüttel n'est aucunement conforme aux descriptions géographiques du *Liber floridus* l'amène à supposer l'existence d'une mappemonde murale, celle-ci correspondante au texte de Lambert, qui aurait orné le monastère de Saint-Omer[114]. Cependant, le chapitre *De*

[108] Cf. K. Miller, *Die kleineren Weltkarten*, p. 29-37 ; P. McGurk, *An eleventh-century Anglo-Saxon illustrated miscellany*, p. 79. Pour une discussion des correspondances entre la mappemonde et la *Periegesis*, voir aussi : E. Edson, *Mapping time and space*, p. 75-77.

[109] P. McGurk, *An eleventh-century Anglo-Saxon illustrated miscellany*, p. 23-24. Il semble d'ailleurs qu'à l'origine la mappemonde ne précédait pas le *Periegesis*, mais qu'elle était insérée après le texte, cf. P. McGurk, *op. cit.*, p. 86.

[110] Cf. K. Miller, *Die kleineren Weltkarten*, p. 35-37.

[111] J'ai consulté le fac-similé publié par A. Derolez (éd.), *Liber floridus, codex autographus bibliothecae universitatis Gandavensis*, Gand, 1968

[112] A. Derolez (éd.), *op. cit.*, p. 96.

[113] Cf. P. Gautier Dalché, De la glose à la contemplation, p. 746.

[114] Cf. P. Gautier Dalché, *art. cit.*, p. 740-749.

mundi prouinciis ne contient que des renseignements sur la localisation géographique des provinces assez vagues tels que « ... ab Eufrate usque ad Indos terminata » et « ... Orientes plagam tenet ». A mon avis, la nature ainsi que la rareté de ces indications n'implique pas forcément que Lambert décrit ici une mappemonde visuelle. Il n'est pas exclu que Lambert ait consulté une carte, mais le fait que sa description des provinces se base partiellement sur Isidore de Séville indique que le texte de Lambert n'est pas uniquement le résultat d'une description d'une carte.

La description des provinces n'est d'ailleurs pas le seul chapitre de caractère géographique du *Liber floridus*. Elle est suivie de chapitres comme : *De mundi ciuitatibus* (c. xxxi), *De nominibus ciuitatum mutatis* (c. xxxii), *De paradyso et insulis* (c. xxxiii), *De paradysi fluminibus* (c. xxxiiii), *De mundi fluminibus* (c. xxxv). En outre la section géographique, le *Liber floridus* contient trois chapitres consacrés aux peuples humains qui sont décrits suivant leur position géographique : *De regnorum uocabulis* (c. xxx ; intitulé sur f. 49r : *Gentes Asię, Ęvropę et Africę)*, *Marcianus felix Capella de gentibus diuersis et monstris* (cette digression suit le c. xxxi) et *De creaturis diuersis* (c. xxxvi). Un nombre très restreint des éléments mentionnés dans ces chapitres réapparaît sur la mappemonde, comme par exemple les Amazones. Par contre, les écarts entre la mappemonde et les chapitres de caractère géographique sont plus importants que les concordances. La carte n'est donc pas décrite par les textes, mais elle en est complétée. A mon avis il n'est pas nécessaire de partir de l'hypothèse qu'il y aurait eu une mappemonde murale correspondant exactement au texte géographique du *Liber floridus*. Les caractéristiques codicologiques de l'autographe du *Liber floridus* et de ses copies indiquent que c'était bel et bien l'intention de Lambert de juxtaposer une description géographique et une mappemonde qui ne coïncident pas exactement. L'abondance des images dans le *Liber floridus* indique aussi que le matériel iconographique n'y est pas pour rien. L'écart entre texte et image cartographique s'explique de façon beaucoup plus logique si l'on interprète ce langage visuel comme un élément essentiel de l'argumentation de cet ouvrage. Les exploits d'Alexandre le Grand mentionnés sur la mappemonde constituent en outre une référence aux chapitres consacrés à ce roi macédonien. La mappemonde n'apparaît donc pas comme un calque visuel des chapitres géographiques, mais plutôt comme une reformulation visuelle de l'argumentation générale du *Liber floridus*[115].

La mappemonde au début du livre XIV, 2 des *Etymologiae* dans un manuscrit du XIIe siècle conservé à la Bayerische Staatsbibliothek à Munich (Clm 10058, f. 154v) diffère, elle aussi, sur de nombreux points du texte qu'elle accompagne[116]. Contrairement à la description du monde par Isidore, cette mappemonde montre ni le paradis terrestre, ni la *quarta pars* mentionnés dans le chapitre XIV des *Etymologiae*. Il est d'autant plus surprenant de constater que cette mappemonde du XIIe siècle a de nombreux points en commun avec la description du monde dans les *Historiae* d'Orose, ne serait-ce que parce que celui-ci omet également le paradis terrestre. Sur la mappemonde l'extrémité orientale de l'Asie est occupée par le cap Caligardamana (« caligardamana promonctorium »), également mentionné par Orose à cet endroit (I,2,13). Ce dernier indique aussi la présence des autels d'Alexandre le Grand dans le nord, près de la fron-

[115] Cf. D. Lecoq, La mappemonde du *Liber Floridus*, p. 9.

[116] Comme les couleurs, l'écriture et l'encre sont les mêmes que le reste du manuscrit la mappemonde ne peut pas être une insertion postérieure.

tière entre l'Europe et l'Asie (« arae alexandri » : I,2,5), et en Afrique il signale la présence d'un campement de l'armée du Macédonien (« castra Alexandri ») près des montagnes de Catabathmon (I,2,9). Ces deux éléments ne sont pas donnés par Isidore, mais ils sont présents et sur la mappemonde à Munich et dans le texte d'Orose. Ici encore on retrouve la forme du Nil selon la description d'Orose avec le « flumen Dara », le « flumen Nuchul » et l'île de « Meroe » (I,2,29-30). La chaîne de montagnes dans le Nord-Est imagée en demi-cercle a également un parallèle textuel dans le texte d'Orose[117]. La carte présente pourtant également des déviations par rapport aux *Historiae*. Un exemple en est la « civitas octorogorra » dans le nord-est : cette ville est un fleuve selon Orose (I,2,45) et cet auteur ne mentionne nulle part les trois « columpne alexandri » qui sont inscrits sur la carte dans l'Orient.

Patrick Gautier Dalché voit en la mappemonde à Munich « une copie réduite[118] » de la grande mappemonde, maintenant perdue, qu'aurait dressée Hugues de Saint-Victor. Il est vrai qu'il existe des correspondances autrement inexplicables entre la *Descriptio mappe mundi* de Hugues de Saint-Victor et la mappemonde à Munich[119]. L'emploi dans ce manuscrit des couleurs jaune et vert à côté du bleu et du rouge pour les initiales pourrait être une indication que le codex est originaire de la France du nord et qu'il aurait été écrit au XIIe siècle[120]. De plus, cette petite mappemonde doit reproduire un ou plusieurs exemples visuels : la représentation de l'île de *Gog et Magog* sous la forme connue des « ubera aquilonis » et la représentation de la cité de *Tyrus* ne s'expliquent que par la consultation d'une carte[121]. Cependant le rapport entre cette carte et la grande mappemonde de Hugues de Saint-Victor reste hypothétique. Et le problème reste que cette carte n'accompagne pas l'ouvrage géographique du Victorin, mais la description géographique d'Isidore qui n'y correspond que très peu.

La mappemonde dans le manuscrit 66 de la bibliothèque du Corpus Christi College à Cambridge qui précède l'*Imago mundi* d'Honorius Augustodunensis est une autre carte qui ne correspond pas du tout au texte qu'elle accompagne[122]. Le manuscrit de Cambridge, qui date du XIIIe siècle, est l'unique copie de l'*Imago mundi* à laquelle est ajoutée une mappemonde : on aurait donc tort de caractériser cette carte comme *la* mappemonde dressée par Honorius Augustodunensis[123]. Plus remarquable par contre est sa ressemblance visuelle avec la mappemonde de Hereford pour ce qui est de la délimitation des provinces ainsi que le dessin de *scylla et charybdis* dans la Méditerranée et de l'animal *basilisk* en Afrique. Cependant, cette mappemonde n'est certainement pas tout simplement une copie réduite de la mappemonde d'Hereford.

[117] Cf. OROSE, *Historiae*, I,2,39-46, M. P. ARNAUD-LINDET (éd./trad.), *Orose. Histoires (Contre les Païens)*, p. 21-23 : « mons Caucasus », « porte Caspie », « montes Acroceraunі », « mons Ariobarzanes », « mons Memarmali », « mons Oscobares », « mons Taurus », « mons Imauus ». Cf. P. GAUTIER DALCHÉ (éd.), *La « Descriptio mappe mundi » de Hugues de Saint-Victor*, p. 84.

[118] P. GAUTIER DALCHÉ, La *Descriptio mappe mundi* de Hugues de Saint-Victor. *Retractatio et additamenta*, in J. Langère (éd.), *L'abbaye parisienne de Saint-Victor au Moyen Age*, Turnhout, 1991, p. 144.

[119] Cf. P. GAUTIER DALCHÉ (éd.), *La « Descriptio mappe mundi » de Hugues de Saint-Victor*, p. 81-85.

[120] Cf. B. BISCHOF, *Latin palaeography. Antiquity and the Middle Ages*, reprod. Cambridge, 1993, p. 17.

[121] Cf. P. GAUTIER DALCHÉ (éd.), *La « Descriptio mappe mundi » de Hugues de Saint-Victor*, p. 77, 82, 170-171. Il n'est pourtant pas vrai qu'aucune mappemonde médiévale ne situe Gog et Magog dans une île comme le suggère Gautier Dalché, car les mappemondes de Hereford et Ebstorf mentionnent Gog et Magog sur la *Taracontum insula* située dans l'océan septentrional.

[122] Cf. K. MILLER, *Die kleineren Weltkarten*, p. 28.

[123] Comme le fait E. EDSON, *Mapping time and space*, p. 115.

Qui plus est, la région quadrangulaire dans le Nord où se trouvent Gog et Magog est reproduite sous exactement la même forme que la mappemonde d'Ebstorf. On constate ici que les mappemondes ne se basent pas uniquement sur des textes, mais aussi sur des exemples visuels. Qui plus est, il s'avère encore une fois que texte et image fournissent des renseignements assez indépendants les uns des autres.

Traditionnellement la critique considère la grande mappemonde sur les premiers folios du manuscrit Royal 14.C.IX (ca. 1340) de la British Library renfermant le *Polychronicon* de Ranulf Higden comme une mappemonde dressée par l'auteur lui-même. Peter Barber a démontré que cette mappemonde n'est aucunement reliée aux activités de Higden ni aux autres mappemondes dans les manuscrits du *Polychronicon*[124], mais qu'elle se rapproche plutôt des grandes mappemondes comme celle de Hereford. Barber[125] et Evelyn Edson[126] ont repéré des correspondances entre le texte de Ranulf et la grande carte du manuscrit Royal 14.C.IX. Les exemples de « Babilonia », de « Sardinia », des îles fortunées et de la Norvège ne sont pourtant pas concluants, car les renseignements sur ces endroits se retrouvent également dans d'autres sources cartographiques médiévales. La mention d'un roi et prêtre sur l'Islande sur la carte et dans le texte indique pourtant qu'on a effectivement cherché à harmoniser le texte et la mappemonde. Il faut cependant remarquer que les écarts restent plus grands que les correspondances, puisqu'un certain nombre de détails de la mappemonde ne figurent pas dans le texte[127], comme par exemple le prêtre Jean. Celui-ci est bel et bien mentionné sur la carte mais on cherche ce personnage en vain dans la description du monde faite par Ranulf.

Les autres mappemondes qui ornent une dizaine de manuscrits sur un total de 120 manuscrits du *Polychronicon* de Ranulf Higden ne présentent pratiquement aucun rapport avec les textes qu'elles accompagnent. Barber fait remarquer que la première version du *Polychronicon*, plus brève que les versions postérieures, ne comportait presque certainement pas de cartes. Ce n'est que lors de la création de la version intermédiaire que Ranulf doit avoir pris la décision de faire précéder la partie géographique de sa chronique d'une mappemonde visuelle. En témoigne encore l'autographe de la version intermédiaire conservé à l'Huntington Library à San Marino (Ms. 132). Au lieu de construire cette mappemonde lui-même, Ranulf a dû sélectionner une mappemonde déjà existante dont – et c'est important – les données ne correspondent pas exactement avec le contenu de sa *descriptio orbis*[128].

En résumé, l'examen du contexte codicologique des mappemondes contenues dans des manuscrits indique qu'en général les textes géographiques illustrés s'accompagnent de mappemondes que ne traduisent pas exactement les données fournies par le texte. Il ne faut certainement pas interpréter cet écart entre texte et image comme un défaut de la part de l'artiste médiéval qui ne ferait que répéter l'iconographie traditionnelle et qui n'aurait pas lu les textes pour lesquels il fournit l'illustration. Afin d'expliquer ce phénomène Peter Barber cite Rudolf

124 P. M. Barber, The Evesham world map, in *Imago mundi*, t. 47, 1995, p. 17. Pour ce qui est des autres mappemondes dans les manuscrits du *Polychronicon*, il serait erroné de les attribuer à Ranulf Higden sur la base de leur seul contexte codicologique (cf. P. M. Barber, *art. cit.*, p. 29).

125 P. M. Barber, *art. cit.*, p. 17.

126 E. Edson, *Mapping time and space*, p. 128-129.

127 Cf. E. Edson, *op. cit.*, p. 129.

128 Pour ces données voir : P. M. Barber, The Evesham world map, p. 15.

Wittkower qui fit la remarque suivante sur l'écart entre texte et illustration dans les manuscrits des voyages de Marco Polo : « L'artiste médiéval ne visait pas à une illustration descriptive du texte. En règle générale il s'adressait à son public par moyen d'exemples fixés dans la tradition (...). De sa part le lecteur médiéval ne s'attendait pas à une illustration littérale, mais plutôt à une élucidation visuelle dans des termes familiers[129]. » Rudolf Wittkower a certainement raison en posant qu'au Moyen Âge les images sont un commentaire au texte et pas une traduction visuelle du contenu du texte. Et effectivement, pas une seule des mappemondes qui se trouvent dans un codex ne traduit fidèlement le texte géographique qu'elle accompagne[130]. Ci-dessus j'ai déjà insisté sur la thèse selon laquelle texte et image sont deux systèmes de communication indépendants l'un de l'autre : les textes ne sont pas forcément des descriptions fidèles d'une image et les images ne sont pas nécessairement des illustrations subordonnées aux textes[131]. Par contre, au Moyen Âge on visait à l'exploitation des différences d'expression de texte et image tout en confrontant ces deux moyens d'expression l'un avec l'autre. Texte et image ne sont donc pas redondants, mais complémentaires. Je propose alors de considérer les ensembles de texte et image cartographiques discutés jusqu'ici comme les produits d'une combinaison intentionnelle : une unité compilatoire et intentionnelle de texte et d'image.

Quelques auteurs médiévaux disent avoir produit un ensemble composé d'une *descriptio orbis* et d'une mappemonde. Malheureusement la tradition manuscrite ne nous a fourni que les textes avec les références, mais sans la carte annoncée. L'exemple le plus connu est celui de Gervais de Tilbury qui dans son *Otia imperialia* dit avoir fait accompagner son texte d'une mappemonde, maintenant perdue[132]. Au chapitre III j'ai déjà fait remarquer que Gervais fait sa notice sur une *mappa mundi* dans le contexte immédiat d'une deuxième description géographique, où l'auteur se limite à donner une liste de noms des villes. Il est donc fort peu probable que ce document géographique – si celui-ci a jamais existé – fût comparable aux grandes mappemondes comme celle d'Ebstorf. La tradition manuscrite des *Otia imperialia* ne comporte aucune trace de cette mappemonde[133]. Le manuscrit Cotton Vesp. E IV de la British Library à Londres[134] annonce pourtant dans la table des matières de la *secunda decisio* sur fol. 20vb une mappemonde :

[129] R. Wittkower, Marvels of the east. A study in the history of monsters, in R. Wittkower, *Allegory and the migration of symbols*, s. l., 1977, p. 86, cité dans P. M. Barber, *art. cit.*, p. 17.

[130] Pour cette observation, voir aussi : E. Edson, *Mapping time and space*, p. 101-102.

[131] Cf. A. Kibédi Varga, Criteria for describing word and image relations, p. 43-44 ; D. Hassig, *Medieval Bestiaries*, p. 18.

[132] Pour le texte, voir : le chapitre I (p. 26).

[133] S. E. Banks, J. W. Binns (éd.), *Gervase of Tilbury. Otia Imperialia. Recreations for an emperor*, Oxford, 2002, p. XXXVI) sont d'avis que la « mappa mundi » dont parle Gervais est un texte..

[134] Ce manuscrit est de provenance italienne et date du début du xive siècle. Cf. J. Caldwell, Manuscripts of Gervase of Tilbury's *Otia Imperialia*, in *Scriptorium*, t. 16, 1962, p. 34, S. E. Banks, J. W. Binns (éd.), *op. cit.*, p. lxv. Je n'ai pas pu consulter l'autographe à la Biblioteca Apostolica Vaticana (Vat. Lat. 933) identifié par J. R. Caldwell, The autograph manuscript of Gervase of Tilbury (Vatican, *Vat. lat.* 933), in *Scriptorium*, t. 11, 1957, p. 87-98.

(...) De situ terre secundum theodocium diaconem a uia filiorum israelis. Mappamundi [en encre rouge]. De situ terre promissionis et eius adiacentiis et diffusius. De ortu ciuitatum et prouinciarum et sex etatibus seculi.

L'exemplaire de la British Library est complet, mais ce nonobstant il ne contient pas la mappemonde visuelle, ni d'ailleurs le paragraphe annoncé sur les « sex etatibus seculi ». La question est encore compliquée de par le fait que dans ce manuscrit l'expression *mappa mundi* est également employée pour désigner des descriptions géographiques : dans la marge de la *secundo decisio* ces paragraphes descriptifs sont marqués par des gloses en encre rouge indiquant *mappa mundi*[135]. Comme la tradition manuscrite des *Otia imperialia* n'a laissé aucune trace de la mappemonde à laquelle Gervais de Tilbury fait référence, il est logique de supposer que la carte – s'il y en a eu une – a fonctionné hors du contexte codicologique et qu'elle n'a pas été rattachée au texte. Ce texte à son tour était toujours fonctionnel sans mappemonde accompagnante. Ainsi s'avère-t-il que texte et image cartographique pouvaient fonctionner comme un ensemble, mais l'un n'était certainement pas inintelligible sans le support direct de l'autre.

Trois siècles plus tard, l'évêque Jean Germain dira dans l'introduction à sa *Mappemonde spirituelle* avoir composé une grande mappemonde dont son texte est un extrait :

Et car ne seroit ligier a porter pour sa largeur ladicte mappemonde auons fait dicelle ce present extrait reduit en forme de liure et neanmoins adioint vne mappemonde contenant seulement les prouinces pays et citez por en tous lieux pays a son ayse auoir congnoissance de tout le contenu en nostre dicte grande mappemonde[136].

Il ne nous reste malheureusement aucune trace de cette grande mappemonde ni de la mappemonde sur format réduit qui, selon Jean Germain, devrait accompagner son texte. Les remarques de Jean Germain nous révèlent pourtant que la consultation d'une mappemonde pourrait être facilitée, mais pas nécessairement, à l'aide d'un texte explicatif et qu'il était également possible de consulter une description du monde quand la mappemonde n'était pas disponible.

Inversement, les mappemondes ont dû être intelligibles sans contexte textuel immédiat, comme c'est le cas, par exemple, de la mappemonde du Psautier qui a été insérée dans un contexte de psaumes et d'images dévotionnelles. Apparemment les mappemondes de Vercelli et du duché de Cornouailles[137] ont également fonctionné sans contexte textuel spécifique. Les grandes mappemondes de Hereford et d'Ebstorf renvoient pourtant explicitement à certains textes. Une inscription sur la mappemonde de Hereford renvoie à la description du monde dans les *Historiae* d'Orose : « Descripcio Orosii, De Ornesta mundi, sicut interius ostenditur ». Il serait pourtant incorrect de considérer la mappemonde de Hereford comme une illustration destinée à accompagner les *Historiae* d'Orose[138]. Les sources textuelles les plus importantes de

[135] Par exemple sur les f. 23ra et b, 23vb.

[136] *Bruxelles, Bibl. royale de Belgique*, Ms. 11038, f. 2ra.

[137] L'hypothèse de G. Haslam (The Duchy of Cornwall map fragment, in M. Pelletier (éd.), *Géographie du monde au Moyen Âge et à la Renaissance*, Paris, 1989, p. 41-42), reprise par P. M. Barber (The Evesham world map, p. 32, n. 73), selon laquelle cette mappemonde devrait être lue en combinaison avec l'*Historia scholastica* de Petrus Comestor n'est pas convaincante, car elle n'est fondée que sur la ressemblance très superficielle entre la décoration de la mappemonde du Duché de Cornouailles et celle d'un manuscrit de l'*Historia scholastica*.

[138] Pour quelques exemples de cette opinion voir : M. Kupfer, Medieval world maps. Embedded images, interpretative frames, p. 271 ; P. M. Barber (*art. cit.*, p. 32, n. 73) : « (The Hereford map) means little without reference

la mappemonde de Hereford sont les *Collectanea rerum memorabilia* de Solin, la *Cosmographia Æthici* et les *Etymologiae* d'Isidore de Séville[139]. Il n'est certainement pas exclu que la mappemonde de Hereford ait pu être consultée avec le recours à un texte, mais la carte n'est certainement pas la traduction visuelle d'un seul texte.

Récemment, Patrick Gautier Dalché a découvert deux manuscrits du deuxième quart du XVe siècle reproduisant un texte du XIIe siècle tardif, intitulé *Expositio mappe mundi*[140]. Il s'agit de la description textuelle d'une mappemonde qui correspond mot pour mot aux contours géographiques et aux légendes de la mappemonde de Hereford. Un exemple illustratif est l'inscription sur les *Antropophagi* et les *Essedones* inscrit sur la carte juste à côté du mur érigé par Alexandre dans le Nord de l'Asie. L'*Expositio mappe mundi* contient exactement le même texte et informe le lecteur qu'il a été inscrit à l'extérieur du mur d'Alexandre et aux bords de la mer Caspienne. Ainsi le contenu de l'*Expositio* confirme encore une fois la complexité des rapports entre *pictura* et *scriptura* cartographiques : ce texte est la description d'une mappemonde et contient des instructions pour la construction d'une carte visuelle. La mappemonde de Hereford, à son tour, pourrait dériver du modèle visuel de l'*Expositio*, ou bien elle pourrait être basée sur le texte original (les deux copies survivantes ne sont pas entièrement complètes). Cependant, la mappemonde de Hereford ne se base pas uniquement sur l'*Expositio*, car l'auteur de cet ouvrage ne dit mot sur l'Asie centrale et méridionale[141], et il ne s'occupe pas non plus des animaux et des peuples monstrueux[142]. Qui plus est, le cartographe de la mappemonde de Hereford témoigne d'une attitude indépendante de son exemple, comme Patrick Gautier Dalché l'a observé : « Il est clair que l'auteur ou l'ordonnateur de *Hf* a déformé son modèle en fonction de ses intérets[143]. » Malgré les concordances constatées, la *scriptura* et la *pictura* ont fonctionné indépendamment l'une de l'autre : les témoins manuscrits de l'*Expositio mappe mundi* qui nous sont parvenus étaient toujours fonctionnels sans carte accompagnante et la mappemonde de Hereford ne contient pas une seule référence au texte en question – tandis que les légendes renvoient le lecteur aux écrits d'Orose, de Solin et d'Isidore de Séville.

Pour la mappemonde d'Ebstorf on a avancé l'hypothèse selon laquelle elle serait la *mappa mundi*, maintenant perdue, à laquelle renvoie Gervais de Tilbury dans ses *Otia imperialia*. Dans ce qui précède j'ai déjà insisté sur le fait que cette théorie est intenable[144]. En vérité, les emprunts à l'ouvrage de Gervais sur cette carte sont très rares. La mappemonde d'Ebstorf ne dépend pas

to Orosius. » La mappemonde de Hereford n'est pas non plus une mappemonde typiquement orosienne ; cf. D. Woodward, Medieval *mappaemundi*, p. 347. L'assertion d'A.-D. von den Brincken (Mappa Mundi und Chronographia, p. 128) selon laquelle la mappemonde de Hereford doit beaucoup aux *Otia imperialia* de Gervais de Tilbury est sans fondement aucun.

[139] Cf. K. Miller, *Die Herefordkarte. Mit 2 Uebersichtskarten im Text und die Herefordkarte in Farbendruck als Beilage*, Stuttgart, 1896 (*Mappaemundi. Die ältesten Weltkarten*, t. 4), p. 47-49 ; S. D. Westrem, *The Hereford map. A transcription and translation of the legends with commentary*, Turnhout, 2001 (Terrarum orbis, t. 1), p. XXVII-XXXVII.

[140] P. Gautier Dalché (éd.), Décrire le monde et situer les lieux au XIIe siècle. L'*Expositio mappe mundi* et la généalogie de la mappemonde de Hereford, in *Mélanges de l'École Française de Rome – Moyen Âge*, t. 113, 2001, p. 343-409. Cf. S. D. Westrem, *op. cit.*, p. XXXIV-XXXVII.

[141] P. Gautier Dalché (éd.), Décrire le monde et situer les lieux au XIIe siècle, p. 351 : « *Exp* ne décrit pas la totalité de la mappemonde ».

[142] Cf. S. D. Westrem, *op. cit.*, p. XXVI-XXVII, surtout n. 58.

[143] P. Gautier Dalché (éd.), Décrire le monde et situer les lieux au XIIe siècle, p. 361.

[144] Les arguments principaux qui réfutent cette hypothèse se trouvent aux chapitres II et III (p. 45-50, 85-86).

d'un seul texte spécifique et réfère d'une façon générale aux connaissances livrées par les *descriptiones orbis*.

La mappemonde d'Evesham présente des concordances avec la plupart des mappemondes dans les manuscrits du *Polychronicon*, mais elle a été conçue comme une mappemonde indépendante. L'intérieur de cette mappemonde est assez rudimentaire et ne contient pas de légendes explicatives. Peter Barber suggère que cette forme interne de la mappemonde pourrait être expliquée comme un aide-mémoire : la mappemonde était destinée à illustrer d'une façon générale tous les textes scolastiques[145]. En outre, toujours selon Barber, à cause de sa forme assez simple la mappemonde d'Evesham pourrait être comprise sans texte accompagnant.

Ces exemples mènent à la conclusion que toutes les mappemondes indépendantes encore existantes empruntent une partie de leur information à un ou plusieurs textes[146]. Cela n'implique pourtant pas automatiquement que chaque *pictura* réfère à une seule description du monde. La compréhension de ces mappemondes ne dépend pas d'un seul texte accompagnant. Elles peuvent être lues comme des « textes » visuels indépendants. Inversement, les manuscrits encore existants des *Otia imperialia* et de *La mappemonde spirituelle* indiquent que, même si la mappemonde accompagnante était perdue, les *descriptiones orbis* étaient encore fonctionnelles.

Jusqu'ici les mappemondes visuelles ont constitué le point de départ de l'examen du rapport entre texte et image dans la cartographie médiévale. Je passe maintenant au point de vue des textes. Souvent les *descriptiones orbis* donnent lieu à des spéculations sur la mappemonde que l'auteur aurait eu devant les yeux[147]. Par exemple, selon certains critiques modernes, Isidore de Séville[148] ainsi que Honorius Augustodunensis[149] se baseraient uniquement sur une carte visuelle pour leur *descriptio*. Le même problème concerne le *De tribus maximis circumstantiis gestorum* attribué à Hugues de Saint-Victor. Anna-Dorothee von den Brincken suppose que Hugues a copié sa *scriptura* sur la seule base d'une mappemonde[150]. L'idée assez restrictive selon laquelle la cartographie a comme but principal de dresser un document visuel pareil aux cartes modernes est à la base de ces présuppositions. Il est d'ailleurs surprenant de noter qu'il n'y a guère de spéculations sur les sources visuelles des *descriptiones orbis* dans les langues vernaculaires et qu'on ne s'interroge pas du tout sur les éventuelles sources visuelles des textes géographiques des XVe et XVIe siècles.

[145] P. M. Barber, The Evesham world map, p. 27.

[146] Voilà pourquoi je m'accorde entièrement avec les observations d'A. Willing (Orbis apertus. Zur Quellenkritik mittelalterlicher Kartographie, in *Archiv für Kulturgeschichte*, t. 86, 2004, p. 306-307) que certaines cartes qui dépendent d'une tradition cartographique différente peuvent avoir certains détails en commun. Elle explique ce phénomène très correctement comme des « eklektizistische Übereinstimmungen ».

[147] Pour une critique de cette pratique voir : P. Gautier Dalché (éd.), *La « Descriptio mappe mundi » de Hugues de Saint-Victor*, p. 87.

[148] Cf. U. Ruberg, Mappae Mundi des Mittelalters im Zusammenwirken von Text und Bild, p. 550 ; sur l'autorité de R. Uhden, Die Weltkarte des Isidorus von Sevilla, p. 23.

[149] Cf. B. Maurmann-Bronder, *Die Himmelsrichtungen im Weltbild des Mittelalters. Hildegard von Bingen, Honorius Augustodunensis und andere Autoren*, Munich, 1976, p. 22-23.

[150] A.-D. von den Brincken, Mappa Mundi und Chronographia, p. 145-146. Une discussion très nuancée de la question dans P. Gautier Dalché, L'espace de l'histoire. Le rôle de la géographie dans les chroniques universelles, in J. P. Genet (éd.), *L'historiographie médiévale en Europe*, Paris, 1991, p. 294-295.

Patrick Gautier Dalché a fait observer que certaines listes de noms géographiques et surtout des énumérations des îles de l'océan correspondent remarquablement aux grandes mappemondes circulaires du XIIIe siècle. L'usage d'adverbes comme « deinde », « post », « ab X usque ad Y » par des auteurs comme Hugues de Saint-Victor et Honorius Augustodunensis est une autre indication que ces auteurs ont consulté une mappemonde visuelle pour leurs *descriptiones orbis*[151]. Je m'accorde avec ses conclusions : à mon avis les *mappae mundi* ainsi que les *descriptiones orbis* sont le résultat d'une compilation de sources textuelles *et* visuelles. La question de la réception des *descriptiones orbis* reste d'ailleurs toujours ouverte, car un lecteur n'aura pas forcément la même mappemonde visuelle sous les yeux que l'auteur et les textes en question se présentent souvent sans mappemonde accompagnante.

On a avancé des arguments convaincants qui font supposer qu'en écrivant le premier chapitre des *Historiae*, Orose aurait eu sous les yeux une mappemonde, parce qu'il a fréquemment recours à des termes comme « ad sinistram » et « ad dextram »[152]. Cependant, il est exclu qu'Orose ait reproduit une carte exactement dans tous les détails, car sa description géographique dépend également d'exemples purement textuels[153]. Patrick Gautier Dalché a suggéré que les particularités du langage cartographique orosien ne s'expliquent pas nécessairement par l'idée d'une consultation d'une carte réelle. Il est plus vraisemblable que la description du monde par Orose dépend de la technique littéraire de l'*ekphrasis* qui vise à « l'imprégnation, dans l'esprit de l'auteur et de ses lecteurs, de représentations cartographiques informant le récit[154] ».

Les descriptions du monde sont en effet dans certains cas très proches de l'*ekphrasis* classique où l'exercice principal était de suggérer la présence d'un objet visuel au moyen de la virtuosité de la description textuelle[155]. La définition précise de la notion *ekphrasis* pose pourtant des problèmes : à l'origine l'expression grecque dénotait toute description, que ce fût un objet ou une action. Plus tard, possiblement sous l'influence de la description du bouclier d'Achille

[151] P. Gautier Dalché, Maps in words. The descriptive logic of medieval geography, from the eighth to the twelfth century, in P. D. A. Harvey (éd.), *The Hereford world map. Medieval world maps and their context*, Londres, 2006, p. 223-242.

[152] Voir, par exemple : K. Miller, *Rekonstruierte Karten*, p. 143-145 ; R. Uhden, Die Weltkarte des Isidorus von Sevilla, p. 12-13 ; Y. Janvier, *La géographie d'Orose*, p. 160-169. Pour des remarques critiques voir : P. Gautier Dalché, Orose géographe. A propos d'un ouvrage récent, in *Le moyen-âge*, t. 90, 1984, p. 503-507 ; P. Gautier Dalché (éd.), *La « Descriptio mappe mundi » de Hugues de Saint-Victor*, p. 69, n. 56. Pour une critique sur la dépendance supposée de la partie géographique de la traduction anglo-saxonne des *Historiae* d'Orose d'une *pictura* voir : J. M. Bately, The relationship between geographical information in the Old English Orosius and Latin texts other than Orosius, in *Anglo-Saxon England*, t. 1, 1972, p. 45-62 ; J. M. Bately, *The Old English Orosius*, Londres-New York-Toronto, 1980, p. LXIII-LXVII.

[153] Cf. les remarques concernant les sources d'Orose dans le chapitre III (p. 75).

[154] P. Gautier Dalché, Orose géographe. A propos d'un ouvrage récent, p. 505. C. Jacob (L'œil et la mémoire: sur la *Périégèse de la Terre habitée* de Denys, in C. Jacob, F. Lestringant (éd.), *Arts et légendes d'espaces. Figures du voyage et rhétoriques du monde*, Paris, 1981, p. 24-25, 35-36, 38-50, 61) signale également l'importance de la technique d'ekphrasis dans la *Periegese* de Denys d'Alexandrie (IIe siècle).

[155] Au chapitre précédent j'ai déjà discuté le caractère bien souvent purement littéraire des *descriptiones orbis*. Pour les techniques d'*ekphrasis* et de *descriptio* en relation avec la géographie descriptive voir surtout : H. J. Witzel, *Der geographische Exkurs in den lateinischen Geschichtsquellen des Mittelalters*, thèse, Frankfurt a.M., 1952, p. 29-48.

par Homère, la notion *ekphrasis* se restreignit à la description d'un objet d'art[156]. Malgré le fait que les *artes poeticae* du Moyen Âge ne nous ont pas laissé de définition de la notion *ekphrasis*, on y rencontre pourtant la formule *descriptio*, ce qui signifie d'ailleurs la même chose[157]. Il est à noter qu'on avait précisément recours à cette formule pour désigner les *descriptiones orbis*[158].

L'effet visuel du texte est central dans la technique rhétorique de l'*ekphrasis*. On réfère à la quasi-présence de l'objet décrit comme *enargeia* : « energia est rerum gestarum aut quasi gestarum sub oculus inductio » comme le dit Isidore de Séville[159]. Une d*escriptio* vise également à mettre le public dans la position de témoin oculaire. Priscien insista déjà sur l'impression visuelle de la *descriptio* : « descriptio est oratio colligens et preasentans oculis quod demonstrat » et : « oportet enim elocutionem paene per aures oculis praesentiam facere ipsius rei[160] ». Le but de l'*ekphrasis* ou de la *descriptio* n'est pourtant pas de reproduire par écrit un objet visuel avec des moyens inadéquats[161] : le texte ekphrastique n'est pas représentatif ou mimétique. *Ekphrasis*, ou *descriptio*, est un jeu paradoxal qui vise à susciter une expérience visuelle à l'aide de moyens essentiellement poétiques. L'objectif de l'*ekphrasis* et de la *descriptio* est un « trompe l'oreille » :

[156] Pour l'histoire de la terminologie voir surtout : C. Ratkowitsch, *Descriptio picturae. Die literarische Funktion der Beschreibung von Kunstwerken in der lateinische Grossdichtung des 12. Jahrhunderts*, Vienne, 1991, p. 9-13 ; A. W. Halsall, Descriptio, in G. Ueding (éd.), *Historisches Wörterbuch der Rhetorik*, Tübingen, 1994, t. 2, 549-553 ; M. Krieger, *Ekphrasis. The illusion of the natural sign*, Baltimore-Londres, 1992, p. 7-8 ; J. A. W. Heffernan, *Museum of words. The poetics of ekphrasis from Homer to Ashberry*, Chicago-Londres, 1993, p. 191, n. 2 ; A. S. Becker, *The shield of Achilles and the poetics of Ekphrasis*, Maryland-Londres, 1995, p. 2-3 ; G. Boehm, Bildbeschreibung. Über die Grenzen von Bild und Sprache, in G. Boehm, H. Pfotenhauer (éd.), *Beschreibungskunst – Kunstbeschreibung. Ekphrasis von der Antike bis zur Gegenwart*, Munich, 1995, p. 23-40 ; F. Graf, Ekphrasis. Die Entstehung der Gattung in der Antike, in G. Boehm, H. Pfotenhauer (éd.), *Beschreibungskunst – Kunstbeschreibung. Ekphrasis von der Antike bis zur Gegenwart*, Munich, 1995, p. 143-155 ; H. Wandhoff, *Ekphrasis. Kunstbeschreibungen und virtuelle Räume in der Literatur des Mittelalters*, Berlin, 2003. C. S. Baldwin (*Medieval rhetoric and poetic (to 1400)*, Gloucester, Mass., 1959, p. 17-20) discute l'*ekphrasis* comme l'équivalent d'une description au sens général. A l'époque moderne la critique littéraire opte pour une définition où *ekphrasis* renvoie à toutes les descriptions évoquant une représentation visuelle. Voir, par exemple : J. A. W. Heffernan (*op. cit.*, p. 3) : « Ekphrasis is the verbal representation of visual representation. » Parfois on va jusqu'à inclure la description d'expériences visuelles, cf. M. Krieger, *op. cit.* ; P. Wagner, *Icons, texts, iconotexts. Essays on ekphrasis and intermediality*, Berlin-New York, 1996, p. 14.

[157] La terminologie *descriptio* n'est pourtant pas sans ambiguïtés au Moyen Âge. Voir, par exemple, le manteau de l'empereur Henri II (premier quart du XIe siècle, au Diözesanmuseum à Bamberg), déjà mentionné, qui porte des représentations des signes du zodiaque, sur lequel on peut lire l'inscription suivante : « DESCRIPC(I)O TOCIVS ORBIC (=*orbis*) ». Il sera clair qu'il ne s'agit pas d'un texte ici.

[158] Cf. le chapitre III.

[159] Isidore de Séville, *Etymologiae*, 2.21.33 ; cité dans H. Lausberg, *Handbuch der literarischen Rhetorik. Eine Grundlegung der Literaturwissenschaft*, Munich, 1960, p. 400 (§ 810). Sur la notion *enargeia* au Moyen Âge, voir : H. Wandhoff, *Ekphrasis*, p. 16-30. M. Krieger (*Ekphrasis. The illusion of the natural sign*, p. 67-112) distingue deux aspects d'*enargeia* : la présence réelle de l'objet décrit (*enargeia I*) et l'expérience provoquée par l'objet décrit et récréée dans le language poétique (*enargeia II*). Cette distinction me paraît totalement inutile, car les signes naturels (*enargeia I*) n'existent pas. Voir sur ce sujet surtout la discussion des idées d'Ernst Gombrich par W. J. T. Mitchell, *Iconology. Image, text, ideology*, p. 75-94.

[160] *Preaexercitamenta Prisciani grammatici ex Hermogene versa* 10 ; cité dans H. Lausberg, *op. cit.*, p. 400 et 544 (§§ 801 et 1133).

[161] C'est surtout M. Krieger (*Ekphrasis. The illusion of the natural sign*, p. 10) qui insiste sur l'incompatibilité de texte et image : selon lui les textes seraient non spatiaux et temporels, les peintures seraient spatiales et non temporelles. Ces suppositions ont été démenties suffisamment par W. J. T. Mitchell, *Iconology. Image, text, ideology*, p. 95-115.

la quasi-présence d'un objet visuel suggérée par les paroles poétiques. Le poète cherche à étonner son public avec l'évocation verbale d'un objet visuel. Les objets décrits sont souvent imaginaires[162], car ce n'est pas la véracité de la description en premier lieu qui compte, mais la virtuosité du poète et la beauté du langage poétique.

Il y a pourtant certaines *descriptiones orbis* qui présentent des détails qui indiquent incontestablement que l'auteur décrit une carte. L'exemple le plus manifeste c'est l'*Expositio mappe mundi*, déjà mentionné. L'auteur de ce texte décrit minitueusement une mappemonde, comme l'observe Patrick Gautier Dalché : « l'affaire essentielle [pour l'auteur] fut de rendre compte exact et précis de la carte qu'il avait sous les yeux[163] ». Ce texte reste pourtant une exception, car les autres *descriptiones orbis* se basent plutôt sur plusieurs sources cartographiques et textuelles. D'ailleurs, la tradition manuscrite de l'*Expositio mappe mundi* est entièrement indépendante des documents cartographiques et aucun des deux fragments encore conservés ne fait référence à une mappemonde accompagnante. Il faut donc se demander quelle aurait été la relevance pour le lecteur du fait que l'auteur décrit avec soin une mappemonde si ce document n'était pas présent.

Le *carmen* 47 de Théodulf d'Orléans, déjà mentionné, est un autre texte qui se donne pour la description d'une mappemonde. Ici l'auteur informe le lecteur qu'il décrit une mappemonde gravée sur une table d'argent. On a souvent affirmé que Théodulf a décrit une *mappa mundi* réelle qui se trouverait dans son palais[164]. Ce n'est que très récemment qu'on a avancé la thèse, à mon avis beaucoup plus vraisemblable parce qu'elle fait peser les aspects poétiques de son *carmen*, qu'il s'agit ici d'une *ekphrasis* (ou d'une *descriptio*) d'un objet imaginaire qui en dehors des paroles poétiques n'a jamais existé sous cette forme[165]. Il n'en est pas autrement de la description de la chambre de la comtesse Adèle par Baudri de Bourgueil où la critique a voulu voir une description fidèle des décorations de la chambre d'Adèle et de la mappemonde qui serait figurée sur le pavement[166]. Il est cependant inutile de spéculer sur les apparences de la mappemonde sur la seule base de ce poème, car ce qui comptait pour l'auteur était en première instance l'évocation poétique d'un programme de décoration et non une description vraiment fidèle des richesses de la comtesse[167]. La chambre décorée de la comtesse, inclusivement la représentation

[162] Sur ce sujet voir surtout : G. Kranz, *Das Bildgedicht in Europa. Zur Theorie und Geschichte einer literarischen Gattung*, Paderborn, 1973, p. 78-79 ; H. Wandhoff, *Ekphrasis*, p. 3, 10-12, 20-35.

[163] P. Gautier Dalché (éd.), Décrire le monde et situer les lieux au xiie siècle, p. 374.

[164] Cf. D. Schaller, Untersuchungen zu den Gedichten des Theodulfs von Orléans, p. 82-84 ; A.-D. von den Brincken, Weltbild der lateinischen Universalhistoriker und -cartographen, p. 403-405 ; *idem*, *Fines terrae. Die Enden der Erde und der vierte Kontinent auf mittelalterlichen Weltkarten*, p. 58-60.

[165] Cf. surtout L. Nees, *A tainted mantle. Hercules and the Classical tradition at the Carolingian court*, Philadelphia, 1991, p. 93 et 107, n. 66 ; M. Kupfer, Medieval world maps. Embedded images, interpretative frames, p. 266-267 et 282-283, n. 40 ; P. Gautier Dalché, Notes sur la « carte de Théodose II » et sur la « mappemonde de Théodulf d'Orléans », p. 101, n. 101. Pour la relation entre *ekphrasis* et objet décrit chez Théodulf d'Orléans voir : L. Nees, *op. cit.*, p. 21-46.

[166] Cf., entre autres : D. Woodward, Medieval *mappaemundi*, p. 339.

[167] M. Kupfer (Medieval world maps. Embedded images, interpretative frames, p. 276-277) considère également la création de Baudri comme une « chambre imaginaire ». P. Gautier Dalché (éd.) (*La « Descriptio mappe mundi » de Hugues de Saint-Victor*, p. 59, n. 1 et 171, n. 41) fait remarquer à propos de la fleuve Eusis qu'il n'est pas exclu que Baudri ait eu également recours à une carte pour sa description de la *mappa*.

d'une mappemonde sur le pavement, n'a donc probablement existé que dans la poésie de Baudri de Bourgueil[168].

La *Descriptio mappe mundi* de Hugues de Saint-Victor se présente aussi comme la description d'un document cartographique. L'ouvrage contient des indices que l'auteur décrit effectivement une mappemonde, car Hugues inclut l'Egypte et l'Ethiopie dans sa description de l'Afrique :

> Secunda pars orbis uniuersaliter Affrica uocatur. Hec habet precipuas et maximas regiones uel regna : Ethiopiam, Egiptum, Libiam, Affricam Carthaginensem[169].

Comme l'a observé Patrick Gautier Dalché, cette représentation de l'Égypte (et également de l'Éthiopie) s'oppose nettement à la convention qui existait dès l'ère classique selon laquelle ces régions appartenaient au continent de l'Asie. Ce décalage pourrait être dû au fait que l'auteur de la *Descriptio mappe mundi* décrit une mappemonde où, on le sait, l'Égypte et l'Éthiopie sont séparés du reste de l'Asie par la mer Rouge[170]. Il n'est donc certainement pas exclu que Hugues ait pu utiliser une mappemonde visuelle parmi les sources pour sa *Descriptio mappe mundi*. De plus, la *Descriptio mappe mundi* ne contient guère de citations littérales prises dans les *auctores*. Cette originalité du langage hugonien est un autre indice que l'auteur n'a pas suivi de près un texte exemple et qu'il a décrit effectivement une mappemonde. Une mappemonde visuelle n'a pourtant certainement pas été la seule source où Hugues a puisé, car les derniers paragraphes de son texte sur la Grande-Bretagne, l'Irlande et certaines îles de la Méditerranée correspondent exactement aux descriptions fournies par Orose, tandis que les deux chapitres précédents sur la Gaule et l'Italie ont été empruntés à la description géographique de l'*Historia ecclesiastica* de Hugues de Fleury[171]. Un autre indice que le maître victorien a exploité plusieurs sources textuelles plutôt qu'une seule carte, pourrait être la mention parmi les animaux de l'Égypte, des cerfs qui se rajeunissent en mangeant des serpents[172]. Cette caractéristique des cerfs n'est mentionnée sur aucune mappemonde qui nous est parvenue et dans aucune autre *descriptio orbis*. Hugues n'a donc probablement pas trouvé ces particularités dans une source

[168] Suivant une autre thèse Baudri aurait décrit la tapisserie de Bayeux. Je renvoie ici au travail de J. Y. Tilliette (La chambre de la comtesse Adèle. Savoir scientifique et technique littéraire dans le c. 134 de Baudri de Bourgueil, in *Romania*, t. 102, 1981, p. 169-170) qui fait remarquer à propos de ce sujet : « La question de savoir si c'est la tapisserie de Bayeux qui est décrite ici se révèle être une fausse question : même si c'était le cas, comment pourrait-on la reconnaître sous l'accumulation des citations : ce sont elles, les 'fils d'or, d'argent et de soie' dont est tissé le texte du poème. »

[169] Hugues de Saint-Victor, *Descriptio mappe mundi*, c. XIV, P. Gautier Dalché (éd.), *La « Descriptio mappe mundi » de Hugues de Saint-Victor*, p. 146.

[170] P. Gautier Dalché (éd.), *La « Descriptio mappe mundi » de Hugues de Saint-Victor*, p. 114 et 171, n. 43.

[171] Hugues de Saint Victor, *Descriptio mappe mundi*, c. XXIV-XXV et XXVI-XXVIII, P. Gautier Dalché (éd.), *La « Descriptio mappe mundi » de Hugues de Saint-Victor*, p. 156-160. Cf. Hugues de Fleury, *Historia ecclesiastica* (version définitive), c. XXIV et c. XXV ; Orose, *Historiae*, I, 2, 76-82, 96-105. Voir : P. Gautier Dalché (éd.), *La « Descriptio mappe mundi » de Hugues de Saint-Victor*, p. 104-106.

[172] Hugues de Saint-Victor, *Descriptio mappe mundi*, c. XVI, P. Gautier Dalché (éd.), *La « Descriptio mappe mundi » de Hugues de Saint-Victor*, p. 149 : « Sunt et serui, qui deuoratis serpentibus iuuenescunt (...). » Le motif des cerfs qui mangent des serpents est très ancien. Voir par exemple : Pline l'Ancien, *Nat. hist*, 8.1,188. J'y reviendrai au chapitre V, (p. 199).

cartographique et, par conséquent, il il est possible que l'auteur ait consulté un texte ou une image extra-cartographique.

Sur la base des particularités textuelles de la *Descriptio mappe mundi* Gautier Dalché suppose l'existence d'une *pictura* exactement correspondante à la *scriptura* de Hugues : la *Descriptio mappe mundi* serait la description minutieuse d'une mappemonde visuelle qu'aurait dressée le maître de Saint-Victor[173]. Il y a cependant deux arguments principaux qui nuancent cette conclusion. Premièrement, à côté d'une mappemonde visuelle, Hugues a également eu recours à des sources textuelles pour la composition de la *Descriptio mappe mundi*. Deuxièmement, le texte lui-même commence après l'introduction par : « Descripturus orbem terre, (...)[174] » et non pas par l'annonce que l'auteur aurait l'intention de décrire une carte. A mon avis il est préférable de considérer la *Descriptio* comme un complément textuel de la mappemonde hugonienne ou victorienne plutôt qu'un calque textuel. Ce n'est pas pour rien que Hugues insiste dans sa *praefatio* sur la nécessité de la combinaison de texte et image[175]. Dans la vision de Hugues de Saint-Victor texte et image ne sont pas interchangeables. Ce qu'il fait c'est chercher à exploiter les possibilités de texte et d'image : la mappemonde montrera des choses inconnues et la *descriptio* et/ou les paroles du *magister* à leur tour faciliteront la compréhension de la mappemonde. Finalement, il ne faut pas oublier la réception de la *Descriptio mappe mundi* : les témoins manuscrits ne contenant pas de mappemonde visuelle, le texte a dû être toujours fonctionnel sans complément visuel.

Malgré les écarts par rapport à la trame habituelle des descriptions géographiques du Moyen Âge, la *Descriptio mappe mundi* du maître victorien s'incruste de par sa signature textuelle dans la tradition des *descriptiones orbis*. Que penser alors du rapport entre les mappemondes et les *descriptiones orbis* énumérées dans le chapitre précédent ? Les *descriptiones orbis* évoquent à peu près les mêmes thèmes que les mappemondes. Non seulement en ce qui concerne des éléments géographiques, mais aussi pour ce qui est des légendes concernant les merveilles du monde. En outre, les *descriptiones orbis* suivent un parcours imposé par les mappemondes visuelles : la plupart de ces textes commencent « en haut » par l'Asie et généralement parlant ils continuent dans le sens des aiguilles d'une montre avec l'Afrique et l'Europe. Ainsi les *descriptiones orbis* évoquent un canevas spatial, comparable à la mise en forme des mappemondes visuelles, où le lecteur pourra positionner ensuite l'information géographique, biblique, zoologique et ethnographique fournie par le texte[176]. Par exemple, dans l'*Imago mundi* d'Honorius Augustodunensis le réseau fluvial des quatre fleuves du paradis fonctionne comme point de repère pour la position des régions de l'Asie. En plus, l'auteur donne fréquemment des indica-

[173] P. Gautier Dalché (éd.), *La « Descriptio mappe mundi » de Hugues de Saint-Victor*, p. 88 : « La *Descriptio mappe mundi* (...) est le résultat d'une description explicite, précise et rigoureuse, d'une carte réelle. » Voir aussi : P. Gautier Dalché, La *Descriptio mappe mundi* de Hugues de Saint-Victor. *Retractatio et additamenta*, p. 144.

[174] P. Gautier Dalché (éd.), *La « Descriptio mappe mundi » de Hugues de Saint-Victor*, p. 59-81, 134.

[175] Le texte est cité au chapitre I (p. 25).

[176] Une conclusion pareille dans : H. Kugler, Mittelalterliche Weltkarten und literarische Wissensvermittlung. Zur Erdbeschreibung Rudolfs von Ems, in H. Brunner, N. R. Wolf (éd.), *Wissensliteratur im Mittelalter und in der Frühen Neuzeit*, Wiesbaden, 1992, p. 156-176) qui remarque à propos de la description du monde de Rudolf von Ems : « Der Text enthält, so meine ich, ein System von Fixpunkten und Stichwörtern, das die Beschreibung gliedert und sie mit den Örtern und Bildern einer Mappamundi vergleichbar macht. Die Beschreibung gebraucht freilich keine graphische Mittel, die Orte und Bilder werden ausschliesslich verbal dargestellt. » (p. 161).

tions sur la position des régions en ayant recours à des formules comme : « contra meridiem », « ad septentrionem », etc. Vincent de Beauvais, lui aussi, donne des renseignements spatiaux assez élaborés, par exemple : « (Parthia) a meridie Rubrum mare est, à septentrione Hircanum solum. Ab occidua solis plaga Media[177]. » De cette manière les *descriptiones orbis* peuvent susciter une impression visuelle, bien qu'il ne soit question que d'instruments purement textuels. Les descriptions font également appel aux éventuelles connaissances visuelles du lecteur et à ses expériences antérieures avec des *mappae mundi*. Ces connaissances latentes sont actualisées par la *descriptio orbis* qui incite ainsi le lecteur à remplir la trame d'une carte mentale[178] avec l'information fournie par le texte.

Patrick Gautier Dalché a fait remarquer que les *descriptiones orbis* du Moyen Âge pouvaient fonctionner sans illustration comme si c'étaient des *mappae mundi* visuelles : « le rapport entre le texte et l'image géographique (était) fort différent de celui dont nous avons l'habitude : au Moyen Âge, le texte peut faire fonction d'une représentation figurée de l'*orbis terrarum*[179]. » Il est vrai que la plupart des *descriptiones orbis* fonctionnent sans mappemonde accompagnante et même les textes de Gervais de Tilbury, de Hugues de Saint-Victor et de Jean Germain étaient toujours intelligibles et utiles, même si la mappemonde qui devrait les accompagner n'était pas directement sous la main. Dans un sens on pourrait considérer les *descriptiones orbis* comme des mappemondes écrites. Dans le passé on n'a pas assez insisté sur les qualités rhétoriques et littéraires des *descriptiones orbis*. Si l'on se livre à des spéculations sur l'existence réelle d'une mappemonde qui correspondrait exactement aux descriptions que véhiculent les textes, on tombe dans le piège creusé par les textes mêmes : ceux-ci cherchent à donner au lecteur l'impression qu'il regarde une carte.

Au Moyen Âge les rapports entre *pictura* et *scriptura* cartographique n'étaient certainement pas univoques. Il n'est pas possible de tirer des conclusions définitives sur la base du matériel qui subsiste encore, mais en règle générale dans les manuscrits les textes cartographiques et les mappemondes accompagnantes ne se recouvrent pas exactement. Il s'est également avéré qu'aucune des mappemondes survivantes ne peut être considérée comme la visualisation précise d'un seul texte et, inversement, aucun texte encore connu (à l'exception de l'*Expositio mappe mundi*) n'est la description exacte d'une seule mappemonde. En outre, les mappemondes visuelles sont intelligibles sans texte à l'appui et les *descriptiones* sont mêmes utiles sans complément visuel. On pourrait donc considérer les *descriptiones orbis* comme des mappemondes écrites. Bien que les *descriptiones orbis* s'incrustent avant tout dans la tradition textuelle, ces textes n'ont pourtant pas toujours fonctionné sans complément visuel : les exemples de mappemondes jointes à certaines descriptions du monde sont légion. Il est également concevable qu'on ait consulté les cartes isolées à l'aide d'une *descriptio orbis*, mais dans ces cas-là texte et image cartographique n'étaient certainement pas interchangeables. Les *descriptiones orbis* réfèrent aux connaissances visuelles du lecteur et elles esquissent par des moyens textuels un canevas visuel où le lecteur pourra situer les données fournies par le texte. Les mappemondes,

177 Vincent de Beauvais, *Speculum naturale* XXXII,iv, *Speculum naturale, Douai, 1624* (*Vincentius Bellovacensis: Speculum maior*, t. 1), reprod. Graz 1964-1965, col. 2401.

178 Cf. P. Gautier Dalché (éd.), *La « Descriptio mappe mundi » de Hugues de Saint-Victor*, p. 88.

179 P. Gautier Dalché (éd.), *op. cit.*, p. 87.

elles, n'ont pas de statut subordonné aux *descriptiones*. Bien au contraire : elles peuvent être considérées comme des textes visuels ayant leur propre argumentation.

La *scriptura* et la *pictura* cartographique sont donc inextricablement liées l'une à l'autre, sans jamais devenir identiques. Les cartographes du Moyen Âge ne cherchaient pas à donner deux « textes » redondants, mais ils avaient par contre l'intention d'exploiter les différences d'expression de texte et image. Si texte et image avaient été interchangeables, l'un ou l'autre aurait été superflu. La *scriptura* ainsi que la *pictura* de la cartographie médiévale étaient complémentaires et toutes les deux étaient censées contribuer à la formation d'une image du monde. Voilà pourquoi on voit des auteurs comme Paulin de Venise insister tellement sur l'importance des deux modes d'expression[180]. La *scriptura* et la *pictura* de la cartographie médiévale constituaient une unité compilatoire et c'est précisément dans l'interaction de texte et image qu'il faut chercher l'essence de la cartographie médiévale.

A première vue il semble illogique d'avoir recours à des textes et à des images qui ne coïncident pas. Karl F. Morrison a fait remarquer que souvent à l'intérieur de textes historiques du Moyen Âge les différentes parties du récit ne s'enchaînent pas d'une façon logique. On pourrait attribuer ce phénomène fréquent à une incompétence des historiens médiévaux, mais Morrison y voit plutôt un procédé intentionnel. Il appelle ce phénomène « hiatus herméneutique » (« hermeneutical gap »), ce qui veut dire que le texte demande au lecteur un effort intellectuel ou spirituel afin de faire le lien entre des parties apparemment sans liens logiques l'une avec l'autre[181]. Il en est de même pour le rapport entre texte et image. Selon Morrison au XIIe siècle on avait recours à des moyens d'expression différents qui étaient tous lacunaires. C'était à l'expérience et à l'imagination du lecteur de remplir ces hiatus et d'en distiller l'information requise tandis que le but ultime était l'épiphanie spirituelle[182]. La cartographie textuelle et visuelle du Moyen Âge présente le même conflit logique : texte et image ne fournissent pas les mêmes données, mais c'est au lecteur ou au spectateur de les combiner et d'en distiller une image du monde. Indépendamment des idées de Karl Morrison, Uwe Ruberg en est arrivé à une conclusion pareille. Ce dernier a suggéré, lui aussi, que la relation réciproque entre *mappa mundi* et texte livresque s'explique surtout par la pratique de l'exégèse, où une mappemonde et son explication spirituelle deviennent une unité inséparable[183].

Le procédé décrit par Morrison et par Ruberg demandait un effort intellectuel et spirituel qui s'applique surtout aux XIIe et XIIIe siècles. Il est concevable que le même principe ait été toujours de rigueur aux siècles subséquents, mais il est presque certain que la spiritualité dont ils parlent n'a pas persisté sous cette forme spécifique pendant les siècles suivants. Il n'est pourtant pas à exclure que la cartographie jusqu'au XVIe siècle ait continué à faire valoir les possibilités de la combinaison de texte et d'image tout en exploitant les limites et les possibilités de ces deux *modi dicendi*.

180 Le texte est cité au chapitre I (p. 25).
181 K. F. Morrison, *History as a visual art in the twelfth century Renaissance*, p. 63.
182 K. F. Morrison, *op. cit.*, p. 102.
183 U. Ruberg, Mappae Mundi des Mittelalters im Zusammenwirken von Text und Bild, p. 562.

2. Des chroniques et des encyclopédies visualisées ?

A côté des théories citées dans le paragraphe précédent selon lesquelles les *mappae mundi* seraient des visualisations de *descriptiones orbis*, on a avancé également la thèse selon laquelle les grandes mappemondes indépendantes du XIIIe siècle comme celles d'Ebstorf et de Hereford seraient des visualisations de chroniques ou d'encyclopédies. En 1968 Anna-Dorothee von den Brincken fut parmi les premiers à proposer une interprétation des *mappae mundi* qui tienne compte de la culture et de la spiritualité du Moyen Âge et qui ne soit pas colorée par le jugement négatif des théories scientifiques et positivistes selon lesquelles une carte doit être correcte et destinée à l'usage pratique. Elle voit une relation étroite entre les chroniques universelles et les *mappae mundi* comme celle d'Ebstorf. A son avis, cette mappemonde diffère de la réalité géographique de par le fait qu'elle évoque l'histoire du monde à partir de la genèse jusqu'à l'époque contemporaine[184]. Considérée sous cette lumière la mappemonde médiévale serait une « imago mundi », témoin de mythes et de religion. La thèse d'A.-D. von den Brincken selon laquelle les *mappae mundi* seraient des reproductions graphiques de chroniques universelles qui représenteraient l'histoire universelle à partir de ses premiers débuts a eu beaucoup d'échos[185].

Il est vrai que l'on peut discerner ce que l'on pourrait qualifier comme une certaine séquence historicisante sur l'axe Nord-Sud de la carte. Prenons la mappemonde d'Ebstorf comme exemple : le monde prend sa genèse en Orient avec Adam et Ève dans le paradis terrestre. En descendant de l'Orient vers l'Occident sur la mappemonde, on rencontre successivement l'autel d'Abraham à Ur, l'Arche de Noé sur le mont d'Ararath en Arménie, la tour de Babel, l'Exode du peuple d'Israël, Moïse avec les tables de la Loi, la Nativité à Bethléhem, la résurrection, etc. La carte fait allusion à la fin du monde par la représentation de Jérusalem comme la Jérusalem céleste de l'Apocalypse.

On peut cependant reprocher à A.-D. von den Brincken qu'elle interprète les *mappae mundi* uniquement dans la perspective de sa thèse que les cartes seraient des chroniques universelles visualisées. De ce fait, elle ne fournit qu'une interprétation réductrice des légendes et des images sur les *mappae mundi* qu'elle interprète sans exception comme des données historiques. Tout ce qui ne relève pas du domaine de l'historiographie, de l'information ethnographique ou biologique est qualifié comme le résultat de l'horreur du vide[186]. Un autre effet de

[184] Voir notamment : A.-D. von den Brincken, Mappa Mundi und Chronographia, p. 119, 122-124, 186 ; « ...Ut describeretur universus orbis ». Zur Universalkartographie des Mittelalters, p. 254-255 ; Chronica und Mappa Mundi, in A. Legner (éd.), *Die Parler und der schöne Stil 1350-1400. Ein Handbuch zur Ausstellung*, Cologne, 1978, t. 3, p. 125-135; Weltbild der lateinischen Universalhistoriker und -cartographen, p. 380 ; *Kartographische Quellen. Welt-, See- und Regionalkarten*, Turnhout, 1988, p. 32, 49. Une opinion plus nuancée dans : Die Ebstorfer Weltkarte im Verhältnis zur spanischen und angelsächsischen Weltkartentradition, in H. Kugler, E. Michael (éd.), *Ein Weltbild vor Columbus. Die Ebstorfer Weltkarte. Interdisziplinäres Colloquium 1988*, Lüneburg, 1991, p. 129 : « *Imago mundi*, bildhafte Enzyklopädie der Zoologie, Botanik, Geschichte, Kosmologie und vorrangig der Königin der Wissenschaften, der Theologie. »

[185] Une discussion nuancée de la question dans H. Kugler, Hochmittelalterliche Weltkarten als Geschichtsbilder, in H. W. Goetz (éd.), *Hochmittelalterliches Geschichtsbewußtsein im Spiegel nichthistoriographischer Quellen*, Berlin, 1998, p. 179-198 ; P. Gautier Dalché, Le temps et l'espace, in J. Dalarun (éd.), *Le Moyen Âge en lumière*, Paris, 2002, p. 35-63.

[186] J'ai déjà cité des exemples au chapitre I (p. 28). Je reviendrai sur ce sujet au chapitre suivant.

cette interprétation trop étroite est d'ignorer systématiquement les rapports entre *mappae mundi* et textes autres qu'historiques, comme par exemple les textes de caractère encyclopédique qui, eux aussi, s'unissent souvent à la géographie. Dans sa perception même les *Etymologiae* d'Isidore de Séville, le *Liber floridus* de Lambert de Saint-Omer et les *Otia imperialia* de Gervais de Tilbury se rangeraient dans la catégorie des textes historiographiques[187]. Plus troublante encore est son interprétation du mot « estorie » inscrite dans les marges de la mappemonde de Hereford comme renvoyant uniquement à l'historiographie[188]. Ici on cherche une relation avec des textes historiques là où en vérité l'on renvoie à une image, car *estoire* en ancien français signifie également « tableau, représentation[189] ».

Pour étayer ses assertions sur la géographie médiévale comme variante de l'historiographie, Anna-Dorothee von den Brincken cite l'introduction de Hugues de Saint-Victor à son texte propédeutique *De tribus maximis circumstantiis gestorum, id est personis locis temporibus*[190] :

> Tria igitur sunt in quibus praecipue cognitio pendet rerum gestarum, id est, personae a quibus res gestae sunt, et loca in quibus gestae sunt, et tempora quando gestae sunt. Haec tria quisquis memoriter animo tenuerit, inveniet se fundamentum habere bonum, cui quicquid per lectionem postea superedificaverit sine difficultate et cito capiet et diu retinebit[191].

[187] A.-D. von den Brincken, *Studien zur Lateinischen Weltchronistik bis in das Zeitalter Ottos von Freising*, Düsseldorf, 1957, p. 211-220 ; Mappa Mundi und Chronographia, p. 126. Dans sa typologie des textes historiographiques médiévaux elle distingue, entre autres, le type « *Imago mundi* » (Die lateinische Weltchronistik, in A. Randa (éd.), *Mensch und Weltgeschichte. Zur Geschichte der Universalgeschichtsschreibung*, Salzburg-Munich, 1969, p. 56-57). Il est vrai que certaines encyclopédies comme l'*Imago mundi* d'Honorius Augustodunensis et le *Livres dou tresor* de Brunetto Latini contiennent un chapitre historique, mais A.-D. von den Brincken les qualifie à tort comme des documents purement historiographiques.

[188] Le texte est : « Tuz ki cest estorie ont / Ou oyront ou verront … » Cf. A.-D. von den Brincken, Mappa Mundi und Chronographia, p. 123 ; « ...Ut describeretur universus orbis ». Zur Universalkartographie des Mittelalters, p. 256 ; *idem*, *Kartographische Quellen. Welt-, See- und Regionalkarten*, p. 37 ; *Fines terrae*, p. 105. Voir aussi : G. Haslam, The Duchy of Cornwall map fragment, p. 43 ; R. Simek, *Altnordische Kosmographie. Studien und Quellen zu Weltbild und Weltbeschreibung in Norwegen und Island von 12. bis zum 14. Jahrhundert*, Berlin-New York, 1990, p. 42 ; M. Kupfer, Medieval world maps. Embedded images, interpretative frames, p. 277 ; E. Edson, *Mapping time and space*, p. 18, 140.

[189] A. Tobler, F. Lommatzsch (et al.) (éd.), *Altfranzösisches Wörterbuch*, Wiesbaden, 1915-. W. L. Bevan, H. W. Phillott (*Medieval geography. An essay in illustration of the Hereford mappa mundi*, Londres, 1873, p. 10) signalèrent déjà qu'*estoire* équivaut : an illustrated record ». Pour une discussion critique, cf. U. Ruberg (Mappae Mundi des Mittelalters im Zusammenwirken von Text und Bild, p. 554) : « bildliche Darstellung eines geschichtlichen Vorgangs » ; J.-G. Arentzen, *Imago Mundi Cartographica*, p. 226.

[190] Dans A.-D. von den Brincken, Mappa Mundi und Chronographia, p. 124-125 ; *idem*, « ...Ut describeretur universus orbis ». Zur Universalkartographie des Mittelalters, p. 253 ; *Kartographische Quellen. Welt-, See- und Regionalkarten*, p. 25-26 ; Die Ebstorfer Weltkarte im Verhältnis zur spanischen und angelsächsischen Weltkartentradition, p. 64. Pour l'importance des lieux et temps on ferait mieux de citer comme exemple : « (…) loca simul et tempora, ubi et quando gesta sunt, considerare oportet ». Hugues de Saint-Victor, *De arca noe*, IV,ix, P. Sicard (éd.), *Hugonis de Sancto Victore, De archa noe, Libellus de formatione arche*, Turnhout, 2001 (Corpus Christianorum, Continuatio Medievalis, t. 176), p. 111.

[191] Hugues de Saint-Victor, *De tribus maximis circumstantiis gestorum*, W. M. Green (éd.), *Hugo of St. Victor, De tribus maximis circumstantiis gestorum*, in *Speculum*, t. 18, 1943, p. 491. Une variante se trouve dans Hugues de Saint-Victor, *Didascalicon*, VI,iii, Ch. H. Buttimer (éd.), *Hugo de Sancto Victore, Didascalicon de studio legendi*, Washington, 1939, p. 114 : « haec enim quattuor praecipue in historia requirenda sunt, persona, negotium, tempus et locus ». Dans son *Liber exceptionum* Richard de Saint-Victor mentionne six « circumstantiae » : « res, persona,

Selon von den Brincken, Hugues insiste ici sur les notions *persona*, *loca* et *tempora* comme des composants de l'historiographie. Il est vrai que cette citation de Hugues se trouve dans la partie du *De tribus maximis circumstantiis gestorum* où il s'occupe de l'*historia*[192]. Cependant ce terme n'y dénote pas l'historiographie proprement dite. Hugues se sert du concept dans le contexte de l'exégèse où *historia* renvoie au premier niveau de l'exégèse, à savoir le sens littéral de l'écriture[193] :

> Divinarum scripturarum expositio omnis secundum triplicem sensum tractatur : historiam, allegoriam, et tropologiam, id est moralitatem. Hystoria est rerum gestarum narratio per primam litterae significationem expressa[194].

Il est également vrai que les listes qui suivent l'introduction au *De tribus maximis circumstantiis gestorum* sont de caractère historiographique : y figurent, entre autres, des énumérations d'empereurs et de papes, mais cela n'implique pas nécessairement que Hugues vise ici l'historiographie. Grover A. Zinn a déjà fait remarquer que le *De tribus maximis circumstantiis gestorum* est en vérité une introduction à la mnémotechnique[195]. La remarque de Hugues sur l'importance du temps, du lieu et de l'actant s'enracine directement dans la technique la plus importante des *Artes memoriae* classiques, que Zinn appelle la méthode de « place and time[196] ». Anna-Dorothee von den Brincken a donc eu tort de qualifier la géographie comme un genre historiographique sur la base du *De tribus maximis circumstantiis gestorum* : pour Hugues la notion *locus* était plutôt une des qualités des *res gestae* servant à la mémorisation et ceux-ci serviront ensuite comme base à l'exégèse.

Pour ce qui est des quatre *regna*[197] qui se trouveraient, selon A.-D. von den Brincken représentés sur les mappemondes, on pourrait objecter que, bien qu'il y ait des allusions aux

numerus, locus, tempus, gestum » (J. Châtillon (éd.), *Richard de Saint-Victor Liber exceptionum. Texte critique avec introduction, notes et tables*, Paris, 1958, p. 116). Chez Richard ces six « circumstantiae » sont des « res » qui renvoient à une signification spirituelle (« res secundas significationes »). Je reviendrai sur les significations spirituelles des « locis » au chapitre VI.

192 « Sed nos hystoriam nunc in manibus habemus, quasi fundamentum omnis doctrinae primum in memoria collocandum. » Hugues de Saint-Victor, *De tribus maximis circumstantiis gestorum*, W. M. Green (éd.), *Hugo of St. Victor, De tribus maximis circumstantiis gestorum*, p. 491.

193 Cf. G. A. Zinn, Hugh of Saint Victor and the Art of Memory, in *Viator*, t. 5, 1974, p. 227 ; P. Gautier Dalché, L'espace de l'histoire. Le rôle de la géographie dans les chroniques universelles, p. 289. M. D. Chenu (Conscience de l'histoire et théologie au xiie siècle, in *Archives d'histoire doctrinale et littéraire du Moyen Age*, t. 29, 1954, p. 109-110) signale déjà l'ambiguïté de la notion *historia* qui dénote non seulement un genre littéraire, mais aussi une discipline du « studium divinarum scripturarum ».

194 Hugues de Saint-Victor, *De tribus maximis circumstantiis gestorum*, W. M. Green (éd.), *Hugo of St. Victor, De tribus maximis circumstantiis gestorum*, p. 491.

195 G. A. Zinn, Hugh of Saint Victor and the Art of Memory, p. 215-228.

196 G. A. Zinn, *art. cit.*, p. 212. Cf. aussi : « Tribus modis discernenda sunt in animo ea quae discuntur, secundum numerum, secundum locum, et secundum tempus, Ita omnia quae audieris et facile intellecta capies et diu memoria retinebis, si ea secundum hanc trinam distinctionem considerare didiceris. » Hugues de Saint-Victor, *De tribus maximis circumstantiis gestorum*, W. M. Green (éd.), *Hugo of St. Victor, De tribus maximis circumstantiis gestorum*, p. 489.

197 Les visions de Daniel (Daniel 2,7 et 8) sont à l'origine de l'idée des quatre *regna* selon laquelle le temps est une succession de quatre royaumes universels : celui des Babyloniens, celui des Mèdes et des Perses, celui des Macédoniens et finalement celui des Romains. La fin du temps surviendrait après l'achèvement du dernier, celui des

Babyloniens (la tour de Babel), aux Perses (le tombeau de Darius), aux Macédoniens (Alexandre le Grand) et aux Romains (la ville de Rome), ces thèmes n'en réfèrent pourtant pas explicitement. Il n'y a d'ailleurs pas non plus de division claire et distincte en quatre monarchies universelles sur les mappemondes comme par exemple dans la vision d'Orose[198]. Ce dernier avait disposé les quatre *regna* dans l'œkoumène selon les quatre points cardinaux, mais aucune mappemonde n'a repris cette idée. Evelyn Edson, qui a étudié la représentation de l'histoire sur les mappemondes, voit un déroulement du temps sur les mappemondes dans l'évocation d'éléments bibliques comme le paradis terrestre, l'arche de Noé, la tour de Babel, la Chaldée, Jérusalem et Babylon. Selon Edson ces éléments représenteraient les six *aetates*[199], mais ici encore il faut remarquer que sur les mappemonde il n'y a aucune référence explicite à ces *aetates*.

Finalement, on peut objecter contre les conclusions de A.-D. von den Brincken que les traités historiques étaient au Moyen Âge pratiquement les seules sources dans lesquels on pouvait trouver des renseignements géographiques sur les régions lointaines. Par conséquent, il est logique que les producteurs des *mappae mundi* aient eu recours aux textes historiques pour y puiser du matériel. Les théories d'Anna-Dorothee von den Brincken ouvrent une perspective très utile pour l'étude de la cartographie du Moyen Âge, mais sa conclusion que les mappemondes sont des chroniques universelles visualisées est réductrice. La nature exacte de la relation entre texte et image n'est pas expliquée dans aucune de ses études, et elle n'aborde pas non plus la question de la nécessité de représentations visuelles comme compléments aux textes historiographiques.

De nombreux historiens de la cartographie ont repris et élaboré les thèses d'Anna-Dorothee von den Brinken. Par exemple, David Woodward compare les *mappae mundi* aux peintures narratives du Moyen Âge où se trouve réuni, dans le cadre d'un seul tableau, un nombre de scènes qui se succèdent l'une à l'autre engendrant ainsi une narration[200]. Le lieu commun selon

Romains. Il existe également une division de l'Histoire en six *aetates*. Sur les idées médiévales concernant les *regna* et les *aetates*, voir surtout : M. D. Chenu, Conscience de l'histoire et théologie au XIIe siècle, p. 118-120 ; A.-D. von den Brincken, *Studien zur Lateinischen Weltchronistik bis in das Zeitalter Ottos von Freising*, p. 47-49 ; W. Lammers (éd.), *Ottonis Episcopi Frisingensis 'Chronica sive Historia de duabus civitatibus'/Otto Bischof von Freising 'Chronik oder die Geschichte der Zwei Staaten'*, Darmstadt, 1960, p. LIV-LVI ; K. H. Krüger, *Die Universalchroniken*, Turnhout, 1976 (Typologie des sources du Moyen Age occidental, t. 16), p. 24-27. L'étude de B. Guenée (*Histoire et culture historique dans l'Occident médiéval*, Paris, 1980) n'est pas très documentée.

198 Orose, *Historiae*, II,1,3-6 et aussi la préface du livre VII. Cette idée sera reprise par Otto von Freising, *Chronica* II,23. Pour une discussion voir : W. Goetz, *Die Geschichtstheologie des Orosius*, Darmstadt, 1980, p. 71-74 ; J.-G. Arentzen, *Imago Mundi Cartographica*, p. 151-153 ; M. P. Arnaud-Lindet (éd./trad.), *Orose. Histoires (Contre les païens)*, p. XLVI-L.

199 E. Edson, *Mapping time and space*, p. 100, 115.

200 D. Woodward, Reality, symbolism, time, and space in Medieval world maps, in *Annals of the Association of American Geographers*, t. 75, 1985, p. 524 ; *idem*, Medieval *mappaemundi* 288-290, 326. Voir aussi : N. Goodman, Twisted tales. Or, story, study, and symphony, in W. J. T. Mitchell (éd.), *On narrative*, Chicago-Londres, 1981, p. 100 ; P. D. A. Harvey (*Medieval maps*, Londres, 1991, p. 19) : « not unlike a chronicle or narrative ». W. L. Bevan, H. W. Phillott avaient déjà introduit ces thèmes en 1873 : « historical representation » et « illustrated romance » (*Medieval geography. An essay in illustration of the Hereford mappa mundi*, § 10).

lequel l'art gothique du Moyen Âge aurait produit des peintures polyscéniques[201] a été démenti par Lew Andrews. Ce dernier a fait remarquer que c'était surtout après l'introduction de l'illusion de l'espace dans les peintures (« pictorial space ») à partir du Trecento italien que l'on produisait des peintures polyscéniques, donc bien postérieurement aux mappemondes du XIIIe siècle[202]. Qui plus est, les mappemondes ne se caractérisent aucunement par une narration continue. Certes, il y a des épisodes puisés dans des histoires bibliques, historiques ou légendaires sur les mappemondes, mais on n'y dépiste jamais un véritable enchaînement d'événements comme c'est le cas dans des textes authentiquement narratifs. Aron Kibédi Varga a déjà observé qu'une narration n'équivaut pas à un positionnement paratactique ni à l'évocation d'une action[203]. Sur les mappemondes ce ne sont que des événements historiques isolés évoqués sans indices qu'ils seraient la conséquence logique d'un événement antérieur ou bien la cause d'un événement postérieur. L'histoire d'Alexandre le Grand semble être l'unique exception, puisque la plupart des mappemondes évoquent plusieurs épisodes des exploits de ce roi macédonien. Mais même ici il n'est pas vraiment question d'une narrativité visuelle ou textuelle, car ce n'est pas le roi lui-même qui est dépeint ou évoqué comme actant dans une narration[204] : les *descriptiones* et les mappemondes n'indiquent que les lieux dignes de mémoire parce que le conquérant macédonien y a été et y a fait telle ou telle action mémorable.

Il est pourtant vrai que sur les mappemondes il y a de nombreuses allusions à la Création et à la fin du temps comme l'a démontré Uwe Ruberg dans son article sur les thèmes *principium* et *finis* sur la mappemonde d'Ebstorf[205]. Ceci n'implique pourtant pas que les mappemondes

[201] Il est préférable de référer à ces images comme une narration continue (« continuous narration ») ou une narration polyscénique (« polyscenic narratives »). Voir surtout : L. Andrews, *Story and space in Renaissance art. The rebirth of continuous narrative*, Cambridge, 1995, p. 96, 120-126 et sur le même sujet : K. Weitzmann, *Illustrations in roll and codex. A study in the origin and method of text illustration*, 2e édition, Princeton, 1970, p. 13-14, 21 ; E. Kluckert, *Die Erzählformen des spätmittelalterlichen Simultanbildes*, thèse, Tübingen, 1974 ; S. Ringbom, Some pictorial conventions for the recounting of thoughts and experiences in late Medieval art, in F. G. Andersen (et al.) (éd.), *Medieval iconography and narrative. A symposium*, Odense, 1980, p. 38-69, p. 38-41 ; N. Goodman, Twisted tales. Or, story, study, and symphony ; A. Kibédi Varga, Stories told by pictures, p. 200-201 ; *idem*, Visuelle Argumentation und visuelle Narrativität, p. 361-362. Pour les images narratives comme typiques du Moyen Âge voir, par exemple : W. Steiner, *Pictures of romance. Form against context in painting and literature*, Chicago-Londres, 1988, p. 7-42.

[202] L. Andrews, *op. cit.*, p. 4-11, 96-100. Andrews voit surtout un rapport entre l'invention de la perspective mathématique et l'introduction de la narration continue en peinture. Les manuscrits illustrés du XVe siècle de *La fleur des histoires* de Jean Mansel, contiennent des mappemondes ainsi que des miniatures évoquant un paysage à horizon très élevé où se trouve dépeinte une narration continue. Cf. la thèse de L. Deam (*Mapping the past. The « Fleur des histoires » (Brussels, Bibliothèque Royale, ms. 9231-9232) in the context of fifteenth-century Burgundian historiography*, thèse, Chicago, 2001). Je la remercie d'avoir tiré mon attention sur quelques publications importantes sur ce sujet.

[203] A. Kibédi Varga, *Discours, récit, image*, p. 195. Sur l'organisation paratactique de l'information sur les cartes voir : Chr. Jacob, *L'empire des cartes*, p. 322-323, ainsi que la p. 335 sur la forme discontinue des légendes sur les cartes.

[204] Cependant D. Lecoq (L'image d'Alexandre à travers les mappemondes médiévales XIIe-XIIIe siècles, in *Geographia antiqua*, t. 2, 1992, p. 117) décrit Alexandre comme agent sur les mappemondes comme : « Alexandre (...) consultant l'oracle d'Ammon, (...) enfermant derrière un mur infranchissable les peuples maudits de Gog et Magog (...). »

[205] U. Ruberg, Mappae Mundi des Mittelalters im Zusammenwirken von Text und Bild, p. 566-585. Voir aussi sur ce sujet : J.-G. Arentzen, *Imago Mundi Cartographica*, p. 324 ; Chr. Deluz, *Le Livre de Jean de Mandeville. Une « Geographie » au XIVe siècle*, Louvain, 1988, p. 205-209.

visualisent le déroulement de l'Histoire : elles sont plutôt un *memento* du Dieu tout-puissant qui a créé le monde, évoqué sur la carte et qui en déterminera la fin.

Selon une autre opinion les mappemondes médiévales seraient ahistoriques parce qu'elles mélangeraient de façon arbitraire des événements d'époques différentes[206]. A première vue, cette assertion semble correcte, car sur les mappemondes on voit, entre autres, Noé dans son arche, Moïse avec les tables de la loi et la Nativité à Bethlehem. Toujours est-il que les mappemondes des XIIe et XIIIe siècles ne présentent pas ces événements comme s'ils se déroulaient au présent, car les légendes accompagnant ces images indiquent incontestablement qu'il faut placer ces épisodes de l'Histoire dans le passé. En témoignent les verbes « inclusit », « refulsit », et « exiit » dans les citations suivantes :

> In civitate ista inclusit Alexander duas gentes immondes Goz et Magoz. (Vercelli)
> Duodecimo miliario a Bethleem refulsit stella pastoribus. (Ebstorf)
> Hic congregatus populus Israel in Ramesse ; exiit de Egipto altera die post Pasca (Hereford).

Les images de personnages bibliques comme Noé, Moïse et le Christ sur les mappemondes des XIIe et XIIIe siècles ne témoignent donc pas d'une conscience historique défectueuse de la part des géographes médiévaux, mais il serait plus correct de les considérer comme des « icônes de mémoire » servant à attirer l'attention sur les endroits où se sont déroulés les événements du passé.

Malgré ces objections contre la thèse sur le rapport entre espace et temps dans la cartographie médiévale, il y a quand même des liens évidents entre la cartographie et l'historiographie[207]. Il suffit de penser à ces chroniques universelles qui s'associent régulièrement à la cartographie, soit sous forme d'une *mappa mundi* visuelle, soit sous celle d'une *descriptio orbis*. La pratique d'associer la géographie à l'historiographie remonte à l'ère classique et sera perpétuée au Moyen Âge[208]. Un des premiers exemples post-classiques sont les *Historiae* d'Orose (Ve siècle), texte qui commence avec une description du monde pour que « le lecteur prenne non seulement connaissance des catastrophes, des guerres et des épidémies, mais également des lieux

[206] Par exemple : A.-D. von den Brincken, Mappa Mundi und Chronographia, p. 123 : « (...) die Ebstorfer Weltkarte (...) verbindet Zeiten und Sachgebiete wahllos miteinander » ; G. Grosjean, *Mapamundi. Der katalanische Weltatlas vom Jahre 1375*, Dietikon-Zürich, 1977, p. 21 : « Die Zeit spielt keine Rolle. Vom Paradies und Sündenfall bis zur Zeit des Kartenmalers ist alles Gegenwart, wie ja in der absoluten Welt als Idee keine Zeit mehr sein wird. »

[207] Pour des remarques pertinentes sur la relation entre temps et espace au Moyen Âge voir : D. Lecoq, Le temps et l'intemporel sur quelques représentations médiévales du monde au XIIe et au XIIIe siècles, in B. Ribémont (éd.), *Le Temps, sa mesure et sa perception au Moyen Age*. (Actes du Colloque Orléans 12-13 avril 1991), Caen, 1992, p. 113-119 ; P. Gautier Dalché, L'espace de l'histoire. Le rôle de la géographie dans les chroniques universelles. Les rapports entre l'espace et le temps ne sont pas uniquement caractéristiques pour le Moyen Âge. Sur un plan plus général, M. M. Bakhtine (Formes du temps et du chronotope dans le roman, in M. Bakhtine, *Esthétique et théorie du roman*, Paris, 1978, p. 237) a caractérisé « la corrélation essentielle des rapports spatio-temporels » comme un « chronotope ».

[208] Cf. H. J. Witzel, *Der geographische Exkurs in den lateinischen Geschichtsquellen des Mittelalters*, p. 8-15, 22-48 ; J. Ehlers, *Hugo von St. Viktor. Studien zum Geschichtsdenken und zur Geschichtsschreibung des 12. Jahrhunderts*, Wiesbaden, 1973, p. 54-55.

où ces événements se sont déroulés[209] ». La même idée se retrouve dans un texte du VIe siècle, intitulé *Institutiones*, où l'auteur Cassiodore conseille aux moines du monastère de Viviarum de s'occuper de la géographie afin de mieux comprendre les événements racontés dans l'histoire sainte[210].

C'est cependant surtout à partir du XIIe siècle que les chroniques universelles commencent à s'unir à la cartographie, soit sous forme de digressions géographiques[211], soit sous forme de cartes visuelles. Parmi les nombreux exemples se trouvent Vincent de Beauvais qui au XIIIe siècle insérait une *descriptio orbis* dans son *Speculum historiale* et Ranulf Higden qui, au siècle suivant, combinait une chronique universelle avec une *descriptio orbis* ainsi qu'une carte. En 1493 encore, plus de mille ans après Orose, l'Allemand Hartmann Schedel rattachait une description du monde à sa chronique universelle intitulée le *Liber chronicarum*[212]. Même au XVIe siècle la géographie s'associe encore facilement à l'historiographie : Sebastian Münster range sa *Cosmographia* sous le genre de l'historiographie[213], François de Belleforest fait commencer sa *Cosmographie universelle* par la création et les quatre monarchies (l'auteur dit d'ailleurs que le déroulement de l'histoire a réfuté cette théorie[214]), Sébastien Franck renvoie le lecteur dans l'introduction de son *Weltbuch* à une chronique qu'il a écrite auparavant[215] et même l'*Atlas* de Gerard Mercator s'insère dans un ouvrage plus grand où l'auteur cherche à décrire non seulement la terre, mais aussi la Création, le cosmos et l'histoire[216].

L'espace et l'histoire sont inextricablement liés, en témoigne également la *descriptio orbis* dans le *Speculum naturale* de Vincent de Beauvais à laquelle l'auteur a ajouté un épitomé de l'histoire à partir de la Création jusqu'au Jugement Dernier. Vincent indique que cette disposi-

[209] OROSE, *Historiae*, I,1,15-17, M. P. ARNAUD-LINDET (éd./trad.), *Orose. Histoires (Contre les Païens)*, p. 12. Cf. A.-D. VON DEN BRINCKEN, *Kartographische Quellen. Welt-, See- und Regionalkarten*, p. 24-25.

[210] CASSIODORUS, *Institutiones*, I,25, R. A. B. MYNORS (éd.), *Cassiodorus, Institutiones divinarum et saecularium artium*, Oxford, 1961, p. 66 : « Cosmographiae quoque notitiam vobis percurrendam esse non immerito suademus, ut loca singula, quae in libris sanctis legitis, in qua parte mundi sint posita evidenter cognoscere debeatis. » Sur ce texte, voir aussi : U. RUBERG, Mappae Mundi des Mittelalters im Zusammenwirken von Text und Bild, p. 550 ; A.-D. VON DEN BRINCKEN, *Kartographische Quellen. Welt-, See- und Regionalkarten*, p. 25 ; P. GAUTIER DALCHÉ, De la glose à la contemplation, p. 693-696.

[211] Cf. P. GAUTIER DALCHÉ, L'espace de l'histoire. Le rôle de la géographie dans les chroniques universelles, p. 287, 289.

[212] Pour d'autres exemples, voir le chapitre III. Sur la présence de la cartographie dans les chroniques universelles, voir surtout : H. J. WITZEL, *Der geographische Exkurs in den lateinischen Geschichtsquellen des Mittelalters* ; P. GAUTIER DALCHÉ, *art. cit.* ; D. LECOQ, Le temps et l'intemporel sur quelques représentations médiévales du monde au XIIe et au XIIIe siècles, p. 113-114.

[213] SEBASTIAN MÜNSTER, *Cosmographia*, R. OEHME, *Sebastian Münster, Cosmographei, Bâle, Henricus Petri, 1550*, reprod. Amsterdam, 1968, *sig.* aijr.

[214] FRANÇOIS DE BELLEFOREST, *La cosmographie universelle*, Paris, 1575, col. 5-6, 76-77. Même les chapitres sur la géographie de l'Europe contiennent des paragraphes historiques. Par exemple, l'auteur ajoute une généalogie des rois de France à la description de la France.

[215] SEBASTIAN FRANCK, *Weltbuch. Spiegel und bildnisz des gantzen erdbodens*, Tübingen, 1534, *sig.* aiir : « vorgehende chronik ».

[216] Sur Mercator et l'historiographie, voir : A.-D. VON DEN BRINCKEN, Kosmographische Betrachtungen bei den Kirchenvätern, auf mittelalterlichen Mönchskarten und bei Gerhard Mercator, in R. Vermij (éd.), *Gerhard Mercator und seine Welt*, Dusbourg, 1997, p. 47-52. J'y reviendrai au chapitre VI (p. 253-254).

tion s'inspire des écrits de saint Augustin qui a écrit que Dieu a créé toutes les choses, parmi lesquelles les lieux et les temps, au même moment :

> Quoniam (vt ait Augustinus) Deus incommutabili æternitate viuens, creauit omnia simul, ex quibus currerent tempora, et implerentur loca, ipsorumque temporalibus et localibus voluerentur sæcula[217].

Avant Vincent de Beauvais Honorius Augustudonensis avait déjà insisté sur les rapports entre l'espace et le temps dans sa *Clavis physicae* : « Loca autem et tempora in numero omnium sunt (...)[218] ».

Les rapports entre l'espace et le temps s'expriment aussi dans les chroniques universelles par l'insertion de digressions géographiques. Pendant la période allant du XIIe au XIVe siècle des *descriptiones orbis* sont insérées dans les chroniques universelles à deux endroits bien déterminés, à savoir : au début de l'œuvre comme introduction ou à l'intérieur de la chronique elle-même, et plus précisément au moment de la répartition des trois continents entre les fils de Noé (parfois cet épisode inclut aussi l'histoire de la tour de Babel)[219]. De plus, dans la majorité des cas les *descriptiones orbis* sont des digressions qui arrêtent l'enchaînement de la narration de l'Histoire. Un exemple illustratif en est la remarque de Vincent de Beauvais dans le *Speculum historiale* : « nunc ad historiam redeamus »[220]. Il n'y a cependant presque jamais un rapport entre le contenu de la partie géographique et celui de la chronique qui l'encadre. Les chroniques de Paulin de Venise sont pourtant une exception : dans la *Satyrica historia* ainsi que dans l'*Historia magna* un système de référence très élaboré renvoie le lecteur de la *Mapa mundi* textuelle aux passages correspondants de la chronique[221]. Il existe donc des rapports frappants entre la géographie médiévale et l'historiographie, mais il serait pourtant erroné de considérer les *mappae mundi* visuelles et les *descriptiones orbis* comme des remplaçants des chroniques universelles.

Il y a encore d'autres domaines dans lesquels se manifeste un rapport entre espace géographique et temps historique. Au Moyen Âge on voyait dans l'histoire mondiale un passage du pouvoir et de la sagesse d'Orient en Occident[222]. Cette idée de la *translatio imperii et studii*, déjà mentionné au chapitre III, se trouve exprimée, entre autres, chez Hugues de Saint-Victor :

[217] Vincent de Beauvais, *Speculum naturale*, XXXII,i, *Speculum naturale, Douai, 1624* (*Vincentius Bellovacensis: Speculum maior*, t. 1), reprod. Graz 1964-1965, col. 2399. Cf. M. Paulmier-Foucart, Ordre encyclopédique et organisation de la matière dans le *Speculum maius* de Vincent de Beauvais, in A. Becq (éd.), *L'encyclopédisme. Actes du Colloque de Caen 12-16 janvier 1987*, Paris, 1991, p. 211 ; E. Edson, *Mapping time and space*, p. 96.

[218] Honorius Augustodunensis, *Clavis physicae*. Cité dans M.-Th. d'Alverny, Le cosmos symbolique au XIIe siècle, in *Archives d'histoire doctrinale et littéraire au moyen âge*, t. 28, 1953, p. 61, note 1 ; avec d'autres citations et des considérations sur l'origine de la notion d'espace-temps comme une entité indivisible sur les p. 61-63.

[219] Cf. le chapitre III.

[220] Vincent de Beauvais, *Speculum historiale*, I,xcvi, *Speculum historiale, Douai, 1624* (*Vincentius Bellovacensis: Speculum maior*, t. 4), reprod. Graz 1964-1965, col. 35.

[221] Cf. le chapitre III (p. 102-103).

[222] Cf. M. D. Chenu, Conscience de l'histoire et théologie au XIIe siècle, p. 112, 123 ; W. Lammers (éd.), *Ottonis Episcopi Frisingensis 'Chronica sive Historia de duabus civitatibus'*, p. LIV-LVI ; J. Ehlers, *Hugo von St. Viktor. Studien zum Geschichtsdenken und zur Geschichtsschreibung des 12. Jahrhunderts*, p. 124-135 ; F.-J. Schmale, *Funktion und Formen mittelalterlicher Geschichtsschreibung*, Darmstadt, 1985, p. 35 ; D. Lecoq, Le temps et l'intemporel sur quelques représentations médiévales du monde au XIIe et au XIIIe siècles, p. 117.

> Ordo autem loci et ordo temporis fere per omnia secundum rerum gestarum seriem concurrere uidentur. Et ita per diuinam prouidentiam uidetur esse dispositum, ut que in principio temporum gerebantur, in oriente – quasi in principio mundi – gererentur, ac deinde ad finem profluente tempore usque ad occidentem rerum summa descenderet, ut ex hoc ipso agnoscamus appropinquare finem seculi, quia rerum cursus iam attigit finem mundi. Ideo primus homo in oriente in hortis Eden conditus collocatur ut ab illo principio propago posteritatis in orbem terrarum proflueret. Item post diluuium principium regnorum et caput mundi in Asyriis et Chaldeis et Medis in partibus orientis fuit, deinde ad Grecos uenit ; postremo circa finem seculi ad Romanos in occidente – quasi in fine mundi habitantes – potestas summa descendit[223].

Hugues rappelle la même vision du monde et du temps dans le *Libellus de formatione arche*, où il décrit une image de l'arche de Noé. Ce texte destiné à la contemplation spirituelle décrit l'arche entourée d'une mappemonde. Le paradis terrestre y occupe la partie supérieure (l'Orient) tandis que le côté opposé (l'Occident) est marqué par le Jugement Dernier[224]. La translation du pouvoir et du savoir d'Orient en Occident est reprise dans de nombreux autres textes, comme par exemple dans la *Chronica* d'Otton de Freising :

> Et sicut supra dixi, omnis humana potentia vel sapientia ab oriente ordiens in occidente terminari cepit. Et de potentia quidem humana, qualiter a Babiloniis ad Medos et Persas ac inde ad Macedones et post ad Romanos (…)[225].

Le couple espace-temps revient également dans certains schémas visuels qu'on désigne comme le type « mundus-annus-homo »[226]. Ces schémas paraissent fréquemment dans les manuscrits des *Etymologiae* d'Isidore de Séville. On en trouve cependant des exemplaires de plus en plus élaborés à partir du XIIe siècle[227]. Dans certains schémas les points cardinaux sont, entre autres, associés aux quatre saisons. Finalement, la combinaison espace-temps se manifeste aussi sur d'autres cartes du monde dotées d'un schéma de *comput* destiné à calculer les dates des jours de fête, les jours de la pleine lune, etc.[228]. Un exemple très connu en est l'Atlas Catalan de 1375[229], mais il y a également des exemples plus tardifs comme le fragment d'une mappemonde gravée sur bois, datant du XVe siècle, qui est entourée d'un calendrier.

[223] Hugues de Saint-Victor, *De arca noe*, IV,ix, P. Sicard (éd.), *Hugonis de Sancto Victore, De archa noe, Libellus de formatione arche*, Turnhout, 2001 (Corpus Christianorum, Continuatio Medievalis, t. 176), p. 111-112. Cf. D. Lecoq, La « Mappemonde » du *De Arca Noe Mystica* de Hugues de Saint-Victor (1128-1129), in M. Pelletier (éd.), *Géographie du monde au Moyen Age et à la Renaissance*, Paris, 1989, p. 20.

[224] Hugues de Saint-Victor, *Libellus de formatione arche*, XI, P. Sicard (éd.), *Hugonis de Sancto Victore, De archa noe, Libellus de formatione arche*, p. 157. Pour le texte de cette description voir aussi le chapitre III. Ici encore Hugues insiste sur le rapport entre espace et temps : « (…) situs locorum cum ordine temporum, et idem sit finis mundi qui est finis seculi ».

[225] Otton de Freising, *Chronica*, V *prologus*, W. Lammers (éd.), *Ottonis Episcopi Frisingensis 'Chronica sive Historia de duabus civitatibus'*, p. 372-373. Voir aussi : *Chronica*, V,36. Dans son introduction Otton discute également le passage de la *sapientia* d'Occident en Orient (cf. W. Lammers (éd.), *op. cit.*, p. 12-15).

[226] Cf. D. Lecoq, Le temps et l'intemporel sur quelques représentations médiévales du monde au XIIe et au XIIIe siècles, p. 115. J'y reviendrai au chapitre VI.

[227] Cf. A. C. Esmeijer, *Divina quaternitas. Een onderzoek naar methode en toepassing der visuele exegese*.

[228] Voir sur ce sujet : E. Edson, World maps and Easter tables. Medieval maps in context, in *Imago mundi*, t. 48, 1996, p. 25-42 ; *idem*, *Mapping time and space*, p. 52-96.

[229] Cf. G. Bodmann, *Jahreszahlen und Weltalter. Zeit- und Raumvorstellungen im Mittelalter*, Frankfurt a.M.-New York, 1992, p. 217-221.

En résumé, dans la perception du Moyen Âge l'espace et le temps sont étroitement liés : certains auteurs ont muni leur chronique d'une mappemonde visuelle ou d'une *descriptio orbis*, on voit la sagesse se déplacer d'Orient en Occident, l'encadrement de certaines cartes fait allusion à la Création et surtout à l'Apocalypse. Malgré ces rapports entre la géographie et l'historiographie, il n'est pas possible de considérer les mappemondes médiévales comme des images narratives visualisant le déroulement de l'histoire universelle et remplaçant ainsi les chroniques. Les documents géographiques rattachés aux chroniques n'ont pas non plus été conçus comme un résumé visuel ou textuel du texte historiographique : « La géographie n'est donc pas à proprement parler la simple illustration du texte historique, elle est l'une de ses conditions d'intelligibilité » comme l'a fait remarquer Patrick Gautier Dalché[230].

Les *mappae mundi* visuelles n'ont pas uniquement été considérées comme des chroniques visualisées par la critique moderne, mais aussi comme des mises en image de textes encyclopédiques[231]. Des exemples récents de cette approche sont, par exemple, l'article « Visual encyclopedias » par Peter Barber[232], la qualification « la carte est l'encyclopédie » de Christian Jacob[233] ainsi qu'un chapitre intitulé « Summenliteratur in Wort und Bild » d'Anna-Dorothee von den Brincken dans son étude *Fines terrae*[234] où elle compare les grandes mappemondes du XIIIe siècle aux *Summae* de la même époque. Pour un spectateur du XXIe siècle, des mappemondes comme celle de Hereford et d'Ebstorf sont déconcertantes parce qu'elles renferment une multitude de renseignements concernant des sujets apparemment disparates provenant de sources bibliques, classiques et légendaires. Confrontés avec ce contenu surabondant des cartes, certains historiens de la cartographie ont tendance à décrire les mappemondes médiévales comme des encyclopédies visualisées. A première vue cette interprétation des grandes mappemondes du XIIIe siècle comme encyclopédies visualisées semble correcte, mais la définition est tellement vague qu'elle glisse facilement vers une tournure vide de sens. De cette façon l'appellation « encyclopédique » ne sert qu'à voiler notre embarras face à ces documents énigmatiques et devient simple prétexte pour ne pas étudier les mappemondes de façon plus profonde.

Il est pourtant vrai qu'il existe des rapports très remarquables entre la cartographie médiévale et les encyclopédies médiévales[235]. Dans le chapitre précédent il s'est avéré que les descrip-

230 P. Gautier Dalché, L'espace de l'histoire. Le rôle de la géographie dans les chroniques universelles, p. 290.

231 Les idées exprimées ici sont basées sur mon article *Mappae mundi* and Medieval encyclopaedias. Image versus text, in Peter Binkley (éd.), *Pre-Modern encyclopaedic texts. Proceedings of the second COMERS congress, Groningen, 1-4 July 1996*, Leyde, 1997, p. 63-74.

232 P. Barber, Visual encyclopaedias. The Hereford and other mappae mundi, in *The Map Collector*, t. 48, 1989, p. 2-8. La première référence aux mappemondes comme des encylopédies se trouve d'ailleurs dans : R. Uhden, Zur Herkunft und Systematik der mittelalterlichen Weltkarten, in *Geographische Zeitschrift*, t. 37, 1931, p. 322.

233 C. Jacob, *L'empire des cartes*, p. 337, et aussi les p. 327-328, 336.

234 A.-D. von den Brincken, *Fines terrae*, p. 77-97.

235 Pour les encyclopédies médiévales en général voir : M. de Boüard, Encyclopédies médiévales. Sur la connaissance de la nature et du monde au moyen âge, in *Revue des questions historiques*, t. 112, 1930, p. 258-304 ; *idem*, Réflexions sur l'encyclopédisme médiéval, in A. Becq (éd.), *L'encyclopédisme. Actes du colloque de Caen 12-16 janvier 1987*, Paris, 1991, p. 281-290 ; W. Goetz, Die Enzyklopädien des 13. Jahrhunderts. Ein Beitrag zur Entstehung der Laienbildung, in *Zeitschrift für deutsche Geistesgeschichte*, 1938, p. 227-250 ; M. de Gandillac, Encyclopédies

tions du monde sous forme de texte, les *descriptiones orbis*, ont souvent été insérées dans un contexte encylopédique, et ce surtout à partir du XIIe siècle. On n'a qu'à penser à l'*Imago mundi* de Honorius Augustodunensis, les *Otia imperialia* de Gervais de Tilbury, le *Speculum naturale* de Vincent de Beauvais et le *De proprietatibus rerum* de Barthélemy l'Anglais. Dans les encyclopédies la *descriptio orbis* figure souvent, mais pas nécessairement, à un endroit bien spécifique, à savoir comme représentant de l'élément *terra*. L'inverse se produit également : un texte de caractère encyclopédique encadre certaines mappemondes. L'exemple le plus remarquable ici est la mappemonde d'Ebstorf. Les textes dans les quatre coins du parchemin en dehors du cercle de la mappemonde proprement dite décrivent des animaux et certaines régions du monde. Cet encadrement textuel renvoie physiquement aux livres manuscrits de par l'arrangement en colonnes munies d'initiales et dotées de rubriques en encre rouge. Dans le cas de la mappemonde d'Ebstorf on pourrait interpréter la carte comme une miniature gigantesque ornant un texte encyclopédique. Il y a encore deux autres exemples de cartes encadrées par des textes à caractère encyclopédique. C'est en premier lieu l'Atlas catalan de 1375 où figure parmi les premières tables de l'atlas une traduction en catalan de quelques paragraphes de l'*Imago mundi* de Honorius Augustodunensis. Le texte décrit successivement l'œuf cosmique, la création, les quatre éléments, la forme de la terre, les trois continents, une partie de l'œkoumène, l'océan et les marées, la lune et le soleil[236]. L'autre exemple est la mappemonde (1460) de Fra Mauro qui, elle aussi, est entourée de textes et d'images. Ces textes et images évoquent les sphères des planètes à la lune et les marées, les cinq climats ceinturant l'*orbis terrarum* et finalement le paradis terrestre.

Un autre point en commun entre les encyclopédies et les mappemondes est leur caractère compilatoire. Certes, la technique de la *compilatio* n'est pas réservée aux encyclopédies médiévales, mais ce sont surtout les auteurs d'encyclopédies qui insistent sur le fait que leur texte est une compilation. Dans le chapitre précédent il était déjà question de la remarque de Vincent de

pré-médiévales et médiévales, in *Cahiers d'histoire mondiale/ Journal of world history/ Cuadernos del historia mundial*, t. 9, 1966, p. 483-518 ; P. MICHAUD-QUANTIN, Les petites encyclopédies du XIIIe siècle, in *Cahiers d'histoire mondiale/ Journal of world history/ Cuadernos del historia mundial*, t. 9, 1966, p. 580-595 ; C. HÜNEMÖRDER, Antike und mittelalterliche Enzyklopädien und die Popularisierung naturkundklichen Wissens, in *Südhoffs Archiv*, t. 65, 1981, p. 339-265 ; CH. MEIER, Grundzüge der mittelalterlichen Enzyklopädistik. Zu Inhalten, Formen und Funktionen einer problematischen Gattung, in L. Grenzmann (et al.) (éd.), *Literatur und Laienbildung im Spätmittelalter und in der Reformationszeit. Symposion Wolfenbüttel 1981*, Stuttgart, 1984, p. 467-500 ; *idem*, Von Homo cœlestis zu Homo faber. Die Reorganisation der mittelalterlichen Enzyklopädie für neue Gebrauchsfunktionen bei Vinzenz von Beauvais und Brunetto Latini, in H. Keller (et al.) (éd.), *Pragmatische Schriftlichkeit im Mittelalter. Erscheinungsformen und Entwicklungsstufen. Akten des internationalen Kolloquiums 17.-19. Mai 1989*, Munich, 1992, p. 157-175 ; CH. MEIER (éd.), *Die Enzyklopädie im Wandel von Hochmittelalter bis zur frühen Neuzeit*, Munich, 2002 ; M. W. TWOMEY, Appendix. Medieval encyclopedias, in R. E. Kaske (éd.), *Medieval Christian literary imagery*, Toronto, 1988, p. 182-215 ; A. BECQ (éd.), *L'encyclopédisme. Actes du colloque de Caen 12-16 janvier 1987*, Paris, 1991 ; J. LE GOFF, Pourquoi le XIIIe siècle a-t-il été plus particulièrement un siècle d'encyclopédisme, in M. Picone (éd.), *L'enciclopedismo medievale*, Ravenne, 1994, p. 23-40 ; M. PICONE (éd.), *L'enciclopedismo medievale*, Ravenne, 1994 ; P. BINKLEY (éd.), *Pre-modern encyclopaedic texts. Proceedings of the second COMERS congress, Groningen, 1-4 July 1996*, Leyde-New York-Cologne, 1997 ; B. BEYER DE RYKE, Les encyclopédies médiévales. Un état de la question, in *Pecia*, t. 1, 2002, p. 9-42; H. MEYER, *Die Enzyklopädie des Bartholmäus Anglicus. Untersuchungen zur Überlieferungs- und Rezeptionsgeschichte von « De Proprietatibus Rerum »*, Munich, 2000 ; B. RIBÉMOND, *Littérature et encyclopédies du Moyen Âge*, Orléans, 2002 ; *idem*, *La « Renaissance » du XIIe siècle et l'encyclopédisme*, Paris, 2002.

[236] Cf. HONORIUS AUGUSTODUNENSIS, *Imago mundi*, 1.1-3, 1.5, 1.7-35, 1.39.

Beauvais dans l'introduction à son *Speculum maius* où Vincent fait remarquer qu'il cite seulement les *auctores* et que sa contribution ne se limite qu'à l'ordonnance des *auctoritates*. Les mappemondes, elles aussi, se composent de citations des *auctores*, mais contrairement aux encyclopédies qui ne sont illustrées que très rarement, les mappemondes incorporent des textes aussi bien que des images : en fait, elles sont des compilations textuelles et visuelles. Je me propose d'examiner ce procédé de compilation de plus près avec comme exemple illustratif la représentation du paradis terrestre sur la mappemonde d'Ebstorf.

Le paradis terrestre[237] est décrit une première fois sur la mappemonde d'Ebstorf dans une colonne de texte qui porte sur le continent de l'Asie, positionnée immédiatement sous la représentation de la tête du Christ, en haut sur la mappemonde. Ce texte reproduit mot pour mot l'*Image du monde* d'Honorius Augustodunensis : le paradis terrestre, inaccessible à l'homme, est la première région du monde. Le paradis renferme l'arbre de vie ainsi qu'une source d'où jaillissent les quatre fleuves. Suit une description de l'Inde, empruntée pour sa plus grande partie aux *Collectanea rerum memorabilium* de Solin. Le paradis est évoqué une deuxième fois dans deux colonnes de texte dans le coin supérieur à gauche en dehors de la mappemonde proprement dite. La première partie de ce texte est une copie de la description du monde d'Isidore de Séville (*Etymologiae* XIV,3,2-4) où le paradis est décrit comme un lieu d'un climat tempéré caractérisé par une abondance d'arbres, parmi lesquels l'arbre de vie. Les humains n'y ont pas accès à cause des flammes qui l'entourent et du chérubin qui en surveille l'entrée. La deuxième partie du texte mentionne l'arbre de vie ainsi que l'arbre de la science du bien et du mal. Cette description n'a pas encore été identifiée, mais elle est proche d'un paragraphe des *Otia imperialia* (I.4) de Gervais de Tilbury. Ainsi il s'avère que la description textuelle du paradis terrestre sur la mappemonde d'Ebstorf peut être considérée comme une compilation sur la base de textes provenant de sources différentes.

La représentation iconographique du paradis terrestre sur la mappemonde d'Ebstorf est localisée immédiatement à gauche de la tête du Christ en haut sur la carte. A l'intérieur des enceintes du paradis le *pictor* a dépeint une source d'où jaillissent quatre cours d'eau et où se voient ensuite un arbre, Adam mangeant une pomme, un serpent à tête de femme qui se tient autour d'un deuxième arbre et finalement Ève, elle aussi avec une pomme dans sa main. Or, cette image ne suit pas exactement les textes : les flammes et le chérubin de la description d'Isidore n'y figurent pas, et l'entrée est fermée par deux grandes portes au lieu de flammes. La peinture du paradis terrestre montre deux arbres tandis que les textes d'Isidore et d'Honorius ne mentionnent que l'arbre de vie. Cependant, la dernière partie du texte en dehors de la mappemonde mentionne un deuxième arbre, celui de la science du bien et du mal. Certes, Ève, Adam, le serpent et la pomme sont indissolublement liés au paradis, mais ce n'est que dans une rubrique brève au-dessus de l'image qu'ils sont mentionnés : « Ubi primo parentes decepit serpens suadens de ligno vetito manducare. » Cependant, aucun texte ne réfère au serpent à tête de femme. La mappemonde d'Ebstorf ainsi que les autres mappemondes renferment encore de nombreux autres thèmes où les textes et les images ne se couvrent pas exactement. Un exemple

[237] Sur la representation cartographique du paradis terrestre, voir: A. Scafi, *The notion of earthly Paradise from the patristic era to the fifteenth century*, thèse, Londres, 1999 ; *idem*, *Heaven on earth. Mapping Paradise in the Western tradition*, Londres-Chicago ; *idem*, Mapping Eden. Cartographies of the earthly Paradise, in D. Cosgrove (éd.), *Mappings*, Londres, 1999, p. 50-70.

en est la représentation de l'animal *pantera* sur la mappemonde d'Ebstorf : ici l'image évoque l'odeur suave répandue par l'animal après trois jours de jeûne, tandis que les textes ne fournissent que des détails sur sa gestation[238]. Il s'avère donc que le *pictor* de la mappemonde d'Ebstorf n'a nullement cherché à traduire les textes en images correspondantes.

Il serait trop facile d'expliquer ce phénomène d'une image qui ne traduit pas fidèlement le texte qu'elle accompagne par l'argument traditionnel de la disponibilité d'exemples iconographiques ou bien d'un peintre illettré et insouciant qui n'aurait fait que copier un exemple facilement accessible sans lire le texte auquel l'image était destinée. Une telle argumentation est non seulement trop réductrice, elle ne tient pas non plus compte du fait que les mappemondes sont dans leur essence même des structures visuelles : les images y ont autant d'importance que les textes. On ne fait droit aux produits de la cartographie médiévale qu'en les considérant comme des compilations visuelles et textuelles. Un écart entre l'information fournie par le texte et par l'image n'implique pas automatiquement que l'un ou l'autre serait défectueux ou incomplet. Au contraire, l'auteur (ou les auteurs) des mappemondes ont cherché à fournir autant de renseignements sur le monde que possible. C'est au lecteur de faire la combinaison des textes et des images et d'en extrapoler une image du monde complète[239]. Les mappemondes ne sont pas des collections incohérentes de connaissances amusantes, mais elles sont le résultat d'une compilation intentionnelle de textes et d'images. C'est précisément cette structure compilatoire qui les rapproche des encyclopédies.

Selon Uwe Ruberg il existe également une correspondance entre les principes d'organisation des encyclopédies médiévales et ceux de certaines mappemondes. Selon lui les animaux sur la mappemonde d'Ebstorf ont été positionnés suivant les quatre éléments dans l'ordre même où ceux-ci ont été créés selon l'histoire de la Création[240]. Or ces deux thèmes, à savoir les quatre éléments et l'*hexaemeron* sont les principes d'organisation les plus importants des encyclopédies du XIIe au XIVe siècle[241]. Les oiseaux seraient alors, toujours selon Ruberg, concentrés sur la moitié supérieure de la mappemonde et les quadrupèdes en domineraient la partie inférieure. En plus, les textes encadrant la mappemonde proprement dite suivraient la succession de la Création : en haut, sur la gauche, les textes portent sur les *volatilia*, en bas, sur la gauche, sur les *pisces*, en haut, sur la droite, sur les *quadrupedia* et, finalement, en bas, sur la droite, sur les *serpentes*. Malgré ses efforts, les conclusions de Ruberg ne sont pas tout à fait convaincantes. Premièrement, sa conclusion que les oiseaux domineraient la partie supérieure de la mappemonde d'Ebstorf ne tient pas debout, tout simplement parce que la plupart des animaux se trouvent dans la partie supérieure de cette carte. En plus, la répartition des textes sur les quatre catégories d'animaux autour de la mappemonde n'est pas aussi évidente que Ruberg le fait croire : le texte sur les *quadrupedia* continue dans la section réservée selon lui aux *serpentes*. Cette dernière section traite également les substances *sulphur* et *alumen* ainsi que les îles de l'Océan. Les *pisces* dans le coin inférieur à gauche sont entièrement hypothétiques parce que

238 Je reviendrai à ce sujet au chapitre V.

239 Voir aussi p. 152-153.

240 U. Ruberg, Die Tierwelt auf der Ebstorfer Weltkarte im Kontext mittelalterlicher Enzyklopädik, in H. Kugler, E. Michael (éd.), *Ein Weltbild vor Columbus. Die Ebstorfer Weltkarte. Interdisziplinäres Colloquium 1988*, Lüneburg, 1991, p. 319-349.

241 Pour les principes d'organisation des encyclopédies voir le chapitre III.

ces textes ont été effacés entièrement. Finalement, les textes sur les *volatilia* ont été mélangés avec des fragments de la *Cosmographia Æthici* sur les régions septentrionales[242].

A mon avis l'encadrement textuel de la mappemonde d'Ebstorf a bel et bien été conçu selon un principe d'organisation clair, mais celui-ci est autre que Ruberg ne l'a suggéré. En fait, les initiales ornées et la structure interne du texte indiquent déjà qu'il faut commencer dans le coin supérieur à gauche et continuer dans le sens des aiguilles d'une montre. Lus de cette manière les textes descendent de haut en bas, commençant avec les sphères célestes que suivent des textes sur l'« aether », sur le paradis terrestre, sur les trois continents, sur la Création et sur les autres œuvres du « dies dominicus ». Ensuite vient une explication brève de la notion *mappa mundi*, et finalement une description des animaux, métaux, substances, régions et oiseaux du monde terrestre. L'encadrement textuel de l'Atlas catalan et la mappemonde de Fra Mauro mentionnés ci-dessus semblent obéir aux mêmes critères dispositionnels : là on a également l'impression de descendre des cieux à la terre. Cette structure se rapproche de certaines encyclopédies, comme, par exemple, l'*Imago mundi* de Honorius Augustodunensis, la deuxième moitié du *Speculum naturale* de Vincent de Beauvais ainsi que la deuxième moitié du *De proprietatibus rerum* de Bartholomaeus Anglicus.

Ces correspondances entre l'encyclopédisme des XIIIe et XIVe siècles et les mappemondes de la même période ne permet cependant pas de les considérer comme des encyclopédies visualisées, car les encyclopédies proprement dites fournissent un éventail de sujets beaucoup plus vaste que les mappemondes. Les encyclopédies traitent, entre autres, des couleurs, des anges, des parties du corps humain, des maladies, etc., tandis que sur les mappemondes se trouvent surtout des renseignements géographiques, historiques, biologiques et ethnographiques. Les encyclopédies visent à embrasser la Création entière, là où les mappemondes se limitent aux particularités du monde terrestre.

La Création est pourtant l'idée unificatrice derrière les activités scientifiques des XIIe et XIIIe siècles décrites dans ce paragraphe-ci, à savoir l'historiographie, l'encyclopédisme et la géographie. Les ouvrages décrivant l'histoire universelle visent à représenter le temps créé par Dieu[243] et les encyclopédies visent à représenter les *res* de la Création divine[244]. Dans la perception de l'homme du Moyen Âge, le Créateur et la Création sont ontologiquement liés[245]. Ainsi, selon Vincent de Beauvais l'espace, les créatures et le temps de la Création reflètent respectivement l'immensité, la splendeur et l'éternité du Créateur :

> Ipse namque mundus spaciositate locorum imitatur pro modulo suo creatoris immensitatem, uarietate specierum ipsius pulchritudinem, prolixitate temporum eius aeternitatem[246].

[242] Intitulé sur la mappemonde d'Ebstorf *De regione pene inhabitabili*.

[243] Un exemple est le *Speculum historiale* de Vincent de Beauvais, cf. M. Paulmier-Foucart, Ordre encyclopédique et organisation de la matière dans le *Speculum maius* de Vincent de Beauvais, p. 209-212.

[244] Voir sur ce sujet surtout : Ch. Meier, Grundzüge der mittelalterlichen Enzyklopädistik. Zu Inhalten, Formen und Funktionen einer problematischen Gattung, p. 472-476.

[245] Je reviendrai sur les implications herméneutiques de l'idée selon laquelle le Créateur se manifeste dans sa Création au chapitre VI.

[246] Vincent de Beauvais, *Libellus apologeticus*, 5, S. Lusignan (éd.), *Vincent de Beauvais, Libellus totius operis apologeticus*, Montréal, 1979, p. 121.

Les mappemondes correspondent exactement à cette caractérisation du Créateur, car elles évoquent l'espace du monde (« spaciositate locorum ») ainsi que la diversité des créatures (« uarietate specierum ») et elles font également référence au début et à la fin du temps (« prolixitate temporum »). Il n'est donc pas tout à fait illogique qu'on ait rapproché les mappemondes des chroniques universelles et des encyclopédies, car elles visent toutes à décrire la magnitude de la Création. Cette correspondance ne permet pourtant pas de considérer les *mappae mundi* comme des chroniques ou des encyclopédies visualisées : la cartographie est plutôt une autre manifestation du désir médiéval de représenter et d'étudier la Création sous tous ses aspects.

3. La *descriptio orbis* et la cartographie des découvertes (xive-xvie siècles)

Au chapitre précédent il s'est avéré que depuis la fin du xiiie siècle la trame habituelle de la *descriptio orbis tripartiti* se transformait sous l'influence des textes scientifiques grecs et arabes et des nouvelles informations sur l'Orient livrées par les comptes rendus de voyageurs comme Guillaume de Rubrouck et Marco Polo. Les textes géographiques organisés selon des principes nouveaux sont, par exemple, le *De natura locorum* d'Albert le Grand, la description du monde dans l'*Opus maius* de Roger Bacon, celle qui se trouve dans le *Livres dou tresor* de Brunetto Latini, ainsi que les descriptions géographiques dans l'ordre alphabétique comme celle de Barthélemy l'Anglais, toutes évoquées au chapitre précédent. Ces textes géographiques ne peuvent plus être considérés comme des *descriptiones* dans le sens propre du mot, c'est-à-dire des textes qui visent à donner au lecteur l'impression visuelle d'une mappemonde. C'est que les textes en question se caractérisent par une composition moins cohérente et surtout la fragmentation du texte par suite de l'organisation alphabétique a pour conséquence que le lecteur ne peut que très difficilement se former une image complète du monde[247]. Malgré cet écart par rapport aux *descriptiones orbis* traditionnelles, les textes qui ne suivent plus l'organisation spatiale des *mappae mundi* informent avant d'entrer en matière le lecteur sur la position des trois continents suivant le schéma T-O dans leurs paragraphes introductifs. Cette représentation schématique servira ensuite comme un canevas, assez rudimentaire il est vrai, où le lecteur pourra positionner mentalement les régions décrites.

A partir du début du xive siècle les mappemondes médiévales traditionnelles, elles aussi, se transforment sous l'influence des cartes portulans. Il est surprenant de constater que, par rapport à l'évolution des cartes visuelles, les transformations de la cartographie textuelle sont considérablement moins importantes, puisqu'à côté des connaissances nouvelles sur le monde elles continuent à incorporer les informations des *descriptiones orbis* traditionnelles. Qui plus est, on continue à produire des descriptions géographiques composées suivant l'organisation interne des *mappae mundi*. Faut-il imputer ce phénomène à un conservatisme extrême de la part des auteurs de ce genre de textes ? Cette conclusion risque d'être trop hâtive, car on voit certains géographes produire des ensembles composés de textes et d'images cartographiques où

[247] Cf. N. Bouloux (*Culture et savoirs géographiques en Italie au* xive *siècle*, Turnhout, 2002 (Terrarum orbis, t. 2), p. 217-235) qui observe que « le classement alphabétique des données brise la cohérence spatiale du savoir géographique » (p. 233).

ils ne jugent nullement problématique de combiner des cartes nouvelles avec des textes traditionnels qui n'y correspondent plus.

Parmi les premiers exemples de mappemondes présentant des écarts par rapport aux *mappae mundi* traditionnelles il faut mentionner les mappemondes attribuées à Pietro Vesconte qui se trouvent dans les manuscrits de la *Satyrica historia* et dans l'*Historia magna* de Paulin de Venise. Ici texte et image cartographique ne correspondent que partiellement[248]. Dans l'*Historia magna*, par exemple, Paulin décrit l'œkoumène tripartite avec, entre autres, le paradis terrestre ainsi que les autels d'Alexandre marquant la frontière entre l'Asie et l'Europe[249]. Ces éléments n'ont pas été introduits sur la mappemonde qui accompagne la *descriptio orbis*. La mappemonde à son tour mentionne le Prêtre Jean, personnage qu'on cherchera en vain dans le texte géographique de Paulin de Venise. Vu le soin avec lequel Paulin a composé ses textes et les a dotés de systèmes de référence très élaborés, il n'est pas très probable qu'il ait choisi n'importe quelle mappemonde pour orner ses ouvrages historiographiques. Il n'est pas non plus très vraisemblable que Paulin ait escompté un effort intellectuel et spirituel de la part du destinataire afin d'établir le lien entre texte et image, car il n'a pas écrit pour un public essentiellement monastique comme l'avaient fait ses prédécesseurs. Cependant, dans l'introduction à sa *descriptio* Paulin insiste *expressis verbis* sur la nécessité de la combinaison de texte et image cartographique[250]. L'image cartographique sert donc à combler les lacunes du texte. Inversement, elle reste inidentifiable sans l'apport du texte. Les cartes du monde n'ont pas été introduites dans les manuscrits de la *Satyrica historia* et l'*Historia magna* comme des traductions visuelles du texte, mais elles sont complémentaires, puisque le texte seul ne saurait donner une vision complète du monde (« scriptura vero non tamen sufficienter »). La citation renvoie en même temps au fait que Paulin n'a pas considéré le décalage entre l'information fournie par texte et par image comme un problème. Par contre il a cherché à exploiter l'apport des deux *modi dicendi* : dans sa vision texte et image sont deux systèmes de communication différents avec chacun ses possibilités et ses limitations bien spécifiques. C'est seulement en ayant recours à plusieurs moyens d'expression que l'on pourra obtenir une image du monde complète[251].

Des mappemondes circulaires très proches de celles que l'on trouve dans les manuscrits de Paulin de Venise, accompagnent les manuscrits du *Liber secretorum fidelium crucis super Terrae Sanctae recuperatione* de Marino Sanudo dans un cahier supplémentaire contenant plusieurs cartes[252]. Ce texte qui exhorte les dirigeants de l'Europe à lancer une nouvelle croisade pour libérer la Terre sainte ne contient pas de *descriptio orbis* complète[253], mais on y rencontre

[248] Cf. A.-D. von den Brincken, Mappa Mundi und Chronographia, p. 156, n. 174 ; N. Bouloux, *Culture et savoirs géographiques en Italie au XIVe siècle*, p. 45-68.

[249] *Paris, Bibl. nationale de France*, Ms. lat. 4939, f. 9r.

[250] Le texte est cité au chapitre I (p. 25).

[251] Cf. B. Degenhart, A. Schmidt, Marino Sanudo und Paolino Veneto. Zwei Literaten des 14. Jahrhunderts in ihrer Wirkung auf Buchillustrierung und Kartographie in Venedig, Avignon und Neapel, in *Römisches Jahrbuch für Kunstgeschichte*, t. 14, 1973, p. 73. N. Bouloux (*Culture et savoirs géographiques en Italie au XIVe siècle*, p. 66-67) insiste également sur la complémentarité de carte et texte dans les manuscrits de Paulin de Venise.

[252] Cf. B. Degenhart, A. Schmidt, *art. cit.*, p. 60. Sur Sanudo et *Liber secretorum*, voir : N. Bouloux, *op. cit.*, p. 46-47.

[253] Une exception est cependant la brève référence aux régions de l'*orbis tripartitus* inscrite autour de la mappemonde dans tous les manuscrits du *Liber secretorum*. N. Bouloux (*op. cit.* ,p. 65-66) signale la forme tripartite

quand même quelques brefs exposés géographiques. Ici encore le texte fournit d'autres renseignements que la mappemonde, car il mentionne David, le fils du Prêtre Jean, qui aurait succédé à son père et qui serait tributaire du grand Khan[254] tandis que la mappemonde porte l'inscription : « I(n)dia i(n)ferior Ioh(an)is p(res)b(ite)ri[255]. » Une inscription[256] sous la mappemonde indique que celle-ci n'est pas complète, mais à partir de la carte on peut se faire une idée de la position des régions mentionnées dans le *Liber secretorum fidelium crucis*. Ici encore texte et image cartographique ne correspondent pas entièrement, mais se complètent l'un l'autre.

La plupart des cartes portulans et des mappemondes circulaires dans le style des portulans des XIVe et XVe siècles ne sont pas accompagnées de textes géographiques[257]. L'Atlas catalan de 1375 est une des très rares exceptions ici, car cette carte est introduite, entre autres, par un extrait de l'*Imago mundi* d'Honorius Augustodunensis traduit en catalan. Ici encore on constate un écart considérable entre texte et carte : la description géographique reproduit un fragment d'une *descriptio orbis tripartiti* traditionnelle tandis que la carte du monde qu'elle orne trahit l'influence des cartes portulans ainsi que des textes plus récents comme les comptes rendus des voyages de Guillaume de Rubrouck et de Marco Polo.

Le phénomène étrange d'un texte qui évoque une carte du monde bien différente des cartes visuelles se manifeste encore plus distinctement aux XVe et XVIe siècles. A partir du début du XVe siècle paraissent des textes qui s'incrustent dans la tradition médiévale de la *descriptio orbis tripartiti* en combinaison avec des éditions de la *Cosmographia* de Ptolémée ou des textes géographiques des humanistes. On n'a qu'à penser ici à l'*Ymago mundi* de Pierre d'Ailly, au traité *De locis ac mirabilibus mundi* (un texte qui reproduit, entre autres, le contenu de la *descriptio orbis* de Vincent de Beauvais) inséré dans l'édition de Ptolémée de 1486 ou à la *Luculentissima quaedam terrae totius descriptio* (1515) de Johannes Schöner. Des œuvres comme celles-ci joignent la géographie descriptive traditionnelle aux concepts géographiques de Ptolémée, sans que le canevas de la description du monde médiévale soit essentiellement trans-

de cette description correspondant à la disposition des trois continents sur les mappemondes médiévales.

254 « Cumque Indis imperaret Dauid, quondam Iohanneis presbyteri dominatore et Regis Indiae filius et a Tartaris solita quaereret tributa (...) » Marino Sanudo, *Liber secretorum fidelium crucis*, III,xiii,iv, J. Bongars (éd.), *Liber secretorum fidelium crucis. Marinus Sanutus dictus Torsellus, Hanovre: Johannes Aubrius, 1611*, reprod. Jérusalem, 1972, p. 234-235.

255 Pour ces observations j'ai consulté le manuscrit *Bruxelles, Bibl. Royale de Belgique*, Ms. 9404-5, f. 171r-172v. Les autres exemplaires portent une inscription pareille.

256 « Sciendum est quod huius mappa mundi non ut cuncta sigillatim contineat cum sit inpossibile est descripta sed ut que in libro secreta fidelium crucis intitulato super ultramarino negotio inscribuntur orbis situs ignaris per eam quadam sensitiua demonstratione lucescant. » *Bruxelles, Bibl. Royale de Belgique*, Ms 9404-5, f. 171r-172v. Les autres exemplaires portent la même inscription.

257 Pour la relation entre les cartes portulans et les portulans sous forme d'énumération de ports et de caps, je me permets de renvoyer aux études de P. Gautier Dalché, D'une technique à une culture. Carte nautique et portulan au XIIe et au XIIIe siècle, in *L'uomo e il mare nella civiltà occidentale. Da Ulisee a Cristoforo Colombo. Convegno storico internazionale. Todi 8-11 ottobre 1995*, Spoleto, 1992, p. 285-312 et P. Gautier Dalché (éd.), *Carte marine et portulan au XIIe siècle. Le Liber de existencia riveriarum et forma maris nostri Mediterranei*, Rome, 1995. Pour ce qui est de ces cartes portulans, une coïncidence entre texte et image n'est certainement pas exclue. Par exemple, les manuscrits du poème didactique *La sfera* de Giorgio Dati contiennent, à côté d'une très brève évocation de l'*orbis tripartitus*, surtout des descriptions élaborées des côtes de la Méditerranée. Dans les marges se trouvent des dessins des côtes exécutés dans le style des portulans qui correspondent précisément aux descriptions poétiques.

formé par les acquis mathématiques de la cartographie ptoléméenne. On peut mentionner ici également le *Liber chronicarum* de l'Allemand Hartmann Schedel. Dans cette chronique de la fin du XVe siècle une carte à projection ptoléméenne orne une description du monde basée surtout sur des sources médiévales[258]. Un autre exemple illustratif de l'écart croissant entre texte et image est l'*Uslegung der Mercarthen oder Cartha Marina* (à partir de 1525) de Laurentius Frisius. Le texte a été conçu comme une explication des particularités de la carte marine de Martin Waldseemüller. Cependant, la description du monde ne décrit pas cette carte marine, mais s'enracine plutôt dans la tradition des *descriptiones orbis* ainsi que dans les comptes rendus des voyages d'Amerigo Vespucci. Ici encore il s'avère que les découvertes n'ont nullement fait disparaître les légendes livrées par les *descriptiones orbis* de la tradition médiévale. Par contre, on voit les connaissances traditionnelles épouser les renseignements de la cartographie basée sur les connaissances classiques de Ptolémée ou celles livrées par les découvertes nouvelles.

Au cours des XIVe, XVe et XVIe siècles l'écart entre texte et image cartographique se creuse donc progressivement. Cependant au XVIe siècle, et ce paradoxalement par rapport à cette évolution, l'alliance entre texte et image cartographique devient de plus en plus explicite[259] : à côté des cartes qui incorporent des textes (maintenant souvent encadrés par des cartouches) paraissent des *Cosmographiae* illustrées et des atlas qui font la combinaison de cartes et descriptions. Il semble qu'aux XVIe et XVIIe siècles une carte ne pouvait pas se passer de la compagnie d'un texte cosmographique. Ce phénomène fut déjà signalé par Franck Lestringant : « l'on pourrait dire que la cosmographie se dédouble en une cartographie – la mappemonde ou l'atlas – et un livre, qui est un recueil des histoires dans le cadre tétradique des continents[260]. »

Les grandes cartes du monde imprimées, destinées à décorer les murs, incorporent non seulement des cartouches contenant des textes, mais elles peuvent aussi être dotées de descriptions géographiques encadrant pour ainsi dire la carte. J'ai déjà mentionné quelques exemples médiévaux comme la mappemonde d'Ebstorf[261] et celle de Fra Mauro. Les exemples médiévaux de cartes encadrées par des textes géographiques sont assez rares, tandis que ce phénomène se rencontre plus fréquemment au XVIe siècle. Par exemple, la carte du monde de Sebastian Cabot (1544) est flanquée de deux colonnes de texte. Ce texte n'est pas une *descriptio orbis*, mais renferme les explications textuelles des images sur la carte. Par exemple, à côté d'un des souverains de l'Afrique on peut lire sur la carte : « Del preste joann ue a tabla 2^a^ no^o^ 13 », renvoyant le

258 J.-G. ARENTZEN (*Imago Mundi Cartographica*, p. 119-120) signale également l'écart entre *descriptio orbis* et la carte du monde dans l'ouvrage de Schedel.

259 Voir aussi : K. S. PEARSON, The multimedia approach to landscape in German Renaissance geography books, in S. Hindman (éd.), *The early illustrated book. Essays in honor of Lessing J. Rosenwald*, Washington, 1982, p. 117-13, p. 117.

260 F. LESTRINGANT, *L'Atelier du Cosmographe, ou l'image du monde à la Renaissance*, Paris, 1991, p. 150. Je m'oppose à la suggestion de Lestringant que cette combinaison de texte et image aurait ses origines dans le couple de « la carte-portulan et le routier-portulan » (p. 151), car l'union de cartes-texte et cartes-image est très ancienne et peut être retracée pendant tout le Moyen Âge.

261 Les textes autour de cette mappemonde n'ont pas été ajoutés par manque de place. Au contraire, parfois on renvoie le lecteur aux textes sur la mappemonde proprement dite. Par exemple, pour les éléphants et les chiens farouches de l'Albanie le lecteur est renvoyé aux textes inscrits près des *Septem montes* et l'Albanie : « De elefantis. Elefantis satis invenies iuxta montes, qui Septem Fratres appellati sunt. Similiter de validissimorum canum natura iuxta Albaniam regionem. Si inquiris, poteris invenire. » (texte inscrit dans le coin supérieur à gauche, deuxième colonne).

lecteur ainsi au numéro 13 de la colonne de droite où se trouve une description plus élaborée du Prêtre Jean.

C'est surtout au XVIIe siècle qu'un nombre substantiel de cartes du monde indépendantes sera complété par des textes. Surtout les cartographes néerlandais offriront aux acheteurs de cartes murales imprimées, comme option, des bandes séparées avec des représentations de souverains, de villes, de peuples ainsi que des descriptions géographiques. Ces bandes étaient destinées à être collées autour de la carte même. De cette façon la carte est doublée par un texte encadrant qu'on pourrait considérer comme une carte sous forme de texte. L'exemplaire le plus ancien encore connu comportant ce genre de bandes textuelles est la mappemonde du Flamand Arnoldo di Arnoldi, *Descrittione universale della terra con l'uso del navigare* (1600). En-dessous de la carte se trouve un texte cosmographique, intitulé *Breve dichariatione del monde e di alcune cose piu attententi alla cosmografia*. Le premier exemple néerlandais est la *Nova orbis terrarum geographica* datant de 1607 par Willem Janszoon Blaeu. Malheureusement cette carte a été détruite pendant la deuxième guerre mondiale. Il en subsiste une photo publiée par Günther Schilder, mais les textes restent illisibles[262]. Blaeu a dû offrir des bandes textuelles avec les cartes du monde qu'il éditait pendant les années suivantes, car l'exemplaire de 1646 (*Nova et accurata totius terrarum orbis tabula*), qui se trouve actuellement au Maritiem Museum 'Prins Hendrik' à Rotterdam, est encadré par un texte intitulé : *Brevis ac dilucida totius orbis terrarum divisionum constitutionum et proprietatum explanatio*[263]. La bande de textes autour de cette carte porte comme date l'année 1619. Donc elle a vraisemblablement également orné des éditions précédentes de cartes du monde. Blaeu et ses collègues néerlandais ont légué plusieurs autres cartes du monde ornées par des bandes textuelles. Parmi les nombreux exemples on pourrait citer la carte du monde de Jodocus Hondius de ca. 1611. Je n'insiste pas sur ce sujet, car pour mon propos il suffit de signaler l'existence du phénomène[264]. Il faut cependant remarquer que les manuels de l'histoire de la cartographie ne reproduisent presque jamais cet encadrement textuel des cartes imprimées. De cette façon on donne l'impression, erronée à mon avis, que la cartographie aux XVIe et XVIIe siècles était uniquement une affaire visuelle.

Dans le chapitre III j'ai signalé les *Cosmographiae* du XVIe siècle. Ces textes géographiques sont richement illustrés, contrairement aux *descriptiones orbis* antérieures qui se composent avant tout de textes. Parmi les *Cosmographiae* illustrées les plus importantes comptent surtout l'*Uslegung der Mercarthen* (1527) de Laurentius Frisius, le *Weltbuch* (1534) de Sebastian Franck, la *Cosmographia* (à partir de 1544) de Sebastian Münster et *La cosmographie universelle* (1575) de François de Belleforest. Ces *Cosmographiae* sont illustrées de tant de cartes et de gravures sur bois qu'on pourra les considérer comme de véritables compilations textuelles et visuelles. Contrairement aux *descriptiones orbis* de l'époque médiévale, les cosmographies du XVIe siècle ne réfèrent pas à la trame visuelle des cartes, ni à la position des endroits décrits par rapport

[262] Cf. G. SCHILDER, *Three world maps by François van den Hoeye of 1661, Willem Janszoon (Blaeu) of 1607, Claes Janszoon Visscher 1650*, Amsterdam, 1981, p. 23-29.

[263] Pour une discussion des textes autour de cette carte, voir : F. WIERINGA, G. I. SMIT, C. L. HEESAKKERS, De rand van de kaart, in *De wereld volgens Blaeu. Blaeu's wereldkaart op groot formaat uit 1646*, Rotterdam, 1986, p. 47-62. Malheureusement ces textes ne sont accessibles que dans la traduction néerlandaise par C. L. HEESAKKERS (*Vertaling en gedeeltelijke reconstructie van de Latijnse teksten op de wereldkaart, die Joan Blaeu in 1646 heeft uitgegeven*, s.l., 1986). Il s'agit d'une reconstruction partielle puisque la carte est très abîmée.

[264] Quelques remarques dans J.-G. ARENTZEN, *Imago Mundi Cartographica*, p. 247-248.

aux autres éléments géographiques. Cependant, au XVIe siècle on n'a toujours pas abandonné l'idée de susciter l'impression d'une carte visuelle par des moyens uniquement textuels. En témoigne le sous-titre de l'ouvrage de Sebastian Franck : *Spiegel und bildnisz des gantzen erdbodens* (1534). En fait les cosmographies doivent être lues dans le contexte des cartes visuelles. La cosmographie la plus vaste, celle de Sebastian Münster, commence par quelques cartes du monde. Chaque description régionale est également introduite par une carte. L'exemple de Münster est reproduit dans la cosmographie de François de Belleforest qui, lui aussi, fait précéder ses descriptions textuelles par des cartes. Cette disposition de cartes introduisant les textes géographiques indique qu'il faut projeter les textes et leurs illustrations sur les cartes qui les précèdent. On peut dépister un objectif pareil dans l'*Uslegung der Mercarthen* (1527) de Laurentius Frisius : c'est au lecteur de projeter mentalement ce texte richement illustré sur la *Carta marina* de Martin Waldseemüller. La même procédure est vraisemblablement suivie par les *Cosmographiae* qui n'incorporent pas de carte du monde, car les particularités qu'elles décrivent se retrouvent sur mainte autre carte. De cette manière les auteurs des *cosmographiae* font appel aux connaissances cartographiques de leur public. Il y a ainsi un va-et-vient incessant entre la géographie descriptive et la cartographie proprement dite : parfois l'iconographie des gravures sur bois est transposée directement sur les cartes (ou bien les *Cosmographiae* empruntent leurs images aux cartes). Ce phénomène se remarque surtout dans les représentations des indigènes de l'Amérique : les images des hommes et femmes vêtus seulement de feuilles d'arbre et de plumes qui sont en train de dépecer des corps humains se retrouvent sur les cartes aussi bien que dans nombreuses *Cosmographiae*. Les textes cosmographiques ne sont donc pas des documents uniquement textuels : ils doivent être compris par rapport à la culture visuelle de la cartographie de cette époque.

Pour ce qui est des atlas, l'écart entre texte et image cartographique s'y manifeste plus clairement que jamais. Dans le chapitre III j'ai déjà insisté sur le fait que les textes des atlas d'Abraham Ortelius, de Gerard de Jode et de Gerard Mercator se basent sur des sources classiques, médiévales et contemporaines. Malgré tout cela les cartes de ces atlas comptent parmi les plus modernes de leur époque. Cependant, à l'intérieur des atlas texte et image sont étroitement liés : les descriptions géographiques ont été imprimées sur les versos des cartes[265]. Cette disposition de texte et image est une preuve incontestable que la description ne peut pas être détachée de la carte qu'elle accompagne. L'écart entre l'information apportée par texte et image a incité Tom Conley à qualifier les textes dans le *Theatrum orbis terrarum* de « quasi-ekphrasis »[266]. Cette qualification est correcte, mais ne fait pas droit aux aspirations visuelles des descriptions géographiques du XVIe siècle. Il est vrai que la combinaison de texte et image cartographiques à cette époque est troublante, car l'effet visuel (ou : *enargeia*) des descriptions géographiques réfère à une carte du monde bien différente de celles dont l'utilisateur de l'époque avait l'habitude. Cet écart est difficilement concevable pour un lecteur moderne, mais l'union plus explicite de texte et image cartographique au XVIe siècle relevée ci-dessus indique pourtant que le procédé était intentionnel.

[265] Quelques remarques sur le rapport entre texte et image dans les atlas dans J.-G. Arentzen, *op. cit.*, p. 248-250 ; L. Nuti, The world map as an emblem. Abraham Ortelius and the Stoic contemplation, in *Imago mundi*, t. 55, p. 38-44.

[266] T. Conley, *The self-made map. Cartographic writing in early modern France*, p. 205.

Le progrès des connaissances sur le monde n'avait donc pas rendu désuète l'image du monde traditionnelle fournie par les descriptions du monde. Au lieu de rejeter la *descriptio orbis* de l'Antiquité et du Moyen Âge, les cosmographes du XVIe siècle estimaient qu'elle représentait le monde de façon aussi adéquate qu'une carte moderne. On conservait et combinait donc toutes les représentations du monde, textuelles ainsi que visuelles, et peu importait leur provenance. En vérité, les cosmographes du XVIe siècle exploitaient tous les renseignements sur la géographie de la terre sur lesquels ils pouvaient mettre la main dans le but d'obtenir (et de communiquer à leur public) une image du monde aussi complète que possible. Texte et image cartographiques n'étaient donc pas contradictoires, mais complémentaires.

On doit se poser la question de savoir pourquoi on avait toujours recours aux *descriptiones orbis* dont plusieurs sources remontaient aux XIIe et XIIIe siècles, tandis que les mappemondes circulaires de cette époque étaient tombées complètement en désuétude. Il y a trois réponses à cette question : premièrement les mappemondes circulaires comme celles d'Ebstorf et de Hereford n'étaient pas facilement accessibles, car contrairement aux *descriptiones orbis* qui circulaient dans de multiples copies, les mappemondes circulaires étaient des exemplaires uniques. Deuxièmement, les *mappae mundi* médiévales font référence à la culture visuelle d'une époque et d'un contexte intellectuel spécifique, à savoir celui des clercs versés dans la théologie et l'exégèse, tandis que les cartes de la Renaissance s'adressent à d'autres destinataires. Finalement, l'iconographie du légendaire médiéval se perpétuera même sur les cartes des XVIe et XVIIe siècles : sur ces cartes on trouve encore maint exemple d'animaux, de souverains et de peuples dont l'origine remonte à l'époque médiévale. Je reviendrai sur ce sujet au chapitre suivant où je m'occuperai des textes et des images sur les cartes.

CHAPITRE V

DES MENSONGES MERVEILLEUX : TEXTES ET IMAGES DU LÉGENDAIRE SUR LES CARTES DU MONDE (XIIIe-XVIe SIÈCLES)

Les cartes du monde établies au Moyen Âge et à la Renaissance incorporent non seulement des toponymes[1], mais aussi des images souvent accompagnées de légendes explicatives. Sur les mappemondes circulaires du XIIIe siècle on rencontre surtout des colonnes de texte inscrites à même la carte. Ces blocs de texte ne traversent jamais les contours géographiques. Les textes sont donc présents sur les mappemondes, mais au fond ils sont transparents : celui qui consulte une mappemonde prendra connaissance du contenu des textes, mais au niveau visuel les textes sont quasi absents (c'est-à-dire on n'interprète pas les lettres comme des symboles cartographiques représentant des montagnes, fleuves ou édifices[2]).

Cette situation change au XVe siècle quand on commence à mettre les textes sur la carte dans des cartouches. Parmi les premiers exemples comptent la carte du monde lenticulaire (1457) conservée à Florence et la mappemonde de Fra Mauro (1460). Les cartouches sont en fait des chartes ou des banderoles peintes en trompe-l'œil dans lesquelles sont inscrits des blocs textuels. Contrairement aux textes inscrits à même les cartes, les cartouches sont opaques : ils couvrent le dessin cartographique, qui est censé se continuer derrière les cartouches. Les cartouches ne se caractérisent donc pas par une non présence, mais ils participent au langage visuel de la carte. Ils se rencontrent plus fréquemment sur les cartes à projection, mais les cartographes des XVe et XVIe siècles n'ont certainement pas renoncé à inscrire des textes à même la carte. Il ne semble pourtant pas que l'usage des cartouches renvoie à une hiérarchie parmi les textes sur les cartes, ils servent surtout à faciliter la lecture des textes.

Pour ce qui est des images, en général, et ce sur les mappemondes médiévales aussi bien que sur les cartes imprimées, elles ne dépassent pas le tracé géographique évoqué sur la carte[3]. Cependant, on ne lit pas ces images selon la même échelle que le dessin géographique. Localement l'échelle de la carte s'agrandit pour montrer en détail un élément (par exemple, un animal, une ville, une tribu ou un souverain) digne d'attention sur une échelle plus grande que le dessin cartographique qui l'entoure[4]. Dans la majorité des cas le dessin de ces animaux et personnages suggère qu'ils sont plantés sur la terre évoquée par le dessin géographique. Sur certaines cartes portulans cependant, le peintre a évoqué un paysage dans lequel se trouve l'animal ou le personnage en question : le point de vue vertical de la carte se transforme localement en un point

[1] Je m'occuperai ici surtout des textes accompagnant des images. Pour les toponymes, voir : C. JACOB, *L'empire des cartes. Approche théorique de la cartographie à travers l'histoire*, Paris, 1992, p. 262-310.

[2] Mon point de vue diffère légèrement de celui de C. JACOB (*op. cit.*, p. 310, 323) qui insiste surtout sur les changements de perception imposés par l'insertion de textes dans une structure visuelle.

[3] Cf. C. JACOB, *op. cit.*, p. 209-210.

[4] Sur les variations d'échelle voir aussi : C. JACOB, *op. cit.*, p. 204-205, 211, 214, 225.

de vue horizontal[5]. Christian Jacob a déjà souligné que les animaux et les peuples ne sont pas évoqués sur les cartes en tant qu'individus, mais qu'ils ont une fonction plutôt emblématique : ils servent à la caractérisation d'une zone[6]. Ces remarques de Jacob me semblent correctes, mais il faut noter que les souverains mentionnés sur les cartes – et je pense ici surtout au Prêtre Jean – n'ont pas cette fonction emblématique, parce qu'ils sont essentiellement présentés comme des individus.

Si l'on examine une carte ancienne, l'attention se portera en première instance sur ces images et seulement en deuxième instance sur les textes qui les accompagnent. Par conséquent l'image conditionnera la lecture du texte, phénomène comparable aux manuscrits enluminés où les miniatures informent le lecteur sur le contenu du texte avant qu'il ne commence la lecture[7]. Jörg-Geerd Arentzen suggère cependant[8], et ce sur la base de la mappemonde d'Ebstorf, que les images fonctionnent comme des indices servant à attirer l'attention sur les textes. Le texte identifierait ainsi l'image et donnerait des informations supplémentaires sur ce que véhicule l'image. Christian Jacob, à son tour, dit au sujet des images sur les cartes du XVIe siècle : « Les figures isolées comme les scènes composées apparaissent comme des substituts de descriptions et, dans certains cas, comme leur traduction visuelle pure et simple[9]. » A mon avis ces deux interprétations sont trop restrictives, car les textes ne servent pas uniquement à l'identification des images. L'image toute seule a bel et bien des capacités communicatives et, comme je l'ai déjà remarqué, elle conditionne la lecture du texte.

Qui plus est, sur les mappemondes médiévales texte et image ne sont pas toujours identiques[10], et même les textes sur les cartes imprimées ne coïncident pas toujours exactement avec les images. Dans le chapitre I, j'ai déjà cité l'opinion très nuancée exprimée par Uwe Ruberg dans une étude sur l'interaction de texte et d'image sur la mappemonde d'Ebstorf. Selon lui les textes sur les cartes ne constituent pas du tout une unité logique et leur fonction se limite dans la majorité des cas à la communication de connaissances encyclopédiques. Par contre, ce sont les images qui, toujours selon Ruberg, intègrent les textes dans la structure générale de la carte et ce sont elles qui contribuent à sa cohérence interne. Une éventuelle dimension spirituelle de la carte ne devient intelligible qu'à travers l'interaction de texte et d'image[11]. Ces remarques de Ruberg sur l'interaction de texte et image sont très importantes. Je reviendrai sur les implications spirituelles imposées par la structure visuelle des cartes au chapitre suivant. Il faut cependant noter qu'Arentzen et Ruberg ignorent la capacité des images individuelles de conférer un ou plusieurs sens. Au chapitre précédent j'ai déjà insisté sur l'idée que les images devraient égale-

5 De très beaux exemples dans l'Atlas Miller (ca. 1519). Cf. C. Jacob, *op. cit.*, p. 207.

6 C. Jacob, *op. cit.*, p. 205-206, 209, 218, 223, 227.

7 Cf. S. Lewis, *Reading images. Narrative discourse and reception in the thirteenth-century illuminated Apocalypse*, Cambridge, 1995, p. 3.

8 J.-G. Arentzen, *Imago Mundi Cartographica. Studien zur Bildlichkeit mittelalterlicher Welt- und Ökomenekarten unter besonderer Berücksichtigung des Zusammenwirkens von Text und Bild*, Munich, 1984, p. 224, 226-227.

9 C. Jacob, *op. cit.*, p. 218, 220.

10 Cf. le chapitre IV.

11 U. Ruberg, Mappae Mundi des Mittelalters im Zusammenwirken von Text und Bild. Mit einem Beitrag von Antikem und Christlichem in *principium-* und *finis*-Thematik auf der Ebstorfkarte, in C. Meier, U. Ruberg (éd.), *Text und Bild. Aspekte des Zusammenwirkens zweier Künste in Mittelalter und früher Neuzeit*, Wiesbaden, 1980, p. 585.

ment être considérées comme des « textes » capables de véhiculer un ou plusieurs niveaux de signification. Sur les cartes texte et image constituent une unité où l'image est une partie essentielle du message.

Les textes et les images n'ont donc pas été introduits sur les cartes seulement comme des décorations amusantes sans signification aucune. Dans le premier chapitre j'ai déjà critiqué ces théories selon lesquelles les textes et les images seraient des *mirabilia* sans importance qu'on pourrait expliquer comme le résultat d'une horreur du vide ou d'un désir de dissimuler une ignorance sur les régions inconnues. Jörg-Geerd Arentzen est du même avis et il propose d'étudier le contexte de la cartographie, c'est à dire « l'intégration de la carte dans un rapport compréhensif de texte et image[12] ». Malheureusement, dans le chapitre consacré à « la carte dans son contexte », Arentzen fait preuve d'une conception restrictive de la notion de contexte[13]. Il a raison de faire remarquer que c'est surtout par rapport au contexte que les textes et les images sur les cartes deviennent fonctionnels, mais dans sa perception ce sont surtout les textes qui réfèrent à des contextes hors de la cartographie proprement dite[14]. Je m'accorde avec Arentzen pour ce qui est de la référentialité des cartes à d'autres contextes, mais ceci n'est certainement pas une fonction exclusive des textes : les images paraissent, elles aussi, dans d'autres contextes et de ce fait elles introduisent les connotations de leur contexte d'origine sur la carte. Plus récemment Christian Jacob a fait remarquer que les cartes, surtout celles du Moyen Âge et de la Renaissance, incorporent des éléments pivot (« markers ») qui peuvent être caractérisés comme des plaques tournantes sémiologiques (« semiological crossroads ») : elles fonctionnent comme liaison entre la carte et le contexte qui, lui, est à son tour composé d'autres cartes, de textes, de connaissances générales, etc. Ces éléments pivot peuvent être de nature textuelle aussi bien que visuelle. Les races monstrueuses, les animaux sauvages et les rois légendaires réfèrent, toujours selon Jacob, à des sources textuelles comme la *Naturalis historia* de Pline l'Ancien et les *Etymologiae* d'Isidore de Séville[15]. Ces observations sont très utiles. Cependant, et j'y insiste, le contexte des cartes ne se limite pas à des textes, mais se compose aussi d'images.

[12] J.-G. Arentzen, *Imago Mundi Cartographica*, p. 20-21. La notion de contexte n'est pourtant pas sans problèmes, voir : J. Howard, The New Historicism in Renaissance studies, in *English literary Renaissance*, t. 16, 1986, p. 13-43 ; J. Culler, *Framing the sign. Criticism and its institutions*, Norman-Londres, 1988 ; M. Bal, N. Bryson, Semiotics and art history, in *The art bulletin*, t. 73, 1991, p. 174-208 ; N. Bryson, Art in context, in M. Bal, I. E. Boer (éd.), *The point of theory: Practices of cultural analysis*, Amsterdam, 1994, p. 66-78.

[13] J.-G. Arentzen, *Imago Mundi Cartographica*, p. 230-274.

[14] J.-G. Arentzen, *op. cit.*, p. 224-225. La référentialité du contenu des *mappae mundi* vers le contexte d'origine a également été signalée par M. Gosman (Medieval *mapping* of the world in text and image. Two ways of representing one vision, in *Forum for modern language studies*, t. 35, 1989, p. 378-379). Cependant, tout comme Arentzen, Gosman a tendance à mettre l'accent surtout sur la référentialité textuelle. Sur la référentialité de la cartographie et l'importance du contexte, voir aussi : U. Ruberg, Mappae Mundi des Mittelalters im Zusammenwirken von Text und Bild, p. 561 ; J. B. Harley, Meaning and ambiguity in Tudor cartography, in S. Tyacke (éd.), *English map-making 1500-1650*, Londres, 1983, p. 22-45 ; *idem*, The iconology of early maps, in C. Clivio Marzoli (éd.), *Imago et mensura mundi. Atti del IX [1981] Congresso Internazionale di Storia della Cartografia*, Rome, 1985, t. 1, p. 36 ; *idem*, Texts and contexts in the interpretation of early maps, in D. Buisseret (éd.), *From sea charts to satellite images. Interpreting North American history through maps*, Chicago, 1990, p. 10-13 ; C. Jacob, *L'empire des cartes*, p. 323-338 ; M. Kupfer, Medieval world maps. Embedded images, interpretative frames, in *Word & image*, t. 10, 1994, p. 262-288.

[15] C. Jacob, Toward a cultural history of cartography, in *Imago mundi*, t. 84, 1996, p. 196.

Christian Jacob mentionne comme exemples du contexte des textes classiques comme ceux de Pline et d'Isidore. Toujours est-il que la « Quellenforschung » d'après la première attestation à l'ère classique d'un détail représenté sur une mappemonde du XIIIe siècle ne nous fournit aucun renseignement sur la façon dont un destinataire médiéval aurait perçu la mappemonde en question. C'est plutôt le choix que les auteurs médiévaux ont fait dans leurs sources et le regroupement du matériel qui sera révélateur[16]. La ou les connotation(s) que reçoit le détail en question dans ce contexte médiéval nous renseigne sur sa fonction dans la cartographie de cette époque. Je me propose donc dans ce chapitre de quitter cette approche diachronique et de passer à l'étude de l'intertextualité de la cartographie ancienne. Je prendrai ici intertextualité dans son sens large en y incluant des textes aussi bien que des images et d'autres expressions culturelles.

Pour un lecteur du XXe siècle les savoirs sur le monde et ses habitants exposés sur les cartes du XIIIe au XVIIe siècles ne constituent qu'un mélange troublant de *realia* et de *mirabilia*. C'est surtout dans le discours sur l'histoire de la cartographie de la Renaissance qu'on a tendance à ignorer les *mirabilia* sur les cartes en faveur des *realia* de l'époque des découvertes : la carte devrait se débarrasser des « mensonges » ou « erreurs » sur les animaux, les lieux ainsi que les peuples non existants, car on ne peut pas s'imaginer que les savants du passé – et surtout ceux de la Renaissance – aient vraiment pu ajouter foi à ces bizarreries. Voilà pourquoi on a souvent voulu voir une marginalisation progressive du légendaire sous la pression de l'empirisme naissant, et ce à partir du XIVe siècle. Selon certain un nombre d'études les peuples monstrueux sont déjà relégués aux marges des mappemondes médiévales[17], mais c'est surtout dans les études sur la cartographie de la Renaissance et de l'époque des découvertes qu'on voit les cartographes chercher à construire leurs cartes uniquement à l'aide de données vérifiables basées sur des observations empiriques. Voilà pourquoi, toujours selon ces études, les cartographes de la Renaissance auraient banni les êtres et les places légendaires de leurs cartes[18]. Il est vrai que la

[16] Cf. D. Lecoq, La mappemonde du *Liber Floridus* ou la vision du monde de Lambert de Saint-Omer, in *Imago mundi*, t. 39, 1987, p. 19.

[17] Voir, par exemple : B. Roy, En marge du monde connu. Les races de monstres, in G.-H. Allard (et al.) (éd.), *Aspects de la marginalité au Moyen Age*, Montreal, 1975, p. 71-80 ; J. B. Friedman, Cultural conflicts in medieval world maps, in S. B. Schwarz (éd.), *Implicit understanding. Observing, reporting, and reflection on the encounters between Europeans and other peoples in the early modern era*, Cambridge-New York-Melbourne, 1994, p. 66-67 ; M. Münkler, Experiencing strangeness. Monstrous peoples on the edge of the earth as depicted on medieval mappae mundi, in *Medieval history journal*, t. 5, 2002, p. 195-222. Marginalisation idéologique : M. B. Campbell, *The witness and the other world. Exotic European travel writing*, Ithaca N.Y., 1988, p. 50, 65-68 ; M. Camille, *Image on the edge. The margins of medieval art*, Cambridge (Mass.), 1992, p. 14-16.

[18] Cette notion est devenue un des lieux communs de l'histoire de la cartographie. Voir surtout : G. R. Crone, *Maps and their makers. An introduction to the history of cartography*, 4e édition, Londres, 1968, p. 48 ; G. Kish, *La carte. Image des civilisations*, Paris, 1980, p. 33, 36, 49 ; C. Kappler, *Monstres, démons et merveilles à la fin du Moyen Âge*, Paris, 1980, p. 36 ; L. Bagrow, R. A. Skelton, *History of cartography*, 1985, p. 70 ; D. Lecoq, L'image d'Alexandre à travers les mappemondes médiévales XIIe-XIIIe siècles, in *Geographia antiqua*, t. 2, 1992, p. 63-97, p. 75 ; P. Whitfield, *The image of the world. 20 Centuries of world maps*, Londres, 1994, p. 32 ; C. Bousquet-Bressolier, L'œil du cartographe ou réflexions sur un monde vu de près, in C. Bousquet-Bressolier (éd.), *L'œil du cartographe et la représentation cartographique du Moyen Age à nos jours*, Paris, 1995, p. 9, n. 7 ; D. Nelson, The age of unreason. Cartographic blunders of the fifteenth and sixteenth centuries, in *Mercators World*, 1998, p. 16-21. Sur les portulans : T. Campbell, Portolan charts from the late thirteenth century to 1500, in J. B. Harley, D. Woodward (éd.), *Cartography in prehistoric, ancient, and Medieval Europe and the Mediterranean*, Chicago, 1987 (*The history of cartography*,

présence du matériel légendaire diminue progressivement pendant la période du XIIIe au début du XVIIe siècle. Cependant les *mirabilia* ne sont nullement bannis de la cartographie, car les peuples et les animaux légendaires continuent à paraître sur les cartes, parfois même jusqu'au XVIIe siècle. Par exemple, sur la carte du monde de Pieter van den Keere datant de l'an 1609 on retrouve sur le continent austral l'oiseau *ruc* portant un éléphant en l'air. La description de cet animal repose sur des sources médiévales comme, par exemple, le compte rendu des voyages de Marco Polo[19].

La présence des *mirabilia* sur les cartes du XVIe siècle pose des problèmes d'interprétation, car comment réconcilier ces fables avec le caractère scientifique et empirique de cette époque ? A mon avis une partie du problème est causée par la distinction moderne entre *realia* et *mirabilia*, car les éléments que l'historien du XXe siècle qualifierait comme *mirabilia* sont des *realia* pour les cartographes du Moyen Âge et de la Renaissance[20]. Certes, dès le XIIe siècle les sciences naturelles se baseront progressivement sur l'observation empirique, mais jusqu'au XVIIe siècle les érudits ne distingueront pas toujours entre l'observation de la réalité et l'étude des *auctores*[21]. On pourrait qualifier cette attitude envers les *auctores* d' « empirisme légendaire »[22] : les connaissances livrées par les *auctores* étaient considérées contenir la vérité. Souvent la critique moderne qualifie les *mirabilia* comme le produit de la fantaisie de l'artiste médiéval[23]. Cette idée n'est pourtant pas correcte, car le cartographe médiéval n'inventait

t, 1), p. 372, 446. Selon C. Jacob (*L'empire des cartes*, p. 209) les animaux exotiques servent à « ponctuer la *terra incognita* ». Selon le même auteur (*op. cit.*, p. 311) les textes, eux aussi, sont également relégués aux marges de la carte. Ceci n'est pourtant pas correct : la mappemonde de Cabot est un des rares exemples où, par manque de place, les textes ont été inscrits sur les marges de la carte. Les textes autour de certaines cartes du XVIe siècle sont des *descriptiones orbis*. Cf. le chapitre IV (p. 172).

19 Sur l'oiseau *ruc* ou *rukh*, voir ci-dessous.

20 Voir aussi sur ce problème : L. Daston, K. Park, *Wonders and the order of nature, 1150-1750*, New York, 1998, p. 15-16, 60-66.

21 Au chapitre III j'ai déjà insisté sur l'influence durable des *auctores*.

22 Pour cette terminologie voir : M. Gosman, *La légende d'Alexandre le Grand dans la littérature française du 12e siècle. Une réécriture permanente*, Amsterdam-Atlanta, 1997, p. 172-175. Pour une discussion du même problème, voir aussi : W. Harms, Der Eisvogel und die halkyonischen Tage. Zum Verhältnis von naturkundlicher Beschreibung und allegorischer Naturdeutung, in H. Fromm, W. Harms, U. Ruberg (éd.), *Verbum et signum. Beiträge zur mediävistischen Bedeutungsforschung*, Munich, 1975, p. 478 ; M. B. Campbell, *The witness and the other world*, p. 74-80, 122-127, 136-148.

23 Cf. J. Le Goff, L'occident médiéval et l'océan Indien. Un horizon onirique, in J. Le Goff, *Pour un autre Moyen Age. Temps, travail et culture en Occident. 18 Essais par Jacques le Goff*, Paris, 1977, p. 281, 283 : « une fantaisie extravagante » et « exotisme onirique » ; J. K. Wright, *The geographical lore of the time of the crusades. A study in the history of Medieval science and tradition in western Europe*, reprod. New York, 1965, p. 248 ; A.-D. von den Brincken, Mappa Mundi und Chronographia. Studien zur *imago mundi* des abendländischen Mittelalters, in *Deutsches Archiv für Erforschung des Mittelalters*, t. 24, 1968, p. 174 : « gestatten der Phantasie ungezügelten freien Lauf » ; J. L. Allen, Lands of myth, waters of wonder: the place of the imagination in the history of geographical exploration, in D. Lowenthal, M. J. Bowden (éd.), *Geographers of the mind. Essays in historical geosophy in honor of John Kirtland Wright*, Oxford, 1976, p. 41-61 ; C. Kappler, *Monstres, démons et merveilles à la fin du Moyen Âge*, p. 19-111, 257-288 ; M. Schmidt, Der weiße Fleck auf der Landkarte, in K.-H. Kohl, *Mythen der Neuen Welt. Zur Entdeckungsgeschichte Lateinamerikas*, Berlin, 1982, p. 264-271 ; M. Mollat du Jourdin, M. de La Roncière, *Les Portulans. Cartes marines du XIIIe au XVIIe siècle*, Fribourg, 1984, p. 18 ; T. Campbell, Portolan charts from the late thirteenth century to 1500, p. 372 : « superstition » ; J. R. S. Phillips, *The Medieval expansion of Europe*, Oxford-New York, 1988, p. 187-211 ; P. Whitfield, *The image of the world. 20 Centuries of world maps*, p. 12-14 ; J.-P. Sanchez,

rien : toute assertion devait être corroborée par les *auctores*. Qui plus est, Stephen Greenblatt et aussi Martin Gosman ont déjà suggéré que la mention des *mirabilia* provenant des textes des *auctores* ne servait aucunement à la fascination, mais plutôt à l'authentification[24]. Malgré l'importance des *auctores*, l'empirisme légendaire n'est pas un procédé purement textuel : on était convaincu que les *mirabilia* existaient véritablement. On n'a qu'à penser ici à Colomb qui a vraiment cru se rapprocher du paradis terrestre[25]. Les observations que faisaient les voyageurs dans les régions éloignées de l'Europe étaient conditionnées et colorées par leurs connaissances des *auctores* textuels et iconographiques[26]. De ce fait, leurs comptes rendus se conformaient aux connaissances traditionnelles sur l'Orient et l'Afrique. Ce phénomène se perpétue même après la découverte du Nouveau Monde, car l'influence du matériel légendaire du Moyen Âge se fait toujours sentir dans la perception et la représentation du Nouveau Monde par les occidentaux[27].

L'Europe du Ponant et la découverte du Nouveau Monde. Le rôle de l'imaginaire, in J.-P. Sanchez (éd.), *Dans le sillage de Colomb. L'Europe du Ponant et la découverte du Nouveau Monde (1450-1650). Actes du Colloque International Université Rennes 2, 5, 6 et 7 mai 1992*, Rennes, 1995, p. 249-264. Pour une critique importante de l'approche sociologique et psychologique du merveilleux médiéval, voir : Ch. Meier, *Ut rebus apta sint verba.* Überlegungen zu einer Poetik des Wunderbaren im Mittelalter, in D. Schmidtke (éd.), *Das Wunderbare in der Mittelalterlichen Literatur*, Göppingen, 1994, p. 79-81.

[24] M. Gosman, Medieval *mapping* of the world in text and image, p. 373 ; S. Greenblatt, *Marvelous possessions. The wonder of the New World*, Oxford, 1991, p. 30, 74-75. Voir aussi : K. Zalewska, *Deformatio naturae*. Die Seltsamkeiten der Natur in der spätmittelalterlichen Ikonographie, in A. Zimmermann (et al.) (éd.), *Mensch und Natur im Mittelalter*, Berlin-New York, 1992, p. 930, 933.

[25] Cf. L. Weckmann, The Middle Ages in the conquest of America, in *Speculum*, t. 26, 1951, p. 131-132 ; U. Ruberg, Mappae Mundi des Mittelalters im Zusammenwirken von Text und Bild, p. 572 ; V. I. J. Flint, *The imaginative landscape of Christopher Columbus*, Princeton, 1992 ; *eadem*, Travel fact and travel fiction in the voyages of Columbus, in Z. von Martels (éd.), *Travel fact and travel fiction. Studies on fiction, literary tradition, scholarly discovery and observation in travel writing*, Leyde-New York-Cologne, 1994, p. 94-110 ; G. Hamann, *Die Welt begreifen und erfahren. Aufsätze zur Wissenschafts- und Endeckungsgeschichte*, Vienne-Cologne-Weimar, 1993, p. 259-284 ; F. Cardini, Alla ricerca del Paradiso, in S. Pittaluga (éd.), *Relazioni di viaggio e conoscenza del mondo fra medioevo e umanesimo. Atti del V Convegno internazionali di studi dell'Associazione per il Medioevo e l'Umanesimo Latini (AMUL). Genova, 12-15 dicembre 1991*, Gènes, 1993, p. 67-88 ; M. Quaini, L'immaginario geografico medievale, il viaggio di scoperta e l'universo concettuale del grande viaggio di Colombo, in S. Pittaluga (éd.), *Relazioni di viaggio e conoscenza del mondo fra medioevo e umanesimo. Atti del V Convegno internazionali di studi dell'Associazione per il Medioevo e l'Umanesimo Latini (AMUL). Genova, 12-15 dicembre 1991*, Gènes, 1993, p. 257-270.

[26] Voir sur ce sujet : R. Wittkower, Marvels of the east. A study in the history of monsters, in R. Wittkower, *Allegory and the migration of symbols*, s. l., 1977, p. 72 ; H. Honour, Wissenschaft und Exotismus. Die europäischen Künstler und die außereuropäische Welt, in K.-H. Kohl (éd.), *Mythen der Neuen Welt. Zur Entdeckungsgeschichte Lateinamerkias*, Berlin, 1982, p. 22-47 ; J. R. S. Phillips, The outer world of the European Middle Ages, in S. B. Schwarz (éd.), *Implicit understanding. Observing, reporting, and reflection on the encounters between Europeans and other peoples in the early modern era*, Cambridge-New York-Melbourne, 1994, p. 23-63 ; M. Gosman, Marco Polo's voyages. The conflict between confirmation and observation, in Z. von Martels (éd.), *Travel fact and travel fiction. Studies on fiction, literary tradition, scholarly discovery and observation in travel writing*, Leyde-New York-Cologne, 1994, p. 72-84; J. P. Sanchez, L'Europe du Ponant et la découverte du Nouveau Monde. Le rôle de l'imaginaire, in J.-P. Sanchez (éd.), *Dans le sillage de Colomb. L'Europe du Ponant et la découverte du Nouveau Monde (1450-1650). Actes du Colloque International Université Rennes 2, 5, 6 et 7 mai 1992*, Rennes, 1995, p. 249-264.

[27] Cf. L. Weckmann, The Middle Ages in the conquest of America ; J. H. Parry, Depicting a New World, in S. Hindman (éd.), *The early illustrated book. Essays in honor of Lessing J. Rosenwald*, Washington, 1982, p. 136-149 ; A. Grafton, *New worlds, ancient texts. The power of tradition and the shock of discovery*, 2e édition, Harvard, 1995.

Bien évidemment, sur certains points les assertions des *auctores* ont été contredites par la réalité. Au chapitre III j'ai déjà fait remarquer que ceci n'annulait pas la croyance en la fiabilité de la totalité des *auctores* : on rejetait seulement les assertions qui s'étaient prouvées intenables, mais ceci ne faisait pas disparaître l'apport des *auctores* à la cartographie et la cosmographie. La cartographie des XIVe au XVIe siècle est le résultat d'un procédé cumulatif : les connaissances nouvelles sur le monde ne remplacent pas les connaissances anciennes, mais les découvertes s'ajoutent à la tradition[28].

La présence des *mirabilia* dans la cartographie médiévale est une affaire hautement intéressante : quels animaux, quels peuples et quels souverains légendaires sont représentés sur les *mappae mundi* ? Pour ce faire, je prendrai la mappemonde d'Ebstorf comme carte de référence, puisque c'est l'exemplaire le plus complet encore connu. Si nécessaire je compléterai mon analyse par des exemples provenant des autres mappemondes. Ensuite je m'occuperai de la survivance de légendes médiévales dans la cartographie des siècles subséquents (du XIVe au XVIe siècles). En étudiant ces questions je me pencherai également sur le problème des sources des *mirabilia* sur les cartes. Comme je l'ai déjà remarqué ci-dessus, par l'étude des sources je ne comprends pas la « Quellenforschung », mais celle du contexte (ou de l'intertexte), c'est-à-dire des textes ou des images de la même époque qui incorporent le même matériel légendaire. Au chapitre suivant je reviendrai sur la question de la fonction de ces éléments légendaires dans la cartographie du XIIe au début du XVIIe siècles. Comme il est inutile et même disfonctionnel de passer en revue tous les exemples de *mirabilia* sur les cartes du monde du XIIe jusqu'au XVIIe siècle, je me limiterai à l'étude de quelques thèmes qui peuvent être considérés comme représentatifs du matériel légendaire sur la cartographie de l'époque en question. Ce sont premièrement les animaux fabuleux et les peuples monstrueux et, deuxièmement, deux souverains légendaires : Alexandre le Grand et le Prêtre Jean.

I. Le monde et ses habitants : les animaux fabuleux[29]

Les mappemondes des XIIe-XIIIe siècles

Le témoignage des mappemondes médiévales encore subsistantes suggère que l'introduction des textes et images d'animaux sur les cartes n'a pas eu lieu avant le XIe siècle[30], mais c'est

[28] Cf. H. Honour, Wissenschaft und Exotismus, p. 23 ; M. B. Campbell, *The witness and the other world*, p. 139.

[29] J'ai déjà publié ailleurs des parties de ce paragraphe : *De ignotis quarumdam bestiarum naturis*. Texts and images from the bestiary on Medieval maps of the world, in L. A. R. J. Houwen (éd.), *Animals and the symbolic in Mediaeval art and literature*, Groningue, 1997, p. 189-208 ; *Hic nulli habitant propter leones et ursos et pardes et tigrides*. Die Zoologie der *Mappae mundi*, in U. Müller, W. Wunderlich (éd.), *Dämonen, Monster, Fabelwesen*, Konstanz, 1999, p. 89-102 ; Animals in context. Beasts on the Hereford map and medieval natural history, in P. D. A. Harvey, *The Hereford world map. Medieval world maps and their context*, Londres, 2006, p. 153-165.

[30] Pour les textes des mappemondes citées voir le chapitre II. La mappemonde cottonienne (XIe siècle) est le premier exemple encore conservé d'une mappemonde où se représente un animal : dans le Nord-Est se trouve l'image d'un lion avec le texte « Hic abundant leones ». La même carte mentionne des animaux sauvages et des serpents en Afrique : « Zugis regio ipsa est et Affrica est enim fertis(?) sed uberior bestiis et serpentibus plena. » Les mappemondes des siècles suivants se remplissent progressivement de textes et d'images d'animaux. Par exemple, la map-

surtout au XIIIe siècle que paraissent des *mappae mundi* circulaires avec des images accompagnées de textes élaborés. Il suffit de penser aux grandes mappemondes de Vercelli, d'Ebstorf et de Hereford ainsi qu'au fragment du duché de Cornouailles. A ces exemples on peut ajouter deux cartes du XIVe siècle : la mappemonde dite de Ranulf Higden et le fragment d'Aslake. Sur les grandes mappemondes circulaires du XIIIe siècle, l'Europe est présentée comme une partie du monde où il n'y a guère d'animaux dangereux. Sur la mappemonde d'Ebstorf on ne rencontre que des bœufs et des cerfs dans le Nord de l'Europe. Les textes sur cette carte mentionnent à propos de la *Augia insula* dans le lac de Constance qu'il n'y a pas de serpents ni de crapauds qui puissent nuire à l'homme[31]. L'absence de serpents est également une caractéristique remarquable de l'île de Sardaigne[32] et d'*Ebesus insula*, près de l'Espagne[33]. L'île de Crète, par contre, est couverte d'animaux sauvages et de serpents extrêmement nocifs[34]. Les deux lions dépeints en Europe ne sont pas représentés comme des animaux véritablement existants, mais seulement comme les emblèmes des villes de Brunswick[35] (Allemagne) et de Rome[36].

Dans l'Asie du Nord se trouvent surtout des animaux dangereux. La mappemonde cotonnienne (XIe siècle) mentionnait déjà l'abondance de lions dans le Nord-Est de l'Asie. Une situation pareille a été reproduite sur les mappemondes du XIIIe siècle. Selon la mappemonde d'Ebstorf personne n'y peut vivre à cause des animaux sauvages et des serpents : « Hic nulli habitant propter leones et ursos et pardes et tigrides. Hec terra etiam serpentibus est referta. » Même les chiens du Nord sont terrifiants : ils sont capables de tuer des taureaux et des lions, puisqu'ils sont nés de l'accouplement d'une chienne et d'un tigre. Plus vers l'Est se trouve l'image de deux chiens qui attaquent un homme, dont la légende accompagnante n'est plus lisible. Près de l'océan septentrional le terrible *gryphus* veille sur des diamants et des pierres précieuses. Cet animal horrible a le corps d'un lion, la tête et les ailes d'un aigle. Il massacre tous les chevaux et les humains qui l'approchent. Dans la forêt hircanienne vivent des oiseaux dont les plumes brillent pendant la nuit. Un autre danger de cette région est l'animal *cateplebas* dont le seul regard tue[37]. L'Asie mineure produit également des animaux bizarres comme le *bonnacus* (un taureau qui se débarrasse de ses poursuivants à l'aide de ses excréments brûlants) et le caméléon qui se nourrit de l'air. On y trouve d'ailleurs également des animaux domestiqués comme les chevaux et les chameaux. On y peut ajouter que la mappemonde de Hereford évoque dans ces régions septentrionales des animaux plutôt tropicaux comme le scorpion, le singe,

pemonde dans le manuscrit des *Etymologiae* d'Isidore à Münich donne l'image de quatre animaux autour du Nil dans la partie méridionale de l'Afrique : « lupus cornutus », « leo », « serpentes », « coluber mire longitudinis ». La même carte mentionne seulement des « simie » en Afrique et les fauves dans l'île de Taprobana (« Taprobana insula plena feris et auibus »).

[31] « Augia insula, in qua nullus anguis potest homini nocere. »

[32] « Sardinia (...) In hac nec serpens nec lupus gignitur. »

[33] « Ebesus insula (...) Hanc fugiunt serpentes. »

[34] « Creta insula (...) capris et cervis copisissima, noxium animal gignit, lupos et vulpes edit. (...) Ibi noctua et serpens et si inveniuntur illico moriuntur. »

[35] Cf. K. Miller, *Die Ebstorfkarte. Mit dem Facsimile der Karte in den Farben des Originals*, Stuttgart, 1896 (*Mappaemundi. Die ältesten Weltkarten*, t. 5), p. 18.

[36] Cf. le chapitre II (p. 47).

[37] Selon Solin (*Collectanea rerum memorabilium*, 30,32) cet animal vit en Afrique.

l'autruche[38]. A côté des animaux déjà mentionnés on y rencontre le pélican dans le Nord et le lynx dans l'Asie mineure.

L'Orient, la région où se situe également le paradis terrestre, abonde en animaux exotiques. Cette région très féconde produit également des pierres précieuses, de l'or et des épices. Un long texte que l'on trouve sur la mappemonde d'Ebstorf, tiré de l'*Imago mundi* d'Honorius Augustodunensis, décrit l'Inde et fait la liste de ces animaux merveilleux : « Gignit bestias mirabiles : ealem, manticoram, taurum indicum, unicornem, psitacum. » En effet, presque tous ces animaux ont été dépeints sur les trois *mappae mundi* du XIIIe siècle encore complètes : l'*eale* avec ses cornes mobiles[39], la *manticora* qui dévore les hommes[40], le taureau indien[41], l'unicorne[42] et le *psytacus*[43] (le perroquet). Les trésors de l'Inde sont inaccessibles à cause des animaux féroces. Par exemple, des dragons et des griffons veillent sur les *montes auri* et la moitié de l'île de *Taprobane* est impénétrable à cause des éléphants et des bêtes sauvages. La mappemonde d'Ebstorf cite l'*Imago mundi* d'Honorius Augustodunensis qui mentionne qu'en Inde il y a des serpents qui dévorent des cerfs entiers. Les autres animaux mentionnés en Inde sur la mappemonde d'Ebstorf sont l'*ibex*, les vers du Gange qui ont des pinces de homard et les tortues de l'océan indien, dont les carapaces sont si grands qu'elles peuvent servir d'abri à un homme. Plus vers le centre de la mappemonde, en *Arabia* et en *Mesopotamia*, vivent des animaux comme l'oiseau phénix, l'*alce* qui ressemble à une mule, et l'*antalops*.

En Afrique aux rivages du Nil vivent, toujours selon la mappemonde d'Ebstorf, des singes[44], le pélican et l'ibis qui se purge avec l'eau du Nil. Le Nil est l'habitat du *cocodrillus*, un reptile armé de dents redoutables. Cependant le peuple de l'île de *Meroen* a la réputation de pouvoir dompter les crocodiles. La mappemonde cottonienne, mentionnée ci-dessus, remarquait déjà que derrière les régions fertiles du Maghreb il n'y a que le désert brûlant où fourmillent des serpents et des bêtes sauvages. Cette situation a été reprise par la mappemonde

[38] K. Miller (*Die Herefordkarte. Mit 2 Uebersichtskarten im Text und die Herefordkarte in Farbendruck als Beilage*, Stuttgart, 1896 (*Mappaemundi. Die ältesten Weltkarten*, t. 4), p. 18) et S. D. Westrem (*The Hereford map. A transcription and translation of the legends with commentary*, Turnhout, 2001 (Terrarum orbis, 1), no. 447, 557) font remarquer que la source en est probablement la *Cosmographia Æthici*, c. III, O. Prinz (éd), *Die Kosmographie des Aethicus*, Munich, 1993, p. 118-119 : « Griphas gentes proximam oceani partem, unde ait vetusta fama processisse Saxonum subolem et ad Germaniam proeliorum feritate peraccessisse, gentes stultissimas, velut feraram et strutionum vel curcodrillum et scurpionum genera sunt. (...) quam in alias gentes, simios et pantheras. » Ebstorf donne : « Grife gentes, unde dicuntur Saxones ad Germaniam feritate bellorum processisse, homines inter alias velut scorpio inter bestias. »

[39] Ebstorf (avec texte et image). Hereford (avec texte et image). L'animal de droite représenté au-dessus du paradis sur la mappemonde de Vercelli est probablement l' *eale*, voir ci-dessous.

[40] Ebstorf mentionne la *manticora* seulement dans le texte sur l'Inde. Hereford (avec texte et image). Le fragment 2 de la mappemonde d'Aslake mentionne une *manticore* près des monts du Caucase.

[41] Ebstorf mentionne le taureau indien seulement dans le texte sur l'Inde. Le quadrupède de gauche, représenté au-dessus du paradis sur la mappemonde de Vercelli est probablement ce *taurus indicus*.

[42] Ebstorf mentionne l'unicorne seulement dans le texte sur l'Inde. Hereford distingue entre *monoceros* (avec texte et image) et *rinosceros* (avec texte et image). Ces deux animaux se trouvent près de l'Égypte. Vercelli montre un unicorne sans texte accompagnant à côté du paradis.

[43] Ebstorf (avec image). La description a été incorporée dans le texte sur l'Inde. Hereford (*spitacus*, avec texte et image). L'oiseau à côté du paradis sur Vercelli représente vraisemblablement un perroquet.

[44] La mappemonde d'Ebstorf fait la liste de cinq races de singes, avec images.

d'Ebstorf et par les autres mappemondes circulaires des XIIIe et XIVe siècles. La mappemonde d'Ebstorf mentionne en Éthiopie le *basiliscus* (le roi des serpents), l'*aspis* et le *draco*. Cette carte évoque encore une multitude de serpents plus vers l'Ouest au delà du Nil[45]. Parmi les autres bêtes sauvages de l'Afrique comptent la *pantera*, le *cameleopardalus* (le résultat de l'accouplement d'un chameau et d'une panthère)[46], le *parandrus* (une sorte de cerf), l'énigmatique *scarp*, la *yena* (hyène), le *strucio*, l'*elephans*, de grandes fourmis ainsi qu'un quadrupède dont le nom a été effacé. Finalement, un dragon mordant dans sa propre queue encercle l'île appelée *Ortus Hesperidum*, mais dans l'île de *Galoe* dans l'océan méridional il n'y a aucun serpent[47].

Généralement parlant les animaux dangereux sont placés surtout dans les régions éloignées de l'Europe et du centre des mappemondes : des griffons et des lions dans le Nord-Est, des animaux exotiques en Orient et des serpents abondent dans le Sud[48]. Il semble que les climats extrêmes (glaciaux ou torrides) produisent des animaux extraordinaires. Cette disposition des animaux, déjà sensible sur les mappemondes antérieures au XIIIe siècle, se rencontre *grosso modo* sur toutes les mappemondes circulaires des XIIIe et XIVe siècles.

Il existe peu d'études qui s'occupent des animaux sur les mappemondes. Un exemple est *Animals and Maps* par Wilma George, parue en 1969[49]. George y signale des sources médiévales que les cartographes auraient pu consulter comme, par exemple, les *Bestiaires*, mais elle cherche surtout à identifier les animaux sur les mappemondes avec des animaux véritablement existants. Par exemple, l'*alce* sur la mappemonde d'Ebstorf représenterait une mule russe (*Saiga tatarica*) et la *manticora* sur la mappemonde de Hereford serait le guépard (*Acinonyx jubatus*)[50]. Vu le fait que les cartographes médiévaux ne pouvaient pas disposer de ces connaissances-là, il me semble plus utile d'étudier les animaux sur les mappemondes par rapport au contexte médiéval.

Dans ses études de la cartographie médiévale Konrad Miller s'est occupé des sources des renseignements fournis par les mappemondes, parmi lesquels les animaux. Cependant, ses

[45] Ce sont les serpents suivants : *iaculus*, *scitalis*, *amphisbena*, *prester*, *cerastes*, *vipera*, *coluber*, *sereni* et *emorrois* (avec de nombreuses images). Le serpent arboricole *iaculus* et le *scitalis* figurent également sur Cornouailles. H. Kliege (*Weltbild und Darstellungspraxis hochmittelalterlicher Weltkarten*, Münster, 1991, p. 162) lit fautivement squalis.

[46] P. M. Barber, M. P. Brown (The Aslake world map, in *Imago mundi*, t. 44, 1992, p. 36) lisent sur le fragment d'Aslake « Camelo » et « Pardalus ».

[47] « Gauloe insula, cuius terram serpentes fugiunt. » Selon K. Miller (*Die Ebstorfkarte*, p. 62) il s'agit ici d'une erreur car en réalité l'île de Gaulos se trouve dans la Méditerranée.

[48] Une répartition pareille des animaux se voit sur la mappemonde de Lambert de Saint-Omer, cf. D. Lecoq, La mappemonde du *Liber Floridus*, p. 22-24, 39.

[49] Des remarques intéressantes sur la topographie du merveilleux dans : L. Daston, K. Park, *Wonders and the order of nature*, p. 21-66. Les études de J. S. Murray (Fanciful worlds. How strange beasts and myths found their way to early maps, in *Canadian Geographic*, t. 113, 1993, p. 64-72) et de E. Braun (African bestiaries, in *Mercators World*, 1998, p. 32-37) sont superficielles.

[50] W. George, *Animals and maps*, Londres, 1969, p. 30, 34 ; W. George, B. Yapp, *The naming of the beasts. Natural history in the Medieval Bestiary*, Londres, 1991. Pour la même critique, voir : P. Gravestock, Did imaginary animals exist ?, in D. Hassig (éd.), *The mark of the beast. The Medieval Bestiary in art, life and literature*, New York, 1999, p. 119-140.

études ne sont pas tout à fait utiles pour mon propos, car en tant que bon « Quellenforscher », Miller visait surtout à retracer les sources textuelles les plus anciennes des détails relevés. En fait, pour lui les mappemondes médiévales représentaient avant tout des copies de la grande carte du monde romaine dressée par Agrippa, qui, elle aussi, aurait comporté des dessins d'animaux[51]. L'iconographie ainsi que les textes des animaux évoqués sur les mappemondes descendraient donc directement de sources romaines et c'étaient ces sources-là que Miller cherchait à identifier. Plus récemment, R. K. French dans son étude des animaux sur la mappemonde de Hereford en est arrivé à la conclusion que le cartographe s'est surtout basé sur des sources classiques[52]. L'idée selon laquelle les mappemondes médiévales seraient des copies de la carte du monde d'Agrippa est pourtant douteuse. J'ai déjà cité Kai Brodersen qui a avancé des arguments qui donnent à penser que la prétendue mappemonde d'Agrippa était plutôt un texte[53]. En plus, comme je l'ai fait remarquer au début de ce paragraphe, les mappemondes encore subsistantes suggèrent que l'insertion des images d'animaux sur les mappemondes s'est surtout produite aux XIIe et XIIIe siècles. En cherchant à reconstituer la carte du monde romaine par le biais des mappemondes médiévales, Konrad Miller a systématiquement ignoré les sources médiévales des animaux comme, par exemple, la version latine du *Physiologus*, les *Bestiaria* ainsi que les encyclopédies médiévales[54]. Cette attention presque exclusive pour les sources classiques des mappemondes médiévales a persisté jusqu'à l'époque moderne. De plus, l'histoire de la cartographie s'occupe presque uniquement des sources textuelles des mappemondes et ignore les sources iconographiques. Dans ce qui suit, je passerai en revue des détails cartographiques (textuels et iconographiques) qui indiquent que les cartographes ont eu recours à des remaniements médiévaux de textes classiques datant des XIIe et XIIIe siècles[55]. Par conséquent, il faudra interpréter ces détails sur les mappemondes (en l'occurrence les animaux) par rapport à ces remaniements médiévaux tout en tenant compte des connotations médiévales rattachées aux détails en question.

Il faut pourtant admettre que les mappemondes, elles, ne renvoient pas explicitement aux sources des XIIe et XIIIe siècles, mais à des *auctores* plus anciens. Pour ce qui est des animaux, la

[51] K. Miller, *Rekonstruierte Karten. Mit 58 Clichés (darunter 49 Karten) im Text und 8 Kartenbeilage*, Stuttgart, 1898 (*Mappaemundi. Die ältesten Weltkarten*, t. 6), p. 147 : « Die Römische Weltkarte war mit Bildern geziert, wie es die grösseren mittelalterlichen Karten noch zeigen. (...) die Wüste war durch wilde Tiere dargestellt. » ; et Id., *Die Herefordkarte*, p. 53 : « Die Karten von Hereford und Ebstorf (und andere mittelalterliche Karten) weisen alle (...), auf die im öffentlichen Bewusstsein fortlebende Thatsache hin, dass die Augustuskarte die Grundlage der mittelalterlichen Weltkarte bildet. »

[52] R. K. French, Putting animals on the map: the natural history of the Hereford *mappa mundi*, in *Archives of natural history*, t. 21, 1994, p. 289-308.

[53] Au chapitre II.

[54] K. Miller, *Die Herefordkarte*, p. 49 : « ... manche Tiere (finden sich) in den Bestiaria, welche aber auch wieder aus den Karten schöpften, und im Physiologus ; eine direkte Beziehung ist nicht nachweisbar. »

[55] Cf. P. M. Barber, M. P. Brown (The Aslake world map, p. 32) qui notent la ressemblance entre le serpent sur le fragment d'Aslake et une miniature dans un bestiaire du XIIIe siècle (*Oxford, Bodleian Library*, Bodl. 602, f. 29). Ils suggèrent que la culture livresque médiévale a fourni l'exemple des images et les rubriques sur les mappemondes. Cf. aussi l'étude de N. R. Kline sur les animaux de la mappemonde de Hereford (*Maps of Medieval thought. The Hereford paradigm*, Woodbridge, 2001, p. 98-139) qui observe aussi des rapports avec les Bestiaires illustrés, mais qui n'entre pas vraiment dans les détails.

mappemonde de Hereford renvoie à Solin[56] et à Isidore[57]. La mappemonde d'Ebstorf exhorte le lecteur à consulter le douzième chapitre des *Etymologiae* de l'évêque de Séville s'il désire en savoir plus sur les animaux[58]. Cependant, Konrad Miller a dépisté de nombreuses citations sur cette dernière mappemonde qui reproduisent mot pour mot des parties de l'*Imago mundi* d'Honorius Augustodunensis[59]. En outre, la mappemonde d'Ebstorf incorpore également des données provenant de la tradition du *Physiologus* et des *Bestiaria*, faits souvent ignorés par Miller. Par exemple, les dernières lignes de la légende sur l'éléphant de la mappemonde d'Ebstorf ont leur origine dans les versions les plus anciennes du *Physiologus* et elles réapparaissent dans les *Bestiaria*[60]. Ces textes décrivent tous la procréation de l'animal : la femelle et le mâle vont en Inde et goûtent à la mandragore. L'accouchement a lieu dans un lac à cause des dragons qui menacent de dévorer le petit de l'éléphant. D'autres exemples sur la mappemonde d'Ebstorf provenant de la tradition du *Physiologus* sont l'*antolops*[61] et le *mirmicaleon*[62].

Certains animaux sur la mappemonde d'Ebstorf sont accompagnés de légendes dont le thème remonte à des textes classiques, mais qui reproduisent presque mot pour mot des sources qui ne peuvent pas être retracées avant le XIIe siècle. Un exemple illustratif en est l'*ibex*. L'image de cet animal se trouvait en Inde sur la partie qui a été découpée après la redécouverte de la mappemonde au XIXe siècle et il n'en reste qu'une légende lacunaire. Dans son étude des animaux sur la mappemonde d'Ebstorf, Uwe Ruberg a su reconstruire cette légende à l'aide d'un texte anonyme datant du XIIe siècle, intitulé *De bestiis et aliis rebus* :

[56] Par exemple, dans les légendes sur le *spitacus* et le *rinosceros*.

[57] Dans la légende sur le *monoceros*.

[58] « Si quis plus nosse desiderat de animalibus bestiis volucribus piscibus serpentibus lapidibus arboribus et aromatibus, Ysidorum legat. » Inscription en encre rouge dans le coin inférieur de gauche.

[59] Comme, par exemple, en Inde : « In India serpentes tam vasti, ut cervos devorent et ipsum oceanum transnatent. » L'anecdote concernant les serpents d'Inde se trouve déjà chez Pline l'Ancien : « Megasthenes scribit in India serpentes in tantam magnitudinem adolescere, ut solidos hauriant servos taurosque. » *Naturalis historia*, 8,14.36, R. König, G. Winkler (éd./trad.), *C. Plinius secundus d. Ä. Naturkunde lateinisch-deutsch. Buch VIII Zoologie, Landtiere*, Darmstadt-Munich, 1976, p. 34. La mappemonde d'Ebstorf reprend cependant mot pour mot Honorius Augustodunensis, *Imago mundi*, I,12.

[60] Cf. F. McCulloch, *Mediaeval Latin and French Bestiaries*, Chapel Hill, 1960, p. 115-119 ; N. Henkel, *Studien zum Physiologus im Mittelalter*, Tübingen, 1976, p. 177-178. L'image sur la mappemonde de Hereford d'un éléphant portant une tour sur son dos repose pourtant sur des sources antiques. Cf. P. Goukowsky, Le roi Pôros, son éléphant et quelques autres, in *Bulletin de correspondance hellénique*, t. 96, 1972, p. 473-502.

[61] « Antolops est animal cervinum nimis, ita ut nec ei venator appropinquare. Habet longa cornua serre symilia et resecat arbores altas et ascendendo obligat cornua in virgultis et cum liberari non potest, clamat voce magna. Hoc audiens venator capit illud. » K. Miller (*Die Ebstorfkarte*, p. 47) renvoie au *Physiologus*. Les mêmes caractéristiques se retrouvent en effet surtout dans le *Physiologus*, *versio* B et Y (cf. F. McCulloch, *op. cit.*, p. 84-86 ; N. Henkel, *op. cit.*, p. 179-180). La légende d'Ebstorf a aussi des points en commun avec le texte du *Bestiarium* cité dans M. R. James, *The Bestiary. Being a reproduction in full of the manuscript Ii.4.26 in the University Library, Cambridge, with supplementary plates from other manuscripts of English origin, and a preleminary study of the Latin bestiary as current in England*, Oxford, 1928, p. 49-50 (d'après le manuscrit *Oxford*, *Bodleian Library*, MS. Laud Misc. 247, f. 141a). L'image de l'animal avec ses cornes empêtrées dans les buissons se retrouve déjà dans le manuscrit illustré le plus ancien du *Physiologus* (*Berne*, *Burgerbibliothek*, Codex 318 (IXe siècle), cf. H. Woodruff, The Physiologus of Bern. A survival of Alexandrian style in a ninth century manuscript, in *Art Bulletin*, t. 12, 1930, p. 226-253 et fig. 41 ; N. Henkel, *op. cit.*, p. 179-180.

[62] Cet animal est nommé dans le *Physiologus*, *versio* Y ; cf. F. McCulloch, *op. cit.*, p 82-83.

Est animal quod dicitur ibex, duo cornua habens
quorum tanta vis est ut, si ab alto montis demissum
fuerit corpus eius totum his duobus cornibus *sustentetur*
illaesum. Significat autem eruditos homines,
qui duorum testamentorum consonantia quidquid
adversi eis acciderit, quasi quodam salubri
temperamento *temperare* solent, et velut duobus
cornibus *fulti bona quae perpetrant, veteris ac*
ewangelice lectionis attestatione sustenant[63].

La mappemonde d'Ebstorf comporte encore une autre citation prise dans le *De bestiis et aliis rebus*, celle-ci n'a pas été remarquée par Ruberg. En Éthiopie on voit l'image d'un quadrupède en train de dévorer un corps dans un tombeau, avec le texte suivant :

In Ethyopia est animal quod dicitur Yena, in sepulchris mortuorum habitans eorumque corporibus se vescens.

Konrad Miller a fait remarquer que cette anecdote sur les habitudes alimentaires de la hyène se trouve déjà dans les textes de Pline et de Solin[64]. Les compilateurs de la mappemonde d'Ebstorf ont cependant dû consulter un texte médiéval pour cette légende sur l'hyène, car le texte est identique à un paragraphe du *De bestiis et aliis rebus*[65].

Ce dernier texte compte parmi les premiers remaniements du *Physiologus* latin et date du XIIe siècle. A l'origine le *Physiologus* était un texte en grec contenant des descriptions d'animaux munies d'explications allégoriques. On suppose que le texte fut composé en Alexandrie au IIe ou au IIIe siècle de notre ère[66]. Des traductions latines ont dû exister avant la fin du IVe siècle[67]. Au Moyen Âge on en a connu plusieurs versions[68]. Au XIIe siècle on commence à enrichir le *Physiologus* latin de fragments tirés du XIIe chapitre des *Etymologiae* d'Isidore de Séville (intitulé *De animalibus*) et en y introduisant de nouveaux animaux. Dans son étude sur la genèse des *Bestiaria* Florence McCulloch distingue quatre phases ou « familles ». La première famille comporte deux

[63] U. Ruberg, Die Tierwelt auf der Ebstorfer Weltkarte im Kontext mittelalterlicher Enzyklopädik, in H. Kugler, E. Michael (éd.), *Ein Weltbild vor Columbus. Die Ebstorfer Weltkarte. Interdisziplinäres Colloquium 1988*, Lüneburg, 1991, p. 345. Cf. *De bestiis et aliis rebus*, II,15 J.-P. Migne (éd.) *P.L.*, t. 177, col. 64. Les parties en italiques ont été ajoutées par Ruberg.

[64] K. Miller, *Die Ebstorfkarte*, p. 61. Cf. Pline l'Ancien, *Naturalis historia*, 8,44,106 : « ab uno animali sepulcra erui inquisitione corporum », R. König, G. Winkel (éd./trad.), *C. Plinius secundus d. Ä. Naturkunde lateinisch-deutsch. Buch VIII Zoologie, Landtiere*, p. 84-85 et Solin, *Collectanea rerum memorabilium*, 27,24 : « eadem hyaena inquisitione corporum sepultorum busta eruit. »

[65] *De bestiis et aliis rebus*, II,10, J.-P. Migne (éd.), *De bestiis et aliis rebus*, col. 61. L'image a beaucoup en commun avec celle dans certains *Bestiairii* où l'hyène est montée sur le tombeau : *Aberdeen, University Library*, MS. 24 (fin du XIIe s.), f. 11v ; *Londres, British Library*, MS. Royal 12.F.XIII (XIIe-XIIIe s.), f. 15v ; *Londres, British Library*, MS. Royal 12.C.XIX (début XIIIe), f. 11v ; *Oxford, St. John's College*, MS. 61 (XIIIe), f. 13v. Pour l'iconographie de l'hyène, voir : D. Hassig, *Medieval Bestiaries. Text, image, ideology*, Cambridge, 1995, p. 145-155.

[66] Sur le *Physiologus* voir : F. McCulloch, *Mediaeval Latin and French Bestiaries*, p. 17 ; N. Henkel, *Studien zum Physiologus im Mittelalter*, p. 18-21 ; M. J. Curley, Physiologus, *Phusiolonia* and the rise of Christian nature symbolism, in *Viator*, t. 11, 1980, p. 1-10.

[67] Cf. F. McCulloch, *op. cit.*, p. 21.

[68] Cf. F. McCulloch, *op. cit.*, p. 21-27 ; N. Henkel, *op. cit.*, p. 21.

branches : le texte du *Physiologus* latin (*versio* B) avec les interpolations d'Isidore (B-Is) ainsi qu'une version maintenant connue comme le deuxième livre du *De bestiis et aliis rebus*, traité anonyme, attribué au pseudo Hugues de Saint-Victor[69]. Dans ces versions on reconnaît toujours sans effort le *Physiologus*. Le *Bestiarium* proprement dit (dans la terminologie de McCulloch la deuxième famille[70]) apparaît également au XIIe siècle et se caractérise par l'augmentation du nombre des chapitres (d'une quarantaine à plus de cent), par un nouveau classement suivant le XIIe chapitre des *Etymologiae*, par l'inclusion de fragments tirés des *Collectanea rerum memorabilium* de Solin (IIIe siècle) et de l'*Hexaemeron* d'Ambroise (ca. 340-397). Il est à noter qu'au cours du développement esquissé ici les explications allégoriques du *Physiologus* se transforment également : les *Bestiaria* y ajoutent souvent une explication morale, des explications autrement symboliques, ou des passages de la Bible où est nommé l'animal en question[71]. Au XIIIe siècle on continue à enrichir le *Bestiarium*, d'où l'apparition des troisième et quatrième familles[72].

Pour Uwe Ruberg la description de l'*ibex* telle qu'elle se trouve dans le *De bestiis et aliis rebus* n'est pas une preuve concluante pour une datation médiévale (« Spätdatierung ») du contenu de la mappemonde d'Ebstorf, car l'idée de la légende de cet animal se trouve déjà dans les *Moralia in Job* de Grégoire le Grand (VIe siècle)[73]. Je ne suivrai pas ces conclusions, car le texte de Grégoire se trouve parmi les sources les plus importantes du *De bestiis*[74]. Rien d'étonnant alors qu'il soit question ici d'une concordance thématique. Qui plus est, les légendes sur l'*ibex* et sur l'hyène sur la mappemonde d'Ebstorf sont presque identiques au texte du *De bestiis*. A mon avis cette concordance est preuve suffisante pour la thèse que des fragments de cet ouvrage du XIIe siècle ont été copiés sur la mappemonde d'Ebstorf.

Sur les mappemondes du XIIIe siècle il y a quelques autres légendes sur les animaux dont le thème remonte à l'Antiquité romaine, mais qui présentent pourtant des caractéristiques qui ne peuvent pas être dépistées dans des documents antérieurs au XIIe siècle. Les mappemondes d'Ebstorf et de Hereford mentionnent toutes les deux l'*eale* : un animal composite qui a le corps d'un cheval, la queue d'un éléphant et les mâchoires d'un sanglier. L'eale a également deux

[69] F. McCulloch, *op. cit.*, p. 25-34. M. R. James (*The Bestiary*, p. 7-26) distingue quatre « familles » dans la tradition des *Bestiaria*. Sur l'évolution des *Bestiaria* voir aussi : F. J. Carmody, *De bestiis et aliis rebus* and the Latin *Physiologus*, in *Speculum*, t. 13, 1938, p. 153-159 ; F. N. M. Diekstra, The Physiologus, the Bestiaries, and medieval animal lore, in *Neophilologus*, t. 69, 1985, p. 142-155 ; W. B. Clark, M. T. McMunn, *Beasts and birds of the Middle Ages. The Bestiary and its legacy*, Philadelphia, 1989, p. 1-11 ; D. Hassig, *Medieval Bestiaries. Text, image, ideology*, p. 5-8. Une étude très détaillée des quatre « familles », ainsi que des changements textuels et iconographiques dans R. Baxter, *Bestiaries and their users in the Middle Ages*, Stroud, 1998, p. 29-143. Il existe un seul bestiaire avec une mappemonde, voir : Ch. Van Duzer, I. Dines, The only *mappamundi* in a Bestiary context. Cambridge, MS Fitzwilliam 254, in *Imago mundi*, t. 58, 2006, p. 7-22.

[70] F. McCulloch, *op. cit.*, p. 34-38. Il n'existe pas encore une édition du *Bestiarium*. Pour le texte du *Bestiarium* je réfère à l'édition en fac-similé du *Bestiarium* de Cambridge (*University Library*, MS. Ii.4.26) par M. R. James, *The Bestiary*. Selon F. McCulloch (*op. cit.*, p. 35) l'édition du livre III du *De bestiis et aliis rebus* par J.-P. Migne (*P.L.*, t. 177, col. 83-164) n'est pas fiable. Une liste des manuscrits connus des *Bestiaria* avec des images est disponible sur Internet : bestiary.ca.

[71] Il n'y a pas encore d'étude approfondie des transformations des explications spirituelles du *Physiologus* et des *Bestiaria*.

[72] F. McCulloch, *Mediaeval Latin and French Bestiaries*, p. 38-40.

[73] U. Ruberg, Die Tierwelt auf der Ebstorfer Weltkarte im Kontext mittelalterlicher Enzyklopädik, p. 345.

[74] Cf. F. McCulloch, *op. cit.*, p. 34.

cornes mobiles : pendant le combat il tourne une corne avant et l'autre vers l'arrière. Le texte sur les deux cartes reproduit presque mot pour mot les *Collectanea rerum memorabilium* (52,35) de Solin[75]. Le même texte de Solin est interpolé dans les *Bestiaria*. Certains exemplaires des *Bestiaria* latins ont une version légèrement différente : au lieu de ces mâchoires d'un sanglier (« maxillis aprinis ») on y lit mâchoires d'une chèvre (« maxillis caprinis »). Il semble que cette version n'apparaît pas avant le *De bestiis et aliis rebus*[76]. Il est alors surprenant de constater que les mappemondes d'Ebstorf et de Hereford présentent toutes les deux la version des « maxillis caprinis ». Les cartographes médiévaux ont donc dû trouver ce texte de Solin dans un des *Bestiairii* latins du XIIe siècle, puisqu'il est quasi impossible qu'ils aient commis exactement la même erreur que le copiste responsable de la leçon du *Bestiarium*. Dans certains *Bestiaria* l'illustration de l'éale présente effectivement un animal avec une barbiche. Les images sur les mappemondes d'Ebstorf et de Hereford représentent un animal sans barbiche et sans dents de sanglier. Wilma George a fait remarquer que les représentations les plus anciennes de l'éale représentent l'animal avec les deux cornes en avant, tandis que l'illustration dans certains *Bestiaria* du XIIe siècle le représente avec une corne en avant et l'autre pointant en arrière[77]. La même image est fournie par les mappemondes d'Ebstorf et de Hereford. Il est à noter qu'un des quadrupèdes sur la mappemonde de Vercelli suit exactement la description de l'éale : il a des pieds fourchus, des dents de sanglier, une de ses cornes pointe en avant tandis que l'autre repose sur le dos de l'animal[78].

Un autre exemple de l'usage des *Bestiaria* du XIIe siècle par les cartographes est l'animal *parandrus* sur la mappemonde d'Ebstorf. Pline et Solin mentionnent déjà cet animal[79]. Au XIIe siècle la description de cet animal par Solin a été introduite dans les *Bestiaria* de la seconde famille : le *parandrus* ressemble à un cerf avec des pieds fourchus (« bisulco vestigio »). Certains *Bestiaria* de la seconde famille, parmi lesquels le *Bestiarium* de Cambridge, présentent la variante « ibico vestigio[80] ». Exactement la même leçon se retrouve sur la mappemonde d'Ebstorf. Comme il est presque impossible que la mappemonde d'Ebstorf soit la source de ces *Bestiaria*, on doit en conclure que les compilateurs de la mappemonde d'Ebstorf ont dû copier ce texte dans un *Bestiarium* de la seconde famille. Le *parandrus* dépeint dans le *Bestiarium* de Cambridge a des sabots de cheval[81]. Les peintres de la mappemonde d'Ebstorf n'ont pourtant pas suivi le texte, car l'image montre un animal avec des pieds fourchus. Le fragment du Duché de Cornouailles reproduit la même image avec seulement le nom de l'animal.

[75] Solin, à son tour, avait emprunté le thème de l'éale à la *Naturalis historia* (8,30,73) de Pline l'Ancien.

[76] Cf. G. C. DRUCE, Notes on the history of the heraldic jall or yale, in *Archeological journal*, t. 68, 1911, p. 178-180 ; F. MCCULLOCH, *Mediaeval Latin and French Bestiaries*, p. 191-192 ; W. GEORGE, The yale, in *Journal of Warburg and Courtauld Institutes*, t. 31, 1968, p. 423-428.

[77] Par exemple, *Londres, British Library*, MS. Add. 11283 et MS. Royal 12.F.XIII. Cf. W. GEORGE, *art. cit.*, p. 32.

[78] C. F. CAPELLO (*Il mappamundo medioevale di Vercelli (1191-1218?)*, Turin, 1976, p. 80) identifie l'animal comme un taureau.

[79] Pline l'Ancien, *Naturalis historia*, 8,52,123-124 (« Tarandrus ») ; Solin, *Collectanea rerum memorabilium*, 30,25.

[80] Cf. F. MCCULLOCH, *Mediaeval Latin and French Bestiaries*, p. 150, n. 115 ; M. R. JAMES, *The Bestiary*, p. 40 et f. 16r (= *Cambridge, University Library*, MS. Ii.4.26, XIIe siècle). La même variante se trouve dans : *Londres, British Library*, Add. MS. 11283, f. 8v.

[81] *Cambridge, University Library*, MS. Ii.4.26 (XIIe siècle) f. 16r. Cf. M. R. JAMES, *op. cit.*

Certains animaux représentés sur la mappemonde de Hereford ont des caractéristiques en commun avec le *Bestiaire* (avant 1218) de Pierre de Beauvais. En Inde se trouve l'oiseau *alerion* avec le texte suivant : « Av[is] alerion, par in mundo ». Konrad Miller a fait remarquer que Pline mentionne déjà cet oiseau, mais que les *Bestiaria* ont attaché par erreur à l'*alerion* l'anecdote qu'il n'y en a que deux au monde[82]. Selon Florence McCulloch Pierre de Beauvais est le premier à mentionner l'anecdote. Le même détail se trouve dans les versions françaises en prose de la lettre du Prêtre Jean[83]. La mappemonde de Hereford fait aussi savoir que le *griphes* (griffon) peut porter un bœuf en volant (« volando bovem portabunt »). Florence McCulloch fait remarquer que Pierre de Beauvais est le premier à affirmer que le griffion peut porter un bœuf. La même anecdote réapparaît dans la version française en prose de la lettre du Prêtre Jean[84]. Il est à noter que certains *Bestiaria* latins du XIIe siècle ont déjà une miniature montrant le griffon qui porte un animal en l'air sans que le texte contienne des indications motivant cette représentation. Par exemple, le *Bestiarium* de Cambridge[85] et le MS. *Add.* 11283 (f. 3v) de la British Library ont un griffon portant un porc, tandis que dans les manuscrits *Harley* 4751 (f. 7v) de la British Library et *Bodley* 764 (f. 11v)[86] de la Bodleian Library à Oxford l'animal porte un cheval. Le griphes sur la mappemonde de Hereford ne reproduit pas ces exemples iconographiques, mais sur la mappemonde de Vercelli un animal qui ressemble fortement à un griffon porte un dragon en l'air.

L'iconographie des animaux peut également fournir des indications concernant la source dans laquelle les cartographes ont puisé. Dans son article sur les animaux de la mappemonde d'Ebstorf, Uwe Ruberg a déjà fait remarquer qu'il y a une ressemblance surprenante entre l'image de la *pantera* sur la mappemonde d'Ebstorf (pl. 29a) et une miniature dans le *Bestiarium* de Cambridge (pl. 29b)[87]. La légende accompagnant l'image de la panthère sur la mappemonde d'Ebstorf ne donne que le renseignement suivant : « Hic est pantera et alie multe immanes bestie ». La description du même animal dans la colonne de texte à droite de la mappemonde y ajoute quelques paragraphes tirés des *Etymologiae* d'Isidore : la *pantera* est l'amie de tous les animaux et avant leur naissance les petits déchirent avec leurs griffes l'utérus de leur mère de sorte que l'animal ne peut avoir qu'une seule grossesse[88]. L'image ne correspond aucunement à cette description : la *pantera* se trouve à gauche tandis qu'à droite surgissent un ours, des serpents et un autre quadrupède. Un dragon se cache dans une cavité sous forme de demi-cercle. Cette iconographie correspond à la description telle qu'elle se trouve dans le *Physiologus* et les *Bestiaria* : après avoir mangé, la *pantera* dort pendant trois jours dans une caverne. Quand

[82] K. Miller, *Die Herefordkarte*, p. 37.

[83] Cf. F. McCulloch, *Mediaeval Latin and French Bestiaries*, p. 197-198 ; S. D. Westrem, *The Hereford map*, p. 54. Pour la lettre du Prêtre Jean, voir : M. Gosman (éd.), *La Lettre du Prêtre Jean. Les versions en ancien français et en ancien occitan. Textes et commentaires*, Groningue, 1982, p. 158-160. Dans son commentaire Gosman (p. 575-576) fait remarquer que le *Roman d'Alexandre* mentionne également l' *alerion*, mais on n'y retrouve pas l'anecdote du couple unique.

[84] Cf. F. McCulloch, *op. cit.*, p. 122-123 ; M. Gosman (éd.), *La Lettre du Prêtre Jean*, p. 156-158.

[85] *Cambridge, University Library*, MS. Ii.4.26 (XIIe siècle) f. 6v. Cf. M. R. James, *The Bestiary*.

[86] Cf. F. McCulloch, *op. cit.*, p. 123 ; R. Barber, *Bestiary. Being an English version of the Bodleian Library, Oxford MS. Bodley 764 with all the original miniatures reproduced in facsimile*, Woodbridge, 1993.

[87] *Cambridge, University Library*, MS. Ii.4.26 (XIIe siècle) f. 4v. Cf. M. R. James, *The Bestiary*.

[88] Cf. Isidore de Séville, *Etymologiae*, XII.ii.8-9.

l'animal se réveille, il répand une odeur tellement suave que tous les animaux cherchent sa compagnie, à l'exception du dragon, qui est son ennemi[89].

Le programme d'illustration du *Physiologus* est probablement très ancien. Les miniatures du plus ancien manuscrit illustré encore connu du *Physiologus* – un manuscrit carolingien du IXe siècle conservé à la Burgerbibliothek de Berne, Codex 318 – suggèrent que les peintres ont suivi un modèle classique[90]. Les manuscrits encore conservés donnent lieu à croire que c'est surtout à partir du XIIe siècle que paraissent un grand nombre de *Bestiaria* illustrés. Ce sont surtout des exemplaires de luxe, richement illustrés et provenant de France et d'Angleterre[91]. Il est à noter que les *Bestiaria* illustrés ne suivent pas toujours la composition et l'iconographie des miniatures du *Physiologus*. Les illustrations les plus anciennes du *Physiologus* dans les manuscrits grecs et latins représentent souvent l'animal avec son sens allégorique tandis que les versions du XIIe siècle se limitent à la seule représentation de l'animal[92].

L'illustration de la *pantera* dans le *Bestiarium* de Cambridge diffère de celle livrée par la miniature du même animal dans le *Physiologus* de Berne. Sur la miniature carolingienne la panthère surgit de la caverne et les autres animaux se trouvent face à elle. Sur l'image du *Bestiarium* de Cambridge ainsi que sur la mappemonde d'Ebstorf ce sont les autres animaux qui surgissent de la caverne[93]. Il est donc permis d'assumer que les *pictores* de la mappemonde d'Ebstorf n'ont pas reproduit l'iconographie ancienne de la *pantera*, mais qu'ils ont copié ici une représentation qui est caractéristique des *Bestiaria* du XIIe siècle. Le *Bestiarium* de Cambridge n'était pourtant pas la source directe de la mappemonde d'Ebstorf : le *draco* ne figure pas du tout sur la miniature de Cambridge.

Ci-dessus j'ai déjà indiqué que les *Bestiaria* du XIIe et du XIIIe siècle se caractérisent par la présence d'un plus grand nombre d'animaux par suite de l'interpolation de textes des *Etymologiae* d'Isidore et de l'insertion d'autres animaux provenant, entre autres, des *Collectanea rerum memorabilium* de Solin comme, par exemple, la *leucrocota*, le *manticora*, l'*eale*, le *parandrus* et le *bonacus*[94]. On a beaucoup spéculé sur l'existence d'encyclopédies illustrées pendant l'Antiquité romaine dont les illustrations auraient fourni les exemples aux *pictores* médiévaux qui ont illustré les *Bestiaria*[95]. Il n'y a pourtant que très peu d'indices pouvant corroborer cette

[89] Cf. N. Henkel, *Studien zum Physiologus im Mittelalter*, p. 167-177.

[90] Cf. H. Woodruff, The Physiologus of Bern, p. 234-246 ; K. Weitzmann, *Illustrations in roll and codex. A study in the origin and method of text illustration*, 2e édition, Princeton, 1970, p. 138-139 ; X. Muratova, Problèmes de l'origine et des sources des cycles d'illustrations des manuscrits des Bestiaires, in G. Bianciotto (et al.) (éd.), *Epopée animale, fable, fabliau. Actes du IVe Colloque de la Société internationale renardienne (Évreux 1981)*, Paris, 1984, p. 384-385. Il n'existe qu'un seul autre exemplaire illustré du *Physiologus* datant d'avant le XIIe siècle : un manuscrit du Xe siècle conservé à Bruxelles (*Bibl. royale de Belgique*, Ms. 10074, f. 149v-165v).

[91] Ce n'est pas pour rien que M. R. James (*The Bestiary*, p. 1) a qualifié le *Bestiarium* comme « one of the leading picture books of the twelfth and thirteenth centuries ».

[92] Cf. F. Klingender, *Animals in art and thought to the end of the Middle Ages*, Cambridge, 1971, p. 384-385 ; J. J. G. Alexander, *Medieval illuminators and their methods of work*, New Haven-Londres, 1992, p. 107.

[93] Les miniatures de la plupart des *Bestiaria* du XIIe siècle dépeignent une *pantera* suivie des autres animaux. Cf. F. McCulloch, *Mediaeval Latin and French Bestiaries*, pl. IV.4 = *Oxford, Bodleian Library*, MS. *Bodl.* 602 (fin XIIe), f. 20.

[94] Voir ci-dessus et F. McCulloch, *op. cit.*, p. 74.

[95] Cette discussion est trop compliquée pour en discuter en détail ici. Pour un aperçu utile, voir : X. Muratova, Problèmes de l'origine et des sources des cycles d'illustrations des manuscrits des Bestiaires, p. 392-397. Muratova

théorie : l'unique manuscrit illustré des *Collectanea rerum memorabilium* de Solin date du XIVe siècle[96]. Dans son étude sur l'origine de l'iconographie des *Bestiaria* Xenia Muratova n'a pu trouver aucune concordance entre le manuscrit de Solin susmentionné et les *Bestiaria*[97]. Fritz Saxl et Erwin Panofsky ont cru pouvoir prouver l'existence d'une version de luxe des *Etymologiae* d'Isidore sur la base du manuscrit illustré du *De rerum naturis* de Raban Maur, datant de l'an 1023 environ et conservé à Montecassino[98]. Les recherches de Marianne Reuter sur le manuscrit montecassin du *De rerum naturis* ont pourtant mené à la conclusion que ce manuscrit n'est pas basé sur un seul modèle, mais sur un éventail de sources, textuelles aussi bien qu'iconographiques, ce qui rend douteuses les conclusions de Saxl et de Panofsky[99]. Le matériel encore conservé donne lieu à croire que pour l'illustration du matériel nouveau provenant des encyclopédies de Solin et d'Isidore, les enlumineurs des *Bestiaria* n'ont pas eu à leur disposition une tradition iconographique bien établie, ni facilement accessible. Les sources iconographiques des peintres des *Bestiaria* restent donc incertaines. Frances Klingender a suggéré que des textiles decorés importés de Byzance auraient fourni les modèles[100], mais il est aussi concevable que les peintres ont établi une iconographie uniquement sur la base des données fournies par le texte du *Bestiarium*.

Nombre de ces animaux nouvellement introduits dans les *Bestiaria* se trouvent également sur les mappemondes. Ce sont surtout ceux qui proviennent des *Collectanea rerum memorabilium* de Solin, comme, par exemple, le *manticora*, l'*eale*, le *parandrus* et le *bonnacus*. Où les cartographes ont-ils trouvé les exemples iconographiques pour la représentation de ces animaux ? Ils ne pouvaient pas facilement disposer d'exemplaires illustrés des *Collectanea* de Solin parce que ceux-ci n'existaient pas ou bien ils étaient extrêmement rares. Les *Bestiaria* illustrés de la seconde famille étaient par contre plus communs et plus facilement consultables. Il est donc plus logique de supposer que les peintres des mappemondes médiévales ont eu recours à un *Bestiarium* illustré. Certaines ressemblances iconographiques et textuelles entre les mappemondes et les *Bestiaria* confirment cette hypothèse.

Par exemple, certains historiens ont interprété le taureau en Asie mineure sur la mappemonde d'Ebstorf comme une représentation symbolique du peuple arabe qui chasse les croi-

suppose que l'iconographie des illustrations des animaux dans les *Bestiaria* reproduit des modèles classiques. Je ne partage pas cette opinion.

96 *Milan, Bibl. Ambrosiana*, MS. C.246 inf. Pour une étude des miniatures de ce manuscrit, voir : L. Cogliati Arano, Il manoscritto C. 246 Inf. della Biblioteca Ambrosiana. Solino, in G. Vailati Schoenburg Waldenburg (éd.), *La miniatura italiana in età romanica e gotica. Atti del I Congresso di storia della miniatura italiana (Cortona 26-28 Maggio 1978)*, Florence, 1979, p. 239-258.

97 X. Muratova, Problèmes de l'origine et des sources des cycles d'illustrations des manuscrits des Bestiaires, p. 397. L. Cogliati Arano (*art. cit.*, p. 248-255) voit aussi des influences orientales dans les miniatures de ce manuscrit.

98 *Montecassino, Biblioteca Statale del Monumento Nazionale*, Ms. 132. Cf. E. Panofsky, F. Saxl, *Classical mythology in Medieval art*, New York, 1933 ; F. Saxl, Illustrated Mediaeval Encyclopaedias, in *Lectures*, Londres, 1957, p. 228-241, 242-254.

99 M. Reuter, *Text und Bild im Codex 132 der Bibliothek von Montecassino* „Liber Rabani de originibus rerum". *Untersuchungen zur mittelalterlichen Illustrationspraxis*, Munich, 1984, p. 22-30, 44-49. Cf. X. Muratova, Problèmes de l'origine et des sources des cycles d'illustrations des manuscrits des Bestiaires, p. 397 ; L. Nees, *A tainted mantle. Hercules and the Classical tradition at the Carolingian court*, Philadelphia, 1991, p. 10.

100 F. Klingender, *Animals in art and thought to the end of the Middle Ages*, p. 285-292.

sés[101]. Uwe Ruberg a corrigé cette erreur en faisant remarquer que c'est en vérité le *bonnacus*, un taureau dont les cornes sont en forme de spirale. Le danger de cet animal ne vient donc pas du devant mais de l'arrière : il se débarrasse de ses chasseurs en les couvrant de ses excréments brûlants[102]. Le texte est originaire des *Collectanea* de Solin[103], mais les *pictores* de la mappemonde d'Ebstorf n'ont probablement pu trouver un exemple iconographique que dans les *Bestiaria*. Et effectivement, dans certains *Bestiaria* des XIIe et XIIIe siècles on rencontre une iconographie très semblable à celle qui se trouve sur la mappemonde d'Ebstorf : un chevalier se trouve derrière le *bonnacus* et se protège avec son bouclier[104]. La mappemonde de Hereford dépeint le *bonnacon* tout seul sans son chasseur. Ceci est probablement dû à la technique de « pouncing » : au Moyen Âge on copiait des dessins en trouant le parchemin le long des contours du dessin[105]. Le *bonnacus* sur le folio 5v du manuscrit *Add.* 11283 de la British Library ressemble fortement au dessin de la mappemonde de Hereford (dans les deux cas l'animal regarde derrière lui). Il est à noter que dans ce manuscrit c'est seulement le *bonnacus* qui porte des traces du « pouncing ». Celui qui a voulu copier l'image du manuscrit *Add.* 11283 et le peintre de la mappemonde de Hereford ont probablement jugé qu'il n'était pas nécessaire de copier le chasseur.

On a probablement eu recours à un procédé pareil pour le *tigris* de la mappemonde de Hereford. Le texte explique comment on peut tromper la tigresse quand on veut lui voler ses petits : il faut jeter un miroir vers la bête dès qu'elle engage la poursuite. L'animal sera totalement occupé par son image réfléchie et oubliera ses petits[106]. L'image accompagnant ce texte ne montre cependant qu'un quadrupède qui regarde derrière lui vers un arbre. Le thème de la tigresse et du miroir apparaît dans les *Bestiaria* de la seconde famille, mais Konrad Miller a déjà fait remarquer que la source la plus ancienne de l'anecdote est l'*Hexaemeron* d'Ambroise[107]. L'image de la tigresse sur la mappemonde a beaucoup en commun avec une miniature sur le folio 19r du manuscrit 22 de la Westminster Abbey Library qui représente l'anecdote entière : à gauche se trouve le voleur avec les petits, au milieu se trouve un arbre d'où pend un miroir et à droite se trouve la tigresse contemplant son image dans le miroir. Ce qu'on voit sur la mappemonde de Hereford n'est donc probablement qu'une partie d'une scène narrative pareille dont on a seulement copié la tigresse.

[101] Par exemple : J.-G. Arentzen, *Imago Mundi Cartographica*, p. 169 ; R. Lindemann, A new dating of the Ebstorf Mappamundi, in M. Pelletier (éd.), *Géographie du monde au Moyen Age et à la Renaissance*, Paris, 1989, p. 48 ; B. Hahn-Woernle, *Die Ebstorfer Weltkarte*, Ebstorf, 1987, p. 45.

[102] U. Ruberg, Die Tierwelt auf der Ebstorfer Weltkarte im Kontext mittelalterlicher Enzyklopädik, p. 330-333.

[103] Solinus, *Collectanea rerum memorabilium*, 40,10.

[104] Par exemple : *Cambridge, Fitzwilliam Museum*, MS. 254 (début XIIIe s.), f. 24 (mentionné par F. McCulloch, *Mediaeval Latin and French Bestiaries*, p. 98) ; *Londres, British Library*, MS. *Add.* 11283 (début XIIe s.), f. 5v ; *Oxford, Bodleian Library*, Douce 88 (XIIIe s.), f. 92v ; *Oxford, Bodleian Library*, MS. *e Musaeo* 136 (fin XIIIe s.), f. 24ra ; *Londres, Westminster Abbey Library*, MS. 22 (XIIIe s.), f. 25r (reproduit dans F. Porsia (éd.), *Liber monstrorum. Introduzione, edizione, versione e commento*, Bari, 1976, fig. IX) et *Paris, Bibl. nationale de France*, Ms. *lat.* 3630 (XIIIe s.), f. 78.

[105] Sur cette technique, voir : J. J. G. Alexander, *Medieval illuminators and their methods of work*, p. 50-51.

[106] « Tigris bestia : cum catulum suum captum percipit, concito cursu prosequitur cum catulo fugientem ; at ille, velocis equi cursu in fugam, properans speculum ei proicit et sic liber evadit. »

[107] K. Miller, *Die Herefordkarte*, p. 28. Cf. S. D. Westrem, *The Hereford map*, p. 74.

Certains animaux évoqués sur les mappemondes ne se retrouvent pas uniquement dans les *Bestiaria*, mais aussi dans les encyclopédies médiévales. Parmi les animaux nouveaux des *Bestiaria* de la seconde famille figure le *linx*. Pline et Solin mentionnent déjà cet animal dont l'urine se pétrifierait : le résultat est une pierre précieuse[108]. La même anecdote réapparaît sur la mappemonde de Hereford : « Linx videt per muros et mingit lapidem nigrum. » La mappemonde d'Ebstorf ne comporte pas de représentation du lynx, mais on peut lire dans les textes encadrants : « et respicere lincis natura est per lapidem vel murum. » L'image du lynx sur la mappemonde de Hereford montre un quadrupède avec une pierre sous le ventre. La source iconographique la plus évidente en est le *Bestiarium* de la seconde famille et, effectivement, l'image du lynx avec sa pierre sur la mappemonde de Hereford a beaucoup en commun avec une miniature sur le folio 7v du manuscrit *Douce* 88 (fin XIIIe s.) de la Bodleian Library à Oxford. Pline décrit déjà la vue exceptionnelle de l'animal en question[109], mais sans mentionner ses capacités de voir à travers des murs. Ce détail se retrouve pourtant dans plusieurs sources médiévales. Par exemple, dans le *Summarium Heinrici* (première moitié du XIIe siècle) on rencontre la capacité du lynx de transpercer des murs de sa vue : « Hic tam acute videt ut muros perspiciat[110]. » Une autre source médiévale rapportant le même détail est l'encyclopédie d'Alexandre Neckam (1157-1217). Selon cet auteur le lynx peut même voir à travers neuf murs : « Lynx acumine visus perspicui novem fertur parietes penetrare[111]. » Même si le thème du lynx se trouve déjà dans des sources classiques, les particularités de la représentation et de la description du lynx montrent que des sources médiévales entrent également en jeu.

Sur la mappemonde de Vercelli on voit en Afrique une autruche avec un cavalier sur le dos. L'animal a un fer à cheval dans le bec. Malheureusement le texte accompagnant est à peine lisible[112]. L'autruche se trouve parmi les animaux mentionnés par le *Physiologus*, mais il n'y est pas question d'un fer à cheval[113]. Certains *Bestiaria* contiennent par contre une miniature représentant l'autruche avec un fer à cheval dans le bec sans que le texte du *Bestiarium* donne lieu à cette représentation. Un exemple se trouve sur le folio 18v du manuscrit *Additional* 11283 (XIIe siècle) de la British Library[114]. Une explication de cette iconographie se trouve sur la mappemonde de Hereford qui ajoute à la description de l'*ostricius* : « ferrum comedit ». Ce détail n'a pourtant pas été repris dans l'image de l'animal. La remarque que l'autruche peut digérer presque tout objet se trouve déjà chez Pline[115], mais la mention du fer n'apparaît pas avant le *De naturis rerum* d'Alexandre Neckam :

[108] Solin, *Collectanea rerum memorabilium*, 2,38 ; Pline l'Ancien, *Naturalis historia*, 8,57.137 et 37,13.52.

[109] Pline l'Ancien, *Naturalis historia*, 28,32.122.

[110] *Summarium Heinrici*, III,xi, R. Hildebrandt (éd.), *Summarium Heinrici. Band 1 : Textkritische Ausgabe der ersten Fassung (Buch I-X)*, Berlin-New York, 1974, p. 148.

[111] Alexandre Neckam, *De naturis rerum*, II,138, Th. Wright (éd.), *Alexandri Neckam. De naturis rerum libri duo ; De laudibus divinae sapientiae*, reprod. Nendeln, 1967, p. 219.

[112] C. F. Capello (*Il mappamundo medioevale di Vercelli*, p. 110) lit : « philipp(us) rex f(ra)ncie. »

[113] Cf. N. Henkel, *Studien zum Physiologus im Mittelalter*, p. 189-200.

[114] Des exemples plus tardifs : *Paris, Bibliothèque nationale de France*, MS. *lat.* 3638A (XIIIe s.), f. 29 ; *Canterbury, Cathedral Library*, MS. Lit. D 20 (XIIIe-XIVe s.), f. 131. Cf. McCulloch : pl. VI,3.

[115] Pline l'Ancien, *Naturalis historia*, 10,1.1-2.

Quid quod ferri duritia a virtute struthionis digestiva superatur ? Quid quod hypocrita corda etiam ferrea ad favorem sui conciliat[116] ?

Plus tard, au XIIIe siècle, Thomas de Cantimpré (1201-1263/72) dit dans son *Liber de natura rerum* que c'est grâce à sa nature chaude que l'*ostricus* est capable de digérer le fer[117].

D'autres particularités des mappemondes en question peuvent être expliquées à l'aide d'images et de textes qui ont d'autres sources que les *Bestiaria*. Le *marsok* dépeint en Asie sur la mappemonde de Hereford ne peut être retracé dans aucun texte médiéval. Selon la légende qui accompagne l'image, le *marsok* est un animal transmuté et effectivement, l'animal a quatre pattes différentes : une griffe de lion, une palmure d'oiseau, un pied fourchu et un pied humain. Un monstre très semblable se trouve sur un portail du XIIIe siècle de la cathédrale de Worms en Allemagne. Cette sculpture représente *Ecclesia* montée sur un animal composite à quatre têtes et, tout comme le *marsok*, avec quatre pattes différentes. L'animal composite de Worms est le *tétramorphe* : un animal qui se compose des symboles des quatre évangélistes (un bœuf, un homme, un ange et un lion)[118]. Il n'est pas très vraisemblable qu'il y ait un lien de dépendance entre le *marsok* sur la mappemonde anglaise et cette sculpture allemande. L'exemple iconographique d'un animal à quatre pattes différentes a dû circuler dans l'Europe médiévale sans que l'inspiration puisse en être rattachée à une tradition textuelle bien déterminée[119].

Le *pellicanus* sur la mappemonde Hereford n'est pas accompagné d'un texte descriptif, mais par une sorte de devise qui ne provient pas des *Bestiaria* : « Pellicanus dicor. Pro pullis scindo michi cor. » Une glose exactement pareille accompagne l'image du *pellicanus* dans un manuscrit du début du XIVe siècle en possession de la Bayerische Staatsbibliothek (Clm 2655) contenant le *Liber de natura rerum* de Thomas de Cantimpré et provenant de l'abbaye cistercienne de Aldersbach en Bavière. Après le texte de Thomas de Cantimpré suit un traité illustré qui reproduit partiellement le *Physiologus* (f. 95-104). En bas du folio 101v on peut lire la glose suivante :

Pellicanus dicor pro pullis scindo mihi cor
A casu testamenti salvatur homo uere Christi.

Le manuscrit en question est plus jeune que la mappemonde de Hereford et ne peut pas en être la source. Cependant, il est clair que le contenu de cette mappemonde reproduit le même genre de commentaires médiévaux dont témoigne le *Physiologus* de l'abbaye d'Aldersbach.

116 Alexandre Neckam, *De naturis rerum*, II,50, Th. Wright (éd.), *Alexandri Neckam. De naturis rerum libri duo ; De laudibus divinae sapientiae*, p. 101.

117 « Ferrum comedit et digerit, quia calidissime nature est. » Thomas de Cantimpré, *Liber de natura rerum*, 5,110,39, H. Boese (éd.), *Thomas Cantimpratensis, Liber de natura rerum. Editio princeps secundum codices manuscriptos*, Berlin-New York, 1973, p. 226.

118 Je dois cette identification à David Woodward. Je lui suis reconnaissante de sa générosité.

119 Ce n'est pas la seule correspondance entre la cartographie médiévale et les sculptures des portails d'église. D. Lecoq, Le temps et l'intemporel sur quelques représentations médiévales du monde au XIIe et au XIIIe siècles, in B. Ribémont (éd.), *Le Temps, sa mesure et sa perception au Moyen Age. (Actes du Colloque Orléans 12-13 avril 1991)*, Caen, 1992, p. 113-149, pl. 11 et 12) a déjà fait remarquer qu'il existe des parallèles surprenants entre la représentation du Jugement Dernier sur la mappemonde de Hereford et un tympan du portail central de la cathédrale Notre-Dame de Paris.

Les exemples cités ci-dessus indiquent que les mappemondes médiévales incorporent des thèmes et des anecdotes sur les animaux dont l'origine remonte à l'Antiquité romaine. Cependant, des exemples comme l'*eale* et le *parandrus*, cités ci-dessus, montrent que les cartographes ont trouvé leur matière dans des sources médiévales. Les mappemondes du XIIIe siècle ne réfèrent donc pas à la culture antique, mais aux connotations et aux interprétations rattachées aux sciences antiques par la tradition médiévale. Le contenu des mappemondes médiévales ne deviendra fonctionnel qu'en rapport avec le contexte médiéval. L'occurrence de certains thèmes des mappemondes dans d'autres manifestations culturelles pourra nous renseigner sur le statut et la fonction de ces thèmes. Au Moyen Âge l'étude des animaux ne se limite pas à la seule description : ce qui importait, c'était la signification morale ou allégorique qu'on y pouvait associer. La signification spirituelle est une partie constituante du *Physiologus*, des *Bestiaria* et des encyclopédies. Au chapitre suivant j'analyserai la façon dont cette pratique de rattacher des significations spirituelles aux phénomènes naturels s'applique à la cartographie médiévale.

Les cartes du monde des XIVe-XVIe siècles

Wilma George a déjà fait remarquer qu'après le début du XIVe siècle la présence des animaux dans la cartographie devient de moins en moins importante[120]. Il est vrai que les cartes portulans se limitent à donner l'image d'un animal typique d'une certaine région. C'est ainsi que le perroquet, le chameau, l'autruche et l'éléphant fonctionnent comme des vignettes de l'Afrique[121], tandis que les gerfauts, les faucons et les ours blancs caractérisent le Nord[122]. Il n'est pourtant pas question ici d'un empirisme *stricto sensu*, car sur les portulans on retrouve toujours des renseignements sur les animaux provenant de sources purement livresques. Par exemple, le portulan de Dulcert (1339), ainsi que l'Atlas Catalan de 1375 mentionnent des arbres en Irlande où poussent des oies au lieu de fruits[123]. Cette anecdote sur l'oie appellée *bernace* est originaire de la *Topographica hibernica* (I,15) de Girauld de Barry et elle était ensuite répétée dans le *Bestiaire* (II,216) de Pierre de Beauvais, ainsi que dans le *De naturis rerum* (I,48 : « bernekke ») d'Alexandre Neckam[124]. Tout comme les *mappae mundi* médiévales, le portulan de Dulcert (1339), l'Atlas Catalan de 1375 et la mappemonde catalane de Modène (XVe siècle)

[120] W. GEORGE, *Animals and maps*, p. 42.

[121] Cf. la carte de Dulcert (1339) : « EGIPTVS. Nota que Egipto habet deserta mala in quibus sunt multa animalia monstruosa. Ibi pardi, tigrides, basilischi, aspides et serpentes oribiles et elefantes. »

[122] Voir par exemple la carte Dulcert (1339) dans le Nord : « Hic sunt g(ran ?) falcos » ; « Hic sunt ursi albi » ; l'Atlas Catalan de 1375 : « Aquesta regió de Nuruega (...) moltes feres hi ha, aço és, cervos, orsos blanchs e grifalts » ; et plus vers l'Est sur la même carte : « En aquestes illes nexen molt bons grifalts e falcons (...) ». (Sur les deux cartes avec images) ; et sur la mappemonde catalane de Modène (XVe siècle) : « In aquestas illes nexen molt bons grifaus e faucons (...) ».

[123] Le portulan de Dulcert (1339) : « Insula in qua sunt arbores quibus auis portant et sic(ut) papones maturant » (sans image). L'Atlas Catalan (1375) : « Encara més, hi a arbres als quals auçels hi són portats axí con a figa madura » (sans image).

[124] Pour ces détails voir : F. MCCULLOCH, *Mediaeval Latin and French bestiaries*, p. 198-199.

insistent sur l'absence de serpents en Irlande[125]. Le fragment d'une mappemonde catalane du XIVe siècle au musée Top Kapu Saray à Istanbul et la carte de Mecia de Viladestes (1413)[126] mentionnent les chiens extrêmement forts dans les régions septentrionales qui attaquent même des éléphants et d'autres animaux de grande taille. Ces chiens figurent déjà sur les mappemondes circulaires des siècles antérieurs. Le phénix, finalement, est mentionné sur l'Atlas Catalan de 1375 dans le texte sur la « ragina Sebba » (la reine de Saba).

Au XVe siècle ce sont surtout les cartes circulaires représentant le monde entier qui incorporent des animaux fabuleux et parfois même des anecdotes qui prennent leur origine dans les *Bestiaria*. La mappemonde d'Andreas Walsperger (1448) comporte peu d'images, mais on y trouve quand même des renseignements sur la naissance étrange des oies en l'Irlande (« In Ibernia aves fiunt in arboribus »). Sur la partie de la carte représentant l'Inde se trouvent des légendes brèves sur les fourmis grandes comme des chiens (« Formicae in quantitate canum ») ainsi que sur les dragons (« Hic sunt Gigantes pugnantes cum draconibus »).

La mappemonde circulaire gravée sur une plaque de cuivre conservée à la Biblioteca Apostolica Vaticana offre des indices frappants de la persistance de la tradition antérieure. Tout comme les *mappae mundi* circulaires des XIIe et XIIIe siècles cette carte mentionne que l'Albania produit des chiens forts (« Albania magna, hic canes fortiores leonibus »). Dans les forêts de l'Europe centrale se trouve l'image d'un cerf dont le texte explicatif nous informe sur les rapports particuliers qu'entretiendrait cet animal avec les serpents (« Ert quando pressatur a canibus bibit aquam per os serpentem super eos emittit »). C'est une variante de l'anecdote du *Physiologus* où le cerf répand de l'eau sur le repaire du serpent qu'il chasse ensuite avec son haleine[127]. Sur la même carte le Nord-Est est décrit comme une région impénétrable à cause des fauves (« montes yperborei in quibus griffones et tigres inabitant »). Et effectivement, à cet endroit se trouvent des images représentant une panthère, un griffon, un lion et un tigre. Surtout cette dernière image est frappante, car le tigre regarde dans un miroir : c'est l'anecdote des *Bestiaria* dont il a déjà été question. Un texte décrit les grands serpents de l'Inde qui peuvent dévorer un bœuf entier (« India superior (...) et sunt etiam serpentes tante magnitudines quod unum bovem comedunt integrum »). Ceci rappelle les serpents qui dévorent un cerf entier mentionnés déjà par Honorius Augustodunensis et sur la mappemonde d'Ebstorf. En Égypte se trouve l'image du phénix avec un texte accompagnant : « Fenis in orbe solus pulcherrimus solitarius avis se in igne aromatico comburitur et in triduo de ejus cinere recreatur. » L'intérieur de l'Afrique

[125] La légende sur la carte de Dulcert (1339) est fragmentaire, mais on y peut toujours lire : « ... nulo est serpens nula rana nula aran(ea) venenosa... » Sur l'Atlas Catalan de 1375 : « No y a neguna serpent ne naguna granota ne naguna aranya verinossa, abans tota la terra és contrariosa a tota bístia verinossa. » Sur la mappemonde de Modène (XVe siècle) : « ... in esta illa noananguna serpent nebestia verinosa. »

[126] La légende est fragmentaire : « en aquest desers ha axi grans cans e forts de cors de cor et axi (...) com a totos e fan batala ab los leons (...) maten e lo libre de alexandri di que li son tarames (...) albanes e somes en batala ab y leo et ab i proch (...) e ab un elefant e en mens detems (...). »

[127] Cf. N. HENKEL, *Studien zum Physiologus im Mittelalter*, p. 186-187. Sur le cerf et les serpents, voir : M. BATH, The serpent eating stag in the Renaissance, in C. Bianciotto (et al.) (éd.), *Epopée animale, fable, fabliau. Actes du IVe Colloque de la Société internationale renardienne (Évreux 1981)*, Paris, 1984, p. 55-69 ; *idem*, *The image of the stag. Iconographic themes in Western art*, Baden Baden, 1992. Dans sa *Descriptio mappe mundi* Hugues de Saint-Victor mentionne les cerfs qui dévorent les serpents ; cf. le chapitre IV (p. 150).

fourmille de fauves, de serpents et de dragons. Cette carte a également des éléments en commun avec les cartes portulans, comme, par exemple, la mention des ours et des faucons dans le nord de l'Europe.

Il est vrai que vers le XVe siècle certains cartographes expriment des doutes sur l'existence des animaux légendaires. Un des premiers représentants de cette attitude est Fra Mauro qui remarque sur sa mappemonde (1460) :

> Alguni scriueno che in questi Indie sono molte diuersità de monstri sì de homeni come de animali, ma perchè a questo cosse pochi dano fede qui non ne façо nota, saluo che pur à certo de alguni animali, come sono serpe le qual se dice hauer vij teste. Ancora de qui sono formige grandissime e quasi che qui dir non ardisco pareno cani. Questo può esser che'l sia specie de animali che sia simile a le formige[128].

Cependant dans la légende sur l'Irlande Fra Mauro recommande au lecteur désirant en savoir plus sur les *mirabilia* de lire les textes de Solin, de Pomponius Mela, d'Albert le Grand, de Thomas d'Aquin, d'Aristote et de Pline[129]. De la même façon, malgré sa remarque de ne pas vouloir s'occuper d'affabulations, Fra Mauro mentionne en Afrique des « animali monstruosi, zoè serpenti, dragoni, basillischi et altre nouità le qual dir non posso », et en Inde il mentionne les grands serpents du Gange (« maximamente anguile ») et l' « euchrota uelocissima de tuti li animali[130] ». En Arabia il décrit longuement le phénix[131] et dans le Nord près de la ville de Here il mentionne des dragons qui ont dans le front une gemme pouvant guérir les maladies[132]. Ce dernier détail est originaire de l'*Historia naturalis* (8,32.78) de Pline l'Ancien où c'est le serpent *basiliscus* qui porte une tache blanche au front qui ressemble à un diadème. Il faut aussi nommer ici l'oiseau *chrocho* dont des marins auraient trouvé l'œuf près du Cauo de diab (le cap de

[128] Pour l'attitude critique de Fra Mauro envers les *auctores*, voir le chapitre III (p. 107). Selon les textes sur la carte de l'école de Fra Mauro au Vatican, le cartographe a omis des images et descriptions des merveilles du monde par crainte d'être trop prolixe et par manque de place : « Nota che In questa asia magiore sonno molti regni et molte prouintie lequal non ho facto molto discriptione per non esser proliso (...) et similiter m'e conuenuto lasar le nouita li costumi et conditioni de popoli et magnificientie et potentie de segnori et gran diuersita de animali. » ; et : « Perche sonno alcuni Cosmografi et dottissimi homeni liquali seruieno che jn questa africa et massime nelle maurittanie esser li molti mostui (= monstri) cosi homeni como animali E per non ocupare le cose de piu jnportanita non li ho fatti jn figura e perc(he) mi para douer el mio parere. »

[129] « (...) e queli che de questo cosse mirabile e de altre monstruose desiderano esser copiosi, leçano Julio Solin polistoro, Pomponio Mela, sancto Agustino, Alberto Magno, sancto Thomaso de Aquin nel libro contra i curiosi, item le Metaure d'Aristotile e Plinio de le meraueie del mondo e uederano che de mile cosse non ne ho dite una. »

[130] Pline l'Ancien (*Naturalis historia*, 8,30.72) mentionne déjà cet animal (*leucrocota*) et il réapparaît dans l'*Imago mundi*, I,12 de Honorius Augustodunensis (ici : *ceucrota*) et ensuite comme la *leucrota* dans les *Bestiaria*. Cf. *Cambridge, University Library*, MS Ii.4.26, f. 14v, cf. M. R. James, *The Bestiary* : « In India nascitur bestia nomine leucrota. Que uelocitate precedit feras uniuersas. »

[131] « Nota che in questa arabia apar la fenice, la qual secondo che dice Iulio Solin è de grandeça d'aquila et ha la testa adornata de piume de mirabili e uarij colori in modo de cresta, e circa el colo è de color aureo e le ale e la coda e'l resto de le sue penne sono de color purpureo e roseo e altri infiniti colori. »

[132] « In le montagne de la citade de here sono dragi assai, i qual hano una piera in fronte uirtuosa a molte infirmitade (...). »

Bonne espérance). Fra Mauro affirme que cet oiseau est capable de porter un éléphant en l'air[133]. Il a dû trouver cette dernière anecdote dans le compte rendu des voyages de Marco Polo[134].

Après le xve siècle l'influence des *Bestiaria* sur les animaux sur les cartes ne se fait presque plus sentir. Ceci n'implique pourtant pas que les cartes des xvie et xviie siècles reproduisent uniquement des connaissances empiriques sur les animaux, car des animaux légendaires comme l'unicorne[135], le dragon[136] et l'oiseau de paradis[137] continuent à paraître dans la cartographie. Ce sont en premier lieu certains portulans de la Méditerranée qui perpétuent la tradition des animaux légendaires aux xvie et xviie siècles, comme, par exemple, l'Atlas Miller (1519) où, sur la carte de l'Orient (page 10-11), figurent un griffon et un dragon ailé. Un autre exemple est le portulan de la Méditerranée par Matheus Prunes datant de 1586 où de nombreux animaux sont dépeints en Afrique, parmi lesquels un unicorne, un dragon, un basilic et un cerf qui se penche sur des serpents. L'iconographie du basilic, un coq à la queue de serpent, est basée sur des exemples médiévaux[138]. L'anecdote du cerf qui fait sortir les serpents de leur repaire par son haleine se retrouve déjà dans les textes de Pline[139] et d'Isidore de Séville[140], mais l'illustration provient des *Bestiaria*. Les exemples les plus tardifs de portulans montrant des animaux légendaires que j'ai pu identifier sont deux portulans de la Méditerranée faits par Francesco Oliva, datant de 1603 et de 1611. Sur ces deux portulans le Nord de l'Afrique abonde en animaux, parmi lesquels l'unicorne.

Malgré leurs fondements mathématiques, les cartes à projection continuent toujours à incorporer des animaux légendaires. Certes, sur ces cartes on rencontre des images très exactes des animaux de la terre neuve, comme, par exemple l'opossum[141], le tatou[142] et le fourmilier[143], mais les animaux appartenant au répertoire traditionnel continuent à paraître. Par exemple, sur sa carte du monde de 1507 Martin Waldseemüller mentionne les chiens féroces dans le Nord (« Hic reperiuntur canes maximi et ferocissimi ») ainsi que les serpents énormes du Gange (« Hic sunt colubri .10. p. longitudine »). Le *draco* en Afrique est décrit dans un cartouche : « Draco alatus mire magnitudinis uolans occidit cum cauda elephantes et tigrides. » Cette description s'apparente à celles fournies par des textes datant de l'Antiquité romaine : Pline décrit

133 « E acostandose la naue a le riue per suo bisogno, i marinari uedeno uno ouo de uno oselo nominato chrocho, el qual ouo era de la grandeça de una bota d'anfora, e la grandeça de l'oselo era tanta che da uno piço de l'ala a l'altro se dice esser 60 passa, e con gran facilità lieua uno elefante e ogni altro grando animal e fa gran dano a li habitanti del paexe et è uelocissimo nel suo uolar. »

134 J'y reviendrai ci-dessous dans la discussion des animaux sur la carte du monde de Cabot.

135 Cf. W. George, *Animals and maps*, p. 137-139.

136 Cf. W. George, *op. cit.*, p. 154-158.

137 Cf. W. George, *op. cit.*, p. 197-182.

138 Cf. F. McCulloch, *Mediaeval Latin and French Bestiaries*, p. 199-200 : Élien (iii.87) mentionne déjà la progéniture d'un coq et du basilisc, mais la première image d'un monstre mi-coq et mi-serpent se trouve chez Pierre de Beauvais.

139 Pline l'Ancien, *Naturalis historia*, 8.50.118.

140 Isidore de Séville, *Etymologiae*, XII.i.18. Selon Isidore les cerfs se guérissent en mangeant ensuite les serpents.

141 Premièrement sur la *Carta marina* (1516) de Martin Waldseemüller. Cf. W. George, *Animals and maps*, p. 60-62.

142 Cf. W. George, *op. cit.*, p. 69.

143 Cf. W. George, *op. cit.*, p. 71-76.

le combat entre l'éléphant et les serpents[144] et Solin mentionne déjà le dragon[145], mais Isidore de Séville est le premier à décrire le dragon volant avec exactement les mêmes détails[146].

Sur sa carte du monde de 1544 Sebastien Cabot dépeint un unicorne en Asie ainsi qu'un basilisc et un dragon en Afrique. Comme je l'ai fait remarquer ci-dessus, l'image du basilisc comme coq à queue de serpent remonte à des exemples médiévaux. Le dragon est accompagné du même texte en latin que l'on trouve sur la mappemonde de 1507 de Martin Waldseemüller. Parmi les îles de l'océan indien Cabot cite l'île Rocos où vivent des oiseaux énormes qui peuvent porter un bœuf ou un navire en l'air[147]. Le cartographe lui-même renvoie au *De remediis utriusque fortunae* de Pétrarque (1304-1374) comme source pour cet oiseau, mais l'anecdote est pourtant plus ancienne. C'est Marco Polo qui semble être le premier voyageur européen à mentionner l'oiseau *ruc* :

> (...) dient les homes que la se treuves des oisiaus grifon. E dient que celz oisiaus hi aparurent certes estaisonz de l'an ; (...) mes voç di que il dient, celz que le ont veu, que il fait tout droitmant come l'aigle, mes il dient qu'il est demisoreemant grant. (...) Il dient que il est si grant et si poisant que il prenent l'alifant et l'enporte en l'air bien aut ; puis le laise ceoir en tere, si que le lofant se desfait tuit (...). Celz e celles ysles l'apellent ruc et ne l'apellent por autre nom e ne sevent que soit grif-fon (...)[148].

A son tour, le Vénitien a dû connaître le détail sur l'éléphant par le moyen des *Bestiaria* médiévaux, car au début du XIIIe siècle Pierre de Beauvais remarquait déjà que le griffon peut porter un bœuf ou un autre grand animal en l'air[149]. Le ruc réapparaît souvent sur les cartes du monde jusqu'au début du XVIIe siècle. Parmi les exemples on peut citer la carte du monde (1569) de Mercator[150] ainsi que celle de Jodocus Hondius de 1595/1596 où se trouvent sur le continent austral un griffon ainsi qu'un ruc portant un éléphant en l'air. Ici la source est probablement Marco Polo, car c'est le Vénitien qui parle d'un éléphant au lieu d'un bœuf et qui fait remarquer que l'oiseau ressemble à un aigle. Un exemple encore plus tardif est la carte du monde (1609) de Pieter van der Keere déjà mentionnée : sur le continent austral se trouve l'image d'un oiseau emportant un éléphant.

144 Pline l'Ancien, *Naturalis historia*, 8,11.32-33.

145 Solinus, *Collectanea rerum memorabilium*, 30,15.

146 Isidore de Séville, *Etymologiae*, XII,iv,4-5.

147 « En estas islas Rocos aues de tal grandeza (segun dizen) y fuerça, que tomam un boy y lo traien uolando para comer, y mas dizen que tomam un batel par grande que sea y lo leuantan en grande altura, y despues lo dexan caer, y comense los hombres y el Petrarcha semeiamente lo dize en su libro de prospera, y aduersa fortuna. »

148 Marco Polo, *Le devisement du monde*, c. CXCI, G. Ronchi (éd.), *Marco Polo, Il milione ; Le divisament dou monde*, Milan, 1982, p. 594-596. Voir aussi la version latine (*Marco Polo, Itinerarium, Anvers, 1485*, reprod. Tokyo, 1949), l. III, c. xl : « De auibus maximis que dicuntur Ruch. » R. Wittkower ('Roc'. An Eastern prodigy in a Dutch engraving, in R. Wittkower, *Allegory and the migration of symbols*, s. l., 1977, p. 94-95) renvoit aux deux grands textes épiques en sanksrit, le *Mahabharata* et le *Ramayana*, où il est question de l'oiseau Garuda qui porte, lui aussi, un éléphant dans l'air. Le nom « rukh » ou « roc » semble dériver du nom Perse pour un oiseau mythique « simurgh ».

149 Voir ci-dessus (p. 190).

150 « Los Romeros insulae in quibus Ruc avis vasto corpore certo anni tempore apparaet. Marcus Paulus Venetus : lib : 3, cap : 40. » Pour les animaux sur les cartes de l'*Atlas* de Mercator, voir : M. Mund-Dopchie, De antieke fabelwereld, in M. Watelet (éd.), *Gerardus Mercator Rupelmundus*, Anvers, 1994, p. 23-29.

De nombreux animaux sont dépeints sur la mappemonde de Guillaume le Testu datant de 1566, parmi lesquels plusieurs dragons. Mais ce qui est plus intéressant sur cette carte, c'est l'image de l'oiseau de paradis (« paradisea avis »), curieusement localisé dans le Nord. L'oiseau de paradis est un oiseau véritablement existant avec un plumage très engageant. La légende veut que cet oiseau naisse dans le paradis terrestre et qu'il vive dans l'air puisqu'il n'a pas de pattes pour se poser sur terre. Cet animal légendaire figure pour la première fois sur la mappemonde de Guillaume le Testu[151], et réapparaît sur un grand nombre de cartes du monde des XVIe et XVIIe siècles, ainsi que sur une image illustrant les textes encadrant la carte du monde de Blaeu (ca. 1607). Il faut pourtant remarquer que le début du XVIIe siècle marque également la fin de cette légende. Dans les textes accompagnant sa carte de l'Asie de 1608 Blaeu caractérise comme fabuleuse la légende musulmane selon laquelle l'oiseau de paradis (« Manucodiata ») aurait son origine dans le paradis terrestre.

Les cartes du monde du XVIe siècle bannissent progressivement les animaux légendaires de leur surface. Souvent ces animaux légendaires sont positionnés sur le continent austral, comme par exemple sur la carte du monde de Giacomo Gastaldi (ca. 1561) et sur les cartes du monde de Jodocus Hondius (1595/1596) et de Pieter van den Keere (1609). Vers le milieu du XVIIe siècle on ne rencontre qu'un seul dragon sur la carte du monde de Blaeu de 1646. Les textes autour de la même carte mentionnent cependant toujours l'unicorne dans la description de l'île de Sumatra. Quelques animaux légendaires survivent dans les représentations des quatre éléments et des quatre continents encadrant de nombreuses cartes du monde du XVIIe siècle. Par exemple, sur la mappemonde de Petrus Plancius de 1594 la personnification de l'Asie est accompagnée d'un oiseau de paradis ainsi que d'un unicorne ; Magelania est également accompagnée d'un oiseau de paradis. Encore sur la mappemonde de Blaeu de 1646 la personnification de l'élément air est accompagnée d'un oiseau de paradis et d'un caméléon[152]. L'oiseau de paradis vit toujours en l'air, mais le rapport entre le caméléon et l'air est moins évident. La réponse se trouve dans la *Naturalis historia* (8,51.33) de Pline qui évoque déjà comme particularité de cet animal qu'il se nourrit d'air. La personnification du feu est accompagnée d'un dragon qui crache du feu et d'un reptile entouré de flammes. La source de ce dernier animal est probablement Isidore de Séville qui fait remarquer que le serpent *prester* crache du venin brûlant (*Etymologiae*, XII,iv,16). Pline mentionne déjà que la salamandre éteint le feu[153], mais Isidore est le premier à

[151] Cf. W. GEORGE, *Animals and maps*, p. 197-182. Sur l'oiseau de paradis en général, voir : W. GEORGE, Sources and backgrounds to discoveries of new animals in the sixteenth and seventeenth centuries, in *History of science*, t. 18, 1980, p. 92-94 ; EAD., Zoological collections in the seventeenth century, in O. Impey, A. MacGregor (éd.), *The origins of museums. The cabinet of curiosities in sixteenth- and seventeenth-century Europe*, Oxford, 1985, p. 184 ; W. HARMS, On natural history and emblematics in the 16th Century, in J. S. Ackerman (éd.), *The natural sciences and the arts. Aspects of interaction from the Renaissance to the 20th century. An international symposium*, Uppsala, 1985, p. 67-69.

[152] Sur les représentations des éléments autour de cette carte, voir G. I. SMIT, Kunst op de kaart, in *De wereld volgens Blaeu. Blaeu's wereldkaart op groot formaat uit 1646*, 1986, p. 39-46. Pour les représentations des animaux et des peuples sur la carte proprement dite, voir : F. WIERINGA, De versierde wereld, in *De wereld volgens Blaeu. Blaeu's wereldkaart op groot formaat uit 1646*, Rotterdam, 1986, p. 30-38.

[153] PLINE L'ANCIEN, *Naturalis historia*, 29.23.76.

rapporter que la salamandre vit au milieu des flammes[154]. Il est vrai que tous ces animaux légendaires cités ici sont déjà mentionnés dans des sources classiques, mais leur classification selon les quatre éléments est médiévale[155]. Je reviendrai sur ce sujet au chapitre VI.

Bref, des animaux légendaires continuent à paraître sur les cartes du monde, dans certains cas même jusqu'au XVIIe siècle. Vers la Renaissance les cartographes se baseront de plus en plus sur des sources classiques, mais cependant des animaux provenant du légendaire médiéval se retrouvent toujours sur certaines cartes du monde du XVIe et parfois même du début du XVIIe siècle. Un exemple illustratif est l'oiseau ruc dont l'anecdote s'enracine dans la tradition des *Bestiaria* et pour lequel les cartographes se basent sur les comptes rendus des voyages de Marco Polo. La présence et la fonction des animaux légendaires ne s'expliquent que par rapport au contexte. Aux XVIe et XVIIe siècles les animaux légendaires n'apparaissent pas uniquement dans la cartographie. Ils continuent à paraître dans les études d'histoire naturelle et dans les livres d'emblèmes[156]. Des animaux comme l'oiseau de paradis et l'unicorne, dont la présence sur les cartes du monde est si notoire, se retrouvent également dans les « studioli » ou « Kunst- und Wunderkammern »[157]. J'y reviendrai au chapitre VI.

2. Le monde et ses habitants : les peuples monstrueux

Les mappemondes des XIIe-XIIIe siècles

Parmi les aspects fascinants des cartes du monde anciennes comptent surtout les images des êtres humains bizarres comme, par exemple, des hommes à pied d'ombrelle, ou des hommes sans tête[158]. L'emploi du terme peuples monstrueux se fait par analogie avec l'expression anglaise

[154] Isidore de Séville, *Etymologiae*, XII,iv,36. Pour la salamandre et le feu, voir aussi : M. Salvat, Les animaux qui ne vivent chacun que d'un seul élément, in D. Buschinger, A. Crepin (éd.), *Les quatre éléments dans la culture médiévale. Actes du colloque des 25, 26 et 27 mars 1982*, Göppingen, 1983, p. 287-297, p. 292-294.

[155] Selon M. Salvat (*art. cit.)* le symbolisme des quatre créatures et les quatre éléments date du XIIIe siècle. A cette époque ce sont surtout le caméléon (l'air), la salamandre (le feu), la taupe (la terre) et le hareng, parfois la grenouille (l'eau).

[156] Cf. D. Hassig, *Medieval Bestiaries. Text, image, ideology*, p. 180-181. Une étude générale sur les études d'histoire naturelle aux XVIe et XVIIe siècles est L. Pinon, *Livres de zoologie de la Renaissance, une anthologie (1450-1750)*, Paris, 1995. W. B. Ashworth (Natural history and the emblematic world view, in D. C. Lindberg, R. S. Westman (éd.), *Reappraisals of the scientific revolution*, Cambridge, 1990, p. 312-313) s'oppose à l'idée d'une survivance de la tradition médiévale dans les livres d'emblèmes. Cependant le hérisson qui recueille des raisins sur ses épines ainsi que l'hyène qui ouvre des tombeaux afin de se nourrir des corps (les deux dans le livre d'emblèmes de Joachim Camerarius, 1534-1598) appartiennent indubitablement à la tradition médiévale du *Physiologus* et des *Bestiaria*.

[157] Cf. L. Salerno, Arte, scienza e collezioni nel Manierismo, in *Scritti di storia dell'arte in onore di Mario Salmi*, Rome, 1963, t. 3, p. 197 ; J. von Schlosser, *Die Kunst- und Wunderkammern der Spätrenaissance*, 2e édition, Braunschweig, 1978, p. 43 ; W. George, *Animals and maps*, p. 181 ; A. Schnapper, *Le géant, la licorne et la tulipe. Collections et collectionneurs dans la France du XVIIe siècle*, Paris, 1988, p. 80-82, 84-85, 86-94 ; C. Jacob, *L'empire des cartes*, p. 224 ; K. Van Berkel, Citaten uit het boek der natuur. Zeventiende-eeuwse Nederlandse Naturaliënkabinetten en de ontwikkeling van de natuurwetenschap, in E. Bergvelt, R. Kistemaker (et al.) (éd.), *De wereld binnen handbereik. Nederlandse kunst- en rariteitenverzamelingen, 1585-1735*, Zwolle, 1992, p. 178.

[158] Un survol des peuples monstrueux dans la cartographie médiévale dans : J. B. Friedman, *The monstrous races in Medieval art and thought*, Cambridge Mass, 1981, p. 37-58 ; R. Simek, *Erde und Kosmos im Mittelalter. Das*

« monstrous races », utilisée pour indiquer des races humaines caractérisées par un physique difforme et/ou par des mœurs étranges[159].

Dans le passé la critique a toujours considéré la mappemonde de Beatus de Liébana comme la carte dont le contenu a servi d'exemple à la série de monstres au sud caractérisant les mappemondes circulaires du XIIIe siècle. Pendant très longtemps on a tenu la carte de Burgo de Osma (1086) pour une copie de l'archétype fait par Beatus lui-même[160]. Sur le continent austral se trouve l'image d'un sciapode : un être humain bizarre qui n'a qu'un seul pied avec lequel il se protège contre le soleil brûlant. Le texte en exergue signale également la vitesse étonnante de cette créature[161]. Une description pareille, mais des antipodes, se retrouve sur le fragment d'une mappemonde de Béatus à Lisbonne (1189)[162] et l'image d'un sciapode orne l'encadrement d'un autre exemplaire conservé à Paris (fin du XIIe siècle)[163]. Selon Anna-Dorothee von den Brincken et Rudolf Simek les cartographes du XIIIe siècle auraient tout simplement déplacé le continent austral des mappemondes de Beatus vers la partie méridionale de l'Afrique[164]. Au chapitre IV j'ai déjà renvoyé à la théorie, insoutenable d'ailleurs, selon laquelle la bande étroite au-delà du Nil représentée sur certaines mappemondes serait une représentation

Weltbild vor Kolumbus, Munich, 1992, p. 105-123 ; M. MÜNKLER, Experiencing strangeness. Monstrous peoples on the edge of the earth as depicted on medieval mappae mundi. Des remarques intéressantes sur la topographie du merveilleux dans : L. DASTON, K. PARK, *Wonders and the order of nature*, p. 21-66. Des observations très utiles sur la géographie et l'ethnographie au haut Moyen Âge dans : F. MÜTTERLICH, Geographische und Ethnographische Darstellungen in der Buchmalerei des frühen Mittelalters, in *Settimane di studi sull'alto medioevo XXIX. Popoli e paesi nella cultura altomedievale (23-29 aprile 1981)*, Spoleto, 1983, p. 709-744 ; N. R. KLINE, *Maps of medieval thought. The Hereford paradigm*, p. 146-164 (sur la mappemonde de Hereford).

[159] Sur les monstres voir surtout : R. WITTKOWER, Marvels of the east. A study in the history of monsters ; C. KAPPLER, *Monstres, démons et merveilles à la fin du Moyen Âge*, p. 207-253 (avec une typologie aux p. 115-172 ; J. B. FRIEDMAN, *op. cit.* ; C. LECOUTEUX, *Les monstres dans la littérature allemande du Moyen Age. Contribution à l'étude du merveilleux médiéval*, Göppingen, 1982 ; ID., *Les monstres dans la pensée médiévale*, Paris, 1993 ; A.ORCHARD, *Pride and prodigies. Studies in the monsters of the Beowulf-manuscript*, Cambridge, 1995 ; K. OLSEN, L. A. R. J. HOUWEN (éd.), *Monsters and the monstrous in medieval northwest Europe*, Louvain, 2001. C. LECOUTEUX (*Les monstres dans la littérature allemande du Moyen Age*) donne un dictionnaire des races monstrueuses avec leurs origines et leurs attestations médiévales. Pour les antipodes du Moyen Âge jusqu'à l'époque des lumières, voir V. I. J. FLINT, Monsters and the antipodes in the early Middle Ages and Enlightenment, in *Viator*, t. 15, 1984, p. 65-80. Pour la tradition des cynocephales de l'Antiquité au Moyen Âge, voir C. LECOUTEUX, Les Cynocéphales. Étude d'une tradition tératologique de l'Antiquité au XIIe siècle, in *Cahiers de civilisation médiévale*, t. 24, 1981, p. 117-128.

[160] Sur l'attribution de cette carte voir aussi le chapitre IV.

[161] « Hec regio ab ardore solis incognita nobis et in(h)abitabilis manet. Sc(i)opodum fertur habitare singulus cruribus et cleritate mirabili quos inde Sciopodas greci vocant eo quod per estum in terra resupini iacentes pedum suorum magnitudine adumbrentur. » (Cité dans J. WILLIAMS, Isidore, Orosius and the Beatus map, in *Imago mundi*, t. 49, 1997, p. 7-32, p. 31, note 89).

[162] *Lisbonne, Arquivos Nacionais Torre do Tombo*, Cod. 160 (1189) : « Ad est regio sol si ardore incognita nobis et inhabitabilis. Antipodes habitare ibi dicuntur homines pedem latum habentes de quo pede umbra sibi ad calorem adhibetur. »

[163] *Paris, Bibliothèque nationale de France, Nouv. Acq. lat.* 1366, f. 24v-25.

[164] A.-D. VON DEN BRINCKEN, *Fines terrae. Die Enden der Erde und der vierte Kontinent auf mittelalterlichen Weltkarten*, Hanovre, 1992, p. 93 ; R. SIMEK, *Erde und Kosmos im Mittelalter*, p. 111. Voir aussi : D. WOODWARD, *Medieval mappaemundi*, in J. B. Harley, D. Woodward (éd.), *Cartography in prehistoric, ancient, and Medieval Europe and the Mediterranean*, Chicago, 1987 (*The history of cartography*, t. 1), p. 332 ; J. B. FRIEDMAN, *The monstrous races in Medieval art and thought*, p. 68-69.

symbolique du continent austral. John Williams a démontré récemment que la carte de Burgo de Osma n'est pas du tout une copie fidèle de l'archétype de Beatus[165]. L'image du sciapode sur l'exemplaire de Burgo de Osma est le résultat des révisions successives qu'ont subies les mappemondes insérées dans les manuscrits du commentaire sur l'Apocalypse de Beatus. Les copistes ont dû trouver les modèles des sciapodes (parfois antipodes) dans certaines mappemondes schématiques qui se trouvent dans des manuscrits des *Etymologiae* d'Isidore de Séville où, sur le continent de l'Afrique, se trouve la légende « terra de los pedes latos » (des hommes aux pieds larges)[166].

Les mappemondes encore subsistantes donnent à croire que le nombre de peuples légendaires évoqués sur les mappemondes s'agrandit au cours des XIe et XIIe siècles. Au XIIIe siècle le nombre de peuples légendaires sur les mappemondes est en effet considérable. Cela tient en première instance à l'incorporation d'une série de monstres en Afrique, sur la bande de terre au sud du Nil. Je prendrai encore une fois l'information fournie par la mappemonde d'Ebstorf[167] comme exemple, complétée par les renseignements donnés par d'autres mappemondes des XIIIe et XIVe siècles qui incorporent, elles aussi, les peuples monstrueux, à savoir la mappemonde de Vercelli, la mappemonde de Hereford, la mappemonde du Psautier, le fragment du Duché de Cornouailles, la mappemonde dite de Ranulf Higden, ainsi que le fragment d'Aslake.

Sur la mappemonde d'Ebstorf on voit dans le Nord l'image de deux Amazones armées d'un javelot et d'une épée. Le texte accompagnant décrit ces femmes guerrières et donne le nom de leurs reines : Marpesia et Lampeta. Derrière une grande chaîne de montagnes et dans une partie entourée de murs se trouvent les peuples Gog et Magog qui se nourrissent de chair et de sang humains. C'est Alexandre le Grand qui les y a enfermés[168]. Les peuples Gog et Magog apparaissent une deuxième fois dans l'île de Taraconta dans l'océan septentrional.

Plus vers l'est se trouve l'image d'un être humain sans nom qui se bat avec un griffon. Le texte accompagnant donne seulement des renseignements sur cet animal, mais sur la mappemonde de Hereford l'humain est identifié comme un membre du peuple des *Carimaspi*[169]. Derrière la même chaîne de montagnes se trouve aussi l'image de deux anthropophages. Le texte explique que les *Massagetes* et les *Derbees* assassinent et dévorent leurs parents et leurs amis quand ceux-ci vieillissent[170]. Encore plus vers l'est on rencontre l'image d'un être humain attaqué par des chiens. Malheureusement le texte n'est plus lisible. Dans deux îles de l'océan septentrional vivent les *Ponothi* aux grandes oreilles et les *Hippopodes* aux pieds de cheval.

[165] J. Williams, *The illustrated Beatus. Vol. I: Introduction*, Londres, 1994, p. 52-53 ; *idem*, Isidore, Orosius and the Beatus map.

[166] J. Williams, Isidore, Orosius and the Beatus map, p. 24-25. Des remarques intéressantes sur ce problème, ainsi que sur le rapport entre les antipodes et les peuples monstrueux dans F. Relaño, *The shaping of Africa. Cosmographic discourse in late medieval and early modern Europe*, Aldershot, 2002, p. 23-49.

[167] Pour les peuples monstrueux sur la mappemonde d'Ebstorf, voir aussi J.-G. Arentzen, *Imago Mundi Cartographica*, p. 182-191.

[168] Dans le paragraphe sur Alexandre le Grand (ci-dessous) je reviendrai plus amplement sur ces peuples apocalyptiques.

[169] Également sur la mappemonde (1213-1248) de Matthieu Paris : « Arimaspi et griphes » et celle de Vercelli : « Gens ista ... cum griponibus ».

[170] L'image sans texte de deux anthropophages sur la mappemonde de Hereford semble référer aux mêmes peuples.

La mappemonde de Hereford présente dans le nord quelques autres peuples légendaires comme les *Cynocephales* (des hommes à tête de chien), les *Griste* (ou *Griffe*) qui écorchent les corps de leurs ennemis vaincus, la *Scitharum gens* qui se servent de crânes humains comme gobelets, les *Yperborei* qui vivent sans discorde aucune et qui ne meurent que quand ils se jettent dans la mer, les *Albani* qui peuvent voir dans le noir et un monstre à corps humain et à tête de taureau qui ressemble au minotaure.

Sur la mappemonde d'Ebstorf les peuples exotiques abondent autour du paradis terrestre. Près du fleuve Gange vit un peuple qui se nourrit de l'odeur des pommes[171]. Plus vers l'est les *Pygmei* luttent contre les grues[172]. Une autre image montre des êtres humains dans une grotte. Des textes explicatifs ne subsistent que quelques fragments où l'on peut lire que les *Seres* s'enferment dans les montagnes et qu'ils sont adultères. Après ce peuple viennent les *Agrocte* et les *Bragmanni* qui ne peuvent pas mourir à cause du climat très favorable, mais par amour de la vie dans l'au-delà, ils se jettent dans le feu. L'image a pratiquement disparu, mais on peut toujours distinguer deux êtres humains nus. Au bord de l'océan vivent les *Ichtyophagi* qui mangent les poissons crus et qui boivent l'eau salée de la mer. A droite du paradis terrestre se trouve l'image des *Gignosophystes* qui regardent le soleil pendant toute la journée afin de pouvoir prédire l'avenir. Y vivent également des hommes à tête de chien, les *Cenocefali*. La mappemonde d'Ebstorf comporte finalement en Inde deux textes sur la *Pangea gens* qui sont dominés par leurs femmes et sur un peuple dont les femmes enfantent à l'âge de cinq ans et qui ne vivent pas plus de sept ans.

C'est surtout l'Éthiopie qui abrite une multitude de peuples monstrueux. Près de l'Égypte vivent cinq races de *Satyri* et au sud du Nil se trouve une longue galerie de races monstrueuses : un peuple qui ignore le feu, un peuple sans nez, un peuple qui ne peut manger qu'à l'aide d'un brin de paille, un peuple qui ne peut communiquer qu'avec des gestes, des géants qui s'appellent *Sorbetes ethiopes*, un peuple sans oreilles appelé *Impersibares*, un peuple de sagittaires avec quatre yeux du nom de Mauritani ethyopes, un peuple qui se protège contre le soleil avec la lèvre inférieure. Il y a aussi les *Trocodite* aussi rapides que les cerfs, les Artobatite qui vont à quatre pattes, les *Hymandropedes* qui ont des jambes flexibles, les *Psylli*, un peuple très cruel et insensible au poison des serpents, auxquels il exposent leurs nouveau-nés. C'est ainsi que les enfants de femmes adultères mourront immédiatement. On y trouve ensuite des anthropophages, des *Cynocephali* (hommes à tête de chien) qui sont également anthropophages, un centaure, les *Trogodite* qui vivent dans des cavernes et un minotaure appelé *Ofiofagis*. Dans le Maghreb vivent finalement les *Garamantes ethiopes*, un peuple dont la promiscuité est telle que les fils ne reconnaissent pas leurs mères et leur font même la cour. Il est étonnant que la mappemonde d'Ebstorf ne fasse pas mention des hommes à pied d'ombrelle (les sciapodes), ni des hommes acéphales (parfois appelés *Blemmyae*). C'est que les mappemondes de Hereford, du Psautier

[171] K. Miller (*Die Herefordkarte*, p. 32-33) identifie, à tort, l'image du même peuple sur la mappemonde de Hereford comme les *Seres* qui collectionnent des cocons du ver à soie. Le texte accompagnant indique pourtant : « Solinus : Gangis fontem qui acolunt solo vivunt odore pomorum silvestrium, qui si fetorum senserint, statim moriuntur. » Pour le rapport de cette représentation et le texte *Expositio mappe mundi*, cf. S. D. Westrem, *The Hereford map*, p. 48.

[172] Le texte sur les *Pygmei* est lacunaire et l'image est fanée. La mappemonde de Hereford mentionne également les *Pigmei*, mais sans le combat contre les grues.

ainsi que le fragment d'Aslake évoquent deux types d'acéphales : ceux qui ont la bouche et les yeux dans la poitrine (« os et oculos habent in pectore ») et ceux qui ont la bouche et les yeux sur les épaules (« os et oculos habent in humeris »). Les deux *Blemee* de la mappemonde de Hereford sont explicitement sexués comme mâle et femelle. Sur le fragment du Duché de Cornouailles ne subsiste qu'une seule image d'un monstre acéphale.

La présence des peuples légendaires sur les mappemondes circulaires du XIIIe siècle présente peu de variantes : ce sont surtout les mappemondes du Psautier, d'Ebstorf ainsi que le fragment du Duché de Cornouailles qui ont une galerie de monstres qui est presque identique[173]. La mappemonde de Hereford présente par contre quelques variantes dans le choix des monstres ainsi que dans leur présentation : près de l'île de Méroé se trouve l'image du *Spinx* et d'un satyre. Près du mont Atlas vivent les *Agriophagi Ethiopes* qui mangent seulement la viande de lion et de panthère et dont le roi est un cyclope. Dans les régions au sud du Nil, la mappemonde de Hereford évoque à côté des monstres déjà mentionnés les *Scinopodes*, ou *Monoculi*, à une seule jambe qui leur sert d'ombrelle, un peuple moitié femme et moitié homme (« gens uterque sexus ») et les *Gangines ethiopes* qui ignorent ce que c'est que l'amitié. Les fragments du Duché de Cornouailles et d'Aslake présentent quelques peuples qui ne figurent sur aucune autre mappemonde : un peuple dont le roi est un chien, des gens qui mangent des algues, ainsi que d'autres qui mangent des éléphants.

Au paragraphe précédent il s'est avéré que les animaux sont positionnés selon leurs connotations positives ou négatives. Les peuples légendaires suivent cette disposition : dans le Nord se trouvent des peuples extrêmement négatifs comme, par exemple, les peuples apocalyptiques Gog et Magog, ainsi que de nombreux anthropophages. Les peuples du Sud sont tous difformes, tandis que ceux de l'Orient sont souvent connotés positivement comme, par exemple, les Bragmanni qui se jettent dans le feu « amore alterius vitae ». L'exubérance orientale produit cependant aussi des êtres monstrueux comme les cynocéphales. Je reviendrai sur les implications herméneutiques de ce type de disposition au chapitre suivant.

La présence des peuples fabuleux est une caractéristique importante des mappemondes médiévales, car ce sont surtout les images de ces peuples qui attirent l'attention du spectateur. Un exemple illustratif en est la peinture murale, maintenant perdue, d'une mappemonde dans l'église de Chalivoy-Milon, dont Marcia Kupfer a analysé des descriptions du XIXe siècle[174]. Celles-ci mentionnent surtout les peuples monstrueux : un homme sans tête, un homme à tête de chien, un géant, un homme qui se sert de son pied unique comme parasol, ainsi qu'une sirène. L'importance des peuples monstrueux se manifeste également dans certaines *descriptiones orbis* comme celle du *Liber floridus* de Lambert de Saint-Omer. Dans ce florilège, la partie consacrée à la géographie comporte deux paragraphes sur les races monstrueuses, intitulés *Marcianus felix capella de gentibus diversis et monstris* (f. 50r-51r) et *De creaturis diversis* (c. XXXVI ; f. 53r-

[173] Une comparaison très détaillé dans A. WILLING, Orbis apertus. Zur Quellenkritik mittelalterlicher Kartographie, in *Archiv für Kulturgeschichte*, t. 86, 2004, p. 283-324. Cf. G. Haslam, The Duchy of Cornwall map fragment, in M. Pelletier (éd.), *Géographie du monde au Moyen Age et à la Renaissance*, Paris, 1989, p. 41 ; P. BARBER, Old encounters new. The Aslake world map, in M. Pelletier (éd.), *Géographie du monde au Moyen Age et à la Renaissance*, Paris, 1989, p. 77-78.

[174] Voir : M. KUPFER, The lost *Mappamundi* at Chalivoy-Milon, in *Speculum*, t. 66, 1991, p. 546-548, 556-565.

53v) où sont décrits, entre autres, les peuples monstrueux qui figurent aussi sur les mappemondes. Un autre exemple est la *descriptio orbis* du *Speculum historiale* de Vincent de Beauvais où l'excursus géographique est suivi d'un traité sur les peuples monstrueux :

> Haec de diuisione terrarum ac regionum : & locorum nominibus atque proprietatibus dicta, sufficiant. Nunc de diuersis moribus viuendi quarundam gentium Barbararum, de monstruosis quoque gentibus pauca subiungamus[175].

Suivent des descriptions de peuples barbares et monstrueux, parmi lesquels un grand nombre de peuples figurant également sur les mappemondes. De la même façon Jacques de Vitry (1160/1170-1240) dans son *Historia orientalis* cite une *mappa mundi* comme une des sources de son chapitre sur les monstres et les animaux sauvages de l'Orient[176].

Dans son étude sur ces races pliniennes (« Plinian races ») au Moyen Âge John Block Friedman cherche à identifier les peuples monstrueux avec des tribus existant en réalité[177]. Cette procédure est à rejeter pour deux raisons : premièrement elle se base sur la présupposition que ces peuples africains et asiatiques n'ont connu aucune évolution depuis l'époque de Pline l'Ancien jusqu'à nos jours et, deuxièmement, au XIIe et XIIIe siècles l'Europe n'était pas en contact direct avec les peuples des autres continents.

Au paragraphe précédent j'ai déjà indiqué que Konrad Miller était d'opinion que les mappemondes circulaires du XIIIe siècle reproduisent la mappemonde romaine établie par Agrippa. Tout en se basant sur ces assertions de Konrad Miller, Rudolf Wittkower a cru pouvoir identifier les mappemondes médiévales comme une des voies le long desquelles l'iconographie classique des peuples monstrueux s'est perpétuée jusqu'au Moyen Âge[178]. Ceci me paraît incorrect, car (et je répète ici les arguments du paragraphe précédent), premièrement la théorie selon laquelle il aurait existé une mappemonde romaine dressée par Agrippa s'est révélée être extrêmement douteuse et, deuxièmement, le matériel cartographique encore subsistant indique que les textes et les images des peuples légendaires n'ont pas été introduits sur les mappemondes avant le XIIe siècle.

Il est indubitable que les textes ainsi que l'iconographie des peuples monstrueux trouvent leurs origines dans les traditions classiques. Les descriptions des peuples de l'Orient remontent à des comptes rendus sur l'Inde faits par des témoins oculaires du temps d'Alexandre le Grand (IVe siècle av. notre ère), comme Ctésias de Cnide et Mégasthène[179]. Les renseignements véhicu-

[175] VINCENT DE BEAUVAIS, *Speculum historiale*, c. lxxxvi-xcv, *Speculum historiale*, Douai, 1624 (*Vincentius Bellovacensis, Speculum maior*, t. 4), reprod. Graz, 1964-1965, col. 32-35.

[176] JACQUES DE VITRY, *Historia orientalis*, c. 92, *Libri duo, quorum prior orientalis sive hierosolymitanae, alter occidentalis historiae nomine inscribitur, Douai, 1597*. Reprod. Farnbourough, 1971, p. 215 : Haec praedicta quę partim ex historijs orientalium, & mappa mundi, partim ex scriptis beati Augustini & Isidori, ex libris etiam Plinij & Solini, præter historię seriem, præsenti operi adiunximus (...).

[177] J. B. FRIEDMAN, *The monstrous races in Medieval art and thought*, p. 24-25.

[178] R. WITTKOWER, Marvels of the east. A study in the history of monsters, p. 54-55.

[179] Cf. B. ROY, En marge du monde connu. Les races de monstres, p. 72-73 ; R. WITTKOWER, *art. cit.*, p. 46-52 ; J. B. FRIEDMAN, *The monstrous races in Medieval art and thought*, p. 5-22 ; A. VON EUW, J. M. PLOTZEK, *Die Handschriften der Sammlung Ludwig*, Cologne, 1985, t. 4, p. 200-201 ; P. MASON, *Deconstructing America. Representations of the Other*, Londres-New York, 1990, p. 71-94 ; C. LECOUTEUX, *Les monstres dans la pensée médiévale européenne*, p. 15-24, 85-100. Sur l'indographie chez les Grecs et les Romains, voir : J. S. ROMM, *The edges of the world in ancient thought. Geography, exploration and fiction*, Princeton, 1992, p. 82-120.

lés par ces textes étaient légués au Moyen Âge par les encyclopédies de Pline et de Solin ainsi que par un nombre de lettres fictives sur l'Inde comme, par exemple, la lettre de Farasmanes à l'Empereur Adrien[180] ou la lettre d'Alexandre sur les merveilles de l'Inde[181]. Au début du Moyen Âge les textes classiques sur les monstres ont également été incorporés dans le chapitre XI des *Etymologiae* d'Isidore de Séville intitulé *De homine et portentis*, ainsi que dans un traité anonyme portant le titre de *Liber monstrorum* (ca. 650-750)[182].

Pour ce qui est de la tradition iconographique, il existe des manuscrits illustrés de quelques-uns des textes susmentionnés. Dans le paragraphe précédent j'ai déjà signalé le manuscrit illustré (ca. 1023) du *De rerum naturis* de Raban Maur, ainsi qu'un manuscrit illustré du XIVe siècle de *Collectanea rerum memorabilium* de Solin conservé à Milan. Ces manuscrits renferment tous les deux des images des races monstrueuses[183]. J'ai également indiqué que l'existence de ces deux manuscrits ne peut pas être considérée comme une preuve concluante pour l'existence d'exemplaires illustrés des encyclopédies d'Isidore de Séville et de Solin datant de l'époque romaine même, car ces deux manuscrits sont des compilations basées sur plusieurs sources textuelles et iconographiques plutôt que des copies fidèles d'un seul *exemplar*[184]. Il existe également quelques exemplaires illustrés des lettres fictives sur les merveilles de l'Inde, comme, par exemple le manuscrit *Cotton Tiberius* B.v (XIe siècle) de la British Library et le manuscrit *Cotton Vitellius* A.XV (ca. 1000) qui se trouve dans la même bibliothèque[185]. Cependant, les écarts entre texte et image dans ces manuscrits indiquent qu'ils ne reproduisent pas un seul prototype classique illustré[186]. En fait, certains arguments apportés par Wittkower pour étayer sa thèse de l'origine classique de l'iconographie des monstres ne sont pas bien fondés : un exemple en est son assertion que Pline l'Ancien aurait déjà fourni des représentations visuelles des races monstrueuses[187]. En vérité, dans le passage de la *Naturalis historia* en question, Pline ne parle pas d'images de peuples des régions lointaines, mais de naissances monstrueuses. C'est ainsi qu'il

[180] C. Lecouteux (éd.), *De rebus in oriente mirabilibus (Lettre de Farasmanes). Edition synoptique accompagnée d'une introduction et de notes*, Meisenheim am Glan, 1979.

[181] W. W. Boer (éd.), *Epistola Alexandri ad Aristotelem ad codicum fidem edidit et commentario critico instruxit*, Meisenheim am Glan, 1973. Cf. J. S. Romm, Alexander, biologist. Oriental monstrosities and the *Epistola Alexandri ad Aristotelem*, in S. D. Westrem (éd.), *Discovering new worlds. Essays on Medieval exploration and imagination*, New York-Londres, 1991, p. 16-30 ; A. Orchard, *Pride and prodigies*, p. 116-139.

[182] F. Porsia (éd.), *Liber monstrorum. Introduzione, edizione, versione e commento*, Bari, 1976. Cf. A. Orchard, *op. cit.*, p. 86-115.

[183] Respectivement *Montecassino, Biblioteca Statale del Monumento Nazionale*, Ms. 132, f. 166 et *Milan, Bibl. Ambrosiana*, Cod. C.246 inf., f. 57. Sur les images des peuples monstrueux dans ces deux manuscrits, voir F. Mütterlich, Geographische und ethnographische Darstellungen in der Buchmalerei des frühen Mittelalters. Pour des illustrations des merveilles de l'Orient dans les encyclopédies médiévales, voir M. Ciccuto, Le meraviglie d'oriente nelle enciclopedie illustrate del medioevo, in M. Picone (éd.), *L'enciclopedismo medievale*, Ravenne, 1994, p. 79-116.

[184] Cf. F. Mütterlich, *art. cit.*, p. 713-715. R. Wittkower (Marvels of the east. A study in the history of monsters, p. 200. n. 91) signale déjà des écarts entre texte et illustration dans le manuscrit du Mont Cassin.

[185] Pour des reproductions des miniatures de ces manuscrits, voir M. R. James, *Marvels of the East. A full reproduction of the three known copies, with introduction and notes by Montague Rhodes James*, Oxford, 1929. Un fac-similé du Ms. Cotton Tib. B.v dans : P. McGurk, *An eleventh-century Anglo-Saxon illustrated miscellany (British Library Cotton Tib. B.v part 1, together with leaves from British Library Cotton Nero D II)*, Copenhagen, 1983.

[186] Cf. M. R. James, *op. cit.*, p. 56 (no. 18), 57 (no. 22) ; R. Wittkower, Marvels of the east. A study in the history of monsters, p. 52-53. A. von Euw, J. M. Plotzek, *Die Handschriften der Sammlung Ludwig*, p. 201.

[187] R. Wittkower, *op. cit.*, p. 199, n. 76.

réfère à une certaine Alcippe qui aurait accouché d'un éléphant[188]. Il faut pourtant admettre que l'iconographie des races monstrueuses est très ancienne et sans doute d'origine classique, mais les exemples qui en subsistent ne datent pas d'avant l'époque carolingienne. Il est probable que les peintres des mappemondes du XIIIe siècle n'avaient à leur disposition que des exemples iconographiques déjà connotés par la culture médiévale.

Les manuscrits illustrés des traités sur les monstres de l'Inde indiquent également que l'iconographie des monstres pouvait fonctionner indépendamment des textes. En effet, une grande partie de la tradition iconographique des peuples légendaires se rencontre dans des produits culturels non textuels. Par exemple, le Louvre à Paris possède une plaque d'ivoire sculptée datant du IXe siècle qui représente des centaures, des cynocéphales et d'autres monstres hybrides[189]. Des représentations iconographiques des races monstrueuses apparaissent très souvent dans les programmes de décoration d'églises. L'exemple le plus connu en est sans aucun doute le portail de la basilique Sainte-Madeleine à Vézelay (vers 1120), mais il y a d'autres exemples, comme la façade de la cathédrale de Sens[190]. On rencontre les monstres aussi sur les chapiteaux sculptés, comme, par exemple, dans la basilique romane Sint Servatius à Maastricht aux Pays-Bas[191], ou sur la rosace de la cathédrale de Lausanne[192]. Il n'est pas possible de faire l'inventaire de tous les exemples ici[193]. Il suffit de constater que les images des races monstrueuses ont eu une difusion énorme au Moyen Âge et qu'il est très vraisemblable que les *pictores* des mappemondes ont trouvé leurs exemples dans la culture visuelle de leur époque.

Il y a quelques indications qui prouvent incontestablement que les cartographes ont eu recours à un exemple médiéval pour la représentation des races monstrueuses : sur les mappemondes de Hereford et d'Ebstorf les troglodytes chevauchent sur les cerfs tandis que les textes indiquent que les membres de ce peuple peuvent courir aussi vite que les cerfs. Sur le fragment du duché de Cornouailles c'est le *Troglodyte* qui rattrape effectivement le cerf. Il semble que la représentation des troglodytes sur les mappemondes de Hereford et d'Ebstorf est une variante par rapport à l'original. La représentation des *Bragmanni* dans une grotte sur la mappemonde d'Ebstorf a beaucoup en commun avec une image sur le folio 3r du manuscrit 22 de la Westminster Abbey Library. Inversement, les mappemondes étaient peut-être la source de l'illustration de manuscrits. Un manuscrit maintenant au Getty Museum à Malibu[194] contient, entre autres, un bestiaire suivi d'une série d'images représentant les peuples monstrueux (f. 117r-120r). Anton

[188] Pline l'Ancien, *Naturalis historia*, 7.3.34.

[189] Cf. L. Nees, *A tainted mantle. Hercules and the classical tradition at the Carolingian court*, pl. 1.

[190] Cf. E. Mâle, *L'art religieux du XIIe siècle en France. Étude sur l'iconographie du Moyen Age*, 3e édition, Paris, 1928, p. 56-57

[191] Cf. A. van Deijk, *Romaans Nederland*, Amsterdam, 1994, p. 101, pl. 19. E. den Hartog suggère que les animaux et les monstres humains sur les chapitaux d'une autre basilique romane à Maastricht, la basilique Notre-Dame, peuvent être interprétés comme une mappemonde (In the midst of the nations... The iconography of the choir capitals in the church of Our Lady in Maastricht, in *Zeitschrift für Kunstgeschichte*, t. 62, 1999, p. 320-365).

[192] Une photo dans L. Grodecki, C. Brisac, *Gothic stained glass 1200-1300*, Londres, 1985, pl. 114. Voir aussi le chapitre VI.

[193] Pour d'autres exemples voir : G. C. Druce, Some abnormal and composite human forms in English church architecture, in *Archaeological journal*, t. 72, 1915, p. 135-168 ; R. Wittkower, Marvels of the east. A study in the history of monsters, p. 55-74 ; J. B. Friedman, *The monstrous races in Medieval art and thought*, p. 131-164, M. Kupfer, Medieval world maps. Embedded images, interpretive frames, p. 286-287, n. 122.

[194] *Malibu, J. Paul Getty Museum*, MS. Ludwig XV 4 (ca. 1277). C'est l'ancien bestiaire du Sion College.

von Euw et Joachim Plotzek ont déjà fait remarquer que les légendes qui accompagnent ces images sont très proches des textes de la mappemonde d'Ebstorf[195]. Il y a deux éléments qui indiquent que ces images des monstres ont probablement été copiées dans une mappemonde : premièrement, elles sont accompagnées d'indices géographiques (*montes hisperii* (f. 117r), *meroe insula* (f. 119r) et *gorgades insula* (f. 119v). Deuxièmement, ci-dessus j'ai déjà fait remarquer que les galeries de monstres sur les mappemondes du Psautier et d'Ebstorf ainsi que sur les fragments du duché de Cornouailles et d'Aslake sont presque identiques. L'ordre des monstres du manuscrit Ludwig XV.4 présente des correspondances frappantes avec l'ordre des galeries de monstres sur ces mappemondes lu de bas en haut[196].

Les cartes du monde des XIV*e*-XVI*e siècles*

Les mappemondes circulaires du XIIIe siècle se caractérisent donc par une galerie de races monstrueuses qui présente peu de variantes. Cette collection ne revient pas sur les cartes portulans. En effet, même les exemplaires richement illustrés ne font que très peu d'attention à l'ethnographie et n'en produisent qu'occasionnellement des images. Il y a pourtant quelques références textuelles à un nombre limité de peuples monstrueux sur les cartes portulans.

Les cartes du monde circulaires (ca. 1320) de Pietro Vesconte dans les manuscrits de Paulin de Venise et de Marino Sanudo ne font pas référence aux peuples monstrueux à l'exception toutefois de Gog et de Magog (*Castrum Gog et Magog*). Gog et Magog sont également présents sur l'Atlas Catalan de 1375 et sur la mappemonde de Modène (ca. 1450)[197]. Les hommes à tête de chien continuent aussi à paraître. Le portulan de Dulcert de 1339 mentionne un peuple en Cumania qui a la tête et les dents d'un chien (« habebat faciem canis con dentibus caninis »), mais n'en donne pas d'image. Le portulan de Mecia de Villadestes de 1413 inclut l'image d'un homme hirsute à tête de chien dans le Nord dont le texte accompagnant est illisible. Sur la mappemonde de Modène un des souverains de l'Afrique a également une tête de chien. Le texte accompagnant dit que ce peuple n'a pas de loi et qu'ils aboient pour communiquer entre eux[198].

195 A. von Euw, J. M. Plotzek, *Die Handschriften der Sammlung Ludwig*, p. 201.

196 Cinomolgi (= *Cinocephali*), *Andropafagi*, *Himantopodes*, *Artabatite*, *Trocodite*, *oculos in humeris*, *Blemie*, *Gens labro prominenti*, *Antipodes*, *Scinopodes*, *Maritimi Ethiopes*, *Psamlari*, *Gens lingua carens*, des gens qui mangent à l'aide d'une paille, *gens sine naribus*, les gens qui ne connaissent pas le feu. Suivent encore les habitants de l'île de Méroé qui domptent les crocodiles, ainsi que *Fauni*, *Sanri* (=*Satiri*), *Praesilli* (=*Psilli*), les habitants des *Gorgades insule*, *formice magni*, *scorpio* et finalement *diuersa genera hominum* (f. 120r). Cette dernière image rappelle la représentation des *Portes Nubie* sur la mappemonde d'Ebstorf. A. Willing (Orbis apertus. Zur Quellenkritik mittelalterlicher Kartographie, p. 293) doute de ma suggestion que la partie ethnographique du manuscrit Ludwig XV 4 pourrait être copiée d'une mappemonde. Je pense pourtant que les indices géographiques, ainsi que la présence d'une image qui rappelle les *Portes Nubie* de la mappemonde d'Ebstorf (ce qui ne fait pas partie des « mirabilia mundi ») sont une indication assez concluante pour l'usage d'au moins une source cartographique.

197 « Lo gran senyor princep de Gog e de Magog. Aquest exirà en temps d'Antechrist ab molta gent. » La mappemonde catalane à Modène : « (...) goch e magoch eay diuerses genaracions que noduptan demanjar tota cran crua aquesta lageneracio que vindra antriqist e lalur fi sera foch. »

198 « Aquesta genaracio de gens apellan los sarains benj calep uoldir en nostra lengo ca fill de cha com lur cara es semblant aqua quj gla pexen etra els sentenen per aquelles altres gens (...). » La difformité s'oppose à la

L'Atlas Catalan de 1375 comporte encore quelques autres peuples légendaires, ce sont les Pygmées luttant contre les grues, les sirènes à double queue de poisson, ainsi que des hommes nus qui mangent le poisson cru. Certaines cartes catalanes du xve siècle insistent sur l'idolâtrie des peuples des régions septentrionales : ils adoreraient une statue en or[199] ou une tête pendue par les cheveux[200]. Parmi les peuples de l'Inde on trouve des chrétiens[201], mais dans les îles de l'océan Indien vivent des anthropophages idolâtres[202].

Il semble qu'au cours du xve siècle les peuples monstrueux réapparaissent sur les cartes du monde. Les exemples témoignent surtout d'une fascination pour les races qui ont des difformités physiques comme les hommes à tête de chien, les hommes à pied d'ombrelle et les hommes acéphales. Sur la mappemonde d'Andrea Bianco de 1436 on rencontre ainsi des « omines silvestros », Gog et Magog dans les régions septentrionales, des hommes sans tête en Orient (« Omines qui non abent capites »), ainsi que des hommes à tête de chien en Éthiopie (« Omines abent uultus en los canis »). Giovanni Leardo ne fait guère référence à des peuples monstrueux sur sa carte de 1442, mais sur l'exemplaire de 1452 on en rencontre bel et bien des exemples : à gauche du paradis terrestre se trouvent Gog e Magog ainsi que des anthropophages (« Qui se manza carne de omo »). En Afrique Giovanni Leardo mentionne des animaux à tête d'homme (« Qui naxe animali quadrupedi che hano il volto de homo »), ainsi que des hommes qui ont le visage dans la poitrine (« Qui naxe homeni che hano il volto nel petto »).

La mappemonde du xve siècle gravée sur une plaque de cuivre conservée au Vatican a un grand nombre d'animaux en commun avec les mappemondes circulaires du xiiie siècle, mais pour ce qui est des peuples monstrueux le cartographe anonyme a sans aucun doute consulté des sources plus récentes. Dans les régions septentrionales on rencontre ainsi les mêmes païens que mentionnent les cartes catalanes des xive et xve siècles : les gens qui adorent une tête pendue par les cheveux et des hommes qui adorent le feu. Dans la même région se trouve une image des Amazones (« Terra quondam illustrium mulierum »). En Orient il y a l'image des « Seres » qui cueillent des cocons de soie qui pendent des arbres (« Extremi Seres ex arboribus colligentes sericum ») et des hommes portant des cornes (« Hic etiam homines magni cornua habentes longitudine iiij pedum »). En Afrique cette mappemonde mentionne également quelques peuples appartenant au répertoire traditionnel : des hommes à tête de chien (« Habimachal rex est sarracenus ethiopicus cum populo suo habens faciem caninam et incedunt omnes nudi propter solis calorem ») et des femmes hirsutes (« Hic mulieres hyrsute ferocissime sine maribus partum ferunt »).

chrétienté, car ce peuple difforme est en guerre avec les peuples qui sont sous la domination du Prêtre Jean : « …ans guaragen ab altres sarains los quals son sots mezos alanperador presta iohan. »

199 Par exemple sur le fragment d'une carte catalane à Istanbul (ca. 1380), le portulan de Mecia de Viladestes (1413) et la mappemonde catalane de Modène (ca. 1450).

200 Par exemple sur le fragment d'une carte catalane à Istanbul (ca. 1380) et la mappemonde circulaire de Modène (ca. 1450).

201 Sur l'Atlas Catalan de 1375 : « Açí senyoreya lo rey Steve, christià. » (déjà cité ci-dessus) et : « Açi senyoreja lo rey Colobo christià. »

202 L'Atlas Catalan de 1375 : « La illa Trapobana. (…) En aquesta illa ha gens de gran diferència de les altres. En alguns munts de aquesta illa ha hòmens de gran forma, ço és de .XII. coldes axí com a gigants e molt negres e no usants de rahó, abans menjen los hòmens blanchs e estranys si.ls poden aver. (…). » Des textes pareils sur la mappemonde catalane à Modène.

C'est surtout la mappemonde d'Andreas Walsperger de 1448 qui partage un grand nombre de peuples monstrueux avec les mappemondes circulaires du XIIIe siècle. Walsperger mentionne dans le nord les *Cenocephali* (« habent capita canum »), les *Anthropophagi* (« manducant carnes hominum »), Gog et Magog, des monstres qui ne possèdent pas la raison humaine[203], les *Pigmei* (« pugnant cum gruibus »), des femmes barbues (« Mulieres hic sunt barbatae »), des *Ponothii* (« Hy habent longas aures »), les Amazones (« Amazonum mulierum regio »). En Orient on ne rencontre que des géants qui se battent avec des dragons (« Hic sunt gigantes pugnantes cum draconibus »), tandis que l'Éthiopie abonde en hommes monstrueux à cause de la chaleur : « Polus antarticus dicitur quasi contra articum positus. Et ibi terra est inhabitabilis. Et circa hunc polum sunt mirabilissima monstra non solum in feris sed etiam in hominibus. » Et en effet, on y rencontre toute une série de peuples monstrueux, parmi lesquels les gens aux grandes lèvres (« Hy habent labia maxima »), les gens qui se nourrissent de l'odeur de pommes (« Hy vivunt de odoribus pomorum »), les cyclopes (« Hy unum habent tantum oculum »), des acéphales (« Hy habent vultum in pectore »), des sciapodes (« Hy homines monopedes sunt velocissimi sursus et Hic homines latent sub pedibus suis ex pluvia ») et les cynocéphales (« Hy habent canum capita »). Walsperger mentionne en Afrique les *trogodites* (« tres habent facies »), mais il ne répète pas les anecdotes sur leur habitat ou sur leur vitesse. Ce n'est que très rarement que ces légendes sont accompagnées d'images.

La mappemonde circulaire dans un manuscrit de la *Cosmographia* de Ptolémée datant de 1470 et conservée à Zeitz, ne comporte pas d'images, mais répète pourtant presque toutes les légendes traditionnelles au sujet des peuples monstrueux. Il serait fastidieux de répéter ici tous les exemples, mais il faut quand même mentionner des peuples comme les acéphales, les sciapodes, les cyclopes, les gens qui se couvrent la tête avec leur lèvre, les Brahmanes, les hippopodes, les pygmées. Il est frappant que tout comme la mappemonde de Walsperger, celle de Zeitz fait aussi référence aux « trigodites » qui ont trois visages.

Les images de peuples monstrueux sont toujours présentes sur le fragment d'une mappemonde circulaire imprimée provenant de l'Allemagne et datant de la deuxième moitié du XVe siècle. Le fragment représente une partie de l'Asie où l'on voit un homme à tête de chien, un homme à deux visages (« Hi gens habent duo capite »), un sciapode (« Peladerio (?) aperiunt se pede »), les Amazones (« In amazonia dominant mulieres ad uiros ») ainsi que des gens qui adorent le soleil (« In arrana gentes adorant solem loro dei »).

Les peuples monstrueux constituent également une partie importante de l'effet visuel de la petite mappemonde qui se trouve dans un manuscrit du XVe siècle de la *Fleur des histoires* de Jean Mansel. Le diamètre de cette mappemonde ne dépasse pas une dizaine de centimètres, mais on y reconnaît immédiatement l'image d'un homme acéphale au nord-est et l'image d'un sauvage nu portant une massue dans le Sud.

Fra Mauro n'a pas inclu des images sur sa mappemonde de 1560. Probablement parce qu'il exprime des doutes sérieux au sujet des animaux et des peuples légendaires[204], mais cela ne l'empêche point de mentionner les monstres de l'Éthiopie :

[203] Dans l'océan septentrional : « Item in terra caspium sunt multa et uaria et uaria (*sic*) monstra que tamen utuntur humana racione. »

[204] Voir ci-dessus et le chapitre III.

Dicono ancora de questi ethyiopi molte nouitade maxime de i panphagi, agriophagi, anthropophagi e cinomolgi, e de li lor bestial costumi.

Il est frappant que Fra Mauro mentionne les « cinomolgi », car cette graphie pour les hommes à tête de chien (*cinocephali*) se retrouve également sur le fragment du duché de Cornouailles et celui d'Aslake. Dans extrémité orientale de l'Asie de sa carte, le camaldule fait mention de « bragmani, massageti, polibotri, pignei, pandi, astiacani et de altri », mais, il ajoute « a nui non sono noti molto, perhò de li lor costumi et habiti dicrepatissimi chi ne uol hauer notitia (...) ».

L'information traditionnelle sur les peuples monstrueux apparaît aussi sur la carte circulaire faisant partie de la carte dite de Christophe Colomb datant de ca. 1500. Elle ne comporte pas d'images, mais livre, entre autres, les légendes suivantes au sujet des peuples monstrueux : « Hic habitant populus monstruosus », « Gog i Magog », « Hic habitant iperborei » (dans l'Europe septentrionale) et « Hic sunt monoculi gigantes habentes vnum oculum in fronte et comedunt pisces et carnes sine pane » (dans le Sud).

La mappemonde à projection ptoléméenne dans le *Liber cronicarum* (1493) de Hartmann Schedel ne comporte pas d'images. Cependant, à gauche de la carte proprement dite se trouve une bande avec des images de peuples monstrueux. On y reconnaît un homme à six bras, une femme hirsute, un homme à six doigts, un homme mi-cheval mi-homme, une femme barbue, un homme à trois visages (un « trigodite[205] » ?) et un homme à tête et cou de cigogne (ou de grue). Le même ouvrage contient également un chapitre sur les peuples monstrueux muni d'une gravure où réapparaissent des monstres traditionnels comme les hommes acéphales et les sciapodes.

Pour le contenu de son globe (1492) Martin Behaim s'est fondé sur des *auctores* classiques comme Pline, Aristote et Strabon, mais il cite comme leurs égaux Isidore de Séville, Marco Polo, Vincent de Beauvais et Jean de Mandeville. Behaim représente surtout les îles de l'océan Indien comme des endroits où se concentre l'anormalité. On y rencontre non seulement des cynocéphales anthropophages[206], mais aussi un peuple qui mange ses malades afin d'éviter qu'ils ne soient rongés par les vers. On y trouve également un peuple qui a une queue de chien[207]. Behaim porte également beaucoup d'intérêt aux chrétiens vivant hors de l'Europe[208].

[205] Cf. la mappemonde de Walsperger et celle à Zeitz, mentionnées ci-dessus (p. 212).

[206] Une île sans nom dans l'océan Indien : « Hie ist gefunden worden zu Johan de Mandavilla zeiten ein Jnsel mit volk die allegleich hundshaupt hetten (...) » ; Angaman insula : « Im letzen buch marco polo im 16. capitel findt man geschrieben dass das volckh in diser jnsul angama genant hab hundts haupt augen und zähn gleich wie die hundte und das es vast ungestalt leutt sollen sein und wildt wan sy vast lieber menschen flaisch essen dan ander flaisch (...). »

[207] « Java minor (...) aber in konikreich genant Dageram ist gewonheit so ir abgot sagt dass ein kranker mensch sterben soll so ersticket man den kranckhen bey zeyt und die freundt kochen das flaisch irs kranken freundt und essen jne mit einander mit grossen freudten auf dass er den wurmen nit zuthail werde. Aber in konikreich Jambri haben die leutt man und frawen hinden schwenz gleich die hundt (...).»

[208] Au Cathai : « Hie sind vil christen (...) et dans l'Océan Indien : Scoria ist ein jnsel gelegen 500 wellisch meil von den zweyen jnseln masculina und feminea jre inwohner sindt cristen und haben einen erzbischoff zu einem hern. » et : « Nach cristi gepurt 1285 sindt dise zwo jnsel bewont gewest in der ain eitel man in der andern eitel frauen weliche eins im jar zusamben komen und sind cristen und haben einen bischoff der ist unter den erzbisschoff von der jnsel von scoria. »

Une des premières cartes montrant le Nouveau Monde, le planisphère de Juan de la Cosa (1500 ?), donne l'image d'un cynocéphale ainsi que celle d'un homme acéphale retranchés derrière une chaîne de montagnes dans l'Extrême-Orient. Ils sont identifiés comme « R. Got » et « R. Magot ». La carte du monde (1507) de Martin Waldseemüller, la première carte à mentionner le nom America, ne contient que quelques références aux peuples monstrueux, comme, par exemple, les hommes à pied de cheval (« hic reperiunt(ur) h(abe)nt humanam formam sed equinas pedes ») et aux « Iudei clausi ». C'est par contre sa *Carta marina* de 1516 qui contient une multitude de textes et d'images sur les peuples monstrueux. Dans le Nord vivent des gens qui se nourrissent des vapeurs des aliments[209] et des cynocéphales[210]. Vers la Chine se trouve l'image d'un anthropophage en train de dépecer un être humain. Les habitants des îles de l'océan Indien sont également presque tous des anthropophages idolâtres. Ce sont surtout les déserts de l'Inde qui produisent une multitude de peuples monstrueux[211] comme, de nouveau, les cynocéphales, les hommes acéphales, des hommes qui ne se nourrissent que de l'odeur de pommes, les *carimaspi* qui n'ont qu'un seul œil et les pygmées. En Afrique vivent des cyclopes noirs et horribles[212]. La *Carta marina* compte parmi les premières cartes à donner des représentations des *cannibales* du Nouveau Monde[213]. Sur l'image on voit des membres humains qui sèchent dans les arbres. Un anthropophage est en train de rôtir une jambe tandis qu'un autre en dévore déjà une autre[214].

Au cours du XVIe siècle le nombre de peuples monstrueux se réduit encore d'avantage ; se maintiennent cependant les acéphales, les Amazones et les cynocéphales. Par exemple, l'image d'un acéphale est localisée en Orient sur le planisphère (1529) de Diogo Ribeiro. La carte du monde par Pierre Desceliers de 1550 évoque dans le Nord les Amazones[215], un sauvage nu portant une massue ainsi qu'un homme à tête de chien portant, lui aussi, une massue (avec la légende : « Hommes monstrueux »). En Afrique on rencontre un homme acéphale, un homme à six bras, qui selon la carte représente les *collopedes*, ainsi que des noirs avec des lèvres très grandes. Sur cette carte de Desceliers une partie des peuples monstrueux traditionnels a été transférée dans le Nouveau Monde : dans l'Amérique du Nord on rencontre ainsi des pygmées

[209] « Hic habita(n)t homi(n)es habentes paruos stomachos et os parvu(m) no(n) manducantes sed carnes coqunt et sup(er) olla se ponu(n)t et famo reficiu(n)t. »

[210] « Hic p(ro)p(ter) oceanum reperiunt(ur) homi(n)es sive monstra h(abe)ntes pedes bovinos caput humanu(m) facie(m) caninam (...). »

[211] « Et si India magna sit in quantitate non tu(m) minor in mirabiliu(m) varietates ho(m)ini bestiaru(m) et plantar(um) nam in desertis reperiuntur diuersa monstra humana(m) effigiem (...). »

[212] « Ciclopes sive monocoli homines sunt grandi nigri et horribiles. »

[213] La première carte est le portulan connu comme « Kunstmann II » (*Munich, Bayerische Staatsbibliothek*, Cod. icon. 133, 1502-1506). Cf. S. Colin, *Das Bild des Indianers im 16. Jahrhundert*, Idstein, 1988, p. 21, 296-297.

[214] Le texte accompagnant est : « Terra canibalorum. Qui hanc habitant Antropophagi sunt. » Dans le cartouche sur le Nouveau Monde on lit : « (...) Genus hic anthrophagorum crudelissimum (quos Canibales vocant). »

[215] « Cy dessus est la demonstracion d'une choze digne de memoire et estre desclaree. Cest assauoir femmes estranges et barbares moult expertes a la guerre nommees amazones et sont en nombre plus de 20.000 mille seulles sanz hommes pour quelque temps quand ilz retournent victorieuses de la bataille sont adorees de leurs maris auec lesquelz vont vne foys l'an tant seullement pour auoyr lignie silz ont vng filz le nourrissent le temps de 6 moys puys le rendent a leur pere se cest vne fille elles la retiennent et nourissent pour exercer le faict des armes. »

qui, conformément à la tradition, ne vivent pas plus que cinq ans et se battent avec les grues[216]. En « terre australle » se trouve l'image de deux hommes à tête de chien qui sont en train de dépecer un corps humain et de le dévorer. Selon la légende qui rappelle les mappemondes du XIIIe siècle, ce peuple mange les vieillards au lieu d'abandonner leurs dépouilles aux vers[217]. Sur cette même carte Pierre Desceliers évoque également des peuples dont l'information se base sur des sources plus récentes. Par exemple, dans le Nouveau Monde il évoque surtout les cannibales mentionnés dans les comptes rendus des découvertes. En Inde il insiste surtout sur les coutumes idolâtres des indigènes, souvent sur l'autorité de Marco Polo.

Certains atlas de l'école de Dieppe incorporent, eux aussi, des images de peuples monstrueux comme, par exemple, la *Cosmographie universelle* de Guillaume le Testu de 1556 où l'on voit sur les cartes de l'Orient un homme à tête de chien, un sciapode (la carte de l'estuaire du Gange), un acéphale, un deuxième sciapode et les pygmées (sur la carte de la Birmanie)[218]. Les peuples monstrueux figurent également sur les cartes du Nouveau Monde : sur la carte de l'Amérique du Nord (f. 57) se trouvent les images d'un homme à tête de chien et d'un homme à tête de sanglier[219].

La carte du monde de Sébastien Cabot de 1544 dépeint dans le Nord trois hommes monstrueux : un homme à tête de chien, un homme hirsute et un homme à tête de sanglier. Une légende renvoie aux tables de textes à coté de la carte où l'on trouve cependant la description des *ponothii* :

> Aqui ay monstruos semeiantes a hombres que tienen las oreias tan grandes queles cubre todo el cuerpo y mas adelante. Hazia oriente dizen que ay unos hombres que no tienen coyontura ningna hazia las Kodillas ny en los pies estan debaxo del poder del gran Can. Enla prouincia de Balor laqul tiene çinquent dias deandadura son hombres siluestres habitan e los montes y florestas.

La carte de Sébastien Cabot ne comporte pas d'autres légendes traditionnelles sur les peuples monstrueux, mais reproduit surtout des légendes récentes sur le cannibalisme des peuples de l'Amérique ainsi que sur l'idolâtrie des peuples de l'Inde.

[216] « Cy dessus est le demonstracion dung peuple nomme pigmeaus gens de petite stature comme dune couldee. Au troysieme an ilz angendrent et au 5e ilz meurent non ayans denuant. Les yeulx honte Iustice au honaistete pour ceste cause sont dictz brutes non hommes. On tient quilz ont guerre continuelle contre les oyeaulx nommes grues. »

[217] « Au pays de Augame sont gentz sauluaiges ydolatres bestiallement viuans dictz antropofagi difformes ayans la teste dentz yeulx quasie comme chiens. Leurs marchandises sont plusieurs especes aromatiques. Ont telle coustume achatent les corps des anciens femmes et enfans et apres leur trespas les mengent disans estre ne choze plus honneste les mengier que les laisser mengier aux vers. »

[218] Pour des reproductions du recueil de cartes de Guillaume le Testu, voir M. Milanesi (éd.), *Giovanni Battista Ramusio, Navigazioni e viaggi*, Turin, 1978-1988, vol. 3. Cf. F. Lestringant, *L'atelier du Cosmographe, ou l'image du monde à la Renaissance*, Paris, 1991, p. 160 et n. 39 : « ... pigmees... monoceli ... sciopedes ... gens ayans testes de chiens.. : Ainssy dict Marc Venitien. » ; *idem*, *Écrire le monde à la Renaissance. Quinze études sur Rabelais, Postel, Bodin et la littérature géographique*, Orléans, 1993, p. 328.

[219] Cf. H. Honour, Wissenschaft und Exotismus, p. 28. Pour une étude détaillée de la représentation des habitants de l'Amérique sur les cartes et les atlas de l'école de Dieppe, cf. S. Colin, *Das Bild des Indianers im 16. Jahrhundert* p. 115-132. Dans leur commentaire sur cet atlas M. Mollat du Jourdin, M. de La Roncière (*Les portulans*, no 50) identifient le récit du voyageur Jacques Cartier comme la source de ces monstres dans l'Amérique du Nord.

Certains cartographes et cosmographes du XVIe siècle commencent à exprimer des doutes sur l'existence des peuples monstrueux. Par exemple, dans sa *Cosmographie universelle* (1575) François de Belleforest dit à plusieurs reprises ajouter peu de foi à l'existence des hommes monstrueux[220]. Ce nonobstant, dans une autre partie de sa *Cosmographie universelle* l'auteur répète la description des sciapodes et cela sans froncer le sourcil[221].

Il semble que vers la fin du XVIe siècle les peuples monstrueux sont définitivement bannis de la cartographie. Les hommes acéphales réapparaîtront cependant encore une fois sur des cartes néerlandaises, surtout sur quelques cartes faites par Jodocus Hondius. C'est ainsi que sur sa carte de l'Amérique de 1598 se trouve un acéphale parmi les peuples indigènes dépeints en haut de la carte, avec la légende : « Homo absque capite in Guiana provincia Huapanema teste Gual. Raleg. » Hondius se fonde ici sur la description de la Guyane par l'Anglais Walter Ralegh, imprimée en 1596[222]. Une image munie d'une description plus élaborée en langue néerlandaise des acéphales ainsi que des Amazones apparaît sur sa carte de la Guyane (*Nieuwe Caerte van het Wonderbaer ende goudrijke landt Guiana*, ca. 1599) (pl. 30)[223]. Les renseignements sur les cartes de Jodocus Hondius sont repris au début du XVIIe siècle sur la carte du Nouveau Monde (ca. 1602) de Cornelis Claesz. Voilà pourquoi on voit en Guyane l'image d'un acéphale et une deuxième fois l'image d'un homme acéphale parmi les indiens de l'Amérique évoqués en bas de la carte, avec la légende : « Homo qui dicitur absque capite in Guiana provincia. »

Les Amazones n'ont pas uniquement été transposées au Nouveau Monde, mais elles continuent également à paraître dans l'ancien œkoumène. Par exemple, ces femmes belliqueuses

[220] Par exemple : « Ie laisse i comme mensonge me sachant à part de ceux qu'ils disent n'auoir point de teste, & lesquels ont les yeux aux espaules mais ils ne dient point par où est-ce qu'ils mangent, car il faut qu'ils ayent la bouche en l'orifice de l'estomach. » (François de Belleforest, *La cosmographie universelle*, Paris, 1575, vol. II, col. 1588) et : « Ie laisse a part les folles narrations de ceux qui nous ont faint des hommes d'autre effigie que celle que la nature a donnee commune a tout le genre humain, comme d'en voir qui n'ont point langue, d'autres qui sont sans teste, (...) Ie laisse toutes ces folies bien que Solin se soit arresté a les specifier & que quelques vns de nos modernes ont effigié pour ne sortir de la trace non imitable des anciens, car je ne peux receuoir les impossibilitez en la nature & laquelle bien qu'il y ait des ensaences point de telle sorte qu'on voye tout vn pays ne porter d'autres hommes que ayans figures si hideuses. » (*ibid.*, col. 1793). J'ai consulté l'exemplaire G 448-449 de la Bibliothèque nationale de France à Paris.

[221] « Monosceles ou Sciapodes, qui signifie pied-ombrageux, estants assaillies des rais ardans du soleil, ne font autre cas pour s'en deffendre que se coucher sur le dos, et haulcer le pied contre le mont, lequel par sa grandeur et largeur couure tout le corps de son ombre. » (François de Belleforest, *La cosmographie universelle*, Paris, 1575, vol. II, col. 1587) et aussi : « Hommes viuants de l'odeur de pommes. ».

[222] *The discoverie of the large, rich, and bevtifvl Empyre of Gviana, with a relation of the great golden citie of Manoa (which the Spanyards call El Dorado) (...) performed in the yeare 1595, by Sir W. Ralegh*, Londres, 1596. Voir aussi P. Mason, *Deconstructing America*, p. 99-100.

[223] « Iwaipanoma. dese Provincie schryft S. Raleg dat de meinschen sonder hoofden syn seer sterck ende wreedt volck. » ; et sur les Amazones : « Amazones, waer van de riviere Amazones haeren name heeft, is eene Natie bestaende alleen van vrouwen. Dese vrouwen comen niet meer als een maent des iaers by den mannen, dit is somen can afnemen, de Maent April : in dese maent vergaderen hen de omliggende Coningen ende Coninginne van dese Amasones, welcke de eerste kuere hebbe(n). Daer naer, werpt elkc het lot, voor syne compaignie. In dese maent syn sy 'tsamen ser vroylick met dansen ende springen, eten drincken, naer haere manniere. Daer naer keert een ygelick naer sijn land. De vrouewen die daer achter eenen sone baren, seinden den selven anden vader ; die eene dochter hebben, voedense op ende seynden den vader een present. Dese Amasones syn seer wreed ende bloetdorstig over haere vianden. Sy hebben veel gouds, 'twelck sy crigen voor sekere groene steenen. Dit beschrijft Sir Walter Ralegh. » Voir aussi J.-G. Arentzen, *Imago mundi cartographica*, p. 184.

sont mentionnées sur la carte de l'Afrique (ca. 1608) par Blaeu (« Cafates. Hic amazones habitare dicuntur »). Une image de la reine des Amazones se voit sur la carte de l'Afrique (ca. 1617) de Johannes Janssonius avec la légende : « Princeps amazonum, quibus assiduum bellum intercedit cum Agagis bellicosimis (...). »

Dans la cartographie du XVIIe siècle on ne trouve guère d'autres exemples de peuples monstrueux. Ceci n'implique pourtant pas que ceux-ci avaient totalement disparu de la pensée des hommes du XVIIe siècle. On les retrouve, par exemple, dans certains livres d'emblèmes, ainsi que dans des textes à caractère scientifique comme la *Monstrorum historia* d'Ulisse Aldrovandi datant de 1642[224]. François Gaignon a fait remarquer qu'en 1724 une représentation des acéphales se retrouve encore dans le *Mœurs des sauvages amériquains comparées aux mœurs des premiers temps* par le jésuite Lafitau[225].

La présence des races monstrueuses dans la cartographie jusqu'au début du XVIIe siècle montre qu'il est incorrect de voir en la découverte du Nouveau Monde en 1492 par Christophe Colomb l'événement qui aurait annoncé la fin de la croyance aux peuples monstrueux[226], ou de la fin de leur présence dans la cartographie. Les premières informations sur les habitants de l'Amérique provenaient des comptes rendus des voyages dans le Nouveau Monde comme, et je ne mentionne ici que les exemples les plus importants, l'*Epistola de insulis nuper inventis* (1493)[227] de Christophe Colomb et le *Mundus novus* par Amerigo Vespucci[228]. Dans ces premiers témoignages sur le nouveau continent, Christophe Colomb et Amerigo Vespucci esquissent d'abord une image assez positive des habitants nus et innocents des Antilles[229]. Les représentations iconographiques des cannibales[230] en train de dépecer et de griller des humains ne se répandent en Europe qu'après les éditions popularisées et illustrées du *Mundus novus* de

[224] Pour des exemples voir : R. Wittkower, Marvels of the east. A study in the history of monsters, p. 65-72.

[225] F. Gagnon, Le thème médiéval de l'homme sauvage dans les premières représentations des Indiens d'Amérique, in G.-H. Allard (et al.) (éd.), *Aspects de la marginalité au Moyen Age*, Montreal, 1975, p. 84 ; H. Honour, Wissenschaft und Exotismus, p. 24, avec illustration pl. 13.

[226] Comme l'a fait J. B. Friedman, *The monstrous races in Medieval art and thought*, p. 197. Il existe de nombreuses études sur les changements dans l'ethnographie européenne du XVIe siècle qu'auraient provoqués les découvertes. Voir, par exemple, C. F. Sturtevant, First visual images of native America, in F. Chiapelli (et al.) (éd.), *First images of America. The impact of the New World on the old*, t. 1, Berkeley-Los Angeles-Londres, 1976, p. 417-454 ; J. H. Elliott, The effect of the discovery on ethnological and folklore studies in Europe, *ibid.*, p. 45-56.

[227] *Editio princeps* Rome, 1493. Cette lettre a connu de nombreuses rééditions et traductions.

[228] *Editio princeps* Augsburg, 1504. Les *Quattuor Americi Vespucci navigationes* contiennent les comptes rendus de deux voyages fictifs, cf. H.-J. König, Von den neu gefundenen Inseln, Regionen und Menschen. Zu den Briefen von Christoph Columbus, Amerigo Vespucci und Hernán Cortés, in H. Wolff (éd.), *America. Das frühe Bild der Neuen Welt. Ausstellung der Bayerischen Staatsbibliothek München vom 10. April bis 27. Juni 1992*, Munich, 1992, p. 106.

[229] Pour l'image positive des Indiens de l'Amérique donnée par Colomb voir surtout C. Kappler, *Monstres, démons et merveilles à la fin du Moyen Âge*, p. 58 ; M. B. Campbell, *The witness and the other world*, p. 165-209 ; H.-J. König, Von den neu gefundenen Inseln, Regionen und Menschen, p. 105.

[230] Colomb était le premier à utiliser la dénomination « cannibales » dans sa lettre sur les îles nouvellement découvertes. Cf. P. Hulme, *Colonial encounters. Europe and the native Caribbean, 1492-1797*, Londres-New York, 1986, p. 14-17

Vespucci[231]. C'est surtout cette représentation négative des indigènes de l'Amérique qui sera reproduite dans la cartographie du XVIe siècle[232].

Depuis quelques décennies l'historiographie moderne des Découvertes a abandonné l'idée qu'on pourrait prendre connaissance des mœurs et coutumes des habitants du Nouveau Monde à travers les textes et les images du XVIe siècle, puisque ces textes et ces images anciennes représentent l' « Indien » avant tout comme un Autre qui s'oppose à l'Européen chrétien et donc civilisé. Dans cette perspective les « Indiens » sont des représentations purement idéologiques visant à marquer la supériorité européenne et à légitimer l'exploitation des territoires récemment découverts[233]. Pour la représentation des peuples du Nouveau Monde on avait surtout recours aux modes de représentation traditionnels. François Gagnon, John Block Friedman et Susi Colin ont déjà fait remarquer qu'on exportait l'image médiévale de l'homme sauvage dans le Nouveau Monde[234]. Les signes extérieurs de l'homme sauvage (des flèches, la nudité, l'anthropophagie, ainsi que la sexualité incontrôlée) auraient été transférées aux Amérindiens qui, de cette façon, étaient représentés comme des marginaux opposés aux Européens cultivés et chrétiens. Quelque intéressante que soit cette thèse, elle ne me semble pas entièrement correcte. Ce n'est pas l'image de l'homme sauvage et velu qui était transférée aux habitants de l'Amérique, mais plutôt l'image traditionnelle des peuples légendaires et monstrueux dont on savait qu'ils vivent dans les régions éloignées de l'Europe avec un climat extrême[235]. Dans ce qui précède j'ai déjà noté qu'il existe

[231] Cf. H. Honour, Wissenschaft und Exotismus, p. 24 ; E. Luchesi, Von den « Wilden/ Nacketen/ Grimmigen Menschfresser Leuthen/ in der Newenwelt America gelegen ». Hans Staden und die Popularität der « Kannibalen » im 16. Jahrhundert, in K.-H. Kohl, *Mythen der neuen Welt*, Berlin, 1982, p. 71 ; S. Colin, *Das Bild des Indianers im 16. Jahrhundert*, p. 17-18 ; *idem*, Holzfäller und Kannibalen. Brasilianische Indianer auf frühen Karten, in H. Wolff (éd.), *America. Das frühe Bild der neuen Welt. Ausstellung der Bayerischen Staatsbibliothek München vom 10. April bis 27. Juni 1992*, Munich, 1992, p. 179-180 ; H.-J. König, Von den neu gefundenen Inseln, Regionen und Menschen, p. 106 ; W. Haase, M. Reinholdt, *Scholarly images of the New World from the time of Columbus to the Present*, Berlin-New York, 1994 (*The Classical tradition and the Americas*, t. 1).

[232] Cf. S. Colin, *Das Bild des Indianers im 16. Jahrhundert*, p. 20-21. Dans S. Colin, Holzfäller und Kannibalen, p. 178-179, 181 elle fait remarquer que certains atlas de l'école de Dieppe présentent une image positive d'Indiens paisibles qui sont en train d'abattre le bois de brésil.

[233] Il existe une littérature abondante sur ce sujet. Je cite à titre d'exemple M. de Certeau, *L écriture de l'histoire*, Paris, 1975, p. 215-248 ; T. Todorov, *La conquête de l'Amérique. La question de l'autre*, Paris, 1982 ; P. Hulme, *Colonial encounters* ; *idem*, Tales of distinction. European ethnography and the Caribbean, in S. B. Schwarz (éd.), *Implicit understanding. Observing, reporting, and reflection on the encounters between Europeans and other peoples in the Early Modern era*, Cambridge-New York-Melbourne, 1994, p. 157-197 ; A. Pagden, *European encounters with the New World. From Renaissance to Romanticism*, New Haven-Londres, 1993 ; M. B. Campbell, *The witness and the other world* ; P. Mason, *Deconstructing America* ; S. Greenblatt, *Marvelous possessions* ; S. Greenblatt (éd.), *New World encounters*, Berkeley-Los Angeles-Oxford, 1993 ; W. D. Mignolo, *The darker side of Renaissance. Literacy, territoriality and colonization*, Ann Arbor, 1995, p. 269-281 ; S. Pratt, From the margins. The native American personage in the cartouche and decorative borders of maps, in *Word & image*, t. 12, 1996, p. 349-365 ; J. Hart, *Columbus, Shakespeare, and the interpretation of the New World*, New York, 2003. P. Freedman (The Medieval other. The Middle Ages as other, in T. S. Jones, D. A. Sprunger (éd.), *Marvels, monsters, and miracles. Studies in the Medieval and early modern imaginations*, Kalamazoo, 2002, p. 1-24) cherche à nuancer l'image stéréotypée de la société médiévale comme intolérante et même « raciste ».

[234] F. Gagnon, Le thème médiéval de l'homme sauvage dans les premières représentations des Indiens d'Amérique ; J. B. Friedman, *The monstrous races in Medieval art and thought*, p. 197-207 ; S. Colin, *Das Bild des Indianers im 16. Jahrhundert*, p. 63-114 ; *idem*, Holzfäller und Kannibalen, p. 176.

[235] Cf. P. Mason, *Deconstructing America*, p. 97-117.

une tradition cartographique très ancienne de représenter ces peuples comme des hommes nus et difformes qui s'adonnent à l'idolâtrie et à l'anthropophagie. Ce sont ces caractéristiques qu'on a appliquée à la représentation des Amérindiens et non pas celles de l'homme sauvage et hirsute.

La découverte du Nouveau Monde n'a donc certainement pas éliminé les peuples monstrueux sur les cartes. En vérité, et ce malgré l'assertion de Colomb que les habitants des îles de l'Inde ne présentent pas de difformités physiques[236], les découvertes leur ont insufflé une vie nouvelle, car on avait de nouveau recours à l'iconographie traditionnelle des monstres comme celle des cynocéphales et des hommes acéphales pour la représentation des habitants de l'Amérique[237] : on n'a qu'à penser à la *Cosmographie universelle* de Guillaume le Testu avec les cynocéphales dans l'Amérique du Nord, ou aux cartes de Jodocus Hondius avec des acéphales et des Amazones en Guyane. Un autre exemple en est l'image des cannibales à tête de chien dans l'*Uslegung der Mercarthen oder Cartha Marina* (1527) de Laurentius Frisius[238]. Les monstres n'étaient pas non plus repoussés dans les régions encore inconnues par la pression des résultats des découvertes[239] car, à côté des « Indiens » sauvages de l'Amérique, on rencontre toujours les monstres dans leurs régions traditionnelles, comme le Nord de l'Asie ainsi que l'Éthiopie. L'ethnographie de la cartographie du XVIe siècle se caractérise donc par le procédé cumulatif déjà signalé : les découvertes nouvelles se superposent aux connaissances anciennes et ces connaissances traditionnelles façonnent la perception du Nouveau Monde.

3. Deux souverains : Alexandre le Grand et Prêtre Jean

Les représentations des souverains Alexandre le Grand et Prêtre Jean dans la cartographie ancienne diffèrent sur plusieurs niveaux des animaux légendaires et des peuples monstrueux discutés aux paragraphes précédents. Premièrement, sur les cartes, l'image d'un seul animal ou monstre réfère à un groupe ou à une catégorie. Les représentations d'Alexandre et du Prêtre Jean renvoient par contre à deux individus. Deuxièmement, les animaux et les monstres sont intemporels tandis qu'Alexandre et le Prêtre Jean sont des personnages (pseudo-)historiques. Les deux paragraphes suivants seront centrés sur la présence et la survivance de leurs légendes dans la cartographie du XIIIe au XVIe siècles[240].

[236] Cité, entre autres, dans L. Weckmann, The Middle Ages in the conquest of America, p. 140, n. 28 ; P. Hulme, *Colonial encounters*, p. 42. P. Mason (*op. cit.*, p. 102-103) fait remarquer que Colomb fait quand même quelques allusions à des peuples avec des difformités physiques.

[237] Voir aussi L. Weckmann, *art. cit.*, p. 132-133.

[238] Cf. H. Wolff, *America. Das frühe Bild der Neuen Welt. Ausstellung der Bayerischen Staatsbibliothek München vom 10. April bis 27. Juni 1992*, Munich, 1992, cat. nº 23 ; H. Honour, Wissenschaft und Exotismus, p. 24-25, pl. 15. S. Colin (*Das Bild des Indianers im 16. Jahrhundert*, p. 37) fait remarquer que l'imprimeur Grüninger a recyclé une gravure sur bois qu'il avait utilisé auparavant pour la représentation des peuples de l'Orient.

[239] Comme l'a suggéré, par exemple, R. Wittkower, Marvels of the east. A study in the history of monsters, p. 74.

[240] M. João Ramos (Introdução, in *Carta do Preste João das Índias. Versões medievais latinas*, Lisbonne, 1998, p. 9-10) rapproche les deux personnages en caractérisant l'entreprise du Prêtre Jean comme « uma reformulação cristã do projecto imperial de Alexandro Magno » et en notant l'influence de la littérature alexandrine sur la Lettre du Prêtre Jean.

a. Alexandre le Grand

Les mappemondes des XIIe-XIIIe siècles

Au Moyen Âge les sources d'information les plus importantes sur la vie d'Alexandre le Grand étaient des textes. Certains d'entre eux remontent à des notices faites par des témoins oculaires, mais depuis l'Antiquité tardive on consultait également des textes entièrement fictifs, comme, par exemple, la lettre sur l'Inde qu'Alexandre aurait écrite à Aristote, l'*Epistola Alexandri ad Aristotelem*[241]. La tradition textuelle est trop compliquée pour la reproduire ici dans sa totalité. Il suffit de constater qu'elle remonte à des textes grecs et latins très anciens et que les textes sur le roi macédonien abondent au Moyen Âge, en latin et aussi en langue vulgaire[242]. Au Moyen Âge les comptes rendus des conquêtes d'Alexandre le Grand comptaient parmi les sources d'information sur l'Orient les plus importantes. Ces textes sur les exploits d'Alexandre et son armée sont donc étroitement liés à la géographie. Rien d'étonnant alors de voir un Orose référer déjà au conquérant macédonien dans sa *descriptio orbis* et y mentionner, entre autres, les autels d'Alexandre (les *arae Alexandri*) dans le Nord[243], ainsi que le camp du roi (le *castrum Alexandri*) près des montagnes de *Catabathmon* en Afrique[244].

La première mappemonde médiévale encore connue à référer explicitement aux exploits d'Alexandre le Grand est celle de Lambert de Saint-Omer qui mentionne : « Hic inclusit Alexander regna XXXII[245]. » Certains textes sur la vie d'Alexandre le Grand affirment qu'il aurait enfermé vingt-deux peuples (parfois aussi les dix tribus d'Israël)[246]. Selon d'autres textes

[241] W. W. Boer (éd.), *Epistola Alexandri ad Aristotelem ad codicum fidem edidit et commentario critico instruxit*. D'autres lettres, parmi lesquelles l'échange de lettres entre Alexandre et Dindimus, dans F. Pfister (éd.), *Kleine Texte zum Alexanderroman (Commonitorium Palladii, Briefwechsel zwischen Alexander und Dindimus, Brief Alexanders über die Wunder Indiens), nach der Bamberger Handschrift*, Heidelberg, 1910.

[242] Je me permets de renvoyer ici à l'étude de C. Cary, D. J. A. Ross, *The Medieval Alexander*, reprod. Cambridge, 1967 ; F. Pfister, *Der Alexanderroman mit einer Auswahl aus den verwandten Texten*, Meisenheim am Glan, 1978 ; D. Lecoq, L'image d'Alexandre à travers les mappemondes médiévales XIIe-XIIIe siècles, p. 65-68 ; J. Cölln, S. Friede, H. Wulfram, *Alexanderdichtungen im Mittelalter. Kulturelle Selbstbestimmung im Kontext literarischer Beziehungen*, Göttingen, 2000, p. 7-20. Pour les textes médiévaux sur Alexander le Grand, voir W. J. Aerts (et al.) (éd.), *Alexander the Great in the Middle Ages. Ten studies on the last days of Alexander in literary and historical writing*, Nimègue, 1978; R. Bräuer, Alexander der Grosse. Der Mythos von unbesiegbaren Eroberer der Welt als Vorbild, Warnung un pejoratives Exempel, in U. Müller, W. Wunderlich (éd.), *Herrscher, Helden, Heilige*, St. Gall, 1996, p. 3-19 ; M. Gosman, *La légende d'Alexandre le Grand dans la littérature française du 12e siècle. Une réécriture permanente* ; L. Harf-Lancner, Cl. Kappler (éd.), *Alexandre le Grand dans les littératures occidentales et proche-orientales: actes du colloque de Paris, 27-29 novembre 1999*, Nanterre, 1999 ; D. Maddox, S. Sturm-Maddox (éd.), *The medieval French Alexander*, Albany, 2002. Je remercie le Prof. Volker Honemann de m'avoir signalé le projet de recherche sur les romans d'Alexandre du Moyen Âge, dirigé par le Prof. F. Rädle de l'Université de Göttingen.

[243] Orose, *Historiae*, I.2.5.

[244] Orose, *Historiae*, I.2.9. Sur ces monuments mentionnés par Orose, voir Y. Janvier, *La géographie d'Orose*, Paris, 1982, p. 175.

[245] Cf. D. Lecoq, L'image d'Alexandre à travers les mappemondes médiévales XIIe-XIIIe siècles, p. 94.

[246] Cf. A. R. Anderson, *Alexander's gates, Gog and Magog and the enclosed nations*, Cambridge Mass., 1932, p. 19, 35-63 ; C. Cary, D. J. A. Ross, *The medieval Alexander*, p. 130-132 ; D. Lecoq, *art. cit.*, p. 96-103.

Alexandre y aurait enfermé les peuples apocalyptiques Gog et Magog[247]. Les noms de Gog et Magog sont nommés dans la Bible : dans les prophéties d'Ezéchiel (38 et 39,1-16) il est question d'un certain Gog du pays de Magog qui commandera les peuples impurs du Nord à la fin du monde. En tant que peuples, Gog et Magog figurent dans l'Apocalypse (20,8) où ils sont les auxiliaires de l'Antéchrist[248]. Selon une légende qui remonterait aux *Antiquitates Judaicae* de Josèphe (Ier siècle *A.D.*) et qui s'est propagée en Europe surtout à travers les *Revelationes* du Pseudo-Méthode (ca. 700), Alexandre aurait enfermé Gog et Magog derrière les montagnes Caspiennes afin de protéger le monde contre la venue de l'Antéchrist. La mappemonde de Lambert de Saint-Omer mentionne également les « arbores solis et lune ». La légende veut qu'Alexandre ait consulté en Inde l'oracle de ces deux arbres[249]. La réponse était qu'il assujettirait le monde, mais qu'il ne reverrait jamais son pays : il serait empoisonné.

Les éléments mentionnés ici, à savoir les autels d'Alexandre, Gog et Magog dans le Nord, le *castrum Alexandri* dans le Sud, ainsi que les *arbores solis et lune* en Orient, reviennent tous sur les mappemondes du XIIIe siècle, parfois complétés par certains autres détails. Jörg-Geerd Arentzen et surtout Danielle Lecoq ont déjà décrit de façon détaillée la présence d'Alexandre le Grand dans la cartographie médiévale[250]. Il serait inutile de répéter ici les données fournies dans leurs études. Il suffit de signaler que les références au roi macédonien abondent surtout sur les mappemondes du XIIIe siècle. A titre d'exemple j'esquisserai la présence d'Alexandre sur la mappemonde d'Ebstorf.

Sur cette mappemonde on voit dans le Nord, sur la frontière entre l'Europe et l'Asie, les trois autels érigés par Alexandre (« Are Alexandri Magni in finibus Robascorum [Orosium] »). Un texte inscrit à la même hauteur dans l'Océan, près de la *Mioporen insula*, explique qu'Alexandre a forcé les pirates de cette île à l'aider à descendre jusqu'au fond de l'océan dans leurs bateaux sous-marins. Pour commémorer ce fait et pour exprimer sa gratitude Alexandre a fait ériger ces autels[251]. Plus vers l'Est, dans une partie quadrangulaire entourée de murs se trouvent

[247] Une étude détaillée de la présence et la signification de Gog et Magog dans la cartographie ancienne est celle de A. Gow, Gog and Magog on *Mappaemundi* and early printed world maps. Orientalizing ethnography in the apocalyptic tradition, in *Journal of early modern history*, t. 2, 1998, p. 61-88. Sur Gog et Magog voir aussi : A. R. Anderson, *op. cit.*, p. 87-88 ; R. Manselli, I popoli immaginari. Gog e Magog, in *Settimane di studi sull'alto medioevo XXIX : Popoli e paesi nella cultura altomedievale (23-29 aprile 1981)*, Spoleto, 1983, p. 487-518 ; Ch. Burnett, P. Gautier Dalché, Attitudes towards the Mongols in Medieval literature. The XXII kings of Gog and Magog from the court of Frederick II to Jean de Mandeville, in *Viator*, t. 22, 1991, p. 153-167.

[248] Voir aussi Genèse 10,1-5 : Magog est le fils de Japhet. Dans l'*Epistola* du Presbyter Johannes, c. 15-20 (F. Zarncke (éd.), Der Brief des Priesters Johannes an den byzantinischen Kaiser Emmanuel, in *Abhandlungen der philologisch-historischen Classe der Königlichen Sächsischen Gesellschaft der Wissenschaften*, t. 7, 1879, p. 944) se trouvent également quelques allusions à Gog et Magog ainsi qu'à l'Antéchrist.

[249] Sur les sources de cette épisode, voir C. Cary, D. J. A. Ross, *The medieval Alexander*, p. 73 ; F. Pfister, *Kleine Schriften zum Alexanderroman*, Meisenheim am Glan, 1976, p. 9.

[250] J.-G. Arentzen, *Imago Mundi Cartographica*, p. 174-182 ; D. Lecoq, L'image d'Alexandre à travers les mappemondes médiévales XIIe-XIIIe siècles. Cf. N. R. Kline, *Maps of medieval thought. The Hereford paradigm*, p. 168-190 (sur la mappemonde de Hereford).

[251] « Hic fama est Alexandrum Magnum per obsidum federa accessisse, ut profundum maris in eorum colinchis id est navibus experiretur et donis datis aras erigi iussit. » Plus détaillé dans la *Cosmographia Æthici*, c. IIII. Cf. W. Rosien, *Die Ebstorfer Weltkarte*. Hanovre, 1952, p. 51 ; H. Kugler, Die Ebstorfer Weltkarte. Ein europäisches Weltbild im deutschen Mittelalter, in *Zeitschrift für deutsches Altertum und deutsche Literatur*, t. 116, 1987, p. 23-24.

Gog et Magog, les compagnons de l'Antéchrist, enfermés derrière les portes Caspiennes[252]. Ces portes ont été marquées sur la mappemonde d'Ebstorf au milieu de la chaîne de montagnes en demi-cercle qui sépare le Nord-Est de l'Asie du reste du monde[253]. La mappemonde d'Ebstorf réfère une deuxième fois à Gog et Magog dans une légende sur la *Taracontum insula* où ces peuples sont caractérisés comme des « Turci » qui mangent de la chair humaine avortée[254].

En Arménie se trouve le pont qu'Alexandre aurait fait construire pour traverser avec son armée le fleuve Oraxis. Plus vers l'est se trouvent le tombeau du roi perse Darius qu'Alexandre a vaincu, ainsi que la demeure de Porus, roi de l'Inde (« Domus Pori reges »). A droite de la tête du Christ on voit l'oracle des arbres du soleil et de la lune, déjà présents sur la mappemonde de Lambert de Saint-Omer. L'image sur la mappemonde d'Ebstorf évoque les deux arbres ainsi qu'une figurine humaine derrière un autel. Il ne s'agit pas d'Alexandre, car celui-ci aurait porté une couronne[255], mais c'est le prêtre qui rend l'oracle. Malheureusement la représentation de l'Orient sur la mappemonde d'Ebstorf n'est plus complète parce qu'une partie quadrangulaire y manque. La mappemonde de Hereford ainsi que celle du manuscrit des *Etymologiae* à Munich présentent au même endroit des références à des monuments qu'Alexandre aurait érigés aux confins orientaux du monde[256]. La mappemonde du Psautier mentionne en Orient les « are liberi et erculis ». Selon l'*Historia de preliis* (91, 1-4) et l'*Epistola Alexandri ad Aristotelem* Alexandre aurait vu en Orient des statues en or dressées par *Liber pater* et par Hercule. Afin de commémorer le fait qu'il avait dépassé ces prédécesseurs illustres, Alexandre aurait laissé, lui aussi, des monuments[257].

Revenons à la mappemonde d'Ebstorf : de l'autre côté de la mer Rouge se trouve une inscription sur les *Ichtiophagi* avec la remarque qu'Alexandre leur avait interdit de se nourrir de poissons. En Afrique, à la hauteur de la main gauche du Christ, la mappemonde d'Ebstorf mentionne les « Castra Alexandri », déjà mentionnés par Orose, avec l'explication énigmatique que son armée y aurait été anéantie[258]. Au même endroit se trouvent encore le « Templum serapis vel Apis » et l' « Oraculum Hammonis ». Malgré le fait que le nom d'Alexandre n'y figure pas, ces deux thèmes sont inextricablement liés à sa vie : pour mettre fin à des rumeurs sur sa descendance (on disait qu'il était né de l'union adultère de sa mère avec le prêtre égyptien

[252] « Hic inclusit Alexander duas gentes immundas Gog et Magog, quas comites habebit Antichristus. Hii humanis carnibus vescuntur et sanguinem bibunt. »

[253] « Porte Caspie. Dum hic et alibi Caspie dicuntur, indicet qui possit veritatem. »

[254] « Taracontum civitas et insula quam inhabitant Turci de stirpe Gog et Magog ; gens barbara et immunda, iuvenum carnes et abortiva hominum manducantes omnium truculentissimi. »

[255] Dans les exemples iconographiques allemands Alexandre est presque toujours représenté pendant sa conversation avec les arbres. On le reconnaît par son armure et sa couronne. Cf. D. J. A. Ross, *Illustrated medieval Alexander books in Germany and the Netherlands. A study in comparative iconography*, Cambridge, 1971, fig. 88-89, 98, 124 ; U. Ruberg, Mappae Mundi des Mittelalters im Zusammenwirken von Text und Bild, p. 575.

[256] La mappemonde à Munich mentionne les « columne alexandri » (cf. P. Gautier Dalché (éd.), *La « Descriptio mappe mundi » de Hugues de Saint-Victor. Texte inédit avec introduction et commentaire*, Paris, 1988, p. 167-168) et la mappemonde de Hereford les « Aree Alexandri ».

[257] Pour la question des sources, voir D. Lecoq, L'image d'Alexandre à travers les mappemondes médiévales xiie-xiiie siècles, p. 78, 80. Il est d'ailleurs à noter que Pline (*Nat. Hist.*, 6,18.49) et Solin (*Coll. rer. mem.*, 49,4) mentionnent des autels de *Liber pater*, ceux d'Hercule, ainsi que ceux d'Alexandre. Cf. la carte de la Palestine dite de saint Jérôme qui montre en Inde les « Columne Alexandri » et les « Columne Erculis ».

[258] « Castra Alexandri, ubi exercitus eius multimodis plagis interemptus est. »

Nectanébus), Alexandre avait pris la décision de consulter l'oracle du temple d'Hammon dans le désert. L'oracle lui assurait qu'il était le fils d'un dieu et qu'il conquerrait le monde entier[259]. Le « Templum serapis vel apis » réfère probablement à l'anecdote où Alexandre avait tenté, en vain, de consulter l'oracle du dieu égyptien Serapis[260].

Voici donc les informations sur Alexandre le Grand fournies par la mappemonde d'Ebstorf. Généralement parlant, les autres mappemondes présentent les mêmes thèmes complétés avec quelques autres références à Alexandre, comme, par exemple, les filles fleurs de l'Inde, évoquées seulement sur la mappemonde de Vercelli[261]. Les mappemondes ne réfèrent pas à tous les exploits d'Alexandre connus au Moyen Âge. Par exemple, son voyage au paradis terrestre[262] n'est pas mentionné, bien que le paradis se retrouve sur presque toutes les mappemondes. Il est remarquable qu'on ne voie jamais de représentation iconographique d'Alexandre lui-même sur les mappemondes du XIIIe siècle, d'autant plus que les cartes n'hésitent pas à représenter des personnages historiques. C'est ainsi qu'on voit sur la mappemonde d'Ebstorf Noé dans l'arche et sur la mappemonde de Hereford on voit Moïse recevoir les tables de la Loi.

Dans son étude sur la présence d'Alexandre le Grand dans les mappemondes des XIIe et XIIIe siècles, Danielle Lecoq a centré ses recherches sur les attestations les plus anciennes des thèmes alexandrins. Pour les *arae Alexandri* dans le Nord sur les mappemondes d'Ebstorf et de Hereford elle donne comme source Quinte-Curce (*Historiae*, IX,3)[263]. Ceci est correct, mais toujours est-il que les auteurs médiévaux de ces deux mappemondes ont vraisemblablement consulté des sources plus récentes, comme les *Historiae* d'Orose et la *Cosmographia Æthici*. L'attention que porte Lecoq aux sources antiques a également pour conséquence qu'elle pense pouvoir distinguer des rapports entre les Séres et les exploits d'Alexandre évoqués sur les mappemondes médiévales[264]. Il est vrai que l'*Epistola Alexandri ad Aristotelem* mentionne les Séres, mais aucune mappemonde encore connue ne les met en rapport avec Alexandre. Les cartographes ont donc pu utiliser une autre source, comme, par exemple, l'encyclopédie de Vincent de Beauvais. En vérité, un grand nombre d'éléments sur les mappemondes qui trouvent leur origine dans les textes grecs et latins sur Alexandre ne font pas du tout référence aux exploits du conquérant macédonien. Par exemple, les Brahmanes et les Gymnosophistes sont décrits tels quels sur les mappemondes, mais on cherchera en vain des références à leur rencontre avec Alexandre[265]. Cependant, il est évident qu'un lecteur lettré fera immédiatement l'association de ces merveilles de l'Orient avec la littérature médiévale sur Alexandre le Grand.

259 Voir sur ce sujet C. Cary, D. J. A. Ross, *The medieval Alexander*, p. 100-116 ; F. Pfister, *Kleine Schriften zum Alexanderroman*, p. 11, 37, 40, 43-45, 307-323 ; M. P. Arnaud-Lindet (éd./trad.), *Orose. Histoires (Contre les païens)*, Paris, 1990, p. 223 ; D. Lecoq, L'image d'Alexandre à travers les mappemondes médiévales XIIe-XIIIe siècles, p. 84-92.

260 Cf. F. Pfister, *op. cit.*, p. 111.

261 « Insula Ganges ; in ea sunt mirabilia inaudita, que audit Alexander rex ; hic sunt femine que flores sunt in citare. »

262 L'*Iter ad paradisum*. Cf. C. Cary, D. J. A. Ross, *The medieval Alexander*, p. 19-20. La seule exception est la mappemonde au début de la digression géographique de la *Fleur des histoires* dans le manuscrit de la Bibliothèque royale de Belgique à Bruxelles, Ms. 9260 (XVe siècle), f. 11r : « Paradisus in qua fuit Allexandris ». Cf. l'Appendice I. J'y reviens ci-dessous.

263 D. Lecoq, L'image d'Alexandre à travers les mappemondes médiévales XIIe-XIIIe siècles, p. 77.

264 D. Lecoq, *art. cit.*, p. 70.

265 Cf. D. Lecoq, *art. cit.*, p. 73-74.

Les cartes du monde des XIV*e*-XVI*e* *siècles*

Les portulans n'accordent pas autant d'importance à Alexandre le Grand que les mappemondes circulaires du XIIIe siècle. Les références aux exploits d'Alexandre sur les portulans se limitent souvent aux portes Caspiennes et à l'enfermement de Gog et Magog[266]. Il est à noter que les portulans ne se basent pas sur les mêmes sources que les mappemondes circulaires des siècles antérieurs : les portes Caspiennes s'appellent sur les portulans les *porte feree* et Gog et Magog sont souvent associés aux Tartari. Sur les mappemondes (ca. 1320) de Pietro Vesconte, on peut ainsi lire : « Porte feree. Hic fuerunt inclusi Tartari », ainsi que « Castrum Gog et Magog ». Plusieurs cartes postérieures ont repris ces inscriptions : sur la mappemonde de Giovanni Leardo de 1448 on lit toujours les légendes « porte feree » et « montagna de og e magog doue so sera de moltitudini de tartari ».

Danielle Lecoq identifie Josèphe (*Antiquitates Judaicae*, VII, 245-246) comme la source des *porte feree*[267], mais il est plus probable que les cartographes ont trouvé ce thème dans les comptes rendus des voyages de Guillaume de Rubrouck[268] et de Marco Polo[269]. L'origine de l'association de Gog et Magog aux Tartares n'est pas très claire[270], mais elle doit être courante à partir du XIIIe siècle, car Matthew Paris et Marco Polo décrivent déjà ces deux peuples comme des Tartares[271].

La plupart des cartes portulans renvoient seulement aux *porte feree* et aux *inclusi* sans référence aucune à l'auteur de cet acte héroïque. Certaines cartes portulans d'origine catalane constituent ici des exceptions. La représentation d'Alexandre sur ces cartes diffère cependant des mappemondes du XIIIe siècle, car les portulans montrent l'image d'Alexandre même. Par exemple, sur l'Atlas catalan de 1375 et encore sur la carte du monde catalane de Modène (ca. 1450) on voit Alexandre en personne enfermant Gog et Magog avec l'assistance du diable. Une autre différence par rapport aux mappemondes du XIIIe siècle est que l'Atlas catalan ne décrit

266 Sur la présence de Gog et Magog sur les cartes des XIVe-XVIe siècles, voir A. R. ANDERSON, *Alexander's gates, Gog and Magog and the enclosed nations*, p. 101-104.

267 D. LECOQ, L'image d'Alexandre à travers les mappemondes médiévales XIIe-XIIIe siècles, p. 99.

268 GUILLAUME DE RUBROUCK, *Itinerarium*, XIV, XVIII, XIX, XXXVII.

269 « Et vous di qu'Alixandre y fist fermer une tour moult forte par quoi celle gent ne peussent passer pour venir seur lui, et fu apelee la Port du Fer ; et ce est le lieu que le livre Alixandre conte comment il enclost les Tartars dedenz .II. montaignes, mais ce ne fu pas voirs que il fussent tartar, mes estoient unes gens qui s'apeloient Comains et autres generations assez, car Tartars n'estoient a celui tans. » MARCO POLO, *Le devisement du monde*, c. XXII, P. MÉNARD (et al.), *Marco Polo. Le devisement du monde*, I, Genève, 2001, p. 139. Cf. A. R. ANDERSON, *Alexander's gates, Gog and Magog and the enclosed nations*, p. 99.

270 Cf. A. R. ANDERSON, *op. cit.*, p. 98-99.

271 Sur la carte de la Terre sainte (ca. 1250) par Matthieu Paris : « Ceste terre est loing vers bise. Ci mainnent les nefs lignees ke li rois Alisandre enclot Gog e Magot. De ci vindrent celes gentz kem apele Tartarins, co dit hon ki tant unt les muntainnes, tut soient eles de dure roche, cicelle e tranche a force, ke issue unt cunquis, e mut unt grant terres cunquis e destrut Inde numeenement. » Cité dans S. LEWIS, *The Art of Matthew Paris in the Chronica Majora*, Berkeley, 1987, p. 507, n. 65. Cf. D. LECOQ, L'image d'Alexandre à travers les mappemondes médiévales XIIe-XIIIe siècles, p. 98. Malgré son assertion citée dans la note 269 que les Tartares n'existaient pas encore au temps d'Alexandre, Marco Polo décrit ailleurs le peuple de Magog comme des « Tatars » : « Et c'est le lieu que nos apelons en nostre païs Got et Magot, mais il l'apelent Ung et Mugal, car en cel province y avoit .II. generacions de genz avant que les Tartars partissent de la : Ung estoient ceuz du pays et Mugul estoient les Tartars ; et por ce sont il apelé aucune foiz Mongle les Tatars. » MARCO POLO, *Le devisement du monde*, c. LXXIII, PH. MÉNARD (éd.), *Marco Polo, Le devisement du monde*, I, Genève, 2001, p. 42.

pas Gog et Magog comme des anthropophages (le texte dit seulement qu'ils mangent de la viande crue)[272], mais comme des collaborateurs de l'Antéchrist : « Gog i Magog. Lo gran senyor príncep de Gog e de Magog. Aquest exirà en temps d'Antechrist ab molta gent. » L'Antéchrist adoré par des rois, par des évêques et par des moines est dépeint dans une deuxième région coupée du reste du monde par des chaînes de montagnes. Selon Andrew Anderson les deux « images de matall » qui ornent la porte trouveraient leur origine dans des légendes arabes. Le thème aurait été introduit en occident par le *Liber peregrinationis* de Ricoldo da Monte Croce : le moindre courant d'air fait sonner les trompes de ces statues, afin d'effrayer les peuples inclus[273].

Certaines autres cartes du monde des xve et xvie siècles continuent à inclure des références à Alexandre qui rappellent les textes sur les mappemondes du xiiie siècle. Sur la mappemonde (1436) d'Andrea Bianco les portes Caspiennes ne sont pas de fer mais en pierre (« Gog Magog (...) chest Alasander gie ne roccon ecartaira ») et Gog et Magog sont encore identifiés comme les tribus juives (« de tribus iudeoron »). La mappemonde gravée sur cuivre de la Biblioteca Apostolica Vaticana mentionne les « porte ferre », mais assimile Gog et Magog aux tribus judaïques enfermées du temps du roi perse Artaxis[274]. La petite mappemonde dans la *Fleur des histoires* de Jean Mansel ne porte aucune référence à Gog et Magog. Cependant cette carte est l'unique exemple à référer au voyage d'Alexandre au paradis terrestre : « Paradisus in qua fuit Allexandris ». Sur la même carte, près du paradis terrestre, se trouve l'image des arbres du soleil et de la lune. Ces arbres du soleil et de la lune reviennent également sur quelques autres mappemondes du xve siècle, notamment sur celle (1448) d'Andreas Walsperger qui donne l'image des arbres à l'entrée du paradis ainsi que sur la mappemonde gravée sur cuivre de la Biblioteca Apostolica Vaticana (« arbores conferti quibus locutus est alexander »)[275]. Cette dernière carte fait aussi allusion aux combats d'Alexandre avec le roi perse Darius et avec le roi indien Porus[276]. Le globe (1492) de Martin Behaim et la carte du monde (1550) de Pierre Desceliers sont les derniers exemples qui mentionnent les autels d'Alexandre dans le Nord[277]. Le globe de Behaim

272 Sur l'Atlas catalan de 1375 : « Muntanyes de Caspis dins les quals Allexandri viu arbres ten alts que les saines tochaven a les nuus e aquí cuidà morir, sinó que Setanat l'en gità per la sua art endoý aqui los tartres Gog e Magog e per éls féu les .II. images de matall, los demunt scrits. Ítem encloy aqui molts diverses generacions de gens qui no dupten a manjar tota carn crua, e aquesta és la generació ab què vendrà Antichrist e la lur fi serà foc qui avalar à del cel qui.ls confondra. » Un texte pareil sur la mappemonde catalane de Modène : « Montayes de caspis dins les quals alaxandre viu arbres que les simes tochauen fins alcell. e aquj cuyda morir sino que satanas longita asi es goch e magoch eay diuerses generacions que noduptan demanjar tota cran crua aquesta lageneracio que vindra antriuist e lalur fi sera foch. »

273 Cf. A. R. Anderson, *Alexander's gates, Gog and Magog and the enclosed nations*, p. 82-85 ; D. Lecoq, L'image d'Alexandre à travers les mappemondes médiévales xiie-xiiie siècles, p. 101.

274 « Provincia gog in qua fueront judei inclusi tempore artaxorsis regis persarum et Magog. in istis duabus sunt gentes magni ut gigantes plenum omnium malorum morum Quos judeos artaxor rex collexit de omnibus partibus persarum. »

275 D'autres exemples sont la mappemonde de Zeitz (ca. 1470), la mappemonde circulaire imprimée dans le *Rudimentum novitiorum* (1475) et la mappemonde circulaire imprimée (vers 1490) par Hans Rüst.

276 « Hic alexander darium debellavit cum XV milibus hominum in tribus bellis cum ejus milicia et pedones » et « Super istum montem victus est porrus rex indorum in duello per alexandram. »

277 Behaim : « Alexander altar. Bis an dis seite ist der gros alexander komen unt nit ferner gegen mitternacht » ; Desceliers: « autel dallexandre ».

contient en plus des légendes sur les arbres du soleil et de la lune ainsi que sur la guerre entre Alexandre et Darius[278].

Sur la grande mappemonde de 1460, Fra Mauro centre son attention sur Alexandre le Grand à plusieurs endroits, surtout en Asie : « Nota che secondo li istoriographi Alexandro macedo conquistò gran parte de questa asia, e edificò algune citade in diuersi luogi e meseli el suo nome[279]. » Contrairement aux mappemondes du XIIIe siècle, Fra Mauro ne perçoit plus Alexandre comme un conquérant qui s'est aventuré jusqu'à l'extrémité orientale du monde : « Regno tenduch. Parme qui difficile a creder che Alexandro uignisse tanto auanti. » Dans plusieurs légendes Fra Mauro mentionne les « porte de ferro » ou les « porte caspie », mais il ne croit pas que Gog et Magog y auraient été enfermés par Alexandre : « De qui è uulgo che questi populi rechiusi per Alexandro in questo paexe de hung e mongul deriua el nome suo da hi do' paexi ditti, i qual tra nui se chiama gog e magog, a la qual opinion io non credo[280]. » Dans une légende plus longue Fra Mauro explique qu'il n'est pas possible qu'il y ait tant de peuples inconnus dans cette partie de la terre. Il continue avec l'assertion que certains croient que « Ung et Mungul » (Gog et Magog en langue vulgaire) assisteront l'Antéchrist, mais il dit cependant y ajouter peu de foi en citant saint Augustin et Nicolas de Lyre[281].

La carte du monde lenticulaire dite génoise (1457) doit être nommée à part, car cette carte mélange plusieurs légendes. Les légendes mentionnent les tribus juives et l'Antéchrist[282], mais Gog et Magog sont confondus avec la description des Pygmei qui se battent avec les grues[283].

[278] « Di paminen sune und mont die mit konik alexander reden. » et « Hie stryt alexander mit darius. »

[279] La mappemonde de Fra Mauro donne en Asie un grand nombre de références aux exploits d'Alexandre le Grand. Pour des raisons de brièveté je ne les répète pas toutes.

[280] Il est remarquable que Fra Mauro reprenne ici la terminologie de Marco Polo, citée ci-dessus. Sur le fragment dans le Musée Topkapi Saray à Istanbul se trouve également une légende sur Gog et Magog basée sur Marco Polo.

[281] « Alguni scriue che a le radice del monte caspio ouer pocho lutan sono queli populi i qual come se leçe fono seradi per Alexandro Macedo. Ma certo questa opinion manifestamente è erronea e da non esser sostenuta per algun modo, perchè certo le si notò la diuersità de le nation che habitano circa quel monte che'l non è possibile che tanta numerosità de populi ne fosse ignoti cum sit che tute quele parte sono assai domestege per esser frequentade sì da nostri come da altre nation che sono çorçani, mingresi, armini, cercassi e tartari, e molte altre generation de populi, i qual fano continuamente quel camin. Vnde se questi populi fosse de li rechiusi credo che se queli ne hauesse notiçia anchora seriano a nui noti. Ma essendo questi tal populi ne la extremità de la terra come ne son certissamente informato, adeuien che ancor tute queste nation de sopra nominate non ne ha maçor noticia de nui. Perhò concludo che questi populi siano multo lutani dal monte caspio e siano come ho dito ne la extremità de la terra tra grieco e tramontana e sono circundadi da monti asperimi e dal mar occean quasi da tre bande, e questi sono sote el regno de tenduch e sono chiamati vng e mongul, i qual el uulgo dice gog e magog extimando che questi sia queli che diebano usir de lì al tempo de antichristo. Ma certo questo error è aduenuto per alugni che tirano la sacra scriptura al suo sentimento. Perhò io me acosto a la auctorità de sancto Augustino, el qual nel suo De Ciuitate Dei reproua la opinion de queli che dicono che gog e magog significa queli populi che darano fauor ad antichristo et in questa sentencia etiam concorda Nicolò de Lira, el qual expone questi do' nomi secondo la habraica uerità, ma de questa materia in altro luogo se ne parlerà cum mior modo quelo se douerà tignir. »

[282] « De hac gente, hoc est ex tribu dan, nasciturus est anticristus, qui magici arte montes istos appariens ad christicolas subvertendos accedet » et « Hic adeo iuduei habitant ex ebreorum generatione tribus decem cum dimidia beniamin qui legis suae effecti degeneres vitam qui ducunt epicurriam. »

[283] « Isti sunt gog generatione qui subitus altitudinem excedunt. » et « Isti sunt ex gog generacione qui (cu)bitus altitudinem dextenteum annum etatis e... omnium actium ... et continue a gruibus infestantur. »

Plus inhabituelle encore est la description des *inclusi* dans une tour construite par « Johannes Rex »[284].

Il existe donc de nombreux exemples de cartes du monde de la période postérieure au XIIIe siècle qui continuent à inclure des références à Alexandre le Grand. Il faut cependant avouer que selon l'évidence même, les cartographes des XVe et XVIe siècles ont tendance à bannir les références au Macédonien de leurs cartes. Malgré cela, de nombreuses cartes continuent à incorporer des légendes sur Gog et Magog, mais l'association avec Alexandre le Grand devient de moins en moins explicite. Sur le globe (1492) de Martin Behaim « Macoc » n'est que le nom de l'empereur de Tartarie[285]. Sur le planisphère de Juan de la Cosa on retrouve une même chaîne de montagnes que sur l'Atlas catalan enfermant le « R. Got » et le « R. Magot ». Cependant, sur cette carte-ci Gog et Magog sont représentés comme un cynocéphale et un acéphale. Johannes Schöner mentionne les féroces *iudaei clausi* sans référence aucune à Alexandre[286]. Les « iudei clausi » se retrouvent également sur la carte du monde (1507) de Martin Waldseemüller. Leur nom est inscrit derrière une chaîne de montagnes qui est pareille à celle des portulans catalans, mais on y cherche en vain le nom d'Alexandre. La carte du monde de Gerard Mercator de 1569, une des cartes les plus tardives à inclure une référence à Gog et Magog, les appelle « Ung et Mungul » d'après Marco Polo et décrit les statues de métal qui gardent les Tartares avec le son de leurs trompes déjà présents sur l'Atlas catalan[287]. Cependant, dans le recueil de cartes du monde Antique, le *Parergon* (1595, publication posthume)[288], figure une carte visualisant les expéditions du roi macédonien aux Indes. Y sont évoqués des éléments comme les « Alexandri Arae » et dans un grand cartouche on peut admirer le « Iovis Ammonis oracvlvm ». Alexandre le Grand réapparaît une dernière fois sur la carte du monde (ca. 1617) de Claes Janszoon Visscher où il figure parmi quatre grands conquérants de l'Antiquité faisant partie du programme de décoration encadrant la carte proprement dite.

En résumé, les références à Alexandre le Grand ont surtout une position prépondérante sur les mappemondes du XIIIe siècle. Cette importance ne se perpétue que sur les cartes portulans du XIVe siècle provenant de l'école catalane. Au cours des XVe et XVIe siècles la présence d'Alexandre dans la cartographie devient de moins en moins perceptible. L'intérêt diminué porté au Macédonien s'explique probablement par les voyages en Orient et dans le Nouveau Monde par lesquels les hommes des XIIIe, XIVe et XVe siècles se sont faits ses émules. Fra Mauro indiquait déjà ne pas croire qu'Alexandre s'était aventuré aussi loin en Orient que les voyageurs de son époque. Une opinion pareille se trouve dans l'introduction au *Weltbuch* (1534) de Sebastian Franck où l'auteur indique que les voyages des marchands vénitiens et ceux des Espagnols et Portugais

[284] « Has Turres construxit probabiliter Johannes Rex : inclusis his, ad eum non patet acessum. »

[285] « Diser kaiser von tartaria heist macoc » et en Asie : « og magog ».

[286] JOHANNES SCHÖNER, *Luculentissima quaedam terrae totius descriptio*, Nuremberg, 1515, f. 54v.

[287] « Hic in monte collocati sunt duo tibicines aerei quos verisimile est Tartaros in perpetuum vindicatae libertatis memoriam eo loci posuisse, qua per summos montes in tutiora loca commigraverunt. » Cf. A. R. ANDERSON, *Alexander's gates, Gog and Magog and the enclosed nations*, p. 102-103. Les mêmes notions réapparaîtront encore une fois sur la réédition de la carte du monde de Petrus Plancius (1594) : « Hic in monte a Tartaris collocati sunt duo Tebicines ærei in perpetuam vindicatæ Libertatis memoriam », « Ung quæ a nostris Gog dicitur », « Mongul quæ a nostris Magog dicitur » et sur la carte de l'Asie (ca. 1608) de Willem Jansz. Blaeu, où on lit : « Mongul que a nostris magog dicitur. »

[288] Ce recueil fait également partie de l'*Atlas sive cosmographicae meditationes* de Mercator. Cf. le chapitre II.

ont révélé qu'une grande partie de la terre était inconnue à Alexandre le Grand et aux Romains[289]. Vers la fin du XVIe siècle, finalement, on perçoit le roi macédonien de plus en plus comme un personnage historique, en témoignent la carte du *Parergon* de Mercator et la carte du monde de Visscher. Au chapitre suivant, je m'occuperai de la signification de cette présence d'Alexandre le Grand sur les cartes du monde postérieures au XIIIe siècle.

b. Prêtre Jean

La localisation du Prêtre Jean

La légende du Prêtre Jean est une création du XIIe siècle. Il serait un prêtre-roi très puissant dont le royaume immense occuperait une partie vaste des terres en Inde. La chrétienté occidentale nourrissait l'espoir que ce souverain chrétien s'allierait avec elle afin de reconquérir Jérusalem et de détruire l'Islam. La première mention du « rex et sacerdos Iohannes » se trouve dans la *Chronica sive historia de duabus civitatibus* (1143-1146) d'Otton de Freising (1111/15-1158)[290]. A partir de la deuxième moitié du XIIe siècle (ca. 1160) des lettres fictives, dont on prétendait qu'elles étaient de la main du Prêtre Jean, circulaient en Europe. Dans ces lettres, d'abord en latin, mais ensuite en plusieurs langues vulgaires, le Prêtre Jean décrit en détail sa puissance et son royaume en Inde[291]. Au cours des siècles on constate que la lettre fait l'objet de plusieurs remaniements. Bien qu'on ne puisse pas vraiment parler de *la* Lettre du Prêtre Jean (les dif-

[289] « Nun von der gelegenheyt groͤsse vnd weitte der selben wer auch ein grosser teyl vnbekant wa nit des grossen Alexanders vnd der Roͤmer gwalt die welt hetten auffgeschlossen vnd sunderlich zuͦletst yetz in hundert jaren der Venediger herrschafft der kaufleüt fürwitz vnd goldthunger vnd des künigs von Portugals vnd Hispanien mörfart vil land vnd leüt ja gleich neüwe wellt vns vormals vnbekant hetten gefunden (...). » Sebastian Franck, *Weltbuch. Spiegel und bildnisz des gantzen erdbodens*, Tübingen, 1534, *sig.* aii r.

[290] « Iohannes quidam qui ultra Persidem et Armeniam in extremo oriente habitans rex et sacerdos cum gente sua christianus est, sed nestorianus. » Otton de Freising, *Chronica sive historia de duabus civitatibus*, VII.33, W.Lammers (éd.), *Ottonis Episcopi Frisingensis 'Chronica sive Historia de duabus civitatibus'/Otto Bischof von Freising 'Chronik oder die Geschichte der Zwei Staaten'*, Darmstadt, 1960, p. 556. Cf. M. Gosman, Otton de Freising et le Prêtre Jean, in *Revue belge de philologie et d'histoire*, t. 61, 1983, p. 270-285.

[291] Pour les versions latines de la lettre voir F. Zarncke (éd.), Der Brief des Priesters Johannes an den byzantinischen Kaiser Emmanuel, in *Abhandlungen der philologisch-historischen Classe der königlichen Sächsischen Gesellschaft der Wissenschaften*, t. 7, 1879, p. 872-934 ; complété par B. Wagner, *Die „Epistola presbiteri Johannis" lateinisch und deutsch. Überlieferung, Textgeschichte, Rezeption und Übertragungen im Mittelalter, mit bisher unedierten Texten*. Tübingen, 2000. Les versions en ancien français et en ancien occitan dans M. Gosman (éd.), *La Lettre du Prêtre Jean. Les versions en ancien français et en ancien occitan. Textes et commentaires*, Groningue, 1982. Cf. A.-D. von den Brincken, Presbyter Iohannes, Dominus Dominantium – ein Wunsch-Weltbild des 12. Jahrhunderts, in A. Legner (et al.) (éd.), *Ornamenta ecclesiae. Kunst und Künstler der Romanik. Katalog zur Ausstellung des Schnütgen-Museums in der Josef-Haubrich-Kunsthalle*, Cologne, 1985, p. 83-97 ; U. Knefelkamp, *Die Suche nach dem Reich des Priesterkönigs Johannes. Dargestellt anhand von Reiseberichten und anderen ethnographischen Quellen des 12. bis 17. Jahrhunderts*, Gelsenkirchen, 1986 ; R. Simek, *Erde und Kosmos im Mittelalter. Das Weltbild vor Kolumbus*, Munich, 1992, p. 90-94, I. Bejczy, De brief van Pape Jan. Legende, functie en hyperrealiteit in een middeleeuws document, in *Tijdschrift voor Geschiedenis*, t. 106, 1993, p. 483-495 ; *idem*, *La Lettre du prêtre Jean, une utopie médiévale*, Paris, 2001. Je remercie le Prof. Volker Honemann de m'avoir signalé l'étude de B. Wagner (*op. cit.*) sur les versions latines et allemandes de la Lettre du Prêtre Jean.

férences entre les versions subsistantes sont parfois considérables) le noyau du message se conserve dans presque toutes les versions. La description de l'Inde dans la Lettre du Prêtre Jean est conforme à l'image de l'Inde donnée par les *descriptiones orbis* et par les mappemondes circulaires : les terres y abondent en merveilles et en richesses infinies. L'intérêt de la Lettre ne se limite pourtant pas à une description sèche des merveilles de l'Inde : elle a également des fonctions idéologiques[292]. Le royaume du Prêtre Jean ainsi que son organisation politique et religieuse ont probablement servi comme un modèle propageant le rassemblement du pouvoir dans la personne d'un *rex et sacerdos*.

Il est donc surprenant qu'un personnage qui a suscité tant d'intérêt en Occident ne soit mentionné sur aucune carte avant le XIVe siècle, d'autant plus que les mappemondes circulaires du XIIIe siècle incorporent des références à un roi très puissant en Orient. La mappemonde de Hereford cite un texte de Solin sur un roi de l'Inde qui a des milliers d'hommes, de chevaux et d'éléphants sous ses ordres[293]. La mappemonde d'Ebstorf dépeint sans texte explicatif un roi dans une île du Gange qui, à l'aide du *Speculum naturale* de Vincent de Beauvais, peut être identifié comme le même roi de l'Inde[294]. Malgré le fait que les lettres du Prêtre Jean circulaient depuis plus d'un siècle, l'identification de ce roi comme le Prêtre Jean ne se fait pas. L'absence du prêtre-roi est d'autant plus étonnante que les mappemondes d'Ebstorf et de Hereford évoquent explicitement les chrétiens en Éthiopie. La mappemonde de Hereford mentionne les « gens Nibie Ethiopes christianissimi » et la mappemonde d'Ebstorf a une légende encore plus élaborée :

> Locus qui dicitur Moyse id est aque ortus. Qui hic habitant, Nibei vocantur. Gens hec est semper nuda, ...u modum veridica, christianissima, auro dives est ; negotio vivit ; tres habet reges et totidem episcopos. Jerusalem cum multa turma et cum multa pecunia frequenter venit et sepulchrum Domini multa pecunia honorat et ditat.

Il aurait été logique d'identifier ces chrétiens comme le peuple du Prêtre Jean, mais on cherche en vain son nom sur ces mappemondes. La mappemonde (ca. 1340) attribuée à Ranulf Higden fait également allusion aux chrétiens de l'Ethiopie[295], mais c'est seulement dans le Nord qu'on lit : « Sithia inferior, cuius pars est Alania, propter barbaras gentes. Ex parte aquilonis habitant Tartari, quorum rex fuit presbyter Johannes. » On n'identifiait donc pas des chrétiens

[292] Cf. M. Gosman (éd.), *La Lettre du Prêtre Jean*, p. 38, 47-48 ; I. Bejczy, *La Lettre du prêtre Jean, une utopie médiévale* ; G. Zaganelli, L'orient du prêtre Jean et la tradition encyclopédique du Moyen Age, in *La géographie au Moyen Age. Espaces pensés, espaces vécus, espaces rêvé. Arras, Journée d'études, 30 janvier 1998 (Perspectives médiévales. Suppl. 24)*, 1999, p. 97-107.

[293] « Pobbrota civitas, quam inhabitant Prasia, gens Yndie validissima, qu[a]rum rex sescenti milia peditum, et equitum triginta milia, et elephantorum octo milia cotidie ad stipendium vocat. » Cf. Solin, *Coll. rer. mem.*, 52,12.

[294] « In Gange insula est populissima, amplissimam continens gentem, Quorum Rex quinquaginta milia peditum, equitumque quinquagintaquatuor milia in armis habet. Omnes sane quicunque sunt prędití regia potestate, no(n) sine maximo elephantoru(m), equitu(m) etiam, peditum quoque numero militarem agitant disciplinam. » Vincent de Beauvais, *Speculum naturale*, XXXII,iii, *Speculum naturale, Douai, 1624* (*Vincentius Bellovacensis: Speculum maior*, t. 1), reprod. Graz 1964-1965, col. 2401. Le même roi réapparaît dans la *descriptio orbis* du *Speculum historiale*, I.lxiii.

[295] « Gens Arabea Ethiops super (= *semper*) nuda, veridica atque christianissima. Tres habet reges, tot episcopos. »

déjà connus comme appartenant au royaume du Prêtre Jean. L'information sur le « presbyter Johannes » dans le Nord semble d'ailleurs provenir d'une autre source que la Lettre du Prêtre Jean, car celle-ci ne fait pas référence aux *Tartari*. Le cartographe de cette mappemonde s'est probablement basé sur le compte rendu du voyage de Guillaume de Rubrouck ou bien sur le *Devisement du monde* (c. LXV-LXVIII) de Marco Polo.

De même que les lettres associées aux aventures d'Alexandre le Grand en Inde, la Lettre du Prêtre Jean est une description de cette région où figurent les mêmes merveilles que sur les mappemondes. On n'a qu'à penser aux animaux légendaires, aux peuples monstrueux, à Gog et Magog, aux Amazones et même à l'apôtre Thomas. La Lettre du Prêtre Jean et les mappemondes circulaires du XIIIe siècle ont donc un grand nombre d'éléments en commun, mais on cherchera en vain des citations ou des références à la Lettre sur les mappemondes[296]. Voilà pourquoi Ulrich Knefelkamp a eu tort de rapprocher la cartographie d'avant le XVIe siècle et la Lettre du Prêtre Jean, suggérant ainsi que la Lettre compte parmi les sources de la cartographie de cette époque[297]. Konrad Miller a suggéré que la Lettre du Prêtre Jean aurait été un des sources de l' « Arbor Balsami : id est, Arbor Sicca » évoqué dans l'extrême Orient près du paradis terrestre sur la mappemonde de Hereford[298]. Il est d'ailleurs à noter que l'arbre sec se retrouve également sur la mappemonde d'Andrea Bianco ainsi que sur la mappemonde de Fra Mauro (« Arbor secho del qual se uulga de qui assa' signification »)[299]. Miller n'a pourtant pas tout à fait raison, car on cherche en vain la mention d'une *arbor sicca* dans la Lettre. Ce n'est que dans une interpolation dans le texte latin[300] et dans la version occitane[301] qu'il est question d'un arbre (l' « arbre de vertut » en occitan) dans la plaine du Rimoc (ou Zamoch) qui existe depuis la Création et qui sera là jusqu'à la fin du monde. A proximité de cet arbre se trouve un rameau immense sans feuille aucune. Cette plante merveilleuse produit une seule pomme qui donne une odeur suave dès qu'un malade s'en approche. Cette description d'un rameau sans feuilles fait penser à l'arbre sec, mais il ne s'agit pas de la source de l' *arbor sicca* sur la mappemonde de Hereford, car celle-ci ne comporte aucune référence à une pomme. Des références à l'arbre sec proprement dit se trouvent dans un très grand nombre d'autres textes médiévaux, entre

[296] Cf. I. BEJCZY, *La Lettre du prêtre Jean, une utopie médiévale*, p. 44.

[297] U. KNEFELKAMP, *Die Suche nach dem Reich des Priesterkönigs Johannes*, p. 87-105. G. ZAGANELLI (L'orient du prêtre Jean et la tradition encyclopédique du Moyen Age, p. 106) fait remarquer qu'aucun texte encyclopédique n'a exploité la Lettre.

[298] K. MILLER, *Die Herefordkarte*, p. 8-9. Pour une photographie détaillée de l'*arbor sicca* sur la mappemonde de Hereford, voir P. D. A. HARVEY, *Mappa mundi. The Hereford world map*, Londres, 1996, p. 40. S. D. WESTREM (*The Hereford map*, p. 38) renvoie à l'*Historia de preliis* pour l'arbre balsamique et à la *Legenda aurea* de Jacques de Voragine. Pour l'arbre sec que Seth aurait emmené du paradis terrestre et dont le bois servirait plus tard pour la croix. La légende de la quête de Seth pour l'huile de l'arbre de vie est partiellement liée à la légende de l'arbre sec, cf. E. C. QUINN, *The quest of Seth for the oil of life*, Chicago, 1969 ; A. M. L. PRANGSMA, *La légende du bois de la croix dans la littérature française médiévale*, Assen, 1995 ; B. BAERT, *A heritage of holy wood. The legend of the true cross in text and image*, Leyde, 2004. Je reviendrai sur l'arbre sec au chapitre VI (p. 266-267).

[299] Cf. M. R. BENNETT, The legend of the green tree and the dry, in *Archaeological journal*, t. 83, 1926, p. 31.

[300] L'*Epistola* du Presbyter Johannes, F. ZARNCKE (éd.), Der Brief des Priesters Johannes an den byzantinischen Kaiser Emmanuel, E33-35.

[301] M. GOSMAN (éd.), *La Lettre du Prêtre Jean*, p. 520-530.

autres dans le *Livre de Sydrac* (après 1268) et les *Voyages* de Jean de Mandeville (xive siècle)[302].

La présence du Prêtre Jean sur les cartes du monde a suscité peu d'intérêt, probablement parce que ce personnage légendaire ne fait pas partie des *realia* de la découverte du monde. Voilà pourquoi Armando Cortesão a qualifié la légende du Prêtre Jean comme la plus grande mystification de l'histoire de la cartographie (« the greatest hoax in the history of cartography »)[303]. Jusqu'à présent il n'existe qu'une seule étude fiable de la présence du Prêtre Jean dans la cartographie : elle se trouve dans un recueil d'études, déjà mentionné, sur le Prêtre Jean par Ulrich Knefelkamp[304]. On peut cependant compléter certaines observations de ce dernier.

Pour ce qui est des premières cartes qui incorporent des références au Prêtre Jean, il faut attendre les cartes portulans et les mappemondes circulaires façonnées d'après les portulans du début du xive siècle. Selon Armando Cortesão la première carte serait celle (ca. 1307) attribuée à Giovanni di Carignano. Sur cette carte, qui est maintenant perdue, sont inscrites trois formes circulaires surmontées d'une croix. Du texte accompagnant n'est lisible que « ...regio christiani » ou « ...eratore christiani »[305]. Cette référence est assez équivoque[306], car on n'y trouve pas le nom du Prêtre Jean et les chrétiens de l'Éthiopie sont déjà présents sur les mappemondes circulaires du xiiie siècle. La première mention du nom du Prêtre Jean se trouve sur les mappemondes circulaires (ca. 1320) dressées par Pietro Vesconte pour les manuscrits de la *Satyrica historia* et l'*Historia magna* de Paulin de Venise ainsi que pour les manuscrits du *Liber secretorum fidelium crucis* de Marino Sanudo. Ces cartes situent le Prêtre Jean dans l'extrémité orientale du monde dans un texte bref : « India inferiorum Iohan presbitri »[307].

302 E. Ruhe (éd.), *Sydrac le philosophe. Le livre de la fontaine de toutes sciences*, Wiesbaden, 2000, p. 407. C. Deluz (éd.), *Jean de Mandeville, Le livre des merveilles du monde*, Paris, 2000, p. 177-178. Il est impossible de donner ici des références complètes. Des renseignements utiles dans M. R. Bennett, The legend of the green tree and the dry ; C. Gerhardt, Der Phönix auf dem dürren Baum ('Historia de preliis' cap. 106), in W. Harms, H. Reinitzer (éd.), *Natura loquax. Naturkunde und allegorische Naturdeutung vom Mittelalter bis zur frühen Neuzeit*, Frankfurt a.M, 1981, p. 76, n. 15 (avec de nombreux exemples iconographiques) ; G. B. Ladner, Vegetation symbolism and the concept of Renaissance, in G. B. Ladner, *Images and ideas in the Middle Ages. Selected studies in history and art*, Rome, 1983, p. 727-763.

303 A. Cortesão, *History of Portuguese cartography*, Coimbra, 1969-1971, t. 1, p. 255-275. Repris par D. Woodward, Medieval *mappaemundi*, p. 333. Voir aussi L. A. Brown (*The story of maps*, reprod. New York, 1979, p. 98-99) : « popular fancy ».

304 U. Knefelkamp, *Die Suche nach dem Reich des Priesterkönigs Johannes*, p. 87-105, 133-135. Pour quelques remarques sur ce sujet, voir G. Pistarino, I Portughesi verso l'*Asia* del Prete Gianni, in *Studi medievali*, t. 2, 1961, p. 113-129 ; A. Cortesão, *op. cit.*, t. 1, p. 255-275 ; A.-D. von den Brincken, Presbyter Iohannes, Dominus Dominantium – ein Wunsch-Weltbild des 12. Jahrhunderts ; J. R. S. Phillips, *The Medieval expansion of Europe*, p. 151-154, 190-192 ; R. Jaspers, Priester-Koning Paap Jan, een historische fictie in vijftiende- en zestiende-eeuwse drukken in de Nederlanden, in *Jaarboek van het Nederlands Genootschap van Bibliofielen*, 1997, p. 110-117.

305 A. Cortesão, *op. cit.*, t. 1, p. 257. Cette carte se conservait à Florence (Archivio di Stato, CN2) jusqu'en 1943. Pour une reproduction voir L. Bagrow, R. A. Skelton, *History of cartography*, pl. XXXIII. A.-D. von den Brincken (« ...Ut describeretur universus orbis ». Zur Universalkartographie des Mittelalters, in A. Zimmerman (éd.), *Methoden in Wissenschaft und Kunst des Mittelalters*, Berlin, 1970, p. 270) fait remarquer que Giovanni de Carignano mentionne encore une fois le Prêtre dans sa *scriptura*.

306 Même opinion dans D. Woodward, Medieval *mappaemundi*, p. 333 : « rather indistinctly ».

307 Cité d'après *Bruxelles, Bibl. Royale de Belgique*, Ms. 9404-5, f. 173v-174r.

Les cartes portulans d'origine catalane de la même époque ont par contre tendance à situer le Prêtre Jean en Éthiopie[308]. Le premier exemple est le portulan de Dulcert (1339) où un texte inscrit près du Nil explique :

> Nubia saracenorum : Jste Rex saracenus habet continue gueram cum christianos Nubie et ethiopie que sunt sub dominio prest Jãne christianus niger.

Un texte pareil est reproduit sur l'Atlas catalan de 1375 :

> (...) ciutat de Núbia. Aquest rey de Núbia està tots temps en guerra e armes ab los chrestians de Núbia qui són sots la senyoria del enperador de Etiopia e de la terra de Preste Johan[309].

La carte anonyme provenant de l'école majorquine datant de ca. 1400 est le premier portulan à localiser explicitement le Prêtre Jean : la légende relative à la ville située près des branches méridionales du Nil explique que c'est la ville de *Nubia* où réside le Prêtre Jean, le seigneur des Chrétiens[310].

Il existe donc des variantes considérables en ce qui concerne la localisation du Prêtre Jean. Sur la seule base des textes concernant le Prêtre Jean, G. Uzielli a cru pouvoir distinguer trois périodes[311] :

1. A partir de la deuxième moitié du XIIe jusqu'à la première moitié du XIVe siècle : le Prêtre Jean est principalement localisé en Asie (l'Arménie, la Tartarie, l'Inde et la Chine).
2. De la seconde moitié du XIVe siècle jusqu'à 1500 : des idées confuses concernant des souverains divers en Inde, en Chine et en Éthiopie qu'on appelle tous Prêtre Jean.
3. A partir de 1500 jusqu'au XVIIIe siècle : on identifie le Négus de l'Ethiopie au Prêtre Jean. Cette dernière identification disparaîtra lentement.

Sur la base des cartes du monde du XIVe au XVIe siècles Ulrich Knefelkamp arrive à une conclusion légèrement différente : au XIVe siècle le Prêtre Jean se trouve en Inde ainsi qu'en Éthiopie. Au XVIe siècle il ne reste que l'Éthiopie comme pays d'origine du prêtre-roi, mais il existe quand même encore quelques cas isolés où l'on continue à placer le Prêtre Jean en Inde ou en Chine[312]. Cependant, la localisation du Prêtre Jean sur les cartes encore survivantes indique que les périodisations ne sont pas si cohérentes que le prétendent Uzielli et Knefelkamp. En vérité, la plupart des cartes du XIVe au XVIIe siècles placent le Prêtre Jean en Éthiopie, ou très

[308] Le Prêtre Jean figure également en Éthiopie sur quelques portulans et cartes du monde provenant d'Italie. Voir, par exemple la carte du monde (1436) d'Andrea Bianco (« Imperium prete Ianis »).

[309] La guerre continue entre le Prêtre Jean et les sarrasins de l'Afrique est un thème qui réapparaîtra jusqu'au XVIe siècle. Ce même atlas indique également le tombeau de saint Thomas en Inde. L'apôtre Thomas est souvent associé au territoire du Prêtre Jean, mais sur l'Atlas Catalan son tombeau se trouve dans le royaume d'un roi chrétien, appelé Steve : « Açí senyoreya lo rey Steve, christià. Açí és lo cors de sent Thomàs apòstel. Mira per la ciutat Butifilis. »

[310] Le texte est très difficilement lisible : « ciutat de nubia en esta ciutat/ est laseu de preste johan senyor/dels christianos (...). »

[311] G. Uzielli, *Il prete Gianni*, Florence, 1893, cité dans G. Crivellari, *Alcuni cimeli della cartografia medievali esistenti a Verona*, Florence, 1903, p. 25, n. 2.

[312] U. Knefelkamp, *Die Suche nach dem Reich des Priesterkönigs Johannes*, p. 104. Sur la localisation du royaume du Prêtre Jean voir aussi : I. Bejczy, *La Lettre du prêtre Jean, une utopie médiévale*, p. 41-45 ; F. Relaño, *The shaping of Africa. Cosmographic discourse in late Medieval and early modern Europe*, p. 55.

près de cette région. Il n'y a que certaines cartes du monde circulaires et certaines cartes à projection qui localisent le Prêtre Jean et son royaume en Inde. Ce phénomène ne se limite pas aux cartes les plus anciennes : le Prêtre figure en Inde jusqu'au XVIe siècle. C'est ainsi qu'il se trouve en Inde sur la carte du monde circulaire (1448) d'Andreas Walsperger[313]. Le Prêtre figure également en Inde sur des cartes dressées suivant un système à projection assez avancé, comme, par exemple, les cartes du monde (ca. 1490) par Henricus Martellus[314], et une carte à projection ptoléméenne dans le *Kollegienbuch* (1515-1518) de Sebastian Münster[315]. Martin Waldseemüller place le Prêtre Jean en Inde sur sa carte du monde de 1507[316], mais sur sa *Carta marina* (1516) ce personnage est représenté en Éthiopie[317]. Le déplacement du Prêtre Jean est causé par les sources de Waldseemüller, car pour cette dernière carte il s'est basé sur des cartes portulans portugaises. Abraham Ortelius mentionne encore le Prêtre Jean sur la carte de la *Tartaria* dans le *Theatrum orbis terrarum* (1570), mais une légende inscrite en Orient indique qu'à l'époque de l'apôtre Thomas le Prêtre Jean aurait régné en Inde[318]. Sur sa carte du monde (1569), Gérard Mercator décrit la mort du Prêtre Jean ainsi que celle de son successeur Vuth Khan selon le témoignage de Marco Polo dans un grand cartouche (intitulé *De presbitero Joanne Asiatico et prima dominii Tartarorum origine*)[319]. Sur la même carte le Prêtre Jean est nommé une deuxième fois en Afrique, cette fois-ci avec une image : « Prete Giam magnus Imperator Abissini. » Il n'est donc pas question ici d'un déplacement de la localisation du Prêtre Jean qui se produirait avant 1500, car au XVIe siècle on trouve toujours des cartes qui placent son royaume en Inde. Ce sont par contre les sources utilisées par le cartographe qui imposent le choix pour l'Inde ou l'Ethiopie.

Il n'est d'ailleurs pas question d'un véritable déplacement du royaume du Prêtre Jean : il reste toujours sur le même continent, car dans la vision médiévale du monde c'est le Nil qui sépare l'Asie de l'Afrique[320]. Par conséquent, l'Éthiopie ne se trouve pas en Afrique mais en Asie.

[313] « Porta inde siue nyessa caput indorum ubi presbyter johannes habita. »

[314] Au centre de la Chine : « Hic dñatur presbiter Johannes imperator tocius Jndie », mais aussi en Ethiopie : « Hic dñatur don Giouanj bemu rex cenage e biageri christianus noctus. » (Textes dans : A. Cortesão, *History of Portugese cartography*, t. I, p. 258).

[315] *Munich, Bayerische Staatsbibliothek*, Clm 10691, f. 206v. En « Chatay » (la Chine) : « Hic habitat prestre Iohanes. »

[316] « Hic dominatur ille bonus rex et dominus qui vocatur prester ioha(n)nes d(omi)n(u)s toci(us) Indie Orientalis et meridionalis et omnes reges Indie sub ei(us) dominio su(n)t et in omnib(us) montib(us) Indie reperiuntur lapides preciosi de omni genere et de omni genere specior(um). »

[317] Waldseemüller ne ressent pas la nécessité de s'expliquer : « Hic dominatur ille potentissim(us) rex quem nos vocam(us) prespeter(um) iohannem dominum indie maioris cui(us) dominiam Egipto mari rubro et regno melindor(um) diuiditur. Sunt que om(n)es cristiani abasini (...) » et : « In civitate Amaharic olim Auxuma presidet rex de habesch siuve de indie Etiopie que nos vocamus p(res)piter(um) ioh(an)us (...). »

[318] « Argon christianorum olim regnu(m) no(m)i(n)e presbiteri Ioa(n)is in Asia erat à D. Thoma ibi institutum, ut romanę corresponderet ecclesię, per presbiterum Ioa(n)em Africanum Romę obediens. Et antequam a Gothanis vinceretur. Criue romane nuncupabatur. » Ortelius mentionne le Prêtre Jean encore une fois dans son *Theatrum orbis terrarum* sur la carte de l'Afrique. J'y reviens ci-dessous (p. 237).

[319] « Haec breviter collegimus ex Marco Polo Veneto, Haitono Armenio et Gulielmo Tripolitano (...). » Sur la carte on peut lire en Orient : « Tenduc regnum in quo Christiani ex posteritate Presbiteri Joannis regnabat tempore Marci Pauli Veneti anno Domini 1290. »

[320] Cf. G. Pistarino, I Portughesi verso l'*Asia* del Prete Gianni, p. 114-115 ; F. Relaño, *The shaping of Africa. Cosmographic discourse in late Medieval and early modern Europe*, p. 53-54.

Cette conception s'est perpétuée sur certaines cartes post-médiévales, comme, par exemple, l'atlas de portulans (1558) par Diogo Homem, où le Prêtre Jean est localisé en Éthiopie, appelée ici « India Maior ethiopi ». Un autre exemple en est l'épithète « Prêtre Jean de l'Inde » qui figure fréquemment sur des cartes, comme sur le portulan (1533) de Jacobus Russus : « Presti Iuannj de india ».

Les images du Prêtre Jean sur les cartes

Dans le passé, on ne s'est guère occupé de la représentation du Prêtre Jean sur les mappemondes, ni d'ailleurs des connotations que comporte sa présence sur les documents cartographiques. Il est alors surprenant que la représentation du Prêtre Jean ne soit pas identique sur toutes les cartes. Par exemple sur le portulan (1339) de Dulcert, déjà mentionné, le nom du Prêtre Jean figure seulement dans une légende sur la cité de Nubia. Le Prêtre lui-même n'est pas localisé sur cette carte. Cependant, des croix à triples barres horizontales figurent sur les terres entre les deux branches méridionales du Nil, munies de la légende suivante :

> Nubia. Scias quod etiopia habet Imperatorem qui nominatur senapus id est servus crucis. etiam habet lxxij. reges sub se[321].

Des croix à triples barres apparaissent également sur l'Atlas catalan : deux villes chrétiennes en *Nubia* sont surmontées de drapeaux avec ces symboles. Il est bien étonnant de trouver ces croix à cet endroit, car normalement la croix à trois barres horizontales est considérée comme la croix de la papauté occidentale[322].

La première image cartographique du Prêtre Jean figure sur le portulan de 1413 de Mecia de Viladestes. Comme il existe peu d'images du Prêtre Jean hors du domaine cartographique[323], cette iconographie a dû être construite spécifiquement pour servir au message cartographique. Sur cette carte de Mecia de Viladestes de 1413 on voit entre les branches méridionales du Nil

[321] Cf. A. Cortesão, *History of Portugese Cartography*, t. i, p. 257. Les mêmes données réapparaîtront parmi les notices du cardinal Fillastre dans son exemplaire de la *Geographia* de Ptolémée, cf. G. Pistarino, *art. cit.*, p. 116.

[322] E. Kirschbaum, *Lexikon der christlichen Ikonographie*, Rome, 1968-1976, t. ii, col. 569-570.

[323] M. Gosman (*La Lettre du Prêtre Jean*, p. 83-85) signale une image du Prêtre Jean dans une initiale historiée dans le manuscrit Fitzwilliam 20 (xvie siècle) conservé à Cambridge. L'iconographie diffère de celle des cartes : on y voit le Prêtre qui reçoit la lettre. Il porte une couronne ainsi qu'un sceptre dans la main gauche. U. Knefelkamp (*Die Suche nach dem Reich des Priesterkönigs Johannes*, p. 142-143) mentionne seulement l'image du *Wappenbuch* (1480) de Conrad Grünenberg. Sur les exemplaires imprimés de la Lettre on trouve des images proches de celles qu'on rencontre dans la cartographie. Les premières versions imprimées de la Lettre latine (ca. 1483) commencent par une initiale histoiriée montrant le Prêtre avec une tiare et une croix à triple barres (reproduite dans M. João Ramos, Introdução, in *Carta do Preste João das Índias. Versões medievais latinas*, Lisbonne, 1998, p. 9-26, pl. 2 ; B. Wagner, *Die „Epistola presbiteri Johannis" lateinisch und deutsch*, p. 326-327). Le frontispice de *La Gran Magnificentia del Prete Ianni Signore dell'India Maggiore e della Ethiopia* de Giuliano Dati (fin du xve siècle ; reproduite dans M. João Ramos, *art. cit.*, pl. 1) le montre avec une tiare et un livre dans sa main. Il n'est pourtant pas certain si ces deux images imprimées ont été la source des cartographes, car certaines cartes (cf. le portulan (1339) de Dulcert et la mappemonde catalane de ca. 1450 à Modène) associant le Prêtre avec ces attributs datent d'avant ces deux textes imprimés.

l'image d'un évêque coiffé d'une mitre avec la légende « Pestre Iohan ». Seulement quelques mots du texte explicatif sont encore lisibles : « peste joan ...... e la tan gran poder ...es .... prontera en que ... ». Le Prêtre Jean porte dans ses mains une crosse d'évêque ainsi qu'un objet circulaire dont il est difficile de voir s'il s'agit d'une hostie ou d'un « Reichsapfel ».

La plupart des cartes du XIVe au XVIe siècle ne donnent pourtant pas d'image du Prêtre Jean, mais se limitent à donner son nom et à indiquer son territoire et son peuple. Parfois le cartographe évoque avec un symbole visuel la présence de chrétiens en Éthiopie et en Inde. Ce symbole est le plus souvent une croix à triples barres comme sur le portulan (1339) de Dulcert et sur l'Atlas catalan de 1375, mais on rencontre aussi la croix latine, comme, par exemple, sur la carte circulaire (1460) de Fra Mauro où des colonnes surmontées de croix latines indiquent le territoire du Prêtre Jean en Éthiopie. Un exemple plus tardif est la carte du monde (1507) de Martin Waldseemüller où une croix latine en orient marque l'endroit où réside le Prêtre Jean.

Si les cartes portulans donnent une image du Prêtre Jean, celui-ci figure dans la majorité des cas parmi les seigneurs de l'Afrique. Iconographiquement le Prêtre ne diffère guère des autres seigneurs, qui sont des musulmans. Souvent on ne le reconnaît que par un détail qui caractérise le chrétien qu'il est : une bannière avec une croix, un sceptre surmonté d'une croix ou son habit. Par exemple, sur le planisphère (1500) par Juan de la Cosa le « Preste Juan » ne se distingue de ses voisins musulmans que par sa mitre. Le Prêtre Jean avec une mitre réapparaît sur le portulan (1533) de Jacobus Russus, déjà mentionné. Sur d'autres cartes il porte une tiare : trois couronnes superposées sur une forme conique, comme, par exemple, sur la carte de l'Europe et de l'Afrique dans l'atlas de 1512 par Vesconte Maggiolo. Au Moyen Âge, la tiare se composait de trois couronnes et comptait surtout comme *signum imperii* du pape[324]. Le Prêtre Jean porte également une tiare sur la mappemonde catalane à Modène (ca. 1450), mais ici il est représenté comme un noir[325]. L'image du Prêtre Jean portant des signes papaux revient encore une fois sur la carte du monde (1550) de Pierre Desceliers : il porte la tiare et tient une crosse avec la croix à trois barres dans sa main.

Des images du Prêtre Jean continuent à paraître dans la cartographie du XVIe siècle. Un exemple est le portulan de 1563 par Giacomo Maggiolo, où le Prêtre Jean figure parmi les seigneurs musulmans du Maghreb. L'iconographe du Prêtre sur cette carte est remarquable parce qu'elle se compose de deux figures humaines : sur le trône est assis un évêque qui fait le geste de la bénédiction. Il porte une mitre ainsi qu'une crosse qui se termine en une croix à triple barre. Au-dessus de l'évêque se présente une figure à manteau et turban bleus qui fait, elle aussi, le geste de la bénédiction. Cette iconographie représente possiblement le personnage du Prêtre Jean ainsi que sa fonction qu'on s'imaginait passer de père en fils.

Les autres images cartographiques du Prêtre Jean datant du XVIe siècle le représentent comme un seigneur assis sur un trône portant une couronne surmontée d'une croix et tenant dans sa main un sceptre qui se termine en une croix. Un exemple en est l'image du Prêtre Jean

[324] Cf. E. Kirschbaum (éd.), *Lexikon der christlichen Ikonographie*, t. 3, col. 313.

[325] « En sta prouincia sta lo gran anperador presta iohan Senyor deles indies los quals son negres per natura al vuyt anjorn que son nats senyalen los an tres locs delacara ebatajan los enaygo avsança de roma. » (Légende inscrite en Ethiopie). L'image d'un « R (?) Johannes » noir est également présente sur la carte du monde lenticulaire de Florence (1457). Ici le Prêtre Jean est imaginé comme un roi noir portant une couronne et une bannière avec la croix latine.

dans l'atlas de 1558 de Diogo Homem, déjà mentionné[326]. Cette iconographie des cartes portulans tardives a été reprise par les cartes imprimées, comme par exemple la *Carta marina* (1516) de Martin Waldseemüller et la carte de l'Afrique de 1596 par Cornelis de Jode[327]. L'image du prêtre sur la *Carta marina* (1516) de Martin Waldseemüller est l'unique exemple iconographique en cartographie à visualiser les deux fonctions du *rex et sacerdos* : on y voit une figurine portant un sceptre surmonté d'une croix latine ainsi qu'une épée. Sa coiffe unit aussi les symboles de l'Église et du pouvoir royal : elle se compose d'une mitre et d'une couronne. Cette image reste pourtant une exception. La plus grande partie des représentations du Prêtre Jean dans la cartographie du xvie siècle met l'accent sur son christianisme. Un exemple très illustratif se trouve sur le portulan (ca. 1565) attribué à Sebastião Lopes où le Prêtre a été dépeint comme un vieillard barbu assis sur une chaise qui tient une petite croix dans sa main. Ici les références à la puissance du Prêtre ont disparu entièrement.

La présence du Prêtre Jean dans la cartographie du XVIe siècle

Au xvie siècle on trouve toujours des variations considérables dans la localisation et la représentation du Prêtre Jean, fait qui dépend surtout des sources utilisées par le cartographe. Par exemple, sur son globe (1492) Martin Behaim définit le Prêtre Jean comme l'héritier des terres orientales qui ont appartenu aux trois rois mages mentionnés dans l'Évangile :

> Jn disen land wohnt der grosmechtig kaiser genant der meister Johan der ein verweser gestelt ist über das konikreich di drei heil konik Jaspar balthasar und melchior in morenland und seine nachkomen sind gute kristen und vil konik di unter in sind[328].

Cette idée trouve son origine dans le premier texte sur le Prêtre Jean, à savoir la *Chronica* d'Otton de Freising et réapparaît dans la légende des trois rois mages de Johannes von Hildesheim (1310/20-1370)[329]. Martin Behaim mentionne également les Chrétiens de l'Abessinia, mais il ne reprend pas (ou ne connaît pas) la tradition cartographique selon laquelle le Prêtre Jean habiterait en Éthiopie[330].

Parmi les portulans portugais du xvie siècle se trouve maint exemplaire qui mentionne le Prêtre Jean. Un exemple illustratif est le planisphère de Diogo Ribeiro de 1529 qui donne la légende suivante :

[326] Cf. A. Cortesão, *History of Portuguese cartography*, t. 1, p. 258 ; D. Woodward, Medieval *mappaemundi*, pl. 18.36.

[327] G. Schilder, *Tien wandkaarten van Blaeu en Visscher/Ten wall maps by Blaeu and Visscher*, Alphen a/d Rijn, 1996 (*Monumenta cartographica neerlandica*, t. 5), p. 42-43.

[328] Et aussi : « Alles dis lanndt möer und jnseln landt und konik sein von den heiligen drey koniken gegeben gewest dem kaiser priester Johann und sindt etwan al cristen gewest aber jetzundt waiss man nit von 72 cristen die unter jnen sein. »

[329] Otton de Freising, *Historia de duabus civitatibus*, VII, 33, W. Lammers (éd.), *Ottonis Episcopi Frisingensis 'Chronica sive Historia de duabus civitatibus'*, p. 558. Voir aussi B. Hamilton, Prester John and the three Kings of Cologne, in H. Mayr-Harting, R. I. Moore (éd.), *Studies in medieval history presented to R. H. C. Davis*, Londres, 1985, p. 177-191 ; U. Knefelkamp, *Die Suche nach dem Reich des Priesterkönigs Johannes*, p. 71-74.

[330] « Jn diser gegendt von afrika regirt der kaiser von abassia oder abissinia sein volk sindt cristen und treiben grosz handel mit gold und helfenbein. »

Aqui habita el preste Jua de los indiae son christianos de doctrina de sanct matho reciben .3. baptismos de agua de fuego et circuncision. Son muy bien proporcionados.

Le Prêtre paraît également sur les cartes imprimées. Par exemple, sur sa carte du monde Sebastien Cabot le dépeint en Afrique, mais le texte qui se réfère à cette image décrit le combat entre le grand Khan et le Prêtre Jean d'après les chapitres LXV-LXVIII du *Devisement du monde* de Marco Polo.

Dans son atlas *Theatrum orbis terrarum* (1570) Abraham Ortelius mentionne le Prêtre Jean non seulement sur la carte du *Turcicum imperium*[331], mais aussi sur la carte de la Tartaria, déjà mentionnée ci-dessus. Dans l'édition de 1573[332] Ortelius y a ajouté une nouvelle carte intitulée *Presbiteri Iohannis sive abissinorum imperii descriptio*. Un cartouche donne toutes les épithètes du Prêtre ainsi que sa descendance, tandis que sur la carte proprement dite se trouve la légende suivante : « Amara mons, hic presbiteri Iohannes filij in custodia a presidijs detinentur. » Willem Jansz. Blaeu s'est basé sur cette carte d'Ortelius pour sa carte de l'Afrique de 1608[333]. Le nom du Prêtre Jean ne figure plus sur la carte proprement dite, seulement une légende sur l'Amara mons indique que le siège de l'empereur de cette région est vacant et que les fils et les neveux de l'ancien empereur sont tenus en captivité : « In amara monte Aethiopiae Imperatoris filij et nepotes in custodijs a regiis praesidiis detinentur et vacatis imperij successor educatur. » Parmi les textes qui encadrent cette carte de Blaeu figure pourtant une description assez longue du Prêtre et des coutumes de son peuple commençant par :

Aethiopia Superior sive Inferior sequitur, quam Abyssinae incolunt : quorum princeps vulgo Prete Gianni dicitur, quod ab aliis praestans ab aliis Presbyter Ioannes vertitur. (...)

Blaeu répète ensuite les épithètes du Prêtre Jean mentionnées sur la carte de l'Abessinia d'Ortelius (de l'éditon de 1573 du *Theatrum*) et continue à décrire de façon assez détaillée les rites des chrétiens de cette région : la circoncision, le baptême, le sabbat, la liturgie, le jeûne, et ainsi de suite.

Vers la fin du XVIe siècle les références au Prêtre Jean dans la cartographie se limitent presque toujours à des textes, tandis que les images de ce personnage deviennent de plus en plus rares. Une exception est pourtant la carte de l'Afrique (1596) par Cornelis de Jode, déjà mentionnée ci-dessus. Le nom du Prêtre Jean continue à figurer dans la cartographie du XVIIe siècle, comme, par exemple, sur la réédition de la carte du monde (1594) de Petrus Plancius par Blaeu où une légende inscrite en Orient prétend que le Prêtre Jean est originaire de cette région[334]. Un texte en Afrique signale que Prêtre Jean est le nom que donnent les Européens au roi des Éthiopiens[335]. Si les autres cartes imprimées et manuscrites du XVIIe siècle incorporent des références au Prêtre Jean, dans la majorité des cas elles décrivent l'Éthiopie comme « le

331 « Hic Presbiter Iohannes totius Aethiopię rex longe lateq(ue) imperitat. »

332 Cf. U. Knefelkamp, *Die Suche nach dem Reich des Priesterkönigs Johannes*, p. 134 ; G. Schilder, *Tien wandkaarten van Blaeu en Visscher/Ten wall maps by Blaeu and Visscher*, p. 158.

333 Cf. G. Schilder, *op. cit.*, p. 158-159.

334 « Naiam, ex qua Presbyter Johannes prodyt. »

335 « Hic longe lateque imperitat magnus ille Æthiopiae rex, qui ab Europæis perperam Presbyter Iohannes a Mauris Aticlabassi, a suis Abisinnis ACEGUE et NEGUZ hoc est imperator et Rex vocatur. » et « Amara mons hic Æthiopiæ Imperatoris filij et nepotes in custodia a præsidijs detinentur. » Ce dernier texte correspond à celui de la carte de l'Afrique (1608) de Blaeu, cité ci-dessus.

pays de l'empereur abessinien ou du Prêtre Jean[336] ». Le Prêtre Jean se manifestera encore dans des documents cartographiques du xviie siècle, comme, par exemple, la carte du monde dans l'atlas de la duchesse de Berry, de provenance portugaise et datant de ca. 1628, où l'on lit sur la carte du monde en Éthiopie : « Preste Ioano[337] » et dans les textes encadrant la mappemonde de Willem Jansz. Blaeu de 1646.

En résumé, dans la cartographie du xive au xvie siècle le Prêtre Jean a connu une présence assez variable. Les premières cartes mentionnent seulement les guerres entre le Prêtre Jean et les musulmans de l'Afrique du Nord et c'est seulement à partir du début du xve siècle que les cartographes commencent à dépeindre le prêtre-roi sur leurs cartes. L'image dominante est celle d'un seigneur assis sur un trône qui ne se distingue de ses voisins musulmans que par la présence de certains attributs chrétiens. Pendant les premiers siècles ce sont surtout des attributs réservés à la papauté occidentale qui caractérisent la représentation visuelle du Prêtre Jean sur les cartes. Plus tard, vers la fin du xvie siècle les images cartographiques ont tendance à accentuer le christianisme du Prêtre Jean. Son nom continuera à paraître dans la cartographie jusqu'au xviie siècle. Les cartographes localisent son royaume surtout dans l'Éthiopie actuelle, mais parfois aussi en Asie – le choix dépend des sources utilisées. La présence durable du prêtre-roi légendaire dans la cartographie ne s'explique pourtant pas uniquement par l'argument du traditionalisme. Au chapitre suivant j'essayerai de donner une interprétation de la présence du Prêtre Jean dans la cartographie du xive au début du xviie siècle.

[336] A. Cortesão, A. Teixeira da Mota, *Portugaliae monumenta cartographica*, Lisbonne, 1960, t. 5, p. 108-114, pl. 607-608 ; A. Cortesão, *History of Portugese cartography*, t. 1, p. 258.

[337] M. Mollat du Jourdin, M. de La Roncière, *Les Portulans*, no. 81.

CHAPITRE VI

LIRE LE MONDE AU MOYEN ÂGE ET À LA RENAISSANCE (2) : HERMÉNEUTIQUE ET CARTOGRAPHIE (XIIIe-XVIe SIÈCLES)

Contrairement à la cartographie moderne, le contenu des cartes du monde du XIIIe au XVIe siècles n'est pas toujours corroboré par des expériences empiriques. Il semble même que certains cartographes ont intentionnellement omis le savoir livré par les témoins oculaires dont ils pouvaient sans aucun doute disposer[1]. Ce sont surtout les mappemondes circulaires du XIIIe siècle qui ne reproduisent pas du tout le monde de leur époque. De cette façon, la mappemonde d'Ebstorf indique que saint Augustin vécut à Hippone et celle de Hereford que Caton mourut dans la ville d'Utique[2], mais on y cherchera en vain des références aux croisades, qui ont pourtant eu lieu à partir de 1095[3], aux Sarrasins, qui ne furent expulsés définitivement d'Espagne qu'en 1492[4], aux incursions des Mongols (première moitié du XIIIe siècle[5]) ou aux voyages de Guillaume de Rubrouck (1253-1255). Tous ces faits devraient être cependant disponibles et connus.

Cette attitude peut être observée dans certains cas jusqu'au XVIIe siècle. Les cartographes de la Renaissance n'ont toujours pas banni de leurs cartes les faits fournis par la tradition textuelle et visuelle. Dans le chapitre précédent j'ai déjà discuté la persistance de la présence d'animaux, de peuples et de personnages légendaires sur les cartes du monde de cette époque dont l'existence était affirmée par les *auctores*. S'y ajoutent des lieux inexistants comme le *Monomotapa* où le roi Salomon aurait fait chercher de l'or. Ce détail figurera encore au XVIe siècle sur les cartes[6]. Il y a aussi des îles légendaires comme les îles de saint Brandan, l'île de Brasil et l'île Antillia où se localisent les *septem civitates* légendaires[7]. L'influence des *auctores*

[1] Pour la même observation, voir N. Lozovsky, *The earth is our book. Geographical knowledge in the Latin West ca. 400-1000*, Ann Arbor, 2000, p. 139-141.

[2] Cf. aussi J. Richard (Voyages réels et voyages imaginaires. Instruments de la connaissance géographique au Moyen Âge, in G. Hasenohr, J. Longère (éd.), *Culture et travail intellectuel dans l'Occident médiéval*, Paris, 1981, p. 213) : « La 'mappemonde' de Brunetto Latini aurait pu être conçue au temps d'Isidore de Séville. »

[3] On trouve cette information cependant sur la carte de la Terre sainte (ca. 1250) par Matthieu Paris, voir S. Lewis, *The art of Matthew Paris in the Chronica Majora*, Berkeley, 1987, p. 347-364.

[4] La carte attribuée à Ranulf Higden (ca. 1340) est la première carte encore connue à mentionner les Sarrasins en Espagne : « Hispania orientalis incolitur a Saracenis, occidentalis a Christianis. »

[5] Les Mongols sont décrits dans l'*Historia Mongalorum* (ca. 1247) de Jean du Plan Carpin. Vincent de Beauvais a incorporé ce texte dans son *Speculum historiale* (c. XXXII) ; cf. C. Kappler, L'image des Mongols dans le *Speculum historiale* de Vincent de Beauvais', dans: S. Lusignan (et al.) (éd.), *Vincent de Beauvais. Intentions et réceptions d'une œuvre encyclopédique au Moyen Âge. Actes du colloque tenu à Montréal du 27 avril au 1er mai 1988*, Montréal-Paris, 1990, p. 219-240. Cependant il n'y a aucune référence aux Mongols dans la *descriptio orbis* au début du même ouvrage.

[6] Cf. W. G. L. Randles, *L'empire du Monomotapa du XVe au XIXe siècle*, Paris-La Haye, 1975 ; M. Gosman, Medieval *mapping* of the world in text and image. Two ways of representing one vision, in *Forum for modern language studies*, t. 35, 1989, p. 373.

[7] Sur les îles légendaires, voir W. H. Babcock, *Legendary islands of the Atlantic*, New York, 1975 ; N. Broc, *La géographie de la Renaissance (1420-1620)*, 2e édition, Paris, 1986, p. 166-172 ; R. H. Fuson, *Legendary islands of the*

explique la persistance de ces légendes dans la cartographie, mais le seul traditionalisme des cartographes n'est pas une réponse satisfaisante à la question concernant la fonction de cette information légendaire. Le contexte des cartes datant du XIIIe au XVIe siècles indique que leur usage n'était pas exclusivement instrumental : la carte fonctionnait également comme document religieux ou intellectuel, ou comme document légitimant le pouvoir d'un souverain[8]. C'est ce contexte d'usage qui pourra fournir des renseignements sur le statut et la signification des *mirabilia* représentées sur les cartes.

Ce sont surtout les mappemondes circulaires du XIIIe siècle qui paraissent avoir orné des églises et des monastères. Par exemple, il n'y a pas d'indices que la mappemonde de Hereford ait jamais quitté la cathédrale où elle se trouve encore de nos jours ; la mappemonde d'Ebstorf a probablement fonctionné dans le couvent d'Ebstorf[9] ; le fragment de la mappemonde d'Aslake semble être originaire de l'abbaye de Creake (Norfolk, Angleterre)[10] et il y a eu une peinture murale dans l'église de Chalivoy-Milon, maintenant perdue, représentant une mappemonde[11]. Il est difficile de déterminer la fonction de ces mappemondes dans ce contexte religieux. De toute façon, la théorie selon laquelle elles auraient fonctionné comme retable n'est pas soutenable, puisqu'il n'y a aucun indice que les mappemondes aient eu une fonction liturgique[12]. Toujours est-il que de nombreuses autres mappemondes figurent dans un contexte religieux : la mappemonde du Psautier a été insérée dans un psautier et Matthieu Paris indique qu'il possède une mappemonde qui se trouve dans son *ordinale*[13].

Même les cartes portulans qu'on considère si souvent comme des instruments pratiques, comportent fréquemment des références religieuses[14]. Les cartes dans l'atlas (ca. 1321) de Pietro Vesconte sont ornées d'images représentant des saints et l'Annonciation à la Vierge Marie[15]. D'autres cartes portulans, comme celle de Giacomo de Maggiolo datant de 1563, évoquent dans le cou de la peau sur laquelle est tracée la carte une image de la Vierge à l'Enfant, du Christ

ocean sea, Sarasota, 1995.

8 Sur les différentes fonctions de la cartographie, voir aussi J. Schulz, Maps as metaphors. Mural map cycles of the Italian Renaissance, in D. Woodward (éd.), *Art & Cartography*, Chicago, 1987, p. 97-122 ; P. Gautier Dalché, Pour une histoire du regard géographique. Conception et usage de la carte au XVe siècle, in *Il teatro della natura/The Theatre of Nature. Micrologus IV*, Turnhout, 1996, p. 100-102.

9 Comme je l'ai déjà souligné au chapitre II, il n'y a pas d'indications qui forcent à supposer que cette mappemonde ait été créée et utilisée hors du couvent d'Ebstorf.

10 P. M. Barber, M. P. Brown, The Aslake world map, in *Imago mundi*, t. 44, 1992, p. 24.

11 Cf. M. Kupfer, The lost *Mappamundi* at Chalivoy-Milon, in *Speculum*, t. 66, 1991, p. 540-571.

12 Cf. U. Ruberg, Mappae Mundi des Mittelalters im Zusammenwirken von Text und Bild. Mit einem Beitrag von Antikem und Christlichem in *principium*- und *finis*-Thematik auf der Ebstorfkarte, in C. Meier, U. Ruberg (éd.), *Text und Bild. Aspekte des Zusammenwirkens zweier Künste in Mittelalter und früher Neuzeit*, Wiesbaden, 1980, p. 563 ; M. Kupfer, Medieval world maps. Embedded images, interpretative frames, in *Word & image*, t. 10, 1994, p. 273-276. Pour les deux volets de la mappemonde de Hereford, représentant l'Annonciation à la Vierge, voir : le chapitre II (p. 44).

13 Sur la mappemonde qui figure dans ses *Chronica maiora* (*Cambridge, Corpus Christi College*, MS. 26, p. 284) ; le texte est cité dans S. Lewis, *The art of Matthew Paris in the Chronica Majora*, p. 372, 509, n. 112.

14 Voir aussi J.-G. Arentzen, *Imago Mundi Cartographica. Studien zur Bildlichkeit mittelalterlicher Welt- und Ökomenekarten unter besonderer Berücksichtigung des Zusammenwirkens von Text und Bild*, Munich, 1984, p. 257.

15 *Lyon, Bibl. de la Ville*, Ms. 175 (environ 1321), cartes 7, 8. Reproduit dans M. Mollat du Jourdin, M. de La Roncière, *Les Portulans. Cartes marines du XIIIe au XVIIe siècle*, Fribourg, 1984, no. 5, 6.

crucifié ou d'un saint. Le manuscrit Douce 390 de la Bibliothèque Bodléienne à Oxford est un petit atlas italien composé de cartes portulans datant du XVe siècle. Cet exemplaire de luxe commence par deux pages représentant l'Annonciation, tandis que sur les deux dernières pages se trouvent les images de « S. Marcus evangelista » et de « S. Paulus ». Patrick Gautier Dalché a fait remarquer que le *Liber de existencia riveriarum et forma maris nostri mediterranei* (ca. 1160-1200) n'était pas uniquement destiné à l'usage pratique, mais surtout aux « clercs, nourris de culture classique et de la lecture de l'Écriture[16] ». Même au XVe siècle une mappemonde était toujours un sujet approprié pour le programme de décoration d'une église. En témoigne le projet pour la cathédrale de la cité idéale Sforzinda, décrite dans le *Trattato d'Architettura* (ca. 1461-1464) de l'architecte Filarete : une représentation de la terre entourée des douze signes du zodiaque se trouve sur le pavement, exactement sous la coupole de la cathédrale[17]. Finalement il faut mentionner ici une *Missa de la Mapamundi* composée vers 1470 par Johannes Cornago[18].

La cartographie se prête également à l'expression du pouvoir territorial. On n'a qu'à penser à la mappemonde faisant partie du programme de décoration de la chambre de la comtesse Adèle décrite dans un poème (vers 1100) de Baudri de Bourgueil[19]. Matthieu Paris, lui, mentionne une *mappa mundi* qui se trouverait dans la chambre d'Henri III d'Angleterre. Il s'agit ici probablement d'une mappemonde faisant partie du programme de décoration de la chambre peinte (« painted chamber ») à Westminster[20]. Un autre exemple se trouve dans le *Roman d'Alexandre* (1185) attribué à Alexandre de Paris, déjà mentionné au chapitre III, où le héros macédonien jure, en contemplant la mappemonde sur un des pans de sa tente, qu'il veut dominer le monde entier.

Les portulans, eux aussi, faisaient partie de trésors royaux, comme, par exemple, un atlas catalan qui se trouvait dans la collection de manuscrits du roi français Charles V. L'usage d'or et d'autres matériaux précieux pour les cartes portulans indique que ces cartes pouvaient également souligner la richesse du possesseur. Le petit atlas de portulans (XVe siècle), déjà mentionné, de la Bibliothèque Bodléienne en est un exemple : il est encore conservé dans l'étui original en cuir estampé de décorations florales ainsi que de devises en français. La couverture est en marqueterie très coûteuse. Les peintures de la Vierge et des saints qui se trouvent à l'intérieur ont été exécutées par un peintre fort capable[21]. Encore en 1577, l'arche érigée pour glorifier l'entrée de l'empereur Rodolphe II à Vienne comportait une statue de l'empereur avec à ses pieds un globe (tournant!) portant la devise « Sed hic terrena gubernat[22] ». La cartographie

[16] P. Gautier Dalché (éd.), *Carte marine et portulan au XIIe siècle. Le Liber de existencia riveriarum et forma maris nostri Mediterranei*, Rome, 1995, p. 98-102.

[17] Voir P. Tigler, *Die Architekturtheorie des Filarete*, Berlin, 1963, p. 79. Une deuxième « mappamondo » figure dans le jardin du prince.

[18] Johannes Cornago, *Missa de la Mapamundi* (1465-70 ou 1480). Cf : D. Woodward, *Maps as prints in the Italian Renaissance. Makers, distributors & consumers*, Londres, 1996, p. 2 ; E. Edson, *Mapping time and space: how Medieval thinkers viewed their world*, Londres, 1997, p. 186, n. 7.

[19] Cf. le chapitre III.

[20] Cf. le chapitre II.

[21] Le style de ces peintures est celui du maître du panneau de sainte Ursule (Niccolò di Pietro) qui se trouve au Metropolitan Museum, New York. Cf. O. Pächt, J. J. G. Alexander, *Illuminated manuscripts in the Bodleian Library Oxford. Vol. 2: Italian School*, Oxford, 1970, p. 46.

[22] Cf. Th. DaCosta Kaufmann, *The mastery of nature. Aspects of art, science and humanism in the Renaissance*, Princeton, 1993, p. 142. Au XVIe siècle en France, des globes (tournants, ou s'ouvrant) paraissent fréquemment

ne servait pourtant pas uniquement à exprimer le pouvoir temporel. Le message sous-jacent de la série de cartes (xve siècle) peintes dans la Terza Loggia du Vatican est centré sur le pouvoir de l'Église dans le monde entier[23], tandis que la mappemonde (1344, maintenant perdue) peinte par Ambrogio Lorenzetti dans le *Palazzo publico* de Sienne aurait renvoyé au pouvoir de la cité[24]. La cartographie figure souvent comme peinture murale dans les palais italiens[25]. S'y ajoutent les cartes murales dans des villes et édifices purement imaginaires comme, par exemple, l'abbaye de Thélème décrite par Rabelais dans son *Gargantua* (1535)[26] et la *Città del sole* (1610/1615) de Tommaso Campanella[27].

Aux xve et xvie siècles les cartes et les atlas fonctionnaient également dans le contexte des « Kunst- und Wunderkammern » où se conservaient des collections de *naturalia*, d *artificialia* et d' *antiquitates*, souvent ordonnées selon un programme cosmologique[28]. Par exemple, le « studiolo » de Cosimo de' Medici (1519-1574) au Palazzo Vecchio à Florence se localisait partiellement dans la Sala della Guardaroba Nuova dont les murs sont toujours couverts de cartes peintes par Egnazio Danti pendant la deuxième moitié du xvie siècle. Selon les notices de Vasari, Cosimo avait l'intention de remplir la salle de naturalia provenant des pays représentés sur les cartes[29]. De cette manière la cartographie s'associait avec le programme cosmologique complexe du studiolo[30]. Plus tard, au xviie siècle le collectionneur néerlandais Laurens van der Hem (1621-

dans les entrées royales et les fêtes de cour des Valois. J'ai l'intention de publier ailleurs un article sur ce sujet.

[23] La « Galleria delle carte geografiche », également au Vatican, est ornée de cartes des régions de l'Italie. Sur les peintures murales cartographiques au Vatican, voir J. Schulz, Maps as metaphors. Mural map cycles of the Italian Renaissance, p. 101-107 ; M. Schütte, *Die Galleria delle Carte Geografiche im Vatikan Eine ikonologische Betrachtung des Gewölbeprogramms*, Hildesheim, 1993 ; L. Gambi, A. Pinelli, *La galleria delle carte geografiche in Vaticano/The Gallery of Maps in the Vatican*, Modène, 1994 ; F. Fiorani, Post-Tridentine 'Geographia sacra'. The Galleria delle carte geografiche in the Vatican palace, in *Imago mundi*, t. 48, 1996, p. 124-148; *idem*, *The marvel of maps. Art, cartography and politics in Renaissance Italy*, New Haven-Londres, 2005, p. 141-252. R. Almagià (*Le pitture geografiche murali della terza loggia e di altre sale vaticane*, Città del Vaticano, 1955 (*Monumenta cartographica vaticana*, t. 4)) s'occupe uniquement des cartes et ignore les peintures encadrantes.

[24] Cf. M. Kupfer, The lost wheel map of Ambrogio Lorenzetti, in *Art Bulletin*, t. 78, 1996, p. 286-310.

[25] Voir sur ce sujet G. Kish, *La carte. Image des civilisations*, Paris, 1980, p. 50-52 ; J. Schulz, Maps as metaphors. Mural map cycles of the Italian Renaissance ; M. Bourne, Francesco II Gonzaga and maps as palace decoration in Renaissance Mantua, in *Imago mundi*, t. 51, 1999, p. 51-82.

[26] François Rabelais, *Gargantua*, ch. li, J. Céard, G. Defaux, M. Simonin (éd.), *François Rabelais, Les cinq livres (Gargantua, Pantagruel, Le tiers livre, Le quart livre, Le cinquième livre)*, Paris, 1994, p. 259.

[27] Tommaso Campanella, *La città del sole*, N. Bobbio (éd.), *Tommaso Campanella, La città del sole. Testo italiano e testo latino*, Turin, 1941, p. 60, 121.

[28] Sur les « Kunst- und Wunderkammern », voir le chapitre IV.

[29] Cf. L. Berti, *Il principe dello studiolo. Francesco I dei Medici e la fine del Rinascimento fiorentino*, Florence, 1967, p. 117-121 ; W. Liebenwein, *Studiolo. Die Entstehung eines Raumtyps und seine Entwicklung bis um 1600*, Berlin, 1977, p. 153-154 ; L. Bolzoni, L' « invenzione » dello Stanzino di Francesco I, in C. Adelson, K. Aschengreen (éd.), *Le arti del principato mediceo*, Florence, 1980, pp. 255-299 ; J. Schulz, Maps as metaphors. Mural map cycles of the Italian Renaissance, p. 98-99 ; F. Fiorani, Maps, politics, and the grand duke of Florence. The Sala della Guardaroba Nuova of Cosimo I de Medici, in R. Eriksen, M. Malmanger (éd.), *Basilike eikon, Renaissance representations of the prince*, Rome, 2001, p. 73-102 ; *eadem*, *The marvel of maps. Art, cartography and politics in Renaissance Italy*, p. 17-137.

[30] Sur la symbolique cosmologique des *Kunst- und Wunderkammern*, voir surtout : L. Salerno, Arte, scienza e collezioni nel Manierismo, in *Scritti di storia dell'arte in onore di Mario Salmi*, Rome, 1963, t. 3, p. 193-214 ; R. J. W. Evans, *Rudolf II and his world. A study in intellectual history 1576-1612*, Oxford, 1973, p. 246-247 ; W. Liebenwein, *op. cit.*, p. 80, 157 ; K. Pomian, *Collectionneurs, amateurs et curieux. Paris, Venise xvie-xviiie siècle*, Paris, 1987, p. 61,

1678) composait un « atlas gigans » sur la base de l'*Atlas maior* de Blaeu. Cet atlas, qui comporte des cartes ainsi que des dessins représentant des sujets exotiques, s'intégrait dans une plus grande collection de *naturalia* et d'*artificialia*[31].

Il faut pourtant admettre que, faute de documents sûrs qui puissent nous renseigner sur ce sujet, il n'est pas possible de déterminer exactement la fonction des artefacts cartographiques et, de plus, elle peut varier selon le contexte. Parfois on indique que la cartographie peut être utile pour plusieurs objectifs, comme le fait, par exemple, Roger Bacon dans son *Opus maius* (vers 1268) : sa *descriptio orbis* pourra servir à la conversion des infidèles, au commerce avec les autres peuples et, finalement, elle pourra servir aussi à annoncer la venue imminente de l'Antéchrist[32]. Depuis les années 80 du XXe siècle les historiens de la cartographie se sont occupés de plus en plus des fonctions autres que purement pratiques de la cartographie ancienne. Dans l'introduction j'ai déjà discuté les approches modernes qui s'occupent surtout de ses aspects idéologiques. Quelque intéressante qu'elle soit, je ne suivrai pas cette piste. Comme je l'ai déjà annoncé dans l'introduction, je me pencherai surtout sur les aspects herméneutiques de la cartographie du XIIIe au XVIe siècle.

Contrairement aux conceptions scientifiques modernes selon lesquelles la nature est perçue comme une entité empiriquement vérifiable, pour les savants du Moyen Âge et ceux du XVIe siècle, les *res* de la nature pouvaient référer à un ou plusieurs sens spirituels. Ce problème a surtout reçu l'attention de la critique allemande moderne. La « mittelalterliche Bedeutungsforschung[33] » s'occupe, entre autres, de l'allégorèse de la nature. Parmi les études les plus importantes sur ce sujet, il faut citer surtout celle de Christel Meier sur l'allégorèse des pierres précieuses et celle de Barbara Maurmann sur les vents cardinaux[34]. Il est possible que cette

85-95 ; TH. DACOSTA KAUFMANN, Remarks on the collections of Rudolf II. The *Kunstkammer* as a form of *Representatio*, in *The Art Journal*, t. 28, 1978, p. 22-28 ; *idem*, *The school of Prague. Painting at the court of Rudolf II*, Chicago, 1988, p. 16-17 ; *idem*, *The mastery of nature. Aspects of art, science and humanism in the Renaissance*, Princeton, 1993, p. 176-194 ; W. BRAUNGART, *Die Kunst der Utopie. Vom Späthumanismus zur frühen Aufklärung*, Stuttgart, 1989, p. 106-147 ; P. J. BRÄUNLEIN, *Theatrum mundi*. Zur Geschichte des Sammelns im Zeitalter der Entdeckungen, in G. Bott (éd.), *Focus Behaim Globus. Ausstellungskataloge des Germanischen Nationalmuseums*, t. 1, Nuremberg, 1993, p. 359-361 ; P. FINDLEN, *Possessing nature. Museums, collecting, and scientific culture in early modern Italy*, Berkeley-Los Angeles-Londres, 1994, p. 48-57 ; M. KEMP, "Wrought by no artist's hand". The natural, the artificial, the exotic, and the scientific in some artifacts from the Renaissance, in C. Farago (éd.), *Reframing the Renaissance. Visual culture in Europe and Latin America 1450-1650*, New Haven-Londres, 1995, p. 185 ; F. Fiorani, *The marvel of maps. Art, cartography and politics in Renaissance Italy*, p. 61-92. P. FINDLEN (*op. cit.*, p. 48) fait remarquer qu'on indiquait parfois ces collections avec la terminologie *microcosmos*.

[31] Cf. G. SCHILDER, B. AIKEMA, P. C. J. VAN DER KROGT, *The atlas Blaeu-Van der Hem of the Austrian National Library*, 't Goy-Houten, 1996-2004.

[32] « (...) et quas utile est sciri a Christianis propter infidelium conversionem, et propter negotia diversa cum diversitate gentium tractanda, ac propter utilitates ecclesiae contra furorem Antichristi et eorum qui tempora ejus praevenire creduntur, ut mundum primo vastent donec tribulatio maxima veniat per Antichristum. » ROGER BACON, *Opus maius*, J. H. BRIDGES (éd.), *The Opus Maius of Roger Bacon*, reprod. Frankfurt a.M., 1964, p. 309.

[33] Cf. H. FROMM, W. HARMS, U. RUBERG (éd.), *Verbum et signum. Beiträge zur mediävistischen Bedeutungsforschung*, Munich, 1975; F. OHLY (éd.), *Schriften zur mittelalterlichen Bedeutungsforschung*, Darmstadt, 1977 ; W. HARMS, H. REINITZER (éd.), *Natura loquax. Naturkunde und allegorische Naturdeutung vom Mittelalter bis zur frühen Neuzeit*, Frankfurt a.M., 1981.

[34] CH. MEIER, *Gemma spiritalis. Methode und Gebrauch der Edelsteinallegorese vom frühen Christentum bis ins 18. Jahrhundert (Teil 1)*, Munich, 1977 ; B. MAURMANN-BRONDER, *Tempora significant*. Zur Allegorese der vier

notion de l'allégorèse de la nature ait été un principe conditionnant la cartographie, mais cet aspect n'a reçu que peu d'attention hors de l'étude de Danielle Lecoq sur les aspect spirituels de la mappemonde du *Libellus de formatione arche* de Hugues de Saint-Victor[35], des études de Jürgen Schulz sur la cartographie moralisée de la Renaissance[36] et des recherches de Manfred Büttner sur les rapports entre cartographie et religion au XVIe siècle[37]. Je me propose donc d'examiner dans ce chapitre les aspects herméneutiques de la cartographie du XIIIe au XVIe siècles. Avant d'entrer en matière, j'esquisserai brièvement les principes qui ont légitimé l'allégorèse de la nature au Moyen Âge ainsi que la survivance de ces idées jusqu'au XVIe siècle. Ensuite, dans la deuxième partie, je m'occuperai des métacommentaires sur le *sensus spiritualis* de la cartographie. Dans la troisième partie il sera question de la référentialité de la cartographie, déjà signalée au chapitre V, c'est-à-dire, le rapport entre les cartes du monde et les commentaires allégoriques hors du domaine de la cartographie proprement dite, mais faisant quand même partie du contexte intellectuel et spirituel. Dans la dernière partie je m'occuperai des implications spirituelles des structures visuelles de la cartographie jusqu'au XVIIe siècle.

Jahreszeiten, in H. Fromm (et al.) (éd.), *Verbum et Signum. Beiträge zur mediävistischen Bedeutungsforschung*, t. 1, Munich, 1975, p. 69-101 ; *eadem*, *Die Himmelsrichtungen im Weltbild des Mittelalters. Hildegard von Bingen, Honorius Augustodunensis und andere Autoren*, Munich, 1976.

35 D. Lecoq, La « Mappemonde » du *De Arca Noe Mystica* de Hugues de Saint-Victor (1128-1129), in M. Pelletier (éd.), *Géographie du monde au Moyen Âge et à la Renaissance*, Paris, 1989, p. 9-32. Il existe quelques autres publications qui s'occupent (partiellement) de ce sujet : N. Lozovsky, *The earth is our book. Geographical knowledge in the Latin West ca. 400-1000*, p. 35-67 ; D. K. Connolly, *Imagined pilgrimages in Gothic art. Maps, manuscripts, and labyrinths*, thèse, Chicago, 1998 ; A. Scafi, *The notion of earthly Paradise from the patristic era to the fifteenth century*, thèse, Londres, 1999 ; *idem*, *Heaven on earth. Mapping Paradise in the Western tradition*, Londres-Chicago, 2006. Les autres études consacrées à ce sujet sont plutôt superficielles : B. L. Gordon, Sacred directions, orientation, and the top of the map, in *History of Religions*, t. 10, 1971, p. 211-227 ; J. T. Lonman, The religious symbolism of the T in O maps, in *Cartographica*, t. 18, 1981, p. 18-22 ; J. B. Harley, The iconology of early maps, in C. Clivio Marzoli (éd.), *Imago et mensura mundi: Atti del IX [1981] Congresso Internazionale di storia della cartografia*, Rome, 1985, t. 1, p. 29-38 ; D. Woodward, Reality, symbolism, time, and space in Medieval world maps, in *Annals of the Association of American Geographers*, t. 75, 1985, p. 510-521 ; H. Kliege, *Weltbild und Darstellungspraxis hochmittelalterlicher Weltkarten*, Münster, 1991, p. 89-99 ; J. R. Stone, The medieval mappaemundi. Toward an archaeology of sacred cartography, in *Religion*, t. 23, 1993, p. 197-216.

36 J. Schulz, Jacopo de Barbari's view of Venice. Map making, city vieuws, and moralized geography before the year 1500, in *Art Bulletin*, t. 60, 1978, p. 446-453 ; *idem*, Maps as metaphors. Mural map cycles of the Italian Renaissance.

37 M. Büttner, *Die Geographia Generalis von Varenius. Geographisches Weltbild und Providentiallehre*, Wiesbaden, 1973 ; *idem*, *Geographie und Theologie. Zur Geschichte einer engen Beziehung*, Frankfurt a.M., 1998. Voir aussi Z. Shalev, Sacred geography, antiquarianism, and visual erudition. Benito Arias Montano and the maps of the Antwerp Polyglot Bible, in *Imago mundi*, t. 55, 2003, p. 56-80 ; *idem*, *Geographia sacra. Cartography, religion, and scholarship in the sixteenth and seventeenth centuries*, thèse, Princeton, 2004 ; C. Delano Smith, Maps and religion in medieval and early modern Europe, in D. Woodward, C. Delano Smith, C. D. Yee (éd.), *Plantejaments i objectius d'una història universal de la cartografia/ Approaches and challenges in a worldwide history of cartography*, Barcelona, 2001, p. 179-200. Pour les rapports entre les sciences et la religion, voir E. Grant, *Science and religion, 400 B.C. – A.D. 1550. From Aristotle to Copernicus*, Westport, 2004.

Au Moyen Âge deux concepts théologiques servaient de justification de l'allégorèse de la nature[38]. Premièrement, sous l'influence de la philosophie néo-platonicienne, dans la perception de la théologie médiévale il y a une analogie ontologique entre le Créateur et la Création. C'est-à-dire, si Dieu se manifeste dans sa Création, celle-ci, à son tour, révèle l'essence de son Créateur. Avant de passer à l'action de créer ce monde, Dieu aurait déjà conçu en détail tous les aspects du monde tangible. Par conséquent, l'esprit éternel de Dieu contient les idées archétypales de la nature entière. Inversement, comme le dit Hugues de Saint-Victor dans son *Didascalicon*, la nature créée signifierait ces idées archétypales de la sagesse divine qui ont servi comme *exemplaria* de la Création[39]. Une idée pareille sur la Création se trouve dans l'introduction au *Speculum maius* de Vincent de Beauvais, déjà cité au chapitre IV. Vincent y justifie son encyclopédie énorme dont le contenu couvre le monde entier en posant que la Création réfère au Créateur :

> Ipse namque mundus spaciositate locorum imitatur pro modulo suo creatoris immensitatem, uarietate specierum ipsius pulchritudinem, prolixitate quoque temporum eius eternitatem[40].

En plus, le texte du livre *Sapientia* II,21 (« omnia mensura, numero et pondere disposuisti ») indiquait que Dieu avait doté la Création d'une ordonnance qui refléterait sa perfection divine[41]. Il est donc logique d'assumer que les *res* de la Création sont les paroles de Dieu qui

[38] Pour cette introduction je me base surtout sur Ch. Meier, *Gemma spiritalis. Methode und Gebrauch der Edelsteinallegorese vom frühen Christentum bis ins 18. Jahrhundert* ; U. Eco, *Art and beauty in the Middle Ages*, New Haven-Londres, 1986, p. 55-58 ; P. Sicard, *Diagrammes médiévaux et exégèse visuelle. Le « Libellus de formatione arche » de Hugues de Saint-Victor*, Paris-Turnhout, 1993, p. 159, 220-222. Il n'est pas utile d'insister longuement ici sur le développement de l'exégèse médiévale. Pour des études approfondies, voir les auteurs cités ainsi que H. de Lubac, *Exégèse médiévale. Les quatre sens de l'Écriture. Première partie*, Paris, 1959 ; F. Ohly, Vom Geistigen Sinn des Wortes im Mittelalter, in *Schriften zur mittelalterlichen Bedeutungsforschung*, Darmstadt, 1977, p. 1-31 ; H. Brinkmann, *Mittelalterliche Hermeneutik*, Tübingen, 1980.

[39] « Primo modo per hoc nomen (scil. natura) significare voluerunt illud archetypum exemplar rerum omnium, quod in mente diuina est, cuius ratione omnia formata sunt. » Hugues de Saint-Victor, *Didascalicon*, I,x, Ch. H. Buttimer (éd.), *Hugo de Sancto Victore, Didascalicon de studio legendi*, Washington, 1939, p. 18. La notion de *l'archetypus* se retrouve aussi dans Honorius Augustudonensis, *Imago mundi*, I,2 ; Gervais de Tilbury, *Otia imperialia*, I ; Vincent de Beauvais, *Speculum naturale* (*versio bifaria*, cité dans M. Paulmier-Foucard, Ordre encyclopédique et organisation de la matière dans le *Speculum maius* de Vincent de Beauvais, in A. Becq, *L'encyclopédisme Actes du colloque de Caen 12-16 janvier 1987*, Paris, 1991, p. 207) ; Brunetto Latini, *Li livres dou tresor*, I,vi,1. Cf. D. Lecoq, Il cielo e la terra nel medioevo, la « machina universitatis » (XIIe-XIIIe secolo), in G. Cavallo (éd.), *Cristoforo Colombo e l'apertura degli spazi. Mostra storico-cartografica*, t. 1, Rome, 1992,p. 122.

[40] Vincent de Beauvais, *Libellus apologeticus*, 5, S. Lusignan (éd.), *Vincent de Beauvais, Libellus totius operis apologeticus*. Montréal, 1979, p. 121. Cf. A.-D. von den Brincken, *Kartographische Quellen. Welt-, See- und Regionalkarten*, Turnhout, 1988, p. 27-28.

[41] Cf. H. de Lubac, *Exégèse médiévale. Les quatre sens de l'Écriture. Deuxième partie*, Paris, 1964, p. 10-11 ; H. Brinkmann, *Mittelalterliche Hermeneutik*, p. 48-49. Sur la base de cette même citation, B. Englisch (*Ordo orbis terrae. Die Weltsicht in den Mappae mundi des frühen und hohen Mittelalters*, Berlin, 2002) cherche à reconstituer un « ordo » déterminant la structure et la signification des *mappae mundi* du Moyen Âge. Bien que son étude contienne des observations pertinentes, surtout au sujet de la symbolique numéraire, à mon avis, le système radial et le triangle reliant des villes importantes (Jérusalem, Alexandrie, Carthage et Constantinople) qui seraient à la base des mappemondes médiévales sont de la pure spéculation. Quand on commence à tirer des lignes sur les cartes on trouvera toujours une structure sous-jacente quand on veut en trouver une. De plus, sa méthode est imprécise, car sur les mappemondes les lieux en question ne sont pas représentés par un point, mais par une vignette. Or, Englisch

s'adresse à l'homme à travers ces *res*[42]. L'adage bien connu « per visibilia ad invisibilia », basé sur un passage de la lettre de saint Paul aux Romains[43], a incité les théologiens médiévaux à penser que les objets du monde tangible peuvent référer au monde divin et invisible, plein de significations spirituelles. Cette conception du monde explique l'idée selon laquelle le chrétien pourra arriver à une intelligence approfondie du Créateur par la contemplation de la nature. Ces connaissances ne sont pourtant pas facilement accessibles. Par analogie au « videmus nunc per speculum in enigmate » de la première épître aux Corinthiens (13,12) la nature est comme un miroir qui donne un reflet imprécis du Créateur : pour l'homme c'est une énigme que seulement les élus pourront résoudre. L'idée du *speculum* réapparaît dans de nombreux textes encyclopédiques qui visent à décrire la création entière, comme, par exemple, l'*Imago mundi* d'Honorius Augustodunensis[44] et le *Speculum maius* de Vincent de Beauvais[45]. Encore au XVIe siècle Gerard de Jode semble référer à cette métaphore par le titre de son atlas : *Speculum orbis terrarum* (1578).

Le deuxième concept qui explique la transcendance de la nature matérielle aux sens spirituels était celui du « livre de la nature » ou du « livre du monde »[46]. La métaphore de la nature comme un livre a ses origines dans les écrits de saint Augustin[47], mais elle a continué sa pertinence jusqu'à la Renaissance et même au-delà de cette période. Ainsi, au XIIe siècle Hugues de Saint-Victor décrit le monde tangible comme un livre écrit par le doigt de Dieu. La conséquence en serait, toujours selon le Victorin, que la Création est une manifestation de la sagesse divine[48].

n'a pas du tout défini le point exact où les diagonales doivent croiser les vignettes et le positionnement des lignes semble plutôt arbitraire. Par exemple, sur la mappemonde du IXe siècle au Vatican une des diagonales ne touche même pas la ville de Jérusalem. La même chose vaut pour la mappemonde d'Ebstorf : les lignes se croisent à côté des vignettes pour les villes de Jérusalemn et de Carthage. Tout cela rend ses conclusions douteuses.

[42] Hugues de Saint-Victor, *Didascalicon* V,iii, Ch. H. Buttimer (éd.), *Hugo de Sancto Victore. Didascalicon de studio legendi*, p. 96 : « Quod res etiam significent in divina scriptura. Sciendum est etiam, quod in divino eloquio non tantum verba, sed etiam res significare habent, qui modus non adeo in aliis scripturis inveniri solet. philosophus solam vocum novit significationem, sed excellentior valde est rerum significatio quam vocum, quia hanc usus instituit, illam natura dictavit. haec hominum vox est, illa vox Dei ad homines. »

[43] Rom. 1,20 : « Invisibilia enim ipsius, a creatura mundi, per ea que facta sunt, intellecta conspiciuntur (...). »

[44] Honorius Augustodunensis, *Imago mundi, prologus.* Le texte est cité au paragraphe III (p. 85). Cf. le verset très connu d'Alanus de Insulis : « Omnis mundi creatura/ Quasi liber et pictura/ Nobis est et speculum. » J.-P. Migne (éd.), *P.L.*, t. 210, col. 579 A. Cf. C. Connochie-Bourgne, Miroir ou image… Le choix d'un titre pour un texte didactique, in F. Pomel (éd.), *Miroirs et jeux de miroirs dans la littérature médiévale*, Rennes, 2003, p. 29-38.

[45] Vincent de Beauvais, *Libellus apologeticus*, 2, S. Lusignan (éd.), *Vincent de Beauvais, Libellus totius operis apologeticus*, p. 117 : « Speculum quidem, eo quod quicquid fere speculatione id est admiratione uel imitatione dignum ex hiis qui in mundi uisibili uel inuisibili, ab initio usque ad finem, facta uel dicta sunt, siue etiam adhuc futura sunt, ex innumerabilibus fere libris colligere potui, in hoc uno breuiter continentur (…). »

[46] Sur cette métaphore, voir E. R. Curtius, *Europäische Literatur und lateinisches Mittelalter*, 10e édition, Berne, 1984, p. 323-329 ; H. M. Nobis, Buch der Natur, in J. Ritter, K. Gründer (éd.), *Historisches Wörterbuch der Philosophie*, Darmstadt, 1971, col. 957-959 ; H. Blumenberg, *Die Lesbarkeit der Welt*, Frankfurt a.M., 1983.

[47] Cf. N. Lozovsky, *The earth is our book. Geographical knowledge in the Latin West ca. 400-1000*, p. 142.

[48] « Universus enim mundus iste sensibilis quasi quidam liber est scriptus digito Dei, hoc est virtute divina creatus, et singulæ creaturæ quasi figuræ quædam sunt non humano placito inventæ, sed divino arbitrio insitutæ ad manifestandam invisibilium Dei sapientiam. » Hugues de Saint-Victor, *Eruditionis didascalicae libri septem*, vii, J.-P. Migne (éd.), *Hugues de Saint Victor, Eruditionis didascalicae libri septem*, in *P.L.*, t. 176, col. 814B.

Dans cette perspective Dieu aurait écrit ainsi deux livres : la Bible et la Création[49]. La motivation de l'allégorèse du livre de la nature prend ses racines dans l'exégèse de l'Écriture sainte : la parole divine ne décrirait pas uniquement des faits historiques, mais elle référerait également à des significations spirituelles. A côté du sens littéral ou historique les textes de la Bible auraient aussi un sens moral (ou tropologique), un sens allégorique ainsi qu'un sens eschatologique (ou anagogique). Par analogie avec la lecture exégétique de la Bible, le deuxième livre divin – le livre de la nature – devrait être lu de la même manière. Il faut noter cependant que la nature n'était pas toujours interprétée selon les quatre sens de l'exégèse biblique : des textes comme le *Physiologus* et les bestiaires, par exemple, se limitent souvent à une interprétation allégorique ou morale, tandis que d'autres textes ne donnent qu'une explication « in bono et in malo »[50].

Au Moyen Âge l'étude scientifique de la nature était donc avant tout un moyen qui incitait l'homme à méditer sur l'essence spirituelle et invisible de Dieu le Créateur[51]. Les mappemondes évoquent la terre avec la nature qu'elle nourrit et, par conséquent, la cartographie pourrait faire l'objet de pareilles méditations. L'allégorèse de la nature peut être poursuivie comme principe motivant l'étude de la nature jusque dans le siècle des Lumières, et ce malgré l'influence croissante de l'empirisme[52]. Ce n'est pourtant plus la pratique herméneutique du Moyen Âge que l'on retrouve aux XVIe et XVIIe siècles. Des deux pôles de l'allégorèse de la nature, c'est surtout celui de la présence divine dans la Création qui sera le plus important, tandis que la lecture des particules de la Création comme des lettres référant à une ou plusieurs significations spirituelles persistera surtout dans les livres d'emblèmes[53].

Dans les pages suivantes je me pencherai sur la question de savoir comment ces concepts herméneutiques ont pu fonctionner dans la cartographie du XIIIe au XVIe siècles. Il faut remarquer cependant que Patrick Gautier Dalché s'est exprimé contre l'idée selon laquelle la cartographie médiévale aurait été purement symbolique et il a tiré l'attention sur exactitude et la valeur

[49] Cf. H. de Lubac, *Exégèse médiévale. Les quatre sens de l'Ecriture. Première partie*, p. 119-128.

[50] Cette méthode s'enracine également dans les écrits des Pères de l'église, comme, par exemple, ceux d'Augustin. Cf. F. Ohly, Vom Geistigen Sinn des Wortes im Mittelalter, p. 9 ; J. M. Ziolkowski, Literary genre and animal symbolism, in L. A. R. J. Houwen (éd.), *Animals and the symbolic in medieval art and literature*, Groningen, 1997, p. 11.

[51] Voir sur ce sujet E. Grant, Science and theology in the Middle Ages, in D. C. Lindberg, R. L. Numbers (éd.), *God and nature. Historical essays on the encounter between Christianity and science*, Berkeley-Los Angeles-Londres, 1986, p. 49-75.

[52] Sur le conflit entre l'allégorèse et les sciences naturelles aux XVIe et XVIIe siècles, voir : Ch. Meier, Argumentationsformen kritischer Reflexion zwischen Naturwissenschaft und Allegorese, in *Frühmittelalterliche Studien*, t. 12, 1978, p. 116-159. Pour la survivance de l'allégorèse au XVIe siècle, voir : J. A. Mazzeo, Universal analogy and the culture of the Renaissance, in *Journal of the history of ideas*, t. 15, 1954, p. 299-304 ; E. Garin, La nuova scienza e il simbolo del « libro », in E. Garin, *La cultura filosofica del Rinascimento Italiano*, Florence, 1961, p. 451-465 ; F. Ohly, Vom Geistigen Sinn des Wortes im Mittelalter, p. 28-29 ; H. Blumenberg, *Die Lesbarkeit der Welt*, p. 68-85 ; E. R. Curtius, *Europäische Literatur und lateinisches Mittelalter*, p. 323-329 ; E. Jorink, *Het 'Boeck der Natuere'. Nederlandse geleerden en de wonderen van Gods Schepping*, Leyde, 2006.

[53] Cf. W. Harms, Der Eisvogel und die halkyonischen Tage. Zum Verhältnis von naturkundlicher Beschreibung und allegorischer Naturdeutung, in H. Fromm, W. Harms, U. Ruberg (éd.), *Verbum et signum. Beiträge zur mediävistischen Bedeutungsforschung*, Munich, 1975, p. 477-515, p. 489 ; Ch. Meier, Argumentationsformen kritischer Reflexion zwischen Naturwissenschaft und Allegorese, p. 156. Pour « the emblematic world view » voir surtout : W. B. Ashworth, Natural history and the emblematic world view, in D. C. Lindberg, R. S. Westman (éd.), *Reappraisals of the Scientific Revolution*, Cambridge, 1990, p. 303-333.

pratique des activités cartographiques du Moyen Âge[54]. Je m'accorde avec ce point de vue, mais je tiens à remarquer qu'un usage pratique n'exclut nullement une exploitation herméneutique. C'est que les cartes peuvent servir à des usages différents : une carte destinée à l'usage pratique peut en même temps être le point de départ d'activités herméneutiques.

1. « Loca significant[55] » : le *sensus spiritualis* de la cartographie

Sur les mappemondes médiévales on cherchera en vain des indications explicites qui invitent à une lecture spirituelle de la carte. Ceci n'implique pourtant pas que les mappemondes médiévales sont des documents neutres sans significations plus profondes. Pour des métacommentaires herméneutiques sur la cartographie il faut se tourner vers les *descriptiones orbis*, mais ici encore les références explicites à la possibilité d'une interprétation spirituelle des éléments géographiques sont assez rares. Quelques sources y font quand même allusion. Un exemple en est le *Liber formulae spiritalis intellegentiae* d'Eucherius de Lyon († 449). Ce texte donne la signification spirituelle d'un grand nombre d'objets, parmi lesquels quelques éléments géographiques :

> Terra homo ipse ; in euangelio : aliud cecidit in terram bonam. item in malam partem de peccatore : terram edes omnibus diebus uitae tuae. (...) Montes dominus ecclesia apostoli siue sancti a celsitudine uirtutum ; in psalmo : qui descendit super montem Sion[56].

Il est à noter que ce même texte figure dans le manuscrit Vat. lat. 6018 (IXe siècle) de la Biblioteca Apostolica Vaticana quelques folios avant la mappemonde[57]. Il s'avère ainsi que très tôt déjà la cartographie pouvait être associée à des activités herméneutiques. Un autre exemple se trouve dans le *carmen* 47 de Théodulf d'Orléans (ca. 760-821) où une table à manger sert de métaphore pour une table où est gravée une *mappa mundi*. C'est cette dernière table qui donne des nourritures spirituelles, supérieures à la nourriture corporelle[58]. De cette façon Théodulf suggère que la *mappa mundi* est un instrument qui peut servir à la contemplation spirituelle[59].

[54] P. Gautier Dalché (éd.), *La « Descriptio mappe mundi » de Hugues de Saint-Victor. Texte inédit avec introduction et commentaire*, Paris, 1988, p. 119-120. Pour la cartographie purement symbolique, voir H. de Lubac, *Exégèse médiévale. Les quatre sens de l'Ecriture. Deuxième partie*, p. 336-337, n. 1.

[55] Cette terminologie provient de Hugues de Sant-Victor, *De scripturis et scriptoribus sacris*, XVI, J.-P. Migne (éd.), *Hugues de Saint Victor, De scripturis et scriptoribus sacris*, in *P.L.*, t. 175, col. 23.

[56] C. Wotke (éd.), *Sancti Eucherii Lugdunensis, Formulae spiritalis intellegentiae*, Vienne, 1894, p. 13.

[57] Au f. 56r : « terra homo ipse » ; et : « montes apostoli et in malam parte heretici ». Cf. les remarques sur ce manuscrit au chapitre IV (p. 135-137).

[58] Le même texte se trouve sur la mappemonde dite de Théodulf : « Scilicet ut dapibus pascantur corpora latis/ inspecta ei mentes orbis imago cibet/ pius epulas animę qua carnis dilige uisor. » Cité dans : P. Gautier Dalché, Notes sur la « carte de Théodose II » et sur la « mappemonde de Théodulf d'Orléans », in *Geographica antiqua*, t. 3-4, 1994-1995, p. 100. Cf. M. Kupfer, Medieval world maps. Embedded images, interpretative frames, p. 266-267.

[59] P. Gautier Dalché (De la glose à la contemplation. Place et fonction de la carte dans les manuscrits du haut Moyen Age, in *Testo e immagine nell'alto medioevo. Settimane di studio del Centro italiano di studi sull'alto medioevo*, t. 41, p. 752-757) a signalé un grand nombre d'exemples du haut Moyen Âge où une *mappa mundi* est présentée comme l'équivalent de la vision cosmique de la terre par Dieu ou par un saint qui voit le monde d'en haut

Un autre exemple datant de l'époque carolingienne est l'encyclopédie *De rerum naturis* de Raban Maur (780-856), déjà mentionnée au chapitre III. Cette encyclopédie reproduit l'essentiel des *Etymologiae* d'Isidore de Séville, que Raban dote d'explications mystiques. Ainsi on rencontre dans le chapitre géographique les descriptions d'Isidore avec leur *sensus spiritualis*. La ville de Jérusalem, par exemple, se rattache à quatre sens :

> Sed et hoc notandum, quod et Hierusalem secundum historiam ipsa est urbs, in qua Dominus crucifixus est et sepultus, et resurrexit a mortuis (...). Allegorice autem significat praesentem Ecclesiam (...). Tropologice autem significat fidelem animam, quæ pura mente Dominum contemplatur ; juxta anagogen ergo cœlestem patriam, et sanctorum angelorum atque hominum habitationem in cœlis (...)[60].

L'interprétation de l'Égypte se fait par contre « in bonam et in malam partem » : négativement l'aridité des déserts réfère à la vanité des occupations mondaines ; positivement, l'Égypte signifie le monde converti au Christ[61].

Après l'époque carolingienne les exemples de géographie moralisée se font pourtant rares. Même les versions moralisées du *De proprietatibus rerum* de Barthélemy l'Anglais (ca. 1190 - ca. 1250) où des gloses marginales fournissent le *sensus spiritualis*, ne présentent pas de gloses dans le chapitre géographique[62]. Aux XIIe et XIIIe siècles on trouve des réflexions sur la signification spirituelle surtout dans les métacommentaires sur la géographie. On cherchera donc en vain des commentaires moralisateurs dans la *Descriptio mappe mundi* de Hugues de Saint-Victor ou dans la *descriptio orbis* du *Liber exceptionum* de Richard de Saint-Victor. Cependant, à d'autres endroits, les deux Victorins indiquent que les noms géographiques se prêtent à une interprétation spirituelle. Ainsi, dans son *De scripturis et scriptoribus sacris* Hugues affirme : « loca significant » et il donne ensuite quelques exemples de géographie moralisée :

> Ægyptus, quae est terra voluptuosa et deliciis affluens, mundum significat, non machinam istam, sed voluptates mundi et secularia desideria. Desertum significat vitam religiosam, per quam quasi repatriantes jejunamus a vitiis et concupiscentiis hujus sæculi. Babylon ad aquilonem posita est, ubi frigus perpetuum et obscuritas est, cum nunquam pars illa a sole contingatur[63].

Richard de Saint-Victor, lui, fait savoir dans les premiers paragraphes de son *Liber exceptionum* que les *res* ont une première et une seconde signification. Parmi les *res* il distingue ensuite

dans un état d'extase. De cette façon la mappemonde invite le croyant à méditer sur la vision divine du monde. Cf. N. Lozovsky, *The earth is our book. Geographical knowledge in the Latin West ca. 400-1000*, p. 36-39.

60 Raban Maur, *De rerum naturis*, XII,iv, in *P.L.*, t. 111, col. 339D-340A.

61 Ibid, col. 341D-342A.

62 Cf. H. Meyer, Zum Verhältnis von Enzyklopädik und Allegorese im Mittelalter, in *Frühmittelalterliche Studien*, t. 24, 1990, p. 309.

63 Hugues de Saint-Victor, *De scripturis et scriptoribus sacris*, XVI, in *P.L.*, t. 175, col. 23. Hugues revient à la géographie moralisée dans son *De archea Noe*, IV,15, P. Sicard (éd.), *Hugonis de Sancto Victore, De archa noe, Libellus de formatione arche*, Turnhout, 2001 (Corpus Christianorum, Continuatio Medievalis, t. 176), p. 112 : « Egyptus interpretatur tenebre, et auster uentus est calidus. Designat ergo Egyptus mundum istum in tenebris ignorantie et calore carnalis concupiscentie positum. Babilon autem interpretatur confusio et significat infernum, ubi nullus ordo est, sempiternus horror inhabitans. »

six « circumstantiis » : « res, persona, numerus, locus, tempus, gestum. » Richard donne ensuite l'exemple suivant pour la signification spirituelle du « locus » :

> Loca significant, ut Jerico significat defectionem mundanam, stabulum Ecclesiam, Jerusalem vitam eternam[64].

La plupart des exemples d'une signification spirituelle des *res* géographiques signalés ici se limitent à des noms géographiques mentionnés dans la Bible. Ceci est bien logique : le texte de la Bible est censé référer à quatre sens spirituels. La Bible mentionne des noms géographiques et par conséquent ceux-ci s'offrent aussi à une lecture exégétique. Cependant, les remarques de Hugues et de Richard de Saint-Victor ne se rapportent pas uniquement aux *res*, *gesta* et *loca* bibliques. Il est donc concevable que l'herméneutique géographique se soit étendue peu à peu au contenu entier des mappemondes.

Un commentaire herméneutique plus élaboré sur la géographie se trouve dans l'*Opus maius* (vers 1268) de Roger Bacon. Les descriptions géographiques de cet ouvrage se basent partiellement sur les comptes rendus de voyageurs comme Guillaume de Rubrouck et Jean de Plan Carpin, mais ceci n'empêche pas que dans l'introduction à la section géographique Bacon remarque que le *sensus litteralis* des descriptions géographiques n'est que le point de départ de méditations sur le *sensus spiritualis* des éléments géographiques :

> Non enim est dubium quin viae corporales significent vias spirituales, et loca corporalia significent terminos viarum spiritualium (...)[65].

Ce n'est qu'après avoir pris connaissance des *qualitates* des lieux qu'on pourra passer au *sensus spiritualis* :

> Qui vero scit longitudines, latitudines, profunditates, altitudines, varietatem qualitatum, ut calidi, frigidi, sicci et humidi, necnon et eorum quae consequuntur ad haec quatuor, ut mollis, duri, grossi, subtilis, asperi, laevis, aridi, liquidi, lubrici, et aliorum innumerabilium, quae quarto Meteorologicorum determinantur ; necnon et colores, et sapores, odores, pulchritudines, turpitudines, amoenitates, sterilitatem, fertilitatem, naturam infectivam, corruptivam, et eis contrarias, et caetera quae in locis considerari habent, potest sensum literalem ad purum concipere et in eo delectari, atque ad sensus spirituales gloriose et placide transire[66].

Bacon continue d'expliquer que le mont des Oliviers renvoie à la vie spirituelle et la vallée de Josaphat à l'humilité. La ville de Jérusalem signifie la paix ; le *sensus moralis* de cette ville est l'âme qui porte la paix au cœur, le *sensus allegoricus* est l'Église militante et le *sensus anagogicus* est l'Église triomphante[67]. Roger Bacon n'insiste pourtant pas sur ce sujet et il n'y revient plus lors des descriptions géographiques proprement dites. Cette introduction indique pourtant que des connaissances basées sur des expériences pratiques peuvent s'allier à des connotations spirituelles.

[64] Richard de Saint-Victor, *Liber exceptionum* I,ii,5, J. Châtillon (éd.), *Richard de Saint-Victor, Liber exceptionum. Texte critique avec introduction, notes et tables*, Paris, 1958, p. 117.

[65] Roger Bacon, *Opus maius*, J. H. Bridges (éd.), *The Opus Majus of Roger Bacon*, p. 183-184.

[66] *Ibid.*, p. 185.

[67] *Ibid.*, p. 185-186.

Dans le livre XIV (intitulé *De natura mirabilibus* ou *Descriptio mundi*) du *Reductorium morale* (1320-1350) Pierre Bersuire s'occupe du *sensus spiritualis* des choses décrites. Les explications ne portent pourtant pas sur les éléments purement géographiques, mais plutôt sur les merveilles du monde. Je reviens à ce sujet au paragraphe suivant.

Malgré son titre suggestif, la *Mappemonde spirituelle* (1449) de l'évêque Jean Germain ne réfère pas à la signification spirituelle de la géographie : ce texte ne fait que rattacher aux endroits géographiques des descriptions de la vie et des souffrances de saints chrétiens.

Après le XIIIe siècle on ne rencontre plus de références explicites à la géographie moralisée. Cependant, encore au XVIe siècle Érasme ressentira la nécessité de fulminer contre « ces prédicateurs qui commencent à parler du fleuve Nil en Égypte quand ils veulent discuter la charité[68]. » Cette remarque est hautement intéressante, puisqu'elle semble renvoyer à une pratique courante de rattacher une signification spirituelle à des éléments géographiques. A côté de cette critique érasmienne de certaines pratiques homilétiques, il n'existe que peu d'indications pour la persistance de la géographie moralisée. Cependant, au XVIe siècle l'idée d'une relation ontologique entre le Créateur et la Création se rencontre de plus en plus manifestement dans les introductions aux *Cosmographiae*. Ainsi dans son *Weltbuch. Spiegel und bildnisz des gantzen erdbodens* (1534) le cosmographe allemand Sebastian Franck souligne que l'homme pourra connaître Dieu à travers ses œuvres :

> Tu sais bien que les œuvres de Dieu sont pleines de Dieu ou de la parole de Dieu. Celui qui ne perçoit pas Dieu dans ses œuvres et n'entend pas sa parole dans toutes les choses, ne trouvera pas Dieu dans ses paroles, car toutes les œuvres de Dieu dans ses enfants et dans les autres créatures ne sont qu'une expression de Dieu et elles sont comme un sentier de sa parole[69].

L'idée que l'on pourra admirer le Créateur à travers la Création se retrouve même dans des *Cosmographiae* d'un caractère nettement mathématique, comme, par exemple, la *Luculentissima quaedam terrae totius descriptio* (1514) de Johannes Schöner. Dans sa conclusion l'auteur cite l'adage « invisibilia dei per visibilia mundi » de la lettre de saint Paul aux Romains (1,20). Ensuite Schöner exhorte ses lecteurs d'admirer le Créateur dans ses créatures : « Et ex admiratione creaturae in creatoris admirationem[70]. »

Il manque à la *Cosmographia* de Sebastian Münster un chapitre spécifiquement programmatique, mais on y trouve quand même des remarques qui indiquent qu'une des intentions de l'auteur était de représenter la Création divine dans tous ses détails :

[68] Desiderius Erasmus, *Moriae encomium*, Bâle, 1515, cité d'après A. Dirkzwager, A. C. Nielson (trad.), *Moriae encomium id est stultitiae laus/Moriae encomium dat is de lof der zotheid*, Rotterdam, 1986, p. 242-243 : « Deinde dicturi de charitate, a Nilo Aegypti fluvio sumunt exordium. »

[69] Je paraphrase le texte allemand : « Du wisse gottes werck seind alle zuͤmal gottes voll oder voll gottes wort. Wer yhn in seinen wercken nicht versteet vnd das wort in allen dingen ergreifft der wirt yn in seinem wort noch vil weniger vernemmen. Dann alle werck gottes mit allen menschen kindern vnd creatur geuͤbt seind nicht dann ein außdruck gottes vnd gleich ein spür vnd fuͤßpfad seins worts. » Sebastian Franck, *Weltbuch. Spiegel und bildnisz des gantzen erdbodens*, Tübingen, 1534, *sig.* aiij r.

[70] Johannes Schöner, *Luculentissima quaedam terrae totius descriptio*, Nuremberg, 1515, f. 62.

> Nous ne voulons omettre aucun pays de nos recherches parce qu'en faisant cela nous reconnaîtrons les choses rares et merveilleuses créées par Dieu sur ce grand monde[71].

Plus loin, dans un paragraphe qui fait l'éloge de la cosmographie Münster dit encore :

> Cet art (de la cosmographie) nous ouvre de façon plus claire les secrets cachés de l'Écriture et met à nu la force de la nature sage qui se cache dans de nombreuses choses[72].

Au chapitre III j'ai déjà cité la remarque suivante d'André Thevet selon laquelle la description des *res* de la Création divine mène finalement à une connaissance de Dieu :

> (...) dautant que ceste science nous induit plus avant au spectacle de nature / elle nous donne aussi grande cognoissance de la divine puissance (...)[73].

Des allusions à la relation ontologique entre le Créateur et sa Création réapparaissent aussi dans les atlas du XVIe siècle. Les deux pages de la dédicace au *Speculum orbis terrarum* de Gerard de Jode contiennent un exposé fort élaboré sur la lecture de la nature tangible qui permet d'accéder aux connaissances divines : « (...) siquidem recte a creaturarum consideratione ad Creatoris cognitionem, amorem, admirationem et cultum transcenditur (...)[74]. » Parmi les textes bibliques cités figure également la lettre aux Romains :

> Idemque Apostolus ad Romanos cap .I. ait : Inuisibilia Dei, (videlicet æternam eius potentiam et diuinitatem, bonitate(m), insuper et sapientiam) a mundi creatura, per ea quæ facta sunt, conspici sempiternam quoque eius virtutem et diuinitatem animaduerti ex illis : ita vt sint inexcusabilis impij[75].

On cherche en vain des remarques pareilles dans le *Theatrum orbis terrarum* d'Abraham Ortelius, possiblement parce que l'œuvre cartographique d'Ortelius est plutôt d'inspiration humaniste[76]. Ceci n'implique pourtant pas qu'Ortelius ait considéré les cartes comme des instruments techniques sans implications herméneutiques. Dans son introduction au *Theatrum* le cartographe indique que la cartographie évoque surtout le théâtre de l'Histoire : le lecteur perçoit les événements de la Bible (« res gestae ») comme s'ils étaient présents (« quasi praesentam »)[77]. Lucia Nuti a déjà souligné que pour Ortelius la cartographie est indispensable pour

[71] Je donne ici une paraphrase du texte allemand : « Also woellen wir kein land onersuecht lassen do mit wir erkennen was Gott für seltsame vnd wunderbarliche ding auff dem weiten ertrich erschaffen hat. » SEBASTIAN MÜNSTER, *Cosmographia*, Bâle, 1550, *sig.* aiiijv. Sur les aspects religieux de la *Cosmographia* de Münster, voir aussi : M. BÜTTNER, *Die Geographia Generalis von Varenius. Geographisches Weltbild und Providentiallehre*, p. 146-155.

[72] Paraphrase du texte suivant : « Ja dise kunst (cosmographia) eroeffnet vns zum dickern mal die verborgne heimlichkeyt der heyligen geschrifft vnd entbloesst die krafft der kluegen natur so do verborgen ligt in mancherleien dingen. » SEBASTIAN MÜNSTER, *Cosmographia*, Bâle, 1550, *sig.* aiijr.

[73] André Thevet, *Cosmographie universelle*, f. â iiij v-f. â v r. Cité dans F. LESTRINGANT, *André Thevet, cosmographe des derniers Valois*, Genève, 1991, p. 199.

[74] GERARD DE JODE, *Speculum orbis terrarum*, Anvers, 1578 (sans pagination).

[75] *Ibid.*, (sans pagination).

[76] Cf. par exemple, la carte d'*Utopia* d'après le texte de Thomas More publié par Ortelius : C. KRUYFHOOFT, A recent discovery. Utopia by Abraham Ortelius, in *The Map Collector*, t. 16, 1981, p. 10-14. Je remercie Mark Cohagen de m'avoir communiqué cette référence.

[77] ABRAHAM ORTELIUS, *Abraham Ortelius. Theatrum orbis terrarum. Anvers: Van Diest, 1570*, reprod. Amsterdam, 1964, *sig.* BIIr.

la connaissance de l'Histoire[78]. Elle fait en outre observer que les inscriptions en langue latine d'après Cicéron et Sénèque autour de la carte du monde dans l'édition de 1589 transforment la carte en un discours emblématique célébrant des vertus stoïciennes[79]. Giorgio Mangani, de son côté, a suggéré l'existence de références hermétiques dans l'œuvre cartographique d'Ortelius[80]. Néanmoins, le public comprenait la cartographie ortélienne toujours dans le cadre d'une relation ontologique entre le monde tangible et son créateur. En témoigne l'épitomé en langue française[81] du *Theatrum*, publié en 1598, qui porte sur le frontispice la devise suivante : « pseau xlvi Venez & contemplez Les œuvres du Seigneur. »

L'ensemble de cartes modernes auquel on réfère communément comme l'Atlas de Gerard Mercator n'est en vérité qu'un seul volume d'un ouvrage plus vaste (intitulé : *Atlas sive cosmographicae meditationes de fabrica mundi et fabricati figura*) décrivant la terre et les cieux. Dans une description de la vie de Mercator, ajoutée comme préface à l'édition posthume des cartes modernes en 1595 par son fils Rumold Mercator, il est dit que Gerard Mercator avait l'intention de faire paraître cinq livres traitant les sujets suivants : la Création, l'astronomie, l'astrologie, les éléments, la géographie ainsi que l'histoire[82]. L'*Atlas* contenant les cartes modernes était précédé d'un traité sur la Création (intitulé *De mundi creatione ac fabrica liber*) où Mercator souligne que la Création est un reflet de la puissance, de la sagesse et de la bonté divines :

> Id enim molimur, dum Cosmographiam tradimus, ut ex mirabili omnium rerum in unum Dei finem concordia, et ex inperscrutabili in compositione providentia, infinita Dei sapientia, et inexhausta eius bonitas conspiciantur, quo ad venerandam eius maiestatem, colendam amplexandamque eius diuitem bonitatem, perpetuo feramur[83].

[78] L. Nuti, The world map as an emblem. Abraham Ortelius and the Stoic contemplation, in *Imago mundi*, t. 55, 2003, p. 38-55.

[79] L. Nuti, art. cit., p. 44-51. J.-M. Besse (*Les grandeurs de la Terre. Aspects du savoir géographique à la Renaissance*, Lyon, 2003, p. 310-372) insiste lui-aussi sur l'influence de la meditation humaniste et du stoïcisme sur la cartographie d'Ortelius.

[80] G. Mangani, Abraham Ortelius and the hermeneutic meaning of the cordiform projection, in *Imago mundi*, t. 50, 1998, p. 12-23; *idem, Il 'mondo' di Abramo Ortelio. Misticismo, geografia e collezionismo nel Rinascimento del Paesi Bassi*, Modène, 1998; *idem*, De providentiële betekenis van het *Theatrum orbis terrarum*, in R. W. Karrow (et al.) (éd.), *Abraham Ortelius (1527-1598) cartograaf en humanist*, Turnhout, 1998, p. 93-103.

[81] Abraham Ortelius, *Le miroir du monde ou epitome du theatre d'Abraham Ortelius. Amsterdam, Zacharie Heyns, 1598*, reprod. Weesp, 1994.

[82] Cf. P. C. J. van der Krogt, Mercators Atlas. Geschichte, Editionen, Inhalt, in H. H. Blotevogel, R. Vermij (éd.), *Gerhard Mercator und die geistigen Strömungen des 16. und 17. Jahrhunderts*, Bochum, 1995, p. 49-64 ; *idem*, Mercator – seine Atlanten und seine Zeitgenossen, in R. Vermij (éd.), *Gerhard Mercator und seine Welt*, Dusbourg, 1997, p. 118-119 ; A.-D. von den Brincken, Kosmographische Betrachtungen bei den Kirchenvätern, auf mittelalterlichen Mönchskarten und bei Gerhard Mercator, in R. Vermij (éd.), *Gerhard Mercator und seine Welt*, Dusbourg, 1997, p. 47-52. Dans sa *Chronologia hoc est tempore demonstratio exactissima ab initio mundi usque ad annum Domini M.D.LXVIII*, Cologne, 1569, Mercator annonça quatre livres (p. 3).

[83] Gerard Mercator, *De mundi creatione ac fabrica liber, Prologomenon Fabricae Mundi*, p. 3, cité d'après *Atlas sive cosmographicae meditationes de fabrica mundi et fabricati figura, Dusbourg, 1595*, reprod. Bruxelles, 1963. Ce traité manque à la reproduction de 1985. Une discussion des aspects exégétiques des travaux de Mercator dans : M. Büttner, *Die Geographia Generalis von Varenius. Geographisches Weltbild und Providentiallehre*, p. 156-171 ; *idem*, Mercators Hauptwerk, der Atlas, aus theologischer und wissenschaftshistorischer Sicht. Zum Verhältnis Gott, Mensch und Natur im Hauptwerk Mercators sowie zum Thema Gleichberechtigung der Geschlechter, in M. Büttner (éd.), *Neue Wege in der Mercator-Forschung. Mercator als Universalwissenschaftler*, Bochum, 1992, p. 8-97 ; *idem*,

Dans le cinquième chapitre, intitulé *De erroneo et vero idearum intellectu*, Mercator rejette la théorie selon laquelle les idées platoniciennes sont réellement existantes. Ce sont par contre les « exemplares » formés dans l'esprit de Dieu avant la création[84]. Par conséquent, il existe une analogie entre les créatures et Dieu le Créateur :

> Illam etiam ideam, siue rationem omnium, utpote internum actum essentiæ Dei esse analogum ipsi essentiæ dicimus, proinde et creaturas, quæ eiusdem ideæ sunt imagines, ad Dei substantiam et essentiam aliqualem analogiam habere[85].

Il faut citer ici également Guillaume Postel (1510-1581), un auteur dont l'œuvre géographique est profondément marquée par sa vision mystique et eschatologique[86]. Dans des écrits comme *De orbis terrae concordia* (1545) Postel préconise une religion universelle et une monarchie universelle (de signature française) annonçant le retour du Christ sur terre. A côté de ses écrits théologiques de caractère prophétique, Postel a publié une carte du monde sous projection polaire (1578, déjà citée au chapitre II), ainsi qu'un traité intitulé *Des merveilles du monde* (1553)[87]. Il faut comprendre les ouvrages cartographiques et cosmographiques de Postel à la lumière de ses opinions théologiques. C'est surtout dans ses descriptions des merveilles du monde que Postel cherche à démontrer la véracité d'une religion universelle et à donner une lecture herméneutique (surtout eschatologique) de la Création et ses créatures.

Les métacommentaires signalés ci-dessus indiquent que la cartographie du XIIIe au XVIe siècles n'était donc pas uniquement utilitaire. Il n'est pas non plus question d'une sécularisation

Mercators Hauptwerk, der Atlas aus theologischer und wissenschaftshistorischer Sicht, in M. Büttner, R. Dirven (éd.), *Mercator und Wandlungen der Wissenschaften im 16. und 17. Jahrhundert. Referate des 1. Mercatorsymposiums, 8.-9. März 1992*, Bochum, 1993, p. 3-42 ; K. Schmitz-Moormann, Mercator vor den Horizont der mittelalterliche Wissenschaften, insbesondere der Theologie, in M. Büttner (éd.), *Mercator und die Wandlungen der Wissenschaften im 16. und 17. Jahrhundert. Referate des 1. Mercatorsyposiums Duisburg, 8.-9. März 1992*, Bochum, 1993, p. 93-101 ; *idem*, Mercator und die Entwicklung der Exegese im sechzehnten Jahrhundert, in H. H. Blotevogel, R. Vermij (éd.), *Gerhard Mercator und die geistigen Strömungen des 16. und 17. Jahrhunderts*, Bochum, 1995, p. 208-221 ; Ä. Bäumer-Schleinkofer, Mercator über Tiere und Pflanzen. Die Stufenleiter der Natur und die biblische Schöpfungsgeschichte, in M. Büttner, R. Dirven (éd.), *Mercator und Wandlungen der Wissenschaften im 16. und 17. Jahrhundert. Referate des 1. Mercatorsymposiums, 8.-9. März 1992*, Bochum, 1993, p. 61-75 ; A.-D. von den Brincken, Kosmographische Betrachtungen bei den Kirchenvätern, auf mittelalterlichen Mönchskarten und bei Gerhard Mercator, p. 31.

[84] « Non igitur extra hominem idea est aliqua, tale exemplar in illius intellectum (...). » Gerard Mercator, *De mundi creatione ac fabrica liber, Prologomenon Fabricae Mundi*, p. 12, in *Atlas sive cosmographicae meditationes de fabrica mundi et fabricati figura, Duisbourg, 1595*, reprod. Bruxelles, 1963 p. 12. Cf. Ä. Bäumer-Schleinkofer, Mercator über Tiere und Pflanzen. Die Stufenleiter der Natur und die biblische Schöpfungsgeschichte, p. 63-64.

[85] Gerard Mercator, *De mundi creatione ac fabrica liber, Prologomenon Fabricae Mundi*, p. 13, in *Atlas sive cosmographicae meditationes de fabrica mundi et fabricati figura, Duisbourg, 1595*, reprod. Bruxelles, 1963.

[86] Sur Postel, voir surtout W. J. Bouwsma, *Concordia mundi. The career and thought of Guillaume Postel (1501-1581)*, Cambridge Mass., 1957 ; M. L. Kuntz, *Guillaume Postel, prophet of the restitution of all things. His life and thought*, La Haye, 1981 ; J. Cl. Margolin (éd.), *Guillaume Postel 1581-1981. Actes du colloque international d'Avranches, 5-9 septembre 1981*, Paris, 1985.

[87] Guillaume Postel, *Des Merveilles du Monde, et principalement des admirables choses des Indes et du Nouveau Monde*, Paris, J. Ruelle, 1553. Cf. F. Lestringant, Cosmographie pour une restitution. Note sur le traité « Des merveilles du monde » de G. Postel (1553), in M. L. Kuntz (éd.). *Postello, Venezia e il suo mondo*, Florence, 1988, p. 227-259 ; *idem*, *Écrire le monde à la Renaissance. Quinze études sur Rabelais, Postel, Bodin et la littérature géographique*, Orléans, 1993, p. 225-251.

totale de la cartographie aux xve et xvie siècles[88]. Les cartes représentent la partie sublunaire de la Création divine et elles s'ouvrent à une lecture comme des documents qui portent en eux des vérités spirituelles. L'exactitude croissante de la cartographie du xvie siècle n'est pas vraiment en contradiction avec cet aspect herméneutique. Sur les cartes on trouve le monde tel que Dieu l'a voulu : voilà pourquoi il faut tenter de le représenter avec autant de précision que possible, puisque l'*imitatio naturae* équivaut à l'*imitatio Dei*.

2. La référentialité de la cartographie

Les textes et les images sur les cartes du monde datant du xiiie au xvie siècles qui ont été conservées se limitent à la description des *res* cartographiques et n'invitent pas explicitement à y rattacher un *sensus spiritualis*. Ceci n'implique pourtant pas que les textes et les images sur les cartes visent uniquement à la communication de connaissances factuelles, comme on l'a supposé bien souvent[89]. Dans le paragraphe précédent il s'est déjà avéré que certains auteurs de *descriptiones orbis* invitent leurs lecteurs à méditer sur le *sensus spiritualis* de la géographie. Ceci ne peut que signifier que les cartes ne sont pas des documents univoques, mais qu'elles s'ouvrent à des lectures sur plusieurs niveaux.

Il y a quelques exemples isolés qui prouvent incontestablement qu'il est possible de rattacher une signification spirituelle aux thèmes évoqués sur les cartes. Au chapitre V il était déjà question de l'animal *ibex* sur la mappemonde d'Ebstorf dont le texte reconstitué explique que si jamais cet animal tombe d'une montagne, ses deux cornes le protégeront contre les blessures. Le texte sur la mappemonde d'Ebstorf se poursuit par l'explication spirituelle de cet animal : il réfère aux hommes érudits que seront protégés par la consonance des deux testaments. Un exemple pareil se trouve dans la description du monde de Pierre de Beauvais intitulée la *Mappemonde*. En parlant de l'animal « monocheros » ou unicorne, Pierre remarque :

> Senefiance mout grant a
> David ou Sautier em parla[90].

Dans l'introduction au chapitre précédent j'ai déjà fait allusion à la référentialité de la cartographie, ainsi qu'à Christian Jacob qui a qualifié la cartographie comme une « plaque tournante sémiologique ». C'est-à-dire il ne faut pas lire les thèmes évoqués sur les cartes comme des textes isolés, mais comme des signes référant aux textes, images, connaissances et conventions de la culture qui les environne. Et effectivement, il s'est avéré que les cartographes empruntent les détails figurant sur leurs cartes au contexte textuel et visuel de leur époque. Les animaux et les peuples monstrueux sur les cartes figurent également dans des textes munis d'explications spirituelles comme le *Physiologus*, les bestiaires et les encyclopédies moralisées. Un *litteratus*

[88] Par exemple P. Whitfield, *The image of the world. 20 Centuries of world maps*, Londres, 1994, p. 36 : « The overwhelming tendency of these new forces was to secularize the world map, to remove it from the realm of religious iconography. »

[89] Par exemple, M. Jancey, *Mappa mundi. The map of the world in Hereford Cathedral*, Hereford, nouv. édition 1994, p. 13, n. 2.

[90] Pierre de Beauvais, *Mappemonde*, v. 545-546, A. Angremy (éd.), La mappemonde de Pierre de Beauvais, in *Romania*, t. 104, 1983, p. 475.

(il faut quand même avoir une certaine éducation pour avoir accès aux documents cartographiques) qui consulte une carte reconnaîtra sans aucun doute les thèmes qui y sont évoqués et il (ou elle) se souviendra du « sensus spiritualis » mentionné ailleurs.

Quelques exemples illustratifs de cette procédure se trouvent dans le XIVe chapitre du *Reductorium morale* (1320-1350) de Pierre Bersuire. Ce chapitre reproduit l'essentiel de la *descriptio orbis* de Barthélemy l'Anglais[91] à laquelle Bersuire a ajouté une interprétation spirituelle[92]. Cette procédure herméneutique ne porte pas sur les descriptions géographiques mais plutôt sur les merveilles du monde évoquées dans le texte. Par exemple, les *blemmii*, des êtres sans tête qui portent les yeux et la bouche sur la poitrine reçoivent l'explication suivante : ce sont les *hypocriti* qui n'élèvent pas leur vision interne vers Dieu. Ensuite Bersuire y rattache un passage biblique provenant du livre de Judith : « Ecce Holofernes iacet in terra et caput eius non est in ipso[93]. » Cette procédure se répète pour tous les *mirabilia* mentionnées dans la *descriptio orbis* de Pierre Bersuire : il y rattache une explication morale ainsi qu'un verset de la Bible.

L'ouvrage de Bersuire est un des très rares exemples d'une *descriptio orbis* qui explicite cette procédure herméneutique, mais la même procédure pourrait s'appliquer aux mappemondes. Par exemple, l'image de la *pantera* sur la mappemonde d'Ebstorf a probablement été copiée d'après la représentation dans un *Bestiarium* du XIIIe siècle[94]. Les textes du *Bestiarium* accompagnant cette image ne décrivent pas seulement l'animal, mais donnent aussi des interprétations spirituelles de ses qualités. Souvent la panthère est accompagnée d'explications spirituelles assez élaborées complétées avec des citations bibliques : l'animal réfère au Christ, son sommeil évoque la mort et la résurrection du Christ, tandis que le dragon qui ne supporte pas la panthère réfère au diable[95]. Certains bestiaires incorporent également un traité qui donne des moralisations des peuples monstrueux. Un exemple en est le manuscrit 22 de la bibliothèque de l'abbaye de Westminster à Londres : ici le peuple qui se protège contre le soleil en se couvrant la tête avec la lèvre inférieure réfère aux malicieux, en accord avec le psaume 139,10 : « labor labiorum ipsorum operiet eos »[96].

[91] Voir : le chapitre III.

[92] Sur l'exégèse chez Pierre Bersuire, voir Ch. Meier, Grundzüge der mittelalterlichen Enzyklopädistik. Zu Inhalten, Formen und Funktionen einer problematischen Gattung, in L. Grenzmann (et al.) (éd.), *Literatur und Laienbildung im Spätmittelalter und in der Reformationszeit. Symposion Wolfenbüttel 1981*, Stuttgart, 1984, p. 482-483 ; M. H. Tesnière, Le *Reductorium morale* de Pierre Bersuire, in M. Picone (éd.), *L'enciclopedismo medievale*, Ravenne, 1994, p. 234-238.

[93] Je cite *Paris, Bibl. nationale de France*, Ms. lat. 16786, f. 287rb.

[94] Voir le chapitre V (p. 190-191).

[95] Cf. M. R. James, *The Bestiary. Being a reproduction in full of the manuscript Ii.4.26 in the University Library, Cambridge, with supplementary plates from other manuscripts of English origin, and a preleminary study of the Latin bestiary as current in England*, Oxford, 1928, f. 4v-6r.

[96] Cl. Lecouteux (*Les monstres dans la pensée médiévale européenne*, Paris, 1993, p. 75-81) réfère aux lectures spirituelles des monstres dans les *Gesta romanorum* (XIIIe siècle). Pour l'interprétation spirituelle des monstres, voir G. C. Druce, Some abnormal and composite human forms in English church architecture, in *Archaeological journal*, t. 72, 1915, p. 149-151 ; R. Wittkower, Marvels of the east. A study in the history of monsters, in R. Wittkower, *Allegory and the migration of symbols*, s. l., 1977, p. 56-57 ; J. B. Friedman, *The monstrous races in medieval art and thought*, Cambridge Mass, 1981, p. 108-130 ; Cl. Lecouteux, *Les monstres dans la littérature allemande du Moyen Age. Contribution à l'étude du merveilleux médiéval*, Göppingen, 1982, t. 1, p. 196-205, 311-323, t. 2, p. 3-164 ;

En général les mappemondes ne donnent que l'image des monstres et des animaux, souvent même sans descriptif textuel aucun. Pour ce qui est de l'image de la panthère sur la mappemonde d'Ebstorf, on n'y lit que « pantera et alie immanes bestie ». Il en est de même pour le peuple qui se couvre la tête avec la lèvre inférieure, dont le texte accompagnant reste purement descriptif : « Gens que habet ora concreta labioque promoventi ut contra solis radios se tegat. » C'est au lecteur de reconnaître ces images et de se souvenir de la signification spirituelle qu'on y rattache traditionnellement. Cette procédure n'était pas tout à fait inhabituelle au Moyen Âge, car il existe des bestiaires sans textes comme, par exemple, celui copié sur les folios 7r-10v du codex 507 de la Österreichische Nationalbibliothek à Vienne[97]. Un spectateur possédant une certaine éducation était en mesure de reconnaître et comprendre les thèmes évoqués visuellement. Ceci indique que les images ne perdent pas leur utilité sans texte qui les accompagne. Les images des bestiaires figurent aussi sans texte dans d'autres contextes, comme le montre une miniature du « Peterborough Psalter » où les images de la résurrection du Christ et de Lazare sont complétées par l'image d'une lionne qui ressuscite ses petits par son haleine[98]. L'iconographie de la lionne provient des bestiaires. Ici sa signification spirituelle se comprend sans aucune parole explicative.

L'interprétation spirituelle des animaux et des monstres ne se limite pas aux bestiaires et au *Physiologus*. Les textes encyclopédiques, eux aussi, sont souvent munis de gloses contenant des explications spirituelles[99]. Les animaux et les peuples légendaires évoqués sur les mappemondes sont décrits et interprétés dans ces textes[100]. Par exemple, l'image du lynx sur la map-

V. I. J. Flint, Monsters and the antipodes in the early Middle Ages and Enlightenment, in *Viator*, t. 15, 1984, p. 72-73 ; J.-G. Arentzen, *Imago Mundi Cartographica*, p. 184-188 ; K. Zalewksa, *Deformatio naturae*. Die Seltsamkeiten der Natur in der spätmittelalterlichen Ikonographie, in A. Zimmermann (et al.) (éd.), *Mensch und Natur im Mittelalter*, Berlin-New York, 1992, p. 932-938 ; L. Daston, K. Park, *Wonders and the order of nature, 1150-1750*, New York, 1998.

97 Cf. R. W. Scheller, *Exemplum. Model-book drawings and the practice of artistic transmission in the Middle Ages (ca. 900 - ca. 1470)*, Amsterdam, 1995, cat. no. 10. Voir aussi cat. no. 15, *Cambridge Mass., Harvard College Library (Houghton Library)*, Ms. Typ. 101 (Paris, ca. 1240), f. 3r-14v. A en croire Scheller ces deux exemples sont des livres de modèles pour les peintres (« model-books »), mais leur présence dans des manuscrits contenant également des textes est une indication que ces bestiaires en images sont plutôt des textes visuels.

98 *Bruxelles, Bibl. Royale de Belgique*, Ms. 9961-62, f. 64v. Reproduit dans A. Henry, *Biblia pauperum. A facsimile and edition*, Aldershot, 1987, p. 15, pl. 11. Sur l'usage des images des bestiaires dans d'autres contextes, voir du même p. 10, 41, n. 56.

99 Sur les encyclopédies moralisées voir surtout Ch. Meier, Grundzüge der mittelalterlichen Enzyklopädistik. Zu Inhalten, Formen und Funktionen einer problematischen Gattung, p. 488-490 ; H. Meyer, Bartholomäus Anglicus, *De proprietatibus rerum*. Sebstverständnis und Rezeption, in *Zeitschrift für deutsches Altertum und deutsche Literatur*, t. 117, 1988, p. 237-274 ; *idem*, Zum Verhältnis von Enzyklopädik und Allegorese im Mittelalter.

100 Sur l'interprétation spirituelle des animaux, voir F. McCulloch, *Mediaeval Latin and French Bestiaries*, Chapel Hill, 1960, p. 78-92 ; D. Schmidtke, *Geistliche Tierinterpretation in der deutschsprachigen Literatur des Mittelalters*, Berlin, 1968 ; N. Henkel, *Studien zum Physiologus im Mittelalter*, Tübingen, 1976, p. 164-203 ; H. Brinkmann, *Mittelalterliche Hermeneutik*, Tübingen, 1980, p. 101-116 ; Cl. Lecouteux, *Les monstres dans la littérature allemande du Moyen Age. Contribution à l'étude du merveilleux médiéval*, t. 2, Göppingen, 1982, p. 167-244 ; B. Van den Abeele, Bestiaires encyclopédiques moralisés. Quelques succédanés de Thomas de Cantimpré et de Barthélemy l'Anglais, in B. Levy, P. Wackers (éd.), *Reinardus. Yearbook of the International Reynard Society/Annuaire de la Société internationale renardienne*, t. 7, Amsterdam-Philadelphia, 1994, p. 209-228 ; D. Hassig, *Medieval Bestiaries. Text, image, ideology*, Cambridge, 1995 ; J. M. Ziolkowsky, Literary genre and animal symbolism, in L. A. R. J. Houwen, *Animals and the symbolic in Medieval art and literature*, Groningen, 1997, p. 1-24 ; R. Baxter, *Bestiaries and their users in the Middle Ages*, Stroud, 1998. Pour des exemples de l'explication spirituelle des monstres, voir ci-dessus.

pemonde de Hereford suit la description fournie par Alexandre Neckam. Ce dernier donne l'*adaptatio* suivante de cet animal :

> Per lyncem subtilis ingenii acumen intelligitur, quod rerum naturas abditas consequitur fugere volentes. Competenter etiam per ipsam designari potest potestas ambitiosa, semper prædæ, semper quæstui inhians[101].

La moralisation de la nature ne se limite pas aux textes latins, mais se produit également dans les langues vernaculaires. Parmi les exemples les plus instructifs comptent l'adaptation française du chapitre sur les hommes monstrueux du *Liber de natura rerum* de Thomas de Cantimpré[102], ainsi que le *Buch der natur* (1350) de l'Allemand Konrad von Megenberg[103]. Il est à noter que les textes glosés ou moralisés ne donnent pas toujours les mêmes explications[104]. On peut en déduire que la moralisation de la nature n'était pas obligatoire, ni univoque, mais que c'était au lecteur/observateur de rattacher une signification spirituelle à l'animal ou au monstre en question.

La lecture spirituelle de la nature se perpétuera au XVIe siècle dans les livres d'emblèmes[105] et dans des études de l'histoire naturelle faites par des savants comme Konrad Gesner (*Historia animalium*, 1551-1558) et d'Ulisse Aldrovandi (*Ornithologia*, 1599-1603 ; *De quadrupedibus*, 1616-1648). Ces derniers ouvrages se caractérisent par la croissance de l'observation empirique de la nature, mais pour des savants comme Gesner et Aldrovandi l'interprétation spirituelle était toujours une partie indispensable de l'histoire naturelle. On rencontre une attitude pareille dans les livres d'emblèmes où des explications morales sont rattachées à des entités diverses et surtout à des animaux[106]. Ce sont parfois les mêmes animaux que ceux qui paraissent dans la cartographie, cette fois-ci munis d'une explication spirituelle ou morale. Un exemple en est l'oiseau de

101 Alexandre Neckam, *De naturis rerum*, c. CXXXVIII, Th. Wright (éd.), *Alexandri Neckam. De naturis rerum libri duo; De laudibus divinae sapientiae*, reprod. Nendeln, 1967, p. 219.

102 A. Hilka (éd.), *Eine altfranzösische moralisierende Bearbeitung des Liber de monstruosis hominibus orientis aus Thomas von Cantimpré, De naturis rerum, nach der einzigen Handschrift (Paris. Bibl. nat. fr. 15106)*, Berlin, 1933 ; L.-F. Flûtre, A propos de l'édition Hilka du poème des Monstres des Hommes, in *Zeitschrift für romanische Philologie*, t. 71, 1955, p. 422-448.

103 Sur l'allégorèse de la nature dans cet ouvrage, voir U. Ruberg, Allegorisches im *Buch der Natur* Konrads von Megenberg, in *Frühmittelalterliche Studien*, t. 12, 1978, p. 310-325.

104 Pour des exemples, voir D. Hassig, *Medieval Bestiaries. Text, image, ideology*.

105 Pour des représentations métaphoriques du globe terrestre dans les livres d'emblèmes, voir M. Schilling, *Imagines mundi, metaphorische Darstellungen der Welt in der Emblematik*, Berne-Frankfurt a.M., 1979.

106 Cf. W. Harms, *Mundus imago Dei est*. Zum Entstehungsprozeß zweier Emblembücher Jean Jacques Boissards, in *Deutsche Vierteljahresschrift für Literaturwissenschaft und Geistesgeschichte*, t. 47, 1973, p. 223-244 ; *idem*, Der Eisvogel und die halkyonischen Tage. Zum Verhältnis von naturkundlicher Beschreibung und allegorischer Naturdeutung ; *idem*, Allegorie und Empirie bei Konrad Gesner. Naturkundliche Werke unter literaturwissenschaftlichen Aspekten, in F. Forster, H.-G. Roloff (éd.), *Akten des V. Internationalen Germanisten-Kongresses Cambridge 1975*, Berne, 1976, p. 119-123 ; *idem*, On natural history and emblematics in the 16th century, in J. S. Ackerman (éd.), *The natural sciences and the arts. Aspects of interaction from the Renaissance to the 20th century: An international symposium*, Uppsala, 1985, p. 67-83 ; *idem*, Bedeutung als Teil der Sache in zoologischen Standardwerken der frühen Neuzeit (Konrad Gesner, Ulisse Aldrovandi, in H. Boockmann, B. Moeller, K. Stackmann (éd.), *Lebenslehren und Weltentwürfe im Übergang vom Mittelalter zur Neuzeit. Politik-Bildung-Naturkunde-Theologie*, Göttingen, 1989, p. 352-369 ; W. B. Ashworth, Natural history and the emblematic world view ; *idem*, Emblematic natural history of the Renaissance, in N. Jardine, S. A. Secord, E. C. Spary (éd.), *Cultures of Natural History*, Cambridge, 1996, p. 17-37.

paradis, une « invention » du XVIe siècle. On reproduit non seulement son image sur les cartes[107], mais aussi dans certains livres d'emblèmes où l'animal est doté d'une explication morale. Dans les *Emblemata, cum aliquot nummis antiqui operis* (1564), l'auteur Johannes Sambucus écrit que l'oiseau de paradis réfère à ceux qui ne trouvent pas de repos à cause de leurs soucis[108]. Un autre exemple se trouve dans l'*Emblematum liber* (Augsburg, 1531) d'Andrea Alciati (1492-1560) où le caméléon est associé à l'élément *aer*. Selon le texte explicatif l'animal renvoie aux flatteurs[109]. Il est à noter que sur certaines cartes du monde de la fin du XVIe et du début du XVIIe siècle le caméléon est également reproduit comme le représentant de l'élément air.

C'est surtout l'appréciation de la présence des races monstrueuses sur les cartes du monde des XIIIe au XVIe siècles qui a placé la critique moderne devant des problèmes. Il est vrai que les monstres humains ont souvent un aspect horrible. Voilà pourquoi on les a surtout interprétés comme étant des créatures sataniques que les cartographes médiévaux voulaient repousser aux marges de leurs cartes[110]. Cependant, un grand nombre de textes médiévaux qui décrivent les races monstrueuses rattachent une signification spirituelle aux manifestations tératologiques. L'exemple de Pierre Bersuire, cité ci-dessus, indique bel et bien qu'il fallait rattacher une signification spirituelle aux monstres. De plus, les races monstrueuses ne donnent pas uniquement lieu à des connotations négatives. Jean Pépin et Christel Meier ont fait remarquer que dans la vision médiévale l'horrible n'émane pas forcément du diable[111]. Comme le monde matériel et sublunaire ne pourra jamais atteindre la perfection de la sagesse de Dieu, on ne peut avoir recours qu'au contraire afin d'exprimer la perfection divine. Ainsi la négativité extrême du monde terrestre, exprimée sur les cartes dans la monstruosité, signifierait, *a contrario*, la perfection de Dieu.

Et effectivement, les commentaires médiévaux insistent souvent sur l'idée que Dieu exprime son omnipotence dans les merveilles du monde, qu'elles soient positives ou négatives. Cette opinion se trouve déjà dans l'*Historia orientalis* de Jacques de Vitry (1160/70-1240) :

> Ea tamen credere que contra fidem non sunt vel bonos mores, nullum periculum æstimamus. Scimus enim quod omnia Dei opera mirabilia sunt, licet per usum et consuetudinem hi qui frequenter ea intuentur, nulla admiratione moveantur[112].

Même au XVIe siècle Sebastian Franck a encore recours à cette argumentation dans l'introduction à son *Weltbuch* :

[107] Voir le chapitre V.

[108] Reproduit avec d'autres exemples dans A. Henkel, A. Schöne, *Emblemata. Handbuch zur Sinnbildkunst des XVI. und XVII. Jahrhunderts*, Stuttgart, 1996, p. 798-800. Cf. W. Harms, On natural history and emblematics in the 16th century, p. 67-69.

[109] Pour une reproduction et d'autres exemples, voir A. Henkel, A. Schöne, *op. cit.*, p. 664-666.

[110] Sur la marginalisation des peuples monstrueux voir le chapitre V.

[111] J. Pépin, Aspects théoriques du symbolisme dans la tradition dionysienne. Antécédents et nouveautés, *Simboli e simbologia nell'alto medioevo, 3-9 aprile 1975*, Spoleto, 1976, p. 33-66 ; Ch. Meier, *Ut rebus apta sint verba*. Überlegungen zu einer Poetik des Wunderbaren im Mittelalter, in D. Schmidtke (éd.), *Das Wunderbare in der Mittelalterlichen Literatur*, Göppingen, 1994, p. 37-83.

[112] Jacques de Vitry, *Historia orientalis sive Hierosolymitana*, c. 92, *Libri duo, quorum prior orientalis sive hierosolymitanae, alter occidentalis historiae nomine inscribitur, Douai, 1597*. Reprod. Farnbourough, 1971, p. 215.

Pourtant tu ne devrais pas tenir pour mensonge tout ce qui est inhabituel dans nos pays. Dieu est prodigieux dans ses œuvres et il est aussi infini, Lui (...) qui a décoré le monde et l'a rempli de merveilles ...[113].

Au chapitre précédent j'ai déjà signalé un deuxième problème pour l'interprétation des monstres : souvent la critique moderne voit une marginalisation progressive des peuples monstrueux, c'est à dire qu'on suppose que pour l'homme médiéval ces monstres étaient tellement inquiétants qu'ils devraient être tenus aussi éloignés de l'Europe que possible. Dans les marges des mappemondes on ne trouve pourtant pas uniquement des peuples avec des connotations négatives. Par exemple les Gymnosophistes, représentés dans la marge orientale de la mappemonde d'Ebstorf, se caractérisent par des vertus chrétiennes comme la pauvreté et l'humilité[114]. Tout près de ces derniers, la mappemonde d'Ebstorf décrit les « Agrocte et Bragmanni », peuples qui doivent leur immortalité au climat favorable dans lequel ils vivent. Comme ils désirent cependant atteindre la vie d'après la mort ils se suicident par le feu[115]. Les Brahmanes seraient donc des proto-chrétiens, puisqu'ils connaissent une des grandes promesses de la foi chrétienne avant même l'incarnation du Christ, comme le dit Thomas de Cantimpré :

De bragmanis, qui Christum dei verbum confitentur et colunt, etiam antequam Christus veniret in carne[116].

La même idée d'une prescience du Christ revient sur la carte du monde catalane de Modène où un des textes dit que lors de sa visite au roi Salomon la « reyna sabbara » n'a pas voulu passer sur un pont fait dans le bois qui devait servir plus tard à la construction de la croix du Christ[117].

Selon des légendes très anciennes (également évoquées sur la mappemonde d'Ebstorf[118]) c'était l'apôtre Thomas qui avait converti l'Inde et son corps y reposerait toujours. Ceci contri-

[113] Je donne ici une paraphrase du texte allemand : « Yedoch soltu das nit gleich für luge achten das inn vnsern landen vngewont etwa gleich vngleüblich scheint vnd laut. Gott ist wunderbarlich in seinen wercken auch vnentlich der sein welt (darmit er auß sein wercken erkent geeert vnd sein gu^e^ttig allmechtigkeyt gespürt werd) mit eittel wunderwerck geziert vnd überschütt hat das ettwa auß gewonheyt vnd ta^e^glichem brauch kein wunderwerck mer scheint. » SEBASTIAN FRANCK, *Weltbuch. Spiegel und bildnisz des gantzen erdbodems*. Tübingen, 1534, *sig.* aij v. I. Bejczy (*La Lettre du prêtre Jean, une utopie médiévale*, Paris, 2001, p. 71) fait remarquer que Giuliano Dati dans son *Tractato del maximo Prete Janni* (1493/1495) s'occupe longuement des races monstrueuses. Le message sous-jacent des monstres du *Tractato* est que Dieu montre son omnipotence dans l'existence des monstres.

[114] Cf. J. B. FRIEDMAN, *The monstrous races in medieval art and thought*, p. 169 ; D. LECOQ, L'image d'Alexandre à travers les mappemondes médiévales XIIe-XIIIe siècles, p. 74.

[115] « Agrocte et Bragmanni in ea temperie aeris manent, ut mori non possunt sed oppressi senio [se in ignem mittant amore] alterius vite, unde Lucanus ... »

[116] THOMAS DE CANTIMPRÉ, *Liber de natura rerum*, III,4, H. BOESE (éd.), *Thomas Cantimpratensis, Liber de natura rerum. Editio princeps secundum codices manuscriptos*, Berlin-New York, 1973, p. 98. Cf. D. LECOQ, L'image d'Alexandre à travers les mappemondes médiévales XIIe-XIIIe siècles, p. 74, n. 85 ; TH. HAHN, The Indian tradition in Western medieval intellectual history, in *Viator*, t. 9, 1978, p. 213-234 ; J. B. FRIEDMAN, *The monstrous races in medieval art and thought*,, p. 167-170.

[117] « (...) e reba salomo dient queno hera digna de pasar perlopont pertant com lotanidor orambador del pont aquell deuja serujr per lagreu de jhû xst (...). » (inscrit sur la péninsule arabe).

[118] « Urbs Calaminica. Hic Scs. Thomas martyrio coronatus. Sepulchrum Thome apostoli. » et aussi : « Eriforum civitas. Hic Scs. Thomas Gundofore regi palatium edificavit. »

bue à l'image de l'Inde vertueuse et même chrétienne. Gervais de Tilbury[119], par exemple, écrit que par suite de la présence de ces reliques chrétiennes la ville d'Édesse (qu'il localise vaguement en Inde) est tellement vertueuse qu'aucun hérétique, païen ou juif n'y pourra entrer. Gervais continue en racontant qu'au jour de Pâques le corps de saint Thomas donne la communion au peuple. Il retire pourtant sa main quand s'approche quelqu'un qui n'a pas fait sa pénitence[120]. Il existe donc une tradition médiévale qui veut qu'en Inde vivent des peuples qui pratiquent le culte chrétien.

La légende de saint Thomas est également reprise dans la Lettre du Prêtre Jean[121]. La présence des légendes sur l'apôtre sert sans aucun doute à authentifier le christianisme du Prêtre, mais inversement on pourrait dire que le public médiéval s'attendait à la présence de chrétiens en Orient, puisqu'il existait déjà une tradition qui faisait de l'Orient une région se distinguant, entre autres, par le caractère vertueux et (proto)chrétien d'une partie de ses peuples. La Lettre fait manifestement allusion à cette tradition, parce qu'elle contient aussi une référence aux Brahmanes et à leurs vertus[122]. Les habitants du pays du Prêtre Jean ont les mêmes vertus innées. C'est ainsi qu'ils ne peuvent pas mentir. Si jamais un d'entre eux ment, il meurt sur le champ[123].

La Lettre du Prêtre Jean et sa légende ne jouent plus de rôle prépondérant au XVIe siècle. Cependant, comme je l'ai montré au chapitre V, l'intérêt porté aux peuples chrétiens en Orient ou dans d'autres régions lointaines s'est longtemps maintenu sur les cartes du monde. Il est toujours aussi vif même jusqu'au début du XVIIe siècle. Les cartes de l'époque en question ici présentent un monde que Dieu a créé comme chrétien dans son essence. Dans la vision des cartographes et des cosmographes l'état naturel de l'être humain est le christianisme : certains peuples vivent déjà selon les lois chrétiennes sans connaître l'Évangile. Qui plus est, ils semblent même attendre leur conversion. La mission de la culture chrétienne dans laquelle ont fonctionné les cartes est de convertir et de sauver ces peuples qui vivent encore dans le péché jusqu'à ce que tous les peuples du monde soient chrétiens. Cette idée s'explicite surtout sur l'Atlas catalan de 1375. On y trouve une prophétie du prophète Isaïe inscrite dans l'océan oriental, près du lieu où est figuré l'Antéchrist, selon laquelle ceux qui sont sauvés prêcheront la gloire de Dieu parmi ceux qui ne la connaissent pas encore :

[119] Je n'ai nullement l'intention d'identifier Gervais de Tilbury comme la source directe des références aux légendes sur l'apôtre Thomas sur la mappemonde d'Ebstorf. Je cite ici Gervais en tant qu'exemple illustratif de la réception de ces légendes aux XIIe et XIIIe siècles.

[120] « Sed et de apostolo narratur, quod sacro die pascali corpus eius deponitur, et iuxta altare maius in cathedra collocatur, sicque de manu eius populus communionem recipit. Et est mirabile, quod nullus in mortali persistens, et impenitens ecclesiam ingreditur, aut si se communioni improbus exactor ingerit, apostolus ad danda communionem manum retrahit, ut publicetur rei delinquentis criminositas, aut extorqueatur impenitentis ac presumtuosi confessio. » Gervais de Tilbury, *Otia imperialia*, III, S. E. Banks, J. W. Binns (éd.), *Gervase of Tilbury. Otia imperialia. Recreation for an emperor*, Oxford, 2002 p. 609-611.

[121] L'*Epistola* du Presbyter Johannes, 12, 56, F. Zarncke (éd.), Der Brief des Priesters Johannes an den byzantinischen Kaiser Emmanuel, in *Abhandlungen der philologisch-historischen Classe der Königlichen Sächsischen Gesellschaft der Wissenschaften*, t. 7, 1879, p. 910, 917. Voir aussi M. Gosman (éd.), *La Lettre du Prêtre Jean. Les versions en ancien français et en ancien occitan. Textes et commentaires*, Groningue, 1982, p. 43-44.

[122] L'*Epistola* du Presbyter Johannes, t-u, F. Zarncke (éd. cit.), p. 917.

[123] L'*Epistola* du Presbyter Johannes, 51, F. Zarncke (éd. cit.), p. 916.

Ysayas propheta LXVII : « Tramatré d'aquells qui salvats seran a les gents en la mar, en Affricha e a Lídia », e sequeix-se : « a les illes luny, a aquells qui no hoyran de mi e no veheran la glòria mia, e anunciaran la glòria mia a les gens. »

Tout ceci est une réminiscence des commentaires médiévaux sur l'Apocalypse. Déjà dans la lettre de saint Paul aux Éphésiens (1,10) il est question d'une *recapitulatio* du cosmos entier sous le Christ à la fin des temps[124], mais c'est aussi dans les prophéties de la sibylle Tiburtine (IVe siècle) et dans les *Revelationes* du Pseudo-Méthode (VIIe siècle) qu'on trouve des prédictions que la fin du monde adviendra après que tous les peuples du monde, juifs et musulmans y compris, seront convertis au Dieu chrétien[125]. Ces idées réapparaissant pendant tout le Moyen Âge[126] constituaient un argument très important pour les activités missionnaires des Dominicains, des Franciscains et dans les siècles subséquents des Jésuites[127]. Les prophéties apocalyptiques sont également à la base de l'intérêt particulier que portent les cartes du monde aux peuples chrétiens : les cartes indiquent quels peuples sont déjà chrétiens, ceux qui sont prêts à être sauvés et ceux qu'il faudra convertir avec plus de force. Le message implicite des peuples représentés sur les cartes du monde est une exhortation aux chrétiens de convertir le monde entier. Il n'est pas très facilement concevable que les cartographes et leur public du XVIe siècle aient été familiarisés avec les commentaires sur l'Apocalypse. Cependant, l'idée que la mission la plus importante des chrétiens est de convertir le monde entier a dû être globalement connue par un public plus grand. De cette façon l'intérêt porté aux différents peuples par les cartes du monde suggère la possibilité d'une lecture eschatologique de la cartographie, même celle du XVIe siècle.

Il est également possible d'expliquer les représentations d'Alexandre le Grand et du Prêtre Jean sur les cartes anciennes par rapport à la culture textuelle et visuelle qui les entoure. Par exemple, quand on consulte une carte ancienne, il est indispensable d'avoir des connaissances approfondies des textes sur le conquérant macédonien et le prêtre-roi, si l'on veut comprendre les légendes assez brèves sur ces deux personnages. Par exemple, la mappemonde d'Ebstorf ne donne que l'image de deux arbres munis de la légende « Oraculum solis et lune ». C'est au lecteur de se souvenir de l'histoire d'Alexandre qui aurait consulté l'oracle de ces deux arbres.

Il y a un éventail de textes qui peuvent renseigner le *litteratus* médiéval sur le conquérant macédonien[128]. Dans cette tradition textuelle Alexandre est présenté alternativement (et parfois

[124] « In dispensatione plenitudinis temporum instaurare omnia in Christo, quae in caelis, et quae in terrae sunt, in ipso. » Cf. A. C. ESMEIJER, *Divina quaternitas. Een onderzoek naar methode en toepassing der visuele exegese*, thèse, Utrecht, 1973, p. 103.

[125] Voir sur ce sujet E. SACKUR, *Sibyllinische Texte und Forschungen. Pseudomethodius, Adso und die tiburtinische Sibylle*, Halle, 1898, p. 94, 163 ; M. REEVES, *The influence of prophecy in the later Middle Ages. A study in Joachimism*, reprod. Oxford, 1993, p. 299-301 ; B. MCGINN, *Visions of the end. Apocalyptic traditions in the Middle Ages*, New York, 1979, p. 43-50, 70-76.

[126] Voir surtout B. MCGINN (*op. cit.*) et l'étude de M. REEVES (*op. cit.*) sur les prophéties de Joachim de Fiore (c. 1135-1202) et l'intérêt porté à ses écrits dans les siècles subséquents. Sur la survivance des idées eschatologiques du Moyen Âge pendant la Renaissance, voir surtout M. REEVES, *op. cit.*, p. 507.

[127] Cf. M. REEVES, *op. cit.*, p. 171-174, 274-290, 468-470, 480. Des espérances eschatologiques semblent même avoir joué un rôle dans les projets de Christophe Colomb, cf. du même p. 360 et B. MCGINN, *op. cit*, p. 284-285.

[128] Pour des références bibliographiques sur ce sujet, voir le chapitre V.

même simultanément) comme l'instrument de Dieu ou du diable[129], comme le représentant de l'avant-dernier *regnum*[130], ou comme un prince modèle[131]. Cependant, sur les cartes où figure Alexandre il n'y a pas d'indices faisant allusion à ces traditions-là. La présence d'Alexandre sur les cartes s'explique avant tout à partir de la façon dont Alexandre est représenté sur les mappemondes elles-mêmes qui accentuent certains aspects bien spécifiques de sa vie.

Une particularité très remarquable de la représentation du Macédonien sur les mappemondes du XIIIe siècle est sa présence aux confins du monde. Cette présence est marquée par des autels ou par des colonnes[132]. Sur les mappemondes du XIIIe siècle Alexandre est représenté comme un homme qui a poussé ses conquêtes jusqu'aux limites septentrionales, orientales et méridionales du monde. Il serait même descendu dans la profondeur des océans. Les autels et les colonnes sur ces mappemondes circulaires coïncident avec les quatre points cardinaux : des *arae Alexandri* se trouvent dans le Nord, des *arae Alexandre* ou des *columne Alexandri* (parfois *Herculi* ou *Bachi*) en Orient, le *templum Hammonis* dans le Sud. En outre, un autre héros grec, Hercule, aurait laissé des colonnes (les *columne Herculi*) en Occident. Tout compte fait, ces monuments constituent un système quadrangulaire sous-jacent des mappemondes. Ce système est explicité sur certaines mappemondes schématiques où la place des quatre vents cardinaux est occupée par des autels et des colonnes. Par exemple, une mappemonde du XIIIe siècle, parfois attribuée à Henri de Huntingdon et conservée à Oxford, identifie les quatre vents cardinaux de la façon suivante : « Gades Bachi », « Hamonis templum », « Gades[133] Herculis », « Gades Alexandri »[134]. Cette carte évoque donc les exploits de personnages qui se sont aventurés jusqu'aux extrémités du monde.

Les colonnes et les autels marquant les limites du monde sont en même temps un rappel de la mission du dernier monarque chrétien (l'« empereur des Derniers Jours », ou l'« Endkaiser ») qui conquerra le monde entier avant l'Apocalypse. L'espoir de la venue de l'« Endkaiser » se relancera à plusieurs occasions, non seulement au Moyen Âge, mais aussi au XVIe siècle[135]. Alexandre le Grand est le représentant de l'avant-dernière monarchie universelle. Si le Macédonien n'a pas tout à fait réussi à soumettre le monde entier, l'« Endkaiser » devra imiter et améliorer les conquêtes de son prédécesseur macédonien.

[129] C. Cary, D. J. A. Ross, *The medieval Alexander*, reprod. Cambridge, 1967, p. 77-272.

[130] Voir le chapitre IV.

[131] Cf. M. Gosman, *La légende d'Alexandre le Grand dans la littérature française du 12e siècle. Une réécriture permanente*, Amsterdam-Atlanta, 1997.

[132] Sur les autels et les colonnes ainsi que leurs connotations aux XVIe et XVIIe siècles, voir aussi : J.-G. Arentzen, *Imago Mundi Cartographica*, p. 192-202.

[133] L'expression *gades* dérive de la ville de Cadiz en Espagne. Une erreur cartographique a donné naissance à une île de Gades près de l'Espagne où se trouveraient les colonnes d'Hercule. Ensuite *gades* est devenu une expression qui réfère aux colonnes elles-mêmes.

[134] *Oxford, Bodleian Library*, MS. e Musaeo 223 (XIIIe s.), f. 185, reproduit dans D. Lecoq, L'image d'Alexandre à travers les mappemondes médiévales XIIe-XIIIe siècles, fig. 4. Un autre exemple est *Munich, Bayerische Staatsbibliothek*, Clm 14731 (XIIe s.) f. 83v, reproduit dans J.-G. Arentzen, *Imago Mundi Cartographica*, pl. 29 : « Gades III Varacis », « Gades III gadies (?) », « Cades Herculis », « Cades III Alexandri ».

[135] Cf. F. Kampers, *Vom Werdegange der abendländischen Kaisermystik*, Leipzig-Berlin, 1924 ; M. Reeves, *The influence of prophecy in the later Middle Ages. A study in Joachimism*, p. 295-392 ; A. Y. Haran, *Le lys et le globe. Messianisme dynastique et rêve impérial en France aux XVIe et XVIIe siècles*, Seyssel, 2000, p. 21-104.

Un autre aspect remarquable de la présence d'Alexandre le Grand dans la cartographie ancienne est l'intérêt porté à l'enfermement de Gog et Magog. Au chapitre V il s'est même avéré que ces peuples apocalyptiques continuent à paraître sur les cartes du monde jusqu'à la fin de XVIe siècle. Il faut cependant noter que la présence d'Alexandre comme auteur de cet acte héroïque disparaîtra au cours du XVe siècle. Toujours est-il que sur les cartes Gog et Magog s'associent souvent explicitement à la venue de l'Antéchrist. Sur la mappemonde d'Ebstorf on peut lire ainsi :

> Hic inclusit Alexander duas gentes immundas Gog et Magog, quas comites habebit Antichristus.

L'Antéchrist est même représenté en personne sur l'Atlas catalan de 1375. Dans la région entourée de chaînes de montagnes on voit, à droite, l'image de « Gog i Magog » avec la mention qu'ils en sortiront au temps de l'Antéchrist. A gauche se trouve l'image d'un roi adoré par des rois et par des ecclésiastiques. Un texte inscrit dans l'océan explique que l'Antéchrist se fera passer pour le Christ :

> Antechrist. Aquest serà nudrit en Goraym de Galilea e con haurà .XXX. anys començarà a preicar en Jherusalem e contra tota veritat dirà que ell és Christ fill de Déu viu, e diu-se que rehedifficarà lo Temple.

Le public médiéval connaît les peuples Gog et Magog ainsi que l'Antéchrist surtout de la Bible où ils sont mentionnés dans l'*Apocalypse* (20,8-9). Danielle Lecoq a déjà analysé en détail la dimension eschatologique des mappemondes médiévales suggérée par le rapport entre Alexandre le Grand et l'Apocalypse[136]. Au fond, sur les cartes Alexandre est fréquemment associé avec le thème de la fin : géographiquement il a voyagé jusqu'à la fin de la terre et en tant qu'auteur de l'enfermement de Gog et Magog il a contribué aux préparatifs de la fin du temps. S'y ajoutent les *arbores solis et lunae* qui lui auraient annoncé la fin de sa vie à lui. Jörg-Geerd Arentzen et Uwe Ruberg ont déjà fait remarquer que sur la mappemonde d'Ebstorf l'image des arbres du soleil et de la lune est l'équivalent visuel de l'image d'Adam et Ève au paradis. De cette façon un épisode de la vie d'Alexandre fait allusion au début du monde[137]. Dans la même publication Uwe Ruberg s'est déjà occupé de cette thématique qu'il appelle *principium et finis*[138]. L'analyse de Ruberg se porte surtout sur la représentation du Christ sur la mappemonde d'Ebstorf. Les connotations de la représentation d'Alexandre le Grand signalées ici confirment cette lecture.

Au chapitre précédent j'ai fait remarquer que la Lettre du Prêtre Jean ne fournissait pas uniquement une description de l'Inde, mais que ce texte offrait aussi un modèle d'un royaume parfait où les deux glaives (le spirituel et le temporel) s'uniraient harmonieusement en un seul personnage qui était « rex et sacerdos ». Sur les cartes le Prêtre Jean ne porte pas l'enseigne d'un humble prêtre, mais il porte les attributs d'un évêque ou d'un pape. Au chapitre précédent

136 Cf. D. Lecoq, La mappemonde du *Liber Floridus* ou la vision du monde de Lambert de Saint-Omer, in *Imago mundi*, t. 39, 1987, p. 26-28.

137 Cf. J.-G. Arentzen, *Imago Mundi Cartographica*, p. 177-180 ; U. Ruberg, Mappae Mundi des Mittelalters im Zusammenwirken von Text und Bild. Mit einem Beitrag von Antikem und Christlichem in *principium*- und *finis*-Thematik auf der Ebstorfkarte, p. 574-578.

138 U. Ruberg, *art. cit.*

il s'est également avéré que la représentation visuelle du Prêtre Jean se caractérise surtout par des connotations papales comme la croix à triples barres et la tiare. Ce dernier attribut est le *signum imperii* : il est le symbole même du pouvoir séculier du pape. Le Prêtre Jean n'est pourtant pas représenté comme un ecclésiastique exerçant le pouvoir temporel, mais plutôt comme un seigneur assumant la fonction de sacerdote. Cette identité politique du Prêtre Jean est encore soulignée sur les cartes par la juxtaposition de son image à de nombreuses autres représentations de seigneurs temporels dont le Prêtre Jean ne se distingue que par ses attributs chrétiens. C'est seulement sur la *Carta marina* (1516) de Martin Waldseemüller que l'iconographie du Prêtre exprime manifestement l'union harmonieuse des deux glaives : ici sa coiffe se compose d'une mitre et d'une couronne, dans une main il porte l'épée comme le symbole de sa puissance politique et dans l'autre il porte une crosse d'évêque comme le symbole du pouvoir spirituel. Malgré les références aux deux glaives il est pourtant difficile de concevoir les cartes représentant le Prêtre Jean comme des documents servant uniquement à soutenir les aspirations politiques et spirituelles de la royauté européenne, car à quoi servirait alors la macrostructure de la carte ?

Les cartes portulans des XIVe et XVe siècle mentionnent souvent la guerre entre les seigneurs musulmans et le Prêtre Jean. Ceci est conforme au contenu de la Lettre où le prêtre-roi exprime le souhait de visiter le sépulcre du Christ à Jérusalem. A cette occasion il sera accompagné d'une grande armée afin de combattre les adversaires de la croix du Christ[139]. L'objectif du Prêtre d'annihiler les païens n'a pas seulement nourri en Occident l'espoir d'un allié puissant contre l'Islam, mais son intention de visiter la ville de Jérusalem fait aussi allusion aux prophéties sibyllines. C'est surtout le Pseudo-Méthode qui décrit comment l'« Endkaiser » visitera la ville de Jérusalem et y déposera sa couronne sous la croix. Cette action annoncera le retour du Christ sur terre[140]. La guerre continue entre le Prêtre Jean et ses voisins musulmans évoquée sur les cartes ne peut être qu'une invitation à identifier ce personnage comme un assistant de l'« Endkaiser »[141].

Ulrich Knefelkamp s'est étonné de l'intérêt durable pour le Prêtre, même après l'apparition des comptes rendus portugais révélant que le roi abyssinien n'était pas assez puissant pour vaincre l'Islam[142]. Au chapitre précédent il s'est déjà avéré que les cartographes du XVIe siècle s'intéressaient surtout au Prêtre Jean pour son christianisme. Par exemple, dans l'édition de 1573 de

[139] « In voto habemus visitare sepulchrum domini cum maximo exercitu, prout decet gloriam maiestatis nostrae humiliare et debellare inimicos crucis Christi et nomen eius benedictum exaltare. » L'*Epistola* du Presbyter Johannes, c. 11, F. Zarncke (éd.), *Der Brief des Priesters Johannes an den byzantinischen Kaiser Emmanuel*, p. 910.

[140] « Et cum apparuerit filius perditiones, ascendit rex Romanorum sursum in Golgotha, in quo confixum est lignum sanctae crucis, in quo loco pro nobis Dominus mortem sustenuit. Et tollit rex coronam de capite suo et ponet eam super crucem et expandit manus suas in caelum et tradet regnum christianorum Deo et patri. Et adsumetur crux in caelum simul cum coronam regis (...). » Pseudo-Methodius, *Revelationes*, [14],2-4, W. J. Aerts, G. A. A. Kortekaas (éd.), *Die Apokalypse des Pseudo-Methodius. Die ältesten griechischen und lateinischen Übersetzungen. I. Einleitung, Texte, Indices Locorum et Nominum*, Louvain, 1998, p. 187-189. Cf. F. Kampers, *Vom Werdegange der abendländischen Kaisermystik*, p. 212-122.

[141] Pour le Prêtre Jean comme l'*Endkaiser*, voir aussi M. Gosman, Otton de Freising et le Prêtre Jean, in *Revue belge de philologie et d'histoire*, t. 61, 1983, p. 282-285 ; I. Bejczy, *La Lettre du prêtre Jean, une utopie médiévale*, p. 34-38.

[142] U. Knefelkamp, *Die Suche nach dem Reich des Priesterkönigs Johannes. Dargestellt anhand von Reiseberichten und anderen ethnographischen Quellen des 12. bis 17. Jahrhunderts*, Gelsenkirchen, 1986, p. 107-135.

son *Theatrum orbis terrarum* Abraham Ortelius décrit surtout les rituels chrétiens des Abyssiniens. La présence durable du Prêtre Jean dans la cartographie du XVIe siècle s'explique donc par l'intérêt plus général, signalé ci-dessus, porté aux peuples chrétiens. Ce qui importe, c'est le fait que le Prêtre Jean et son peuple sont des chrétiens. Pour le public du XVIe siècle ceci est une confirmation de l'idée que Dieu a voulu que le monde entier soit chrétien. De la même manière Geo Pistarino a déjà fait remarquer qu'il existe un rapport étroit entre les explorations des Portugais en Afrique au XVe siècle et le désir de la propagation de la foi chrétienne[143].

Finalement il faut mentionner l'arbre sec, déjà discuté au chapitre précédent, qui se rattache également à la légende de l'« Endkaiser ». Au XIIe et au XIIIe siècles il existe une telle quantité de légendes sur un certain arbre sec qu'il est impossible de présenter ici la tradition textuelle complète[144]. Selon certaines versions cet arbre serait l'arbre de la science du bien et du mal qui se serait desséché au moment du péché originel[145], tandis que selon d'autres versions c'était au moment de la crucifixion[146]. A en croire le livre de *Sydrac* (après 1268), l'arbre sec reverdira au cours de l'Apocalypse quand un pape ou un empereur de l'occident célébrera la messe à son pied. C'est à ce moment-là que le Christ reviendra sur terre[147]. Selon Jean de Mandeville (XIVe siècle) l'arbre reverdira quand un prince de l'Occident aura reconquis la Terre sainte et qu'il fera célébrer une messe sous l'arbre. A ce moment les juifs et les sarrasins se convertiront à la foi chrétienne[148].

Il existe également un rapport entre l'arbre sec et Alexandre le Grand. Konrad Miller n'a pas noté qu'un arbre sec se trouve déjà dans l'*Historia de Preliis* de l'archiprêtre Léon : en Orient Alexandre voit un arbre sans fruits ni feuillage sur lequel trône l'oiseau phénix[149]. Dans le *Devisement du monde* de Marco Polo l'arbre sec s'associe encore plus manifestement au personnage d'Alexandre le Grand, car c'est près de cet arbre qu'il aurait livré bataille au roi perse Darius :

143 G. Pistarino, I Portughesi verso l'*Asia* del Prete Gianni, in *Studi medievali*, t. 2, 1961, p. 78.

144 Pour des références voir le chapitre V.

145 Cf. M. R. Bennett, The legend of the green tree and the dry, in *Archaeological journal*, t. 83, 1926, p. 21-26.

146 Par exemple dans les voyages de Jean de Mandeville (C. Deluz, *Jean de Mandeville, Le livre des merveilles du monde*, Paris, 2000, p. 177-178).

147 E. Ruhe (éd.), *Sydrac le philosophe. Le livre de la fontaine de toutes sciences*, Wiesbaden, 2000, p. 407. J'ai consulté le manuscrit *Paris, Bibl. nationale de France*, Ms. fr. 1159, f. 164v-165.

148 C. Deluz (éd.), *Jean de Mandeville, Le livre des merveilles du monde*, p. 177-178. Sur l'*Endkaiser* et l'arbre sec voir aussi, F. Kampers, *Vom Werdegange der abendländischen Kaisermystik*, p. 113-123 ; A. Y. Haran, *Le lys et le globe*, p. 24-25.

149 F. Pfister (éd.), *Der Alexanderroman des Archipresbyters Leo*, III,17,x, p. 111. Cf. G. B. Ladner, Vegetation symbolism and the concept of Renaissance, in G. B. Ladner (éd.), *Images and ideas in the Middle Ages. Selected studies in history and art*, Rome, 1983, p. 743, n. 39 ; Chr. Gerhardt, Der Phönix auf dem dürren Baum ('Historia de preliis' cap. 106), in W. Harms, H. Reinitzer (éd.), *Natura loquax. Naturkunde und allegorische Naturdeutung vom Mittelalter bis zur frühen Neuzeit*, Frankfurt a.M, 1981, p. 73-107. M. R. Bennett (The legend of the green tree and the dry, p. 32 et pl. 2) a noté que dans une version française du roman d'Alexandre en prose datée de 1445, l'arbre sec figure avec les arbres du soleil et de la lune. Il s'agit du manuscrit Royal 15 E.VI de la British Library (f. 18v).

(...) hi a une grandisime plaigne en le quel est l'arbre seul que les cristiens appellent l'arbre seche. (...) Et iluec dient celç de celle contree que fu la bataille entre Alixandre et Dayre[150].

Quoi qu'il en soit, les personnages d'Alexandre le Grand et du Prêtre Jean sur les cartes du monde du XIIIe au XVIe siècles s'associent tous les deux avec l'idée de l'« Endkaiser », un roi chrétien qui soumettra le monde entier et convertira tous les païens à la foi chrétienne. Cet événement signifie la fin du monde tel qu'il est représenté sur les cartes.

Il n'est pas inutile de signaler que Jacob et Arentzen attribuent également une fonction mnémotechnique à la référentialité de la cartographie ancienne[151] : les thèmes évoqués sur la carte servent de panneaux indicateurs renvoyant au contexte d'origine. J'accepte cette interprétation, mais je tiens pourtant à signaler que les thèmes représentés sur la carte fonctionnent également dans un contexte cartographique. C'est-à-dire la structure interne de la carte ainsi que la position du thème dans la structure visuelle de la carte (au centre, dans la périphérie, en haut, en bas) contribueront également à sa signification.

L'ensemble de textes et d'images sur les cartes n'est d'ailleurs pas complet : il s'agit presque toujours de citations tronquées puisées dans les *auctores* et il n'y a apparemment pas de rapport logique qui les unit les unes aux autres. Au chapitre IV j'ai déjà signalé le caractère paratactique des renseignements historiques sur les cartes. Christian Jacob, lui aussi, fait remarquer que le langage de la carte est « fragmentaire », voire « discontinu et elliptique » et que la disposition des textes sur la carte ne permet pas de lecture « linéaire et uniforme »[152]. Ce nonobstant le rôle des textes et des images sur la carte n'est aucunement gratuit. Il est possible que la discontinuité des thèmes évoqués sur les cartes ne soit qu'apparence et qu'ils soient unis par des rapports autres que narratifs comme, par exemple, des analogies visuelles. Dans le paragraphe suivant il s'avérera que surtout les mappemondes circulaires du Moyen Âge se caractérisent par une structure visuelle cohérente et que c'est surtout sur ces cartes-là qu'il est possible de détecter des liens thématiques entre ces éléments apparemment disparates.

3. Structures cartographiques et exégèse visuelle

L'encadrement des mappemondes médiévales donne des indices pour une interprétation spirituelle du dessin géographique : ils constituent un cadre interprétatif à la mappemonde et ils accentuent certains éléments du dessin géographique. La plupart des grandes mappemondes du XIIIe siècle sont contenues dans un cadre visuel. Par exemple, la mappemonde d'Ebstorf est encadrée par la figure du Christ dont on ne voit que la tête, les mains et les pieds. Des représentations du Jugement dernier, de l'empereur Auguste qui donne l'ordre de mesurer la terre

150 Marco Polo, *Le divisament dou monde*, c. XL, G. Ronchi (éd.), *Marco Polo, Il milione; Le divisament dou monde*, Milan, 1982, p. 352. F. Kampers (*Vom Werdegange der abendländischen Kaisermystik*, p. 118) identifie l'arbre sec avec l'arbre du soleil qu'aurait consulté Alexandre le Grand. Ceci ne me paraît pas correct, car dans le texte de l'archiprêtre Léon l'arbre sec se distingue déjà clairement de l'arbre du soleil.

151 C. Jacob, *L'empire des cartes. Approche théorique de la cartographie à travers l'histoire*, Paris, 1992, p. 218-219, 247, 328 ; J.-G. Arentzen, *Imago Mundi Cartographica*, p. 226-227 : « Memoriergerüst ».

152 C. Jacob, *op. cit.*, p. 322-323, 338. Cependant Jacob fait remarquer ailleurs : « les itinéraires de l'œil sur la carte [...] réinstaur(ent) une syntaxe parmi ces énoncés épars » (p. 324).

ainsi que celle d'un chevalier entourent la mappemonde de Hereford. La mappemonde du duché de Cornouailles (dont il ne subsiste qu'un fragment) avait probablement, elle aussi, un encadrement, car on y voit toujours des médaillons contenant des représentations des âges de l'homme.

Dans son étude sur les thèmes *principium et finis* sur la mappemonde d'Ebstorf, Uwe Ruberg a fourni des clés très importantes pour la lecture de cette carte[153]. En haut de la carte, la tête du Christ est flanquée de l'alpha et l'oméga, ainsi que par les paroles « primus et novissimus ». Ceci réfère à l'Apocalypse de saint Jean (1,8, 1,17 et surtout 22,13 : « ego sum A et O primus et novissimus principium et finis »). De cette façon le cadre suggère une lecture eschatologique de la carte. Le paradis terrestre[154] représente le thème du *principium*, tandis que l'équivalent visuel, les arbres du soleil et de la lune, renvoient à la fin de la vie d'Alexandre le Grand. Le thème du début du monde revient dans la deuxième colonne de texte inscrite sur le coin supérieur de droite. Ce texte décrit les œuvres de l'*Hexaemeron* (qui aurait eu lieu un dimanche « oct. calend. Aprilis ») et ensuite 13 événements de l'histoire du salut qui auraient également eu lieu un dimanche[155]. Un autre équivalent visuel du paradis (que Ruberg n'a pas remarqué) se trouve dans le Nord : dans un cadre carré pareil à celui du paradis se trouvent deux représentants des peuples apocalyptiques Gog et Magog qui ne mangent pas de pommes, mais des membres humains. De cette façon la mappemonde d'Ebstorf établit un lien visuel entre le début du monde et sa fin.

Ruberg a aussi fait remarquer qu'un des textes accompagnant les pieds du Christ fait allusion au thème de la fin : « Usque ad *finem* fortiter suaviter disponensque omnia[156]. » La représentation de la ville de Jérusalem exactement au milieu de cette mappemonde[157], finalement, renvoie au *caelestis Jerusalem* de l'Apocalypse de saint Jean (21,10-21) : la ville est carrée (21,16), elle est en or (21,18), ses murs sont percés de douze portes (21,12) et elle possède quatre fois trois portes qui s'opposent aux quatre vents cardinaux (21, 13-14)[158]. A l'intérieur des murs

[153] U. Ruberg, Mappae Mundi des Mittelalters im Zusammenwirken von Text und Bild. Sur l'encadrement de cette mappemonde voir aussi : J.-G. Arentzen, *Imago Mundi Cartographica*, p. 267-274.

[154] Pour la symbolique du paradis terrestre, voir R. R. Grimm, *Paradisus coelestis. Paradisus terrestris*, Munich, 1977 ; C. Deluz, Le Paradis Terrestre, image de l'Orient lointain dans quelques documents géographiques médiévaux, in *Senefiance*, t. 11, 1981, p. 145-161.

[155] Cf. U. Ruberg, Mappae Mundi des Mittelalters im Zusammenwirken von Text und Bild, p. 567. Sur la Création au VIII. Kal. Apr. (le 24 mars) voir aussi G. Bodmann, *Jahreszahlen und Weltalter. Zeit- und Raumvorstellungen im Mittelalter*, Frankfurt a.M.-New York, 1992, p. 210.

[156] C'est moi qui souligne. Je cite U. Ruberg (*art. cit.*, p. 583-584). La source en est *Sapientia* 8.1 : « Adtingit enim a fine usque ad finem fortiter et disponit omnia suaviter. » Pour les autres textes accompagnant les membres du Christ, voir du même p. 581-583. La thèse de Ruberg que la position des pieds du Christ (l'un repose sur la terre tandis que l'autre repose sur la mer) renverrait à l'*angelus fortis* de l'Apocalypse (10,2) est plutôt spéculative (le même p. 583).

[157] La ville de Jérusalem est accompagnée d'une référence aux Psaumes (73,12) motivant ce positionnement : « Deus autem rex noster ante saeculum operatus est salutes in medio terrae. » Pour la représentation de la ville de Jérusalem sur la mappemonde d'Ebstorf, voir aussi K. Hengevos-Dürkop, Jerusalem – Das Zentrum der Ebstorf-Karte, in H. Kugler, E. Michael (éd.), *Ein Weltbild vor Columbus. Die Ebstorfer Weltkarte. Interdisziplinäres Colloquium 1988*, Lüneburg, 1991, p. 205-222.

[158] Cf. H. Dumrese, *Einführung in die Betrachtung der Ebstorfer Weltkarte*, Lüneburg, 1954 ; R. Drögereit, Die Ebstorfer Weltkarte und Hildesheim, in *Zeitschrift für Heimatkunde im Bistum Hildesheim. Die Diözese Hildes-*

se trouve une représentation de la résurrection du Christ[159]. Sur une rubrique inscrite à droite de Jérusalem on peut lire : « Sepulcrum domini gloriosum teste Ysaia. » Selon Ruberg ce texte fait allusion à une prophétie d'Isaïe (11,10 ff.) sur la réunion des tribus d'Israël à la fin du monde, mais l'attention portée à la sépulture du Christ renvoie également à son importance dans les prophéties où l'« Endkaiser » déposera sa couronne sur le tombeau du Christ (déjà mentionné ci-dessus). Anna Esmeijer fait d'ailleurs remarquer que la représentation du Christ « derrière » la mappemonde d'Ebstorf (qu'elle appelle une figure *syndesmos*) fait un geste de *recapitulatio* : c'est-à-dire le rassemblement des peuples à la fin du monde[160]. La présence du Christ sur la mappemonde d'Ebstorf n'introduit pourtant pas uniquement des connotations eschatologiques. La pose du corps du Christ les deux bras étendus fait immédiatement penser à la crucifixion, impression qui est renforcée davantage par le nimbe avec la croix derrière la tête du Christ, ainsi que par le stigmate sur sa main droite[161]. Finalement la particularité de la mappemonde d'Ebstorf qui identifie les membres du Christ avec certains éléments géographiques (par exemple, les textes sur la mappemonde appellent ses pieds « Erculis columne », « Mons Calpe » et « Mons abinna ») renforce l'idée que l'homme ne pourra prendre connaissance des *invisibilia* divines qu'à partir des *visibilia* du monde tangible[162]. Le texte qui accompagne les pieds du Christ renforce également encore l'idée qu'on peut connaître le Créateur par l'ordonnance de sa création : « Usque ad finem fortiter suaviter *disponensque* omnia[163]. » Selon certaines critiques modernes la mappemonde d'Ebstorf indiquerait que le monde est le corps du Christ[164]. A mon avis la représentation du Christ sur la mappemonde d'Ebstorf est pourtant plutôt une exhortation à prendre connaissance du monde, car c'est là le moyen par excellence pour apprendre à connaître le Créateur. Ce n'est pas pour rien qu'il existe une tradition très ancienne selon laquelle l'image de Dieu tenant l'univers dans ses bras étendus réfère en premier lieu à sa présence dans toutes les particules du monde tangible[165]. Au fond la représentation du Christ sur

heim in Vergangenheit und Gegenwart, t. 44, 1976, p. 12 ; U. Ruberg, *art. cit.*, p. 581 ; J.-G. Arentzen, *Imago Mundi Cartographica*, p. 220-222.

[159] U. Ruberg (*art. cit.*, p. 581, n. 1) a observé que cette image fait également allusion à l'Apocalypse, car le Christ regarde vers le nord, d'où viendront Gog et Magog.

[160] A. C. Esmeijer, *Divina quaternitas*, p. 103 et aussi B. Maurmann-Bronder, Das Bild der Schöpfung und Neuschöpfung der Welt als *orbis quadratus*, in *Frühmittelalterliche Studien*, t. 6, 1972, p. 206.

[161] Cf. K. Miller, *Die Ebstorfkarte. Mit dem Facsimile der Karte in den Farben des Originals*, Stuttgart, 1896 (*Mappaemundi. Die ältesten Weltkarten*, t. 5), p. 10. Sur la symbolique de la croix, voir A. C. Esmeijer, La macchina dell'universo, in *Album discipulorum aangeboden aan dr J. C. van Gelder*, Utrecht, 1963, p. 5-15 ; *idem*, *Divina quaternitas* ; B. Maurmann-Bronder, *art. cit.*, p. 201-205.

[162] Cf. A. C. Esmeijer, *op. cit.*, p. 104. Pour les notions « visibilia » et « invisibilia » voir ci-dessus.

[163] C'est moi qui souligne.

[164] Voir, par exemple U. Ruberg, Mappae Mundi des Mittelalters im Zusammenwirken von Text und Bild, p. 571 ; J.-G. Arentzen, *Imago Mundi Cartographica*, p. 271 ; A.-D. von den Brincken, Kosmographische Betrachtungen bei den Kirchenvätern, auf mittelalterlichen Mönchskarten und bei Gerhard Mercator, in R. Vermij (éd.), *Gerhard Mercator und seine Welt*, Dusbourg, 1997, p. 43. De nombreuses autres références sont rassemblées par A. Wolf, Ikonologie der Ebstorfer Weltkarte und politische Situation des Jahres 1239. Zum Weltbild des Gervasius von Tilbury am welfischen Hofe, in H. Kugler, E. Michael (éd.), *Ein Weltbild vor Columbus. Die Ebstorfer Weltkarte. Interdisziplinäres Colloquium 1988*, Lüneburg, 1991, p. 102, n. 191.

[165] Cf. S. Grabowski, God "contains" the universe. A study of patristic theology, in *Revue de l'Université d'Ottawa*, t. 26, 1956, p. 90-113, 165-187.

la mappemonde d'Ebstorf accentue deux manifestations matérielles de la parole de Dieu : la Création et l'incarnation du Christ.

L'encadrement de la mappemonde de Hereford évoque des connotations pareilles tout en employant d'autres images. Une grande représentation du Jugement dernier dominant la carte fait savoir que le monde représenté est périssable et que sa fin est imminente. Ce n'est pas seulement le monde qui est temporel, mais aussi la vie humaine laquelle n'échappera pas non plus à ce sort : en témoignent les capitales M, O, R et S disposées autour de la carte. Exactement au milieu de la carte la croix avec le corps du Christ domine l'image de la ville de Jérusalem. Les autres éléments de l'encadrement de la mappemonde de Hereford sont plus difficiles à interpréter. Dans le coin inférieur de gauche se trouve une représentation de l'empereur Auguste qui donne l'ordre de mesurer la terre[166]. La mention du début de l'évangile selon Luc fait allusion à la naissance (ou l'incarnation) du Christ. Dans l'autre coin inférieur se trouve l'image d'un chevalier monté à cheval et suivi de son page et de ses chiens de chasse. Cette image est accompagnée d'une devise énigmatique : « passe auant ». Comment lire cette image ? Il ne s'agit pas d'un des quatre cavaliers de l'Apocalypse (6,1-7) qui dans l'iconographie médiévale chevauchent habituellement des destriers terrifiants[167]. Jörg-Geerd Arentzen lit cette image comme un *memento mori*, mais cette interprétation n'est pas très bien fondée[168]. Il est d'ailleurs frappant que le chevalier ne porte pas son épée : c'est le page qui porte l'arme de son maître, visiblement trop encombrante pour le garçon. Le motif d'un chevalier qui dépose son arme avant d'entrer en contact avec le divin est également présent dans certains romans médiévaux. On n'a qu'à penser à Perceval qui dans le *Conte du Graal* porte son armure le vendredi saint. Quand il rencontre des dames qui font pénitence, celles-ci le réprimandent de la façon suivante :

> D'armes porter, ainz est grans tors,
> Au jor que Jesucris fu mors[169].

Perceval, une fois rencontré son oncle l'ermite, se défait de son armure.

Un autre exemple est la statue équestre qui se trouve dans la cathédrale de Bamberg connue sous le nom du « Bamberger Reiter » : de même que l'image sur la mappemonde de Hereford ce chevalier ne porte aucune arme. Le chevalier sans arme de la mappemonde de Hereford peut s'interpréter comme un représentant du pouvoir temporel (il y a une petite « Reichsapfel » sur la selle) qui doit se débarrasser des instruments de son pouvoir temporel (l'épée) avant de pouvoir pénétrer (« passe auant ») dans le monde des significations spirituelles. Il est à noter que le chevalier a tourné son visage vers le haut où se trouve la représentation du Jugement Dernier et qu'il fait un geste de la main dans la même direction. Lu de cette manière, le cadre de la mappemonde se compose de deux zones : en haut se trouve le monde spirituel et le pouvoir divin, en bas se trouve le monde tangible et la souveraineté mondaine

[166] Cf. le chapitre II.

[167] B. Levy (Signes et communications 'extraterrestres'. Les inscriptions marginales de la mappemonde de Hereford, in D. Buschinger, W. Spiewok (éd.), *Das grosse Abenteuer der Entdeckung der Welt im Mittelalter/La grande aventure de la découverte du monde au moyen âge*, Greifswald, 1995, p. 44-45) suggère que le dessin représente le quatrième cavalier de l'Apocalypse.

[168] J.-G. Arentzen, *Imago Mundi Cartographica*, p. 265.

[169] Chétien de Troyes, *Le conte du Graal*, v. 6259-6260, K. Busby (éd.), *Chrétien de Troyes, Le Roman de Perceval ou Le Conte du Graal. Édition critique d'après tous les manuscrits*, Tübingen, 1993, p. 265.

(l'empereur Auguste et le chevalier). Ce pouvoir terrestre n'est que temporaire et devra céder la place à l'empire éternel et divin[170].

Il ne subsiste qu'un fragment du cadre de la mappemonde du duché de Cornouailles. On peut cependant y repérer des connotations pareilles : le texte décrit les activités des *agrimensores* Nicodoxus, Policlitus et Theodotus[171]. En dessous de la mappemonde on voit toujours cinq médaillons représentant les âges de l'homme : « senectus », « vespera », « decrepita etas », « homo mortuus », « angelus »[172]. Ces médaillons ne sont pas seulement un *memento mori*, mais ils font également référence à la fin du monde, car selon de nombreux textes médiévaux (parmi lesquels l'*Imago mundi* (II,78) d'Honorius Augustodunensis) il existe un rapport entre les six âges de l'homme et les six âges du monde[173].

L'encadrement très complexe de la mappemonde décrit dans le *Libellus de formatione arche* de Hugues de Saint-Victor évoque également le thème *principium et finis* : au milieu de cette construction il place (entre autres) l'alpha et l'oméga. L'axe vertical réfère à l'écoulement du temps depuis la création d'Adam[174] jusqu'à l'Apocalypse, tandis que l'Orient (en haut) correspond au paradis terrestre et l'Occident à la fin du monde. Le Christ en majesté qui encadre cette représentation renvoie avec sa main gauche les damnés à l'enfer au septentrion et à sa droite se trouvent les élus[175].

Certaines mappemondes sur un format plus petit présentent également un cadre interprétatif. La mappemonde dans le manuscrit 66 du Corpus Christi College à Cambridge est entourée par quatre anges. La position des quatre anges autour de cette mappemonde rappelle les quatre anges mentionnés dans l'Apocalypse de saint Jean (7,1) : « Post haec vidi quattuor angelos stantes super quattuor angulos terrae tenentes quatuor ventos terrae[176] ». Danielle Lecoq a fait remarquer que l'ange supérieur de gauche fait un geste de la main vers Gog et Magog[177]. Ceci semble un rappel du fait que ces peuples sont des peuples apocalyptiques[178]. La mappemonde dite du Psautier est dominée par le personnage du Christ flanqué de deux anges qui l'encensent. Ici encore on trouve une référence aux visions de saint Jean selon lesquelles un ange portant un encensoir d'or s'approchera de l'autel et fera monter des odeurs suaves vers le

[170] Des suggestions identiques dans N. R. Kline, *Maps of Medieval thought. The Hereford paradigm*, Woodbridge, 2001, p. 61-63.

[171] Cf. H. Kliege, *Weltbild und Darstellungspraxis hochmittelalterlicher Weltkarten*, p. 156.

[172] Cf. H. Kliege, *op. cit.*, p. 165.

[173] Cf. D. Lecoq, Le temps et l'intemporel sur quelques représentations médiévales du monde au xiie et au xiiie siècles, in B. Ribémont (éd.), *Le temps, sa mesure et sa perception au Moyen Age (Actes du Colloque Orléans 12-13 avril 1991)*, Caen, 1992, p. 118.

[174] Ce nom est composé des premiers lettres des noms grecs des quatre vents : « Anatole », « Dusis », « Arctos », « Mesembria ».

[175] Déjà cité au chapitre III (p. 80). Cf. D. Lecoq, La « Mappemonde » du *De Arca Noe Mystica* de Hugues de Saint-Victor (1128-1129) ; P. Sicard, *Diagrammes médiévaux et exégèse visuelle. Le « Libellus de formatione arche » de Hugues de Saint-Victor* ; J. Wirth, *L'image à l'époque romane*, Paris, 1999, p. 382-394.

[176] Cf. J.-G. Arentzen, *Imago Mundi Cartographica*, p 159.

[177] Cf. D. Lecoq, La mappemonde d'Henri de Mayence ou l'image du monde au xiie siècle, in G. Duchet-Suchaux (éd.), *Iconographie médiévale. Image. Texte. Contexte*, Paris, 1993, p. 206.

[178] Cf. D. Lecoq, *art. cit.*, p. 170-172. K. Miller (*Die kleineren Weltkarten*, Stuttgart, 1895 (*Mappaemundi. Die ältesten Weltkarten*, t. 3), p. 23) et U. Ruberg (Mappae Mundi des Mittelalters im Zusammenwirken von Text und Bild, p. 560) prétendent donc à tort que ces quatre anges seraient uniquement décoratifs.

Seigneur (Apoc. 8,3-4) : « (...) et alius angelus venit et stetit ante altare habens turibulum aureum et data sunt illi incensa multa. ») En bas de la mappemonde on voit deux dragons. Cet encadrement indique probablement une opposition entre le Bien (le Christ) et le Mal (le diable symbolisé par les dragons). Sur le verso de cette mappemonde se trouve un schéma T-O rempli des noms des peuples. Ici on retrouve l'image du Christ qui porte maintenant la terre dans ses bras. La pose du Christ est une réminiscence de la mappemonde d'Ebstorf. En dessous de la mappemonde on voit paraître les pieds du Christ qui piétine les deux dragons. Cette iconographie renvoie au Psaume 90,13 : « Super aspidem et basiliscum ambulabis et conculabis leonem et draconem[179]. » Au Moyen Âge ce texte et le motif du Christ piétinant les monstres s'interprète comme le *Christus victor* qui triomphe du diable et de la mort[180].

En résumé, l'encadrement des mappemondes discutées ici présente l'espace géographique surtout comme le monde matériel et tangible opposé au monde spirituel de Dieu le Créateur. L'opposition entre spirituel et matériel joue également dans l'incarnation et la mort du Christ, car le Christ est la parole divine incarnée. Ceci peut expliquer l'intérêt porté par les mappemondes à la vie du Christ ainsi qu'à la crucifixion. Le monde matériel qui y est évoqué a une existence bien délimitée : le monde a débuté avec la Création et se terminera lors de l'Apocalypse.

Les *descriptiones orbis* interpolées dans des textes encyclopédiques des XIIe et XIIIe siècles (dans certains cas aussi dans des exemples du XIVe siècle) peuvent également être considérées comme des textes contenus dans un cadre interprétatif. Au chapitre III il était déjà question du phénomène de la *divisio textus* qui ne sert pas uniquement à faciliter l'accessibilité du texte, mais qui fournit également des indications pour une interprétation spirituelle. Il s'est en outre avéré que les *descriptiones orbis* figurent à des endroits bien spécifiques. Dans les histoires universelles, les *descriptiones orbis* figurent surtout dans deux positions : soit au début du texte, soit au moment de la répartition des trois continents entre les trois fils de Noé[181]. Au début du texte historiographique la *descriptio orbis* présente surtout le monde sublunaire comme la scène où se déroulera l'histoire du salut. La mappemonde (textuelle ou visuelle) au début d'une histoire universelle renverra aussi à sa contrepartie à l'autre bout du texte : la fin du monde terrestre. C'est ainsi que la cartographie dans un texte historiographique pourra prendre des dimensions eschatologiques.

Insérée dans une histoire universelle près de l'épisode de la distribution des continents parmi les trois fils de Noé, la *descriptio orbis* peut faire allusion aux différents peuples du monde qui, selon des prophéties apocalyptiques, se rassembleront à la fin des temps. Le *Speculum historiale* en est l'exemple le plus illustratif : sa *descriptio orbis* est suivie d'un traité sur les peuples exotiques et monstrueux des régions lointaines. Par cette disposition la description géographique s'associe à la distribution des peuples dans le monde. Par conséquent, la section géographique du *Speculum historiale* reçoit la connotation de la « varietas creaturarum » (ou bien la « varietas populorum ») mentionnée par Vincent dans son *Libellus apologeticus*[182].

[179] Cf. A. C. Esmeijer, *Divina quaternitas*, p. 106.

[180] Cf. G. Schiller, *Ikonographie der christlichen Kunst. Band 3: Die Auferstehung und Erhöhung Christi*, 2e édition, Gütersloh, 1986, p. 33-37. Le même auteur fait remarquer qu'au XIIIe siècle le motif de la « calcatio » apparaît dans le contexte du Jugement dernier sur les portails des cathédrales françaises (p. 40).

[181] Cf. le chapitre IV.

[182] Le texte est cité ci-dessus (p. 245).

Dans les textes encyclopédiques conçus selon une ordonnance conceptuelle la *descriptio orbis* figure souvent dans la partie qui traite de l'élément *terra*. De cette façon la géographie de la terre est présentée comme faisant partie du microcosme dont l'ordonnance est un reflet de l'harmonie du macrocosme divin[183]. Une exception est la *descriptio orbis* du *Speculum naturale* où Vincent de Beauvais réserve une place exceptionnelle à la géographie à la fin de l'ouvrage. Comme je l'ai déjà observé au chapitre III, cette *descriptio orbis* est contenue dans un cadre textuel qui se compose d'un traité sur la Création et d'un traité sur la fin du monde. En transformant l'encadrement de cette mappemonde textuelle, Vincent en a changé la signification. La *descriptio orbis* du *Speculum naturale* ne diffère guère de celle du *Speculum historiale*, mais dans le premier ouvrage la connotation est bien différente, car ici l'encadrement textuel lui donne surtout une connotation eschatologique.

Un aspect important de l'encadrement des mappemondes visuelles est qu'elles accentuent avec insistance les quatre vents cardinaux. Sur la mappemonde d'Ebstorf, ce sont les membres du Christ qui marquent le nord, le sud, l'ouest et l'est. La mappemonde de Hereford présente une variante qui se compose des lettres M, O, R et S. Ce système quaternaire est positionné perpendiculairement par rapport aux vents cardinaux, mais il est clair que de cette façon le cercle terrestre se divise en quatre parties, à savoir, *oriens*, *meridies*, *occidens* et *septentrio*. Une autre mappemonde qui présente cette particularité est la mappemonde schématique dite d'Henri de Huntingdon déjà citée ci-dessus, où un système de quatre colonnes marque les quatre points cardinaux.

Cette accentuation des quatre vents cardinaux rapproche les mappemondes visuelles de certains diagrammes visuels, comme, par exemple, les diagrammes appelés communément « mundus-annus-homo » dans de nombreux manuscrits des *Etymologiae* d'Isidore de Séville[184]. Sur de tels diagrammes les quatre points cardinaux sont associés à certaines *qualitates*. L'Orient s'associe ainsi aux *qualitates calida et humida*, le Sud à *calida et sicca*, l'Occident à *frigida et sicca*, le Septentrion à f*rigida et humida*[185]. Les quatre points cardinaux s'associent ainsi aux quatre saisons : l'Orient équivaut au printemps, le Sud à l'été, l'Occident à l'automne et le Septentrion à l'hiver. Cette idée se trouve déjà dans le *Libellus de formatione arche* de Hugues de Saint-Victor :

> In quo spatio secundum quatuor partes mundi quatuor anni tempora disponuntur, ita ut uer sit ad orientem, ad austrum estas, ad occidentem autumpnus, ad aquilonem hiemps[186].

183 Pour la symbolique des quatre éléments du cosmos voir M. Th. d'Alverny, Le cosmos symbolique au XIIe siècle, in *Archives d'histoire doctrinale et littéraire au moyen âge*, t. 28, 1953, p. 31-88.

184 Sur ces diagrammes, voir M. Th. d'Alverny, L'homme comme symbole. Le microcosme, in *Simboli e simbologia nell'alto medioevo, 3-9 aprile 1975*, Spoleto, 1976, p. 173-174 ; J. Viret, Le quaternaire des éléments et l'harmonie cosmique selon Isidore de Séville, in D. Buschinger, A. Crepin (éd.), *Les quatre éléments dans la culture médiévale. Actes du colloque des 25, 26 et 27 mars 1982*, Göppingen, 1983, p. 7-25.

185 Sur les *qualitates* des vents cardinaux, voir B. Obrist, Wind diagrams and Medieval cosmology, in *Speculum*, t. 72, 1997, p. 35.

186 Hugues de Saint-Victor, *Libellus de formatione arche*, P. Sicard (éd.), *Hugonis de Sancto Victore De archa noe, Libellus de formatione arche*, p. 159-160. Cf. J. Wirth, *L'image à l'époque romane*, p. 386.

Les *qualitates* rapprochent les points cardinaux également des quatre éléments. Ainsi l'Orient renvoie à l'élément *aer*, le Sud à *ignis*, l'Occident à *terra* et le Septentrion à *aqua*. Il existe de nombreux autres diagrammes bien plus complexes où les quatre points cardinaux s'associent aux fleuves du paradis, aux âges de l'homme, à certains animaux et monstres, à des prophètes ainsi qu'aux quatre évangélistes[187]. Les possibilités sont presque infinies, comme l'indique l'introduction du *Tractatus de quaternario*, texte inédit :

> (...) quatuor enim elementa quatuor enim mundi climata qui est homo enim humores que quatuor hominis enim etates, quatuor temporum distinctiones quatuor uentos principales quatuor signorum zodiaci diuisiones et in pluribus quaternarium (...)[188].

C'est grâce à l'étude d'Anna Esmeijer que la recherche moderne s'est rendue compte de l'existence d'une pratique d'exégèse visuelle au Moyen Âge[189]. Selon Esmeijer les diagrammes

[187] Le principe est déjà décrit dans Isidore de Séville, *Liber numerorum*, in *P.L.*, t. 83, col. 183-184. Dans le cinquième chapitre, intitulé *De quaternario*, l'auteur rapproche les quatre fleuves du paradis, les quatre *regna mundi*, les quatre points cardinaux, les quatre évangélistes, les quatre saisons, les quatre vertus, les quatre types d'animaux, et ainsi de suite. Pour d'autres exemples, voir : M. Th. d'Alverny, Le cosmos symbolique au xiie siècle ; E. Cassirer, *The philosophy of symbolic forms. Volume two : mythical thought*, New Haven, 1955, p. 83-104, 146-148 ; P. E. Schramm, *Sphaira, Globus, Reichsapfel. Wanderung und Wandlung eines Herrschaftszeichens von Caesar bis zu Elisabeth II. Ein Beitrag zum „Nachleben" der Antike*, Stuttgart, 1958, p. 45-46 ; H. de Lubac, *Exégèse médiévale. Les quatre sens de l'Ecriture. Deuxième partie*, p. 26-40 ; B. Maurmann-Bronder, Das Bild der Schöpfung und Neuschöpfung der Welt als *orbis quadratus*, p. 203 ; *eadem*, *Tempora significant.* Zur Allegorese der vier Jahreszeiten, p. 72 ; *eadem*, *Die Himmelsrichtungen im Weltbild des Mittelalters. Hildegard von Bingen, Honorius Augustodunensis und andere Autoren*, Munich, 1976, p. 188-200 ; A. C. Esmeijer, *Divina quaternitas* ; A. von Euw, Imago mundi, in *Monumenta Annonis. Köln und Siegburg. Weltbild und Kunst im hohen Mittelalter. (Eine Ausstellung des Schnütgen-Museums der Stadt Köln in der Cäcilienkirche vom 30. April bis zum 27 Juli 1975)*, Cologne, 1975, p. 89-99 ; A. J. Beer, *Die Rose der Kathedrale von Lausanne und der kosmologische Bilderkreis des Mittelalters*, Bern, 1982 ; *idem*, Darstellungsmöglichkeiten des Allegorischen in der Kunst des Mittelalters, in *Sitzungsberichte der Kunstgeschichtlichen Gesellschaft zu Berlin*, t. 33, 1984/1985, p. 5 ; D. Lecoq, La « Mappemonde » du *De Arca Noe Mystica* de Hugues de Saint-Victor (1128-1129), p. 16-18, 24 ; A. van Run, *Annus Quadriga Mundi*. Over de adaptatie van een klassiek thema in de vroegmiddeleeuwse kunst, in J. B. Bedeaux (éd.), *Annus Quadriga Mundi. Opstellen over middeleeuwse kunst opgedragen aan Prof. dr Anna C. Esmeijer*, Zutphen, 1989, p. 152-178 ; B. Obrist, Wind diagrams and medieval cosmology. Sur la symbolique du nombre quatre, voir : H. Meyer, *Die Zahlenallegorese im Mittelalter. Methode und Gebrauch*, Munich, 1975, p. 123-127 ; H. Meyer, R. Suntrup, *Lexikon der mittelalterlichen Zahlenbedeutungen*, Munich, 1987, col. 332-402. F. Relaño (*Cosmographia Arthmetica. Le monde, ses parties et la numérologie médiévale*, in *Le Moyen Âge*, t. 109, 2003, p. 113-128) s'occupe également de la numérologie médiévale et la cartographie. L'auteur voit surtout une « démystification des nombres » qui se produirait au cours du xvie siècle. Comme on le verra ci-dessous, il y a pourtant une continuité remarquable de l'importance du nombre quatre dans la cartographie – parfois jusqu'au début du xviie siècle –, ainsi que des connotations spirituelles.

[188] *Cambridge, Gonville and Caius College*, MS. 428/428 (xiie siècle), f. 2r.

[189] A. C. Esmeijer, *Divina quaternitas*. Sur l'exégèse visuelle voir aussi A. J. Beer, *Die Rose der Kathedrale von Lausanne und der kosmologische Bilderkreis des Mittelalters* ; *idem*, Darstellungsmöglichkeiten des Allegorischen in der Kunst des Mittelalters, p. 5 ; M. Curschmann, Imagined exegesis. Text and picture in the exegetical works of Rupert of Deutz, Honorius Augustodunensis, and Gerhoch of Reichersberg, in *Traditio*, t. 44, 1988, p. 145-169 ; K. F. Morrison, *History as a visual art in the twelfth century Renaissance*, Princeton, 1990, p. 39-45 ; P. Sicard, *Diagrammes médiévaux et exégèse visuelle*, p. 141-154 ; W. Kemp, Medieval pictorial systems, in B. Cassidy (éd.), *Iconography at the crossroads. Papers from the Colloquium sponsored by the Index of Christian Art, Princeton University 23-24 March 1990*, Princeton, 1993, p. 122-133 ; S. Lewis, *Reading images. Narrative discourse and reception in the thirteenth-century illuminated Apocalypse*, Cambridge, 1995, p. 6-14.

visuels mentionnés ci-dessus servaient de point de départ à des activités herméneutiques. Comme je l'ai déjà indiqué dans le chapitre IV, les diagrammes visuels du Moyen Âge offrent des possibilités infinies de générer des significations tout en ayant recours exclusivement à des éléments visuels. Les différents *sensus* ne sont pas explicités verbalement. Il n'est pas question ici d'une narration, car les éléments constituants de ces diagrammes visuels ne sont pas arrangés chronologiquement. Au contraire, on cherche en vain un lien logique entre ces éléments : ce n'est qu'en suivant la composition visuelle (par exemple : composition axiale, analogie, contraste, juxtaposition, etc.) que l'on pourra apprécier les implications symboliques, allégoriques ou typologiques.

Un très grand nombre de diagrammes visuels incorpore des éléments géographiques. C'est ainsi qu'Anna Esmeijer a signalé certains diagrammes où les quatre fleuves du paradis sont associés aux quatre évangélistes, aux quatre vertus cardinales, aux quatre points cardinaux et même aux quatre docteurs de l'Église[190]. Une personne instruite qui consulte une mappemonde visuelle pourra lire, par analogie à ces diagrammes visuels, les quatre fleuves du paradis comme les quatre évangélistes qui irriguent le monde avec la parole de Dieu.

L'accentuation des quatre points cardinaux rattache les mappemondes visuelles également à des diagrammes médiévaux visualisant le microcosme et le macrocosme. C'est surtout Armin Wolf qui a signalé les correspondances entre la représentation du Christ sur la mappemonde d'Ebstorf et des diagrammes visuels de l'homme comme microcosme[191]. Une brève caractérisation des théories médiévales concernant le *microcosmos* et le *macrocosmos* doit suffire ici[192]. Les savants médiévaux étaient d'avis que le cosmos entier (le *macrocosmos*) se composait de quatre éléments, à savoir le feu, l'air, l'eau et la terre. Dieu serait l'élément unificateur du cosmos entier et l'ordonnance harmonieuse des quatre éléments était censée refléter la perfection du Créateur. On voyait en l'homme, créé à l'image de Dieu, un petit cosmos (le *microcosmos*) renfermant les quatre éléments et qui, par conséquent, refléterait le grand cosmos. Iconographiquement le microcosme était souvent représenté comme un homme réunissant dans ses bras étendus les quatre éléments. Comme la représentation du Christ sur la mappemonde d'Ebstorf reprend exactement la même pose, elle rappelle inévitablement les théories sur les rapports entre le microcosme et le macrocosmos.

Pour Armin Wolf l'iconographie du Christ sur la mappemonde d'Ebstorf est une preuve soutenant sa thèse que Gervais de Tilbury serait le père spirituel de cette mappemonde parce que dans ses *Otia imperiala* celui-ci écrit : « Et mundus, hoc est homo[193] ». Ce parallèle entre le texte de Gervais et la mappemonde d'Ebstorf n'est pourtant pas une preuve concluante. Il y a trois arguments à alléguer ici : premièrement au Moyen Âge on emploie *mundus* plutôt pour

[190] A. C. Esmeijer, *op. cit.*, p. 50-51, 63-76, 103-111.

[191] A. Wolf, Die Ebstorfer Weltkarte als Denkmal eines mittelalterlichen Welt- und Geschichtsbildes, in *Geschichte in Wissenschaft und Unterricht*, t. 8, 1957, p. 204-215 ; *idem*, Ikonologie der Ebstorfer Weltkarte und politische Situation des Jahres 1239. Zum Weltbild des Gervasius von Tilbury am welfischen Hofe, p. 100-103. Voir aussi D. Lecoq, La « Mappemonde » du *De Arca Noe Mystica* de Hugues de Saint-Victor (1128-1129), p. 24.

[192] Sur ce sujet voir surtout M. Th. d'Alverny, Le cosmos symbolique au XIIe siècle ; *idem*, L'homme comme symbole. Le microcosme ; P. E. Schramm, *Sphaira, Globus, Reichsapfel*, p. 46-48.

[193] Gervais de Tilbury, *Otia imperialia*, I,2, S. E. Banks, J. W. Binns (éd.), *Gervase of Tilbury. Otia imperialia*, p. 27-29.

désigner le cosmos dans sa totalité que pour évoquer la terre[194]. Deuxièmement, Gervais de Tilbury n'est certainement pas le premier à mentionner des théories sur le microcosme : ces notions sont fort communes au Moyen Âge[195]. Troisièmement, cette iconographie est plus ancienne que le texte de Gervais : l'image du Christ qui tient le macrocosme dans ses bras étendus se trouve déjà dans le manuscrit du *Tractatus de quaternario* conservé à Cambridge datant du XIIe siècle[196].

La ressemblance entre la mappemonde d'Ebstorf et les représentations de l'homme comme microcosme indique pourtant que tout comme l'homme, le monde terrestre est, lui aussi, un microcosme qui reflète les quatre éléments du macrocosme. La même idée est suggérée par les diagrammes visuels où les quatre vents cardinaux sont associés aux quatre éléments[197]. En Orient le climat est humide et chaud comme l'élément air. De la même façon le Sud s'associe au feu, l'Occident à l'eau et le Septentrion à la terre[198]. Voilà pourquoi la géographie sous forme de *descriptio orbis* est un sujet très approprié pour les encyclopédies médiévales, qui ont souvent été conçues selon l'ordonnance idéologique des quatre éléments[199].

Dans le corps de l'homme un déséquilibre des éléments pourra causer des maladies. Sur terre il arrive que les régions qui sont dominées par un élément particulier produisent des difformités dans les êtres vivants. Cette idée est exprimée très clairement dans l'introduction du *Liber de natura rerum* de Thomas de Cantimpré :

> Et ecce probatio : Oriens calidus et humidus est, occidens vero frigidus et humidus ; meridies calidus et siccus est, aquilo vero frigidus et siccus. (...) Crede ergo, lector, quia et complexiones in animalibus et effectus in herbis secundum qualitatem aeris variantur[200].

[194] Par exemple : ISIDORE DE SÉVILLE, *Etymologiae*, XIII,i,1, J. OROZ RETA, M.-A. MARCOS CASQUERO (éd./trad.), *San Isidoro de Sevilla, 'Etimologías'. Edicion bilingüe*, Madrid, 1982, p. 124 : « Mundus est caelum et terra, mare et quae in eis opera Dei. » et XIV,i,1, J. OROZ RETA, M.-A. MARCOS CASQUERO (éd./trad.), *San Isidoro de Sevilla, 'Etimologías'*, p. 164 : « Terra est in media mundi regione posita. » Cf. A.-D. VON DEN BRINCKEN, Kosmographische Betrachtungen bei den Kirchenvätern, auf mittelalterlichen Mönchskarten und bei Gerhard Mercator, p. 28 ; B. OBRIST, Wind diagrams and Medieval cosmology, p. 49.

[195] Cf. M. TH. D'ALVERNY, L'homme comme symbole. Le microcosme ; B. MAURMANN-BRONDER, Das Bild der Schöpfung und Neuschöpfung der Welt als *orbis quadratus* ; A. C. ESMEIJER, *Divina quaternitas*, p. 106-107 ; J. WILKE, *Die Ebstorfer Weltkarte*, Bielefeld, 2001, p. 134-136. Pour la tradition iconographique, voir F. SAXL, Macrocosm and microcosm in mediaeval pictures, in *Lectures*, Londres, 1957, p. 58-72.

[196] *Cambridge, Gonville and Caius College*, Ms 428/428, f. 10r. Reproduit dans D. LECOQ, La « Mappemonde » du *De Arca Noe Mystica* de Hugues de Saint-Victor (1128-1129), fig. 6.

[197] Sur l'association des quatre vents cardinaux aux quatre éléments, voir A. VON EUW, Imago mundi, p. 93-94. Pour des diagrammes visuels des vents au Moyen Âge, voir : B. OBRIST, Wind diagrams and medieval cosmology.

[198] Il est à noter que les *qualitates* des points cardinaux diffèrent de celles des vents cardinaux. Ci-dessus j'ai mentionné des diagrammes selon lesquels le *septentrio* est *humida et frigida*. L'air de cette région est pourtant *sicca et frigida* (cf. le fragment de THOMAS DE CANTIMPRÉ citée ci-dessous et le *Tractatus de quaternario*, *Cambridge Gonville and Caius College*, Ms 428/428, f. 35r). Sur le même folio le *Tractatus* fait remarquer qu'il existe plusieurs opinions sur les *qualitates* des vents et celle des points cardinaux.

[199] Cf. le chapitre III.

[200] THOMAS DE CANTIMPRÉ, *Liber de natura rerum*, *prologus*, H. BOESE (éd.), *Thomas Cantimpratensis: Liber de natura rerum*, p. 5. Un autre exemple se trouve au début de la *Chronique des ducs de Normandie* de Benoît de Sainte-Maure : « Et de ça vient qu'es regions / Ou toz jors a chauz e arsons / Sunt vermines venimoses, / Pesmes, cruaus et haïnoses, / E les bestes mortaus e fieres / E les poples de teux manieres / Qui nen unt lei, sen ne raison, / Dreiture ne discretion, / Qui ne sevent qu'est maus ne biens / E qui plus sunt felons que chiens, (....) En occident

Le climat d'une certaine région pourra occasionner la prédominance d'un élément particulier. Cette circonstance aura inévitablement des conséquences pour les êtres qui y vivent[201]. La même idée est exprimée par certains diagrammes visuels, comme, par exemple, la miniature qui se trouve dans un manuscrit du début du XIVe siècle provenant de l'abbaye cistercienne d'Aldersbach en Bavière (pl. 31)[202]. La miniature représente une figure aux bras étendus comparable à la figure du Christ sur la mappemonde d'Ebstorf, à cette exception près que la figure tient une *quaternitas* représentant le *macrocosmos* au lieu d'une mappemonde. Les quatre éléments sont liés ici aux vents cardinaux, aux *qualitates* et aux quatre vertus cardinales (« prudencia », « justicia », « fortitudo » et « temperancia »[203]). Les quatre éléments sont accompagnés des animaux qui vivent sous leur domination : *ignis* nourrit un oiseau (sans aucun doute le phénix) et un reptile, *terra* nourrit un quadrupède et un serpent, *aer* nourrit deux oiseaux et *aqua* nourrit deux poissons. La rosace de la cathédrale de Lausanne est un autre diagramme visuel qui exprime l'idée que les éléments sont liés au physique des êtres vivants[204]. Dans ce cas-ci ce sont des peuples monstrueux[205] qui sont associés aux quatre éléments ainsi qu'aux quatre vents cardinaux, aux quatre fleuves du paradis, aux quatre saisons, aux douze mois et aux douze signes du zodiaque.

vers mienuit, / Ou de freidure resunt cuit, / Ou neis e glace e mer a plus, / Ce savum bien, n'en renais nus / Son la force de l'element / Por ce que sanz nul temprement / Est tote estraite lor nature, / Eissi com d'eue e de freidure / Por ce resunt desatempré, / Por ce n'i a humanité, / Por ce ne sevent que est leis / Ne que est jorz ne anz ne meis (…) », C. Fahlin (éd.), *Chronique des ducs de Normanie par Benoît. Publiée d'après le manuscrit de Tours avec les variantes du manuscrit de Londres (t. 1)*, Uppsala-Wiesbaden-La Haye-Genève, 1951, v. 131-163.

201 Sur l'influence du climat sur les animaux et les peuples, voir aussi C. Kappler, *Monstres, démons et merveilles à la fin du Moyen Âge*, Paris, 1980, p. 42-43 ; J.-G. Arentzen, *Imago Mundi Cartographica*, p. 191 ; D. Lecoq, La mappemonde du *Liber Floridus* ou la vision du monde de Lambert de Saint-Omer, p. 23-24, 39-41 ; Cl. Lecouteux, *Les monstres dans la pensée médiévale européenne*, p. 75-85; J. Bergevin, *Déterminisme et géographie. Hérodote, Strabon, Albert le Grand et Sebastian Münster*, Sainte-Foy, 1992.

202 *Munich, Bayerische Staatsbibliothek*, Clm 2655, f. 105r (début du XIVe siècle). On réfère souvent à ce manuscrit comme le *De natura rerum* de Thomas de Cantimpré. Le manuscrit contient pourtant d'autres textes : le texte de Thomas de Cantimpré (f. 1-94v) est suivi par un *Physiologus* illustré (f. 95-104). Le diagramme en question ainsi qu'un deuxième diagramme se trouvent dans le dernier cahier du *Physiologus*, sur les folios 104v et 105r.

203 Les textes autour de cet ensemble expriment encore une fois l'idée que le monde tangible renvoie à son Créateur : « Unius ab eterno fuit insermone superno/ Archetypus mundus et sensi(bi)lis iste fecundus/ Est homo terrigena microcosmus ymagine plena/ Ut quadrua (sc. ymagine) mentis et corporeis elementis » et : « Omnia de nichilo fecit man(us) omnip(oten)tis/ Mundu(m) constitue(n)s i(n) quatuor hijs elementis. » J'ai complété les transcriptions de M. Th. d'Alverny, Le cosmos symbolique au XIIe siècle, p. 79 et d'A. C. Esmeijer, *Divina quaternitas*, p. 108-110.

204 Une photo de la rosace dans sa composition actuelle dans L. Grodecki, C. Brisac, *Gothic stained glass 1200-1300*, Londres, 1985, pl. 114. Pour une reconstruction de la rosace, voir A. J. Beer, *Die Rose der Kathedrale von Lausanne und der kosmologische Bilderkreis des Mittelalters*. Quelques précisions dans B. Maurmann-Bronder, *Die Himmelsrichtungen im Weltbild des Mittelalters. Hildegard von Bingen, Honorius Augustodunensis und andere Autoren*, p. 188-200.

205 « Aethipes », « Gangrida », « Oculos », « Cynomolgi », « Pigmei », « Satyri », « Sciapodes », « Ceffi ». Sur les monstres, voir A. J. Beer, *op. cit.*, p. 25-28.

L'idée selon laquelle la qualité de l'air d'une certaine région a un certain impact sur les êtres vivants se retrouve également sur les mappemondes médiévales[206]. Elles indiquent que sur terre, ce n'est qu'au paradis terrestre que l'on trouve un climat parfait : « non ibi frigus, non aestus, sed perpetua aeris temperies[207]. » Les terres en Orient autour du paradis sont très fertiles et produisent des richesses infinies. Voilà pourquoi les habitants de cette région sont très vertueux et même parfois des protochrétiens, comme, par exemple les *Agrocte et Bragmanni* déjà cités ci-dessus. L'Orient n'est pourtant pas entièrement parfait, la surabondance engendre parfois des êtres monstrueux. L'Occident, lui, se caractérise également par un climat tempéré. Voilà pourquoi les mappemondes indiquent à propos de plusieurs régions en Europe qu'on n'y trouve pas de serpents. Cette remarque concerne surtout l'Irlande et la Sardaigne[208]. En vérité certains endroits en Occident, comme les îles Fortunées, ont un climat tellement agréable qu'on a pensé parfois à tort qu'il s'agissait du paradis terrestre[209]. Comme l'Occident ne connaît pas la surabondance excessive de l'Orient c'est la terre désignée pour abriter l'Église chrétienne. Contrairement aux circonstances favorables dont bénéficient l'Occident et l'Orient, le Septentrion et le Sud se caractérisent par des climats très rudes. Rien d'étonnant alors de voir la chaleur du soleil produire dans le Sud des êtres monstrueux et une abondance de serpents[210]. Le climat glacial du nord produit des griffons menaçants ainsi que les anthropophages Gog et Magog qui aideront l'Antéchrist à conquérir la terre[211].

Au fond, on pourrait considérer certaines mappemondes comme celles de Hereford et d'Ebstorf, elles aussi, comme des diagrammes visuels destinés à des exercices herméneutiques[212]. Sur ces deux mappemondes les quatre directions cardinales sont associées à des connotations précises (voir le schéma II ; Appendice II). C'est donc la position d'une région dans l'ensemble de la structure de la mappemonde qui décide de ses *qualitates* et de ses connotations. Les quatre vents cardinaux sont les éléments les plus importants qui, sur la carte, forment un système cruciforme avec la ville de Jérusalem exactement au milieu[213]. Cette position ombilicaire de la

[206] Pour les connotations des vents, voir aussi B. Maurmann-Bronder, *Die Himmelsrichtungen im Weltbild des Mittelalters* ; J.-G. Arentzen, *Imago Mundi Cartographica*, p. 156-164. Sur l'allégorèse des *qualitates*, voir Ch. Meier, Das Problem der Qualitätenallegorese, in *Frühmittelalterliche Studien*, t. 8, 1974, p. 385-435.

[207] Isidore de Séville, *Etymologiae*, XIV,iii,2, J. Oroz Reta, M.-A. Marcos Casquero (éd./trad.), *San Isidoro de Sevilla. 'Etimologías'*, p. 166. Le même texte se retrouve sur la mappemonde d'Ebstorf. Je n'ai pas pu consulter la thèse d'A. Scafi (*The notion of earthly Paradise from the patristic era to the fifteenth century*, thèse, Londres, 1999 ; *Heaven on earth. Mapping Paradise in the Western tradition*, Londres-Chicago, 2006) sur le paradis terrestre.

[208] Cf. le chapitre V.

[209] Cf. Isidore de Séville, *Etymologiae*, XIV,vi,8. La présence des « Hesperidum insulae » est une inversion du motif du paradis terrestre, car ici le serpent garde les pommes. Cf. J. Oroz Reta, M.-A. Marcos Casquero (éd./trad.), *San Isidoro de Sevilla, 'Etimologías'*, p. 194, n. 44.

[210] Cf. le chapitre V.

[211] Cf. le chapitre V.

[212] Cf. A. C. Esmeijer, *Divina quaternitas* ; A. J. Beer, *Die Rose der Kathedrale von Lausanne und der kosmologische Bilderkreis des Mittelalters*, p. 45-47 ; H. Appühn, *Einführung in die Ikonographie der mittelalterlichen Kunst in Deutschland*, Darmstadt, 1985, p. 48-55 ; D. Woodward, Medieval *mappaemundi*, in J. B. Harley, D. Woodward (éd.), *Cartography in prehistoric, ancient, and Medieval Europe and the Mediterranean*, Chicago, 1987 (*The history of cartography*, t, 1), p. 335-337 ; D. Lecoq, La « Mappemonde » du *De Arca Noe Mystica* de Hugues de Saint-Victor (1128-1129), p. 16-18, 24 ; H. Kliege, *Weltbild und Darstellungspraxis hochmittelalterlicher Weltkarten*, p. 89-99.

[213] H. Schulte Herbrüggen (« Ite in mundum universum ». Beobachtungen zur *Imago mundi* im Dom zu Hereford, in P. Wunderli (éd.), *Reisen in reale und mythische Ferne. Reiseliteratur in Mittelalter und Renaissance*,

ville de Jérusalem n'est évidemment pas privée de sens, puisque c'est l'endroit de la crucifixion (Hereford) et de la résurrection (Ebstorf). Qui plus est, la Jérusalem terrestre rappelle la Jérusalem renouvelée de l'Apocalypse. Le centre du monde est donc inséparablement lié à sa fin. Les mappemondes permettent également une lecture circulaire où la durée d'une journée équivaut à l'histoire du monde du début jusqu'à la fin : à partir de la Création jusqu'à la venue de Gog, Magog et l'Antéchrist[214].

Les quatre vents cardinaux n'engendrent pas uniquement des connotations, mais invitent également à une lecture exégétique. Barbara Maurmann a déjà fait observer que les vents cardinaux comportent des significations spirituelles[215]. Cette pratique s'applique aussi à la cartographie. Jörg-Geerd Arentzen en a signalé un exemple très illustratif. C'est une mappemonde qui orne le texte du *De bello Jugurthino* de Salluste dans un manuscrit du XIVe siècle où les quatre vents cardinaux sont munis de médaillons représentant les quatre évangélistes ainsi que d'une explication spirituelle. Par exemple, l'Occident reçoit ici une interprétation négative : « Viuorum et peccatorum occasum significat[216]. »

Vues dans cette perspective, des mappemondes médiévales comme celles de Hereford et d'Ebstorf paraissent comme des diagrammes exégétiques où la structure sous-jacente détermine les connotations des éléments composants. Qui plus est, les mappemondes visuelles représentent un langage visuel où la disposition spatiale est productrice de significations spirituelles. Cette pratique se laisse poursuivre, parfois sous une forme altérée, il est vrai, dans la cartographie des siècles suivants.

Il faut pourtant admettre que le *sensus spiritualis* de la cartographie médiévale n'est explicité que très rarement. Des significations connotatives ne sont introduites que par référence à d'autres textes ou par l'encadrement textuel et visuel. Le discernement des significations spirituelles dépend des intentions et des capacités de la personne qui consulte la carte. Je ne veux pas suggérer que la cartographie du XIIIe siècle était uniquement symbolique. Au contraire, les mappemondes ainsi que les *descriptiones orbis* étaient destinées à l'usage pratique aussi bien qu'à la spéculation spirituelle. La décision appartenait au lecteur, comme la mappemonde d'Ebstorf l'indique fort bien :

Düsseldorf, 1993, p. 35) perçoit comme structures visuelles sous-jacentes de la mappemonde un pentagone, un triangle, un carré et un cercle. Je ne partage pas ces observations.

[214] Certains critiques ont suggéré que la forme circulaire des mappemondes médiévales se rapproche des représentations de la *rota* de la Fortune; cf. B. Hahn-Woernle, Die Ebstorfer Weltkarte und Fortuna rotis-Vorstellungen, in H. Kugler, E. Michael (éd.), *Ein Weltbild vor Columbus. Die Ebstorfer Weltkarte. Interdisziplinäres Colloquium 1988*, Lüneburg, 1991, p. 185-199 ; K. Clausberg, Scheibe, Rad, Zifferblatt. Grenzübergange zwischen Weltkarten und Weltbildern, in H. Kugler, E. Michael (éd.), *Ein Weltbild vor Columbus. Die Ebstorfer Weltkarte. Interdisziplinäres Colloquium 1988*, Lüneburg, 1991, p. 260-313 ; N. R. Kline, *Maps of Medieval thought. The Hereford paradigm*, Woodbridge, 2001. Je ne retrouve pourtant pas de suggestions sur les cartes qui permettent cette interprétation.

[215] B. Maurmann-Bronder, *Die Himmelsrichtungen im Weltbild des Mittelalters. Hildegard von Bingen, Honorius Augustodunensis und andere Autoren.*

[216] J.-G. Arentzen, *Imago Mundi Cartographica*, p. 149-150, pl. 34 (= *Venise, Biblioteca Nazionale Marciana*, Ms. Lat. Z 432 (XIVe siècle), f. 40r).

Mapa (...) que scilicet non parvam prestat legentibus utilitatem, viantibus directionem rerumque viarum gratissime speculationis dilectionem[217].

La plupart des cartes portulans se présentent sans cadre interprétatif et par conséquent leur structure ne permet pas la possibilité d'une lecture visuelle et exégétique. Cependant, les portulans n'esquissent pas la surface de la terre comme une entité neutre et inarticulée. Ci-dessus j'ai déjà souligné l'encadrement chrétien dans lequel un très grand nombre de cartes portulans évoque le monde terrestre. L'association de la terre avec le macrocosme et le microcosme n'était pas non plus abolie. En témoigne l'Atlas catalan de 1375 où les deux premières tables représentent le cosmos avec le zodiaque, les planètes, les éléments avec la terre au milieu. Qui plus est, sur la table suivante se trouve une image de l'homme du microcosme avec les noms des signes du zodiaque sur les parties du corps correspondantes. Un homme du microcosme pareil se trouve d'ailleurs dans le cou du portulan (1415 ?, perdu) d'Albertin de Virga.

L'œuvre d'Opicinus de Canistris (1296-1351) témoigne du fait que les cartes portulans pouvaient également être le sujet d'activités herméneutiques[218]. Bien que l'auteur ne soit pas représentatif pour son époque (il souffrait probablement d'une maladie mentale), ses innombrables dessins sur la base des portulans font quand même preuve d'une grande connaissance de la théologie et des sciences naturelles de son époque. Dans le délire d'Opicinus la cartographie devient sujette à des activités herméneutiques où l'on reconnaît quand même de nombreux éléments rattachés aux mappemondes circulaires du XIIIe siècle : des schémas visuels incorporant la figure du Christ avec l'alpha et l'oméga. La symbolique numéraire entre aussi en jeu : les quatre vents cardinaux, les trois continents, les quatre archanges, quatre Pères de l'Eglise, les douze apôtres etc[219].

Certaines cartes du monde circulaires apparentées aux cartes portulans sont contenues dans un cadre qui a quelques éléments en commun avec ceux des mappemondes circulaires du XIIIe siècle. Un exemple illustratif en est la carte du monde (1448) d'Andreas Walsperger où l'« Alpha et O » sont inscrits en haut sur l'encadrement. Cet exemple indique que la cartographie du XVe siècle s'associe toujours facilement à la Création et surtout à l'Apocalypse.

Bien que les cartes portulans ne se caractérisent plus par la structure bien déterminée des mappemondes du XIIIe siècle, elles reprennent et perpétuent l'idée que l'Orient est une région très riche et fertile, que le Septentrion est glacial et dangereux et que le Sud est torride et infesté de serpents. On aurait tort de prétendre que ce phénomène serait causé par un conservatisme de la part des cartographes. L'idée qu'un climat favorable produira des habitants vertueux (lire : chrétiens) reste toujours productive aux XVe et aux XVIe siècles. Par exemple, la carte du monde catalane de Modène (ca. 1450) localise le paradis terrestre en Afrique, tout près de l'empire chré-

217 K. MILLER (*Die Ebstorfkarte*, p. 8) hésitait entre « directionem » et « dilectionem ».

218 Pour Opicinus de Canistris et ses activités cartographiques, voir J.-G. ARENTZEN, *Imago Mundi Cartographica*, p. 296-318 ; G. ROUX, M. LAHARIE, *Art et folie au Moyen Age. Aventures et énigmes d'Opicinus de Canistris (1296-vers 1351)*, Paris, 1997, p. 133-170.

219 G. ROUX, M. LAHARIE, *op. cit.*, p. 345-346. Les interprétations d'Opicinus sont d'ailleurs parfois fort personnelles, car dans son délire il se prenait pour le Christ ressuscité.

tien du Prêtre Jean[220]. La légende explique que le paradis se trouve au milieu de la ligne équinoxiale et que, par conséquent, le climat y est très favorable :

> Aquesta ragio es paradis teranall loquall es molt delitable loch (...) ysodorus dient que paradis teranall es en mig delaqujnocsiall de quall es molt delitable loch sens comparacio ...nloquall es paradis teranall.

Le *Libro del conosçimiento* mentionne également le paradis terrestre en le situant à proximité du royaume du Prêtre Jean :

> (...) ençima de los montes nunca faze noche njn tinjebra njn faze frio njn callentura sequedat njn vmedat, mas mucho ygoal tenpramjento et todas las cosas asy vegetabiles como anjmalos non se pueden jamas conrronper njn morir (...) Et los griegos dizen a este logar Ortodoxis e los hebraicos le dizen gauaden e los latinos, Paradiso Terrenal[221].

Le message est clair : une région avec un climat tellement favorable ne pourra produire que des chrétiens.

La localisation du paradis en Afrique ne se perpétuera pas sur les cartes du XVIe siècle. Sur les premières cartes à projection on cherche en vain un cadre interprétatif. Ceci n'implique pourtant pas que ces cartes-ci soient de simples instruments techniques et sans signification aucune : la carte du monde (1544) de Sebastian Cabot, par exemple, est accompagnée d'une représentation de l'Annonciation à la Vierge. La cartographie peut donc toujours présenter le monde terrestre comme un monde essentiellement chrétien. Un exemple de la survivance du principe des diagrammes visuels du Moyen Âge est le programme du cycle mural de la « Terza Loggia » au Vatican qui comprend, à côté des cartes, des représentations des saisons, des âges de l'homme, du Jugement dernier, de la Trinité, des évangélistes, des papes, etc[222]. Ainsi le cycle réfère à l'ordonnance que Dieu a imposé à sa création aussi bien qu'à la puissance de l'Église chrétienne dans le monde des mortels.

Rien d'étonnant donc quand, à partir de la fin du XVIe siècle, les cartes du monde se présentent de nouveau dans un cadre interprétatif. Le premier exemple en est la carte du monde (ca. 1605) par Petrus Plancius : sur l'espace entre les deux hémisphères du monde on voit, en haut, une représentation du péché originel et, en bas, une représentation du Jugement dernier. Sur les quatre coins de la carte se trouvent des représentations des quatre saisons, commençant avec le printemps et finissant avec l'hiver. Les thèmes *principium et finis* que Ruberg avait repérés sur la mappemonde d'Ebstorf sont encore présents sur une carte du monde du XVIIe siècle!

Les autres cartographes du XVIIe siècle ont très vite repris l'exemple de Plancius. Il existe de nombreuses variantes : on introduit des personnifications des continents autour des cartes ou des images des peuples du monde. D'autres cartes insistent encore sur les thèmes *principium*

220 Un exemple plus tardif est un portulan italien anonyme, connu comme « Kunstmann II » (*Munich, Bayerische Staatsbibliothek*, Cod. icon 133, 1502-1506). Sur la localisation du paradis en Afrique, voir aussi F. Relaño, *The shaping of Africa. Cosmographic discourse in late Medieval and early modern Europe*, Aldershot, 2002, p. 54-55 ; *idem*, Paradise in Africa', *Terrae incognitae. Annals of the Society for the History of Discoveries*, t. 36, 2004, p. 1-11.

221 *Libro del conoscimiento*, M. J. Lacarra, M. C. Lacarra Ducay, A. Montaner Frutos (éd), *Libro del conosçimiento de todos los rregnos et tierras et señorios que son por el mundo et de las señales et armas que han*, Zaragoza, 1999, p. 170.

222 Cf. J. Schulz, Maps as metaphors. Mural map cycles of the Italian Renaissance, p. 106-107.

et finis comme, par exemple, la carte du monde (1614) de Claes Janszoon Visscher où l'on voit plusieurs étapes de l'histoire du salut autour de la carte : la création d'Adam, le péché originel, l'arche de Noé, la naissance du Christ, la crucifixion et finalement le Jugement dernier. Visscher a créé une composition plus complexe autour de sa carte du monde de ca. 1617 (pl. 27). Cet encadrement rappelle les diagrammes visuels du Moyen Âge : les deux hémisphères sont encadrés par des représentations des quatre éléments, des douze mois de l'année, des sept œuvres de charité ainsi que de quatre conquérants du monde (« Ninus », « Cyrus maior », « Alexander magnus », « C. Iulius Cæsar »). Un autre exemple est la carte du monde (ca. 1611) de Jodocus Hondius où l'encadrement combine des représentations du péché originel, du Jugement dernier ainsi que des trois fils de Noé[223]. Ces références très explicites au *principium et finis* du monde terrestre paraîtront jusqu'à la fin du XVIIe siècle dans la cartographie.

Pour encadrer ses cartes du monde de 1619 et de 1646 Willem Jansz. Blaeu (pl. 25) combinait des représentations des quatre saisons et des quatre éléments[224]. Ici les saisons et les éléments sont arrangés selon un programme intellectuel qui diffère pourtant légèrement du système des diagrammes exégétiques du Moyen Âge. Le printemps s'associe au feu, l'été à l'air, l'automne à l'eau et l'hiver à la terre. En haut de la carte se trouvent les éléments légers : le feu et l'air ; en bas les éléments lourds : l'eau et la terre. Les saisons font également allusion au passage du temps : l'année commence avec le printemps et finit avec l'hiver. L'encadrement de ces cartes du XVIIe siècle n'a pas de conséquences pour les connotations des régions qui se trouvent sur la carte à côté d'eux. C'est-à-dire, contrairement aux cartes circulaires du XIIIe siècle, les régions ne partagent pas les *qualitates* des éléments ou des saisons de l'encadrement.

De nombreux textes cosmographiques du début du XVIIe siècle soulignent toujours que c'est Dieu le Créateur qui a eu soin de la disposition des quatre éléments du macrocosme[225]. La combinaison de la cartographie avec le concept du macrocosme indique que l'idée que le monde terrestre reflète ce macrocosme était toujours vivante. Les mêmes théories sur le microcosme et le macrocosme gouvernaient les principes d'ordonnance des collections scientifiques de cette époque. Ci-dessus j'ai déjà remarqué qu'au XVIe et XVIIe siècle la cartographie fonctionnait dans certains cas dans le contexte des *Kunst- und Wunderkammern*. Cette combinaison est bien logique : premièrement la cartographie avec les connotations du macrocosme s'insère facilement dans le canevas des collections scientifiques qui, elles aussi, étaient conçues selon les mêmes principes cosmologiques. Deuxièmement, les collections visent à représenter la Création entière de même que les cartes du monde, qui résument en une seule image la Création sublunaire.

Qui plus est, la cartographie s'alliait logiquement aux autres instruments scientifiques et astronomiques qui se conservaient ensemble avec les coquilles et les cornes d'unicorne dans les *Kunst- und Wunderkammern*. Martin Kemp a fait remarquer qu'un grand nombre de ces ins-

[223] J.-G. ARENTZEN (*Imago Mundi Cartographica*, p. 121) mentionne une édition postérieure : la carte du monde de Jodocus Hondius rééditée par Nicolaas Visscher en 1669.

[224] Pour ces représentations et leurs exemples iconographiques voir G. I. Smit, Kunst op de kaart, in *De wereld volgens Blaeu. Blaeu's wereldkaart op groot formaat uit 1646*, 1986, p. 39-46. Sur les représentations des quatre saisons autour des cartes du XVIIe siècle, voir aussi J.-G. ARENTZEN, *op. cit.*, p. 154.

[225] Par exemple, le texte autour de la carte de 1646 de Blaeu (cf. C. L. HEESAKKERS, *Vertaling en gedeeltelijke reconstructie van de Latijnse teksten op de wereldkaart, die Joan Blaeu in 1646 heeft uitgegeven*, s.l., 1986).

truments n'étaient pas adéquats pour de véritables observations[226]. Ces instruments scientifiques (parmi lesquels je compte les cartes, les atlas et les globes) servaient plutôt à susciter la curiosité ; c'étaient des « ornements intellectuels », destinés à augmenter le prestige intellectuel du propriétaire.

Aux XVIe et XVIIe siècles on ne percevait donc pas du tout de contradiction entre, d'un côté, les activités herméneutiques sur la base de la cartographie discutées ci-dessus, et, de l'autre côté, le caractère de plus en plus mathématique de la cartographie de cette époque. Qui plus est, la mathématique n'était pas seulement considérée comme un langage neutre et objectif, mais aussi comme la langue dans laquelle Dieu avait écrit le livre de la nature[227]. Dessiner le monde terrestre en termes mathématiques était donc révéler la perfection de Dieu lui-même. La précision croissante des cartes servait au même objectif : les cartographes et leur public ne désiraient pas seulement avoir une description exacte de la réalité ; la représentation minutieuse de la nature (par exemple des gravures de plantes et d'insectes[228] ou des cartes) était également considérée comme un reflet de Dieu le Créateur[229].

[226] M. Kemp, « Intellectual ornaments ». Style, function and society in some instruments of art, in J. H. Pittock, A. Wear (éd.), *Interpretation and cultural history*, Houndmills-Londres, 1991, p. 139-142.

[227] Même Galileo Galilei était de cette opinion. Cf. E. Garin, La nuova scienza e il simbolo del « libro », p. 455, 457, 462 ; W. R. Shea, Galileo and the Church, in D. C. Lindberg, R. L. Numbers (éd.), *God and nature. Historical essays on the encounter between Christianity and science*, Berkeley-Los Angeles-Londres, 1986, p. 114-135, p. 123, 126-127 ; P. O. Kristeller, *Renaissance thought. The classic, scholastic, and humanist strains*, New York, 1961, p. 66-69 ; A. G. Debus, *Man and nature in the Renaissance*, Cambridge, 1978, p. 11-15 ; A. Funkenstein, *Theology and the scientific imagination from the Middle Ages to the seventeenth century*, Princeton, 1986, p. 29 ; C. Bousquet-Bressolier, L'œil du cartographe ou réflexions sur un monde vu de près, in C. Bousquet-Bressolier, *L'oeil du cartographe et la représentation cartographique du Moyen Age à nos jours*, Paris, 1995, p. 8 ; S. Shapin, *The Sientific Revolution*, Chicago, 1996, p. 59-60, 105-106, 142-155.

[228] Voir, par exemple, les gravures de Jacob Hoefnagel (*Archetypa*, 1592) qui portent des inscriptions moralisatrices comme : « Ne humanis rationibus diuina opera curiosius excutiamus sed ex operibus manuducti admiremur artificem. » Reproduites dans Th. DaCosta Kaufmann, *The mastery of nature. Aspects of art, science and humanism in the Renaissance*, p. 186-187.

[229] Cf. J. Bialostocki, The Renaissance concept of nature and Antiquity, in J. Bialostocki, *The message of images. Studies in the history of art*, Vienne, 1988, p. 64-68.

CONCLUSION

Cette étude s'est centrée sur la cartographie du « Moyen Âge long », qui s'étend du XIIIe siècle à la fin du XVIe siècle. A première vue, cette approche semble impossible, car normalement l'historiographie de la cartographie voit une transition bien distincte entre le Moyen Âge et la Renaissance. C'est ainsi que la critique moderne a tendance à considérer les *mappae mundi* du Moyen Âge comme les produits défectueux d'un âge superstitieux et arriéré, tandis que les innovations techniques de la cartographie de la Renaissance annonceraient l'aube de l'époque moderne. Cette approche n'est pas tout à fait correcte, puisque la rupture avec les pratiques médiévales qu'on a souvent vu se produire au début de la Renaissance côtoie la persistance de la tradition médiévale. Ces deux tendances sont loin d'être contradictoires. Au contraire, des explications monocausales ne font certainement pas droit à la complexité des événements historiques. L'altérité du langage cartographique médiéval par rapport aux conventions cartographiques modernes est souvent à la base de ces jugements négatifs sur les mappemondes médiévales. Toujours est-il que les découvertes de la Renaissance n'ont pas marqué la fin des traditions médiévales dont des traces peuvent être suivies jusqu'au XVIIe siècle. Cette continuité se laisse surtout poursuivre pour certains aspects de la cartographie ancienne, à savoir : le rapport entre texte et image, la survivance des *mirabilia* et les aspects herméneutiques.

Le rapport particulier entre texte et image de la cartographie ancienne se reflète déjà dans le terme *mappa mundi* qui peut référer non seulement à une carte visuelle, mais aussi à une description textuelle du monde. Ces *descriptiones orbis* médiévales ne se basent presque jamais sur l'observation empirique de la réalité, mais avant tout sur les textes des Anciens (les *auctores*) dont la fiabilité était généralement reconnue. C'est surtout aux XIIIe et XIVe siècles que des descriptions du monde figurent dans des ouvrages de compilation plus vastes, où la place de la *descriptio orbis* dans l'ordonnance conceptuelle de la compilation peut occasionner des significations connotatives. L'apparition vers la fin du XIIIe siècle des premiers récits de voyages par des voyageurs comme Guillaume de Rubrouck et Marco Polo ne fait pas tourner les *descriptiones orbis* vers l'empirisme : les auteurs continuent à reproduire les textes des *auctores*. La description du monde comme genre textuel se perpétuera aux XVe et XVIe siècles, surtout sous forme de cosmographies. Ni la découverte du Nouveau Monde, ni l'humanisme ne mettront cependant fin à la pratique de reproduire des textes des *auctores*. Avec l'avènement de l'humanisme ces *auctores* sont surtout des auteurs classiques, mais des modèles médiévaux entrent toujours en jeu.

L'examen du contexte codicologique des mappemondes a révélé que les mappemondes visuelles et les *descriptiones orbis* du Moyen Âge ne sont jamais identiques. Les deux modes d'expression ne sont pas redondants, mais se complètent l'un l'autre, chacun selon ses capacités et ses limitations. Les mappemondes ne remplacent pas le texte, mais elles peuvent être lues comme des textes. Cette hypothèse est confirmée par les métacommentaires médiévaux sur la nécessité de la combinaison de texte et d'image cartographique. Nous avons affaire ici à une interaction bien particulière entre texte et image : tout en ayant recours à la technique rhétorique de la *descriptio*, les *descriptiones orbis* évoquent dans l'esprit du lecteur une image du monde. Les mappemondes fournissent la trame visuelle dans laquelle le lecteur pourra positionner le contenu de la *descriptio*. Le texte à son tour, fournira des explications plus élaborées pour lesquelles il n'y a pas assez de place sur la carte. L'activité intellectuelle qui consiste à combiner les informations fournies par texte et image cartographique occasionnerait ainsi, chez un destinataire cultivé, des interprétations spirituelles.

Les *mappae mundi* médiévales, sous forme de texte et d'image, figurent souvent dans le contexte d'une chronique universelle ou d'un ouvrage encyclopédique. Les théories selon lesquelles les mappemondes visuelles remplaceraient ce genre de texte ne sont pourtant pas recevables. Il s'est avéré que la cartographie a un rapport particulier avec des textes décrivant l'histoire universelle ou avec des ouvrages encyclopédiques : c'est que ce genre de textes et les *mappae mundi* sont des compilations visant à représenter la Création divine.

Il est surprenant de constater que, malgré les innovations techniques qui ont marqué la cartographie des XVe et XVIe siècles, l'union de texte et image cartographique devient de plus en plus explicite : de nombreuses cartes du monde sont encadrées par des descriptions textuelles. Cette époque a également donné naissance à l'atlas où texte et image cartographiques sont étroitement réunis dans un seul ouvrage.

La combinaison texte et image est également présente sur les cartes elles-mêmes. Tout produit cartographique est de caractère multimédia, car il mêle des éléments visuels à des éléments textuels. Les textes et images sur les *mappae mundi* traduisent souvent des *mirabilia* du légendaire médiéval. Ici encore il n'y a pas de rupture immédiate : de nombreuses légendes médiévales survivent sur les cartes du monde du XVIe siècle, parfois même sur celles du début du XVIIe siècle. Des exemples illustratifs sont l'oiseau *ruc* qui soulève des bœufs ou des éléphants dans l'air, le peuple acéphale qu'on appelle les *Blemmyae* et le Prêtre Jean. La présence d'Alexandre le Grand n'est plus perceptible après le XVe siècle. Cependant, les peuples apocalyptiques Gog et Magog qu'Alexandre aurait enfermés derrière les portes Caspiennes seront encore localisés sur des cartes du monde jusqu'au début du XVIIe siècle.

De nombreux *mirabilia* cartographiques ont leurs racines dans des textes de l'Antiquité, surtout dans la *Naturalis historia* de Pline l'Ancien. Ces légendes ne doivent pourtant pas être lues dans le contexte de la société antique, mais dans le contexte de la culture médiévale et celle de la Renaissance. En effet, des comparaisons textuelles et iconographiques ont montré que les cartographes médiévaux ont puisé leurs exemples dans la culture visuelle et textuelle de leur propre époque. C'est ainsi que la fonction et la signification de ces *mirabilia* ne deviennent intelligibles que par rapport au contexte textuel et visuel immédiat. Or, dans ce contexte les *mirabilia* sont interprétés comme des œuvres où Dieu manifeste sa toute-puissance. Au Moyen Âge ce sont surtout des textes comme les bestiaires et les encyclopédies moralisées qui donnent explicitement des connotations spirituelles de la nature. Cette tradition se laisse poursuivre dans les livres d'emblèmes de la Renaissance et même dans des études de l'histoire naturelle où l'on n'avait toujours pas abandonné l'interprétation spirituelle de la nature. La fonction d'Alexandre le Grand et du Prêtre Jean se laisse surtout expliquer par rapport aux expectatives eschatologiques du Moyen Âge et de la Renaissance. Alexandre représente l'avant-dernier royaume universel : de ce fait il est un précurseur de l' « Endkaiser ». Les peuples Gog et Magog qu'il aurait enfermés, aideront l'Antéchrist à conquérir le monde entier avant le Jugement dernier. La présence du Prêtre Jean dans la cartographie se comprend en premier lieu par rapport à sa lettre où il exprime son vœu de visiter le saint sépulcre à Jérusalem. Pour un récipient médiéval ce vœu rappellera immédiatement certaines prophéties où il est annoncé que l' « Endkaiser » visitera la ville de Jérusalem et déposera sa couronne sur le Saint Sépulcre. Au fond, Alexandre le Grand et le Prêtre Jean sont tous les deux des personnages qui ont (eu) l'intention de conquérir le monde entier, tout comme l' « Endkaiser ». Les prophéties apocalyptiques ont également annoncé que pour que le Jugement dernier puisse avoir lieu, le monde entier devra être converti à la foi chrétienne. Cette idée d'une conversion de tous les peuples est également à la base de la représentation du Prêtre Jean sur les cartes des XVIe et XVIIe siècles, où les cartographes ne s'occupent plus de la puissance du Prêtre, mais insistent surtout sur sa qualité de chrétien.

La cartographie du Moyen Âge n'était pas uniquement destinée à l'usage pratique : les mappemondes comme celles d'Ebstorf et de Hereford ainsi que les *descriptiones orbis* offraient la possibilité de méditations spirituelles sur la terre et ses habitants. Les *mappae mundi* s'interprètent ainsi comme des représentations de la Création entière. Selon la théologie médiévale la Création réfère à son Créateur. On n'a qu'à penser ici à Vincent de Beauvais qui souligne que la Création réfère au Créateur par l'étendue de l'espace, par la variété des créatures et par la durée des temps. De la même façon, les cartes représentent l'espace de la Création, elles donnent des images des créatures les plus diverses et, finalement elles font allusion au début et à la fin des temps. Par conséquent, l'étude de la Création représentée sur les mappemondes pourra donner au croyant une intelligence plus approfondie des intentions du Créateur. Certains éléments géographiques peuvent être interprétés suivant les quatre sens de l'exégèse de la Bible, d'autres, par contre, s'interprètent seulement « in bono et in malo ». L'interprétation herméneutique de la nature n'est pas toujours explicitée sur les mappemondes elles-mêmes, mais les études de la nature et du monde datant de la même époque indiquent que le contenu des mappemondes était généralement vu comme un texte cachant des significations plus profondes. La structure visuelle des mappemondes comme celles de Hereford et d'Ebstorf, finalement, indique que les mappemondes elles-mêmes peuvent engendrer également des connotations spirituelles.

Quant à la signification spirituelle de la cartographie des siècles suivants, malgré le fait que les cartes du monde du XIVe au XVIe siècles se baseront progressivement sur des données empiriques, elles ne sont pourtant pas des documents neutres. Il y a trois arguments à avancer ici : premièrement, la cartographie se présente jusqu'au XVIIe siècle dans un contexte manifestement chrétien ; deuxièmement, l'interprétation de la nature comme un reflet du Créateur se perpétuera jusqu'au XVIIIe siècle et la cartographie ne l'ignore pas ; et troisièmement, l'encadrement des cartes du monde rattache la cartographie aux notions de « principium et finis » ainsi qu'aux théories sur le microcosme et le macrocosme. La cartographie ne diffère donc pas vraiment des autres sciences du XVIe siècle et de la première moitié du XVIIe siècle : l'étude du monde est toujours légitimée comme une activité censée donner à l'homme une connaissance plus approfondie du Créateur.

APPENDICE I

Jean Mansel, *La fleur des histoires*,Bruxelles, Bibliothèque royale Albert Ier, M. 9260 (xve siècle), f. 11r.

Nomenclature de la mappemonde:

Dans l'océan :

- *Celostugeria* (?)
- *Hic sunt dragones* (avec l'image d'un dragon)
- *Briousz* (?)
- *Tamaria*
- *Gorgatd* (monstre marin)
- *Alphana terra*
- *Illa arcana*
- *Serpentes* (avec l'image d'un reptile)
- *Golganatas terra*
- *Lapides preciosa* (l'île et une partie de la terre ferme sont couvertes de taches en or)
- *Pagassus* (monstre marin)
- *Illa rubunia*
- *Luphanes* (avec l'image d'un monstre marin)
- *Habundans terra*
- *Pisces* (avec l'image d'un poisson)
- *Illa deserta* (avec l'image d'un humain portant une couronne)

Sur la terre ferme :

- *Paradisus in qua fuit Allexandris* (avec l'image du paradis terrestre emmuré, avec Adam, Ève et le serpent)
- L'image des arbres du soleil et de la lune
- *Babilornie* (avec l'image d'une grande tour)
- *Le roge mer*
- *Ierusalem*
- *Calvaire*
- L'image d'un homme acéphale (sans nom)
- L'image d'un homme nu (sans nom)
- *Le fleuve Jourdan*
- *Rome*
- De nombreuses vignettes indiquant des villes importantes

APPENDICE II

Schéma I
Systèmes de catégorisation des mappemondes médiévales

Simar (1912)	A Romaine	B Grecque	AB Combinaison	
Andrews (1926)	I Œcuménique - tripartite - simple	III Hémisphérique - océanique - climats	II Intermédiaire	
Uhden (1931)	I Romaine	II Cratès	III Combinaison	
Destombes (1964)	A Œcuménique schématique	C Grecque	B Continent austral	D Œcuménique géographique
Arentzen (1984)	*Ökumenekarten*	*Weltkarten*		
Woodward (1987)	Tripartite - Schématique - Non schématique	À zones	Quadripartite	(Transitoire XIVe-XVe)
Simek (1988/1990)	Œcuménique	Hémisphérique	Intermédiaire	
Edson (1998)	T-O	À zones		Détaillée

Schéma II
Les connotations des quatre points cardinaux.

	Vent	Terre	Nature	Temps du jour
Oriens	tempéré	fertile[1]	exubérante	l'aube[2] (Genèse)
Auster	chaud et humide[3]	aride/ardente[4]	dangereuse	midi[5] (soleil)
Occidens	tempéré[6]	fertile	inoffensive	coucher du soleil
Septentrio[7]	glacial et sec[8]	aride/glaciale[9]	dangereuse	nuit (« septem stellae »)/Antéchrist[10]

[1] Ebstorf (sur l'Inde) : « Terram habet tante ubertatis, ut in aliquo loco bis in anno fructus afferat. Duas habet estates et totidem hyemes. »

[2] Ebstorf : « Ventus Oriens idem quod Subsolanus eo quod sub ortu solis oritur. »

[3] Hereford : « callidus et humidus ». Ebstorf donne une connotation négative : « Auster ab hauriendo dictus eo quod crassitudine corrumpit aerem ; (..). »

[4] Ebstorf : « Syrtes maiores. Hec terra est arenosa et hominibus inhabitabilis propter immanes serpentes et nimiis solis ard(oribus). »

[5] Ebstorf : « Auster (...) qui etiam Meridies dicitur. »

[6] Ebstorf : « Favonius latine, grace Zephirus, quod eius flatu flores et germina vivificentur. » Hereford : « Favonius dictus est eo quod germina foveat et ad maturitatem perducat. Hic (et Zephirus) rigorem hiemis relaxat, flores producit. »

[7] Des remarques intéressantes sur le déplacement du vent *septentrio* vers l'est où se localisent Gog et Magog sur la mappemonde d'Ebstorf dans : J.- G. Arentzen, *Imago Mundi Cartographica*, p. 161-162.

[8] Ebstorf : « gelidus et siccus ». Hereford : « frigidus et siccus ».

[9] Ebstorf (sur « Albania superior ») : « deserta multa » ; Hereford : « Hec regio Apterophon dicitur : eternis frigoribus dampnata (…) » ; (sur les inclusi) : « Frigus intollerabile » ; et aussi : « Hic post nives longa deserta. »

[10] Hereford : « Septemtrio a septem stellis nomen accepit ». Hereford (sur les *inclusi*) : « nam tempore Antichristi erupturi et omni mundo persecucionem illaturi. » Ebstorf : « Hic inclusit Alexander duas gentes immundas Gog et Magog, quas comites habebit Antichristus. »

SOURCES ET BIBLIOGRAPHIE

P.L. = J.-P. Migne, *Patrologia cursus completus. Series latina*, Paris, 1844-1855, 1862-1965.

SOURCES

Abraham Ortelius

Skelton, R. A., *Abraham Ortelius. Theatrum orbis terrarum. Anvers, Van Diest, 1570*, reprod. Amsterdam, 1964.

—, *Le miroir du monde ou epitome du theatre d'Abraham Ortelius. Amsterdam, Zacharie Heyns, 1598*, reprod. Weesp, 1994.

Alanus de Insulis

Migne, J.-P. (éd.), *Omnis mundi creatura...*, in *P.L.*, t. 210, col. 579 A.

Albertus Magnus

Hossfeld, P. (éd.), *Albertus Magnus, De natura loci (ad fidem autographi)*, Munster, 1980 (*Alberti Magni Opera Omnia, Tomus V, Pars II*).

Alexandre Neckam

Wright, Th. (éd.), *Alexandri Neckam. De naturis rerum libri duo ; De laudibus divinae sapientiae*, reprod. Nendeln, 1967.

Alexandre de Paris

Armstrong, E. C., Buffum, D. L., Edwards, B., Lowe, L. F. H. (éd.), *The medieval French Roman d'Alexandre*, t. 2: *Version of Alexandre de Paris*, reprod. New York, 1965.

André Thevet

Cosmographie universelle, Paris, 1575.

Andreas Walsperger

Weltkarte des Andreas Walsperger. Faksimile-Ausgabe mit erl., Zürich, 1981.

Anonyme

Pfister, F. (éd.), *Kleine Texte zum Alexanderroman (Commonitorium Palladii, Briefwechsel zwischen Alexander und Dindimus, Brief Alexanders über die Wunder Indiens), nach der Bamberger Handschrift*, Heidelberg, 1910.

Geyer, P., Glorie, Fr. (éd.), *Itineraria et alia geographica*, Turnhout, 1965 (Corpus Christianorum, Series Latina, t. 175).

Anonymus Leidensis

Quadri, R. (éd.), *Anonymi Leidensis De situ orbis libro duo*, Padoue, 1974.

Antonio Millo

Zögner, L., *Der Weltatlas des Antonio Millo von 1586. Faksimilie-Ausgabe der handschrhift 2° Ms. Ham. 446 der Staatsbibliothek Preußischer Kulturbesitz Berlin*, Süssen-Weinheim, 1988.

Archipresbyter Leo

Pfister, F. (éd.), *Der Alexanderroman des Archipresbyters Leo*, Heidelberg, 1913.

Bartholomaeus Anglicus

Bartholomaei Anglici de genuinis rerum coelestium, terrestrium et inferarum Proprietatibus, Libri XVIII. Opus incomparabile, Theologis, Iureconsultis, Medicis, omniumque disciplinarum et artium alumnis, utilissimum futurum. Cui accessit liber XIX. de variarum rerum accidentibus... Procurante D. Georgio Bartholdo Pontano a Braitenberg, Frankfurt, Wolfgang Richter 1601, reprod. Frankfurt a.M., 1964.

Baudri de Bourgueil

Tilliette, J.-Y. (éd.), *Poèmes de Baudri de Bourgueil. Carmina*, t. 2, Paris, 2002.

Beatus de Liébana

Sanders, H. A. (éd.), *Commentario in Apocalipsin*, in *Beati in apocalipsin libri duodecim. Companion Volume to the Facsimile Edition of the codex gerundensis*, Madrid, 1975, p. 243-903.

Benoit de Sainte-Maure

Constans, L. (éd.), *Le Roman de Troie par Benoît de Sainte-Maure*, Paris, 1904-1912.

Fahlin, C. (éd.), *Chronique des ducs de Normandie par Benoît. Publiée d'après le manuscrit de Tours avec les variantes du ma-*

nuscrit de Londres (t. 1), Uppsala-Wiesbaden-La Haye-Genève, 1951.

Bernardus Silvestris

Dronke, P. (éd.), *Bernardus Silvestris, Cosmographia*, Leyde, 1978.

Boccace (Giovanni Boccaccio)

Pastore Stocchi, M. (éd.), *De montibus, silvis, fontibus, lacubus, fluminibus, stagnis seu paludibus et nominibus maris*, in V. Branca (dir.), *Tutte le opere di Giovanni Boccaccio*, Verone-Milan, 1964-1998, t. 8-9, p. 1817-2122.

Pasini, G. F. (éd.), *Dizionario geografico. De montibus, silvis, fontibus, lacubus, fluminibus, stagnis seu paludibus et de nominibus maris*, Turin, 1978.

Brunetto Latini

Carmody, F. J. (éd.), *Li livres dou tresor de Brunetto Latini*, Berkeley-Los Angeles, 1948.

Bolton Holloway, J. (éd. / trad.), *Brunetto Latini, Il Tesoretto (The little treasure)*, New York-Londres, 1981.

Baldwin, S., Barrette, P. (éd.), *Li livres dou tresor by Brunetto Latini*, Tempe, 2003.

Cassiodorus

Mynors, R. A. B. (éd.), *Cassiodorus, Institutiones divinarum et saecularium litterarum*, Oxford, 1961.

Chrétien de Troyes

Busby, K. (éd.), *Chrétien de Troyes, Le Roman de Perceval ou Le Conte du Graal. Édition critique d'après tous les manuscrits*, Tübingen, 1993.

Méla, C., Collet, O. (éd.), *Chrétien de Troyes, Cligès. Édition critique du manuscrit B.N. fr. 12560*, Paris, 1994.

Compasso da navigare

Motzo, B. R. (éd.), *Il Compasso da navigare, opera italiana della metà del secolo* XIII, Cagliari, 1947.

Cosmographia Æthici

Prinz, O. (éd.), *Die Kosmographie des Aethicus*, Munich, 1993.

Dicuil

Tierney, J. J. (éd.), *Dicuili Liber de mensura orbis terrae*, Dublin, 1967.

Domenico Silvestri

Pecoraro, C. (éd.), *Domenico Silvestri De insulis et earum proprietatibus*, Palerme, 1955.

Epistola Alexandri ad Aristotelem

Boer, W. W. (éd.), *Epistola Alexandri ad Aristotelem ad codicum fidem edidit et commentario critico instruxit*, Meisenheim am Glan, 1973.

Desiderius Erasmus

Dirkzwager, A., Nielson, A. C. (trad.), *Moriae encomium id est stultitiae laus / Moriae encomium dat is de lof der zotheid*, Rotterdam, 1986.

Eucherius Lugdunensis

Wotke, C. (éd.), *Sancti Eucherii Lugdunensis Formulae spiritalis intellegentiae*, Vienne, 1894.

Eumenius

Lassandro, D. (éd.), *Eumenii pro instavrandus scholis oratio*, in *XII Panegyrici Latini*, Turin, 1993, p. 297-313.

Expositio mappe mundi

Gautier Dalché, P. (éd.), Décrire le monde et situer les lieux au XIIe siècle. L'*Expositio mappe mundi* et la généalogie de la mappemonde de Hereford, in *Mélanges de l'École française de Rome – Moyen Âge*, t. 113, 2001, p. 343-409.

Farasmanes

Lecouteux, C. (éd.), *De rebus in oriente mirabilibus (Lettre de Farasmanes). Édition synoptique accompagnée d'une introduction et de notes*, Meisenheim am Glan, 1979.

Fazio Degli Uberti

Corsi, G. (éd.), *Fazio degli Uberti, Il dittamonde e le rime*, Bari, 1952.

François de Belleforest

Cosmographie universelle, Paris, 1575.

François Rabelais

Céard, J., Defaux, G., Simonin, M. (éd.), *François Rabelais, Les cinq livres (Gargantua, Pantagruel, Le tiers livre, Le quart livre, Le cinquième livre)*, Paris, 1994.

Gautier de Châtillion

Colker, M. L. (éd.), *Galteri de Castellione Alexandreis*, Padoue, 1978.

Geographi Latini Minores

Riese, A. (éd.), *Geographi Latini minores*, reprod. Hildesheim, 1964.

Gerard de Jode

Skelton, R. A., *Gerard de Jode, Speculum orbis terrarum. Anvers, 1578*, Amsterdam, 1965.

Gerard Mercator

Atlas sive cosmographicae meditationes de fabrica mundi et fabricati figura. Dusbourg, 1595, reprod. numérisée Oakland CA, 2000.

Atlas sive cosmographicae meditationes de fabrica mundi et fabricati figura. Dusbourg, 1595, reprod. Zürich-Stuttgart-Vienne, 1985.

Atlas sive cosmographicae meditationes de fabrica mundi et fabricati figura. Dusbourg, 1595, reprod. Bruxelles, 1963.

Chronologia hoc est temporum demonstratio exactissima ab initio mundi usque ad annum domini M.D.LXVIII, Cologne, 1569.

Krücken, W., J. Milz (éd.), *Gerard Mercator, Weltkarte ad usum navigantium, Duisburg 1596. Verkleinert repoduziert nach dem Originaldruck der Universitätsbibliothek zu Basel*, Dusbourg, 1994.

Gervais de Tilbury

Banks, S. E.,Binns, J. W. (éd. / trad.), *Gervase of Tilbury, Otia imperalia. Recreation for an Emperor*, Oxford, 2002.

Giacomo Gastaldi

La universale descrittione del mondo, descritta da Giacomo de' Castaldi Piamontese, Venise, 1561.

Gilles le Bouvier

Hamy, E. T. (éd.), *Gilles le Bouvier « Le livre de la description des pays ». Publié pour la première fois avec une introduction et des notes et suivi de l'Itinéraire de Bruges, de la Table de Velletri et de plusieurs autres documents géographiques inédits ou mal connus du* XV*e* *siècle*, Paris, 1908.

Giovanni Battista Ramusio

Milanesi, M. (éd.), *Giovanni Battista Ramusio, Navigazioni e viaggi*, Turin, 1978-1988.

Giovanni Leardo

Berchet, G., *Il planisfero di Giovanni Leardo dell'anno 1452, facsimile nella grandezza dell'originale*, Venezia, 1880.

Gossouin de Metz

Prior, O. H. (éd.), *L'image du monde de Maître Gossouin. Rédaction en prose. Texte du manuscrit de la Bibliothèque nationale, Fonds Français N° 574*, Lausanne, 1913.

Gregor Reisch

Margarita philosophica noua, Strasbourg, 1508.

Guillaume de Nangis

Naudet, J., Daunou, P. (éd.), *Guillaume de Nangis, Gesta sanctae memoriae Ludovici*, in *Recueil des historiens des Gaules et de la France*, t. XX, Paris, 1840, p. 309-465.

Guillaume Postel

Les merveilles du monde, & principalement des admirables choses des Indes, & du nouveau monde, Paris, 1553.

Guillaume de Rubrouck

Wyngaert, A. van den (éd.), *Itineraria et relationes fratrum minorum saeculi* XIII *et* XIV, Florence, 1929, p. 147-332.

Hartmann Schedel

Liber chronicarum, Nuremberg, 1493.

Weltchronik. Kolorierte Gesamtausgabe von 1493, Cologne, 2001.

Herrade de Hohenbourg

Green, R. (et al.) (éd.), *Herrad of Hohenbourg Hortus deliciarum*, Londres-Leyde, 1979.

Honorius Augustodunensis

Finzi, V. (éd.), Di un inedito volgarizzamento del l' « Imago Mundi » di Onorio d'Autun, in *Zeitschrift für Romanische Philologie*, t. 17, 1893, p. 490-543; t. 18, 1894, p. 1-73.

Flint, V. I. J. (éd.), Honorius Augustodunensis Imago Mundi, in *Archives d'histoire doctrinale et littéraire du Moyen Âge*, t. 57, 1982, p. 7-153.

Horace

Färber, H., Schöne, W. (éd. / trad.), *Horatius, Sämtliche Werke, lateinisch und deutsch*, Munich, 1967.

Hugues de Saint-Victor

Buttimer, C. H. (éd.), *Hugo de Sancto Victore, Didascalicon de studio legendi*, Washington, 1939.

Baron, R. (éd.), Hugues de Saint-Victor lexicographe. Trois textes inédits, in *Cultura neolatina*, t. 16, 1955, p. 109-145.

Green, W. M. (éd.), Hugo of St. Victor, De tribus maximis circumstantiis gestorum, in *Speculum*, t. 18, 1943, p. 484-493.

Gautier Dalché, P. (éd.), *La « Descriptio mappe mundi » de Hugues de Saint-Victor. Texte*

inédit avec introduction et commentaire, Paris, 1988.
MIGNE, J.-P. (éd.), *Hugo de Santo Victore, De scripturis et scriptoribus sacris*, in *P.L.*, t. 175, col. 9-28.
SICARD, P. (éd.), *Hugonis de Sancto Victore De archa noe, Libellus de formatione arche*, Turnhout, 2001 (Corpus Christianorum, Continuatio Medievalis, t. 176)

ISIDORE DE SÉVILLE
OROZ RETA, J., MARCOS CASQUERO, M.-A. (éd. / trad.), *San Isidoro de Sevilla, Etimologías. Edición bilingüe*, Madrid, 1982.
MIGNE, J.-P. (éd.), *Isidore de Séville, Liber numerorum*, in *P.L.*, t. 83.

JACOB VAN MAERLANT
FRANCK, J. (éd.), *Alexanders Geesten van Jacob van Maerlant*, Groningue, 1882.
GIJSSELING, M. (éd.), *Jacob van Maerlant, Der naturen bloeme*, La Haye, 1981.
PAUW, N. DE, E. GAILLIARD (éd.), *Dit is die Istory van Troyen van Jacob van Maerlant*, Gand, 1889.
VRIES, M. DE, E. VERWIJS (éd.), *Jacob van Maerlant, Spiegel Historiael*, reprod. Utrecht, 1982.

JACQUES DE VITRY
Libri duo, quorum prior orientalis sive hierosolymitanae, alter occidentalis historiae nomine inscribitur, Douai, 1597. Reprod. Farnbourough, 1971.

JEAN DE MANDEVILLE
DELUZ, C. (éd.), *Jean de Mandeville, Le livre des merveilles du monde*, Paris, 2000.

JEAN DU PLAN CARPIN
MENESTÒ, E., LUNGAROTTI, M. C. (éd. / trad.), *Giovanni di Piano di Carpine, Historia Mongalorum / Storia dei Mongoli*, Spoleto, 1989.

JOHANNES BALBUS
Catholicon. Mainz, 1460, reprod. Westmead, 1971.

JOHANNES SCHÖNER
Luculentissima quaedam terrae totius descriptio, Nuremberg, 1515.

LAMBERT DE SAINT-OMER
DEROLEZ, A. (éd.), *Liber floridus, codex autographus bibliothecae universitatis Gandavensis*, Gand, 1968.

LAURENTIUS FRISIUS
Uslegung der Mercarthen oder Cartha Marina, Strasbourg, 1525.

LEON BATTISTA ALBERTI
GRAYSON, C. (éd. / trad.), *The latin texts of De pictura and De statua*, Londres, 1972.

LETTRE DU PRÊTRE JEAN
ZARNCKE, F. (éd.), Der Brief des Priesters Johannes an den byzantinischen Kaiser Emmanuel, in *Abhandlungen der philologisch-historischen Classe der Königlichen Sächsischen Gesellschaft der Wissenschaften*, t. 7, 1879, p. 872-934.
GOSMAN, M. (éd.), *La Lettre du Prêtre Jean. Les versions en ancien français et en ancien occitan. Textes et commentaires*, Groningue, 1982.

LIBER DE EXISTENCIA RIVERIARUM ET FORMA MARIS NOSTRI MEDITERRANEI
GAUTIER DALCHÉ, P. (éd.), *Carte marine et portulan au XIIe siècle. Le Liber de existencia riveriarum et forma maris nostri Mediterranei*, Rome, 1995.

LIBER MONSTRORUM
PORSIA, F. (éd.), *Liber monstrorum. Introduzione, edizione, versione e commento*, Bari, 1976.

LIBRO DEL CONOSCIMIENTO
LACARRA, M. J., M. C. LACARRA DUCAY, A. MONTANER FRUTOS (éd.), *Libro del conosçimiento de todos los rregnos et tierras et señorios que son por el mundo et de las señales et armas que han*, Zaragoza, 1999.

MARINO SANUDO
J. BONGARS (éd.), *Liber secretorum fidelium crucis. Marinus Sanutus dictus Torsellus, Hanovre, Johannes Aubrius, 1611*, reprod. Jérusalem, 1972.

MARCO POLO
Marco Polo, Itinerarium, Anvers, 1485, reprod. Tokyo, 1949.
RONCHI, G. (éd.), *Marco Polo, Il milione ; Le divisament dou monde*, Milan, 1982.
MÉNARD, PH. (et al.) (éd.), *Marco Polo, Le devisement du monde*, Genève, 2001-

ODORIC DE PORDENONE
WYNGAERT, A. VAN DEN (éd.), *Itineraria et relationes fratrum minorum saeculi XIII et XIV*, Florence, 1929, p. 147-332.

Orose
Arnaud-Lindet, M.-P. (éd. / trad.), *Orose. Histoires (Contre les Païens)*, Paris, 1990.
Bately, J. M. (éd.), *The Old English Orosius*, Londres-New York-Toronto, 1980.
Otton De Freising
Lammers, W. (éd.), *Ottonis Episcopi Frisingensis Chronica sive Historia de duabus civitatibus / Otto Bischof von Freising Chronik oder die Geschichte der Zwei Staaten*, Darmstadt, 1960.
Petite philosophie
Thretewey, W. H. (éd.), *La Petite Philosophie, an Anglo-Norman poem of the XIIIth century*, Oxford, 1939.
Petrus Plancius
Destombes, M., *La mappemonde de Petrus Plancius gravée par Josua van den Ende 1604 d'après l'unique exemplaire de la Bibliothèque nationale de Paris*, Hanoï, 1944.
Perot de Garbelai
Prior, O. H. (éd.), *Perot de Garbelai, Divisiones mundi*, Cambridge, 1924.
Pierre d'Ailly
Buron, E. (éd.), *Ymago mundi de Pierre d'Ailly. Texte latin et traduction française des quatre traités cosmographiques de d'Ailly et des notes marginales de Christophe Colomb*, Paris, 1930.
Piccolomini, Æneas Sylvius
Æneae Sylvius Piccolomini Opera quae extant omnia. Bâle, Ex officina Henric Petrina, 1571, reprod. Frankfurt a.M., 1976.
Pierre de Beauvais
Angremy, A. (éd.), La mappemonde de Pierre de Beauvais, in *Romania*, t. 104, 1983, p. 316-350, 457-498.
Pline l'Ancien
Winkler, G., König, R. (éd. / trad), *C. Plinius secundus d. Ä. Naturkunde lateinisch-deutsch. Bücher III / IV*, Munich-Darmstadt, 1988.
—, *C. Plinius secundus d. Ä. Naturkunde lateinisch-deutsch. Buch VIII Zoologie : Landtiere*, Darmstadt-Munich, 1976.
Pseudo-Hugues de Saint-Victor
Migne, J.-P. (éd.), *De bestiis et aliis rebus*, II, in *P.L.*, t. 177, col. 55-84.
Pseudo-Methodius
Aerts, W. J., G. A. A. Kortekaas (éd.), *Die Apokalypse des Pseudo-Methodius. Die ältesten griechischen und lateinischen Übersetzungen. I. Einleitung, Texte, Indices locorum et nominum*, Louvain, 1998.
Raban Maur
Migne, J.-P. (éd.), *Beati Rabani Mauri De universo*, in *P.L.*, t. III, col. 9-614.
Ranulf Higden
Babington, C., J. Rawson Lumby (éd.), *Polychronicon – Ranulphus Higden (together with the English translation of John Trevisa and of an unknown writer of the fifteenth century)*, reprod. New York, 1964.
Richard de Saint-Victor
Châtillon, J. (éd.), *Richard de Saint-Victor, Liber exceptionum. Texte critique avec introduction, notes et tables*, Paris, 1958.
Roger Bacon
Bridges, J. H. (éd.), *The Opus Majus of Roger Bacon*, reprod. Frankfurt a.M., 1964.
Roman de Thèbes
Raynaud de Lage, G. (éd.), *Le Roman de Thèbes*, Paris, 1968.
Rudolf von Ems
Ehrismann, G. (éd.), *Rudolf von Ems, Weltchronik*, reprod. Frankfurt a.M., 1967.
Sebastian Franck
Weltbuch. Spiegel und bildnisz des gantzen erdbodens, Tübingen, 1534.
Sebastian Münster
Cosmographia. Beschreibung aller Lender, Bâle, 1544.
Oehme, R., *Sebastian Münster, Cosmographei, Bâle, Henricus Petri, 1550*, reprod. Amsterdam, 1968.
Sebastian Cabot
Rossel, H. et A., *La Mappemonde de Sebastian Cabot 1544*, Paris, 1968.
Semeiança del mundo
Bull, W. E., H. F. Williams (éd.), *Semeiança del mundo, a mediaeval description of the world*, Berkeley-Los Angeles, 1959.
Situs orbis terre vel regionum
Gautier Dalché, P. (éd.), *Situs orbis terre uel regionum*. Un traité de géographie indédit du haut Moyen Âge (Paris, B.N. latin 4841), in

Revue d'histoire des textes, t. 12-13, 1982-1983, p. 149-179.

Solin

Mommsen, Th. (éd.), *Gaius Julius Solinus, Collectanea rerum memorabilium*, Berlin, 1895.

Summarium Heinrici

Hildebrandt, R. (éd.), *Summarium Heinrici*, t. 1 : *Textkritische Ausgabe der ersten Fassung (Buch I-X)*, Berlin-New York, 1974.

Hildebrandt, R. (éd.), *Summarium Heinrici*, t. 2 : *Textkritische Ausgabe der zweiten Fassung (Buch I-VI) sowie des Buches XI in Kurz- und Langfassung*, Berlin-New York, 1982.

Wegstein, W. (éd.), *Studien zum Summarium Heinrici – Die Darmstädter Handschrift 6 : Werkentstehung, Textüberlieferung, Edition*, Tübingen, 1985.

Sydrac

Ruhe, E. (éd.), *Sydrac le philosophe. Le livre de la fontaine de toutes sciences*, Wiesbaden, 2000.

Thomas de Cantimpré

Boese, H. (éd.), *Thomas Cantimpratensis, Liber de natura rerum. Editio princeps secundum codices manuscriptos*, Berlin-New York, 1973.

Hilka, A. (éd.), *Eine altfranzösische moralisierende Bearbeitung des Liber de monstruosis hominibus orientis aus Thomas von Cantimpré, De naturis rerum, nach der einzigen Handschrift (Paris, Bibl. nat. fr. 15106)*, Berlin, 1933.

Thomas de Kent

Foster, B. (éd.), *The Anglo-Norman Alexander. Le roman de toute chevalerie by Thomas of Kent*, Londres, 1976-1977.

Tommaso Campanella

Bobbio, N. (éd.), *Tommaso Campanella, La città del sole. Testo italiano e testo latino*, Turin, 1941.

Vincent de Beauvais

Speculum naturale, Douai, 1624 (*Vincentius Bellovacensis, Speculum maior*, t. 1), reprod. Graz 1964-1965.

Speculum historiale, Douai, 1624 (*Vincentius Bellovacensis, Speculum maior*, t. 4), reprod. Graz 1964-1965.

Lusignan, S. (éd.), *Vincent de Beauvais, Libellus totius operis apologeticus*, Montréal, 1979.

Ymagine del mondo

Chiovaro, Fr. (éd.), *L'Ymagine del mondo (Firenze, Bibl. naz., cod. Palat. 703)*, Naples, 1977.

OUVRAGES CONSULTÉS

ABEELE, B. VAN DEN, Bestiaires encyclopédiques moralisés. Quelques succédanés de Thomas de Cantimpré et de Barthélemy l'Anglais, in B. Levy, P. Wackers (éd.), *Reinardus. Yearbook of the International Reynard Society / Annuaire de la Société internationale renardienne*, t. 7, Amsterdam-Philadelphia, 1994, p. 209-228.

ALEXANDER, J. J. G., *Medieval illuminators and their methods of work*, New Haven-Londres, 1992.

ALLEN, J. L., Lands of myth, waters of wonder. The place of the imagination in the history of geographical exploration, in D. Lowenthal, M. J. Bowden (éd.), *Geographers of the mind. Essays in historical geosophy in honor of John Kirtland Wright*, Oxford, 1976, p. 41-61.

ALLMAYER-BECK, P., *Modelle der Welt. Erd- und Himmelsgloben*, Vienne, 1997.

ALMAGIÀ, R., *Il mappamondo di Enrico Martello e alcuni concetti geografici di Christoforo Colombo*, Florence, 1941.

—, *Un prezioso cimelio della cartografia italiana. Il planisfero di Urbano Monti*, Florence, 1941.

—, *Planisferi, carte nautiche e affini dal secolo XIV al secolo XVII esistenti nella Biblioteca apostolica Vaticana*, Rome, 1944.

—, *Le pitture geografiche murali della terza loggia e di altre sale vaticane*, Città del Vaticano, 1955 (*Monumenta cartographica vaticana*, t. 4)

ALPERS, S., *The art of describing. Dutch art in the seventeenth century*, Chicago, 1983.

ALVERNY, M.-T. D', Le cosmos symbolique au XIIe siècle, in *Archives d'histoire doctrinale et littéraire du moyen âge*, t. 28, 1953, p. 31-88.

—, L'homme comme symbole. Le microcosme, in *Simboli e simbologia nell'alto medioevo, 3-9 aprile 1975*, Spoleto, 1976, p. 123-183.

—, Translations and translators, in R. L. Benson (et al.) (éd.) *Renaissance and renewal in the XIIth century*, Cambridge (Mass.), 1982, p. 421-462.

AMELUNG, P., *Der Frühdruck im deutschen Südwesten 1473-1500*, Stuttgart, 1979.

ANDERSON, A. R., *Alexander's gates, Gog and Magog and the enclosed nations*, Cambridge Mass., 1932.

ANDREWS, L., *Story and space in Renaissance art. The rebirth of continuous narrative*, Cambridge, 1995.

ANDREWS, M. C., The study and classification of medieval mappae mundi, in *Archaeologia, or Miscellaneous tracts relating to Antiquity*, t. 75, 1925-26, p. 61-67.

APPÜHN, H., Über Ursprung und Datierung der Ebstorfer Weltkarte, in *Lüneburger Blätter*, t. 14, 1963, p. 30-32.

—, *Einführung in die Ikonographie der mittelalterlichen Kunst in Deutschland*, Darmstadt, 1985.

—, Datierung und Gebrauch der Ebstorfer Weltkarte und ihre Beziehungen zu den Nachbarklöstern Lüne und Wienhausen, in H. Kugler, E. Michael (éd.), *Ein Weltbild vor Columbus. Die Ebstorfer Weltkarte. Interdisziplinäres Colloquium 1988*, Lüneburg, 1991, p. 245-259.

ARENTZEN, J.-G., *Imago Mundi Cartographica. Studien zur Bildlichkeit mittelalterlicher Welt- und Ökomenekarten unter besonderer Berücksichtigung des Zusammenwirkens von Text und Bild*, Munich, 1984.

ASHWORTH JR., W. B., The persistent beast. Recurring images in early zoological illustration, in *The natural sciences and the arts. Aspects of interaction from the Renaissance to the 20th Century. An international symposium*, Uppsala, 1985, p. 46-66.

—, Natural history and the emblematic world view, in D. C. Lindberg, R. S. Westman (éd.), *Reappraisals of the Scientific Revolution*, Cambridge, 1990, p. 303-333.

—, Emblematic natural history of the Renaissance, in N. Jardine, S. A. Secord, E. C. Spary (éd.), *Cultures of Natural History*, Cambridge, 1996, p. 17-37.

ASTENGO, C., Der genuesische Kartograph Vesconte Maggiolo und sein Werk, in *Cartographica Helvetica*, t. 13, 1996, p. 9-17.

—, *Elenco preliminare di carte e atlanti nautici manoscritto eseguiti nell'area mediterranea nel periodo 1500-1700 e conservati presso enti pubblici*, Gênes, 1996.

Atkinson, G., *La littérature géographique française de la Renaissance. Répertoire bibliographique*, Paris, 1927.

Aujac, G., Continuità delle teorie tolemaiche nel Medioevo e nel Rinascimento, in G. Cavallo (éd.), *Cristoforo Colombo e l'apertura degli spazi. Mostra storico-cartografica*, Rome, 1992, t. 1, p. 35-64.

—, *La sphère, instrument au service de la découverte du monde. D'Autolycos de Pitanè à Jean de Sacrobosco*, Orléans, 1993.

—, *Claude Ptolémée, astronome, astrologue, géographe. Connaissances et représentations du monde habité*, Paris, 1993.

Babcock, W. H., *Legendary islands of the Atlantic*, New York, 1975.

Baert, B., *A heritage of holy wood. The legend of the true cross in text and image*, Leyde, 2004.

Babicz, J., Nobis, H. M., Die Entdeckung der Natur in der geographischen Literatur und Kartographie an der Wende vom Mittelalter zur Renaissance, in A. Zimmermann (et al.) (éd.), *Mensch und Natur im Mittelalter*, Berlin, 1992, p. 939-951.

Bagrow, L., Old inventories of maps, in *Imago mundi*, t. 5, 1948, p. 18-20.

Bagrow, L., Skelton, R. A., *History of cartography*, 1985 (trad. et rééd. élargie de L. Bagrow, *Die Geschichte der Kartographie*, Berlin, 1951)

Bailey, M., The *mappa mundi* triptych. The full story of the Hereford Cathedral panels, in *Apollo*, t. 137, 1993, p. 374-378.

Bakhtine, M. M., Formes du temps et du chronotope dans le roman, in M. Bakhtine, *Esthétique et théorie du roman*, Paris, 1978.

Bal, M., On looking and reading. Word and image – visual poetics, and comparative arts, in *Semiotica*, t. 76, 1989, p. 283-320.

Bal, M., Boer, I. E., *The point of theory. Practices of cultural analysis*, Amsterdam, 1994.

Bal, M., Bryson, N., Semiotics and art history, in *The art bulletin*, t. 73, 1991, p. 174-208.

Baldacci, O., Communicazione e significato di un mappamondo isidoriano del secolo viii (Vaticano latino 6018), con una appendice su « il pilota sconociuto », in *Atti della Accademia nazionale dei Lincei. Rendiconti – Classe di scienze morali, storiche e filologiche*, ser. 9, 6 :4, 1995, p. 693-706.

Baldwin, C. S., *Medieval rhetoric and poetic (to 1400)*, Gloucester, Mass., 1959.

Baltrusaitis, J., *Réveils et prodiges. Le gothique fantastique*, Paris, 1960.

—, *Le Moyen Âge fantastique. Antiquités et exotismes dans l'art gothique*, Paris, 1981.

Banha de Andrade, A. A., *Francisco Álvares e o êxito europeu da verdadeira informação sobre a Etiópia*, Lisbonne, 1982.

Bann, S., The truth in mapping, in *Word & image*, t. 4, 1988, p. 498-509.

—, Generating the Renaissance, or the individualization of culture, in M. Bal, I. E. Boer (éd.), *The point of pheory. Practices of cultural analysis*, Amsterdam, 1994, p. 145-154.

Barber, P. M., Old encounters new. The Aslake world map, in M. Pelletier (éd.), *Géographie du monde au Moyen Âge et à la Renaissance*, Paris, 1989, p. 69-88.

—, Visual encyclopaedias. The Hereford and other mappae mundi, in *The Map Collector*, t. 48, 1989, p. 2-8.

—, Die Evesham Weltkarte von 1392, in *Cartographica Helvetica*, t. 9, 1994, p. 17-22.

—, The Evesham world map, in *Imago mundi*, t. 47, 1995, p. 13-33.

—, Maps and monarchs in Europe 1550-1800, in R. Oresko, G. C. Gibbs, H. M. Scott (éd.), *Royal and republican sovereignty in early modern Europe. Essays in memory of Ragnhild Hatton*, Cambridge, 1997, p. 75-124.

Barber, P. M., Brown, M. P., The Aslake world map, in *Imago mundi*, t. 44, 1992, p. 24-44.

Barber, R., *Bestiary. Being an English version of the Bodleian Library, Oxford MS. Bodley 764 with all the original miniatures reproduced in facsimile*, Woodbridge, 1993.

Barral I Altet, X., Repercusión de la ilustración de los Beatos en la iconografía del arte monumental románico, in *Actas del Simposio para el estudio de los códices des Comentario al Apocalipsis de Beato de Liébana*, Madrid, 1976, t. 2, p. 33-54.

Barthes, R., Rhétorique de l'image, in *Communications*, t. 4, 1964, p. 40-51.

—, *Elements of semiology*, New York, 1968.

Bately, J. M., The relationship between geographical information in the Old English Orosius and Latin texts other than Orosius, in *Anglo-Saxon England*, t. 1, 1972, p. 45-62.

Bath, M., The serpent eating stag in the Renaissance, in C. Bianciotto (et al.) (éd.), *Épopée animale, fable, fabliau. Actes du IVe colloque de la Société internationale renardienne (Évreux 1981)*, Paris, 1984, p. 55-69.

—, *The image of the stag. Iconographic themes in Western art*, Baden Baden, 1992.

Bäumer-Schleinkofer, Ä., Mercator über Tiere und Pflanzen. Die Stufenleiter der Natur und die biblische Schöpfungsgeschichte, in M. Büttner, R. Dirven (éd.), *Mercator und Wandlungen der Wissenschaften im 16. und 17. Jahrhundert. Referate des 1. Mercatorsymposiums, 8.-9. März 1992*, Bochum, 1993, p. 61-75.

Baumgärtner, I., Cartographie, Reisebericht und Humanismus. Die Erfahrung in der Weltkarte des venezianischen Kamaldulensermönchs Fra Mauro († 1459), in *Das Mittelalter*, t. 3, 1998, p. 161-197.

—, Die Welt im kartographischen Blick. Zur Veränderbarkeit mittelalterlicher Weltkarten am Beispiel der Beatustradition vom 10. bis 13. Jahrhundert, in W. Ehbrecht, A. Lampen (et al.) (éd.), *Der weite Blick des Historikers. Einsichten in Kultur-, Landes- und Stadtgeschichte Peter Johanek zum 65. Geburtstag*, Cologne-Weimar-Vienne, 2002, p. 527-549.

Baxandall, M., *Giotto and the orators. Humanist observers of painting in Italy and the discovery of pictorial composition 1350-1450*, Oxford, 1971.

—, *Painting and experience in fifteenth century Italy. A primer in the social history of pictorial style*, Oxford, 1972.

Baxter, R., *Bestiaries and their users in the Middle Ages*, Stroud, 1998.

Beazley, C. R., *The dawn of modern geography. A history of exploration and geographical science from the conversion of the Roman Empire to A.D. 900*, reprod. New York, 1949.

—, The first true maps, in *Nature*, t. 71, 1904, p. 159-161.

Becker, A. S., *The shield of Achilles and the poetics of ekphrasis*, Maryland-Londres, 1995.

Beer, E. J., *Die Rose der Kathedrale von Lausanne und der kosmologische Bilderkreis des Mittelalters*, Bern, 1982.

—, Darstellungsmöglichkeiten des Allegorischen in der Kunst des Mittelalters, in *Sitzungsberichte der Kunstgeschichtlichen Gesellschaft zu Berlin*, t. 33, 1984 / 1985, p. 5-9.

Beer, J. M. A., Medieval translations. Latin and the vernacular languages, in F. A. C. Mantello, A. G. Rigg (éd.), *Medieval Latin. An introduction and bibliographical guide*, Washington, 1996, p. 728-732.

—, *Translation theory and practice in the Middle Ages*, Kalamazoo, 1997.

Bejczy, I., De brief van Pape Jan. Legende, functie en hyperrealiteit in een middeleeuws document, in *Tijdschrift voor Geschiedenis*, t. 106, 1993, p. 483-495.

—, *La Lettre du prêtre Jean, une utopie médiévale*, Paris, 2001.

Belting, H., The new role of narrative in public painting of the Trecento. *Historia* and allegory, in H. L. Kessler, M. Shreve Simpson (éd.), *Pictorial narrative in Antiquity and the Middle Ages*, Washington, 1985, p. 165-166.

—, Zwischen Gotik und Byzanz. Gedanken zur Geschichte der sächsichen Buchmalerei im 13. Jahrhundert, in *Zeitschrift für Kunstgeschichte*, t. 32, 1987, p. 217-257.

Belyea, B., Images of power. Derrida / Foucault / Harley, in *Cartographica*, t. 29, 1992, p. 1-9.

Bennett, M. R., The legend of the green tree and the dry, in *Archaeological journal*, t. 83, 1926, p. 21-32.

Berendrecht, P., *Proeven van bekwaamheid. Jacob van Maerlant en de omgang met zijn Latijnse bronnen*, Amsterdam, 1996.

Bergevin, J., *Déterminisme et géographie. Hérodote, Strabon, Albert le Grand et Sebastian Münster*, Sainte-Foy, 1992.

Bergmann, W., Dicuil's *De mensura orbis terrae*, in P. L. Butzer, P. Lohrmann (éd.), *Science in Western and Eastern civilization in Carolingian times*, Bâle-Boston-Berlin, 1993, p. 525-537.

BERKEL, K. VAN, Citaten uit het boek der natuur. Zeventiende-eeuwse Nederlandse Naturaliën-kabinetten en de ontwikkeling van de natuurwetenschap, in E. Bergvelt, R. Kistemaker (et al.) (éd.), *De wereld binnen handbereik. Nederlandse kunst- en rariteitenverzamelingen, 1585-1735*, Zwolle, 1992. p. 169-191.

BERKEY JR, M. L., Pierre de Beauvais. An introduction to his works, in *Romance Philology*, t. 18, 1965, p. 387-398.

BERTI, L., *Il principe dello studiolo. Francesco I dei Medici e la fine del Rinascimento fiorentino*, Florence, 1967.

BERTIN, J., *Sémiologie graphique. Les diagrammes, les réseaux, les cartes*, Paris, 1967.

BESSE, J.-M., *Les grandeurs de la terre. Aspects du savoir géographique à la Renaissance*, Lyon, 2003.

BETTEN, F. S., Knowledge of the sphericity of the earth during the earlier Middle Ages, in *Catholic historical review*, 1923, p. 74-79.

BEVAN, W. L., PHILOTT, H. W., *Medieval geography. An essay in illustration of the Hereford mappa mundi*, Londres, 1873.

BEYER DE RYKE, B., Les encyclopédies médiévales. Un état de la question, in *Pecia*, t. 1, 2002, p. 9-42.

BIADENE, S. (et al.), *Istanbul Topkapi Sarayi Müzesi ve Venedik Correr Müzesi Koleksiyonlarindan XIV-XVIII Yüzyil Portolan ve Deniz Haritalari / Portolani e carte nautiche XIV-XVIII secolo dalle collezioni del Museo Correr-Venezia, Museo del Topkapi-Istanbul*, Istanbul, 1994.

BIALOSTOCKI, J., The Renaissance concept of nature and Antiquity, in J. Bialostocki, *The message of images. Studies in the history of art*, Vienne, 1988, p. 64-68.

BINSKY, P., *The painted chamber at Westminster*, Londres, 1986.

BIRKHOLZ, D., *The king's two maps. Cartography and culture in thirteenth-century England*, New-York-Londres, 2004.

BISCHOF, B., *Latin palaeography. Antiquity and the Middle Ages*, reprod. Cambridge, 1993.

BJURSTRÖM, P., *Feast and theatre in Queen Christina's Rome*, Stockholm, 1966.

BLACK, J., *Maps and politics*, Chicago, 1997.

—, *Maps and history. Constructing images of the past*, New Haven-Londres, 1997.

—, *Visions of the world. A history of maps*, Londres, 2003.

BLUMENBACH, G. H. W., Beschreibung der ältesten bisher bekannten Landkarte aus dem Mittelalter, im Besitze des Klosters Ebstorf, in *Vaterländisches Archiv*, 1834, p. 1-21.

BLUMENBERG, H., *Die Lesbarkeit der Welt*, Frankfurt a.M., 1983.

BODMANN, G., *Jahreszahlen und Weltalter. Zeit- und Raumvorstellungen im Mittelalter*, Frankfurt a.M.-New York, 1992.

BOEHM, G., Zu einer Hermeneutik des Bildes, in H.-G. Gadamer, G. Boehm (éd.), *Seminar. Die Hermeneutik und die Wissenschaften*, Frankfurt a.M., 1978, p. 444-471.

—, Bildbeschreibung. Über die Grenzen von Bild und Sprache, in G. Boehm, H. Pfotenhauer (éd.), *Beschreibungskunst – Kunstbeschreibung. Ekphrasis von der Antike bis zur Gegenwart*, Munich, 1995, p. 23-40.

BOLZONI, L., L'« invenzione » dello Stanzino di Francesco I, in C. Adelson, K. Aschengreen (éd.), *Le arti del principato mediceo*, Florence, 1980, p. 255-299.

BONNAFFÉ, E., *Inventaire des meubles de Catherine de Médicis en 1589. Mobilier, tableaux, objets d'art, manuscrits*, reprod. Genève 1973.

BOS-RIETDIJK, E., *Italiaanse kaartenmakers. De Italiaanse kaarten uit de Collectie W. A. Engelbrecht in het Maritiem Museum 'Prins Hendrik' in Rotterdam*, Alphen aan den Rijn, 1996.

BOTT, G. (éd.), *Focus Behaim Globus. Ausstellungskataloge des Germanischen Nationalmuseums*, Nuremberg, 1993.

BOÜARD, M. de, Encyclopédies médiévales. Sur la connaissance de la nature et du monde au moyen âge, in *Revue des questions historiques*, t. 112, 1930, p. 258-304.

—, Réflexions sur l'encyclopédisme médiéval, in A. Becq (éd.), *L'encyclopédisme. Actes du colloque de Caen 12-16 janvier 1987*, Paris, 1991, p. 281-290.

BOULOUX, N., *Culture et savoirs géographiques en Italie au XIVe siècle*, Turnhout, 2002 (Terrarum orbis, t. 2).

Bourne, M., Francesco II Gonzaga and maps as palace decoration in Renaissance Mantua, in *Imago mundi*, t. 51, 1999, p. 51-82.

Bousquet-Bressolier, C., L'œil du cartographe ou réflexions sur un monde vu de près, in C. Bousquet-Bressolier (éd.), *L'œil du cartographe et la représentation cartographique du Moyen Âge à nos jours*, Paris, 1995, p. 7-16.

Bouwsma, W. J., *Concordia mundi. The career and thought of Guillaume Postel (1501-1581)*, Cambridge (Mass.), 1957.

Brandt, A. M., *Martin Behaim, 1459-1507. Seefahrer, Entdecker, Kosmograph*, Regensburg, 1989.

Bräuer, R., Alexander der Grosse. Der Mythos von unbesiegbaren Eroberer der Welt als Vorbild, Warnung un pejoratives Exempel, in U. Müller, W. Wunderlich (éd.), *Herrscher, Helden, Heilige*, Saint Gall, 1996, p. 3-19

Braun, E., African bestiaries, in *Mercators World*, 1998, p. 32-37.

Braungart, W., *Die Kunst der Utopie. Vom Späthumanismus zur frühen Aufklärung*, Stuttgart, 1989.

Bräunlein, P. J., *Theatrum mundi*. Zur Geschichte des Sammelns im Zeitalter der Entdeckungen, in G. Bott (éd.), *Focus Behaim Globus. Ausstellungskataloge des Germanischen Nationalmuseums*, t. 1, Nuremberg, 1993, p. 355-376.

Brincken, A.-D. von den, *Studien zur lateinischen Weltchronistik bis in das Zeitalter Ottos von Freising*, Düsseldorf, 1957.

—, Die universalhistorischen Vorstellungen des Johan von Marignola OFM. Der einzige mittelalterliche Weltchronist mit Fernost-Kenntnis, in *Archiv für Kulturgeschichte*, t. 19, 1967, p. 297-325.

—, Mappa Mundi und Chronographia. Studien zur *imago mundi* des abendländischen Mittelalters, in *Deutsches Archiv für Erforschung des Mittelalters*, t. 24, 1968, p. 118-186.

—, Die lateinische Weltchronistik, in A. Randa (éd.), *Mensch und Weltgeschichte. Zur Geschichte der Universalgeschichtsschreibung*, Salzburg-Munich, 1969, p. 56-58.

—, Die Ausbildung konventioneller Zeichen und Farbgebungen in der Universalkartographie des Mittelalters, in *Archiv für Diplomatik, Schriftgeschichte, Siegel- und Wappenkunde*, t. 16, 1970, p. 325-349.

—, « ...Ut describeretur universus orbis ». Zur Universalkartographie des Mittelalters, in A. Zimmerman (éd.), *Methoden in Wissenschaft und Kunst des Mittelalters*, Berlin, 1970, p. 249-278.

—, Europa in der Kartographie des Mittelalters, in *Archiv für Kulturgeschichte*, t. 55, 1973, p. 289-304.

—, Das dritte Buch der 'Secreta Fidelium Crucis' des Marino Sanudo und die Universalhistorien des Paulinus Minorita OFM, in *Nationes Christianorum Orientalium im Verständnis der lateinischen Historiographie von der Mitte des 12. bis in de zweite Hälfte des 14. Jahrhunderts*, Cologne, 1973.

—, Chronica, in *Monumenta Annonis. Köln und Siegburg. Weltbild und Kunst im hohen Mittelalter (Eine Ausstellung des Schnütgen-Museums der Stadt Köln in der Cäcilienkirche vom 30. April bis zum 27 Juli 1975)*, Cologne, 1975, p. 104-108.

—, Mappa mundi, in *Monumenta Annonis. Köln und Siegburg. Weltbild und Kunst im hohen Mittelalter*, Cologne, 1975, p. 112-119.

—, Die Kugelgestalt der Erde in der Kartographie des Mittelalters, in *Archiv für Kulturgeschichte*, t. 58, 1976, p. 77-95.

—, Chronica und Mappa Mundi, in A. Legner (éd.), *Die Parler und der schöne Stil 1350-1400. Ein Handbuch zur Ausstellung*, Cologne, 1978, t. 3., 125-135.

—, Geschichtsbetrachtung bei Vincenz von Beauvais. Die *Apologia Actoris* zum Speculum Maius, in *Deutsches Archiv für Erforschung des Mittelalters*, t. 34, 1978, p. 410-499.

—, Universalkartographie und geographische Schulkenntnisse im Inkunabelzeitalter (unter besonderer Berücksichtigung des *Rudimentum Noviciorum* und Hartmann Schedels), in B. Möller (et. al.) (éd.), *Studien zum städtischen Bildungswesen des späten Mittelalters und der frühen Neuzeit. Bericht über Kolloquien der Kommission zur Erforschung der Kultur des Spätmittelalters 1978 bis 1981*, Göttingen, 1983, p. 398-429.

—, Weltbild der lateinischen Universalhistoriker und -cartographen, in *Settimane di studi sull'alto medioevo XXIX : Populi e paesi nella cultura altomedievale (23-29 aprile 1981)*, Spoleto, 1983, p. 377-408.

—, Mundus figura rotunda, in A. Legner (et al.) (éd.), *Ornamenta ecclesiae. Kunst und Künstler der Romanik. Katalog zur Ausstellung des Schnütgen-Museums in der Josef-Haubrich-Kunsthalle*, Cologne, 1985, p. 99-106.

—, Presbyter Iohannes, Dominus Dominantium – ein Wunsch-Weltbild des 12. Jahrhunderts, in A. Legner (et al.) (éd.), p. 83-97.

—, « Quod non vicietur pictura ». Die Sorge um das rechte Bild in der Kartographie, in W. Setz (éd.), *Fälschungen im Mittelalter. Internationaler Kongress der Monumenta Germaniae Historica, München 16-19 sept. 1986*, Hanovre, 1988, vol. 1, p. 587-599.

—, *Kartographische Quellen. Welt-, See-, und Regionalkarten*, Turnhout, 1988.

—, Das geographische Weltbild um 1300, in P. Moraw (éd.), *Das geographische Weltbild um 1300. Politik im Spannungsfeld von Wissen, Mythos und Fiktion*, Berlin, 1989, p. 9-32.

—, Gyrus und Spera – Relikte griechischen Geographie im Weltbild der Frühscholastik, in *Sudhoffs Archiv*, t. 73, 1989, p. 129-144.

—, Monumental legends on medieval manuscript maps. Notes on designed capital letters on maps of large size. (Demonstrated from the problem of dating the Vercelli Map), in *Imago mundi*, t. 42, 1990, p. 9-25.

—, Die Ebstorfer Weltkarte im Verhältnis zur spanischen und angelsächsischen Weltkartentradition, in H. Kugler, E. Michael (éd.) *Ein Weltbild vor Columbus. Die Ebstorfer Weltkarte. Interdisziplinäres Colloquium 1988*, Lüneburg, 1991, p. 129-145.

—, *Fines terrae. Die Enden der Erde und der vierte Kontinent auf mittelalterlichen Weltkarten*, Hanovre, 1992.

—, Der vierte Erdteil in der Kartographie des Hochmittelalters, in P. Wunderli (éd.), *Reisen in reale und mythische Ferne. Reiseliteratur in Mittelalter und Renaissance*, Düsseldorf, 1993, p. 16-34.

—, De middeleeuwse cartografie, in M. Watelet (éd.), *Gerardus Mercator Rupelmundus*, Anvers, 1994, p. 37-19.

—, Kosmographische Betrachtungen bei den Kirchenvätern, auf mittelalterlichen Mönchskarten und bei Gerhard Mercator, in R. Vermij (éd.), *Gerhard Mercator und seine Welt*, Dusbourg, 1997, p. 28-57.

Brinkmann, H., Die « Zweite Sprache » und die Dichtung des Mittelalters, in *Miscellanea mediaevalia*, t. 7, 1970, p. 155-171.

—, *Mittelalterliche Hermeneutik*, Tübingen, 1980.

Broc, N., *La géographie de la Renaissance (1420-1620)*, 2e éd., Paris, 1986.

Brodersen, K., *Terra cognita. Studien zur römischen Raumerfassung*, Hildesheim-Zurich-New York, 1995.

Broecke, M. P. R. Van Den, van der Krogt, P. C. J., Meurer, P., *Abraham Ortelius and the first atlas. Essays commemorating the quadricentennial of his death 1598-1998*, 't Goy-Houten, 1999.

Broecke, M. P. R. Van Den, *Ortelius atlas maps. An illustrated guide*, 't Goy-Houten, 1996.

Brooke, J. H., *Science and religion. Some historical perspectives*, Cambridge, 1991.

Brosius, D., Die Ebstorfer Weltkarte von 1830 bis 1943, in H. Kugler, E. Michael (éd.), *Ein Weltbild vor Columbus. Die Ebstorfer Weltkarte. Interdisziplinäres Colloquium 1988*, Lüneburg, 1991, p. 23-40.

Brotton, J., *Trading territories. Mapping the early modern world*, Londres, 1997.

Brown, L. A., *The story of maps*, reprod. New York, 1979.

Brown, W. A., *The world image expressed in the Rudimentum Novitiorum*, Washington, 2000.

Brunhölzl, F., Zur Kosmographie des Æthicus, in D. Albrecht (et al.) (éd.), *Festschrift für M. Spindler zum 75. Geburtstag*, Munich, 1969, p. 75-79.

—, *Histoire de la littérature latine du Moyen Âge*, t. 1, Turnhout, 1990-1991.

Bruyne, E. de, *Etudes d'esthétique médiévale*, Bruges, 1946.

Bryson, N., *Vision and painting. The logic of the gaze*, New Haven, 1983.

—, *Calligram. Essays in the new art history from France*, Cambridge, 1988.

—, Art in context, in M. Bal, I. E. Boer (éd.), *The point of theory. Practices of cultural analysis*, Amsterdam, 1994, p. 66-78.

Buck, A., *Die humanistische Tradition in der Romania*, Berlin-Zürich, 1968.

Buisseret, D., Monarchs, ministers, and maps in France before the accession of Louis XIV, in D. Buisseret (éd.), *Monarchs, ministers and maps. The emergence of cartography as a tool of government in early modern Europe*, Chicago, 1992, p. 99-123.

Burckhardt, J., *Die Kultur der Renaissance in Italien. Ein Versuch*, 2e éd., Leipzig, 1869.

Buridant, C., *Translatio medievalis.* Théorie et pratique de la traduction médiévale, in *Travaux de linguistique et de littérature*, t. 21, 1983, p. 81-136.

Burnett, C., Gautier Dalché, P., Attitudes towards the Mongols in medieval literature. The XXII kings of Gog and Magog from the court of Frederick II to Jean de Mandeville, in *Viator*, t. 22, 1991, p. 153-167.

Butor, M., *Les mots dans la peinture*, Genève, 1969.

Büttner, M., *Die Geographia Generalis von Varenius. Geographisches Weltbild und Providentiallehre*, Wiesbaden, 1973.

—, Mercators Hauptwerk, der Atlas, aus theologischer und wissenschaftshistorischer Sicht. Zum Verhältnis Gott, Mensch und Natur im Hauptwerk Mercators sowie zum Thema Gleichberechtigung der Geschlechter, in M. Büttner (éd.), *Neue Wege in der Mercator-Forschung. Mercator als Universalwissenschaftler*, Bochum, 1992, p. 8-97.

—, Mercators Hauptwerk, der Atlas aus theologischer und wissenschaftshistorischer Sicht, in M. Büttner, R. Dirven (éd.), *Mercator und Wandlungen der Wissenschaften im 16. und 17. Jahrhundert. Referate des 1. Mercatorsymposiums, 8.-9. März 1992*, Bochum, 1993, p. 3-42.

—, *Geographie und Theologie. Zur Geschichte einer engen Beziehung*, Frankfurt a.M., 1998.

Buunk, P., *Het imaginaire verleden. Beeldende kunst en geschiedschrijving*, Kampen, 1994.

Caldwell, J. R., The autograph manuscript of Gervase of Tilbury (Vatican, *Vat. lat.* 933), in *Scriptorium*, t. 11, 1957, p. 87-98.

—, Manuscripts of Gervase of Tilbury's *Otia Imperialia*, in *Scriptorium*, t. 16, 1962, p. 29-45.

—, Gervase of Tilbury's addenda's to his *Otia Imperialia*, in *Scriptorium*, t. 24, 1970, p. 95-126.

Camille, M., Seeing and reading. Some visual implications of medieval literacy and illiteracy, in *Art History*, t. 8, 1985, p. 26-49.

—, *The Gothic idol. Ideology and image-making in medieval art*, Cambridge, 1989.

—, Reading the printed image. Illuminations and woodcuts of the Pèlerinage de la vie humaine in the fifteenth century, in S. Hindman (éd.), *Printing the written word. The social history of books, circa 1450-1520*, Ithaca-Londres, 1991, p. 259-291.

—, *Image on the edge. The margins of medieval art*, Cambridge (Mass.), 1992.

Campbell, M. B., *The witness and the other world. Exotic European travel writing*, Ithaca N.Y., 1988.

Campbell, T., *Early maps*, New York, 1981.

—, Portolan charts from the late thirteenth century to 1500, in J. B. Harley, D. Woodward (éd.), *Cartography in prehistoric, ancient, and medieval Europe and the Mediterranean*, Chicago, 1987 (*The history of cartography*, t. 1), p. 371-461.

—, *The earliest printed maps 1472-1500*, Londres, 1987.

—, Egerton 1513. A remarkable display of cartographical invention, in *Imago mundi*, t. 48, 1996, p. 93-102.

Capello, C. F., *Il mappamundo medioevale di Vercelli (1191-1218 ?)*, Turin, 1976.

Cardini, F., Alla ricerca del Paradiso, in S. Pittaluga (éd.), *Relazioni di viaggio e conoscenza del mondo fra medioevo e umanesimo. Atti del V Convegno internazionale di studi dell'Associazione per il Medioevo e l'Umanesimo latini (AMUL). Genova, 12-15 dicembre 1991*, Gênes, 1993, p. 67-88.

Carmody, F. J., *De bestiis et aliis rebus* and the Latin *Physiologus*, in *Speculum*, t. 13, 1938, p. 153-159.

CARRON, J.-C., Imitation and intertextuality in the Renaissance, in *New Literary History*, t. 19, 1988, p. 565-479.

CARY, C., ROSS, D. J. A., *The medieval Alexander*, reprod. Cambridge, 1967.

CASSIDY, B., Introduction. Iconography, texts, and audiences, in B. Cassidy (éd.), *Iconography at the crossroads. Papers from the colloquium sponsored by the Index of Christian Art, Princeton University 23-24 March 1990*, Princeton, 1993, p. 3-15.

CASSIRER, E., *The philosophy of symbolic forms*, t. 2: *Mythical thought*, New Haven, 1955.

CATTANEO, A., Fra Mauro *cosmographus incomparabilis* and his *mappamundi*. Documents, sources, and protocols for mapping, in D. Romania Curta, A. Cattaneo, A. Ferrand Almenda (éd.), *La cartografia europea tra primo Rinascimento e fine dell'Illuminismo*, Firenze, 2003, p. 19-61.

CAVALLO, G., Testo e immagine. Una frontiera ambigua, in *Testo e immagini nell'alto medioevo* (15-21 aprile 1993), Spoleto, 1994, t. 1, p. 31-64.

CÉARD, J., *La nature et les prodiges. L'insolite au XVIe siècle*, Genève, 1977.

—, Encyclopédie et encyclopédisme à la Renaissance, in A. Bec (éd.), *L'encyclopédisme. Actes du colloque de Caen, 12-16 janvier 1987*, Paris, 1991, p. 57-67.

CERTEAU, M. DE, *L'écriture de l'histoire*, Paris, 1975.

CHÂTILLON, J., Le *Didascalicon* de Hugues de Saint-Victor, in *Cahiers d'histoire mondiale / Journal of world history / Cuadernos de historia mundial*, t. 9, 1966, p. 52.

CHEKIN, L. S, Easter tables and the Pseudo-Isidorian Vatican Map, in *Imago mundi*, t. 51, 1999, p. 13-23.

CHENU, M. D., Auctor, actor, autor, in *Bulletin Du Cange*, t. 3, 1927, p. 81-86.

—, Conscience de l'histoire et théologie au XIIe siècle, in *Archives d'histoire doctrinale et littéraire du Moyen Âge*, t. 29, 1954, p. 107-133.

CICCUTO, M., Le meraviglie d'oriente nelle enciclopedie illustrate del medioevo, in M. Picone (éd.), *L'enciclopedismo medievale*, Ravenne, 1994, p. 79-116.

CLAUSBERG, K., Scheibe, Rad, Zifferblatt. Grenzübergange zwischen Weltkarten und Weltbildern, in H. Kugler, E. Michael (éd.), *Ein Weltbild vor Columbus. Die Ebstorfer Weltkarte. Interdisziplinäres Colloquium 1988*, Lüneburg, 1991, p. 260-313.

CODOÑER, C., De l'Antiquité au Moyen Âge. Isidore de Séville, in A. Becq (éd.), *L'encyclopédisme. Actes du Colloque de Caen 12-16 janvier 1987*, Paris, 1991, p. 19-35.

COGLIATI ARANO, L., Il manoscritto C. 246 Inf. della Biblioteca Ambrosiana, Solino, in G. Vailati Schoenburg Waldenburg (éd.), *La miniatura italiana in età Romanica e Gotica. Atti del I Congresso di storia della miniatura italiana (Cortona 26-28 Maggio 1978)*, Florence, 1979, p. 239-258.

COHEN, H. F., *The Scientific Revolution. A historiographical inquiry*, Chicago-Londres, 1994.

COLIN, S., *Das Bild des Indianers im 16. Jahrhundert*, Idstein, 1988.

—, Holzfäller und Kannibalen. Brasilianische Indianer auf frühen Karten, in H. Wolff (éd.), *America. Das frühe Bild der neuen Welt. Ausstellung der Bayerischen Staatsbibliothek München vom 10. April bis 27. Juni 1992*, Munich, 1992, p. 175-181.

COLISH, M. L., When did the Middle Ages end ? Reflections of an intellectual historian, in A. A. MacDonald, M. W. Twomey (éd.), *Schooling and society. The ordering and reordering of knowledge in the western Middle Ages*, Louvain, 2004, p. 213-223.

CONLEY, T., *The self-made map. Cartographic writing in early modern France*, Minneapolis, 1996.

CONNOCHIE-BOURGNE, CH., *Comment li element son assis*. L'image de l'œuf cosmique dans quelques encyclopédies en langue vulgaire du XIIIe siècle, in D. Buschinger, A. Crepin (éd.), *Les quatre éléments dans la culture médiévale. Actes du colloque des 25, 26 et 27 mars 1982. Université de Picardie, Centre d'études médiévales*, Göppingen, 1983, p. 37-48.

—, *Nature* et *clergie* dans l'œuvre de vulgarisation scientifique de Gossuin de Metz (*Image du monde*, 1245), in *Comprendre et maîtriser la nature au Moyen Âge. Mélanges d'histoire des *sciences offerts à Guy Beaujouan*, Genève-Paris, 1994, p. 19-27.

—, Images de la terre dans les livres de clergie du XIIIe siècle. Image du monde, Livre du Tresor, Livre de Sidrach, Placides et Timeo, in *La géographie au Moyen Âge. Espaces pensés, espaces vécus, espaces rêvés. Arras, Journée d'études, 30 janvier 1998*, Paris, 1999, p. 67-79.

—, Miroir ou Image… Le choix d'un titre pour un texte didactique, in F. Pomel (éd.), *Miroirs et jeux de miroirs dans la littérature médiévale*, Rennes, 2003, p. 29-38.

Connolly, D. K., *Imagined pilgrimages in Gothic art. Maps, manuscripts, and labyrinths*, thèse, Chicago, 1998.

Cortesão, A., *History of Portuguese cartography*, Coimbra, 1969-1971.

Cortesão, A., Teixeira da Mota, A., *Portugaliae Monumenta cartographica*, Lisbonne, 1960.

Cosgrove, D., *Apollo's Eye. A cartographic genealogy of the earth in Western imagination*, Baltimore-Londres, 2001.

Costa, E., Il *Tesoretto* di Brunetto Latini e la tradizione allegorica medievale, in M. Picone (éd.), *Dante e le forme dell'allegoresi*, Ravenne, 1987, p. 43-58.

Crinò, S., *Portolani manoscritti e carte da navigare compilati per la marina Medicea*, s.l., 1931.

—, *La scoperta della carta originale di Paolo dal Pozzo Toscanelli, che servì di guida a Cristoforo Colombo per il viaggio verso il Nuovo Mondo*, Florence, 1941.

Crivellari, G., *Alcuni cimeli della cartografia medievale esistenti a Verona*, Florence, 1903.

Crombie, A. C., North, J., Roger Bacon (c. 1219-1292), in A. C. Crombie, *Science, art and nature in medieval and modern thought*, Londres, 1996, p. 51-65.

Crombie, A. C., *Augustine to Galileo. The history of science A.D. 400-1650*, Londres, 1952 (rééd. *Medieval and early modern science*, Garden City, 1959)

—, *Robert Grosseteste and the origins of experimental science, 1100-1700*, Oxford, 1953

Crone, G. R., Early cartographic activity in Britain, in *Geographical Journal*, t. 128, 1962, p. 406-410.

—, New light on the Hereford map, in *Geographical Journal*, t. 131, 1965, p. 447-462.

—, « Is leigen fünff perg in welschenlandt » and the Hereford map, in *Erdkunde*, t. 21, 1967, p. 67-68.

—, *Maps and their makers. An introduction to the history of cartography*, 4e éd., Londres, 1968.

Culler, J., *The pursuit of signs. Semiotics, literature, deconstruction*, Ithaca, 1981.

—, *Framing the sign. Criticism and its institutions*, Norman-Londres, 1988.

Curley, M. J., Physiologus, *Phusiolonia* and the rise of Christian nature symbolism, in *Viator*, t. 11, 1980, p. 1-10.

Curschmann, M., Imagined exegesis. Text and picture in the exegetical works of Rupert of Deutz, Honorius Augustodunensis, and Gerhoch of Reichersberg, in *Traditio*, t. 44, 1988, p. 145-169.

—, Images of Tristan, in A. Stevens, R. Wisbey (éd.), *Gottfried von Strassburg and the medieval Tristan Legend. Papers from an Anglo-North American Symposium*, Cambridge, 1990, p. 1-17.

—, *Pictura laicorum litteratura* ? Überlegungen zum Verhältnis von Bild und volkssprachlicher Schriftlichkeit im Hoch- und Spätmittelalter bis zum Codex Manesse, in H. Keller (et al.) (éd.), *Pragmatische Schriftlichkeit im Mittelalter. Erscheinungsformen und Entwicklungsstufen. Akten des internationalen Kolloquiums 17.-19. Mai 1989*, Munich, 1992, p. 211-229.

—, Wort – Schrift – Bild. Zum Verhältnis von volkssprachigem Schrifttum und bildender Kunst vom 12. bis zum 16. Jahrhundert, in W. Haug (éd.), *Mittelalter und Frühe Neuzeit. Übergänge, Umbrüche und Neuansätze*, Tübingen, 1999, p. 278-470.

Curtius, E. R., *Europäische Literatur und lateinisches Mittelalter*, 10e éd., Berne, 1984.

DaCosta Kaufmann, T., Remarks on the collections of Rudolf II. The *Kunstkammer* as a form of *Representatio*, in *The Art Journal*, t. 28, 1978, p. 22-28.

—, *The school of Prague. Painting at the court of Rudolf II*, Chicago, 1988.

—, *The mastery of nature. Aspects of art, science and humanism in the Renaissance*, Princeton, 1993.
Dainville, F. de, *La géographie des humanistes*, Paris, 1940.
Daly, P. M., *Literature in the light of the emblem*, Toronto-Buffalo-Londres, 1979.
Daston, L., Park, K., *Wonders and the order of nature, 1150-1750*, New York, 1998.
Davies, A., Behaim, Martellus, and Columbus, in *The Geographical Journal*, t. 143, 1977, p. 451-459.
Deam, L., *Mapping the past. The « Fleur des histoires » (Brussels, Bibliothèque Royale, ms. 9231-9232) in the context of fifteenth-century Burgundian historiography*, thèse, Chicago, 2001.
Debus, A. G., *Man and nature in the Renaissance*, Cambridge, 1978.
Degenhart, B., Schmitt, A., Marino Sanudo und Paolino Veneto. Zwei Literaten des 14. Jahrhunderts in ihrer Wirkung auf Buchillustrierung und Kartographie in Venedig, Avignon und Neapel, in *Römisches Jahrbuch für Kunstgeschichte*, t. 14, 1973, p. 1-37, 128-130.
Deijk, A. van, *Romaans Nederland*, Amsterdam, 1994.
Delano Smith, C., Why theory in the history of cartography?, in *Imago mundi*, t. 84, 1996, p. 198-205.
—, Maps and religion in medieval and early modern Europe, in D. Woodward, C. Delano Smith, C. D. Yee (éd.), *Plantejaments i objectius d'una història universal de la cartografia / Approaches and challenges in a worldwide history of cartography*, Barcelona, 2001, p. 179-200.
—, Maps and map literacy, I : Different users, different maps, p. 223-239.
—, Smoothed lines and empty spaces ; the changing face of the exegetical map before 1600, in I. Laboulais-Lesage (éd.), *Combler les blancs de la carte. Modalités et enjeux de la construction des savoirs géographiques (XVIIe-XXe siècles)*, Strasbourg, 2004, p. 17-34.
Deluz, C., Le paradis terrestre, image de l'Orient lointain dans quelques documents géographiques médiévaux, in *Senefiance*, t. 11, 1981, p. 145-161.
—, Des lointains merveilleux (d'après quelques textes géographiques et récits de voyage du Moyen Âge), in J. Arrouye (éd.), *De l'étranger à l'étrange ou la conjointure de la merveille*, Aix-en-Provence, 1988, p. 157-168.
—, *Le Livre de Jean de Mandeville. Une « géographie » au XIVe siècle*, Louvain, 1988.
—, Une terre ronde et habitable tout entour, in B. Ribemont (éd.), *Terres médiévales. Actes du colloque d'Orléans des 27 et 28 avril 1990*, Paris, 1993, p. 101-118.
Dembowsky, P., Learned Latin treatises in French. Inspiration, plagiarism, and translation, in *Viator*, t. 17, 1986, p. 255-269.
Denholm-Young, N., The mappa mundi of Richard of Haldingham, in *Speculum*, t. 32, 1957, p. 307-314.
Derrida, J., *De la grammatologie*, Paris, 1967.
Destombes, M., Fragments of two medieval world maps at the Topkapi Saray Library, in *Imago mundi*, t. 22, 1955, p. 151-152.
—, *Mappemondes A.D. 1200-1500. Catalogue préparé par la Commission des Cartes Anciennes de l'Union Géographique Internationale*, Amsterdam, 1964.
—, The Mappa mundi of the poem *Alexandreidos* by Gautier de Châtillon, in *Imago mundi*, t. 19, 1965, p. 10-12.
—, *Contributions sélectionnées à l'histoire de la cartographie et des instruments scientifiques. Selected contributions to the history of cartography and scientific instruments.* G. Schilder (et al.) (éd.), Utrecht, 1995.
—, Guillaume Postel cartographe, in J.-Cl. Margolin (éd.), *Guillaume Postel 1581-1981. Actes du colloque international d'Avranches, 5-9 septembre 1981*, Paris, 1985, p. 361-371.
Diekstra, F. N. M., The Physiologus, the Bestiaries, and medieval animal lore, in *Neophilologus*, t. 69, 1985, p. 142-155.
Doberentz, O., Die Erd- und Völkerkunde in der Weltchronik des Rudolf von Hohen-Ems, in *Zeitschrift für deutsche Philologie*, t. 12, 1881, p. 257-301, 387-454 et t. 13, 1882, p. 29-57, 165-223.
Donkersloot-de Vrij, M., *The world on paper. A descriptive catalogue of cartographic mate-*

rial published in Amsterdam during the 17th century, Amsterdam, 1967.

—, *Drie generaties Blaeu. Amsterdamse cartografie en boekdrukkunst in de zeventiende eeuw*, Amsterdam-Zutphen, 1992.

Drögereit, R., Zur Entstehung der Ebstorfer Weltkarte, in *Lüneburger Blätter*, t. 13, 1962, p. 5-23.

—, Die Ebstorfer Weltkarte und Hildesheim, in *Zeitschrift für Heimatkunde im Bistum Hildesheim. Die Diözese Hildesheim in Vergangenheit und Gegenwart*, t. 44, 1976, p. 9-44.

Dronke, P., Eine Theorie über *fabula* und *imago* im zwölften Jahrhundert, in H. Fromm (et al.) (éd.), *Verbum et Signum. Beiträge zur mediävistischen Bedeutungsforschung*, Munich, 1975, t. 2, p. 161-176.

—, *Women writers of the Middle Ages. A critical study of texts from Perpetua (d. 203) to Marguerite Porete (d. 1310)*, Cambridge, 1994.

Druce, G. C., Notes on the history of the heraldic jall or yale, in *Archeological journal*, t. 68, 1911, p. 173-199.

—, Some abnormal and composite human forms in English church architecture, in *Archaeological journal*, t. 72, 1915, p. 135-168.

Duggan, L. G., Was art really the 'book of the illiterate' ?, in *Word & image*, t. 5, 1989, p. 227-251.

Duhem, P., *Le système du monde. Histoire des doctrines cosmologiques de Platon à Copernic*, Paris, 1913-1959.

Dumrese, H., *Einführung in die Betrachtung der Ebstorfer Weltkarte*, Lüneburg, 1954.

Durand, D. B., *The Vienna-Klosterneuburg map corpus of the fifteenth century. A study in the transition from medieval to modern science*, Leyde, 1952.

Durliat, M., Le monde animal et ses représentations iconographiques du xie au xve siècle, in *Le monde animal et ses représentations au Moyen-Âge (xie-xve siècles). Actes du XVe congrès de la Société des historiens médiévistes de l'enseignement supérieur public, Toulouse, 25-26 mai 1984*, Toulouse, 1985, p. 73-92.

Eastwood, B. S., On the continuity of Western science form the Middle Ages. A. C. Crombie's Augustine to Galileo, in *Isis*, t. 83, 1992, p. 84-99.

Eberlein, J. K., *Miniatur und Arbeit. Das Medium Buchmalerei*, Frankfurt a.M., 1995.

Eco, U., *La structure absente. Introduction à la recherche sémiotique*, Paris, 1972.

—, *Einführung in die Semiotik*, Munich, 1972.

—, *Art and beauty in the Middle Ages*, New Haven-Londres, 1986.

—, *Interpretation and overinterpretation*, Cambridge, 1992.

—, *The search for the perfect language*, Oxford, 1995.

—, Della terra piatta alla terra cava, in *Segni e sogni della terra. Il disegno del mondo dal mito di Atlante alla geografia delle reti*, Milan, 2002, p. 15-22.

Edgerton, S. Y., *The Renaissance rediscovery of linear perspective*, Londres, 1976.

—, The art of Renaissance picture-making and the great western Age of discovery, in G. Bertelli (et al.) (éd.), *Essays presented to Myran P. Gilmore*, Florence, 1978.

—, From mental matrix to *Mappamundi* to Christian Empire. The heritage of Ptolemaic cartography in the Renaissance, in D. Woodward (éd.), *Art & cartography*, Chicago, 1987, p. 10-50.

—, *The heritage of Giotto's geometry. Art and science on the eve of the Scientific Revolution*, Ithaca, 1991.

Edney, M. H., Cartography without progress. Reinterpreting the nature and historical development of mapmaking, in *Cartographica*, t. 30, 1993, p. 54-68.

—, Theory and the history of cartography, in *Imago mundi*, t. 84, 1996, p. 185-191.

Edson, E., Savage-Smith, E., von den Brincken, A.-D., *Medieval views of the cosmos. Picturing the universe in the Christian and Islamic Middle Ages*, Oxford, 2004.

Edson, E., The oldest world maps. Classical sources of three eighth-century *mappaemundi*, in *Exploration and colonization in the Ancient World*, t. 24, 1993, p. 169-184.

—, Matthew Paris' « other » map of palestine, in *Map Collector*, t. 66, 1994, p. 18-22.

—, World maps and Easter tables. medieval maps in context, in *Imago mundi*, t. 48, 1996, p. 25-42.

—, *Mapping time and space. How medieval thinkers viewed their world*, Londres, 1997.

Ehlers, J., *Archa significat ecclesiam*. Ein theologisches Weltmodell aus der ersten Hälfte des 12. Jahrhunderts, in *Frühmittelalterliche Studien*, t. 6, 1972, p. 171-187.

—, *Hugo von St. Viktor. Studien zum Geschichtsdenken und zur Geschichtsschreibung des 12. Jahrhunderts*, Wiesbaden, 1973.

Einhorn, J. W., *Spiritualis unicornis. Das Einhorn als Bedeutungsträger in Literatur und Kunst des Mittelalters*, Munich, 1976.

Elliott, J. H., The effect of the discovery on ethnological and folklore studies in Europe, in F. Chiapelli (et al.) (éd.), *First images of America. The impact of the New World on the old*, Berkeley-Los Angeles-Londres, 1976, t. 1, p. 45-56.

Englisch, B., *Ordo orbis terrae. Die Weltsicht in den Mappae mundi des frühen und hohen Mittelalters*, Berlin, 2002

Esmeijer, A. C., La macchina dell'universo, in *Album discipulorum aangeboden aan dr J. C. van Gelder*, Utrecht, 1963, p. 5-15.

—, *Divina quaternitas. Een onderzoek naar methode en toepassing der visuele exegese*, thèse, Utrecht, 1973.

—, *Divina quaternitas. A preleminary study in the method and application of visual exegesis*, Assen-Amsterdam, 1978.

—, *Gerhard Mercator – Europa und die Welt*. Dusbourg, 1994.

Euw, A. von, Plotzek, J. M., *Die Handschriften der Sammlung Ludwig*, Cologne, 1985.

Euw, A. von, Imago mundi, in *Monumenta Annonis. Köln und Siegburg. Weltbild und Kunst im hohen Mittelalter (Eine Ausstellung des Schnütgen-Museums der Stadt Köln in der Cäcilienkirche vom 30. April bis zum 27 Juli 1975)*, Cologne, 1975, p. 89-99.

Evans, R. J. W., *Rudolf II and his world. A study in intellectual history 1576-1612*, Oxford, 1973.

Falchetta, P., *Fra Mauro's world map. With a commentary and translations of the inscriptions*, Turnhout, 2006 (Terrarum orbis, 5).

Falkenburg, R., Jong, J. de, *Hof-, staats- en stadsceremonies*, Zwolle, 1999.

Fant, C., *L'image du monde. Poème inédit du XIIIe siècle, étudié dans ses diverses rédactions françaises d'après les manuscrits des bibliothèques de Paris et de Stockholm*, Uppsala, 1886.

Farago, C., *Reframing the Renaissance. Visual culture in Europe and Latin America 1450-1650*, New Haven, 1995.

Faral, E., Une source latine de l'histoire d'Alexandre. *La lettre sur les merveilles de l'Inde*, in *Romania*, t. 43, 1914, p. 199-215, 335-370.

—, *Recherches sur les sources latines des contes et romans courtois du Moyen Âge*, reprod. Genève-Paris, 1983.

Faust, U., Monastisches Leben in den Lüneburger Klöstern, in K. Jaitner, I. Schwab (éd.), *Das Benediktinerinnenkloster Ebstorf im Mittelalter. Vorträge einer Tagung im Kloster Ebstorf vom 22. bis 24. Mai 1987*, Hildesheim, 1988, p. 27-39.

Ferguson, W. K., *The Renaissance in historical thought. Five centuries of interpretation*, Boston, 1948.

Findlen, P., *Possessing nature. Museums, collecting, and scientific culture in early modern Italy*, Berkeley-Los Angeles-Londres, 1994.

—, Courting nature, in N. Jardine, S. A. Secord, E. C. Spary (éd.), *Cultures of natural history*, Cambridge, 1996, p. 57-74.

Fiorani, F., Post-Tridentine 'Geographia sacra'. The Galleria delle carte geografiche in the Vatican palace, in *Imago mundi*, t. 48, 1996, p. 124-148.

—, Maps, politics, and the grand duke of Florence. The Sala della Guardaroba Nuova of Cosimo I de Medici, in R. Eriksen, M. Malmanger (éd.), *Basilike eikon, Renaissance representations of the prince*, Rome, 2001, p. 73-102.

—, *The marvel of maps. Art, cartography and politics in Renaissance Italy*, New Haven-Londres, 2005.

Fischer, J., S. J., Von Wieser, F., *The oldest map with the name America of the year 1507 and the Carta Marina of the year 1516 by Martin Waldseemüller*, reprod. Amsterdam, 1968.

Flint, V. I. J., Monsters and the antipodes in the early Middle Ages and Enlightenment, in *Viator*, t. 15, 1984, p. 65-80.
—, *The imaginative landscape of Christopher Columbus*, Princeton, 1992.
—, Travel fact and travel fiction in the voyages of Columbus, in Z. von Martels (éd.), *Travel fact and travel fiction. Studies on fiction, literary tradition, scholarly discovery and observation in travel writing*, Leyde-New York-Cologne, 1994, p. 94-110.
—, The Hereford map. Its author(s), two scenes and a border, in *Transactions of the Royal Historical Society*, ser. 6, t. 8, 1998, p. 19-44.
Flûtre, L.-F., À propos de l'édition Hilka du poème des Monstres des Hommes, in *Zeitschrift für romanische Philologie*, t. 71, 1955, p. 422-448.
Foncin, M., *Catalogue des cartes nautiques sur vélin conservées au Département des Cartes et Plans*, Paris, 1963.
Fontaine, J., *Isidore de Séville et la culture classique dans l'Espagne wisigothique*, Paris, 1959.
—, Isidore de Séville et la mutation de l'encyclopédisme antique, in *Cahiers d'histoire mondiale / Journal of world history / Cuadernos de historia mundial*, t. 9, 1966, p. 519-538.
Freedman, P., The medieval other. The Middle Ages as other, in T. S. Jones, D. A. Sprunger (éd.), *Marvels, monsters, and miracles. Studies in the medieval and early modern imaginations*, Kalamazoo, 2002, p. 1-24.
Freeman Sandler, L., *Gothic manuscripts in the British isles (1285-1385)*, Londres, 1986.
Freeman, M. A., *The poetics of* translatio studii *and* conjointure. *Chrétien de Troyes's* Cligés, Lexington, 1979.
Freiesleben, H.-C., Map of the world or sea chart? The Catalan Mappamundi of 1375, in *Journal of Navigation*, t. 26, 1979, p. 85-89.
—, The still undiscovered origin of portolan charts, in *Journal of Navigation*, t. 36, 1983, p. 124-129.
—, The origin of portolan charts, in *Journal of Navigation*, t. 37, 1984, p. 194-199.
French, R. K., Putting animals on the map. The natural history of the Hereford *mappa mundi*, in *Archives of natural history*, t. 21, 1994, p. 289-308.
Friedman, J. B., *The monstrous races in medieval art and thought*, Cambridge Mass, 1981.
—, Medieval cartography and Inferno. Lucifer's three faces reconsidered, in *Traditio*, t. 39, 1983, p. 447-456.
—, Les images mnémotechniques dans les manuscrits de l'époque gothique, in B. Roy, P. Zumthor (éd.), *Jeux de mémoire. Aspects de la mnémotechnie médiévale*, Montréal-Paris, 1985, p. 169-184.
—, Cultural conflicts in medieval world maps, in S. B. Schwarz (éd.), *Implicit understanding. Observing, reporting, and reflection on the encounters between Europeans and other peoples in the early modern era*, Cambridge-New York-Melbourne, 1994, p. 64-95.
Führkötter, A., *De miniaturen van het boek Scivias – Ken de Wegen – van de Heilige Hildegard van Bingen uit de verluchte prachtcodex van de Rupertsberg*, Turnhout, 1977.
Funkenstein, A., *Theology and the scientific imagination from the Middle Ages to the seventeenth Century*, Princeton, 1986.
Fuson, R. H., *Legendary islands of the ocean sea*, Sarasota, 1995.
Füssel, S., Knape, J., (éd.), *Poesis et pictura. Studien zum Verhältnis von Text und Bild in Handschriften und alten Drucken. Festschrift für Dieter Wuttke zum 60. Geburtstag*, Baden-Baden, 1989.
Füssel, S., *Die Welt im Buch. Buchkünstlerischer und humanistischer Kontext der Schedelschen Weltchronik von 1493*, Mainz, 1996.
Gagnon, F., Le thème médiéval de l'homme sauvage dans les premières représentations des Indiens d'Amérique, in G.-H. Allard et al. (éd.), *Aspects de la marginalité au Moyen Âge*, Montréal, 1975, p. 83-103.
Gaiffier, B. de, Les sources de la *Topographia sanctorum* publiée par Maurolycus, in *Analecta Bollandiana*, t. 52, 1934, p. 57-63.
Gambi, L., Pinelli, A., *La galleria delle carte geografiche in Vaticano / The Gallery of Maps in the Vatican*, Modène, 1994.
Gandelman, Cl., *Reading pictures, viewing text*, Bloomington, 1991.

Gandillac, M. de, Encyclopédies pré-médiévales et médiévales, in *Cahiers d'histoire mondiale / Journal of world history / Cuadernos de historia mundial*, t. 9, 1966, p. 483-518.

Garin, E., La nuova scienza e il simbolo del « libro », in E. Garin, *La cultura filosofica del Rinascimento Italiano*, Florence, 1961, p. 451-465.

—, *Medioevo e Rinascimento*, 3e éd., Rome-Bari, 1980.

Garnier, F., *Le language de l'image au Moyen Âge. Signification et symbolique*, Paris, 1982.

Gaullier-Bougassas, C., La description du monde dans le *Roman de toute chevalerie* de Thomas de Kent, in *Bien dire et bien aprandre*, t. 11, 1993, p. 191-205.

Gautier Dalché, P., Tradition et renouvellement dans la représentation de l'espace géographique au ixe siècle, in *Studi medievali*, t. 24, 1983, p. 121-165.

—, Du nouveau sur *Aethicus Ister* ? À propos d'une théorie récente, in *Journal des savants* 1984, p. 175-186.

—, Orose géographe. À propos d'un ouvrage récent, in *Le Moyen Âge*, t. 90, 1984, p. 503-507.

—, Les « quatre sages » de Jules César et la « mesure du monde » selon Julius Honorius. Réalité antique et tradition médiévale, in *Journal des savants*, 1987, p. 184-209.

—, La *Descriptio mappe mundi* de Hugues de Saint-Victor. R*etractatio et additamenta*, in J. Longère (éd.), *L'abbaye parisienne de Saint-Victor au Moyen Âge*, Turnhout, 1991, p. 143-179.

—, L'espace de l'histoire. Le rôle de la géographie dans les chroniques universelles, in J. P. Genet (éd.), *L'historiographie médiévale en Europe*, Paris, 1991, p. 287-299.

—, D'une technique à une culture. Carte nautique et portulan au xiie et au xiiie siècle, in *L'uomo e il mare nella civiltà occidentale. Da Ulisse a Cristoforo Colombo. Convegno storico internazionale. Todi 8-11 ottobre 1995*, Spoleto, 1992, p. 285-312.

—, L'œuvre géographique du cardinal Fillastre († 1428). Représentation du monde et perception de la carte à l'aube des Découvertes, in *Archives d'histoire doctrinale et littéraire du Moyen Âge*, t. 59, 1992, p. 319-383.

—, De la glose à la contemplation. Place et fonction de la carte dans les manuscrits du haut Moyen Âge, in *Testo e immagine nell'alto medioevo. Settimane di studio del Centro italiano di studi sull'alto medioevo*, t. 41, Spolète, 1994, p. 694-762.

—, Les savoirs géographiques en Méditerranée chrétienne (xiiie s.), in *Micrologus II*, 1994, p. 75-99.

—, Notes sur la « carte de Théodose II » et sur la « mappemonde de Théodulf d'Orléans », in *Geographica antiqua*, t. 3-4, 1994-1995, p. 91-108.

—, Pour une histoire du regard géographique. Conception et usage de la carte au xve siècle, in *Il teatro della natura / The theatre of nature. Micrologus IV*, Turnhout, 1996, p. 77-103.

—, *Géographie et culture. La représentation de l'espace du VIe au XIIe siècle*, Aldershot, 1997.

—, *Mappae mundi* antérieures au xiiie siècle dans les manuscrits latins de la Bibliothèque nationale de France, in *Scriptorium*, t. 52, 1998, p. 102-113.

—, Remarques sur les défauts supposés et sur l'efficace certaine de l'image du monde au xive siècle, in *La géographie au Moyen Âge. Espaces pensés, espaces vécus, espaces rêvé. Arras, Journée d'études, 30 janvier 1998 (Perspectives médiévales. Suppl. 24)*, 1999, p. 43-55.

—, Le souvenir de la *Géographie* de Ptolémée dans le monde latin médiéval (vie-xive siècles), in *Euphrosyne. Revista de filologia clássica*, n.s., t. 27, 1999, p. 79-106.

—, Cartes et enseignement de la « géographie » durant le haut Moyen Âge. L'exemple d'un manuel inédit, in D. Nebbiai-Dalla Guarda, J.-F. Genest (éd.), *Du copiste au collectionneur. Mélanges d'histoire des textes et des bibliothèques en l'honneur d'André Vernet*, Turnhout, 1999 (Bibliologia 18), p. 49-56.

—, Connaissance et usages géographiques des coordonnées dans le Moyen Âge latin (du vénérable Bède à Roger Bacon, in Louis Callebat, Olivier Desbordes (éd.), *Science antique, science médiévale (Autour d'Avranches 235). Actes du Colloque International (Mont-Saint-Michel,*

4-7 septembre 1998), Hildesheim-Zürich-New York, 2000, p. 401-436.
—, Sur l' « originalité » de la « géographie » médiévale, in M. Zimmermann (éd.), *Auctor et auctoritas. Invention en conformisme dans l'écriture médiévale. Actes du colloque de Saint-Quentin-en-Yvelines (14-16 juin 1999)*, Paris-Genève, 2001, p. 131-143.
—, Un astronome, auteur d'un globe terrestre. Jean Fusoris à la découverte de la *Géographie* de Ptolémée, in D. Marcotte (éd.), *Humanisme et culture géographique à l'époque du concile de Constance. Autour de Guillaume Fillastre. Actes du Colloque de l'Université de Reims, 18-19 novembre 1999*, Turnhout, 2002 (Terrarum Orbis, 3), p. 161-175.
—, Le temps et l'espace, in J. Dalarun (éd.), *Le Moyen Âge en lumière*, Paris, 2002, p. 35-63.
—, Le sens de *mappa* (*mundi*). IVe-XIVe siècle, in *Archivum latinitatis medii aevi – Bulletin du Cange*, t. 62, 2004, p. 187-202.
—, Maps in words. The descriptive logic of medieval geography, from the eighth to the twelfth century, in P. D. A. Harvey (éd.), *The Hereford world map. Medieval world maps and their context*, Londres, 2006, p. 223-242.
—, The reception of Ptolemy's Geography, in *The history of cartography*, t. 3 : *Cartography in the European Renaissance*, Part 1, Chicago-Londres, p. 285-364.
Gelder, R. van, De wereld binnen handbereik. Nederlandse kunst- en rariteitenverzamelingen, 1585-1735, in E. Bergvelt, R. Kistemaker (et al.) (éd.), *De wereld binnen handbereik. Nederlandse kunst- en rariteitenverzamelingen, 1585-1735*, Zwolle, 1992, p. 15-38.
George, W., Yapp, B., *The naming of the beasts. Natural history in the medieval Bestiary*, Londres, 1991.
George, W., The yale, in *Journal of Warburg and Courtauld Institutes*, t. 31, 1968, p. 423-428.
—, *Animals and maps*, Londres, 1969.
—, Sources and backgrounds to discoveries of new animals in the sixteenth and seventeenth centuries, in *History of science*, t. 18, 1980, p. 79-104.
—, Zoological collections in the seventeenth century, in O. Impey, A. MacGregor (éd.), *The origins of museums. The cabinet of curiosities in sixteenth- and seventeenth-century Europe*, Oxford, 1985, p. 179-187.
Gerard Mercator en de geografie in de Zuidelijke Nederlanden (16e eeuw) = Gerard Mercator et la géographie dans les Pays-Bas meridionaux (XVIe siècle), Anvers, 1994.
Gerhardt, C., Der Phönix auf dem dürren Baum ('Historia de preliis' cap. 106), in W. Harms, H. Reinitzer (éd.), *Natura loquax. Naturkunde und allegorische Naturdeutung vom Mittelalter bis zur frühen Neuzeit*, Frankfurt a.M., 1981, p. 73-107.
Gerritsen, W. P., Les relations littéraires entre la France et les Pays-Bas au Moyen Âge, in *Moyen Âge et littérature comparée. Actes du 7e congrès national, Poitiers 27-29 mai 1965*, Paris, 1967, p. 28-41.
Gillies, J., *Shakespeare and the geography of difference*, Cambridge, 1994.
Glenn, J., Notes on the Mappa Mundi in Hereford Cathedral, in *England in the 13th Century. Proceedings of the 1984 Harlaxton Symposium*, Woodbridge, 1986, p. 60-63
Godefroy, F., *Dictionnaire de l'ancienne langue française et de tous ses dialectes du IXe au XVe siècle*, Paris, 1881-1902.
Goetz, W., Die Enzyklopädien des 13. Jahrhunderts. Ein Beitrag zur Entstehung der Laienbildung, in *Zeitschrift für deutsche Geistesgeschichte*, 1938, p. 227-250.
—, *Die Geschichtstheologie des Orosius*, Darmstadt, 1980.
Le Goff, J., L'occident médiéval et l'océan Indien. Un horizon onirique, in J. Le Goff, *Pour un autre Moyen Âge. Temps, travail et culture en Occident*, Paris, 1977, p. 280-298.
—, Le merveilleux scientifique au Moyen Âge, in J. F. Bergier (éd.), *Zwischen Wahn, Glaube und Wissenschaft*, Zürich, 1988, p. 87-113.
—, Pourqoi le XIIIe siècle a-t-il été plus particulièrement un siècle d'encyclopédisme, in M. Picone (éd.), *L'enciclopedismo medievale*, Ravenne, 1994, p. 23-40.
Gombrich, E. H., *In search of cultural history*, Oxford, 1969.
—, Mirror and map. Theories of pictorial representation, in *Philosophical Transactions of the*

Royal Society of London, Series B, t. 270, p. 119-149.

—, *Art and illusion. A study in the psychology of pictorial representation*, Londres, 1977.

Goodman, N., *Languages of art*, Indianapolis, 1976.

—, Twisted tales ; or, story, study, and symphony, in W. J. T. Mitchell (éd.), *On narrative*, Chicago-Londres, 1981, p. 99-115.

Gordon, B. L., Sacred directions, orientation, and the top of the map, in *History of Religions*, t. 10, 1971, p. 211-227.

Gosman, M., Otton de Freising et le Prêtre Jean, in *Revue belge de philologie et d'histoire*, t. 61, 1983, p. 270-285.

—, Medieval *mapping* of the world in text and image. Two ways of representing one vision, in *Forum for modern language studies*, t. 35, 1989, p. 370-380.

—, Marco Polo's voyages. The conflict between confirmation and observation, in Z. von Martels (éd.), *Travel fact and travel fiction. Studies on fiction, literary tradition, scholarly discovery and observation in travel writing*, Leyde-New York-Cologne, 1994, p. 72-84.

—, *La légende d'Alexandre le Grand dans la littérature française du 12e siècle. Une réécriture permanente*, Amsterdam-Atlanta, 1997.

Goss, J., *The mapmakers art. A history of cartography*, Londres, 1993.

Goukowsky, P., Le roi Pôros, son éléphant et quelques autres, in *Bulletin de correspondance hellénique*, t. 96, 1972, p. 473-502.

Gould, P., Bailly, A., *Le pouvoir des cartes. Brian Harley et la cartographie*, Paris, 1995.

Gow, A., Gog and Magog on *Mappaemundi* and early printed world maps. Orientalizing ethnography in the Apocalyptic tradition, in *Journal of early modern history*, t. 2, 1998, p. 61-88.

Grabowski, S., God « contains » the universe. A study of patristic theology, in *Revue de l'Université d'Ottawa*, t. 26, 1956, p. 90-113, 165-187.

Graf, F., Ekphrasis. Die Entstehung der Gattung in der Antike, in G. Boehm, H. Pfotenhauer (éd.), *Beschreibungskunst – Kunstbeschreibung. Ekphrasis von der Antike bis zur Gegenwart*, Munich, 1995, p. 143-155.

Grafton, A., *Defenders of the text. The traditions of scholarship in an age of science, 1450-1800*, Cambridge (Mass.)-Londres, 1991.

—, *New worlds, ancient texts. The power of tradition and the shock of discovery*, 2e éd., Harvard, 1995.

Grant, E., Late medieval thought, Copernicus, and the scientific revolution, in *Journal of the history of ideas*, t. 23, 1962, p. 197-220.

—, Science and theology in the Middle Ages, in D. C. Lindberg, R. L. Numbers (éd.), *God and nature. Historical essays on the encounter between Christianity and science*, Berkeley-Los Angeles-Londres, 1986, p. 49-75.

—, *Planets, stars, and orbs. The medieval cosmos, 1200-1687*, Cambridge-New York, 1994.

—, *The foundations of modern science in the Middle Ages. Their religious, institutional, and intellectual contexts*, Cambridge, 1996.

—, *Science and religion, 400 B. C. – A. D. 1550. From Aristotle to Copernicus*, Westport, 2004.

Gravestock, P., Did imaginary animals exist ?, in D. Hassig (éd.), *The mark of the beast. The medieval Bestiary in art, life and literature*, New York, 1999, p. 119-140.

Greenblatt, S., *Renaissance self-fashioning from More to Shakespeare*, Chicago-Londres, 1980.

—, *Representing the English Renaissance*, Berkeley, 1988.

—, *Marvelous possessions. The wonder of the New World*, Oxford, 1991.

Grimm, R. R., *Paradisus cœlestis. Paradisus terrestris*, Munich, 1977.

Grodecki, L., C. Brisac, *Gothic stained glass 1200-1300*, Londres, 1985.

Grosjean, G., *Mapamundi. Der katalanische Weltatlas vom Jahre 1375*, Dietikon-Zürich, 1977.

—, *Geschichte der Kartographie*, Berne, 1996.

Grönwoldt, R., *Textilien I. Webereien und Stikkereien des Mittelalters*, Hanovre, 1964.

Guenée, B., Lehoux, F., *Les entrée royales françaises de 1328 à 1515*, Paris, 1968.

Guenée, B., *Histoire et culture historique dans l'Occident médiéval*, Paris, 1980.

Guyot-Bachy, I., *Le Memoriale historiarum de Jean de Saint-Victor. Un historien et sa communauté au XIVe siècle*, Turnhout, 2000.

Hahn, T., The Indian tradition in Western medieval intellectual history, in *Viator*, t. 9, 1978, p. 213-234.

Hahn-Woernle, B., *Die Ebstorfer Weltkarte*, Ebstorf, 1987.

—, Die Ebstorfer Weltkarte und Fortuna Rotis-Vorstellungen, in H. Kugler, E. Michael (éd.), *Ein Weltbild vor Columbus. Die Ebstorfer Weltkarte. Interdisziplinäres Colloquium 1988*, Lüneburg, 1991, p. 185-199.

Hallberg, I., *L'Extrême-Orient dans la littérature et la cartographie de l'Occident des XIIIe, XIVe et XVe siècles*, Goteburg, 1906.

Halsall, A. W., Beschreibung, in G. Ueding (éd.), *Historisches Wörterbuch der Rhetorik*, t. 1, Tübingen, 1992, p. 1495-1510.

—, Descriptio, in G. Ueding (éd.), *Historisches Wörterbuch der Rhetorik*, t. 2, Tübingen, 1994, 549-553.

Hamann, G., *Der Eintritt der südlichen Hemisphäre in die Europäische Geschichte. Die Erschliessung des Afrikaweges nach Asien vom Zeitalter Heinrichs des Seefahrers bis zu Vasco da Gama*, Graz-Vienne-Cologne, 1968.

—, Kartographisches und wirkliches Weltbild in der Renaissancezeit. Zum wechselseitigen Verhältnis von Theorie und Praxis im Zeitalter der grossen Entdeckungsfahrten, R. Schmitz, F. Krafft (éd.), *Humanismus und Naturwissenschaften*, Boppard, 1980, p. 155-179.

—, Das Weltbild im 11. Jahrhundert im Rahmen der Kartographie des Mittelalters, in *Jahrbuch für Geschichte des Feudalismus*, t. 6, 1982, p. 53-86.

—, Historische Kartographie und Geographie. Zum Weltbild des Hohen Mittelalters, in *Settimane di studi sull'alto medioevo XXIX. Popoli e paesi nella cultura altomedievale (23-29 aprile 1981)*, Spoleto, 1983, p. 751-796.

—, *Die Welt begreifen und erfahren. Aufsätze zur Wissenschafts- und Endeckungsgeschichte*, Vienne-Cologne-Weimar, 1993.

Hamburger, J., *The visual and the visionary. Art and female spirituality in late medieval Germany*, New York, 1998.

Hamelaars, M., De Aslake and Duchy of Cornwall wereldkaarten. Twee recent teruggevonden fragmenten van middeleeuwse wereldkaarten, in *Caert Thresoor*, t. 4, 1987, p. 54-60.

Hamilton, B., Prester John and the three Kings of Cologne, in H. Mayr-Harting, R. I. Moore (éd.), *Studies in medieval history presented to R. H. C. Davis*, Londres, 1985, p. 177-191.

Hamilton, G. L., Encore un plagiat médiéval. La « Mappemonde » de Pierre de Beauvais et les « Divisiones Mundi » de Perot de Garbelai, in *Mélanges de linguistique et de littérature offerts à Alfred Jeanroy par ses élèves et ses amis*, Genève, 1928, p. 627-638.

Haran, A. Y., *Le lys et le globe. Messianisme dynastique et rêve impérial en France aux XVIe et XVIIe siècles*, Seyssel, 2000.

Harley, J. B., Zandvliet, K., Art, science, and power in sixteenth-century Dutch cartography, in *Cartographica*, t. 29, 1992, p. 10-19

Harley, J. B., The evaluation of early eaps. Towards a methodology, in *Imago mundi*, t. 22, 1968, p. 62-74.

—, Meaning and ambiguity in Tudor cartography, in S. Tyacke (éd.), *English map-making 1500-1650*, Londres, 1983, p. 22-45.

—, The iconology of early maps, in C. Clivio Marzoli (éd.), *Imago et mensura mundi. Atti del IX [1981] Congresso internazionale di storia della cartografia*, Rome, 1985, t. 1, p. 29-38.

—, The map and the development of the history of cartography, in J. B. Harley, D. Woodward (éd.), *Cartography in prehistoric, ancient, and medieval Europe and the Mediterranean*, Chicago, 1987 (The history of cartography, t. 1), p. 1-39.

—, Silences and secrecy. The hidden agenda of cartography in early modern Europe, in *Imago Mundi*, t. 40, 1988, p. 57-76.

—, Maps, knowledge and power, in D. Cosgrove, S. Daniels (éd.), *The iconography of landscape*, Cambridge, 1988, p. 277-312.

—, L'histoire de la cartographie comme discours, in *Préfaces*, t. 5, 1987-1988, p. 70-75.

—, Deconstructing the map, in *Cartographica*, t. 26, 1989, p. 1-20.

—, *Maps and the Columbian encounter*, Milwaukee, 1990.

—, Cartography, ethics and social theory, in *Cartographica*, t. 27, 1990, p. 1-23.

—, Texts and contexts in the interpretation of early maps, in D. Buisseret (éd.), *From sea charts to satellite images. Interpreting North American history through maps*, Chicago, 1990, p. 3-15.

Harms, W., Reinitzer, H., (éd.), *Natura loquax. Naturkunde und allegorische Naturdeutung vom Mittelalter bis zur frühen Neuzeit*, Frankfurt a.M., 1981.

Harms, W., *Mundus imago Dei est*. Zum Entstehungsprozeß zweier Emblembücher Jean Jacques Boissards, in *Deutsche Vierteljahresschrift für Literaturwissenschaft und Geistesgeschichte*, t. 47, 1973, p. 223-244.

—, Der Eisvogel und die halkyonischen Tage. Zum Verhältnis von naturkundlicher Beschreibung und allegorischer Naturdeutung, in H. Fromm, W. Harms, U. Ruberg (éd.), *Verbum et signum. Beiträge zur mediävistischen Bedeutungsforschung*, Munich, 1975, p. 477-515.

—, Allegorie und Empirie bei Konrad Gesner. Naturkundliche Werke unter literaturwissenschaftlichen Aspekten, in F. Forster, H.-G. Roloff (éd.), *Akten des V. Internationalen Germanisten-Kongresses Cambridge 1975*, Berne, 1976, p. 119-123.

—, On natural history and emblematics in the 16th century, in J. S. Ackerman (éd.), *The natural sciences and the arts. Aspects of interaction from the Renaissance to the 20th century. An international symposium*, Uppsala, 1985, p. 67-83.

—, Bedeutung als Teil der Sache in zoologischen Standardwerken der frühen Neuzeit (Konrad Gesner, Ulisse Aldrovandi), in H. Boockmann, B. Moeller, K. Stackmann (éd.), *Lebenslehren und Weltentwürfe im Übergang vom Mittelalter zur Neuzeit. Politik-Bildung-Naturkunde-Theologie*, Göttingen, 1989, p. 352-369.

Harris, E., The Waldseemüller world map. A typographic appraisal, in *Imago mundi*, t. 37, 1985, p. 30-53.

Hart, J., *Columbus, Shakespeare, and the interpretation of the New World*, New York, 2003.

Hartog, E. den, In the midst of the nations… The iconography of the choir capitals in the church of Our Lady in Maastricht, in *Zeitschrift für Kunstgeschichte*, t. 62, 1999, p. 320-365.

Harvey, P. D. A., *Medieval maps*, Londres, 1991.

—, *Mappa mundi. The Hereford world map*, Londres, 1996.

—, Cartography and its written sources, in F. A. C. Mantello, A. G. Rigg (éd.), *Medieval Latin. An introduction and bibliographical guide*, Washington, 1996, p. 388-394.

—, The Sawley map and other world maps in twelfth-century England, in *Imago mundi*, t. 49, 1997, p. 33-42.

Haskins, C. H., *Studies in the history of medieval science*, Cambridge, 1924.

—, *The Renaissance of the twelfth century*, Cambridge, Mass., 1927.

Haslam, G., The Duchy of Cornwall map fragment, in M. Pelletier (éd.), *Géographie du monde au Moyen Âge et à la Renaissance*, Paris, 1989, p. 33-44.

Hassig, D., *Medieval Bestiaries. Text, image, ideology*, Cambridge, 1995.

Hathaway, N., Compilatio. From plagiarism to compiling, in *Viator*, t. 20, 1989, p. 19-44.

Haussherr, R., Sensus litteralis und sensus spiritualis in der *Bible moralisée*, in *Frühmittelalterliche Studien*, t. 6, 1972, p. 356-380.

Headly, J. M., Geography and empire in the late Renaissance. Boterio's assignment, Western universalism, and the civilizing process, in *Renaissance Quarterly*, t. 53, 2000, p. 1119-1155.

Heesakkers, C. L., *Vertaling en gedeeltelijke reconstructie van de Latijnse teksten op de wereldkaart, die Joan Blaeu in 1646 heeft uitgegeven*, s.l., 1986.

Heffernan, J. A. W., *Museum of words. The poetics of ekphrasis from Homer to Ashberry*, Chicago-Londres, 1993.

Hengevos-Dürkop, K., Jerusalem – Das Zentrum der Ebstorf-Karte, in H. Kugler, E. Michael (éd.), *Ein Weltbild vor Columbus. Die Ebstorfer Weltkarte. Interdisziplinäres Colloquium 1988*, Lüneburg, 1991, p. 205-222.

Henkel, A., Schöne, A., *Emblemata. Handbuch zur Sinnbildkunst des xvi. und xvii. Jahrhunderts*, Stuttgart, 1996.

Henkel, N., *Studien zum Physiologus im Mittelalter*, Tübingen, 1976.

—, Titulus und Bildkomposition. Beobachtungen zur Medialität in der Buchmalerei anhand des Verhältnisses von Bild und Text im « Bamberger Psalmenkommentar », in *Zeitschrift für Kunstgeschichte*, t. 62, 1999, p. 449-463.

Henry, A., *Biblia pauperum. A facsimile and edition*, Aldershot, 1987.

Hermand, J., *Literaturwissenschaft und Kunstwissenschaft. Methodische Wechselbeziehungen seit 1900*, 2e éd., Stuttgart, 1971.

Herren, M. W., Wozu diente die Fälschung der Kosmographie des Aethicus, in A. Lehner, W. Berschin (éd.), *Lateinische Kultur im VIII. Jahrhundert*, St. Ottilien, 1989, p. 155.

Heyse, E., *Hrabanus Maurus' Enzyklopädie 'De rerum naturis'*, Munich, 1969.

Hilbert, K., *Studien zu den* Carmina *des Baudri von Bourgueil.*, thèse, Gernsbach, 1967.

Hochberg, J., The construction of pictorial meaning, in T. A. Sebeok, J. Umiker-Sebeok (et al.) (éd.), *Advances in visual semiotics. The semiotic web 1992-93*, Berlin-New York, 1995, p. 109-162.

Hoff, C. van 't, Een portulaan van Jacobus Russus uit Messine in het bezit van Jan van Duivenvoorde, in *Oud Holland*, t. 75, 1960, p. 100-107.

Hofmann, H., Über die Langsamkeit des Wandels von Weltbildern. Die Verarbeitung der Entdekkungen in der neulateinischen Literatur und die Vorgaben der Antike, in R. Suntrup, J. Veenstra (éd.), *Tradition and innovation in an era of change / Tradition and Innovation im Übergang zur Frühen Neuzeit*, Frankfurt a.M., 2001, p. 19-50.

Holly, M. A., Unwriting iconology, in B. Cassidy (éd.), *Iconography at the crossroads. Papers from the Colloquium sponsored by the Index of Christian Art, Princeton University 23-24 March 1990*, Princeton, 1993, p. 17-25.

Holst, N., *Mundus, Mirabilia, Mentalität. Weltbild und Quellen des Kartographen Johannes Schöner. Eine Spurensuche*, Frankfurt a. O.-Bamberg, 1999.

Honour, H., Wissenschaft und Exotismus. Die europäischen Künstler und die außereuropäische Welt, in K.-H. Kohl (éd.), *Mythen der Neuen Welt. Zur Entdeckungsgeschichte Lateinamerkias*, Berlin, 1982, p. 22-47

Hoogvliet, M., The mystery of the makers. Did nuns make the Ebstorf map, in *Mercators World*, t. 1, 1996, p. 16-21.

—, *De ignotis quarumdam bestiarum naturis.* Texts and images from the bestiary on medieval maps of the world, in L. A. R. J. Houwen (éd.), *Animals and the symbolic in mediaeval art and literature*, Groningue, 1997, p. 189-208.

—, *Mappae mundi* and medieval encyclopaedias. Image versus text, in P. Binkley (éd.), *Pre-Modern encyclopaedic texts. Proceedings of the second COMERS congress, Groningen, 1-4 July 1996*, Leyde, 1997, p. 63-74.

—, *Hic nulli habitant propter leones et ursos et pardes et tigrides.* Die Zoologie der *Mappae mundi*, in U. Müller, W. Wunderlich (éd.), *Dämonen, Monster, Fabelwesen*, Konstanz, 1999, p. 89-102.

—, *Mappae mundi* and medieval hermeneutics of cartographical space, in P. F. Ainsworth, T. Scott (éd.), *Regions and landscapes. Reality and imagination in late medieval and early modern Europe*, Oxford-Berne, 2000, p. 25-46.

—, The medieval texts of the 1486 Ptolemy edition by Johann Reger of Ulm, in *Imago mundi*, t. 54, 2002, p. 7-18.

—, Animals in context. Beasts on the Hereford map and medieval natural history, in P. D. A. Harvey (éd.), *The Hereford world map. Medieval world maps and their context*, Londres, 2006, p. 153-165.

Howard, J., The New Historicism in Renaissance studies, in *English literary Renaissance*, t. 16, 1986, p. 13-43.

Hucker, B. U., Eine unbekannte Handschrift der 'Otia Imperialia' des Gervasius von Tilbury, in *Scriptorium*, t. 38, 1984, p. 318-319.

—, Zur Datierung der Ebstorfer Weltkarte, in *Deutsches Archiv für Erforschung des Mittelalters*, t. 44, 1988, p. 510-538.

Huggan, G., *Territorial disputes. Maps and mapping strategies in contemporary Canadian and Australian fiction*, Toronto-Buffalo, 1994.

Huizinga, J., *L'automne du Moyen Âge*, Paris, 1993.

Hulme, P., *Colonial encounters. Europe and the native Caribbean, 1492-1797*, Londres-New York, 1986.

—, Tales of distinction. European ethnography and the Caribbean, in S. B. Schwarz (éd.), *Implicit understanding. Observing, reporting, and reflection on the encounters between Europeans and other peoples in the early modern era*, Cambridge-New York-Melbourne, 1994, p. 157-197.

Hünemörder, C., Das Lehrgedicht *De monstris Indie* (12. Jh.). Ein Beitrag zur Wirkungsgeschichte des Solinus und Honorius Augustodunensis, in *Rheinisches Museum für Philologie*, t. 119, 1976, p. 267-284.

—, Die Zoologie des Albertus Magnus, in G. Meyer, A. Zimmermann (éd.), *Albertus Magnus Doctor Universalis 1280 / 1980*, Mainz, 1980, p. 235-248.

—, Antike und mittelalterliche Enzyklopädien und die Popularisierung naturkundlichen Wissens, in *Südhoffs Archiv*, t. 65, 1981, p. 339-265.

Jacob, C., Écritures du monde. Points de vue, parcours et catalogues, in *Cartes et figures de la terre. Exposition du Centre Georges Pompidou Paris, 24 mai - 17 novembre 1980*, Paris, 1980, p. 104-110.

—, L'œil et la mémoire. Sur la *Périégèse de la terre habitée* de Denys, in C. Jacob, F. Lestringant (éd.), *Arts et légendes d'espaces. Figures du voyage et rhétoriques du monde*, Paris, 1981.

—, *La description de la terre habitée de Denys d'Alexandrie ou la leçon de géographie*, Paris, 1990.

—, *L'empire des cartes. Approche théorique de la cartographie à travers l'histoire*, Paris, 1992.

—, Toward a cultural history of cartography, in *Imago mundi*, t. 84, 1996, p. 191-198.

Jaitner, K., Ebstorf, in U. Faust (éd.), *Die Frauenklöster in Niedersachsen, Schleswig-Holstein und Bremen*, Sankt Ottilien, 1984 (Germania Benedictina, t. 11 : *Norddeutschland*), p. 165-192.

—, Das Benediktinerinnenkloster Ebstorf im Mittelalter (ca. 1165-1550), in K. Jaitner, I. Schwab (éd.), *Das Benediktinerinnenkloster Ebstorf im Mittelalter. Vorträge einer Tagung im Kloster Ebstorf vom 22. bis 24. Mai 1987*, Hildesheim, 1988, p. 1-25.

—, Kloster Ebstorf und die Weltkarte, in H. Kugler, E. Michael (éd.), *Ein Weltbild vor Columbus. Die Ebstorfer Weltkarte. Interdisziplinäres Colloquium 1988*, Lüneburg, 1991, p. 41-53.

James, M. R, *The Bestiary. Being a reproduction in full of the manuscript Ii.4.26 in the University Library, Cambridge, with supplementary plates from other manuscripts of English origin, and a preleminary study of the Latin bestiary as current in England*, Oxford, 1928.

—, *Marvels of the East. A full reproduction of the three known copies*, Oxford, 1929.

James, P. E., Martin, G. J., *All possible worlds. A history of geographical ideas*, 2e edition, New York, 1981.

Jancey, M., *Mappa mundi. The map of the world in Hereford Cathedral*, Hereford, nouv. éd., 1994.

Janni, P., I pigmei dall'Antichità al Medioevo. Le fortune di una favola, in F. Prontera (éd.), *Geografia e geografi nel mondo antico. Guida storica e critica*, Bari, 1983, p. 135-172.

Janvier, Y., *La géographie d'Orose*, Paris, 1982.

Jaspers, G., Priester-Koning Paap Jan, een historische fictie in vijftiende- en zestidende-eeuwse drukken in de Nederlanden, in *Jaarboek van het Nederlands Genootschap van Bibliofielen*, 1997, p. 71-119.

Jauss, H. R., *Untersuchungen zur mittelalterlichen Tierdichtung*, Tübingen, 1959.

João Ramos, M., Introdução, in *Carta do Preste João das Índias. Versões medievais latinas*, Lisbonne, 1998, p. 9-26.

Johanek, P., Weltbild und Literatur. Fiktive Geographie um 1300, in P. Moraw (éd.), *Das geographische Weltbild um 1300. Politik im Spannungsfeld von Wissen, Mythos und Fiktion*, Berlin, 1989, p. 97-108.

Johnson, D. S., *Phantom islands of the Atlantic*, Fredericton, 1994.

Jongkees, A. G., *Translatio studii*. Les avatars d'un thème médiéval, in *Miscellanea mediaevalia in memoriam Jan Frederik Niermeyer*, Groningue, 1967, p. 41-51.

Jorink, E., *Wetenschap en wereldbeeld in de Gouden Eeuw*, Hilversum, 1999.

—, *Het 'Boeck de Natuere. Nederlandse geleerden en de wonderen van Gods Schepping*, Leyde, 2006.

Kahane, H. R., *Glossario degli antichi portolani italiani*, Florence, 1968.

Kampers, F., *Vom Werdegange der abendländischen Kaisermystik*, Leipzig-Berlin, 1924.

Kappler, C., *Monstres, démons et merveilles à la fin du Moyen Âge*, Paris, 1980.

—, L'image des Mongols dans le *Speculum historiale* de Vincent de Beauvais, in S. Lusignan (et al.) (éd.), *Vincent de Beauvais. Intentions et réceptions d'une œuvre encyclopédique au Moyen Âge. Actes du colloque tenu à Montréal du 27 avril au 1er mai 1988*, Montréal-Paris, Viggo, p. 219-240.

Karrow, R. W., *Mapmakers of the sixteenth century and their maps*, Chicago, 1993.

Katzenellenbogen, A., *The sculptural programs of Chartres cathedral*, New York, 1964.

Kauffmann, G., *Zum Verhältnis von Bild und Text in der Renaissance*, Opladen, 1980.

Kelley, K. E., The oldest portolan chart in the New World, in *Terrae Incognitae. Annals of the Society for the History of Discoveries*, t. 9, 1977, p. 22-48.

—, Perspectives on the origins and uses of the portolan charts, in *Cartographica*, t. 32, 1995, p. 1-16.

Kelly, D., *Sens and conjointure in the Chevalier de la Charrette*, Paris, 1966.

—, The source and meaning of *Conjointure* in Chrétien's *Erec* 14, in *Viator*, t. 1, 1970, p. 179-200.

—, *Translatio studii*. Translation, adaptation and allegory in medieval French literature, in *Philological Quarterly*, t. 57, 1978, p. 287-310.

—, *The art of medieval French romance*, Madison, 1992.

Kemp, M., *The science of art*, New Haven, 1990.

—, « Intellectual ornaments ». Style, function and society in some instruments of art, in J. H. Pittock, A. Wear (éd.), *Interpretation and cultural history*, Houndmills-Londres, 1991, p. 135-152.

—, « Wrought by no artist's hand ». The natural, the artificial, the exotic, and the scientific in some artifacts from the Renaissance, in C. Farago, *Reframing the Renaissance. Visual culture in Europe and Latin America 1450-1650*, New Haven-Londres, 1995, p. 177-196.

Kemp, W., Medieval pictorial systems, in B. Cassidy (éd.), *Iconography at the crossroads. Papers from the Colloquium sponsored by the Index of Christian Art, Princeton University 23-24 March 1990*, Princeton, 1993, p. 122-133.

Kennedy, J. M., Picture perception, in T. A. Sebeok, J. Umiker-Sebeok (et al.) (éd.), *Advances in visual semiotics. The semiotic web 1992-93*, Berlin-New York, 1995, p. 185-215.

Keuning, J., Donkersloot-de Vrij, M., *Willem Jansz. Blaeu. A biography and history of his work as a cartographer and publisher*, Amsterdam, 1973.

Kibedi Varga, A., Stories told by pictures, in *Style*, t. 22, 1980, p. 194-208.

—, Criteria for describing word and image relations, in *Poetics Today*, t. 10, 1989, p. 31-53.

—, *Discours, récit, image*, Liège-Bruxelles, 1989.

—, Visuelle Argumentation und visuelle Narrativität, in W. Harms (éd.), *Text und Bild, Bild und Text. DFG-Symposion 1988*, Stuttgart, 1990, p. 356-367.

Kimble, G. H. T., *Geography in the Middle Ages*, Londres, 1938.

Kirschbaum, E. (éd.), *Lexikon der christlichen Ikonographie*, Rome, 1968-1976.

Kipling, S., *Enter the King. Theatre, liturgy, and ritual in the medieval civic triumph*, Oxford, 1998.

Kish, G., *La carte. Image des civilisations*, Paris, 1980.

Klauck, K., Albertus Magnus und die Erdkunde, in *Studia Albertina. Beiträge zur Geschichte der Philosophie des Mittelalters*, t. 4, 1952, p. 234-248.

Kliege, H., *Weltbild und Darstellungspraxis hochmittelalterlicher Weltkarten*, Münster, 1991.

Kliemann, J., Programme, Inschriften und Texte zu Bildern. Einige Bemerkungen zur Praxis in der profanen Wandmalerei des Cinquecento, in W. Harms (éd.), *Text und Bild, Bild und Text.*

DFG-Symposion 1988, Stuttgart, 1990, p. 79-95.

Kline, N. R., A *wheel of memory. The Hereford mappamundi*, Ann Arbor, 2001 (CD-Rom interactif)

—, *Maps of medieval thought. The Hereford paradigm*, Woodbridge, 2001.

Klingender, F., *Animals in art and thought to the end of the Middle Ages*, Cambridge, 1971.

Klotz, A., Beiträge zur Analyse des geographischen Kapitels im Geschichtswerk des Orosius (I, 2), in *Charisteria Alois Rzach zum 80. Geburtstag dargebracht*, Reichenberg, 1930, p. 120-130.

Kluckert, E., *Die Erzählformen des spätmittelalterlichen Simultanbildes*, thèse, Tübingen, 1974.

Knefelkamp, U., *Die Suche nach dem Reich des Priesterkönigs Johannes. Dargestellt anhand von Reiseberichten und anderen ethnographischen Quellen des 12. bis 17. Jahrhunderts*, Gelsenkirchen, 1986.

Koeman, C., *Atlantes neerlandici. Bibliography of terrestrial, maritime, and celestial atlases and pilot books, published in the Netherlands up to 1800*, Amsterdam, 1967-1985.

—, *Links with the past. The history of cartography of Suriname 1500-1571*, Amsterdam, 1973.

Koenigsberg, F., *Quarante siècles de cartographie*, Quimper, 1991.

König, H.-J., Von den neu gefundenen Inseln, Regionen und Menschen. Zu den Briefen von Christoph Columbus, Amerigo Vespucci und Hernán Cortés, in H. Wolff (éd.), *America. Das frühe Bild der Neuen Welt. Ausstellung der Bayerischen Staatsbibliothek München vom 10. April bis 27. Juni 1992*, Munich, 1992, p. 103-108.

Korzybski, A., *Science and sanity. An introduction to non-Aristotelian systems*, Lakeville, 1958.

Koyré, A., *Études galiléennes*, Paris, 1939.

Krämer, U., *Translatio imperii et studii. Zum Geschichts- und Kulturverständnis in der französischen Literatur des Mittelalters und der frühen Neuzeit*, Bonn, 1995

Kranz, G., *Das Bildgedicht in Europa. Zur Theorie und Geschichte einer literarischen Gattung*, Paderborn, 1973.

Kreuer, W., *Monumenta Cartographica 1490-1525*, Essen, 1996.

Kreuer, W.,Barber, P. M., *Monumenta cartographica Tabulae mundi. Kartographische Denkmäler, ein Triumph über die Zeit. Essener Bearbeitung von zwölf Tafeln der historischen Kartographie mit zwölf Vollfaksimilierungen*, Gotha, 2000.

Krieger, M., *Ekphrasis. The illusion of the natural sign*, Baltimore-Londres, 1992.

Kristeller, P. O., *Renaissance thought. The classic, scholastic, and humanist strains*, New York, 1961.

—, *Medieval aspects of Renaissance learning*, Durham N.C., 1974.

—, *Renaissance thought and its sources*, New York, 1979.

Krogt, P. C. J. van der, *Globi Neerlandici*, 't Goy-Houten, 1983.

—, Mercators Atlas. Geschichte, Editionen, Inhalt, in H. H. Blotevogel, R. Vermij (éd.), *Gerhard Mercator und die geistigen Strömungen des 16. und 17. Jahrhunderts*, Bochum, 1995, p. 49-64.

—, Mercator – seine Atlanten und seine Zeitgenossen, in R. Vermij (éd.), *Gerhard Mercator und seine Welt*, Dusbourg, 1997, p. 110-131.

—, *The folio atlases published by Gerard Mercator, Jodocus Hondius, Henricus Hondius, Johannes Janssonius and their successors*, 't Goy-Houten, 1997 (*Koeman's Atlantes Neerlandici. New Edition*, t. 1)

—, *The folio atlases published by Willem Jansz. Blaeu and Joan Blaeu*, 't Goy-Houten, 2000 (*Koeman's Atlantes Neerlandici. New Edition*, t. 2)

—, *Ortelius's Theatrum orbis terrarum, De Jode's Speculum orbis terrarum, The Epitome, Caert-thresoor and Atlas minor, The atlases of the XVII provinces, and other atlases published in the Low Countries up to c. 1650*, 't Goy-Houten, 2003 (*Koeman's Atlantes Neerlandici. New Edition*, t. 3)

Kroos, R., *Niedersächsische Bildstickereien des Mittelalters*, Berlin, 1979.

—, Sächsische Buchmalerei 1200-1500. Ein Forschungsbericht, in *Zeitschrift für Kunstgeschichte*, t. 50, 1987, p. 283-316.

—, Über die Zeichnungen auf der Ebstorfkarte und die niedersächsische Buchmalerei, in H. Kugler, E. Michael (éd.), *Ein Weltbild vor Columbus. Die Ebstorfer Weltkarte. Interdisziplinäres Colloquium 1988*, Lüneburg, 1991, p. 223-244.

Krücken, W., Wissenschafsgeschichtliche und -theoretische Überlegungen zur Entstehung der Mercator-Weltkarte 1569 Ad Usum Navigantium, in *Duisburger Forschungen*, t. 41, 1994, p. 1-92.

Krüger, K. H., *Die Universalchroniken*, Turnhout, 1976 (Typologie des sources du Moyen Âge occidental, t. 16)

Krüger, R., *Eine Welt ohne Amerika. Globusvorstellungen und europäisches Raumbewußtsein in den Kosmologien von der Spätantike bis zur Frühen Neuzeit*, Berlin, 1999.

Kruyfhooft, C., A recent discovery. Utopia by Abraham Ortelius, in *The Map Collector*, t. 16, 1981, p. 10-14.

Kugler, H., Die Ebstorfer Weltkarte. Ein europäisches Weltbild im deutschen Mittelalter, in *Zeitschrift für deutsches Altertum und deutsche Literatur*, t. 116, 1987, p. 1-29.

—, Abschreibfehler. Zur Quellenproblematik der Ebstorfer Weltkarte, in H. Kugler, E. Michael (éd.), *Ein Weltbild vor Columbus. Die Ebstorfer Weltkarte. Interdisziplinäres Colloquium 1988*, Lüneburg, 1991, p. 347-366.

—, Mittelalterliche Weltkarten und literarische Wissensvermittlung. Zur Erdbeschreibung Rudolfs von Ems, in H. Brunner, N. R. Wolf (éd.), *Wissensliteratur im Mittelalter und in der Frühen Neuzeit*, Wiesbaden, 1992, p. 156-176.

—, Hochmittelalterliche Weltkarten als Geschichtsbilder, in H. W. Goetz (éd.), *Hochmittelalterliches Geschichtsbewußtsein im Spiegel nichthistoriographischer Quellen*, Berlin, 1998, p. 179-198.

Kuhn, T. S., *The structure of scientific revolution*, 2e éd., Chicago, 1970.

Kuntz, M. L., *Guillaume Postel, prophet of the restitution of all things. His life and thought*, La Haye, 1981.

Kupčik, I., *Alte Landkarten. Von der Antike bis zum Ende des 19. Jahrhunderts*, Hanau, 1980.

—, *Cartes géographiques anciennes. Évolution de la représentation cartographique du monde, de l'Antiquité à la fin du XIXe siècle*, Paris, 1981.

—, *Münchener Portolankarten. Documenta Cartographica Saecularia Monacensia. Atlas nach Friedrich Kunstmann*, Munich, 1999.

Kupfer, M., The lost *Mappamundi* at Chalivoy-Milon, in *Speculum*, t. 66, 1991, p. 540-571.

—, Medieval world maps. Embedded images, interpretive frames, in *Word & image*, t. 10, 1994, p. 262-288.

—, The lost wheel map of Ambrogio Lorenzetti, in *Art Bulletin*, t. 78, 1996, p. 286-310.

Ladner, G. B., Medieval and modern understanding of symbolism. A comparison, in *Speculum*, t. 54, 1979, p. 223-256.

—, Vegetation symbolism and the concept of Renaissance, in G. B. Ladner, *Images and ideas in the Middle Ages. Selected studies in history and art*, Rome, 1983, p. 727-763.

Langlois, C. V., *La connaissance de la nature et du monde d'après des écrits français à l'usage des laïcs*, Paris, 1927 (*La vie en France au Moyen Âge de la fin du XIIe au milieu du XIVe siècle*, t. 3)

Larner, J., *Marco Polo and the discovery of the world*, New Haven-Londres, 1999.

Lausberg, H., *Handbuch der literarischen Rhetorik. Eine Grundlegung der Literaturwissenschaft*, Munich, 1960.

Lecoq, D., La mappemonde du *Liber floridus* ou la vision du monde de Lambert de Saint-Omer, in *Imago mundi*, t. 39, 1987, p. 9-49.

—, La « Mappemonde » du *De Arca Noe mystica* de Hugues de Saint-Victor (1128-1129), in M. Pelletier (éd.), *Géographie du monde au Moyen Âge et à la Renaissance*, Paris, 1989, p. 9-32.

—, Le temps et l'intemporel sur quelques représentations médiévales du monde au XIIe et au XIIIe siècles, in B. Ribémont (éd.), *Le Temps, sa mesure et sa perception au Moyen Âge. (Actes du Colloque Orléans 12-13 avril 1991)*, Caen, 1992, p. 113-149.

—, Il cielo e la terra nel medioevo, la « machina universitatis » (XIIe-XIIIe secolo), in G. Cavallo (éd.), *Cristoforo Colombo e l'apertura degli spazi. Mostra storico-cartografica*, Rome, 1992, t. 1, p. 81-103.

—, L'image d'Alexandre à travers les mappemondes médiévales XIIe-XIIIe siècles, in *Geographia antiqua*, t. 2, 1992, p. 63-97.

—, La mappemonde d'Henri de Mayence ou l'image du monde au XIIe siècle, in G. Duchet-Suchaux, *Iconographie médiévale. Image. Texte. Contexte*, Paris, 1993, p. 155-207.

—, L'image de la terre à travers les mappemondes des XIIe et XIIIe siècles, in B. Ribemont (éd.), *Terres médiévales. Acte du colloque d'Orléans des 27 et 28 avril 1990*, Paris, 1993, p. 203-231.

Lecouteux, Cl., Les Cynocéphales. Étude d'une tradition tératologique de l'Antiquité au XIIe siècle, in *Cahiers de civilisation médiévale*, t. 24, 1981, p. 117-128.

—, *Les monstres dans la littérature allemande du Moyen Âge. Contribution à l'étude du merveilleux médiéval*, Göppingen, 1982.

—, *Les monstres dans la pensée médiévale européenne*, Paris, 1993.

Lee, R. W., *Ut pictura poesis. A Humanistic theory of painting*, New York, 1967.

Leithäuser, J. G., *Mappae Mundi. Die geistige Eroberung der Welt*, Berlin, 1958.

Leporace, T. G., Almagia, R., *Il Mappamondo di Fra Mauro*, Venise, 1966.

Lestringant, F., Cosmographie pour une restitution. Note sur le traité « Des merveilles du monde » de G. Postel (1553), in M. L. Kuntz (éd.). *Postello, Venezia e il suo mondo*, Florence, 1988, p. 227-259.

—, Une cartographie iconoclaste. « La Mappe-Monde Nouvelle Papistique » de Pierre Eskrich et Jean-Baptiste Trento (1566-1567), in M. Pelletier (éd.), *Géographie du monde au Moyen Âge et à la Renaissance*, Paris, 1989, p. 99-122.

—, *André Thevet, cosmographe des derniers Valois*, Genève, 1991.

—, *L'atelier du cosmographe, ou l'image du monde à la Renaissance*, Paris, 1991.

—, *Écrire le monde à la Renaissance. Quinze études sur Rabelais, Postel, Bodin et la littérature géographique*, Orléans, 1993.

—, *Mapping the Renaissance world. The geographical imagination in the age of discovery*, Cambridge, 1994.

—, *Le cannibale, grandeur et décadence*, Paris, 1994.

—, *Le livre des îles. Atlas et récits insulaires de la Genèse à Jules Verne*, Genève, 2002.

Lévi-Strauss, Cl., *Tristes tropiques*, Paris, 1955.

—, *La pensée sauvage*, Paris, 1962.

Levy, B., Signes et communications 'extraterrestres'. Les inscriptions marginales de la mappemonde de Hereford, in D. Buschinger, W. Spiewok (éd.), *Das grosse Abenteuer der Entdeckung der Welt im Mittelalter / La grande aventure de la découverte du monde au moyen âge*, Greifswald, 1995, p. 35-48.

Lewis, C. S., *The discarded image. An introduction to medieval and Renaissance literature*, Cambridge, 1964.

Lewis, S., *The Art of Matthew Paris in the Chronica Majora*, Berkeley, 1987.

—, *Reading images. Narrative discourse and reception in the thirteenth-century illuminated Apocalypse*, Cambridge, 1995.

Liebenwein, W., *Studiolo. Die Entstehung eines Raumtyps und seine Entwicklung bis um 1600*, Berlin, 1977.

Lindberg, D. C., Westman, R. S. (éd.), *Reappraisals of the Scientific Revolution*, Cambridge, 1990.

Lindberg, D. C., Science and the early Church, in D. C. Lindberg, R. L. Numbers (éd.), *God and nature. Historical essays on the encounter between Christianity and science*, Berkeley-Los Angeles-Londres, 1986, p. 19-48.

—, *Beginnings of Western science. The European scientific tradition in philosophical, religious, and institutional context, 600 B.C. to A.D. 1450*, Chicago-Londres, 1992.

Lindemann, R., A new dating of the Ebstorf Mappamundi, in *Deutsches Archiv für Erforschung des Mittelalters* 44, 1988, p. 45-49.

—, A new dating of the Ebstorf Mappamundi, in M. Pelletier (éd.), *Géographie du monde au Moyen Âge et à la Renaissance*, Paris, 1989, p. 45-50.

Lindgren, U., Eine Abstraktion des Weltbildes. Schemakarten, in *Geschichte in Wissenschaft und Unterricht*, t. 36, 1985, p. 23-32.

—, Schematische Zeichnungen in der Geographie der Antike und des Mittelalters, in M. Folkerts,

U. Lindgren (éd.), *Mathemata. Festschrift für Helmuth Gericke*, Stuttgart, 1985, p. 69-82.

—, Zur Position der Ebstorfer Weltkarte in der Geschichte der Geowissenschaften, in H. Kugler, E. Michael (éd.), *Ein Weltbild vor Columbus. Die Ebstorfer Weltkarte. Interdisziplinäres Colloquium 1988*, Lüneburg, 1991, p. 123-128.

—, Geographie in der Zeit der Karolinger, in P. Butzer, M. Kerner, W. Oberschelp (éd.), *Karl der Grosse und sein Nachwirken. 1200 Jahre Kultur und Wissenschaften in Europa / Charlemagne and his heritage. 1200 years of civilization and science in Europe*, t. I : *Wissen und Weltbild / Scholarship, worldview and understanding*, Turnhout, 1997, p. 507-519.

—, La géographie et la cosmographie. Deux aspects d'une seule matière ou vice versa ?, in *La géographie au Moyen Âge. Espaces pensés, espaces vécus, espaces rêvés. Arras, Journée d'études, 30 janvier 1998 (Perspectives médiévales, Suppl. 24)*, 1999, p. 57-65.

Livingstone, D. N., *The geographical tradition. Episodes in the history of a contested enterprise*, Londres, 1992.

Loker, E. de, Krogt, P. C. J. van der, *Globes from the Western world*, Londres, 1993.

Lonman, J. T., The religious symbolism of the T in O maps, in *Cartographica*, t. 18, 1981, p. 18-22.

Louis, S., Le projet encyclopédique de Barthélemy l'Anglais, in A. Becq (éd.), *L'encyclopédisme. Actes du Colloque de Caen 12-16 janvier 1987*, Paris, 1991, p. 147-151.

Lozovsky, N., *The earth is our book. Geographical knowledge in the Latin West ca. 400-1000*, Ann Arbor, 2000.

Lubac, H. de, *Exégèse médiévale. Les quatre sens de l'Écriture*, Paris, 1959-1964.

Luchesi, E., Von den « Wilden / Nacketen / Grimmigen Menschfresser Leuthen / in der Newenwelt America gelegen ». Hans Staden und die Popularität der « Kannibalen » im 16. Jahrhundert, in K.-H. Kohl (éd.), *Mythen der neuen Welt*, Berlin, 1982, p. 71-74.

Luff, R., Du compilateur anonyme à l'auteur autonome. Figure de l'écrivain encyclopédique au Moyen Âge européen, in D. Buschinger (éd.), *L'« effet auteur » au Moyen Âge. Actes du Colloque d'Amiens (mars 2001)*, Amiens, 2003, p. 55-67.

Lugli, A., *Naturalia et mirabilia. Il collezionismo enciclopedico nelle Wunderkammern d'Europa*, Milan, 1983.

Lusignan, S., *Parler vulgairement. Les intellectuels et la langue française aux* XIII*e et* XIV*e siècles*, Paris-Montréal, 1986.

—, La topique de la *translatio studii* et les traductions françaises de textes savants au XIVe siècle, in G. Contamine (éd.), *Traductions et traducteurs au Moyen Âge*, Paris, 1989, p. 303-315.

Maddox, D., Sturm-Maddox, S. (éd.), *The medieval French Alexander*, Albany, 2002.

Mai, H. P., Bypassing intertextuality. Hermeneutics, textual practice, hypertext, in H. F. Plett (éd.), *Intertextuality (Research in text theory = Untersuchungen zur Texttheorie)*, Berlin-New York, 1991, p. 30-59.

Mâle, E., *L'art religieux du* XII*e siècle en France. Étude sur l'iconographie du Moyen Âge*, 3e éd., Paris, 1928.

Mangani, G., Abraham Ortelius and the hermeneutic meaning of the cordiform projection, in *Imago mundi*, t. 50, 1998, p. 12-23.

—, *Il 'mondo' di Abramo Ortelio. Misticismo, geografia e collezionismo nel Rinascimento del Paesi Bassi*, Modène, 1998.

—, De providentiële betekenis van het *Theatrum orbis terrarum*, in R. W. Karrow (et al.) (éd.), *Abraham Ortelius (1527-1598), cartograaf en humanist*, Turnhout, 1998, p. 93-103.

Manselli, R., I popoli immaginari. Gog e Magog, in *Settimane di studi sull'alto medioevo XXIX. Popoli e paesi nella cultura altomedievale (23-29 aprile 1981)*, Spoleto, 1983, p. 487-518.

Marshall, D. W., Skelton, R. A., A list of manuscript editions of Ptolemy's *Geographia*, in *Explorers' Maps*,. Londres, 1970, p. 17-38.

Martínez, R. C., Aportación al estudio de la carta de Juan de la Cosa, in M. Pelletier (éd.), *Géographie du monde au Moyen Âge et à la Renaissance*, Paris, 1989, p. 149-162.

Mason, P., *Deconstructing America. Representations of the Other*, Londres-New York, 1990.

Massing, J. M., La mappemonde de Pierre Desceliers de 1550, in H. Oursel, J. Fritsch (éd.),

Henri II et les arts (Actes du colloque international, École du Louvre et Musée national de la Renaissance – Écouen, 25, 26 et 27 septembre 1997), Paris, 2003, p. 231-248.

Maurmann-Bronder, B., Das Bild der Schöpfung und Neuschöpfung der Welt als *orbis quadratis*, in *Frühmittelalterliche Studien*, t. 6, 1972, p. 188-210.

—, *Tempora significant*. Zur Allegorese der vier Jahreszeiten, in H. Fromm (et al.) (éd.), *Verbum et Signum. Beiträge zur mediävistischen Bedeutungsforschung*, Munich, 1975, t. 1, p. 69-101.

—, *Die Himmelsrichtungen im Weltbild des Mittelalters. Hildegard von Bingen, Honorius Augustodunensis und andere Autoren*, Munich, 1976.

Mazzeo, J. A., Universal analogy and the culture of the Renaissance, in *Journal of the history of ideas*, t. 15, 1954, p. 299-304.

McCulloch, F., *Mediaeval Latin and French Bestiaries*, Chapel Hill, 1960.

—, L'éale et la centicore. Deux bêtes fabuleuses, in *Mélanges offerts à René Crozet*, Poitiers, 1966, p. 1167-1172.

McGinn, B., *Visions of the end. Apocalyptic traditions in the Middle Ages*, New York, 1979.

McGowan, M. M., *Ideal forms in the age of Ronsard*, Berkeley-Los Angeles-Londres, 1985.

McGurk, P., *An eleventh-century Anglo-Saxon illustrated miscellany (British Library Cotton Tib. B v part 1, together with leaves from British Library Cotton Nero D II)*, Copenhague, 1983.

McFarlane, I. D., *The Entry of Henry II into Paris, 16 June 1549*, Binghamton, 1982.

Meier, C., Das Problem der Qualitätenallegorese, in *Frühmittelalterliche Studien*, t. 8, 1974. p. 385-435.

—, *Gemma spiritalis. Methode und Gebrauch der Edelsteinallegorese vom frühen Christentum bis ins 18. Jahrhundert (Teil 1)*, Munich, 1977.

—, Argumentationsformen kritischer Reflexion zwischen Naturwissenschaft und Allegorese, in *Frühmittelalterliche Studien*, t. 12, 1978, p. 116-159.

—, Grundzüge der mittelalterlichen Enzyklopädistik. Zu Inhalten, Formen und Funktionen einer problematischen Gattung, in L. Grenzmann (et al.) (éd.), *Literatur und Laienbildung im Spätmittelalter und in der Reformationszeit. Symposion Wolfenbüttel 1981*, Stuttgart, 1984, p. 467-500.

—, Cosmos politicus. Der Funktionswandel der Enzyklopädie bei Brunetto Latini, in *Frühmittelalterliche Studien*, t. 22, 1988, p. 315-356.

—, Von Homo coelestis zu Homo faber. Die Reorganisation der mittelalterlichen Enzyklopädie für neue Gebrauchsfunktionen bei Vinzenz von Beauvais und Brunetto Latini, in H. Keller (et al.) (éd.), *Pragmatische Schriftlichkeit im Mittelalter. Erscheinungsformen und Entwicklungsstufen. Akten des internationalen Kolloquiums 17.-19. Mai 1989*, Munich, 1992, p. 157-175.

—, *Ut rebus apta sint verba*. Überlegungen zu einer Poetik des Wunderbaren im Mittelalter, in D. Schmidtke (éd.), *Das Wunderbare in der Mittelalterlichen Literatur*, Göppingen, 1994, p. 37-83.

—, Organisation of knowledge and encyclopaedic *ordo*. Functions and purposes of a universal literary genre, in Peter Binkley (éd.), *Pre-modern encyclopaedic texts. Proceedings of the second COMERS congress, Groningen, 1-4 July 1996*, Leyde, 1997, p. 103-126.

—, Illustration und Textcorpus. Zu Kommunikations- und Ordnungsfunktionalen Aspekten der Bilder in den mittelalterlichen Enzyklopädiehandschriften, in H. Keller, C. Meier (éd.), *Der Codex im Gebrauch. Akten des 2. Internationalen Kolloquiums des Sonderforschungsbereichs 231*, Munich, 1996.

—, On the connection between epistemology and encyclopedic *ordo* in the Middle Ages and the early modern period, in A. A. MacDonald, M. W. Twomey (éd.), *Schooling and society. The ordering and reordering of knowledge in the western Middle Ages*, Louvain, 2004, p. 93-114.

Meine, K., *Die Ulmer* Geographia *des Ptolemäus von 1482. Zur 500. Wiederkehr der ersten Atlasdrücklegung nordlich der Alpen*, Ulm, 1982.

—, Zur Weltkarte des Andreas Walsperger, Konstanz 1448, in Wolfgang Scharfe (et al.) (éd.), *Kartenhistorisches Colloquium Bayreuth '82*

18.-20. März 1982. Vorträge und Berichte, Berlin, 1983, p. 17-30.

Meiss, M., *The Boucicaut Master*, Londres, 1968 (*French painting in the time of Jean de Berry*, t. 3)

Meserve, M., From Samarkand to Scythia. Reinventions of Asia in Renaissance geography and political thought, in Z. von Martels, A. Vanderjagt (éd.), *Pius II 'el più expeditivo pontifice'. Selected studies on Aeneas Silvius Piccolomini (1405-1464)*, Leyde, 2003, p. 13-39.

Meunier, R. A., Le *Livre des merveilles du monde* de Pierre Bersuire, in *Annuaire de l'Université de Poitiers*, 2e sér., t. 3, 1950, p. 1-8.

Meurer, P. H., *Atlantes Colonienses. Die Kölner Schule der Atlaskartographie 1570-1610*, Bad Neustadt a.d. Saale, 1988.

—, *Fontes Cartographici Orteliani. Das Theatrum Orbis Terrarum von Abraham Ortelius und seine Kartenquellen*, Weinheim, 1991.

—, Der neue Kartensatz von 1588 in der Kosmographie Sebastian Münsters, in *Cartographica Helvetica*, t. 7, 1993, p. 11-20.

Meyer, H., Suntrup, R., *Lexikon der mittelalterlichen Zahlenbedeutungen*, Munich, 1987.

Meyer, H., *Die Zahlenallegorese im Mittelalter. Methode und Gebrauch*, Munich, 1975.

—, Bartholomäus Anglicus, *De proprietatibus rerum*. Sebstverständnis und Rezeption, in *Zeitschrift für deutsches Altertum und deutsche Literatur*, t. 117, 1988, p. 237-274.

—, Zum Verhältnis von Enzyklopädik und Allegorese im Mittelalter, in *Frühmittelalterliche Studien*, t. 24, 1990, p. 290-313.

—, Das Enzyklopädiekonzept des 'Fons memorabilium universi' des Domenico Bandini im Verhältnis zur Tradition, in *Frühmittelalterliche Studien*, t. 27, 1993, p. 220-240.

—, *Die Enzyklopädie des Bartholmäus Anglicus. Untersuchungen zur Überlieferungs- und Rezeptionsgeschichte von « De Proprietatibus Rerum »*, Munich, 2000.

Michael, E., Das wiederentdeckte Monument. Erforschung der Ebstorfer Weltkarte, Entstehungsgeschichte und Gestalt ihrer Nachbildungen, in H. Kugler, E. Michael (éd.), *Ein Weltbild vor Columbus. Die Ebstorfer Weltkarte. Interdisziplinäres Colloquium 1988*, Lüneburg, 1991, p. 9-22.

Michaud-Quantin, P., Les petites encyclopédies du xiiie siècle, in *Cahiers d'histoire mondiale / Journal of world history / Cuadernos de historia mundial*, t. 9, 1966, p. 580-595.

Mignolo, W. D., *The darker side of Renaissance. Literacy, territoriality and colonization*, Ann Arbor, 1995.

Milanesi, M., La rinascita della geografia dell'Europa (1350-1480), in S. Gensini (éd.), *Europa e Mediterraneo tra medioevo e prima età moderna. L'osservatorio italiano*, San Miniato, 1992, p. 35-59.

—, Il *De insulis et earum proprietatibus* di Domenico Silvestri (1385-1406), in *Geographia antiqua*, t. 2, 1993, p. 133-146.

Milano, E., *Il mapamondo Catalano Estense / Die katalanische Estense Weltkarte*, Dietikon / Zürich, 1995.

Miller, K., *Die Weltkarte des Beatus (776 n. Chr.)*, Stuttgart, 1895 (*Mappaemundi. Die ältesten Weltkarten*, t. 1)

—, *Atlas von 16 Lichtdruck-Tafeln*, Stuttgart, 1895 (*Mappaemundi. Die ältesten Weltkarten*, t. 2)

—, *Die kleineren Weltkarten*, Stuttgart, 1895 (*Mappaemundi. Die ältesten Weltkarten*, t. 3)

—, *Die Herefordkarte. Mit 2 Uebersichtskarten im Text und die Herefordkarte in Farbendruck als Beilage*, Stuttgart, 1896 (*Mappaemundi. Die ältesten Weltkarten*, t. 4)

—, *Die Ebstorfkarte. Mit dem Facsimile der Karte in den Farben des Originals*, Stuttgart, 1896 (*Mappaemundi. Die ältesten Weltkarten*, t. 5)

—, *Rekonstruierte Karten. Mit 58 Clichés (darunter 49 Karten) im Text und 8 Kartenbeilage*, Stuttgart, 1898 (*Mappaemundi. Die ältesten Weltkarten*, t. 6)

Minnis, A. J., Late medieval discussions of *compilatio* and the rôle of the *compilator*, in *Beiträge zur Geschichte der deutschen Sprachen und Literatur*, t. 101, 1979, p. 385-421.

—, *Medieval theory of authorship. Scholastic literary attitudes in the later Middle Ages*, 2e éd., Aldershot, 1988.

Mitchell, W. J. T., *The language of images*, Chicago, 1980.

—, *Iconology. Image, text, ideology*, Chicago, 1986.

—, *Picture theory. Essays on verbal and visual interpretation*, Chicago-Londres, 1994.

Moffitt, J. F., Medieval *mappaemundi* and Ptolemy's *Chorographia*, in *Gesta*, t. 32, 1993, p. 59-68.

Moir, A. L., *The world map in Hereford Cathedral*, Hereford, 8e éd., 1977.

Monfrin, J., Humanisme et traductions au Moyen Âge, in *Journal des savants*, 1963, p. 161-190.

—, Les traducteurs et leur public en France au Moyen Âge, in *Journal des savants*, 1964, p. 5-20.

Moralejo Alvarez, S., El mapa de la diaspora apostólica en San Pedro de Rocas. Notas para su interpretación y filiación en la tradición cartográfica de los « Beatos », in *Compostellanum*, t. 31, 1986, p. 315-340.

Morgan, N., *Early gothic manuscripts (1190-1285)*, Londres-Oxford, 1982-1988.

Morrison, K. F., *History as a visual art in the twelfth century Renaissance*, Princeton, 1990.

Mukerji, C., Visual language in science and the exercise of power. The case of cartography in early modern Europe, in *Studies in visual communication*, t. 10, 1984, p. 30-45.

Mund-Dopchie, M., De antieke fabelwereld, in M. Watelet (éd.), *Gerardus Mercator Rupelmundus*, Anvers, 1994, p. 23-29.

—, L'Amérique de Christophe Colomb. Une nouvelle « terre ultime » (eschatia) de l'écoumène traditionnelle, in J.-P. Sanchez (éd.), *Dans le sillage de Colomb. L'Europe du Ponant et la découverte du Nouveau Monde (1450-1650). Actes du Colloque International Université Rennes 2, 5, 6 et 7 mai 1992*, Rennes, 1995, p. 359-366.

Münkler, M., Experiencing strangeness. Monstrous peoples on the edge of the earth as depicted on medieval *mappae mundi*, in *The medieval history journal*, t. 5, 2002, p. 195-222.

Muratova, X., Problèmes de l'origine et des sources des cycles d'illustrations des manuscrits des Bestiaires, in G. Bianciotto (et al.) (éd.), *Épopée animale, fable, fabliau. Actes du IVe Colloque de la Société internationale renardienne (Évreux 1981)*, Paris, 1984, p. 383-408.

—, Étude du manuscrit, in X. Muratova, D. Poirion (éd.), *Bestiarium*, Paris, 1984, p. 13-55.

—, Workshop methods in English late twelfth-century illumination and the production of luxury bestiaries, in W. B. Clark, M. T. McMunn (éd.), *Beasts and birds of the Middle Ages. The Bestiary and its legacy*, Philadelphia, 1989, p. 53-68.

—, Aspects de la transmission textuelle et picturale des manuscrits des Bestiaires anglais à la fin du xiie siècle et au début du xiiie siècle, in *Comprendre et maîtriser la nature au Moyen Âge. Mélanges d'histoire des sciences offerts à Guy Beaujouan*, Genève-Paris, 1994, p. 579-605.

Murray, J. S., Fanciful worlds. How strange beasts and myths found their way to early maps, in *Canadian Geographic*, t. 113, 1993, p. 64-72.

Mütterlich, F., Geographische und ethnographische Darstellungen in der Buchmalerei des frühen Mittelalters, in *Settimane di studi sull'alto medioevo XXIX. Popoli e paesi nella cultura altomedievale (23-29 aprile 1981)*, Spolète, 1983, p. 709-744.

Nebenzahl, K., *Atlas of Columbus and the great discoveries*, Chicago, 1990.

Nees, L., A *tainted mantle. Hercules and the classical tradition at the Carolingian court*, Philadelphia, 1991.

Nelson, D., The age of unreason. Cartographic blunders of the fifteenth and sixteenth centuries, in *Mercators World*, 1998, p. 16-21.

Neuber, W., Imago und Pictura. Zur Topik des Sinn-Bild im Spannungsfeld von Ars Memorativa und Emblematik (am Paradigma des « Indianers », in W. Harms (éd.), *Text und Bild, Bild und Text.*, Stuttgart, 1990, p. 245-261.

Neukirch, D., Das Bild der Welt auf Karten des Mittelalters und der frühen Neuzeit, in X. von Ertzdorff (et al.) (éd.), *Reisen und Reiseliteratur im Mittelalter und in der frühen Neuzeit. Vorträge eines interdisziplinären Symposiums vom 3.-8. Juni 1991 an der Justus-Liebig-Universität Giessen*, Amsterdam, 1992, p. 191-225.

Newald, R., *Nachleben des antiken Geistes im Abendland bis zum Beginn des Humanismus*, Tübingen, 1960.

Nichols, S. G., *Romanesque signs. Early medieval narrative and iconography*, New Haven-Londres, 1983.

Nicolet, Cl., Les « quatre sages » de Jules César, in *Journal des savants*, 1986, p. 157-184.

Nobis, H. M., Buch der Natur, in J. Ritter, K. Gründer (éd.), *Historisches Wörterbuch der Philosophie*, Darmstadt, 1971, col. 957-959.

Nordenskiöld, A. E., *Periplus. An essay on the early history of charts and sailing-directions*, Stockholm, 1897.

North, J., *The Fontana history of astronomy and cosmology*, Londres, 1994.

Nöth, W., Zur Komplementarität von Sprache un Bild aus semiotischer Sicht, in *Mitteilungen des deutschen Germanistenverbandes*, t. 51, 2004, p. 8-22.

Nunn, G. E., *The geographical conceptions of Columbus*, New York, 1977.

Nuti, L., The world map as an emblem. Abraham Ortelius and the stoic contemplation, in *Imago mundi*, t. 55, 2003, p. 38-55.

O'Donnel, H., *El mapamundi denominado Carta de Juan de la Cosa*, Madrid, 1992.

Obrist, B., Wind diagrams and medieval cosmology, in *Speculum*, t. 72, 1997, p. 33-84.

Ohly, F., Vom geistigen Sinn des Wortes im Mittelalter, in *Schriften zur mittelalterlichen Bedeutungsforschung*, Darmstadt, 1977, p. 1-31.

—, Der Münsterer Sonderforschungsbereich 7 : Mittelalterforschung (Bild, Bedeutung, Sachen, Wörter und Personen, ii. Bericht), in *Frühmittelalterliche Studien*, t. 12, 1978, p. 390-415.

Ohnsorge, W., Zur Datierung der Ebstorfer Weltkarte, in *Niedersächsisches Jahrbuch für Landesgeschichte*, t. 33, 1961, p. 158-244.

Oostrom, F. van, *Maerlants wereld*, Amsterdam, 1996.

Olsen, K., Houwen, L. A. R. J. (éd.), *Monsters and the monstrous in medieval northwest Europe*, Louvain, 2001.

Orchard, A., *Pride and prodigies. Studies in the monsters of the Beowulf-manuscript*, Cambridge, 1995.

Ott, N. H., Text und Illustration im Mittelalter. Eine Einleitung, in H. Frühmorgen-Voss (éd.), *Text und Illustration im Mittelalter. Aufsätze zu den Wechselbeziehungen zwischen Literatur und bildender Kunst*, Munich, 1975, p. ix-xxx.

—, Überlieferung, Ikonographie – Anspruchsniveau, Gebrauchssituation. Methodisches zum Problem der Beziehungen zwischen Stoffen, Texten und Illustrationen in Handschriften des Spätmitelalters, in L. Grenzmann (et al.) (éd.), *Literatur und Laienbildung im Spätmittelalter und in der Reformationszeit. Symposion Wolfenbüttel 1981*, Stuttgart, 1984, p. 356-386.

—, Texte und Bilder. Beziehungen zwischen den Medien Kunst und Literatur in Mittelalter und früher Neuzeit, in H. Wenzel, W. Seipel, G. Wunberg (éd.), *Die Verschriftlichung der Welt. Bild, Text und Zahl in der Kultur des Mittelalters und der frühen Neuzeit*, Vienne, 2000, p. 105-143.

Paassen, C. van, *The classical tradition of geography*, Groningue-Jakarta, 1957.

Pächt, O., Alexander, J. J. G., *Illuminated manuscripts in the Bodleian Library Oxford*, t. 2 : *Italian School*, Oxford, 1970.

Pagden, A., *European encounters with the New World. From Renaissance to Romanticism*, New Haven-Londres, 1993.

Palmer, N., Kapitel und Buch. Zu den Gliederungsprinzipien mittelalterlicher Bücher, in *Frühmittelalterliche Studien*, t. 23, 1989, p. 43-88.

Panofsky, E., *Renaissance and renascences in Western art*, New York, 1972.

—, *Meaning in the visual arts*, 3e éd., Harmondsworth, New York, 1987.

Panofsky, E., F. Saxl, *Classical mythology in medieval art*, New York, 1933.

Paravicini Bagliani, A., La sfericità della terra nel medioevo, in G. Cavallo (éd.), *Cristoforo Colombo e l'apertura degli spazi. Mostra storico-cartografica*, Rome, 1992, t. 1, p. 65-79.

—, Discorso conclusivo, in *Testo e immagini nell'alto medioevo (15-21 aprile 1993)*, Spolète, 1994, p. 995-1013.

Parker, J., A fragment of a fifteenth-century planisphere in the James Ford Bell Collection, in *Imago mundi*, t. 19, 1965, p. 106-107.

Parkes, M. B., The influence of the concepts of *Ordinatio* and *Compilatio* on the development of the book, in J. J. G. Alexander, M. T. Gibson (éd.), *Medieval learning and literature. Essays presented to R. W. Hunt*, Oxford, 1976, p. 115-141.

—, The Hereford map. The handwriting and copying of the text, in P. D. A. Harvey, (éd.), *The Hereford world map. Medieval world maps and their context*, Londres, 2006, p. 107-117.

Parry, J. H., Depicting a New World, in S. Hindman (éd.), *The early illustrated book. Essays in honor of Lessing J. Rosenwald*, Washington, 1982, p. 136-149.

Pastore Stocchi, M., *Tradizione medievale e gusto umanistico nel « De montibus » del Boccaccio*, Florence, 1963.

Pastoureau, Michel, L'illustration du livre. Comprendre ou rêver ?, in H. J. Martin et R. Chartier (éd.), *Histoire de l'édition française*, t. I : *Le livre conquérant*, Paris, 1982, p. 501-529.

Pastoureau, Mireille, *Les atlas français XVIe-XVIIe siècles. Répertoire bibliographique et étude*, Paris, 1984.

—, *Voies océaniques, cartes marines et grandes découvertes*, Paris, 1992.

Paulmier-Foucart, M., Ordre encyclopédique et organisation de la matière dans le *Speculum maius* de Vincent de Beauvais, in A. Becq (éd.), *L'encyclopédisme. Actes du Colloque de Caen 12-16 janvier 1987*, Paris, 1991, p. 201-226.

—, Le plan et l'évolution du « Speculum Maius » de Vincent de Beauvais. De la version *bifaria* à la version *trifaria*, in Ch. Meier (éd.), *Die Enzyklopädie im Wandel vom Hochmittelalter bis zur frühen Neuzeit*, Munich, 2002, p. 245-267.

Paviot, J., La mappemonde attribuée à Jan van Eyck par Fàcio. Une pièce à retirer du catalogue de son œuvre, in *Revue des archéologues et historiens d'art de Louvain*, t. 24, 1991, p. 57-62.

—, Ung mapmonde rond, en guise de pom(m)e. Ein Erdglobus von 1440-44, hergestellt für Philipp den Guten, Herzog von Burgund, in *Der Globusfreund*, t. 43-44, 1995, p. 19-29.

Payne, A., *Medieval beasts*, New York, 1990.

Pearson, K. S., The multimedia approach to landscape in German Renaissance geography books, in S. Hindman (éd.), *The early illustrated book. Essays in honor of Lessing J. Rosenwald*, Washington, 1982, p. 117-135.

Pelletier, M., Le portulan d'Angelino Dulcert 1339, in *Cartographica Helvetica*, t. 9, 1994, p. 23-31.

—, *Mapa mondí. Une carte du monde au XIVe siècle* (CD-rom), Paris, 1995.

—, Die herzförmigen Weltkarten von Oronce Fine, in *Cartographica Helvetica*, t. 12, 1995, p. 27-37.

—, Carte e potere, in A. Dragone, P. M. Barber (éd.), *Segni e sogni della terra. Il disegno del mondo dal mito di Atlante alla geografia delle reti*, Milan, 2002, p. 81-93.

Pépin, J., Aspects théoriques du symbolisme dans la tradition dionysienne. Antécédents et nouveautés, in *Simboli e simbologia nell'alto medioevo, 3-9 aprile 1975*, Spolète, 1976, p. 33-66.

—, « Vt scriptura pictura ». Un thème de l'esthétique médiévale et ses origines, in F. X. Martin, J. A. Richmond (éd.), *From Augustine to Eriugena. Essays on Neoplatonism and Christianity in honor of John O'Meara*, Washington, 1991, p. 168-182.

Peters, U., *Religiöse Erfahrung als literarisches Faktum. Zur Vorgeschichte und Genese frauenmystischer Texte des 13. und 14. Jahrhunderts*, Tübingen, 1988.

Petit, A., Le pavillon d'Alexandre dans le *Roman d'Alexandre* (ms. B. Venise, Museo Civico VI, 665), in *Bien dire et bien aprandre*, t. 6, 1988, p. 77-93.

—, Les premières descriptions de tentes. La tente d'Adrastus dans le *Roman de Thèbes*, in *Bien dire et bien aprandre*, t. 11, 1993, p. 303-315.

Pfister, F., Ein Brief an Hadrian über die Wunder Asiens, in *Berliner philologische Wochenschrift*, 1914, p. 925-928.

—, *Kleine Schriften zum Alexanderroman*, Meisenheim am Glan, 1976.

—, *Der Alexanderroman mit einer Auswahl aus den verwandten Texten*, Meisenheim am Glan, 1978.

Philipp, H., *Die historisch-geographischen Quellen in den Etymologiae des Isidorus von Sevilla*, Berlin, 1912-1913.

Phillips. J. R. S., *The medieval expansion of Europe*, Oxford-New York, 1988.

—, The outer world of the European Middle Ages, in S. B. Schwarz (éd.), *Implicit understanding. Observing, reporting, and reflection on the encounters between Europeans and other peoples in the early modern era*, Cambridge-New York-Melbourne, 1994, p. 23-63.

Pickering, F. P., *Literatur und darstellende Kunst im Mittelalter*, Berlin, 1966.

Pinon, L., *Livres de zoologie de la Renaissance, une anthologie (1450-1700). Corpus iconographique de l'histoire du livre*, Paris, 1995.

Pistarino, G., I Portughesi verso l'*Asia* del Prete Gianni, in *Studi medievali*, t. 2, 1961, p. 75-137.

Plotzek, J. M., Mirabilia mundi, in B. Bänson (et al.) (éd.), *Ornamenta ecclesiae. Kunst und Künstler der Romanik*, Cologne, 1985, p. 107-111.

Pomian, K., *Collectionneurs, amateurs et curieux. Paris, Venise, xvie-xviiie siècle*, Paris, 1987.

Prangsma, A. M. L., *La légende du bois de la croix dans la littérature française médiévale*, Assen, 1995.

Pratt, S., From the margins. The native American personage in the cartouche and decorative borders of maps, in *Word & image*, t. 12, 1996, p. 349-365.

Prontera, F., Il manifesto del geografo antico dalla « Geografia » di Strabone, in F. Prontera (éd.), *Geografia e geografi nel mondo antico. Guida storica e critica*, Bari, 1983, p. 3-16.

—, Prima di Strabone. Materiali per uno studio della geografia antica come genere letterario, in F. Prontera (éd.), *Strabone. Contributi allo studio della personalità e dell'opera*, Perugia, 1984, p. 187-256.

Quaini, M., L'immaginario geografico medievale, il viaggio di scoperta e l'universo concettuale del grande viaggio di Colombo, in S. Pittaluga (éd.), *Relazioni di viaggio e conoscenza del mondo fra medioevo e umanesimo. Atti del V Convegno internazionali di studi dell'Associazione per il medioevo e l'umanesimo latini (AMUL), Genova, 12-15 dicembre 1991*, Gênes, 1993, p. 257-270.

Quinn, E. C., *The quest of Seth for the oil of life*, Chicago, 1969.

Randles, W. G. L., *L'empire du Monomotapa du xve au xixe siècle*, Paris-La Haye, 1975.

—, *De la terre plate au globe terrestre. Une mutation épistémologique rapide 1480-1520*, Paris, 1980.

—, De la carte-portulan méditerranéenne à la carte marine du monde des grandes découvertes. La crise de la cartographie au xvie siècle, in M. Pelletier (éd.), *Géographie du monde au Moyen Âge et à la Renaissance*, Paris, 1989, p. 125-132.

—, *The unmaking of the medieval Christian cosmos, 1500-1760. From solid heavens to boundless æther*, Aldershot, 1999.

—, *Geography, cartography and nautical science in the Renaissance. The impact of the great discoveries*, Vermont, 2000.

Ratkowitsch, C., *Descriptio picturae. Die literarische Funktion der Beschreibung von Kunstwerken in der lateinische Grossdichtung des 12. Jahrhunderts*, Vienne, 1991,

Ratti, A., Le carte geografiche di Candia del Museo Civico Correr, in *Bolletino dei musei civici veneziani*, t. 24, 1979, p. 86-101.

Ravenstein, E. G., *Martin Behaim, his life and globe*, Londres, 1908.

Raynaud-Nguyen, I., Les portulans, in G. Duchet-Suchaux (éd.), *Iconographie médiévale. Image. Texte. Contexte*, Paris, 1990, p. 91-107.

Reeves, M., *The influence of prophecy in the later Middle Ages. A study in Joachimism*, reprod. Oxford, 1993.

Relaño, F., *The shaping of Africa. Cosmographic discourse in late medieval and early modern Europe*, Aldershot, 2002.

—, *Cosmographia arithmetica*. Le monde, ses parties et la numérologie médiévale, in *Le Moyen Âge*, t. 109, 2003, p. 113-128.

—, Paradise in Africa, *Terrae incognitae. Annals of the Society for the history of discoveries*, t. 36, 2004, p. 1-11.

Reuter, M., *Text und Bild im Codex 132 der Bibliothek von Montecassino* « Liber Rabani de originibus rerum ». *Untersuchungen zur mittelalterlichen Illustrationspraxis*, Munich, 1984.

RIBÉMONT, B., L'encyclopédisme médiéval et la question de l'organisation du savoir, in D. Hué (éd.), *L'écriture du savoir. Actes du colloque Bagnoles-de-l'Orme, 7 avril 1990*, Le Mesnil-Brout, 1991, p. 95-106.

—, *Le Moyen Âge et la science. Approches de quelques disciplines et personnalités scientifiques médiévales*, Paris, 1991.

—, Statut de l'astronomie et évolution des connaissances sur le cosmos chez les vulgarisateurs médiévaux. Le cas de quelques encyclopédies en langue vernaculaire, in B. Ribémont (éd.), *Observer, lire, écrire le ciel au Moyen Âge. Actes du colloque d'Orléans, 22-23 avril 1989*, Paris, 1991, p. 283-300.

—, Le temps de l'histoire chez un encyclopédiste médiéval, in B. Ribémont (éd.), *Le temps, sa mesure et sa perception au Moyen Âge, Actes du colloque Orléans 12-13 avril 1991*, Caen, 1992, p. 229-242.

—, Terre, régions, pays. L'itinéraire géographique du *Livre dou tresor* de Brunetto Latini, in B. Guidot (éd.), *Provinces, régions, terroirs au Moyen Âge. De la réalité à l'imaginaire. Actes du colloque international des rencontres européennes de Strasbourg, Strasbourg, 19-21 septembre 1991*, Nancy, 1993, p. 103-121.

—, L'inconnu géographique des encyclopédies médiévales. Fermeté et étrangeté, in D. Buschinger, W. Spiewok (éd.), *Nouveaux mondes et mondes nouveaux au Moyen Âge. Actes du colloque du Centre d'études médiévales de l'Université de Picardie Jules Verne, Amiens, mars 1992*, Greifswald, 1994.

—, *Les origines des encyclopédies médiévales. D'Isidore de Séville aux Carolingiens*, Paris, 2001.

—, *Littérature et encyclopédies du Moyen Âge*, Orléans, 2002.

—, *La « Renaissance » du XIIe siècle et l'encyclopédisme*, Paris, 2002.

RICHARD, J., *Les récits de voyages et de pèlerinages*, Turnhout, 1981 (Typologie des sources du Moyen Âge occidental, 38)

—, Voyages réels et voyages imaginaires. Instruments de la connaissance géographique au Moyen Âge, in G. Hasenohr, J. Longère (éd.), *Culture et travail intellectuel dans l'Occident médiéval*, Paris, 1981, p. 211-220.

—, *Croisés, missionaires et voyageurs. Les perspectives orientales du monde latin médiéval*, Aldershot, 1983.

RINGBOM, S., Some pictorial conventions for the recounting of thoughts and experiences in late medieval art, in F. G. Andersen (et al.) (éd.), *Medieval iconography and narrative. A symposium*, Odense, 1980, p. 38-69.

ROBINSON, A. H., BARTZ PETCHENIK, B., *The nature of maps. Essays toward understanding Maps and Mapping*, Chicago, 1976.

ROMM, J. S., Alexander, biologist. Oriental monstrosities and the *Epistola Alexandri ad Aristotelem*, in S. D. Westrem (éd.), *Discovering New Worlds. Essays on medieval exploration and imagination*, New York-Londres, 1991, p. 16-30.

—, *The edges of the world in ancient thought. Geography, exploration and fiction*, Princeton, 1992.

RONCIÈRE, M. DE LA, MOLLAT DU JOURDIN, M., *Les Portulans. Cartes marines du XIIIe siècle au XVIIe siècle*, Fribourg, 1984.

RONCIÈRE, C. DE LA, Un inventaire de bord en 1294 et les origines de la navigation hauturière, in *Bibliothèque de l'École des Chartes*, t. 58, 1897, p. 394-409.

—, Portulans et planisphères conservés à la Bibliothèque nationale. La succession des écoles cartographiques, in *Revue d'histoire économique et sociale*, t. 45, 1967, p. 7-14.

RONCIÈRE, M. DE LA, Les cartes marines de l'époque des grandes découvertes, in *Revue d'histoire économique et sociale*, t. 45, 1967, p. 15-28.

ROSSELLÓ I VERGER, V. M. (et al.), *La cartografia catalana*, Barcelone, 2000.

ROSIEN, W., *Die Ebstorfer Weltkarte*, Hanovre, 1952.

ROSS, D. J. A., *Illustrated medieval Alexander books in Germany and the Netherlands. A study in comparative iconography*, Cambridge, 1971.

—, *Alexander historiatus. A guide to medieval illustrated Alexander literature*, Frankfurt a.M., 1988.

Rothacker, E., *Das* Buch der Natur. *Materialen und Grundsätzliches zur Metapherngeschichte*, Bonn, 1979.

Rothmann, M., *Totius orbis descriptio*. Die « Otia Imperialia » des Gervasius von Tilbury. Eine höfische Enzyklopädie und die *scientia naturalis*, in Ch. Meier (éd.), *Die Enzyklopädie im Wandel vom Hochmittelalter bis zur frühen Neuzeit*, Munich, 2002, p. 189-224.

Roukema, E., Some remarks on the la Cosa Map, in *Imago mundi*, t. 14, 1959, p. 38-54.

Rouse, M. A., Rouse, R. H., *Ordinatio* and *compilatio* revisited, in M. D. Jordan, K. Emery Jr (éd.), *Ad litteram. Authorative texts and their medieval readers*, Notre Dame, 1992, p. 113-134.

Rouse, R. H., La diffusion en occident au xiiie siècle des outils de travail facilitant l'accès aux textes autoritatifs, in *Revue des études islamiques*, t. 44, 1976, p. 115-147.

—, *Florilegia* and Latin classical authors in twelfth- and thirteenth-century Orléans, in *Viator*, t. 10, 1979, p. 131-160.

Roux, G., Laharie, M., *Art et folie au Moyen Âge. Aventures et énigmes d'Opicinus de Canistris (1296-vers 1351)*, Paris, 1997.

Roy, B., En marge du monde connu. Les races de monstres, in G.-H. Allard (et al.) (éd.), *Aspects de la marginalité au Moyen Âge*, Montreal, 1975, p. 71-80.

Ruberg, U., Allegorisches im *Buch der Natur* Konrads von Megenberg, in *Frühmittelalterliche Studien*, t. 12, 1978, p. 310-325.

—, *Mappae Mundi* des Mittelalters im Zusammenwirken von Text und Bild. Mit einem Beitrag zur Verbindung von Antikem und Christlichem in *principium*- und *finis*-Thematik auf der Ebstorfkarte, in C. Meier, U. Ruberg (éd.), *Text und Bild. Aspekte des Zusammenwirkens zweier Künste in Mittelalter und früher Neuzeit*, Wiesbaden, 1980, p. 550-592.

—, Die Tierwelt auf der Ebstorfer Weltkarte im Kontext mittelalterlicher Enzyklopädik, in H. Kugler, E. Michael (éd.), *Ein Weltbild vor Columbus. Die Ebstorfer Weltkarte. Interdisziplinäres Colloquium 1988*, Lüneburg, 1991, p. 319-346.

Rücker, E., Nürnberger Frühhumanisten und ihre Beschäftigung mit Geographie, in R. Schmitz, F. Krafft (éd.), *Humanismus und Naturwissenschaften*, Boppard, 1980, p. 181-192.

Run, A. van, *Annus Quadriga Mundi*. Over de adaptatie van een klassiek thema in de vroegmiddeleeuwse kunst, in J. B. Bedeaux (éd.), *Annus Quadriga Mundi. Opstellen over middeleeuwse kunst opgedragen aan Prof. dr Anna C. Esmeijer*, Zutphen, 1989, p. 152-178.

—, Functies en waardering van het beeld, in M. Stoffers (éd.), *De middeleeuwse ideeënwereld, 1000-1300*, Heerlen-Hilversum, 1994, p. 343-372.

—, *Quia facilior ad intellectum per oculos via est*. Over 'uitleg' op school en in de kunst, in R. E. V. Stuip (éd.), *Scholing in de Middeleeuwen*, Hilversum, 1995, p. 126-158.

Russel, D. S., *Emblematic structures in Renaissance France*, Toronto, 1995.

Russell, J. B., *Inventing the flat earth. Columbus and modern historians*, New York, 1991.

Sackur, E., *Sibyllinische Texte und Forschungen. Pseudomethodius, Adso und die tiburtinische Sibylle*, Halle, 1898.

Saint-Martin, F., *Sémiologie du langage visuel*, Sillery, 1987.

Salerno, L., Arte, scienza e collezioni nel Manierismo, in *Scritti di storia dell'arte in onore di Mario Salmi*, Rome, 1963, t. 3, p. 193-214.

Salisbury, J., *The medieval Book of Nature. A book of essays*, New York, 1993.

Salvat, M., Les animaux qui ne vivent chacun que d'un seul élément, in D. Buschinger, A. Crepin (éd.), *Les quatre éléments dans la culture médiévale. Actes du colloque des 25, 26 et 27 mars 1982*, Göppingen, 1983, p. 287-297.

—, Science et pouvoir à Mantoue et à Paris au xive siècle, in A. Bec (éd.), *L'encyclopédisme*, Paris, 1991, p. 389-393.

—, Le ciel des vulgarisateurs. Note sur les traductions du *De proprietatibus rerum*, in B. Ribémont (éd.), *Observer, lire, écrire le ciel au Moyen Âge. Actes du colloque d'Orléans (22-23 avril 1989)*, Paris, 1991, p. 301-313.

Samaran, Ch., Monfrin, J., *Pierre Bersuire, prieur de Saint-Éloi de Paris (1290 ?-1362)*, Paris, 1962

(Extrait de l'histoire littéraire de la France, t. 39)
SAMMET, G., *Der vermessene Planet. Bilderatlas zur Geschichte der Kartographie*, Hamburg, 1990.
SANCHEZ, J.-P., L'Europe du Ponant et la découverte du Nouveau Monde. Le rôle de l'imaginaire, in J.-P. Sanchez (éd.), *Dans le sillage de Colomb. L'Europe du Ponant et la découverte du Nouveau Monde (1450-1650). Actes du Colloque international Université Rennes 2, 5, 6 et 7 mai 1992*, Rennes, 1995, p. 249-264.
SANDMAN, A., Mirroring the world. Sea charts, navigation, and territorial claims in sixteenth-century Spain, in P. H. Smith, P. Findlen (éd.), *Merchants and marvels. Commerce, science, and art in early modern Europe*, New York-Londres, 2002, p. 83-108.
SAXL, F., Macrocosm and microcosm in mediaeval pictures, in *Lectures*, Londres, 1957, p. 58-72.
—, Illustrated mediaeval encyclopaedias, in *Lectures*, Londres, 1957, p. 228-241, 242-254.
SCAFI, A., Mapping Eden. Cartographies of the earthly paradise, in D. Cosgrove (éd.), *Mappings*, Londres, 1999, p. 50-70.
—, *Heaven on earth. Mapping paradise in the Western tradition*, Londres-Chicago, 2006.
SCHALLER, D., Untersuchungen zu den Gedichten des Théodulfs von Orléans, in *Deutsches Archiv für Erforschung des Mittelalters*, t. 18, 1962, p. 13-91.
SCHAPIRO, M., *Words and pictures. On the literal and the symbolic in the illustration of a text*, La Haye-Paris, 1973.
SCHELLER, R. W., *Exemplum. Model-book drawings and the practice of artistic transmission in the Middle Ages (ca. 900 - ca. 1470)*, Amsterdam, 1995.
SCHILDER, G., AIKEMA, B., VAN DER KROGT, P. C. J., *The atlas Blaeu-Van der Hem of the Austrian National Library*, 't Goy-Houten, 1996-2004.
SCHILDER, G., WELU, J., *The world map of 1611 by Pieter van den Keere*, Amsterdam, 1980.
SCHILDER, G., *The world map of 1624 by Willem Jansz. Blaeu and Jodocus Hondius*, Amsterdam, 1977.
—, *The world map of 1669 by Jodocus Hondius the Elder and Nic. Visscher*, Amsterdam, 1978.
—, *Three world maps by François van den Hoeye of 1661, Willem Janszoon (Blaeu) of 1607, Claes Janszoon Visscher 1650*, Amsterdam, 1981.
—, *Monumenta cartographica neerlandica*, t. 2, Alphen a/d Rijn, 1987.
—, *Twee wandkaarten van de wereld van Blaeu, 1619 en 1645 / 46 / Two wall-maps of the world by Blaeu, 1619 and 1645 / 46*, Alphen a/d Rijn, 1990 (*Monumenta cartographica neerlandica*, t. 3)
—, *Losse kaarten en topografische prenten uitgegeven door Willem Jansz. Blaeu / Single-sheet maps and topographical prints published by Willem Jansz Blaeu*, Alphen a/d Rijn, 1993 (*Monumenta cartographica neerlandica*, t. 4)
—, *Tien wandkaarten van Blaeu en Visscher / Ten wall maps by Blaeu and Visscher*, Alphen a/d Rijn, 1996 (*Monumenta cartographica neerlandica*, t. 5)
—, *Nederlandse foliokaarten met decoratieve randen 1604-60 / Dutch folio-sized single sheet maps with decorative borders*, Aphen a/d Rijn, 2001 (*Monumenta cartographica neerlandica*, t. 6)
—, *Cornelis Claesz (c. 1551-1609). Stimulator and driving force of Dutch cartography*, Alphen a/d Rijn, 2003 (*Monumenta cartographica neerlandica*, t. 7)
SCHILLER, G., *Ikonographie der christlichen Kunst*, t. 3 : *Die Auferstehung und Erhöhung Christi*, 2e éd., Gütersloh, 1986.
SCHILLING, M., *Imagines mundi, metaphorische Darstellungen der Welt in der Emblematik*, Berne-Frankfurt a.M., 1979.
SCHLOSSER, J. VON, *Die Kunst- und Wunderkammern der Spätrenaissance*, 2e éd., Braunschweig, 1978.
SCHLOTHEUBER, E., Ebstorf und seine Schülerinnen in der zweiten Hälfte des 15. Jahrhunderts, in F. Eisermann, E. Schlotheuber, V. Honemann (éd.), *Studien und Texte zur literarischen und materiellen Kultur der Frauenkloster im späten Mittelalter. Ergebnisse eines Arbeitsgesprächs in der Herzog August Bibliothek Wolfenbüttel, 24.-26. Febr. 1999*, Leyde-Boston, 2004, p. 169-221.
SCHMALE, F.-J., *Funktion und Formen mittelalterlicher Geschichtsschreibung*, Darmstadt, 1985.

SCHMIDT, M., Der weiße Fleck auf der Landkarte, in K.-H. Kohl (éd.), *Mythen der neuen Welt. Zur Entdeckungsgeschichte Lateinamerikas*, Berlin, 1982, p. 264-271.

SCHMIDTKE, D., *Geistliche Tierinterpretation in der deutschsprachigen Literatur des Mittelalters*, Berlin, 1968.

SCHMIDT-WIEGAND, R., Text und Bild in den Codices picturati des « Sachsenspiegels » – Überlegungen zur Funktion der Illustration, in R. Schmidt-Wiegand (éd.), *Text-Bild Interpretationen. Untersuchungen zu den Bilderhandschriften des Sachsenspiegels*, Munich, 1986, p. 11-31.

SCHMITZ-MOORMANN, K., Mercator vor den Horizont der mittelalterliche Wissenschaften, insbesondere der Theologie, in M. Büttner (éd.), *Mercator und die Wandlungen der Wissenschaften im 16. und 17. Jahrhundert. Referate des 1. Mercatorsyposiums Duisburg, 8.-9. März 1992*, Bochum, 1993, p. 93-101.

—, Mercator und die Entwicklung der Exegese im sechzehnten Jahrhundert, in H. H. Blotevogel, R. Vermij (éd.), *Gerhard Mercator und die geistigen Strömungen des 16. und 17. Jahrhunderts*, Bochum, 1995, p. 208-221.

SCHNAPPER, A., *Le géant, la licorne et la tulipe. Collections et collectionneurs dans la France du XVIIe siècle*, Paris, 1988.

SCHNEIDER, U., *Die Macht der Karten. Eine Geschichte der Kartographie vom Mittelalter bis Heute*, Darmstadt, 2004.

SCHOECK, R. J., *Intertextuality and Renaissance texts*, Bamberg, 1984.

SCHÖNING, U., *Thebenroman – Eneasroman – Trojaroman. Studien zur Rezeption der Antike in der französischen Literatur des 12. Jahrhunderts*, Tübingen, 1991.

SCHRAMM, P. E., *Sphaira, Globus, Reichsapfel. Wanderung und Wandlung eines Herrschaftszeichens von Caesar bis zu Elisabeth II. Ein Beitrag zum « Nachleben » der Antike*, Stuttgart, 1958.

SCHULTE HERBRÜGGEN, H., « Ite in mundum universum ». Beobachtungen zur *Imago mundi* im Dom zu Hereford, in P. Wunderli (éd.), *Reisen in reale und mythische Ferne. Reiseliteratur in Mittelalter und Renaissance*, Düsseldorf, 1993, p. 35.

SCHULZ, J., Jacopo de Barbari's view of Venice. Mapmaking, city views, and moralized geography before the year 1500, in *Art Bulletin*, t. 60, 1978, p. 425-474.

—, Maps as metaphors. Mural map cycles of the Italian Renaissance, in D. Woodward (éd.), *Art & Cartography*, Chicago, 1987, p. 97-122.

SCHULZE, H. J., Ist Gervasius von Tilbury Propst von Ebstorf gewesen ?, in *Niedersächsisches Jahrbuch für Landesgeschichte*, t. 33, 1961, p. 239-244.

SCHÜTTE, M., *Die Galleria delle carte geografiche im Vatikan. Eine ikonologische Betrachtung des Gewölbeprogramms*, Hildesheim, 1993.

SEAVER, K. A., *Maps, myths, and men. The story of the Vinland map*, Stanford, 2004.

—, *The frozen echo. Greenland and the exploration of North America, AD 1000-1500*, Stanford, 1996.

—, The Vinland map. A $ 3,500 duckling that became a $ 25,000,000 swan, in *Mercators World*, 1997, p. 42-47.

SEGATTO, F., Un'immagine quattrocentesca del mondo. La *Sfera* del Dati, in *Atti della Accademia Nazionale dei Lincei, serie VIII*, t. 27, fasc. 3, 1983, p. 147-181.

SEZNEC, J., *La survivance des dieux antiques*, Londres, 1940

SEYMOUR, M. C., *Bartholomaeus Anglicus and his encyclopedia*, Aldershot, 1993.

SHALEV, Z., Sacred geography, antiquarianism, and visual erudition. Benito Arias Montano and the maps of the Antwerp Polyglot Bible, in *Imago mundi*, t. 55, 2003, p. 56-80.

—, *Geographia sacra. Cartography, religion, and scholarship in the sixteenth and seventeenth centuries*, thèse, Princeton, 2004.

SHAPIN, S., *The sientific Revolution*, Chicago, 1996.

SHEA, W. R., Galileo and the Church, in D. C. Lindberg, R. L. Numbers (éd.), *God and nature. Historical essays on the encounter between Christianity and science*, Berkeley-Los Angeles-Londres, 1986, p. 114-135.

SHIRLEY, R. W., *The mapping of the world. Early printed world maps 1472-1700*, Londres, 1983.

SICARD, P., *Hugues de Saint-Victor et son école*, Turnhout, 1991.
—, *Diagrammes médiévaux et exégèse visuelle. Le « Libellus de formatione arche » de Hugues de Saint-Victor*, Paris-Turnhout, 1993.
SIMAR, T., La géographie de l'Afrique centrale dans l'Antiquité et au moyen-âge, in *Revue congolaise*, t. 3, 1912-13, p. 1-23, 81-102, 145-169, 225-252, 289-310, 440-441.
SIMEK, R., Die Kugelform der Erde im mittelhochdeutschen Schrifttum, in *Archiv für Kulturgeschichte*, t. 70, 1988, p. 361-373.
—, Mappae mundi, in *Archiv der Geschichte der Naturwissenschaften*, t. 22 / 23 / 24, 1988, p. 1061-1091.
—, *Altnordische Kosmographie. Studien und Quellen zu Weltbild und Weltbeschreibung in Norwegen und Island von 12. bis zum 14. Jahrhundert*, Berlin-New York, 1990.
—, *Erde und Kosmos im Mittelalter. Das Weltbild vor Kolumbus*, Munich, 1992.
—, Die Form der Erde im Mittelalter und die Erfinder der Scheibengestalt, in P. Segl (éd.), *Mittelalter und Moderne. Entdeckung und Rekonstruktion der mittelalterlichen Welt. Kongreßakten des 6. Symposiums des Mediävistenverbandes in Bayreuth 1995*, Sigmaringen, 1997, p. 139-147.
SINGLETON, C. S. (éd.), *Art, science and history in the Renaissance*, Baltimore, 1967.
SKELTON, R. A. (et al.), *The Vinland Map and the Tartar relation*, New Haven-Londres, 1995.
SKELTON, R. A., *Decorative printed maps of the fifteenth to eighteenth centuries. A revised edition of old decorative maps and charts by A. C. Humphries*, Londres, 1952.
—, *Explorers' maps. Chapters in the cartographic record of geographical discovery*, Londres, 1958.
—, *Looking at an early map*, Lawrence, 1965.
—, A contract for world maps at Barcelona 1399-1400, in *Imago mundi*, t. 22, 1968, p. 107-109.
—, *Maps. A historical survey of their study and collecting*, Chicago, 1972.
SKINNER, Q., *The return of grand theory in the human sciences*, Cambridge, 1985.
SKUBISZEWSKI, P., L'intellectuel et l'artiste face à l'œuvre à l'époque romane, in J. Hamesse, C. Muraille-Samaran (éd.), *Le travail au Moyen Âge. Une approche interdisciplinaire. Actes du Colloque international de Louvain-la-Neuve, 21-23 mai 1987*, Louvain-la-Neuve, 1990, p. 263-321.
SMET, A. DE, L'évolution de la cartographie au moyen âge et jusqu'à la 2e moitié du XVIe siècle, in C. Koeman (éd.), *Land- und Seekarten im Mittelalter und in der frühen Neuzeit*, Munich, 1980, p. 69-89.
SMIT, G. I., Kunst op de kaart, in *De wereld volgens Blaeu. Blaeu's wereldkaart op groot formaat uit 1646*, 1986, p. 39-46.
SMITS, E. R., Vincent of Beauvais. A note on the background of the *Speculum*, in W. J. Aerts (et al.) (éd.), *Vincent of Beauvais and Alexander the Great. Studies on the Speculum Maius and its translations into medieval vernaculars*, Groningue, 1986, p. 1-9.
SOMMERBRODT, E., *Die Ebstorfer Weltkarte, nebst Atlas von 25 Lichtdrucktafeln*, Hanovre, 1891.
STEINER, W., *The colors of rhetoric*, Chicago, 1982.
—, *Pictures of romance. Form against context in painting and literature*, Chicago-Londres, 1988.
STONE, J. R., The medieval *mappaemundi*. Toward an archaeology of sacred cartography, in *Religion*, t. 23, 1993, p. 197-216.
STRAUSS, G., A sixteenth century encyclopedia. Sebastian Münster's Cosmography and its editions, in C. H. Carter (éd.), *From the Renaissance to the Counter-Reformation. Essays in honor of Garett Mattingly*, New York, 1965, p. 145-163.
STRONG, R., *Art and power. Renaissance festivals 1450-1650*, Woodbridge, 1984.
—, *Feast. A history of grand eating*, Londres, 2002.
STURTEVANT, W. C., First visual images of native America, in F. Chiapelli (et al.) (éd.), *First images of America. The impact of the New World on the old*, Berkeley-Los Angeles-Londres, 1976, t. 1, p. 417-454.
SUÁREZ, TH., *Shedding the veil. Mapping the European discovery of America and the world*, Singapour, 1992.
SURDICH, F., L'Africa nella cultura europea tra medioevo e Rinascimento, in S. Pittaluga (éd.),

Relazioni di viaggio e conoscenza del mondo fra medioevo e umanesimo. Atti del V Convegno internazionali di studi dell'Associazione per il medioevo e l'umanesimo latini (AMUL). Genova, 12-15 dicembre 1991, Gênes, 1993, p. 257-270.

Tajoli, L., Die zwei Planisphären des Fra Mauro (um 1460), in *Cartographica Helvetica*, t. 9, 1994, p. 13-16.

Tattersall, J., Sphere or disc ? Allusions to the shape of the earth in some twelfth-century and thirteenth-century vernacular French works, in *Modern Language Review*, t. 76, 1981, p. 31-46.

—, Terra incognita, Allusions aux extrêmes limites du monde dans les anciens textes français, in *Cahiers de civilisation médiévale*, t. 24, 1981, p. 247-255.

Taylor, J., *The Universal Chronicle of Ranulf Higden*, Oxford, 1966.

Terkla, D., Eloquent stones near the Saint's bones. The placement and purpose of the Hereford *mappa mundi*, in *Imago mundi*, t. 56, 2004, p. 131-151.

Tesi, M., *Monumenti di cartografia a Firenze (Secc. x-xvii)*, Rome, 1981.

Tesnière, M. H., Le *Reductorium morale* de Pierre Bersuire, in M. Picone (éd.), *L'enciclopedismo medievale*, Ravenne, 1994, p. 229-249.

Thrower, N. J. W., *Maps & man. An examination of cartography in relation to culture and civilization*, Englewood Cliffs, 1972.

—, *Maps and civilization. Cartography in culture and society*, Chicago, 1996.

Tigler, P., *Die Architekturtheorie des Filarete*, Berlin, 1963.

Tilliette, J.-Y., La chambre de la comtesse Adèle. Savoir scientifique et technique littéraire dans le c. 134 de Baudri de Bourgueil, in *Romania*, t. 102, 1981, p. 145-171.

Tilmann, O. P., J. P., *An appraisal of the geographical works of Albertus Magnus and his contributions to geographical thought*, Ann Arbor, 1971.

Tobler, A., Lommatzsch, E., (et al.) (éd.), *Altfranzösisches Wörterbuch*, Wiesbaden, 1915-.

Todorov, T., *La conquête de l'Amérique. La question de l'autre*, Paris, 1982.

Tomasch, S., Gilles, S., *Text and territory. Geographical imagination in the European Middle Ages*, Philadelphia, 1997.

Tooley, R. V., Bricker, C., A *history of cartography. 2500 years of maps and mapmakers*, Londres, 1969.

—, *Landmarks of mapmaking. An illustrated survey of maps and mapmakers*, Oxford, 1976.

Trystram, F., *Terre ! Terre ! De l'Olympe à la NASA, une histoire des géographes et de la géographie*, Paris, 1994.

Turner, G., The cabinet of experimental philosophy, in O. Impey, A. MacGregor (éd.), *The origins of museums. The cabinet of curiosities in sixteenth- and seventeenth-century Europe*, Oxford, 1985, p. 214-222.

Turner, H. L., Christopher Buondelmonti. Adventurer, explorer and cartographer, in M. Pelletier (éd.), *Géographie du monde au Moyen Âge et à la Renaissance*, Paris, 1989, p. 207-216.

Twomey, M. W., Medieval encyclopedias, in R. E. Kaske (éd.), *Medieval Christian literary imagery*, Toronto, 1988, p. 182-215.

Uhden, R., Gervasius von Tilbury und die Ebstorfer Weltkare, in *Jahrbuch der Geographischen Gesellschaft zu Hannover*, 1925, p. 185-200.

—, Das Weltbild von Ebstorf, in *Niedersachsen*, t. 33, 1928, p. 179-183.

—, Zur Herkunft und Systematik der mittelalterlichen Weltkarten, in *Geographische Zeitschrift*, t. 37, 1931, p. 321-340.

—, Zur Überlieferung der Weltkarte des Agrippa, in *Clio*, t. 26, 1933, p. 267.

—, Die antiken Grundlagen der mittelalterlichen Seekarten, in *Imago mundi*, t. 1, 1935, p. 1-19.

—, Die Weltkarte des Isidorus von Sevilla, in *Mnemosyne*, ser. 3, 1936, p. 1-29.

—, Die Weltkarte des Martianus Capella, in *Mnemosyne*, ser. 3, 1936, p. 97-124.

Uzielli, G., *Il prete Gianni*, Florence, 1893.

Uzielli, G., Amat di San Filippo, P., *Mappamondi, carte nautiche, portolani e altri monumenti cartografici specialmente italiani dei secoli xiii-xvii*, reprod. Amsterdam, 1967.

Van Duzer, C., Dines, I., The only *mappa mundi* in a Bestiary context: Cambridge, MS Fitzwilliam 254, in *Imago mundi*, t. 58, 2006, p. 7-22.

Van Engen, J. H., The christian Middle Ages as an historiographical problem, in *American Historical Review*, t. 91, 1986, p. 519-552.

Vernet, A., Les traductions latines d'œuvres en langues vernaculaires au Moyen Âge, in G. Contamine (éd.), *Traductions et traducteurs au Moyen Âge. Actes du colloque international du CNRS organisé à Paris, Institut de recherches et d'histoire des textes, 25-28 mai 1986*, Paris, 1989, p. 215-241.

Verrijcken, A., *De Middeleeuwse wereldverkenning*, Louvain-Amersfoort, 1990.

Vidier, A., La mappemonde de Théodulphe et la mappemonde de Ripoll (ix-xie siècles), in *Bulletin du comité des travaux historiques et scientifiques, section de géographie historique et géographie descriptive*, t. 26, 1911, p. 285-318.

Vietor, A. O., A pre-Columbian map of the world, circa 1489, in *Yale University Library Gazette*, t. 37, 1962, p. 8-12.

Viret, J., Le quaternaire des éléments et l'harmonie cosmique selon Isidore de Séville, in D. Buschinger, A. Crépin (éd.), *Les quatre éléments dans la culture médiévale. Actes du colloque des 25, 26 et 27 mars 1982*, Göppingen, 1983, p. 7-25.

Volkmann, L., *Bilderschriften der Renaissance. Hieroglyphik und Emblematik in ihren Beziehungen und Fortwirkungen*, reprod. Nieuwkoop, 1969.

Voorbij, J. B., *Speculum Historiale van Vincent van Beauvais. Een studie van zijn ontstaansgeschiedenis*, thèse, Groningue, 1991.

Wagner, B., *Die « Epistola presbiteri Johannis » lateinisch und deutsch. Überlieferung, Textgeschichte, Rezeption und Übertragungen im Mittelalter*, Tübingen, 2000.

Wagner, P., *Icons, texts, iconotexts. Essays on ekphrasis and intermediality*, Berlin-New York, 1996.

Walliczek, W., Die bibliographische Situation in der Erforschung der Bezüge zwischen höfischer Erzähldichtung und bildender Kunst des Mittelalters, in W. Martens (et al.) (éd.), *Bibliographische Probleme im Zeichen eines erweiterten Literaturbegriffs*, Weinheim, 1988, p. 143-158.

Wallis, H., Sijmens, A. H., *The maps and texts of the Boke of Idrography presented in 1542 by Jean Rotz to King Henry VIII now in the British Library*, Oxford, 1981.

Wandhoff, H., *Ekphrasis. Kunstbeschreibungen und virtuelle Räume in der Literatur des Mittelalters*, Berlin, 2003.

Wardenga, U., *Raum* und *Zeit*. Wandlungen im Weltbild vom Mittelalter bis zu Mercator, in R. Vermij (éd.), *Gerhard Mercator und seine Welt*, Dusbourg, 1997, p. 7-27.

Weckmann, L., The Middle Ages in the conquest of America, in *Speculum*, t. 26, 1951, p. 130-141.

Weitzmann, K., *Illustrations in roll and codex. A study in the origin and method of text illustration*, 2e éd., Princeton, 1970.

Wenzel, H., *Hören und Sehen. Schrift und Bild. Kultur und Gedächtnis im Mittelalter*, Munich, 1995.

—, Visio und deixis. Zur Interaktion von Wort und Bild im Mittelalter, in *Mitteilungen des deutschen Germanistenverbandes*, t. 51, 2004, p. 136-153.

Werner, J. (éd.), *Abraham Ortelius, aartsvader van onze atlas. Catalogus bij de gelijknamige tentoonstelling in de Universiteitsbibliotheek Amsterdam, ter herdenking van het 400ste sterfjaar van Abraham Ortelius 1598-1998. 12 juni - 21 augustus 1998*, Amsterdam, 1998.

Wessel, G., *Von einem, der daheim blieb, die Welt zu entdecken. Die Cosmographia des Sebastian Münster, oder wie man sich vor 500 Jahren die Welt vorstellte*, Frankfurt. a.M., 2004.

Westrem, S. D. (éd.), *Discovering new worlds. Essays on medieval exploration and imagination*, New York-Londres, 1991.

Westrem, S. D., *The Hereford map. A transcription and translation of the legends with commentary*. Turnhout, 2001 (Terrarum orbis, t. 1)

—, Making a *mappamundi*. The Hereford map, in *Terrae incognitae. Annals of the Society for the History of Discoveries*, t. 34, 2002, p. 19-33.

Weyers, O., *Dictionnaires et répertoires au moyen âge. Une étude du vocabulaire*, Turnhout, 1991.

Whitaker, K., The culture of curiosity, in N. Jardine, S. A. Secord, E. C. Spary (éd.), *Cultures of natural history*, Cambridge, 1996, p. 75-90.

WHITFIELD, P., *The image of the world. 20 Centuries of world maps*, Londres, 1994.
—, *The charting of oceans. Ten centuries of maritime maps*, Londres, 1996.
—, Portolan reflections. Sea charts through the centuries, in *Mercators World*, 1998, p. 16-23.
—, *New found lands. Maps in the history of exploration*, Londres, 1998.
WIERINGA, F., SMIT, G. I., HEESAKKERS, C. L., De rand van de kaart, in *De wereld volgens Blaeu. Blaeu's wereldkaart op groot formaat uit 1646*, Rotterdam, 1986, p. 47-62.
WIERINGA, F., De versierde wereld, in *De wereld volgens Blaeu. Blaeu's wereldkaart op groot formaat uit 1646*, Rotterdam, 1986, p. 30-38.
WILKE, J., *Die Ebstorfer Weltkarte*, Bielefeld, 2001.
WILLERS, J., Der Erdglobus des Martin Behaim im Germanisches Nationalmuseum, in R. Schmitz, F. Krafft (éd.), *Humanismus und Naturwissenschaften*, Boppart, 1980, p. 193-206.
WILLIAMS, J., *The illustrated Beatus. A corpus of the illustrations of the Commentary on the Apocalypse*, t. 1 : *Introduction*, Londres, 1994.
—, *The illustrated Beatus. A corpus of the illustrations of the Commentary on the Apocalypse. Vol. 2. The ninth and tenth centuries*, Londres, 1994.
—, Isidore, Orosius and the Beatus map, in *Imago mundi*, t. 49, 1997, p. 7-32.
WILLING, A., Orbis apertus. Zur Quellenkritik mittelalterlicher Kartographie, in *Archiv für Kulturgeschichte*, t. 86, 2004, p. 283-324.
WINTER, H., A late portolan chart at Madrid and late portolan charts in general, in *Imago mundi*, t. 9, 1952, p. 1-11.
—, A circular map in a Ptolemaic manuscript, in *Imago mundi*, t. 10, 1953, p. 15-22.
—, Catalan portolan maps and their place in the total view of cartographic development, in *Imago Mundi*, t. 11, 1954, p. 1-12.
—, The Fra Mauro portolan chart in the Vatican, in *Imago mundi*, t. 16, 1962, p. 16-28.
WIRTH, J., *L'image à l'époque romane*, Paris, 1999.
WIRTH, K.-A., Von mittelalterlichen Bildern und Lehrfiguren im Dienste der Schule und des Unterrichts, in Bernd Moeller (et al.) (éd.), *Studien zum städtischen Bildungswesen des späten Mittelalters und der frühen Neuzeit*, Göttingen, 1983, p. 256-370.
WISEMAN, P., Julius Caesar and the Hereford Map, in *History today*, t. 37, 1987, p. 53-57.
WITTKOWER, R., Marvels of the east. A study in the history of monsters, in R. Wittkower, *Allegory and the migration of symbols*, s. l., 1977, p. 46-74.
—, 'Roc'. An Eastern prodigy in a Dutch engraving, in R. Wittkower, *Allegory and the migration of symbols*, s. l., 1977, p. 94-96.
WITZEL, H. J., *Der geographische Exkurs in den lateinischen Geschichtsquellen des Mittelalters*, thèse, Frankfurt a.M., 1952.
WOLDAN, E., A circular, copper-engraved, medieval world map, in *Imago mundi*, t. 11, 1954, p. 12-16.
WOLF, A., Die Ebstorfer Weltkarte als Denkmal eines mittelalterlichen Welt- und Geschichtsbildes, in *Geschichte in Wissenschaft und Unterricht*, t. 8, 1957, p. 204-215.
—, Neues über die Ebstorfer Karte. Entstehungszeit – Ursprungsort – Autorschaft, in K. Jaitner, I. Schwab (éd.), *Das Benediktinerinnenkloster Ebstorf im Mittelalter*, Hildesheim, 1988, p. 75-109.
—, News on the Ebstorf world map. Date, origin, authorship, in M. Pelletier (éd.), *Géographie du monde au Moyen Âge et à la Renaissance*, Paris, 1989, p. 51-68.
—, Die Ebstorfer Weltkarte. Schöpfungsbild und Herrschaftszeichen, in *Cartographica Helvetica*, t. 3, 1991, p. 28-32.
—, Ikonologie der Ebstorfer Weltkarte und politische Situation des Jahres 1239. Zum Weltbild des Gervasius von Tilbury am welfischen Hofe, in H. Kugler, E. Michael (éd.), *Ein Weltbild vor Columbus. Die Ebstorfer Weltkarte. Interdisziplinäres Colloquium 1988*, Lüneburg, 1991, p. 54-116.
WOLF, H., *Vierhundert Jahre Mercator, Vierhundert Jahre Atlas. 'Die ganze Welt zwischen zwei Buchdeckeln', eine Geschichte der Atlanten*, Weissenhorn, 1995.
WOLF, R. N., *Wissensorganisierende und Wissensvermittelnde Literatur im Mittelalter*, Wiesbaden, 1987.

Wolff, H., Martin Waldseemüller. Bedeutendster Kosmograph in einer Epoche forschenden Umbruchs, in H. Wolff (éd.), *America. Das frühe Bild der Neuen Welt. Ausstellung der Bayerischen Staatsbibliothek München vom 10. April bis 27. Juni 1992*, Munich, 1992, p. 111-126.

Wolska-Conus, W., *La Topographie chrétienne de Cosmas Indicopleustès. Théologie et science au VIe siècle*, Paris, 1962.

—, La *Topographie chrétienne* de Cosmas Indicopleustès. Hypothèse sur quelques thèmes de son illustration, in *Revue des Études Byzantines*, t. 48, 1990, p. 155-191.

Wood, D., *The power of maps*, New York, 1992.

Woodruff, H., The Physiologus of Bern. A survival of Alexandrian style in a ninth century manuscript, in *Art Bulletin*, t. 12, 1930, p. 226-253.

Woodward, D., Malcolm Lewis, G. (éd.), *Cartography in the traditional African, American, Arctic, Australian, and Pacific societies*, Chicago, 1998 (*The history of cartography*, t. 2.3).

Woodward, D., The study of the history of cartography. A suggested framework, in *American Cartographer*, t. 1, 1974, p. 101-115.

—, The form of maps. An introductory framework, in *AB Bookman's Yearbook*, t. 1, 1976, p. 11-20.

—, The study of map trade in the sixteenth century. Needs and opportunities, in C. Koeman (éd.), *Land- und Seekarten im Mittelalter und in der frühen Neuzeit*, Munich, 1980, p. 137-146.

—, Reality, symbolism, time, and space in medieval world maps, in *Annals of the Association of American Geographers*, t. 75, 1985, p. 510-521.

—, Medieval *mappaemundi*, in J. B. Harley, D. Woodward (éd.), *Cartography in prehistoric, ancient, and medieval Europe and the Mediterranean*, Chicago, 1987 (*The history of cartography*, t. 1), p. 286-368.

—, *Maps as prints in the Italian Renaissance. Makers, distributors and consumers*, Londres, 1996.

—, « Theory » and the history of cartography, in D. Woodward, C. Delano Smith, C. D. Yee (éd.), *Plantejaments i objectius d'una història universal de la cartografia / Approaches and challenges in a worldwide history of cartography*, Barcelona, 2001, p. 31-48.

—, The « two cultures » of map history – scientific and humanistic traditions – a plea for reintegration, in D. Woodward, C. Delano Smith, C. D. Yee (éd.), *ibid.*, p. 49-67.

—, The image of the map in the Renaissance, in D. Woodward, C. Delano Smith, C. D. Yee (éd.), *ibid.*, p. 133-152.

Woodward, D., Howe, H. M., Roger Bacon on geography and cartography, in J. Hackett (éd.), *Roger Bacon and the sciences. Commemorative essays*, Leyde-New York-Cologne, 1997, p. 199-222.

Wright, J. K., *The geographical lore of the time of the crusades. A study in the history of medieval science and tradition in western Europe*, reprod. New York, 1965.

—, *The Leardo map of the world, 1452 or 1453, in the collections of the American Geographical Society*, New York, 1928.

Yoeli, P., Abraham and Yehuda Cresques and the Catalan Atlas, in *Cartographic Journal*, t. 7, 1970, p. 17-27.

Zaganelli, G., L'orient du prêtre Jean et la tradition encyclopédique du Moyen Âge, in *La géographie au Moyen Âge. Espaces pensés, espaces vécus, espaces rêvé. Arras, Journée d'études, 30 janvier 1998 (Perspectives médiévales. Suppl. 24)*, 1999, p. 97-107.

Zahlten, J., *Creatio mundi. Darstellungen der sechs Schöpfungstage und Naturwissenschaftliches Weltbild im Mittelalter*, Stuttgart, 1975.

Zalewska, K., *Deformatio naturae*. Die Seltsamkeiten der Natur in der spätmittelalterlichen Ikonographie, in A. Zimmermann (et al.) (éd.), *Mensch und Natur im Mittelalter*, Berlin-New York, 1992, p. 932-938.

Zinn, G. A., Hugh of Saint Victor and the art of memory, in *Viator*, t. 5, 1974, p. 211-234.

Ziolkowski, J. M., Literary genre and animal symbolism, in L. A. R. J. Houwen, *Animals and the symbolic in medieval art and literature*, Groningue, 1997, p. 1-24.

Zumthor, P., *La mesure du monde. Représentation de l'espace au moyen âge*, Paris, 1993.

INDEX DES MANUSCRITS

Aberdeen
University Library
24 : 187 n. 65

Albi
Bibliothèque Rochegude
29 : 41 n. 47, 134 ; voir aussi : Mappemondes manuscrites anonymes, Albi.

Berlin
Staatsbibl. Preußischer Kulturbesitz
Hamilton 108 : 101 n. 186

Berne
Burgerbibliothek
Codex 318 : 186 n. 61, 191

Bruxelles
Bibliothèque royale de Belgique
3897-3919 : 42 n. 62, p. 87 n. 105 ; voir aussi : Guido de Pise, *Liber historiarum*, mappemonde.
9260 : 63 n. 200, 110 n. 238 ; voir aussi : Jean Mansel, *La fleur des histoires*, mappemonde ; pl. 23.
9404-5 : 58 n. 185, 170 ; voir aussi : Marino Sanudo, *Liber secretorum fidelium crucis* ; et : Cartes portulans, Vesconte, Pietro, mappemondes, ca. 1320 ; pl. 14.
9961-62 : 257
10074 : 191 n. 90
11038 : 110 n. 240, n. 242, 144 ; voir aussi : Jean Germain, *Mappemonde spirituelle.*

Burgo de Osma
Archivo de la Catedral
1 : 42 n. 59, 137, 203-204 ; voir aussi : Beatus de Liébana, *Commentario in Apocalipsin*, mappemondes.

Cambridge
Corpus Christi College
26 : 52 n. 125 ; voir aussi : Matthieu Paris, *Chronica maiora*, mappemonde, carte de la Terre sainte.
66 : 43 n. 71, 141 ; voir aussi : Mappemondes manuscrites anonymes ; pl. 8.
Fitzwilliam Museum
20 : 234 n. 323
254 : 188 n. 69, 193 n. 104
Gonville and Caius College
428/428 : 274, 276
University Library
Ii.4.26 : 188 n. 70, 189, 190, 191, 198 n. 130 ; pl. 30b.

Cambridge (Mass.)
Harvard College Library (Houghton Library)
Typ 101 : 257 n. 97

Canterbury
Cathedral Library
Lit. D 20 : 194 n. 114

Chicago
The Newberry Library
Ayer MS map 26 : 61 ; voir aussi : Cartes manuscrites, Lopes, Sebastião (atlas attribué à).

Darmstadt
Hessische Landes- und Hochschulbibliothek
6 : 82 n. 74

Gand
Bibliothèque universitaire
92 : 23 n. 88, 42 n. 63, 84 n. 87 ; voir aussi : Lambert de Saint-Omer, *Liber floridus*, mappemonde.

Florence
Biblioteca Nazionale Centrale
Port. 1 : 60 ; voir aussi : Cartes manuscrites anonymes, Carte du monde lenticulaire.
Biblioteca Riccardiana
881 : 42 n. 62 ; voir aussi : Guido de Pise, *Liber historiarum*, mappemonde.

La Haye
Algemeen RijksArchief
Sectie Kaarten en tekeningen, VTH, inv. nr. 3803 : 61 ; voir aussi : Cartes manuscrites, Russus, Jacobus ; pl. 19.
Koninklijke Bibliotheek
129 A 24 : 62 n. 193 : voir aussi : Cartes portulans, atlas anonyme.

Hereford
Hereford Cathedral
Voir : Mappemondes manuscrites, Mappemonde de Hereford ; pl. 11.

Istanbul
Topkapi Saray Kütüphane
n. 1826 : 59 n. 167 ; voir aussi : Cartes manuscrites, Viladestes, Johannes de.
n. 1827 : 60 ; voir aussi : Cartes manuscrites, Fra Mauro (école de), fragment.
n. 1828 : 59 ; voir aussi : Cartes manuscrites anonymes, Fragment d'une carte du monde catalane.

Leyde
Bibliothèque. universitaire
Voss. lat. F. 12 : 138 n. 104
Voss. lat. F. 31 : 43 n. 64, 137 ; voir aussi : Lambert de Saint-Omer, *Liber floridus*, mappemonde ; pl. 4.

Lisbonne
Arquivos Nacionais Torre do Tombo
Cod. 160 : 137, 203

Londres
Archives du Duché de Cornouailles
Maps and plans, 1 : 44 ; voir aussi : Mappemondes manuscrites, Fragment du Duché de Cornouailles ; pl. 10.
British Library
Add. 5415A : 61 n. 182 ; voir aussi : Diogo Homem, atlas, 1558.
Add. 10049 : 43 n. 66, 133-134 ; voir aussi : Carte manuscrite de l'Orient et carte manuscrite de la Palestine (fautivement attribuées à saint Jérôme) ; pl. 6 et 7.
Add. 11283 : 189 n. 77, n. 80, 190, 193, 194
Add. 22329 : 33 n. 13, 102 n. 192
Add. 24065 : 61 ; voir aussi : Cartes manuscrites, Desceliers, Pierre.
Add. 28681 : 44 n. 72 ; voir aussi : Mappemondes manuscrites anonymes, Mappemonde du Psautier ; pl. 9.
Add. 63841 A, B : 51 ; voir aussi : Mappemondes manuscrites anonymes, Fragment d'Aslake.
Cotton Tib. B. v (I) : 41 n. 58, 139, 208 ; voir aussi : Mappemondes manuscrites anonymes, Mappemonde cottonienne ; pl. 2.
Cotton Vesp. E IV : 143-144
Cotton Vit. A. XV : 208
Harley 4333 : 92 n. 135
Harley 4751 : 190
Royal 12 C. XIX : 187 n. 65
Royal 12 F. XIII : 187 n. 65, 189 n. 77
Royal 14 C. IX : 51 n. 113, 142 ; voir aussi : Ranulf Higden, *Polychronicon*, mappemondes ; pl. 13.
Royal 15 E. VI : 266 n. 149
Royal 20 E. IX : 61 n. 191 ; voir aussi : Cartes manuscrites, Jean Rotz, *Boke of Idrography*.
College of Arms Muniment Room
18/19 : 51 ; voir aussi : Mappemondes manuscrites anonymes, Evesham.
Westminster Abbey Library
22 : 193, 209, 256-257

Lyon
Bibliothèque de la Ville
175 : 56 n. 144, 240 ; voir aussi : Cartes manuscrites, Vesconte, Pietro, atlas.

Madrid
Museo Naval
257 : 60 ; voir aussi : Cartes manuscrites, Cosa, Juan de la.

Malibu
J. Paul Getty Museum
Ludwig XV 4 : 209-210

Milan
Bibl. Ambrosiana
C.246 inf. : 192, 208

Milwaukee
University of Wisconsin
American Geographical Society, 050 A-1452 : 59 n. 170 ; voir aussi : Cartes manuscrites, Leardo, Giovanni (1452).

Minneapolis
University of Minnesota Library
James Ford Bell Collection, 1450 mMa : 59 n. 171 ; voir aussi : Cartes manuscrites anonymes, Fragment d'une carte du monde (Walsperger ?).

Modène
Biblioteca Estense
C.G.A. 1 : 56, 59 ; voir aussi : Cartes manuscrites anonymes, Carte du monde catalane conservée à Modène ; pl. 16.

Montecassino
Biblioteca Statale del Monumento Nazionale
132 : 192, 208

Munich
Bayerische Staatsbibliothek
Clm 2655 : 195, 277 ; pl. 32.
Clm 10058 : 43 n. 65, 140-141 ; voir : Mappemondes manuscrites anonymes ; pl. 5.
Clm 10691 : 233
Clm 14159 : 126 n. 43
Clm 14731 : 263 n. 134
Cod. Icon. 133 : 61 ; voir aussi : Cartes manuscrites anonymes, Portulan « Kunstmann II ».

New Haven
Yale University Library
Voir : Henricus Martellus Germanus, Carte du monde.

New York
Pierpont Morgan Library
M 644 : 42 n. 59, 137 ; voir : Beatus de Liébana, *Commentario in Apocalipsin*, mappemondes ; pl. 3.

Nüremberg
Germanisches Nationalmuseum
Voir : Behaim, Martin, globe.

Oxford
Bodleian Library
Bodl. 602 : 185 n. 55, 191 n. 93, 241
Bodl. 764 : 190
Douce 88 : 193 n. 104, 194
Laud Misc. 247 : 186 n. 61
e Musaeo 136 : 193 n. 104
e Musaeo 223 : 263

St. John's College
61 : 187 n. 65

Paris
Bibliothèque nationale de France
Cartes et Plans, Ge A 335 : 62 n. 196 ; voir aussi : Globes, Anonyme, « le globe vert ».
Cartes et Plans, Rés Ge AA 562 : 60 ; voir aussi : Cartes manuscrites anonymes, Portulan dit de Christophe Colomb.
Cartes et Plans, Rés Ge AA 566 : 58 ; voir aussi : Cartes manuscrites, Viladestes, Mecia de.
Cartes et Plans, Rés Ge AA 570 : 61 ; voir aussi : Cartes manuscrites, Prunes, Matheus ; pl. 20.
Cartes et Plans, Rés Ge AA 625 : 62 ; voir aussi : Testu, Guillaume Le, Carte du monde.
Cartes et Plans, Rés Ge AA 640 : 61 n. 181 ; voir aussi : Cartes manuscrites anonymes, atlas Miller.
Cartes et Plans, Rés Ge AA 751 : 58 ; voir aussi : Cartes manuscrites anonymes, Portulan de l'école catalane (ca. 1400).
Cartes et Plans, Rés Ge B 696 : 58 ; voir aussi : Cartes manuscrites, Dulcert, Angelino.
Cartes et plans, Rés Ge B 1118 : 55 n. 138
Cartes et Plans, Rés Ge B 1131 : 56 n. 146, 58 ; voir aussi : Cartes manuscrites, Soleri, Guillelmus.
Cartes et Plans, Rés Ge C 5093 : 61 ; voir aussi : Cartes manuscrites, Oliva, Francesco, portulan, 1603.
Cartes et Plans, Rés Ge DD 683 : 61 n. 181 ; voir aussi : Cartes manuscrites anonymes, atlas Miller.
Cartes et Plans, Rés GFF 9351 : 101 n. 186
Cartes et Plans, S.H. Archives no. 1 : 60 n. 177 ; voir aussi : Cartes manuscrites, Caveiro, Nicolas de.
Nouv. acq. lat. 1366 : 137, 203
espagnol 30 : 58 n. 161 ; voir : Cartes manuscrites, Abraham, Cresques, Atlas Catalan de 1375 ; pl. 15.
fr. 612 : 111 n. 245
fr. 858 : 39 n. 49
fr. 1159 : 266
fr. 15452-15453 : 116 n. 277
lat. 3630 : 193 n. 104
lat. 3638A : 194 n. 114
lat. 4939 : 25 n. 101, 58 n. 158, 102 n. 193, 169 ; voir aussi : Paulin de Venise, *Historia magna* ; Cartes portulans, Vesconte, Pietro, mappemondes, ca. 1320.
lat. 14872 : 79 n. 59
lat. 16786 : 103 n. 195
Société de Géographie, Rés S.G. Y 1704 : 61 ; voir aussi : Cartes manuscrites, Maggiolo, Giacomo.

Bibliothèque Ste-Geneviève
782 : 51 n. 120 ; voir aussi : Mappemondes manuscrites anonymes, *Chroniques de saint Denis*

Parma
Biblioteca Palatina
n. 1614 : 60 n. 179 ; voir aussi : Cartes manuscrites, Maggiolo, Vesconte, atlas.

Saint-Gall
Stiftsbibliothek
621 : 134-135

San Marino
Huntington Library
HM 29 : 62 n. 193 ; voir : Cartes manuscrites anonymes, Atlas Vallard.
132 : 51 n. 115, 142 ; voir aussi : Ranulf Higden, *Polychronicon*, mappemondes.

Vatican
Biblioteca Apostolica Vaticana
Borgia III : 61 n. 180 ; voir aussi : Cartes manuscrites, Diogo Ribeiro, atlas, 1529.
Borgia V : 60 ; voir aussi : Cartes manuscrites, Fra Mauro (école de), portulan.
Reg. lat. 123 : 42, 78 n. 55 ; voir aussi : Mappemondes manuscrites anonymes, mappemonde provenant de Ripoll.
Palat. lat. 1362 : 58 n. 158 ; voir aussi : Cartes manuscrites, Vesconte, Pietro, mappemondes.
Palat. lat. 1362 b : 59 ; voir aussi : Cartes manuscrites, Walsperger, Andreas ; pl. 18.
Urb. lat. 274 : 64
Vat. lat. 933 : 85 n. 94, 143 n. 134
Vat. lat. 1960 : 25 n. 101, 58 n. 158, 102 n. 194, 135-137 ; voir aussi : Paulin de Venise, *Satyrica historia* ; Cartes portulans, Pietro Vesconte, mappemondes, ca. 1320.
Vat. lat. 6018 : 41 n. 55 ; voir : Mappemondes manuscrites anonymes ; pl. 1.

Venise
Biblioteca. Nazionale Marciana
It. Z 76 : 59 n. 169 ; voir : Cartes portulans, Andrea Bianco, atlas avec carte du monde, 1436 ; pl. 17.
Lat. Z 432 : 279
Voir : Cartes manuscrites, Fra Mauro.

Museo storico navale
inv. no. 1010 : 61 ; voir aussi : Cartes manuscrites, Homem, Diogo, portulan.
inv. no. 2644 : 61 ; voir aussi : Cartes manuscrites, Oliva, Francesco, portulan (1611).

Vercelli
Archivio Capitolare
43 ; voir aussi : Mappemondes manuscrites, Vercelli.

Vérone
Biblioteca Comunale
3119 : 59 n. 170 ; voir aussi : Cartes manuscrites, Leardo, Giovanni (1442).

Vicenza
Biblioteca civica Bertoliana
598A : 59 n. 170 ; voir aussi : Cartes manuscrites, Leardo, Giovanni, (1448).

Vienne
Österreichische Nationalbibliothek
507 : 257

Vincennes
Bibliothèque du Service historique de l'Armée de terre
D.L.Z. 14 : 62 n. 194 ; voir aussi : Guillaume le Testu, *Cosmographie universelle.*

Wiesbaden
Hauptstaatsarchiv
A. 60 : 52 ; voir aussi : Mappemondes anonymes manuscrites, Wiesbaden.

Wolfenbüttel
Herzog August Bibliothek
Cod. Guelf. 1 Gud. Lat. : 43 n. 64, 117 n. 284, 139 ; voir aussi : Lambert de Saint-Omer, *Liber floridus*, mappemonde.

Zeitz
Stiftsbibliothek
Lat. Hist. fol. 497 : 63 n. 199 ; voir aussi : Mappemondes manuscrites anonymes, Zeitz.

INDEX
DES CARTES, CARTOGRAPHES, AUTEURS ET ŒUVRES*

Abraham, Cresques, 56-57, 58
Acosta, José de, 107
Adam de Brême, *Gesta Hammaburgensis ecclesiae pontificum*, 24
Adélard de Bath, 19
Æthicus Ister, *Cosmographia*, 54, 77, 78, 91, 99, 110, 145, 165, 183 n. 38, 221 n. 251
Agrippa, 33, 35, 53, 185, 207
Alain de l'Île, 246 n. 44
Albert, prévôt d'Ebstorf, 50
Albert le Grand, 132, 198
De natura locorum, 24, 98, 168
Alberti, Leon Battista, *De pictura*, 17, 119
Alciati, Andrea, *Emblematum liber* (1531), 129
Aldrovandi, Ulisse
Monstrorum historia, 217
Ornithologia, 258
De quadrupedibus, 258
Alexanders saga, 95
Alexandre Neckam, 93
De naturis rerum, 194-195, 196, 258
Alexandre de Paris, voir *Roman d'Alexandre*
Alfraganus, 19, 99
al-Khwarizmi, 19
Ambrogio Lorenzetti, mappemonde au *Palazzo publico* de Sienne (perdue), 63, 242
Ambroise, *Hexaemeron*, 188, 193
Ampelius, *Liber memorialis*, 34 n. 19
Anonymus Ravennatis, 101 n. 183
Anonymus Leidensis (le moine G.), 76 n. 40
De situ orbis libri duo, 76
Aristote, 114, 198, 213
Physica, 98
De caelo et mundo, 97, 98, 99
Ethica Nicomachea, 100
Arnoldi, Arnoldo di
Carte du monde (1600), **66**, 172
Athis et Prophilias, 90 n. 122
Atlas Catalan (1375), voir Cartes portulans, Abraham, Cresques
Augustin d'Hippone, 77 n. 47, 114, 226, 246, 247
De civitate dei, 85 n. 90
Avicenne, 99

Barozzi, Francesco, *Cosmografia*, 117 n. 281
Barthélemy l'Anglais, 96-97, 112, 114, 118
De proprietatibus rerum, 71 n. 13, 96-97, 103, 104, 110, 111-112, 164, 167-168, 249, 256
Trattato di scienza universale, traduction en italien par Vivaldo Belcalzer, 97
Le livre des proprietez des choses, traduction en français par Jean Corbechon, 97
On the properties of things, traduction en anglais par John Trevisa, 97
Elucidari de las proprietatz de totas res naturals, traduction en provençal, 97 n. 160
El libro de las propriedades de las cosas, traduction en castillan attribuée à Vicente de Burgos, 97 n. 160
Voir aussi : *Tractatus de proprietatis rerum moralizatus*
Baudri de Bourgueil, 74
Carmina, c. 134, 83, 87, 128, 149-150, 241
Beatus de Liébana
Commentario in Apocalipsin, 42, 137-138
Mappemondes, **42**, 136 n. 94, 137-138, 203-204, pl. 3
Bède le Vénérable, 114, 115, 118
De natura rerum, 73 n. 22, 85 n. 90, 138
Behaim, Martin, Globe, **62**, 65 n. 212, 213, 225-226, 227, 236
Belleforest, François de, *Cosmographie universelle*, 115-116, 160, 172, 173, 216
Benoît de Sainte-Maure
Roman de Troie, 89 n. 118, 91
Chronique des ducs de Normandie, 91, 276 n. 200
Bernard Silvestre, *Cosmographia*, 83
Bestiaires, 124, 184-196, 197, 199, 200, 202, 247, 255, 256, 257, 286
Bible, 53, 76, 81, 101, 127, 154, 156 n. 197, 158, 163, 188, 221, 245, 246, 247, 250, 251, 252, 256, 262, 264, 268, 269, 270, 271, 272
Biblia pauperum, 124-125, 126
Bjarni Herjolfsson, 19
Bleau, Joan, *Atlas maior*, 243
Blaeu, Willem Jansz
Carte du monde (ca. 1607), **67**, 172, 201
Carte du monde (1646), **67**, 172, 201, 238, 282, pl. 25
Carte de l'Asie (1608), **67 n. 233**, 201, 227 n. 287
Carte de l'Afrique (1608), **67 n. 233**, 217, 237

* Les chiffres en gras renvoient aux références bibliographiques complètes de la carte en question.

Boccacce, 103 n. 194
De montibus, silvis (etc.), 101
Brunetto Latini, 101, 105
Li livres dou trésor, 24, 99-100, 155 n. 187, 168, 245 n. 39
Tesoretto, 100

Cabot, Sebastian
Carte du monde (1544), **65**, 171-172, 179 n. 18, 199 n. 134, 200, 215, 237, 281
Calcidius, 83
Camerarius, Joachim, 202 n. 156
Campanella, Tommaso, *Città del sole*, 242
Carte manuscrite de l'Orient (fautivement attribuée à saint Jérôme), **43**, 133-134, pl. 6
Carte manuscrite de la Palestine (fautivement attribuée à saint Jérôme), **43**, 133-134, pl. 7
Cartes manuscrites (voir aussi : Mappemondes)
Abraham, Cresques, Atlas Catalan de 1375, 56, **58**, 93, 164, 167, 170, 196, 197, 224-225, 227, 232, 234, 235, 261-262, 264, 280, pl. 15
Bianco, Andrea, atlas avec carte du monde (1436), **59**, 211, 225, 230, 232 n. 308, pl. 17
Carignano, Giovanni di (attribué à), portulan (ca. 1307, perdu), 231
Caverio, Nicolas de, planisphère, (ca. 1505), 60 n. 177
Cosa, Juan de la, planisphère (1500), **60**, 214, 227, 235
Desceliers, Pierre, planisphère (1550), **61**, 214, 225, 235
Dulcert, Angelino, portulan (1339), **58**, 59, 196, 197 n. 125, 211, 232, 234, 235
Homem, Diogo, atlas (1558), **61**, 234, 235
Homem, Diogo, portulan (1557), **61**
Leardo, Giovanni, mappemonde (1442), **59**, 211
Leardo, Giovanni, mappemonde (1448), **59**, 224
Leardo, Giovanni, mappemonde (1452), **59**, 211
Lopes, Sebastião (attribué à), atlas (ca. 1565), **61**, 236
Maggiolo, Giacomo, portulan (1563), **61**, 235, 240
Maggiolo, Vesconte de, atlas (1512), **60**, 235
Millo, Antonio, atlas (1586), 117 n. 284
Fra Mauro, mappemonde (1460), **60**, 107, 164, 167, 171, 175, 198-199, 212-213, 226, 227, 230, 235
Fra Mauro (école de) portulan, 1459), **60**, 198 n. 128
Fra Mauro (école de), fragment (ca. 1460), **60**, 226 n. 280
Oliva, Francesco, portulan (1603), **61**, 199
Oliva, Francesco, portulan (1611), **61**, 199
Prunes, Matheus, portulan, (1586), **61**, 199, pl. 20
Ribeiro, Diogo, planisphère (1529), **61**, 214, 236-237
Rotz, Jean, *Boke of Idrography* (1542), **61**
Russus, Jacobus, portulan (1533), **61**, 234, 235, pl. 19
Soleri, Guillelmus, portulan, (ca. 1385), 56 n. 146, **58**
Vesconte, Pietro, atlas (ca. 1321), 56 n. 144, 240
Vesconte, Pietro, mappemondes (ca. 1320), 56, **58**, 169-170, 210, 224, 231, pl. 14
Viladestes, Johannes de, portulan (1428), 59 n. 167
Viladestes, Mecia de, portulan (1413), **58**, 197, 211 n. 199, 234-235
Virga, Albertin de, carte du monde (1415 ?, perdu), 280
Walsperger, Andreas, mappemonde (1448), **59**, 212, 213 n. 205, 225, 233, 280, pl. 18
Cartes manuscrites anonymes
Atlas de la Duchesse de Berry, de provenance portugaise (ca. 1628), 238
Atlas conservé à la Haye (XVIe s.), **62**
Atlas italien, conservé à Oxford (Douce 390, XVe s.), 241
Atlas Miller (ca. 1519), **61**, 176, 199
Atlas Vallard, 62 n. 193
Carte du monde lenticulaire conservée à Florence (1457), **60**, 175, 227, 235 n. 325
Carte du monde catalane conservée à Modène (ca. 1450), 56, **59**, 196, 210, 211, 224-225, 234 n. 323, 235, 260, 280-281, pl. 16
Carte pisane, 55 n. 138
Fragment d'une carte du monde catalane conservé à Istanbul (ca. 1380), **59**, 197, 211
Fragment d'une carte du monde (Walsperger ?) (ca. 1450), 59 n. 171
Portulan de l'école catalane (ca. 1400), **58**, 232
Portulan dit de Christophe Colomb (ca. 1500), **60**, 213
Portulan « Kunstmann II » conservé à Munich, **61**, 214 n. 213, 281 n. 220
'Vinland map', 59 n. 169
Cartes, peintures murales, Florence, Palazzo Vecchio, studiolo de Cosimo de'Medici, 242
Cartes, peintures murales, Vatican, Galleria delle carte geografiche, 244 n. 23
Cartes, peintures murales, Vatican, Terza loggia, cartes (peintures murales), 242, 281
Cartier, Jacques, 215 n. 219
Cassiodore, *Institutiones*, 160
Caxton, Mirrour of the world, 111
Cellini, Benvenuto, service de sel et poivre, 130
Cestius, Petrus, *Orbis terrarum synoptica epitome*, 117 n. 281
Charlonye, Gabriel de, *De sphaera mundi sive de cosmographia libri II*, 117 n. 281
Chrétien de Troyes
Cligès, 89
Conte du Graal, 270

Christoforo Buondelmonti, *Liber insularum Archipelagi*, 101 n. 186
Cicéron, 70, 253
Claesz, Cornelis
Carte de l'Amérique (ca. 1602), 67 n. 233, 216
Claudien, 70
Colomb, Christophe, 16, 20, 62, 109, 113, 115, 180, 219
Epistola de insulis nuper inventis, 217
Colonna, Francesco
Hypnerotomachia Poliphili, 129
Compasso da navigare, 55 n. 139
Contarini, Giovanni et Francesco Roselli, Carte du monde (1506), 65
Cornago, Johannes, *Missa de la Mapamundi*, 241
Corvinus, Laurentius, *Cosmographia*, 117 n. 281
Cosmas Indicopleustès
Topographia christiana, 12
Cosmographia : das ist wahrhaffte Beschreibung des gantzen Erdbodems (1576), 117 n. 281
Cosmographia Iulii Caesaris, 54 n. 136
Cratès de Mallos, 10, 34, 35
Ctésias de Cnide, 207

Dante, 100
Dati, Giuliano
La Gran Magnificentia del Prete Ianni Signore dell'India Maggiore e della Ethiopia, 234 n. 232
Tractato del maximo Prete Janni, 260 n. 113
De bestiis et aliis rebus, 186, 187, 188, 189
De locis ac mirabilibus mundi, voir Johann Reger
Denys le Périégète, *Periegesis*, 78, 147 n. 154
Diagrammes T-O, 33-41, 42, 133, pl. 28
Diagrammes à zones, 33-37, 41, pl. 29
Dialogus de laudibus sanctae Crucis, 126
Dicuil
Liber de mensura orbis terrae, 76-77
Dimensuratio provinciarum, 75
Divisio orbis terrarum Theodosiana, 37 n. 38, 138
Divisio provinciarum, 75
Domenico Bandino, *Fons memorabilium universi*, 101, 102
Domenico Silvestri
De insulis et earum proprietatibus, 101
Doon de Nanteuil, 90 n. 122
Dürer, Albrecht, 17

École de Dieppe, 61, 218 n. 232
Élien, 199 n. 138
Elucidari de las proprietatz de totas res naturals, 97 n. 160
Emblèmes, 129, 258, 286
Érasme, Desiderius, *Moriae encomium*, 251
Eratosthène, 34

Epistola Alexandri ad Aristotelem, 85 n. 90, 208, 220, 223
Epistola ad Hadrianum de rebus in oriente mirabilibus, 85 n. 90, 208
Epitome totius orbis, 75
Expositio mappe mundi, 45 n. 79, 145, 148, 152, 205 n. 171
Eucherius de Lyon
Liber formularum spiritalis intelligentiae, 77 n. 47, 136-137, 248
Instructiones, 136
De nominibus Hebraeis, 137
Eumène, *Pro instaurandis scholis*, 26

Farasmanes, lettre, voir *Epistola ad Hadrianum*
Fazio, Bartolomeo, *De viris illustribus*, 63 n. 204
Fazio degli Uberti, 74
Dittamondo, 101-102
Filarete, *Trattato d'architettura*, 241
Fine, Oronce
Carte du monde en projection cordiforme (1534), **65**
Franck, Sebastian
Weltbuch, 114, 160, 172, 173, 227-228, 251, 259-260
Frédégaire, *Liber chronicarum*, 85 n. 90
Frenzel, Johann, *Synopsis geographica*, 117 n. 281
Frisius, Laurentius, 117
Carta marina (1525), 65 n. 215
Uslegung der Mercarthen oder Cartha Marina, 117, 171, 172, 173, 219

Galilei, Galileo, 12, 283 n. 227
Gastaldi, Giacomo
Carte du monde (ca. 1561), **66**, 117, 201
Universale descrittione del mondo, 117
Gautier de Châtillon, *Alexandreis*, 83, 94, 95
Gérard de Crémone, 19
Gervais de Cantorbéry, 24 n. 94
Gervais de Tilbury, 47, 48 n. 95, n. 96, 50 n. 112, 93, 101 n. 183, 105
Otia imperialia, 23, 26, 46, 47, 85-86, 102, 103, 143-144, 145, 146, 152, 155, 164, 165, 245 n. 39, 261, 275-276
« Mappa mundi », 26, 46, 85-86, 143-144,
Gesner, Konrad, *Historia animalium*, 258
Gesta romanorum, 256 n. 96
Gilles le Bouvier, *Le livre de la description des pays*, 105
Giraud de Barry, 93, 101 n. 183
Topographia hibernica, 196
Girava Tarragones, Geronimo, *La cosmographia y geographia*, 117 n. 281
Globes
Anonyme (« le globe vert », XVIe s.), 62 n. 196
Philippe le Bon, 62 n. 196

Jean Fusoris, 62 n. 196
Voir Behaim, Martin ; Schöner, Johannes
Gossouin de Metz, 105
L'image du monde, 24, 38, 89, 92-93, 110, 111
Grégoire le Grand, 124-125
Moralia in Job, 188
Gregorio Dati, *La sfera*, 33 n. 13, 102, 170 n. 257
Grünenberg, Conrad, *Wappenbuch*, 234 n. 323
Guicciardini, Francesco, *Storia d'Italia*, 107 n. 221
Guido de Pise
Liber historiarum, 42, 87
Mappemonde, **42**
Guillaume de Conches, 39
Guillaume Fillastre, 109
Guillaume de Nangis, *Gesta sanctae memoriae Luduvici*, 57
Guillaume de Rubrouck, *Itinerarium*, 97, 98 n. 161, 99, 168, 170, 224, 230, 239, 250, 285

Hauksbók, 95
Hem, Laurens van der, 242-243
Henri de Mayence, 43 n. 71
Henricus Martellus Germanus
Carte du monde (ca. 1490), **65**, 233
Hérodote, 136 n. 93
Herrade de Hohenbourg, 48
Hortus deliciarum, 82
Herzog Ernst, 94 n. 142
Hildegarde de Bingen, 48
Liber scivias, 11 n. 9
Hoefnagel, Jacob, *Archetypa*, 283 n. 228
Homère, 69
Hondius, Jodocus
Carte du monde (1595/1596), **66**, 200, 201
Carte du monde (ca. 1611), **66**, 172, 282
Carte de l'Amérique (fragment, 1598), **67 n. 233**, 216
Carte de la Guyane (ca. 1599), **66 n. 266**, 216, 219, pl. 31
Honorius Augustodunensis, 105, 108, 146, 197
Imago mundi, 11, 24, 43, 47, 84-85, 91-95, 102, 141, 147, 151-152, 155 n. 187, 164, 165, 167, 170, 183, 186, 198 n. 129, 245 n. 39, 246, 271
Clavis physicae, 161
Horace, *Ars poetica*, 119
Hugues de Fleury, *Historia ecclesiastica*, 150
Hugues de Saint-Victor
De arca noe, 155 n. 190, 161-162, 249 n. 63
Descriptio mappe mundi, 25, 27, 79-80, 81 n. 70, 141, 147, 150-151, 152, 197 n. 127, 249
Didascalicon, 155 n. 191
Libellus de formatione arche, 80, 244, 271, 273
De scripturis et scriptoribus sacris, 248 n. 55, 249
De tribus maximis circumstantiis gestorum, 79, 81, 146, 155-156

Isidore de Séville, 42 n. 62, 77 n. 45, 78, 81, 93, 99, 100, 101, 102, 105, 108, 109, 112, 114, 146, 178, 213
Etymologiae, 38-39, 43, 75-76, 77, 82, 83, 84, 101, 104, 111, 133, 135-137, 138, 139, 140-141, 145, 148, 155, 162, 165, 177, 182 n. 30, 186, 188, 190, 191, 192, 199, 200, 201, 202, 204, 208, 273, 276 n. 194
De natura rerum, 38, 133
Liber numerorum, 274 n. 187
Iter ad paradisum, 223 n. 262
Itinéraire d'Antonin, 101

Jacob van Maerlant
Alexanders geesten, 94
Historie van Troyen, 94
Spiegel historiael, 94
Jacopo Angeli, 16, 70 n. 4
Jacques de Voragine, *Legenda aurea*, 230 n. 298
Jacques de Vitry, 93, 112
Historia orientalis, 87, 207, 259
Jan van Eyck, 63
Janssonius, Johannes
Carte de l'Afrique (fragment, ca. 1617), **67 n. 233**, 217
Jean de Beauvau, *Livre de la figure et Image du Monde*, 111
Jean Corbechon, 112 n. 254
Le livre des proprietez des choses, 97
Jean Germain
La mappemonde spirituelle, 24 n. 94, 110-111, 112, 144, 146, 152, 251
Mappa mundi spiritualis, 24 n. 94, 110-111, 112
Mappemonde, 63, 144
Jean de Mandeville, 108 n. 223, 113, 117, 118, 213
Voyages, 105, 231, 266
Jean Mansel
La fleur des histoires, 63, 110, 158 n. 202
Mappemonde, **63**, 212, 223 n. 262, 225, pl. 23
Jean du Plan Carpin, 97, 99
Historia Mongalorum, 98 n. 161, 239 n. 250
Jean de Sacrobosco, 108
Jean de Saint-Victor, 103 n. 194
Memoriale historiarum, 106
Jean de Vignay, *Miroir historial*, 90
Jérôme de Stridon, 77 n. 47, 99
De situ et nominibus locorum hebraicorum, 43, 133-134
Commentariorum in Isaiam, 85 n. 90
Joachim de Fiore, 262 n. 126
Jode, Cornelis de
Carte de l'Afrique (1596), **67 n. 233**, 236, 237

Jode, Gerard de
Speculum orbis terrarum, **68**, 117-118, 173, 240, 252
Johannes Balbus, *Catholicon*, 96, 111
John Trevisa, 97
Josèphe, *Antiquitates Judaicae*, 221, 224
Julius Honorius, 78, 109, 132
Cosmographia, 54, 77 n. 45

Keere, Pieter van den
Carte du monde (1609, réédition 1619), **67**, 179, 200, 201, pl. 26
Kleine Cosmographia : oder summarische Beschreibung der gantzen Welt (ca. 1550), 117 n. 281
Konrad von Megenberg, *Buch der natur*, 258

Lafiteau, *Mœurs des sauvages amériquains*, 217
Lambert de Saint-Omer
Liber floridus, 23, 42-43, 54, 84, 139-140, 155, 206-207
Mappemonde, 36, 37, 40, **42-43**, 139-140, 184 n. 48, 220, 221, pl. 4
Léon (l'archiprêtre), *Historia de Preliis*, 230 n. 298, 266, 267 n. 150
Lessing, Gotthold Ephraim, *Laokoon: über die Grenzen der Malerei und Poesie*, 119 n. 6
Liber de diuisione orbis terrarum, 106 n. 214
Liber de existencia riveriarum et forma maris nostri Mediterrannei, 55, 57, 241
Liber monstrorum, 208
Libro del conosçimiento, 105, 281
Livre de Sydrac, 92 n. 134, 231, 266
Livre du tresor, 92 n. 134

Macrobe, 83
Commentarii in somnium Scipionis, 34 n. 19
Maître du panneau de sainte Ursule, 241 n. 21
Mappemondes manuscrites (voir aussi : Cartes manuscrites)
Voir Beatus de Liébana ; Guido de Pise ; Lambert de Saint-Omer ; Ranulf Higden
Mappemondes manuscrites anonymes
Fragment d'Aslake, 32 n. 8, **51**, 52, 182, 184 n. 46, 185 n. 55, 204, 206, 210, 213, 240
Fragment du Duché de Cornouailles, 32 n. 8, **44**, 51, 52, 53, 144, 182, 184 n. 45, 189, 204, 206, 210, 213, 268, 271, pl. 10
Albi, **41**, 134-135
Chroniques de saint Denis, **51**
Mappemonde dite cottonienne, **41**, 139, 181 n. 30, 182, pl. 2
Mappemonde d'Ebstorf, 23, 26, 33, 39, 40, 41, 43, 44, **45-50**, 51, 52, 53, 56, 136 n. 94, 142, 144, 145, 154, 158, 159, 163, 164, 165, 166-167, 171, 174, 176, 181, 182-184, 185, 186, 188-194, 197, 204-206, 209, 210, 221-223, 229, 239, 240, 246 n. 41, 255, 256, 257, 260-261, 262, 264, 267-269, 275-276, 277, 278-280, 287, pl. 12
Evesham, **51**, 146
Mappemonde de Hereford, 33, **44-45**, 52, 53, 56, 78, 136 n. 94, 141, 142, 144-145, 154, 155, 159, 163, 174, 182, 183, 184, 185, 186, 188, 189, 190, 193, 194, 195, 203 n. 158, 204-206, 209, 221 n. 250, 222, 223, 229, 239, 240, 258, 268, 270, 278-279, 287, pl. 11
Mappemonde dans *Cambridge, Corpus Christi Coll.*, MS 66, p. 2, **43-44**, 45, 52, 141-142, 271, pl. 8
Mappemonde dans une copie des *Etymologiae*, conservée à Munich (XIIe s.), **43**, 51, 52, 140-141, 222, pl. 5
Mappemonde du Psautier, 40, 43, **44**, 51, 52, 204, 206, 210, 222, 240, 271-272, pl. 9
Verso, 39, 44 n. 74, 272
Mappemonde provenant de Ripoll, fautivement attribuée à Théodulf d'Orléans, **42**, 78 n. 55, 138, 248 n. 58
Mappemonde au Vatican (*Vat. lat. 6018*, f. 63v-64r), **41**, 135-137, 138 n. 103, 246 n. 41, 248, pl. 1
Vercelli, **43**, 144, 159, 182, 183, 189, 190, 194, 204 n. 269, 223
Wiesbaden, **52**
Zeitz (ca. 1470), **63**, 212, 213 n. 205, 225 n. 275
Mappemondes (perdues)
Abbaye de Waltham, 52
Cathédrale de Durham, 52
Cathédrale de Lincoln, 53
Chalivoy-Milon, 52, 240
Robert de Melk, 52
Sienne, voir Ambrogio Lorenzetti
Westminster, 52, 128, 241
Winchester, 52
Mappemonde, peinture murale dans l'église San Pedro de Rocas (Orense), 42 n. 59
Mappemonde gravée sur bois de provenance allemande (fragment, XVe s.), **62-63**, 212, pl. 22
Mappemonde gravée sur une plaque de cuivre, (Vatican, Borgia XVI), **62**, 197-198, 211, 225, pl. 21
Mappemonde imprimée dans le *Rudimentum novitiorum*, **63**, 225 n. 275
Mappemonde imprimée dans *La mer des hystoires*, **63**
Mappemonde imprimée, signée Hans Rüst (ca. 1490), **63**, 225 n. 276
Mappemondes dites macrobiennes, 34, voir aussi : Diagrammes à zones
Mappemondes dites T-O, voir : Diagrammes T-O
Mappemondes avec Noachides, 38

Mappemonde schématique attribuée à Henri de Huntingdon, 263, 273
Mappemonde schématique du manuscrit Bayerische Staatsbibliothek Clm 14731, f. 83v, 263 n. 134
Mappemonde schématique dans une copie du *De bellum Jughurtinum* de Salluste, *Venise, Biblioteca Marciana*, Ms. Lat. Z 432, f. 40r, 279
Marco Polo, 97, 101, 108, 109, 111, 114, 115, 143, 168, 170, 179, 199, 202, 213, 285
 Le devisement du monde, 98 n. 161, 101, 200, 224, 225 n. 280, 230, 237, 266-267
 Itinerarium, 98 n. 161
Marino Sanudo, *Liber secretorum fidelium crucis*, 58 n. 158, 103 n. 194, 169-170, 210
Martianus Capella, 83, 85 n. 90, 101
 De nuptiis Mercurii et Philologiae, 76
Matfre d'Ermengaud
 Breviari d'amor, 39
Matthieu Paris
 Mappemonde, **52**, 204 n. 296, 240, 241
 Carte de la Terre sainte, 224, 239 n. 3
 Chronica maiora, 52, 240 n. 13
Maurolico, Francesco,
 Cosmographia, 117 n. 281
 Topographia sanctorum, 111
Mégasthène, 207
Mensuratio orbis terrae, 77
Mercator, Gerard
Atlas, **68**, 118, 160, 173, 250 n. 150, 253
 Carte du monde *ad usum navigantium* (1569), **66**, 107-108, 200, 227, 233
 Chronologia, 68 n. 237, 253 n. 82
 Parergon, 227, 228
 Tabulae geographicae Cl. Ptolomei, 66 n. 237
 De mundi creatione, 253, 254
Mer des Hystoires, 63, 112 n. 256
Micon de Saint-Riquier, 23 n. 91
Mirabilia urbis Romae, 47 n. 90
Monachus, Franciscus, *De orbis situ ac descriptione*, 117 n. 281
Münster, Sebastian, 117, 118
 Cosmographia, 106, 114-115, 160, 172, 173, 251-252
 Kollegienbuch, 233

Navigatio Sancti Brendani abbatis, 85 n. 90, 114, 239
Nicolas de Lyre, 226
Nicole Oresme, *Le livre de Ethiques d'Aristote*, 98 n. 115
Niccolò de'Conti, 109
Niccolò Liburnio, 101 n. 181
Niccolò di Pietro, 241 n. 21

Odoric de Pordenone, 109 n. 236
Opicinus de Canistris, 280
Orose, 33, 76, 78, 84, 99, 101, 108, 132, 145
 Historiae adversus paganos, 37-38, 41, 75, 78, 134-135, 136-137, 138 n. 103, 140-141, 144, 147, 150, 157, 159, 220, 222, 223
Ortelius, Abraham
 Carte du monde (1564?), **66**
 Carte d'*Utopia*, 252 n. 76
 Le miroir du monde, 263
 Theatrum orbis terrarum, **67**, 117-118, 173, 233, 237, 252-253, 266
Ovide, 70, 90 n. 123
Otton de Freising, 115
 Chronica, 83-84, 157 n 198, 162, 228, 236

Palla Strozzi, 16
Paulin de Venise
 Satyrica historia, 25, 58 n. 158, 102-103, 161, 169, 210, 231
 Chronologia magna, 25 n. 101, 58 n. 158, 102-103, 126, 161, 169, 210, 231
Peintures sur le plafond, Zillis, église Saint-Martin, 125 n. 35
Perot de Garbelei, *Divisiones mundi*, 92
« Peterborough Psalter », 257
Petite philosophie, 92
Pétrarque, 103 n. 196
 De remediis utriusque fortunae, 200
Petrus Comestor, *Historia scholastica*, 144 n. 137
Physiologus, 185-196, 197, 202 n. 156, 247, 255, 257, 277 n. 202
Piccolomini, Æneas Sylvius, 118
 Historia rerum ubique gestarum, 109
Pierre d'Ailly, 109 n. 236
 Ymago mundi, 108-109, 170
Pierre Alphonse, 93
Pierre de Beauvais
 Mappemonde, 24, 92, 255
 Bestiaire, 190, 196, 200
Pierre Bersuire
 Descriptio mundi, 103-104, 251, 259
 Ovidius moralizatus, 103-104
 De mirabilibus mundi, 103-104
 Reductorium Morale, 103-104, 251, 256
Placides et Timeo, 92 n. 134
Plancius, Petrus
 Carte du monde (1592), **66**
 Carte du monde (1594), **66**, 201, 227 n. 287, 237
 Carte du monde (1605, 1607), **66**, 281
Pline l'Ancien, 33, 76, 78, 85 n. 90, 99, 101, 109, 115, 178, 190, 213
 Naturalis historia, 33 n. 12, 70, 75, 83, 136 n. 93, 150 n. 172, 177, 186 n. 59, 187, 189, 194, 198, 199, 200, 201, 207, 208, 209, 223 n. 257, 286
Pomponius Mela, 33, 101 n. 183, 102
 De chorographia libri tres, 34 n. 19, 36 n. 34, 109

Postel, Guillaume
De orbis terrae concordia, 254
Les merveilles du monde, 116-117, 254
Carte du monde sous projection polaire, **66**
Prêtre Jean (la Lettre), 84 n. 86, 87, 99, 105, 114, 118, 172, 261, 264-266, 281, 286-287
Promathos de Samos, 136 n. 93
Priscien
Periegesis, 77 n. 45, 78, 139
Praeexercitamenta Prisciani grammatici, 148
Pseudo-Méliton
Clavis sacrae scripturae, 77 n. 47
Pseudo Hugues de Saint-Victor, 188
Voir *De bestiis et aliis rebus*
Pseudo-Méthode, 85 n. 90
Revelationes, 78, 221, 262, 265
Ptolémée, 17, 21, 34, 35, 99, 107, 108, 114, 115
Almageste, 19, 97, 102
Geographia (*Cosmographia*), 16, 19, 64, 108, 110, 170
Cartes, 64, 171

Quinte-Curce, *Historiae*, 223

Raban Maur, 85 n. 90
De rerum naturis (*De universo*), 77, 192, 208, 249
Rabelais, François, *Gargantua*, 242
Ralegh, Sir Walter, *The discoverie of the large, rich and bevvtifvl Empyre of Gviana (...)*, 216
Ranulf Higden
Polychronicon, 51, 104, 142, 146, 160
Mappemondes, **51**, 142, 182, 204, 229-230, 239 n. 4, pl. 13
Rauw, Johann, *Cosmographia*, 117 n. 281
Reger, Johann
Ptolémée, Geographia (Ulm 1486), 108, 110-111, 112, 170
De locis ac mirabilibus mundi, 112, 170
Régimbert de Reichenau, 23 n. 91
Reisch, Gregor, *Margarita philosophica*, 113
Richard de Bello, 45
Richard de Haldingham, 45
Richard de Saint-Victor, *Liber exceptionum*, 71 n. 13, 81, 155 n. 191, 249-250
Ricobaldus de Ferrare, *De locis orbis et insularium marium*, 101
Ricoldo da Monte Croce, *Liber peregrinationis*, 225
Ripa, Cesare, *Iconologia*, 129
Roger Bacon
Opus maius, 19, 25, 99, 168, 243, 250
Opus tertium, 99 n. 167
Roman d'Alexandre, 190 n. 83, 263, 266 n. 149
Version d'Alexandre de Paris, 89 n. 117, 91, 241
Roman de Thèbes, 90-91
Rudimentum Noviciorum, 63, 112
Rudolf von Ems, *Weltchronik*, 74 n. 27, 95, 151 n. 176

Sachsenspiegel, 125
Salluste, 33
De bello juhurthino, 38, 279
Sambucus, Johannes, *Emblemata*, 259
Schedel, Hartmann, 117
Liber chronicarum, 64, 112-113, 160, 171
Weltchronik, 112 n. 257
Carte du monde, **64**, 213, pl. 24
Schöner, Johannes
Globe, 62 n. 196
Luculentissima quaedam terrae totius descriptio, 113-114, 170, 227, 251
Sculpture, « Bamberger Reiter », Bamberg, cathédrale, 270
Sculpture, croix, Bury Saint Edmunds, 128
Sculpture représentant le jugement dernier, Paris, cathédrale Notre-Dame, tympan central, 195 n. 119
Sculpture représentant le tétramorphe, Worms, cathédrale, portail sud, 195
Sculptures, Chartres, cathédrale, portail ouest, 125
Sculptures représentant des monstres, Maastricht, basilique Notre-Dame (« Sterre der Zee »), chapiteaux, 209 n. 191
Sculptures représentant des monstres, Maastricht, basilique Sint Servatius, chapiteaux, 209
Sculptures représentant des monstres, Paris, Louvre, plaque d'ivoire (IXe siècle), 209
Sculptures représentant des monstres, Sens, cathédrale, façade, 209
Sculptures représentant des monstres, Vézelay, basilique Sainte-Madeleine, 209
Semeiança del mundo, 93
Sénèque, 253
Servius, 76 n. 37, 85 n. 90, 101 n. 183
Sibylle Tiburtine, 262
Signot, Jacques, *Division du monde*. 113
Situs orbis vel regionum, 76
Snorri Sturluson
Edda, 95
Heimskringla, 95
Solin, 33, 76, 77 n. 45, 78, 100, 101, 102, 186, 198, 229
Collectanea rerum memorabilium, 70, 75, 76, 77, 85, 145, 165, 182 n. 37, 187, 188, 189, 191, 192, 193, 194, 200, 208, 222 n. 257
« Sternenmantel », 128, 148 n. 157
Stjórn, 95
Strabon, 109, 115, 213
Summarium Heinrici, 82, 184

Tables Alfonsines, 19
Testu, Guillaume Le
Cosmographie universelle (1556), 62, 117-118, 215, 219
Carte du monde (1566), **62**, 201
Théodulf d'Orléans
Carmen 47, 78, 138-139, 149, 248
Thevet, André, 106, 115, 118
Cosmographie universelle (1575), 115, 252
Grand insulaire, 115
Thomas d'Aquin, 198
Thomas de Cantimpré, *Liber de natura rerum*, 195, 258, 260, 276, 277 n. 202
Thomas de Kent, *Roman de toute chevalerie*, 91 n. 126
Tite-Live, 101, 104
Toscanelli, Paolo dal Pozzo, 60
Tractatus de proprietatibus rerum moralizatus, 103, 249
Tractatus de quaternario, 274, 276
Très riches heures du duc de Berry, 127
Tristan et Iseut (iconographie), 128

Universal descrittione del mondo, 117

Vadianus, Joachim, *Epitome trium terrae partium, Asiae, Aphricae et Europae*, 117 n. 281
Varron, *De lingua latina*, 37 n. 37
Vespucci, Amerigo, 113, 115, 171
Mundus novus, 217
Quatuor navigationes, 217 n. 228
Vibius Sequester, 101 n. 183
Vicente de Burgos, *El libro de las propriedades de las cosas*, 97 n. 160
Vincent de Beauvais, 93, 105, 108, 109, 112, 115, 117, 161, 213
Libellus apologeticus, 71, 72-73, 165, 167, 245, 246, 272, 287
Speculum maius, 47 n. 90, 71, 72, 86-87, 111, 223, 246
Speculum naturale, 11, 86-87, 152, 160, 164, 167, 170, 223, 245 n. 39, 273
Speculum historiale, 86-87, 90, 94, 160, 161, 167 n. 243, 207, 229 n. 294, 239 n. 5, 272, 273
Virgile, 76 n. 37
Visscher, Claes Jansz
Carte du monde (1614), **67**, 282
Carte du monde (ca. 1617), **67**, 227, 228, 282, pl. 27
Vitraux avec des monstres, Lausanne, cathédrale, rosace, 209
Vivaldo Belcalzer, *Trattato di scienza universale*, 97

Waldseemüller, Martin
Universalis cosmographia (1507), **65**, 199-200, 213, 227, 233, 235
Carta marina (1516), 62, **65**, 171, 199 n. 141, 213, 233, 236, 265

Ymagine del mondo, 93

TABLE DES MATIÈRES

Avant-propos 7

Chapitre I : Des perspectives nouvelles sur la cartographie ancienne 9
1. La continuité de la cartographie médiévale à la Renaissance 9
2. *Mappae mundi* : le problème de la *pictura* et de la *scriptura* 23

Chapitre II : La *pictura* cartographique : les cartes du monde (xiiie-xvie siècles) 31
1. Les mappemondes médiévales : systèmes de catégorisation 32
2. Les cartes portulans et les mappemondes circulaires jusqu'au xvie siècle 54
3. Les cartes du monde à projection 64

Chapitre III : Lire le monde au Moyen Âge et à la Renaissance (1) : la *scriptura* cartographique 69
1. Les précurseurs 75
2. Les compilations des xiie et xiiie siècles 78
3. La géographie descriptive en langue vulgaire (xiie-xiiie siècles) 88
4. Transformations et traditions aux xiiie-xve siècles 95
5. Les cosmographies des xve et xvie siècles : continuité dans un monde transformé 106

Chapitre IV : *Pictura et scriptura* : *descriptio* et visualisation 119
1. *Descriptio* et visualisation 132
2. Des chroniques et des encyclopédies visualisées? 154
3. La *descriptio orbis* et la cartographie des découvertes (xive au xvie siècles) 168

Chapitre V : Des mensonges merveilleux : textes et images du légendaire sur les cartes du monde (xiiie-xvie siècles) 175
1. Le monde et ses habitants : les animaux fabuleux 181
2. Le monde et ses habitants : les peuples monstrueux 202
3. Deux souverains: Alexandre le Grand et Prêtre Jean 220

Chapitre VI : Lire le monde au Moyen Âge et à la Renaissance (2) : herméneutique et cartographie (xiiie-xvie siècles) 239
1. « Loca significant » : le *sensus spiritualis* de la cartographie 248
2. La référentialité de la cartographie 255
3. Structures cartographiques et exégèse visuelle 268

Conclusion 285

Appendice I et II 289

Sources et Bibliographie 293

Index des manuscrits 339

Index des cartes, cartographes, auteurs et œuvres 343

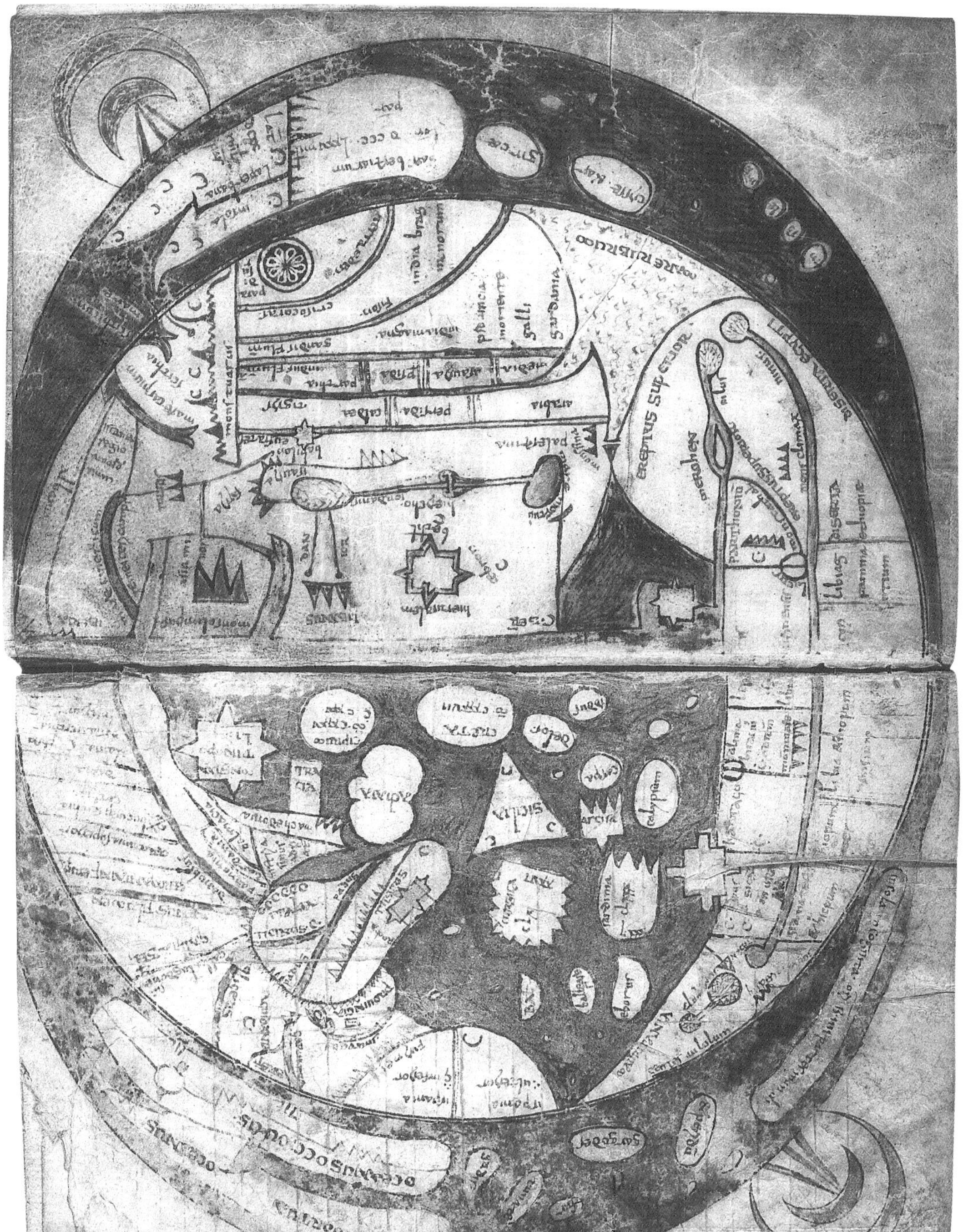

1. Mappemonde (IXe siècle)
(*Vatican, Biblioteca Apostolica Vaticana*, Vat. lat. 6018, f. 63v-64r)

2. Mappemonde dite cottonienne (XIe siècle)
(*Londres, British Library*, Cotton Tib. B. v (1), f. 56v).

3. Mappemonde dans le *Commentarium in Apocalipsin* de Beatus de Liébana.
(*New York, Pierpont Morgan Library*, M 644 (après 940), f. 33v-34r)
Photo : The Pierpont Morgan Library, New York.

syria
armenia
iudea
phenicia
philistea
cartago
numidia
sicilia

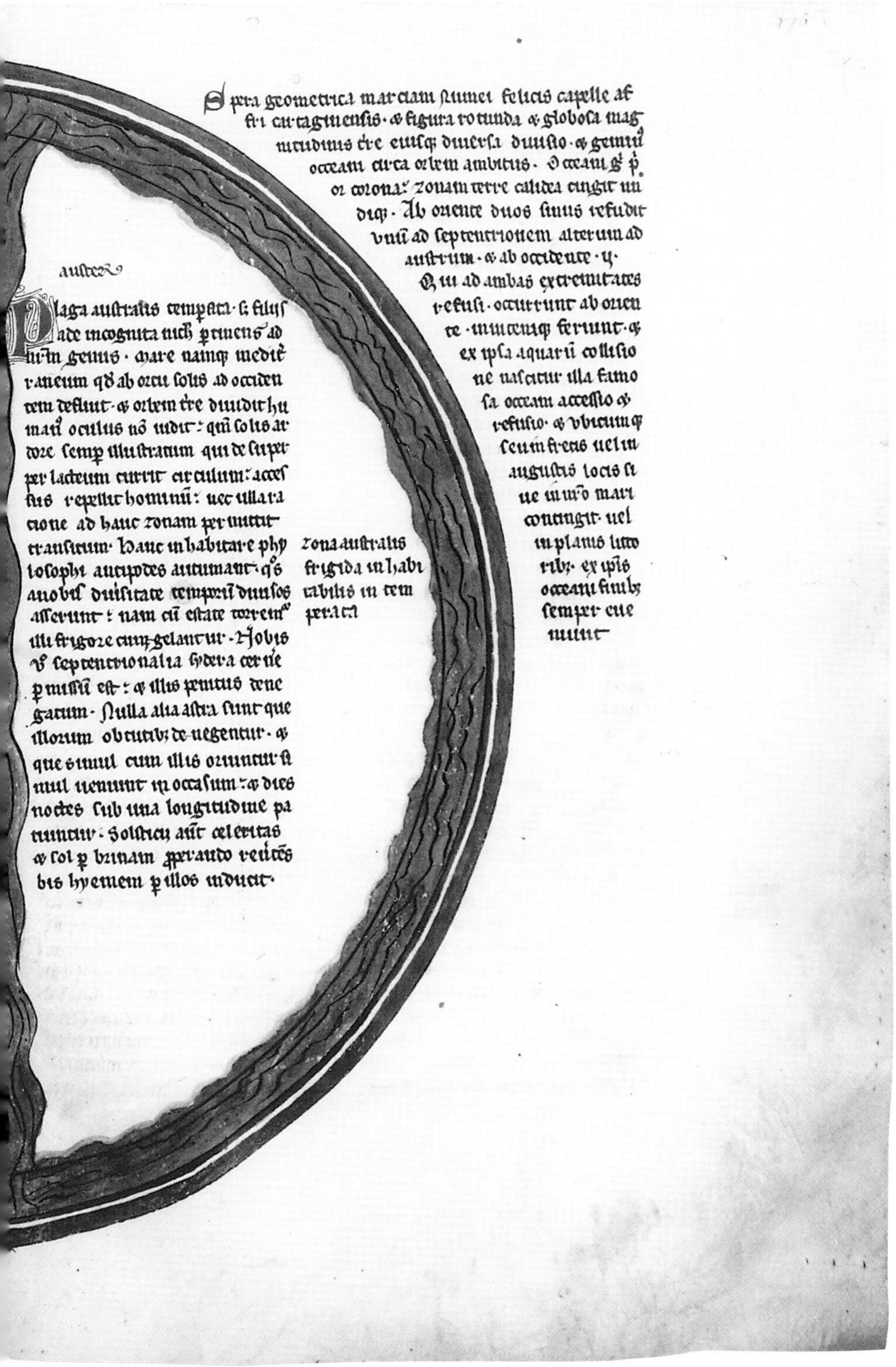

4. Mappemonde de Lambert de Saint-Omer. (*Leyde, Bibl. universitaire,* Voss. lat. fol. 31, f. 175v-176r)

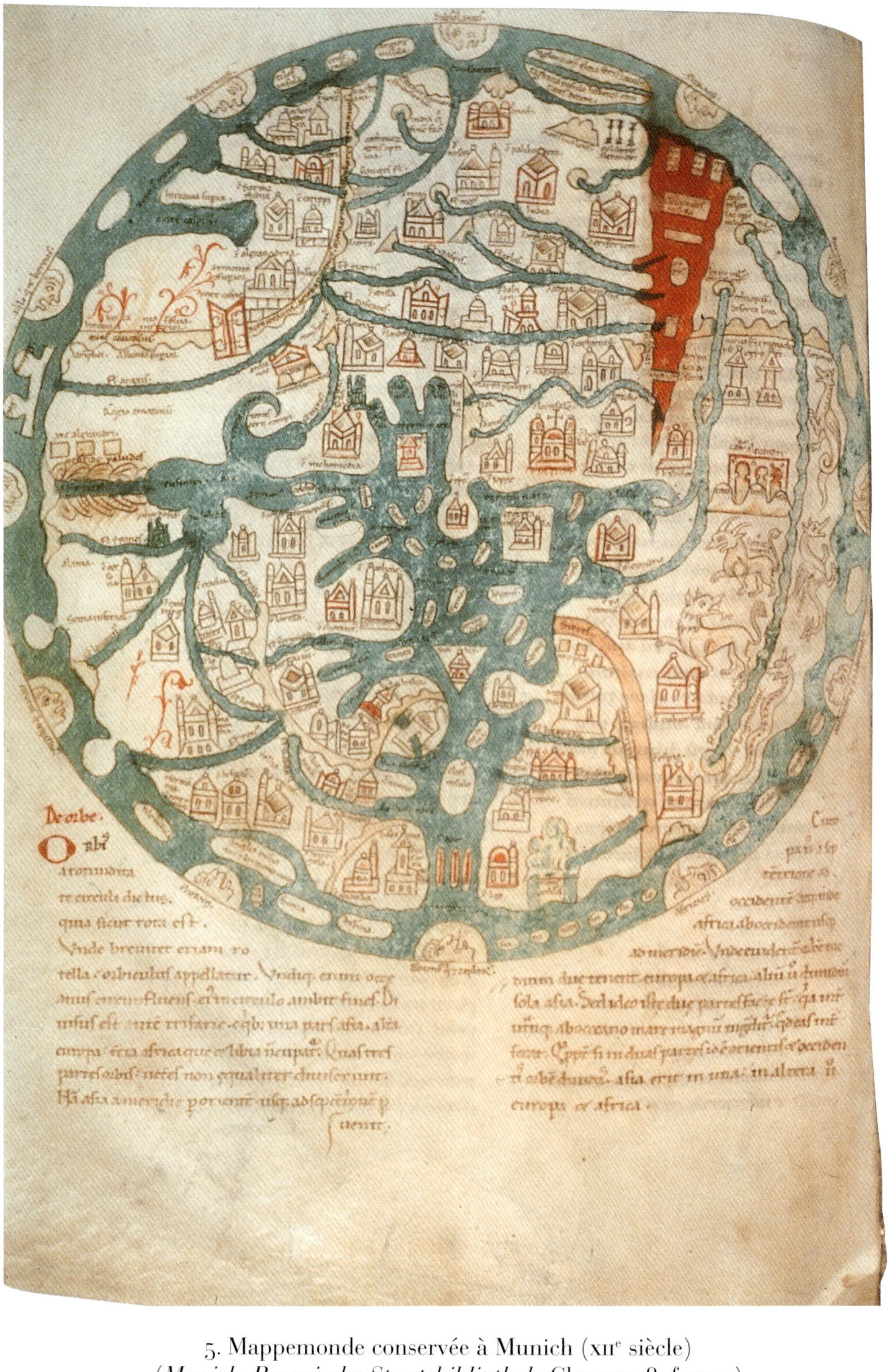

5. Mappemonde conservée à Munich (XIIe siècle)
(*Munich, Bayerische Staatsbibliothek*, Clm 10058, f. 154v)

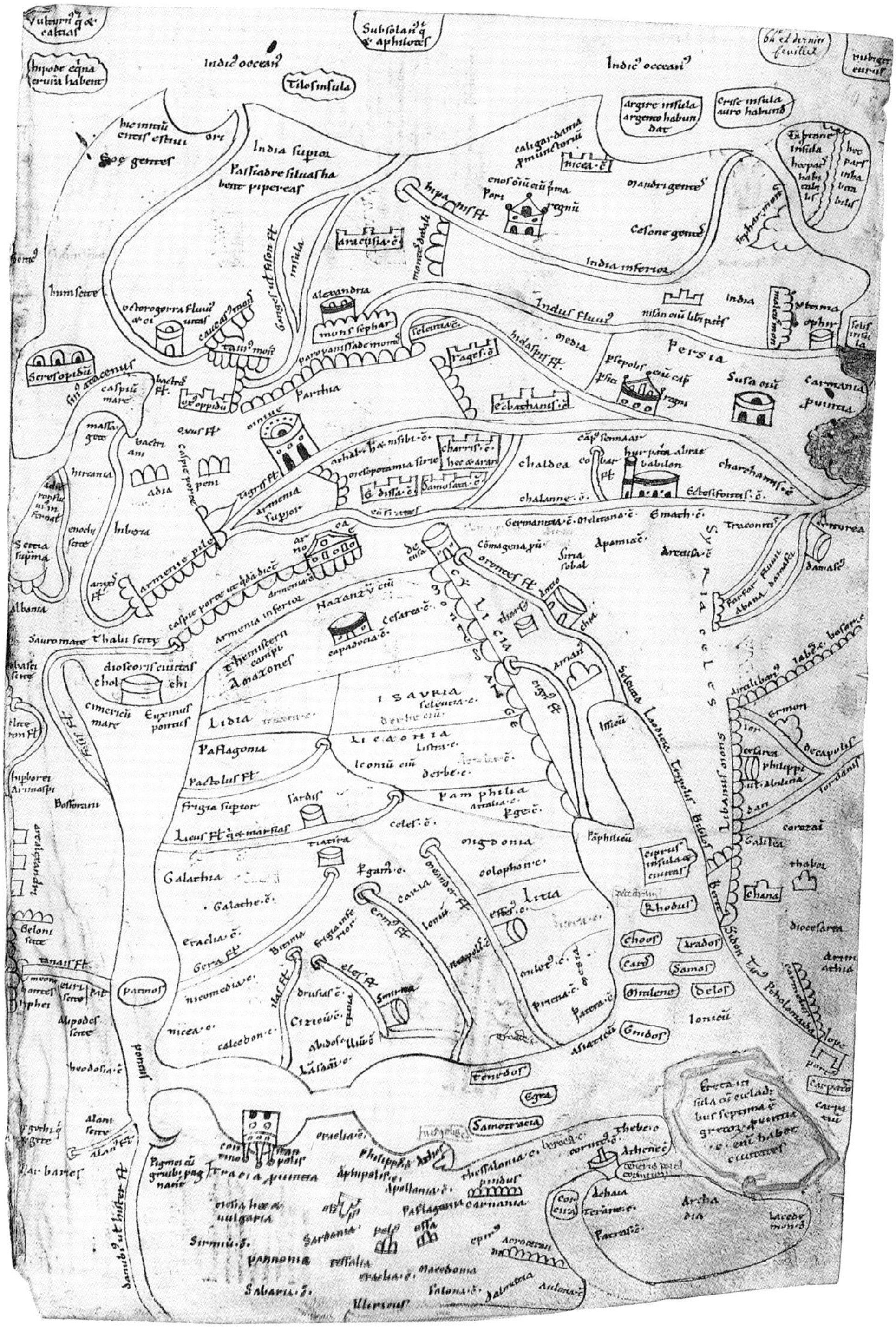

6. Carte de l'Orient dite de saint Jérôme (XIIe siècle)
(*Londres, British Library*, Add. 10049, f. 64r)

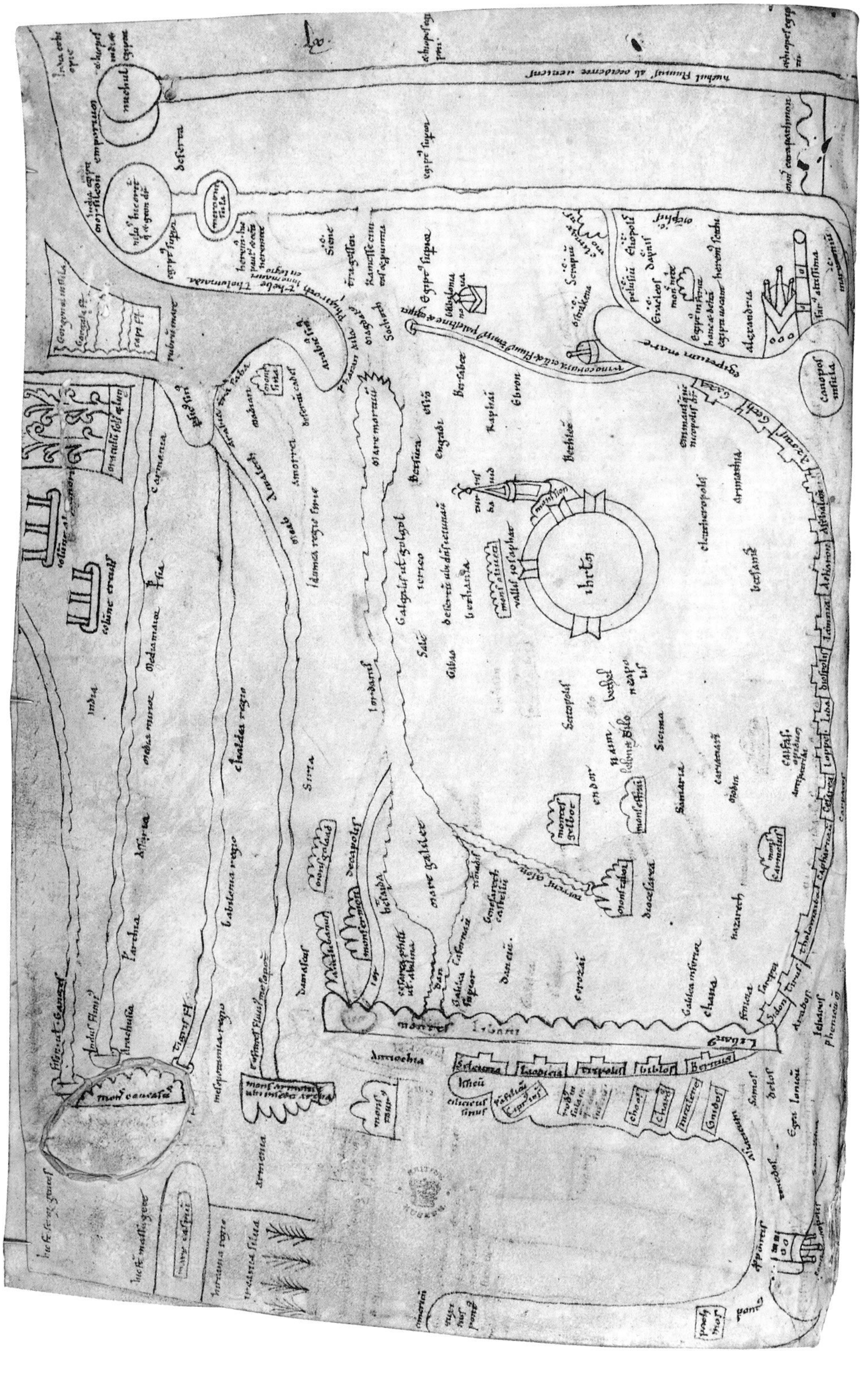

7. Carte de la Palestine dite de saint Jérôme (XIIe siècle). *Londres*, *British Library*, Add. 10049, f. 64v

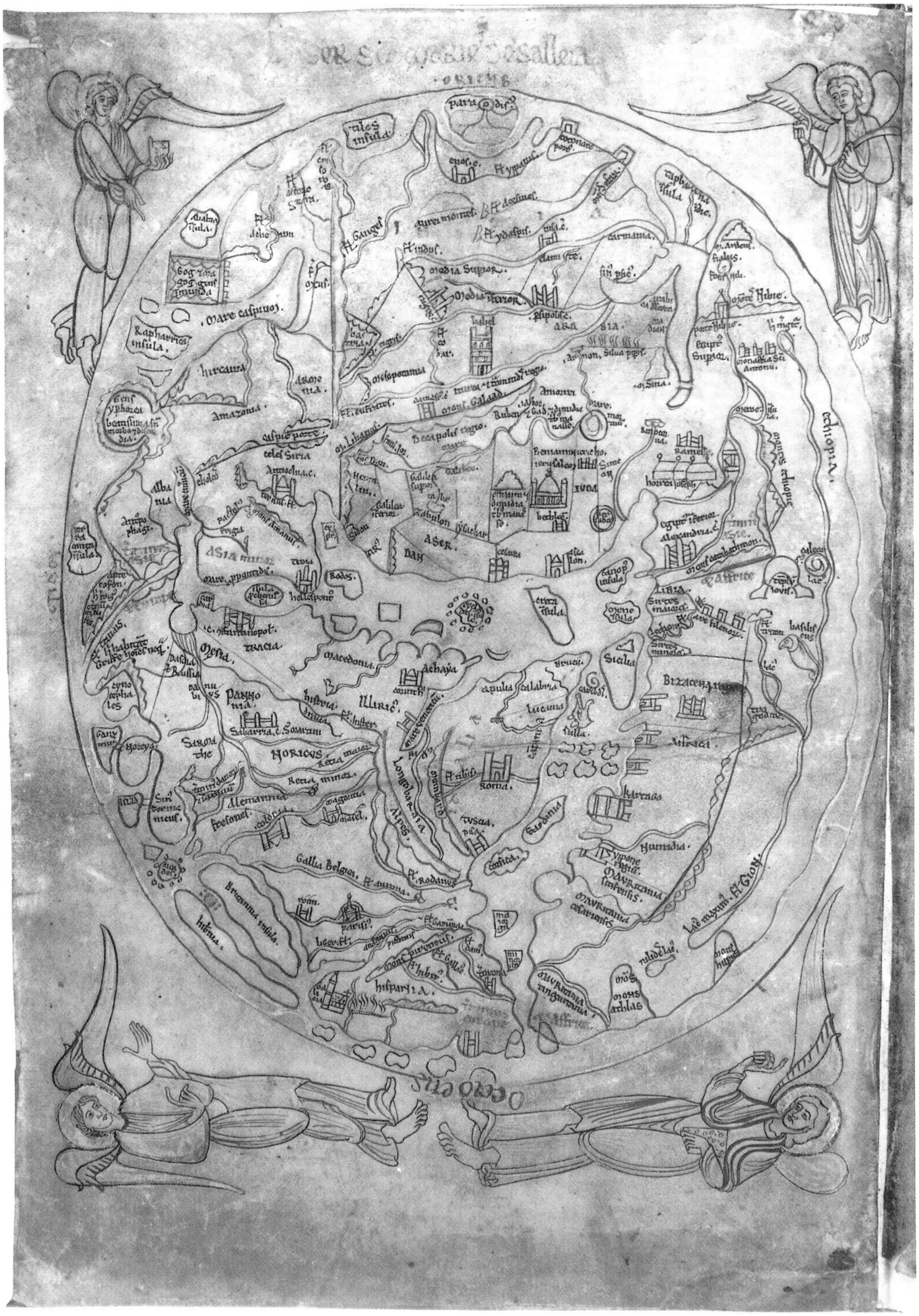

8. Mappemonde dans le manuscrit 66 du Corpus Christi College à Cambridge (XIIIe siècle)
(*Cambridge, Corpus Christi College*, 66, p. 2)

9. Mappemonde du Psautier (après 1262 ?)
(*Londres, British Library*, Add. 28681, f. 9r)

10. Fragment de la mappemonde du Duché de Cornouailles (ca. 1280-1290)
(*Londres, Archives du Duché de Cornouailles*, Maps and plans, 1)

11. Mappemonde de Hereford (1277-89(?))
(Hereford, Hereford Cathedral). Fac-similé publié en 1896 par Konrad Miller.

12. Mappemonde d'Ebstorf (fin du XIIIe siècle)
Fac-similé publié en 1896 par Konrad Miller.

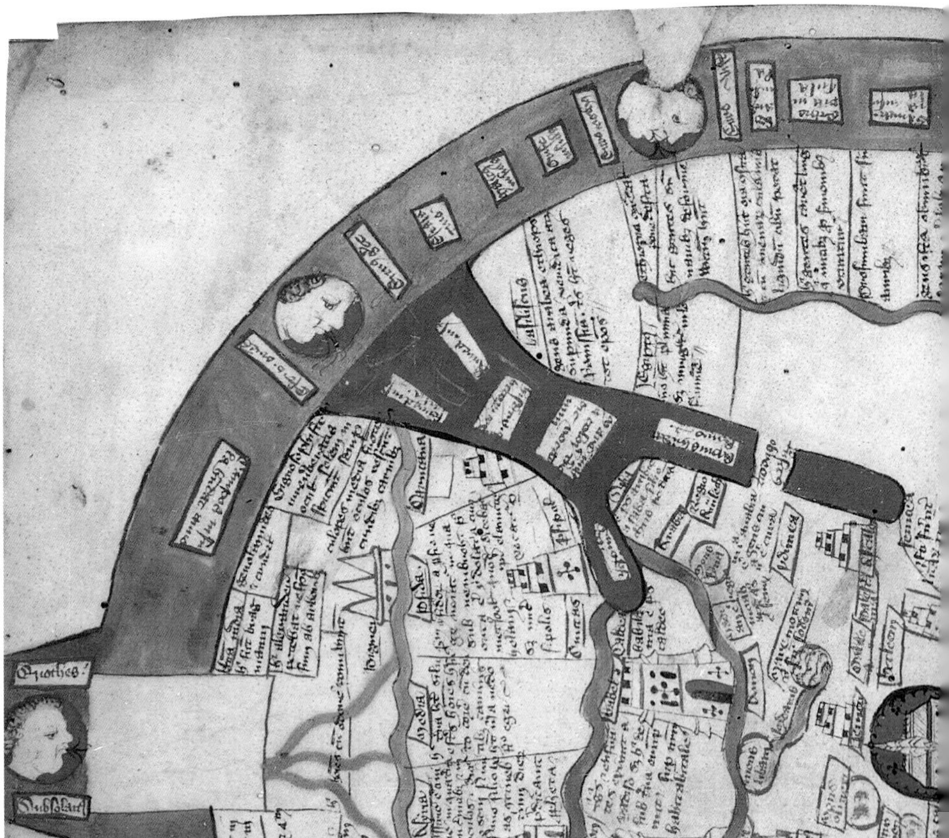

13. Mappemonde dite de Ranulf Higden (ca. 1340) (*Londres*, *British Library*, Royal 14.C.IX, f. 1v-2r)

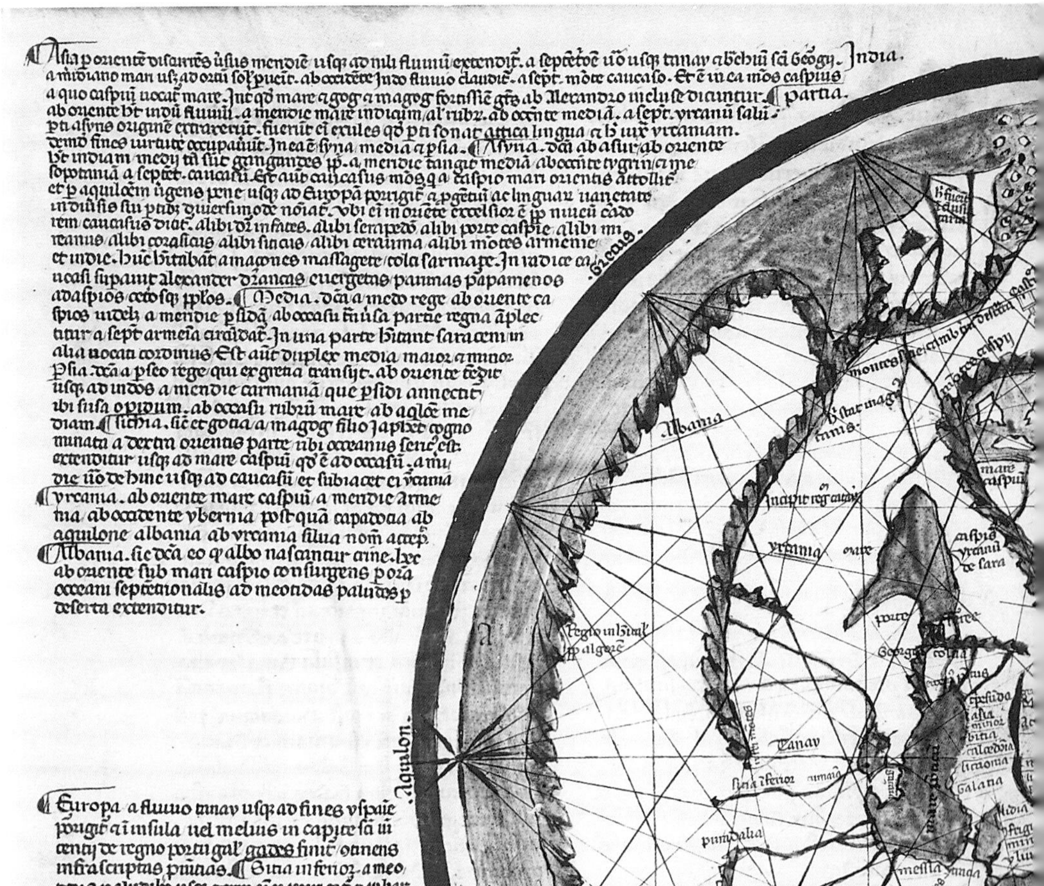
India
Partia
Albania
Tanay
Aquilon
Europa

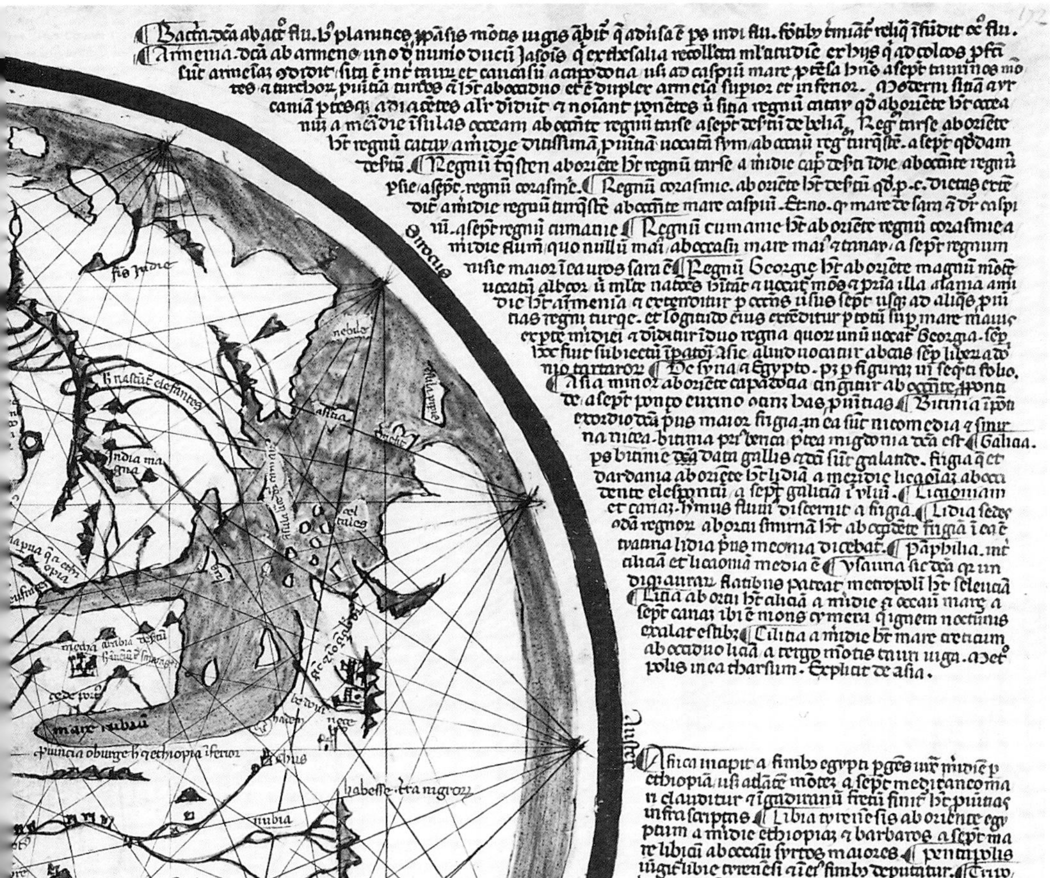

14. Mappemonde attribuée à Pietro Vesconte (ca. 1320) (*Bruxelles, Bibl. royale de Belgique*, Ms 9404-5, f. 171v-172r)

15. L'Atlas Catalan de 1375 : L'Orient
(*Paris, Bibl. nationale de France*, Espagnol 30, p. 9-12)

ILLA TRAPOBANA

16. Mappemonde catalane de Modène (ca. 1450)
(*Modène, Biblioteca Estense*, C.G.A. 1)

17. Mappemonde par Andrea Bianco (1436)
(*Venise, Bibl. Nazionale Marciana*, It. Z 76, f. 10)

18. Mappemonde par Andreas Walsperger (1448)
(*Vatican, Bibl. Apostolica Vaticana*, Palat. Lat. 1362 b)

19. Portulan par Jacobus Russus (1533)
(*La Haye, Algemeen Rijksarchief*, Sectie Kaarten en tekeningen, VTH, inv. nr. 3803)

20. Portulan par Matheus Prunes (1586)
(*Paris, Bibl. nationale de France*, Cartes et Plans, Rés Ge AA 570)

21. Mappemonde gravée sur une plaque de cuivre (xve siècle)
(*Vatican, Bibl. Apostolica Vaticana*, Borgia XVI)

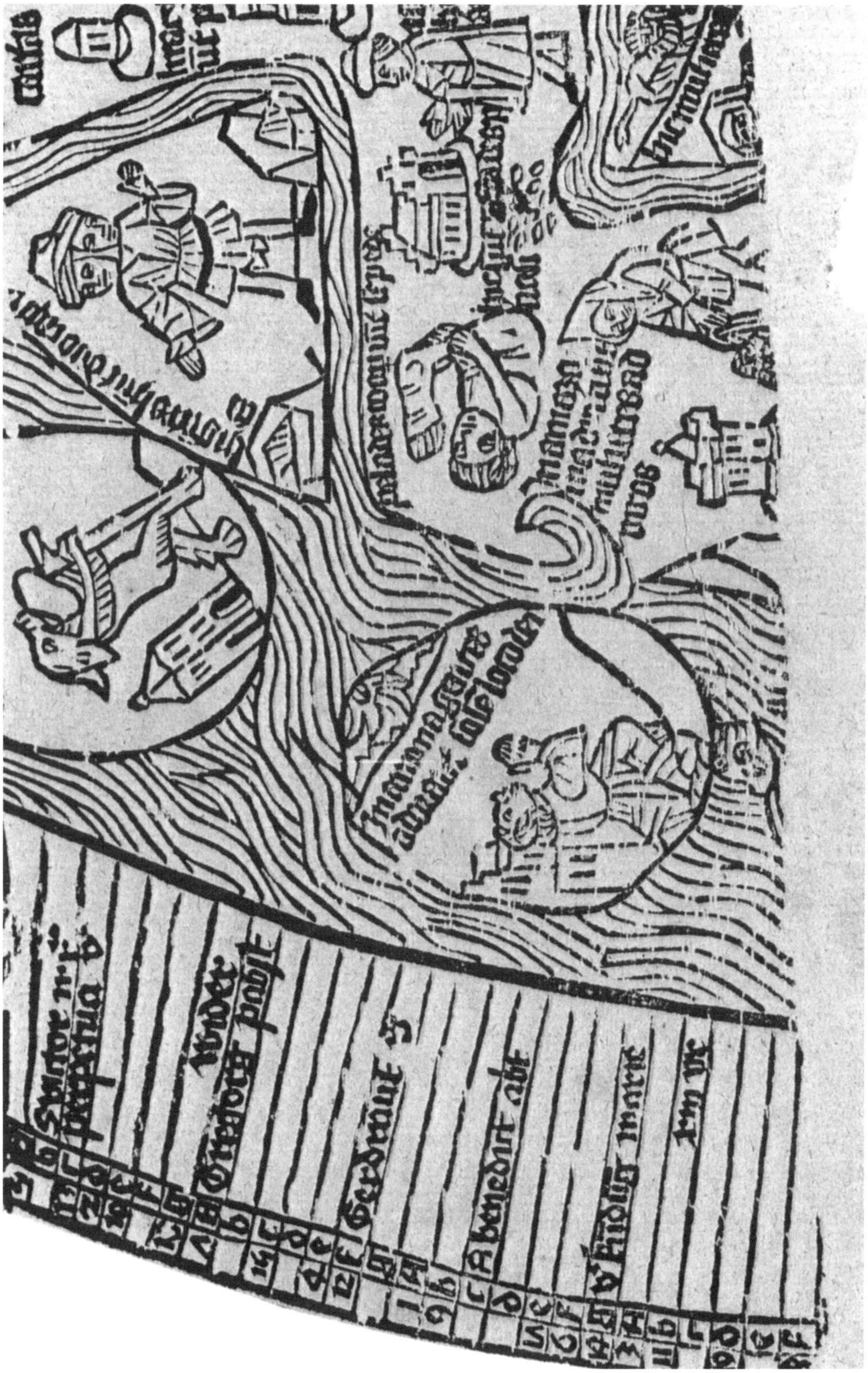

22. Fragment d'une mappemonde gravée sur bois (2e moitié du xve siècle)
(Collection privée de Thomas Suarez)

23. Mappemonde dans *La fleur des histoires* de Jean Mansel (xve siècle)
(*Bruxelles, Bibl. royale de Belgique*, 9260, f. 11r)

24. Carte du monde dans le *Liber chronicarum* (1493) de Hartmann Schedel

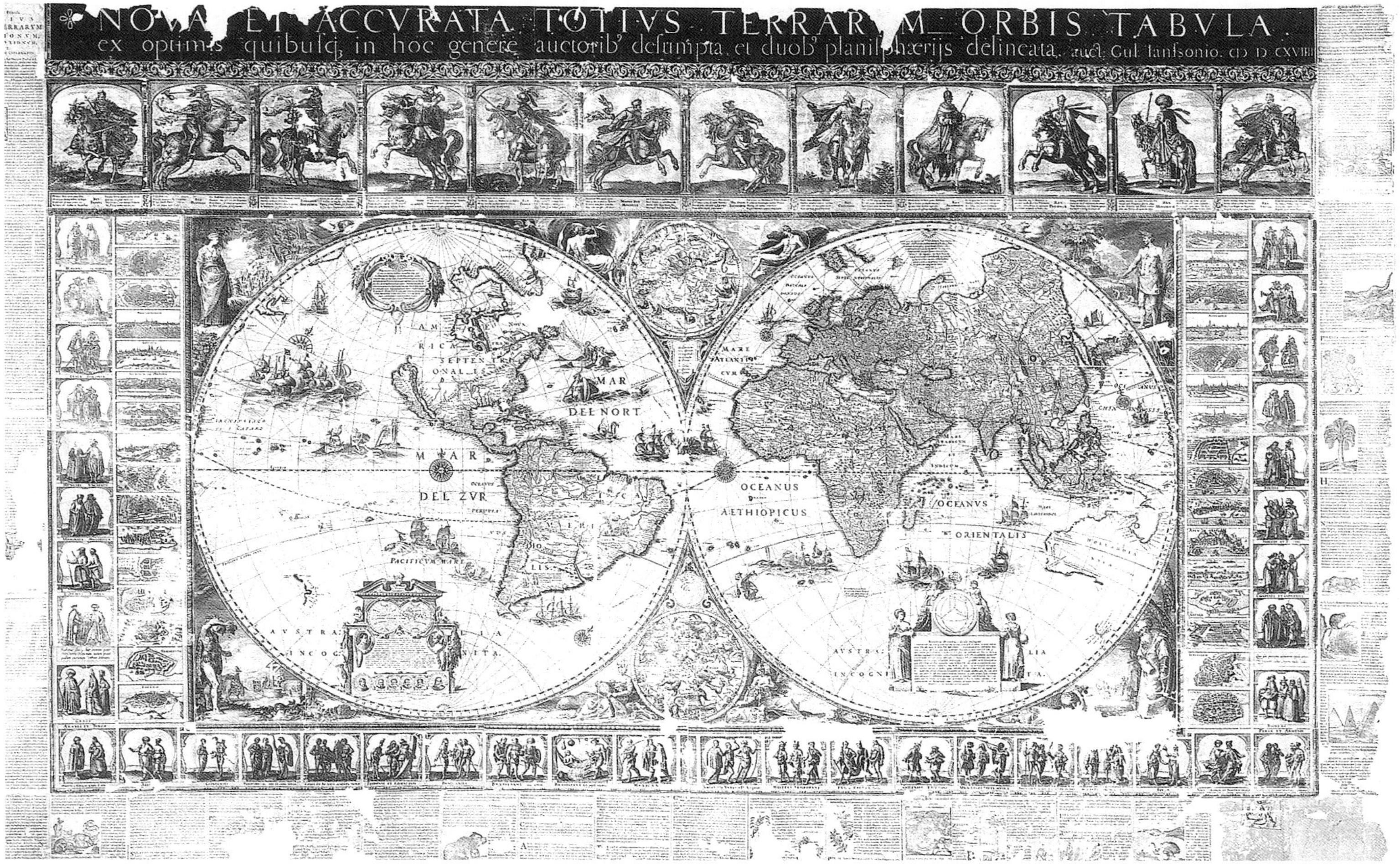

25. Willem Jansz. Blaeu, *Nova et accurata totius terrarum orbis tabula*, Amsterdam, 1646
(Rotterdam, Maritiem Museum Prins Hendrik)

NOVA ORBIS TERR
AC HYDROGRAPHICA TABULA, EX OPTIMIS
AMERICA SEPTENTRIONALIS
OCEANUS
OCCIDENTALIS
MARE PACIFICUM
MAR DEL ZUR
MAGALL
TERRA AUSTRALI
ZONA FRIGIDA
ZONA TEMPERATA
ZONA TORRIDA
Tropicus Cancri
AEQUINOCTIALIS LINEA
Insulæ Salomonis
NOVA GUINEA
CALIFORNIA
NOVA FRANCIA
TERRA DEL FUOGO
Fretum Magellanicum
Petrus Kaerius Lectori S.

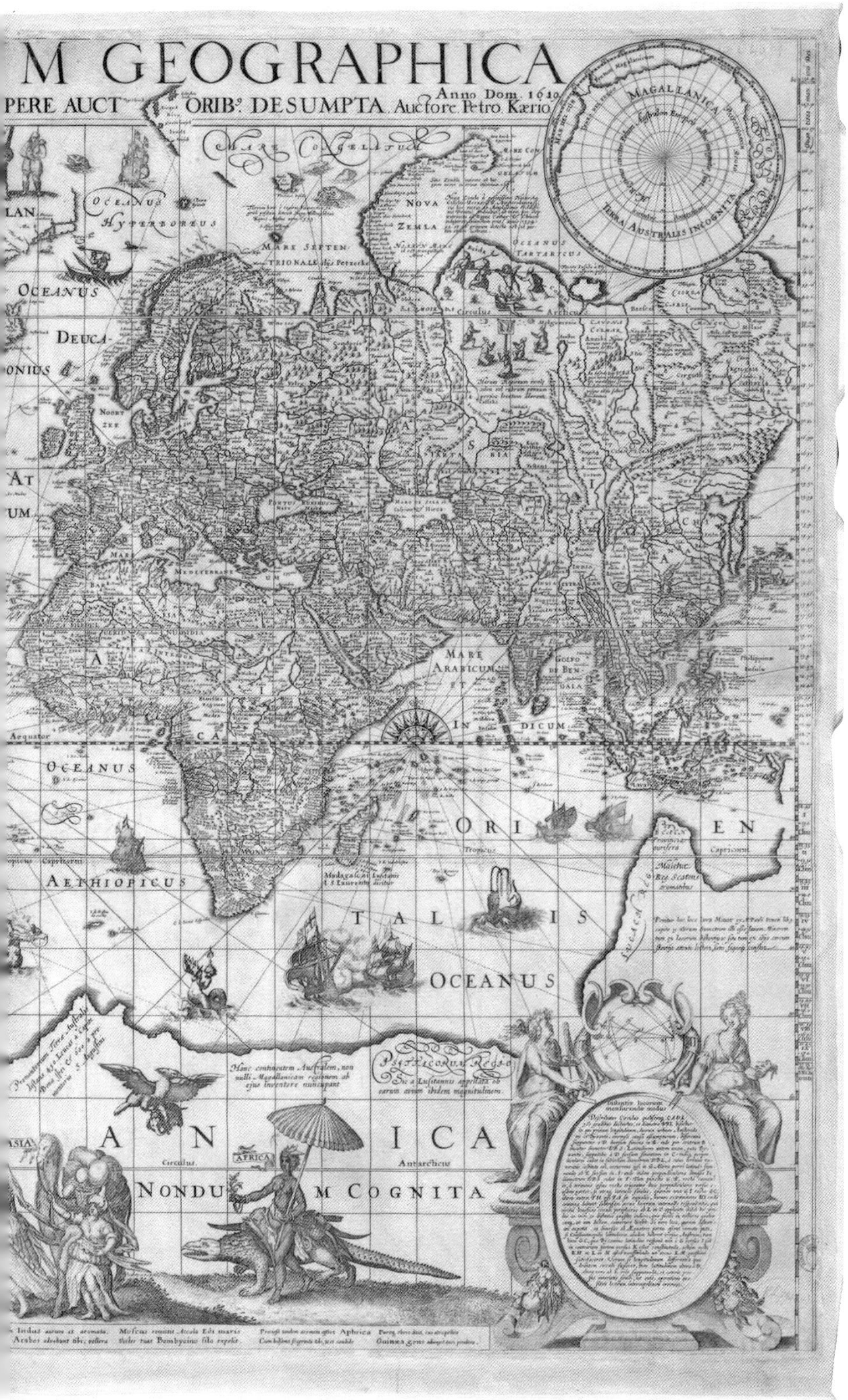

26. Pieter van den Keere, *Nova orbis terrarum geographica ac hydrographica tabula*, Amsterdam, 1609 (réimpression 1619) (*Paris, Bibl. nationale de France*, Cartes et plans, Ge C-4931)

NINUS
IANUARIUS
MARTIUS
MAIUS
IULIUS
SEPTEMBER
NOVEMBER
ALEXAN DER MAGNUS
ASI A
AMERICA SEPTENTRIONALIS Sive MEXICANA
MAR DEL ZUR
Circulus Æquinoctialis
NOVA GUINEA
MARE PACIFICUM
AUTUMNUS
Hæc sunt opera charitatis
In carcere eram et venistis ad me
Aegrotus eram et invisistis me

27. Carte du monde par Claes Jansz. Visscher, Amsterdam, ca. 1617 (*Vienne, Österreichische Nationalbibliothek*, Bildarchiv, inv. FKB 282-2, I, 1 = NB 205342-C)

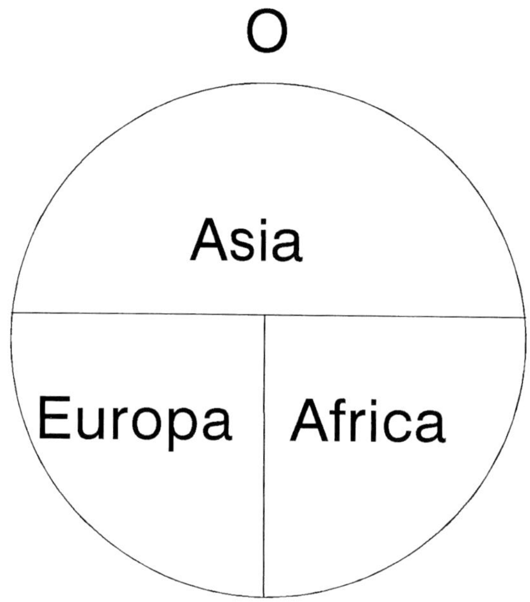

28. Schéma T-O

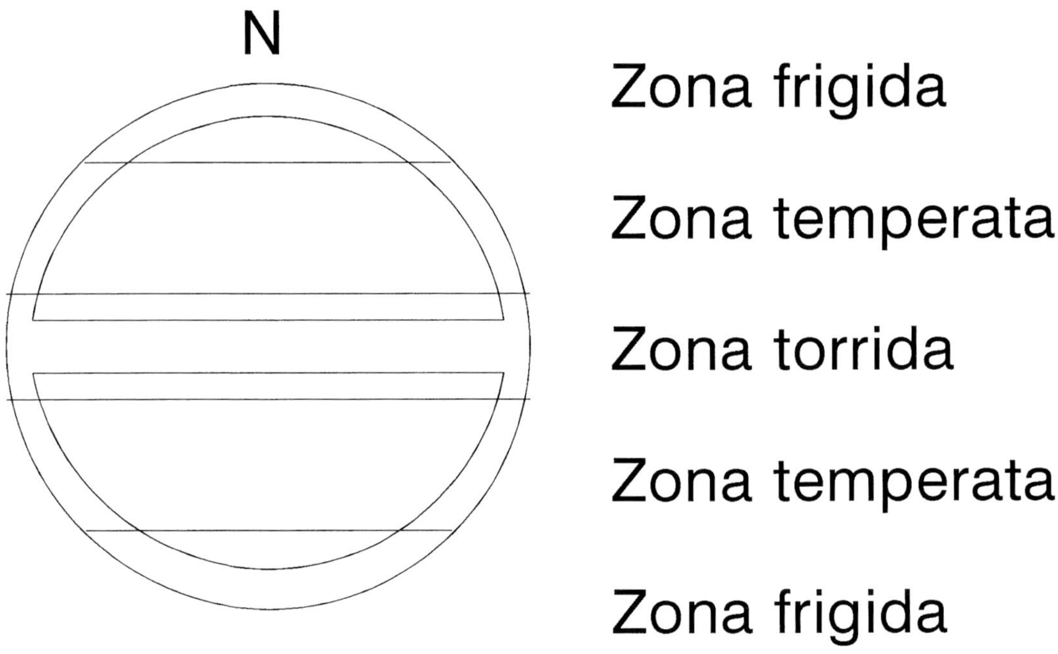

29. Schéma à zones

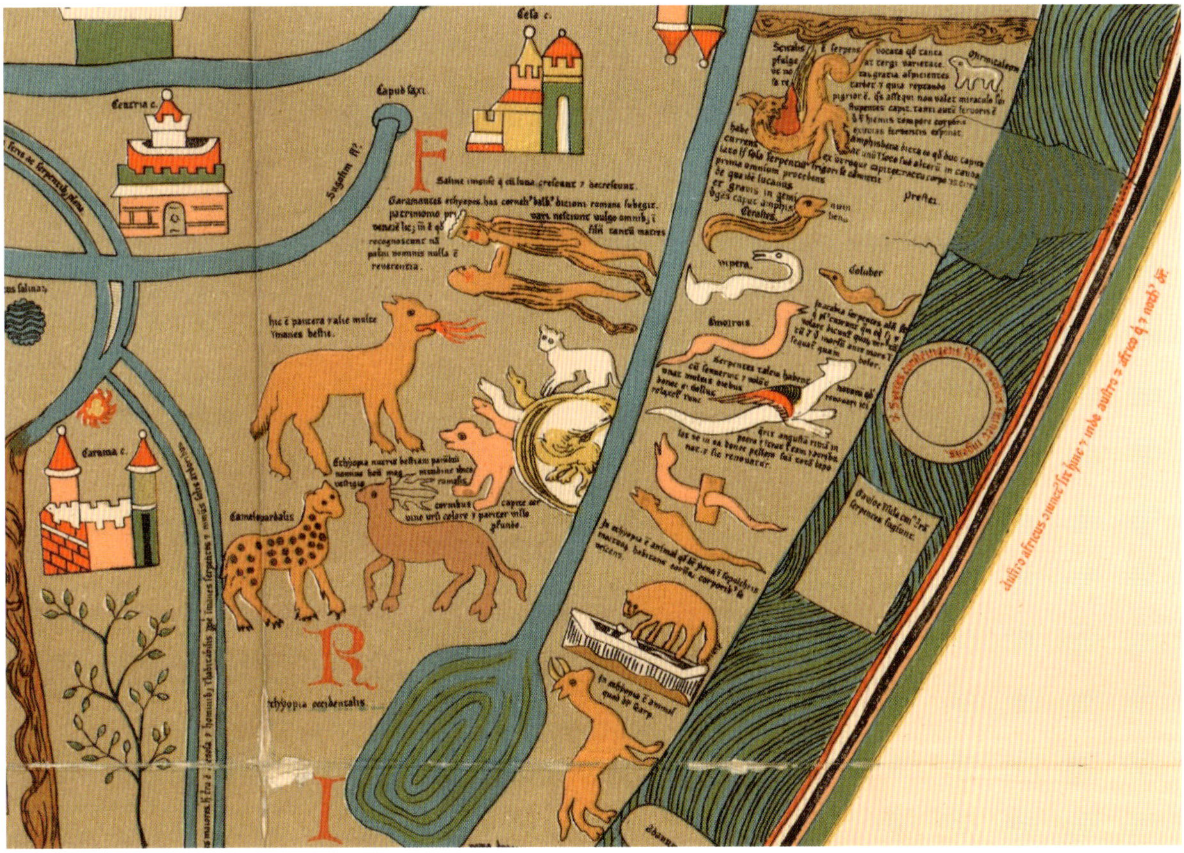

30a. La *Pantera* sur la mappemonde d'Ebstorf

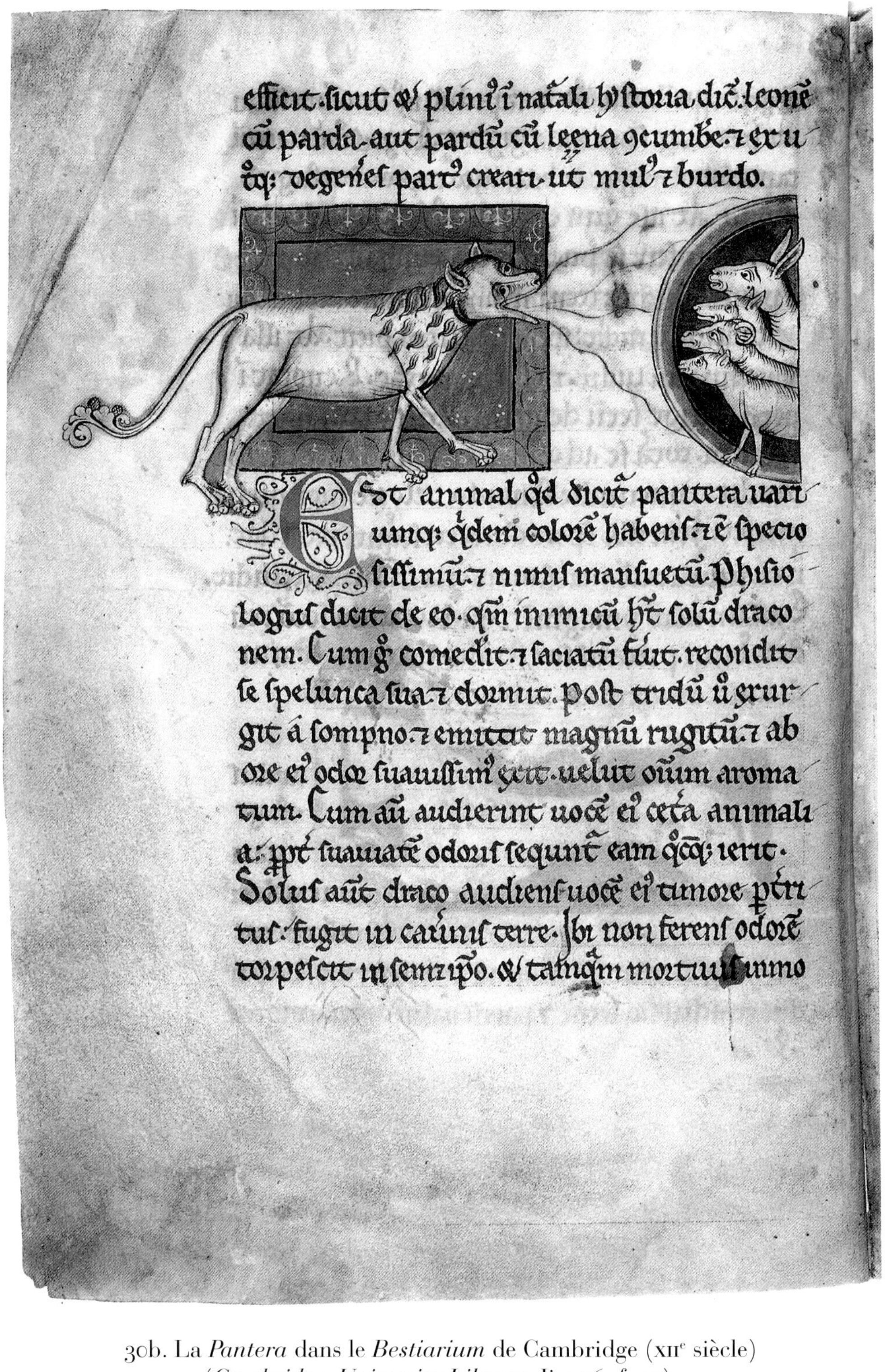

30b. La *Pantera* dans le *Bestiarium* de Cambridge (XIIe siècle)
(*Cambridge, University Library*, Ii.4.26, f. 4v).

31. Jodocus Hondius, *Nieuwe Caerte van het Wonderbaer ende goudrijcke landt Guiana* (ca. 1599)
(*Amsterdam, Bibliothèque universitaire*, 30-04-01[c])

32. Diagramme basé sur le nombre quatre (début du XIV[e] siècle)
(*Munich, Bayerische Staatsbibliothek*, Clm 2655, f. 105r)

CRÉDITS PHOTOGRAPHIQUES

Les images ont été reproduites avec la permission des institutions suivantes :

Amsterdam, Bibliothèque Universitaire : 31
Bruxelles, Bibliothèque Royale de Belgique : 14, 23
Cambridge, Corpus Christi College, The Parker Library : 8
Cambridge, University Library : 30b
Collection privée, M. Thomas Suarez : 22
Groningue, Bibliothèque universitaire : 11, 12, 30a
La Haye, Algemeen Rijksarchief : 19
Leyde, Bibliothèque universitaire : 4
Londres, Archives du Duché de Cornouailles : 10
Londres, British Library : 2, 6, 7, 9, 13
Modène, Biblioteca Estense : 16
Munich, Bayerische Staatsbibliothek : 5, 32
New York, Pierpont Morgan Library : 3
Paris, Bibliothèque nationale de France : 15, 20, 26
Rotterdam, Maritiem Museum Prins Hendrik : 25
Vatican, Biblioteca Apostolica Vaticana : 1, 18, 21
Venise, Biblioteca Nazionale Marciana : 17
Vienne, Österreichische Nationalbibliothek : 27

Des images ont été reproduites à partir des ouvrages suivants :

K. Miller, *Die Herefordkarte. Mit 2 Uebersichtskarten im Text und die Herefordkarte in Farbendruck als Beilage*, Stuttgart, 1896 (*Mappaemundi. Die ältesten Weltkarten*, t. 5).
—, *Die Ebstorfkarte. Mit dem Faksimile der Karte in den Farben des Originals*, Stuttgart, 1896 (*Mappaemundi*. Die ältesten Weltkarten, t. 6).